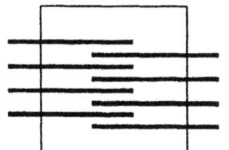

Veröffentlichungen der
Akademie für
Technikfolgenabschätzung
in Baden-Württemberg

Holger Flaig   Hans Mohr   (Hrsg.)

Energie aus Biomasse
- eine Chance für die Landwirtschaft

Mit 65 Abbildungen

Springer-Verlag
Berlin Heidelberg New York London Paris
Tokyo Hong Kong Barcelona Budapest

Dr. HOLGER FLAIG
Professor Dr. HANS MOHR

Akademie für Technikfolgenabschätzung
in Baden-Württemberg
Nobelstraße 15
70569 Stuttgart

ISBN-13: 978-3-642-78512-2   e-ISBN-13: 978-3-642-78511-5
DOI-10.1007/978-3-642-78511-5

Die Deutsche Bibliothek - CIP-Einheitsaufnahme
Energie aus Biomasse: eine Chance für die Landwirtschaft/
Holger Flaig; Hans Mohr (Hrsg.).-Berlin; Heidelberg; New
York; London; Paris; Tokyo; Hong Kong; Barcelona;
Budapest : Springer, 1993
(Projektberichte der Akademie für Technikfolgenabschätzung in Baden-
Württemberg; Bd. 1)

NE: Flaig, Holger [Hrsg.]; Akademie für Technikfolgenabschätzung in
Baden-Württemberg <Stuttgart>: Projektberichte der Akademie...

Dieses Werk ist urheberrechtlich geschützt. Die dadurch begründeten Rechte, insbesondere die der Übersetzung, des Nachdrucks, des Vortrags, der Entnahme von Abbildungen und Tabellen, der Funksendung, der Mikroverfilmung oder der Vervielfältigung auf anderen Wegen und der Speicherung in Datenverarbeitungsanlagen, bleiben, auch bei nur auszugsweiser Verwertung, vorbehalten. Eine Vervielfältigung dieses Werkes oder von Teilen dieses Werkes ist auch im Einzelfall nur in den Grenzen der gesetzlichen Bestimmungen des Urheberrechtsgesetzes der Bundesrepublik Deutschland vom 9. September 1965 in der jeweils geltenden Fassung zulässig. Sie ist grundsätzlich vergütungspflichtig. Zuwiderhandlungen unterliegen den Strafbestimmungen des Urheberrechtsgesetzes.

© Springer-Verlag Berlin Heidelberg 1993
Softcover reprint of hardcover 1st edition 1993

Die Wiedergabe von Gebrauchsnamen, Handelsnamen, Warenbezeichnungen usw. in diesem Werk berechtigt auch ohne besondere Kennzeichnung nicht zu der Annahme, daß solche Namen im Sinne der Warenzeichen- und Markenschutz-Gesetzgebung als frei zu betrachten wären und daher von jedermann benutzt werden dürften.

Satz: Reprofertige Vorlagen der Herausgeber
Einbandgestaltung: Struve & Partner, Heidelberg
31/3145-5 4 3 2 1 0 - Gedruckt auf säurefreiem Papier

Vorwort der Herausgeber

Die Akademie für Technikfolgenabschätzung in Baden-Württemberg[1] hat satzungsgemäß die Aufgabe, Technikfolgen zu erforschen, diese Folgen zu bewerten und den gesellschaftlichen Diskurs über Technikfolgen zu initiieren und zu koordinieren. Zur Erfüllung dieser Aufgabe sollen sich die Projekte der Akademie an Technikfolgen orientieren, die gesellschaftlich bedeutsam und mit voraussichtlichem Handlungsbedarf assoziiert sind. Dazu gehören auch solche Themen, die derzeit im öffentlichen Bewußtsein noch nicht als dringlich wahrgenommen werden, aber aller Voraussicht nach in Zukunft rasch an Bedeutung gewinnen werden. Das Thema "Energie aus Biomasse - eine Chance für die Landwirtschaft?" fällt in diesen Themenkreis.

In den Vereinbarungen vom 19.05.1992 zur großen Koalition zwischen CDU und SPD in Baden-Württemberg für die 11. Legislaturperiode wird ein "Landesprogramm zur Markteinführung neuer Umwelttechniken und zum Einsatz dezentraler Energieversorgungsstrukturen unter besonderer und verstärkter Förderung der regenerativen Energieträger" ausdrücklich herausgestellt[2]. Damit scheint eine günstige Ausgangslage für den Einsatz von Biomasse im Energiesektor gewährleistet. Auch das Energieprogramm 1991 der Landesregierung von Baden-Württemberg bekannte sich bereits ausdrücklich zu derselben Strategie: "Die Landesregierung hält die Erhöhung des Anteils der erneuerbaren Energien an der Energieversorgung für eine wichtige und aktuelle Aufgabe. Im Hinblick auf die Endlichkeit fossiler Energieträger und die vielfach gegebene Umweltverträglichkeit der erneuerbaren Energieträger hält sie die Markteinführung solarer Technologien für dringend geboten"[3].

---

[1]Mohr, H. (1992): Integration von Politik, Wirtschaft und Wissenschaft - die Akademie für Technikfolgenabschätzung in Baden-Württemberg. In: Verbraucherpolitische Hefte der Verbraucherzentrale Nordrhein-Westfalen e.V. Nr. 15: Technikfolgen.

[2]Koalitionsvereinbarungen zwischen CDU Baden-Württemberg und SPD Baden-Württemberg für die 11. Legislaturperiode, Stuttgart, 19.5.1992.

[3]Energieprogramm 1991 des Landes Baden-Württemberg. Ministerium für Wirtschaft, Mittelstand und Technologie, Stuttgart 1991.

Der Zielsetzung und Absichtserklärung müssen nun konkrete Vorschläge zur Umsetzung folgen. Das Projekt "Energie aus Biomasse - eine Chance für die Landwirtschaft?" dient diesem Zweck. Die Studie befaßt sich mit der Frage, welche Chancen sich der Gewinnung von Energie aus Biomasse beim heutigen Stand der Technik tatsächlich eröffnen.

Es geht einmal um den möglichen Beitrag der Biomasse bei der Bereitstellung von Nutzenergie, zum anderen aber um die Frage, ob der Anbau von Energiepflanzen in unserem Land auch einen Beitrag zur Entschärfung der Agrarstrukturkrise liefern kann, ohne daß zusätzliche ökologische Probleme entstehen.

Darüber hinaus soll das Projekt einen Beitrag zur Überwindung des Expertendilemmas leisten. Mit Expertendilemma - oder Gutachtendilemma - bezeichnet man den Umstand, daß zu einem Projekt verschiedene Gutachten eingeholt werden, die zu divergierenden Ergebnissen kommen. In der Öffentlichkeit führen Widersprüche zwischen Sachverständigen zu Irritation und Vertrauensverlust, ganz abgesehen vom politischen Mißbrauch des Gutachtendilemmas. Eine die Öffentlichkeit überzeugende Technikfolgenabschätzung hängt entscheidend davon ab, ob es gelingt, das Expertendilemma zu überwinden. In einem eigens dafür eingerichteten Projekt (Das Expertendilemma - Wege zu seiner Überwindung) sollen neue Verfahren der Expertenbefragung erprobt werden, die geeignet erscheinen, dem Expertendilemma wenigstens wissenschaftsintern entgegenzuwirken. Im Fall des Projekts Energie aus Biomasse - eine Chance für die Landwirtschaft?" hat sich die Strategie "überlappende Gutachten, kombiniert mit einem Workshop über umstrittene Themen" als Konvergenzstrategie hervorragend bewährt.

Im vorliegenden Band haben wir daher nicht nur die Beiträge der einzelnen Gutachter zusammengestellt, sondern darüber hinaus die während des Workshops erreichten zusätzlichen Erkenntnisse und Zielvorstellungen ausdrücklich dokumentiert (Kap. 4). Die anschließende Synopse bündelt das im Verlauf des Projekts gesammelte Wissen und den gewonnenen Expertenkonsens und gibt konkrete Empfehlungen an die politischen Entscheidungsträger.

Wir danken den Gutachtern, den Teilnehmern des Workshops und allen, die zum Gelingen des Projektes beigetragen haben, auch an dieser Stelle für ihr Engagement. Unser Dank gilt weiterhin Günther Linckh für wertvolle Anregungen und die redaktionelle Mitarbeit sowie Carmen Bosch-Schairer, Marianne Bräuer, Sigrun Gmelin-Zudrell und Claudia Hindersin für ihre Hilfe bei der Fertigstellung des Manuskripts.

Stuttgart H. Mohr
Oktober 1993 H. Flaig

Inhalt

1 Einführung 1
Hans Mohr und Holger Flaig

   1.1   Warum dieses Projekt? 1
   1.2   Rahmen und Umfang des Projekts 3
   1.3   Vorgehensweise 4
   1.4   Technikfolgenabschätzung und Technikfolgenbewertung 5

2 Stellungnahmen 9

   2.1   Energie aus Biomasse und Rohstoffe für den Nicht-
Nahrungsmittelbereich aus der Sicht des Landwirts 10
Ekkehard Löhle

   2.2   Stellungnahme des Landesnaturschutzverbandes Baden-Württemberg
zu "Energie aus Biomasse - eine Chance für die Landwirtschaft?" 19
Hans-Hinrich Dölle

   2.3   Nachwachsende Rohstoffe aus der Sicht der Landespolitik 24
Ludger Reddemann

3 Gutachten 27

   3.1   Energie aus Biomasse: Anbaupotentiale und Nutzungsperspektiven
aus der Sicht der Europäischen Gemeinschaft 28
Christian Ahl

   3.2   Biomasse als Energiequelle - Züchtung, Anbau und Ertrag 51
Manfred Dambroth

   3.3   Energiebilanzen bei nachwachsenden Energieträgern 67
Ludwig Leible und Detlev Wintzer

3.4 Pflanzenöle als Treibstoff - Erzeugung, Nutzung, Perspektiven   84
Werner Kleinhanß

3.5 Pflanzenöl als Energieträger - Stoffeigenschaften und Emissionen   117
Bernhard Widmann

3.6 Anbau von Energiepflanzen
und ihr Einsatz über Verbrennung oder Vergasung
- logistische Anforderungen und ökologische Bewertung   138
Konrad Scheffer

3.7 Einsatz schnellwachsender Baumarten im Kurzumtrieb zur
Energiegewinnung   148
Lyubomir Dimitri

3.8 Aufbereitung und Verfeuerung von Biomasse als Festbrennstoff   170
Arno Strehler

3.9 Strohfeuerungsanlagen - Stand der Technik   187
Henry Busch

3.10 Ökonomische Aspekte der direkten thermischen Verwertung
von Biomasse   201
Erich Ortmaier

3.11 Energie aus Biomasse
- aus der Sicht eines Energieversorgungsunternehmens   229
Hermann Lüschen

3.12 Energie aus Biomasse
- aus der Sicht der kommunalen Energie-Versorger   238
Siegfried Rettich

3.13 Politische Bewertung und Akzeptanz   253
Hans Mohr

3.14 Energie aus Biomasse
- ethische und entscheidungstheoretische Aspekte   267
Julian Nida-Rümelin

4 Workshop und Diskussion 279
Hans Mohr und Holger Flaig

4.1 Welches Flächenpotential steht für den Anbau von
 Energiepflanzen zur Verfügung? 279

4.2 Energiepflanzen oder Stillegung, Aufforstung, Extensivierung? ... 281

    4.2.1 Stillegung 281
    4.2.2 Aufforstung 283
    4.2.3 Naturschutz 283
    4.2.4 Extensivierung 284

4.3 Raps als Energiepflanze 285

    4.3.1 Welches Erzeugungspotential besteht für Raps? 285
    4.3.2 Welches Verwendungspotential besteht für
           Nicht-Nahrungsmittel-Raps? 287
    4.3.3 Rapsöl oder RME? 289
    4.3.4 Verursacht Rapsanbau und -nutzung für energetische
           Zwecke besondere ökologische Probleme? 292
    4.3.5 Ist RME als Treibstoff konkurrenzfähig? 294

4.4 Die direkte thermische Nutzung von Biomasse 296

    4.4.1 Welche Potentiale an Stroh und Restholz wären zur
           Energiegewinnung verwertbar? 296
    4.4.2 Welche Pflanzen eignen sich für eine Biomasseerzeugung
           zur direkten energetischen Nutzung? 298
                Schnellwachsende Baumarten 298
                Miscanthus sinensis 300
                Getreideganzpflanzen 304
                Grünmasse und Heu 306
    4.4.3 Ist Biomasse in feuchtem Zustand thermisch nutzbar? ... 307
    4.4.4 Welche Feuerungsanlagen eignen sich zur thermischen
           Verwertung von Biomasse? 309
    4.4.5 Ist die Logistik auch bei großen Anlagen zu bewältigen? . 312
    4.4.6 Wie steht es um die Versorgungssicherheit? 313
    4.4.7 Verursacht die direkte thermische Nutzung von
           Biomasse spezielle ökologische Probleme? 314
    4.4.8 Ist die thermische Verwertung von Biomasse ökonomisch
           wettbewerbsfähig? 315

5 Synopse 327
Hans Mohr und Holger Flaig

5.1 Das Flächenpotential 327
5.2 Biomasse als Treibstoff oder Festbrennstoff? 329
5.3 Raps 330
5.4 Reststoffe (Stroh und Holz) 333
5.5 Miscanthus 334
5.6 Schnellwachsende Baumarten 335
5.7 Getreide-Ganzpflanzen 336
5.8 Feuerungsanlagen und Logistik 337
5.9 Der Biomasse-Preis 338
5.10 Beitrag der Biomasse zur Primärenergieversorgung 339
5.11 Beitrag der Biomasse zur CO_2-Reduktion 340
5.12 Eine Chance für die Landwirtschaft? 341
5.13 Empfehlungen 344

Nachsatz: Überlegungen zum Projektbericht
"Energie aus Biomasse - eine Chance für die Landwirtschaft?" 349
Roland Lindner

6 Für den eiligen Leser: Ein Frage- und Antwortspiel 353

Register 357

Am Projekt beteiligt waren

Dr. Christian Ahl, EP/STOA, Bâtiment Schuman 4/84A, L-2929 Luxemburg

Henry Busch, Vølund Energisystemer, Falkevej 2, DK-6705 Esbjerg, Dänemark

Prof. Dr. Manfred Dambroth, Institut für Pflanzenbau, Bundesforschungsanstalt für Landwirtschaft, Bundesallee 50, 38116 Braunschweig-Völkenrode

Prof. Dr. Lyubomir Dimitri, Forschungsinstitut für schnellwachsende Baumarten, Prof.-Oehlkers-Str. 6, 34346 Hann. Münden

Hans-Hinrich Dölle, Aktionsgemeinschaft Natur- und Umweltschutz, Josef-Hirn-Platz 6, 70173 Stuttgart

Dr. Holger Flaig, Akademie für Technikfolgenabschätzung in Baden-Württemberg, Nobelstr. 15, 70569 Stuttgart

Hartmut Gerstenkorn, Nikolausberger Weg 116, 37075 Göttingen

Hans-Ulrich Gula, LIV des Schornsteinfegerhandwerks Baden-Württemberg, Königstr. 94, 89077 Ulm

Dr. Manfred Härter, Gerbergasse 1, 72458 Albstadt

Prof. Dr. Kurt Hedden, Engler-Bunte-Institut, Universität Karlsruhe, 76128 Karlsruhe

Gert Hinsenkamp, Institut für thermische Strömungsmaschinen, Universität Karlsruhe, 76128 Karlsruhe

Jürgen Jakobs, Zentrale Holzmarktforschungsstelle Freiburg e.V., Beratungsstelle Energiewald, Postfach 1675, 79016 Freiburg

Dr. Werner Kleinhanß, Institut für Betriebswirtschaft, Bundesforschungsanstalt für Landwirtschaft, Bundesallee 50, 38116 Braunschweig-Völkenrode

Dr. Ludwig Leible und Dr. Detlev Wintzer, Abteilung für Angewandte Systemanalyse, Kernforschungszentrum Karlsruhe, Postfach 3640, 76021 Karlsruhe

Prof. Dr. Roland Lindner, Osteroder Str. 1, 76139 Karlsruhe

Ekkehard Löhle, Badischer Landwirtschaftlicher Hauptverband, Friedrichstr. 41, 79098 Freiburg

Hermann Lüschen, Energie-Versorgung Schwaben AG, Kriegsbergstr. 32, 70174 Stuttgart

Prof. Dr. Hans Mohr, Akademie für Technikfolgenabschätzung in Baden-Württemberg, Nobelstr. 15, 70569 Stuttgart

Prof. Dr. Julian Nida-Rümelin, Philosophisches Seminar der Universität Göttingen, Humboldtallee 19, 37073 Göttingen

Dr. Erich Ortmaier, Lehrstuhl für angewandte landwirtschaftliche Betriebslehre, 85354 Freising-Weihenstephan

Ludger Reddemann, Staatssekretär im Ministerium für ländlichen Raum, Ernährung, Landwirtschaft und Forsten Baden-Württemberg, Kernerplatz 10, 70182 Stuttgart

Siegfried Rettich, Wacholderweg 9, 78661 Dietingen

Prof. Dr. Konrad Scheffer, Gesamthochschule Kassel, Universität, Nordbahnhofstr. 1a, 37213 Witzenhausen

Dr. Arno Strehler, Bayerische Landesanstalt für Landtechnik, Vöttinger Str. 36, 85354 Freising-Weihenstephan

Dr. Peter Sutor, Bayerisches Staatsministerium für Ernährung, Landwirtschaft und Forsten, Ludwigstr. 2, 80539 München

Prof. Dr. Alfred Voß, Institut für Energiewirtschaft und rationelle Energieanwendung, Heßbrühlstr. 49A, 70565 Stuttgart

Bernhard Widmann, Bayerische Landesanstalt für Landtechnik, Vöttinger Str. 36, 85354 Freising-Weihenstephan

Abkürzungen

a	Jahr
AKh	Arbeitskraftstunden
atro	"absolut trocken" wasserfreie Trockenmasse (bei Holz)
BHKW	Blockheizkraftwerk
BML	Bundesministerium für Ernährung, Landwirtschaft und Forsten
C_4-Pflanze	Pflanze, deren erstes faßbares Photosyntheseprodukt 4 C-Atome enthält[1]
CH_4	Methan
CO	Kohlenmonoxid
dt	Dezitonne, entspricht 10^{-1} t oder 100 kg
el	elektrisch, z. B. MW_{el} (Megawatt elektrische Leistung)
EVS	Energie-Versorgung Schwaben
EVU	Energieversorgungsunternehmen
fm	Festmeter, 1 m³ feste Holzmasse ohne Hohlräume
GAP	Gemeinsame Agrar-Politik der EG
GATT	General Agreement on Tariffs and Trade
GJ	Gigajoule, entspricht 10^9 J
HCl	Salzsäure
H_u	(unterer) Heizwert
kW	Kilowatt, entspricht 10^3 W
KWK	Kraft-Wärme-Kopplung
LN	landwirtschaftliche Nutzfläche
$m^3{}_N$, Nm^3	Kubikmeter (Gas) unter Normalbedingungen (0 °C; 1,013 bar; wasserfrei)
MW	Megawatt, entspricht 10^6 W
MWh	Megawattstunde, entspricht 3,6 GJ
N	Stickstoff
N_2O	Distickstoffoxid, Lachgas
NH_3	Ammoniak
NOx	Stickstoffoxide (NO, NO_2)
PJ	Petajoule, entspricht 10^{15} J
rm	Raummeter, Ster; entspricht 1 m³ mit Schichtungshohlräumen oder etwa 0,7 fm
RME	Rapsölmethylester
SKE	Steinkohleeinheit, 1 kg SKE entspricht 2,93 10^7 J
SO_2	Schwefeldioxid
T, TM	Trockenmasse
th	thermisch, z. B. MW_{th} (Megawatt thermische Leistung)
TJ	Terajoule, entspricht 10^{12} J
TS, TrS	Trockensubstanz

---

[1]Physiologisch-anatomische Besonderheiten ermöglichen eine besonders hohe photosynthetische Stoffproduktion, dafür sind in der Regel die Ansprüche an Licht und Wärme höher als bei den heimischen C_3-Pflanzen. Deren erstes Photosyntheseprodukt enthält 3 C-Atome.

1 Einführung

1.1 Warum dieses Projekt?

Landwirtschaft und Energiewirtschaft stehen vor entscheidenden Umwälzungen und müssen mit grundlegenden Strukturveränderungen fertig werden. Die Energiewirtschaft ist durch das Versprechen der Bundesregierung, den CO_2-Ausstoß der Bundesrepublik bis zum Jahre 2005 um 25% gegenüber der Emission im Jahre 1987 zu senken, in die Pflicht genommen, soweit wie möglich zur Realisierung dieses weitgesteckten Zieles beizutragen. Das bedeutet Energieeinsparmaßnahmen, rationelle Energieverwendung und die sukzessive Substitution fossiler Energieträger durch regenerative Energien, die gleichzeitig weitgehend CO_2-neutral sind. Unter den zur Verfügung stehenden Optionen aus Sonnen-, Wind-, Wasser- und Geoenergie kam der indirekten Nutzung der Sonnenenergie über pflanzliche Biomasse global schon immer eine besondere Bedeutung zu (Brennholz!). An dieser dominierenden Rolle der Biomasse innerhalb der Palette der regenerativen Energieträger wird sich auch in absehbarer Zeit nichts ändern: Ihre Nutzung kann noch ausgeweitet werden (Wasserkraft hingegen stößt hier in Deutschland bereits an Grenzen) und ist entweder bereits wirtschaftlich oder durch relativ kostengünstige Maßnahmen in den Bereich der Wirtschaftlichkeit zu rücken (was für die direkte Solarenergie- und Windenergienutzung noch nicht absehbar ist).

Die deutsche Landwirtschaft macht seit über 40 Jahren einen kontinuierlichen Strukturwandel durch. In Baden-Württemberg ist die Zahl der landwirtschaftlichen Betriebe seit 1960 um 164 000 Betriebe oder etwa 62% auf 100 700 Betriebe zurückgegangen (Stand 1991). Der Anteil der Betriebe mit 1 bis 10 ha landwirtschaftlicher Nutzfläche sank von 82% (1960) auf 56% (1991), die durchschnittliche Betriebsgröße erhöhte sich von 6 auf fast 15 ha [1].

Die neueren Entwicklungen der Agrarpolitik lassen erwarten, daß sich diese Tendenz weiter verstärkt. Das Gemeinsame Agrarreform-Programm der EG wird die bisherigen staatlichen Garantiepreise für Erzeugnisse den Weltmarktpreisen angleichen und den Landwirten dafür Ausgleichszahlungen anbieten, die primär flächenbezogen sind und nur indirekt das Ertragsniveau berücksichtigen. Der Agrarkompromiß EG-USA im Vorfeld der GATT-Verhandlungen hat Anbauflächen-Begrenzungen und Exportbeschränkungen zur Folge. In der Stellungnahme des Repräsentanten des Badischen Landwirtschaftlichen Hauptverbandes (Kap. 2.1) wird deutlich, daß viele Bauern sich durch diese agrarpolitischen Weichenstellungen demotiviert und vom "Landwirt zum Schreibwirt" [2] degradiert fühlen. Hinzu kommen die massiven Nachwuchsprobleme und der stetige Rückgang der Einkommen, vor allem im Vergleich zur Einkommensentwicklung außerhalb der Landwirtschaft. Derzeit wird von den Bauern in der EG gerade einmal das Niveau Mitte der siebziger Jahre erreicht, während die Durchschnittsverdienste in der übrigen Wirtschaft um fast 30% angestiegen sind [3]. In Baden-Württemberg macht das Einkommen der Landwirte nur noch 54% des gewerblichen Vergleichslohns aus [4].

Läßt sich die Demotivation der Landwirte nicht aufhalten, wird sich der Strukturwandel voraussichtlich weiter beschleunigen. Dies würde die Wirtschaftskraft und die Lebensqualität des ländlichen Raumes nachteilig beeinflussen und die Erhaltung der bäuerlich geprägten Kulturlandschaft gefährden. In der Produktion Nachwachsender Rohstoffe, von Industrie- und Energiepflanzen, sehen die Landwirte eine neue Herausforderung und die Chance, als Unternehmer einen über die Nahrungsmittelproduktion hinausgehenden Beitrag zur Industriegesellschaft zu leisten. Die Energiegewinnung aus Biomasse bildet somit ein Thema, das für die Energiewirtschaft wie für die Landwirtschaft gleichermaßen bedeutsam ist und über diese beiden essentiell wichtigen Wirtschaftsbereiche die Gesellschaft als Ganzes angeht.

Diese Studie möchte zur Klärung folgender Fragen beitragen:

- Welchen Beitrag zur Energieversorgung kann die Biomasse (in Deutschland, in Baden-Württemberg) leisten?
- Welchen Beitrag zur CO_2-Entlastung der Atmosphäre kann die energetische Nutzung von Biomasse in Deutschland leisten?
- Kann der Anbau von Energiepflanzen einen Beitrag zur Entschärfung der Agrarstrukturkrise leisten, ohne daß zusätzliche ökologische Probleme entstehen?

Bei Energieversorgung und CO_2-Entlastung kann die energetische Nutzung von Biomasse nicht mehr als eine Komponente in einem Bündel mehrerer Maßnahmen sein. Der Beitrag der Biomasse ist zwar unter Umständen bedeutsam, aber sicherlich begrenzt. Für die Landwirtschaft hingegen hat die Thematik direkte und weitreichende Auswirkungen. Der Schwerpunkt der Studie liegt daher auf der letzten Frage. Das Projekt ist eingebettet in das übergeordnete Themenfeld der Akademie "Rahmenbedingungen einer nachhaltigen Entwicklung in Baden-Württemberg". Der Themenkreis "Technikfolgenabschätzung in der Landwirtschaft" wird in den Akademieprojekten "Wirtschaftlich bedingte Störungen des Stickstoffkreislaufs" und "Internalisierung positiver und negativer externer Effekte der Land- und Forstwirtschaft" fortgeführt.

1.2 Rahmen und Umfang des Projekts

Die Studie soll einen umfassenden Überblick über die Thematik geben. Einzelaspekte einer energetischen Nutzung von Biomasse werden im Detail in den Gutachten (Kap. 3) von Experten abgehandelt. Nach ausführlicher Diskussion der wichtigsten Fragen (Kap. 4) folgt in Kap. 5 eine zusammenfassende Darstellung der gewonnenen Ergebnisse, verbunden mit einer darauf aufbauenden Evaluierung der Biomasse-Optionen. Am Ende stehen Empfehlungen an die politischen Entscheidungsträger. Leitlinie für die Evaluierung war neben den in Kap. 1.4 dargelegten Werthaltungen, ob die betreffende Option innerhalb der nächsten beiden Jahrzehnte technisch machbar, ökologisch vertretbar und ökonomisch vernünftig erscheint.

Kein Projekt kommt ohne Begrenzungen aus, wenn es operationalisierbar bleiben will. Der Zeitrahmen für das gesamte Projekt war auf etwa 1 Jahr angesetzt.

Nach gründlichen Vorüberlegungen haben wir uns dazu entschlossen, Anbau und Verwertung von Industriepflanzen, die wie die Energiepflanzen zu den Nachwachsenden Rohstoffen gerechnet werden, nicht in die Studie zu integrieren, sondern nur dort zu behandeln, wo der Energiepflanzenbau davon betroffen ist (z. B. beim Flächenpotential). Der Markt für pflanzliche Industrierohstoffe ist allem Anschein nach begrenzt [5]; die Anforderungen an die Qualität der pflanzlichen Produkte sind im allgemeinen hoch, und es besteht ein erheblicher Züchtungsbedarf [6]. Man kann davon ausgehen, daß der Anbau von Industriepflanzen gegenüber dem Energiepflanzenbau auf absehbare Zeit eine untergeordnete Rolle spielen wird [7].

Energie aus Biomasse umfaßt auch zwei Verwendungspfade, die wir nicht näher verfolgt haben - aus ökologischen wie aus ökonomischen Gründen -, nämlich die Herstellung von Alkohol (Ethanol, Methanol) und von Biogas. Beide Verwertungsoptionen haben eine ausgesprochen schlechte Energiebilanz: Die Konversionsschritte bei der Alkoholerzeugung sind es vor allem, die nur 10-20% des Brutto-Energieertrags an Ethanol als Energiegewinn übrig lassen (Kap. 3.3); im ungünstigsten Fall muß zusätzliche Energie aufgebracht werden [8]. Die notwendige Erwärmung des Faulsubstrates bei der Biogasherstellung bedingt es hauptsächlich, daß 25-50% des Brutto-Energieertrags an Biogas systemintern aufgewendet werden müssen [9,10]. Im Vergleich dazu kann man mit der direkten thermischen Nutzung von Festbrennstoffen aus Biomasse mehr als 10mal mehr Energie erzeugen, als in die Brennstoffbereitstellung hineingesteckt wurde.

Während die Biogasnutzung neben rein energetischen Aspekten über eine Düngewertverbesserung und Sterilisierung des Faulsubstrats sowie eine Verringerung der Ammoniakemissionen weitere ökologische Vorteile aufweisen kann, ist bei der Alkoholerzeugung die Entsorgung der in erheblichen Mengen anfallenden und umweltbelastenden Schlempe weiterhin ein ungelöstes Problem.

Sowohl Alkohol- als auch Biogaserzeugung sind - im Gegensatz zu anderen in der Studie behandelten Biomasseoptionen - in absehbarer Zeit vermutlich nicht in den Bereich der Wirtschaftlichkeit zu bringen. Langfristig kann sich das freilich ändern. Ein weiterer Grund für den Ausschluß von Biogas aus der Studie war, daß durch dessen Erzeugung und Nutzung kein Beitrag zur Beantwortung der Frage geleistet werden kann, was mit den aus der Nahrungs- und Futtermittelproduktion ausscheidenden Flächen zu tun ist.

Mancher Leser wird eine ausgefeilte Ökobilanz zu den behandelten Biomasse-Produktlinien vermissen. Wir sind nach intensiver Diskussion [11] zu dem Schluß gelangt, daß mit dem gegebenen Zeit-, Kosten- und Personalrahmen eine wissenschaftlich fundierte Ökobilanzierung nicht durchzuführen ist. Hier ist - wie auch die Pilotstudie "Ökobilanz Rapsöl" des Umweltbundesamtes [12] zeigt - noch grundlegende Forschungsarbeit nötig. Wir haben natürlich dennoch versucht, die ökologischen Implikationen der Biomasse-Optionen vom Anbau bis zur Verwertung so weit wie möglich zu berücksichtigen.

Unter den geschilderten Rahmenbedingungen beschäftigt sich die vorliegende Studie mit der Verwendung des (derivatisierten) Rapsöls als Schmiermittel und Treibstoff (vor allem in umweltsensitiven Bereichen), mit Festbrennstoffen aus Reststoffen (Stroh, Holz) und mit speziell angebauten Energiepflanzen zur direkten thermischen Nutzung. Die behandelten Themenbereiche umfassen

- Mengen- und Flächenpotentiale
- Anbau und Erzeugung geeigneter Energiepflanzen
- Verarbeitung und Verbrennung von Reststoffen und Energiepflanzen
- Feuerungsanlagen, Logistik und Emissionen
- Energiebilanzen
- ökologische Implikationen
- ökonomische Bilanzen
- Kooperation zwischen Erzeuger und abnehmender Hand
- Kooperation mit den Kommunen und Energieversorgungsunternehmen
- politische Implikationen
- ethische und entscheidungstheoretische Gesichtspunkte.

1.3 Vorgehensweise

Nach interner Abklärung des Projektumfangs und der zu behandelnden Themen haben wir wissenschaftlich anerkannte Experten um ein Gutachten zu einem definierten Thema gebeten. Maßvolle inhaltliche Überschneidungen waren dabei durchaus erwünscht. Auf der Grundlage dieser Gutachten haben wir einen umfassenden Fragenkatalog erstellt, der noch offene spezielle Fragen auflistete und Kardinalfragen des gesamten Projekts zur Diskussion stellte. Ein Workshop mit den 14 Gutachtern und 10 weiteren Experten, abgehalten am 5. und 6. November 1992 in Stuttgart, konnte in intensiver Diskussion diese Fragen klären beziehungsweise eine konsensfähige Antwort darauf formulieren. Die Gutachten wurden aufgrund der Erfahrungen des Workshops von den Autoren nochmals auf den neuesten Stand gebracht. Auf der Grundlage der aktualisierten Gutachten, der

1 Einführung

Workshop-Ergebnisse und der eigenen Literaturrecherchen haben die Herausgeber den ergänzenden Bericht (Kap. 4) und die Synopse (Kap. 5) erstellt. Bericht und Synopse wurden Gutachtern und Experten nochmals zur kritischen Prüfung zugeleitet und deren Anmerkungen so weit wie möglich berücksichtigt. In der vorliegenden Fassung spiegeln die abschließenden Kapitel somit den im Verlauf des Projektes erreichten Expertenkonsens wider und bilden eine solide Basis für Bewertungen und Empfehlungen. Die in Kapitel 2 abgedruckten Stellungnahmen je eines Repräsentanten aus der Politik, des badischen Bauernverbandes und des Landesnaturschutzverbandes geben vorab einen Eindruck vom Meinungsspektrum zum Thema "Energie aus Biomasse".

Eine Adressenliste aller Beteiligten findet sich nach dem Inhaltsverzeichnis.

1.4 Technikfolgenabschätzung und Technikfolgenbewertung

Technikfolgenabschätzung betrachten wir als eine auf interdisziplinärer Zusammenarbeit aufbauende Wissenschaft, die Sach- oder Verfügungswissen bereitstellt. Die komplementäre Technikfolgenbewertung kann nicht von den Experten allein geleistet werden, sondern ist eine Aufgabe aller gesellschaftlicher Gruppen und impliziert ethische Überlegungen [13].

Aber auch die Technikfolgenabschätzung kann nicht ohne Bewertungen auskommen. Zum einen sind, wie oben dargelegt, Systemgrenzen festzulegen, um ein bestimmtes Projekt operationalisierbar zu machen. Die Grenzziehung ist unweigerlich mit einem Bewertungsschritt verbunden. Zum anderen muß sich der die Technikfolgenabschätzung betreibende Experte zu einer - auf wissenschaftlicher Einsicht beruhenden - Empfehlung durchringen, wenn eine gesellschaftlich-politische Wirkung erzielt werden soll. Bei allem Bemühen um Objektivität können hier Wertungen nicht vermieden werden. Zur Aufgabe einer Technikfolgenabschätzung gehört es daher auch, die bei der Themenfindung und Projektdefinition sowie bei den Schlußfolgerungen eingeflossenen Bewertungen soweit wie möglich explizit zu machen. Dies gilt vor allem für solche Projekte, bei denen Zielkonflikte naheliegen.

In die Definition der Projektgrenzen und in die Empfehlungen gingen nach unserer Einschätzung folgende Werthaltungen mit ein, die naturgemäß nicht von jedem geteilt werden:

1. Der Erhalt der bäuerlich geprägten Kulturlandschaft ist ein erstrebenswertes Ziel. Sie wird von den meisten Menschen als eine emotionale und ästhetische Ressource empfunden, die es möglichst ungestört zu erhalten gilt. Die Landwirtschaft wird so zur Quelle der Wertschöpfung für einen großen Teil des Fremdenverkehrs. Ein Erhalt der Kulturlandschaft ohne den produzierenden Landwirt und im besonderen ohne den bäuerlichen Familienbetrieb wäre für die Gesellschaft auf Dauer unbezahlbar.

Die Einkommensübertragungen ("Subventionen") an die Landwirtschaft kann man unserer Meinung nach zu einem großen Teil als Ausgleich für eine bisher unentgeltlich erbrachte landeskulturelle Leistung sehen. Eine nachprüfbare Evaluierung kann allerdings erst dann erfolgen, wenn die negativen wie positiven externen Effekte der Landwirtschaft monetär bewertet worden sind. Ein entsprechendes Projekt befindet sich in der Anlaufphase ("Internalisierung der positiven und negativen externen Effekte von Land- und Forstwirtschaft").

2. Naturschutz, Arten-, Biotop- und Landschaftsschutz sind eine wertvolle Zielsetzung - auch oder gerade in einer hochentwickelten Industriegesellschaft. Abgesehen von eng begrenzten Primärbiotopen wird dieser Schutz in der Regel durch eine geschickte Einbettung in die vielfältig genutzte Kulturlandschaft erreicht.

3. Die momentan gewährleistete Autarkie in der Versorgung mit Grundnahrungsmitteln (etwa im Rahmen der EG) sollte nicht aufs Spiel gesetzt werden. Dazu ist eine robuste Produktionskraft der heimischen Landwirtschaft unabdingbar.

4. Nahrung hat Vorrang vor Energie. Die Erzeugung von Energiepflanzen konkurriert mit dem Anbau von Nahrungs- und Futtermittelpflanzen um die produktionskräftigen Flächen. Wenn sich der Trend der gegenwärtigen Überproduktion - aus welchen Gründen auch immer - umkehrt, müssen die für energetische Zwecke genutzten Flächen innerhalb kürzester Frist wieder für die Nahrungsmittelproduktion zur Verfügung stehen.

5. Nachhaltige Entwicklung ist für die Akademie kein Schlagwort, sondern bedeutet eine auf Dauer angelegte (Über-)Lebensstrategie. Eine umwelt- und sozialverträgliche Nutzung regenerativer Energieträger, auch der Biomasse, ist eine wesentliche Voraussetzung für die Implementation dieser Strategie.

Literatur

[1] Statistisches Landesamt (Hrsg) (1992) Wandel der landwirtschaftlichen Betriebsstruktur in Baden-Württemberg. Baden-Württemberg in Wort und Zahl 9/92, S. 412-421
[2] Stuttgarter Zeitung 133 vom 11.6.92, S.9
[3] Agra-Europe 1/2/93 vom 4.1.93, Länderberichte 16
[4] Agra-Europe 52/92 vom 21.12.92, Länderberichte 3
[5] Agra-Europe 5/93 vom 1.2.93, Dokumentation
[6] Eggersdorfer M, Warwel S und Wulff G (Hrsg) (1993) Nachwachsende Rohstoffe. Perspektiven für die Chemie. VCH, Weinheim, ISBN 3-527-29019-2
[7] Wintzer D, Fürniß B, Klein-Vielhauer S, Leible L, Nieke E, Rösch Chr und Tangen H; AFAS (1992) Zusammenfassung der Ergebnisse der TA-Studie "Nachwachsende Rohstoffe". KfK-Nachr. Jahrg. 24, 4/92, S. 245-253

[8] Born P (1992) CO$_2$-neutrale Energieträger aus Biomasse? BWK 44/6, S. 271-274
[9] Kaltschmitt M und Wiese A (1992) Potentiale und Kosten regenerativer Energieträger in Baden-Württemberg. Zeitschrift für Energiewirtschaft (ZfE) 4/92, S. 263-281
[10] Mohr H (1993) Kriterien einer nachhaltigen Technikentwicklung. In: Nitsch J und Rettich S (Hrsg) Biogas - Nutzungsmöglichkeiten für Baden-Württemberg. Fachtagung des Wirtschaftsministeriums Baden-Württemberg am 14.6.93 in Stuttgart
[11] Mohr H (1993) Ökobilanzen. In: Ortmaier E (Hrsg) Tagungsband zum Symposium "Im Kreislauf der Natur - Naturstoffe für die moderne Gesellschaft", Würzburg
[12] Umweltbundesamt (Hrsg) (1993) Ökologische Bilanz von Rapsöl bzw. Rapsölmethylester als Ersatz von Dieselkraftstoff (Ökobilanz Rapsöl). Umweltbundesamt Berlin
[13] Mohr H (1992) Integration von Politik, Wirtschaft und Wissenschaft. Verbraucherpolitische Hefte, Nr. 15, Dezember 92, S.103-116

2 Stellungnahmen

Bei den im folgenden abgedruckten Stellungnahmen handelt es sich um Meinungsäußerungen. Der Text wurde von den Herausgebern lediglich formal bearbeitet und dem Layout angepaßt. Für den Inhalt zeichnen ausschließlich die Autoren verantwortlich.

Die Stellungnahmen

2.1 E. Löhle:
Energie aus Biomasse und Rohstoffe für den Nicht-Nahrungsmittelbereich aus der Sicht des Landwirts

2.2 H.H. Dölle:
Stellungnahme des Landesnaturschutzverbandes Baden-Württemberg zu "Energie aus Biomasse - eine Chance für die Landwirtschaft?"

2.3 L. Reddemann:
Nachwachsende Rohstoffe aus der Sicht der Landespolitik

2.1 Energie aus Biomasse und Rohstoffe für den Nicht-Nahrungsmittelbereich aus der Sicht des Landwirts

Ekkehard Löhle
Vizepräsident des Badischen Landwirtschaftlichen Hauptverbandes e.V.
(Freiburg, 28.1.1993)

Zusammenfassung:

1. Die Sorge um das Weltklima verpflichtet zu einer Wende in der Energiepolitik. Dazu bedarf es großer gemeinsamer Anstrengungen zur Änderung der gesellschaftlichen Einstellung sowie energischer politischer Entscheidungen.

2. In die GATT-Vereinbarungen sind zwingend und ohne weitere Verzögerung Umweltartikel aufzunehmen mit dem Ziel, Umwelt-Dumping im internationalen Handel zu unterbinden.

3. Landwirte sind bereit und in der Lage, in erheblichem Umfang Energie aus Biomasse zu produzieren. Sie erwarten dazu die rasche Verbesserung der wirtschaftlichen Rahmenbedingungen für den Energiepflanzenanbau.

4. Zum Grundverständnis der Landwirte zählt ökologisch sinnvolles Produzieren, nicht das Unterlassen, nicht die Stillegung von Ackerflächen und nicht der Empfang staatlicher Direktzahlungen als Verlustausgleich für systembedingte Preissenkungen. Der Anbau von Energie aus Biomasse muß aus umwelt- und energiepolitischen Gründen sowie im Blick auf die Endlichkeit fossiler Energien eine wachsende Bedeutung erlangen.

5. Alle Anstrengungen sind zu intensivieren, Pflanzen zu züchten, die für eine wirtschaftliche Energienutzung in Frage kommen können.

6. Eine stärkere Kooperation der Landwirtschaft und der Vermarkter mit Verarbeitungs- und Industrieunternehmen ist für eine schnelle Markteinführung von Energie aus Biomasse unumgänglich.

7. Der bäuerliche Berufsstand fordert ein stärkeres Engagement der Industrie und der Wirtschaft bei der Verwendung nachwachsender an Stelle fossiler Energien.

2.1 Stellungnahme des Badischen Landwirtschaftlichen Hauptverbandes   11

8. Auf der Basis des bisherigen Forschungs- und Entwicklungsstandes in den genannten Bereichen fordert der Berufsstand eine verstärkte Durchführung von Pilotvorhaben mit besonderem Bezug zur Praxis.

9. Um weitere Neuentwicklungen und Innovationen zu beschleunigen, ist ein verstärktes Engagement bei der Grundlagenforschung und der angewandten Forschung durch eine verbesserte Zusammenarbeit zwischen dem Bundesministerium für Forschung und Technologie, den Universitäten und Landesanstalten mit der Industrie und der Landwirtschaft zu veranlassen.

10. Die Energiewende kann von der Landwirtschaft allein nicht bewerkstelligt werden. Dazu bedarf es der Unterstützung der Wirtschaft, der Gesellschaft und der Politik.

11. Energie aus Biomasse wird der Landwirtschaft in den kommenden Jahren neue unternehmerische Chancen eröffnen und zugleich zur Verbesserung der Qualität der Lebensgrundlagen beitragen.

Technischer Fortschritt und Nahrungsmittelüberschuß

Der Anbau von Energiepflanzen zur Erhaltung der tierischen Zugkraft war bis in die Mitte dieses Jahrhunderts neben der Nahrungsmittelproduktion die wichtigste ackerbauliche Zielsetzung der Landwirtschaft.
   Mit dem rasanten Bevölkerungswachstum und dem Einzug der Technik in die Landwirtschaft geriet der Anbau von Energiepflanzen nahezu in Vergessenheit. Die rücksichtslose und umweltschädliche Ausbeutung der fossilen Energievorräte führten dazu, daß heute nur noch knapp 10 % der landwirtschaftlichen Flächen der Produktion nachwachsender Rohstoffe dienen.
   Bei weiter steigendem technisch-wissenschaftlichem Fortschritt ernähren immer weniger Landwirte immer mehr Menschen. Um die Jahrhundertwende konnte ein Landwirt Nahrungsmittel für vier Mitbürger bereitstellen, 1950 für zehn und 1990 bereits für 70 Mitbürger. Diese beachtliche Produktivitätssteigerung führte zu einem stetig anwachsenden Überschuß an Nahrungsmitteln in der Europäischen Gemeinschaft. 1991 wurden in der EG 180 Mio. t Getreide geerntet. Der Eigenbedarf lag bei rund 140 Mio. t.

Marktordnung durch Stillegungsprogramme

Als Instrument der Mengenreduzierung beschloß der EG-Ministerrat die Einführung eines freiwilligen Flächenstillegungsprogramms. Die den EG-Mitgliedsstaaten überlassene nationale Ausgestaltung dieser Programme hatte in Deutschland eine im EG-Vergleich überproportionale Stillegungsrate zur Folge.

Besonders betroffen davon war und ist Baden-Württemberg. An der rund 1,7 Mio. ha großen Stillegungsfläche der EG hatte die Bundesrepublik 1991/92 einen Anteil von 56 %. Der Anteil stillgelegter Ackerflächen erreichte in Baden-Württemberg im Wirtschaftsjahr 1991/92 einen Anteil von 4,5 %, im Regierungsbezirk Freiburg sogar 5,9 % und in einigen Landwirtschaftsamtsbereichen in der Rheinebene sogar Werte von rund 20 %.

Stillegungsverpflichtungen rütteln an bäuerlichem Selbstverständnis

Flächenstillegungen weisen keinen langfristig erfolgreichen und ermutigenden Weg einer dauerhaften Einkommenssicherung in der Landwirtschaft.
Landwirte wollen ökologisch sinnvoll produzieren. Es spricht gegen ihr berufliches Grundverständnis, Produktionsflächen ungenutzt liegen zu lassen. Langjährige Stillegungen führen zudem zu einer Verarmung, Versteppung und Versauerung der Böden sowie zu erheblichen Wertminderungen.

Die einjährige Stillegung und auch die Rotationsbrache hält der bäuerliche Berufsstand aus ackerbaulicher Bewertung für weitaus sachgerechter. Bei ordnungsgemäßer Bodenbearbeitung und Begrünung können Bodenverbesserungen erzielt werden. Diese aufwendigeren Formen der Stillegung werden jedoch in bestehenden EG-Verordnungen und Ausgleichsregelungen ebenso wie die dazu erforderlichen Aufzeichnungspflichten und Schreibtischarbeiten nicht oder nur unzureichend honoriert.

Mit steigender Produktivität in der europäischen Landwirtschaft und in der Folge eines zunehmend liberalisierten Weltagrarhandels müssen immer mehr Flächen stillgelegt werden. Folgen daraus sind, daß

- Pachtflächen knapp werden,
- Verpächterzustimmungen immer häufiger abgelehnt werden,
- stillgelegte Flächen als Grundlage für die umweltgerechte Ausbringung von organischem Dung aus der Viehhaltung fehlen,
- die Bewirtschaftung von nichtstillgelegten benachbarten Flächen durch Samenflug erschwert ist,
- eine Intensivierung der Produktion auf nichtstillgelegten Flächen stattfindet,
- die Rekultivierung langjährig stillgelegter Flächen einen hohen Pflanzenschutz- und Düngemitteleinsatz erforderlich macht und
- stillgelegte Flächen an Wert verlieren.

Stabilisatorenbeschlüsse, Flächenstillegungsprogramme und schließlich die Reform der EG-Agrarpolitik haben viele Betriebe zur Aufgabe und viele potentielle Hofnachfolger zu einer Abwendung vom bäuerlichen Beruf veranlaßt. Der Rückgang der Ausbildungszahlen in der Landwirtschaft in Baden-Württemberg belegt diese Einschätzung. Selbst bei einem beschleunigten Strukturwandel in der heimischen Landwirtschaft müßten jährlich rund 1.000 Jugendliche eine

2.1 Stellungnahme des Badischen Landwirtschaftlichen Hauptverbandes

Ausbildung neu beginnen, um den Bedarf an qualifizierten Betriebsleitern mittelfristig zu decken. 1992/93 begannen indes nur 152 junge Menschen eine solche Ausbildung.

Landwirte wollen unternehmen und nicht unterlassen. Sie wollen ihre Ertragskraft vorwiegend aus der Produktionsgrundlage Boden schöpfen. Die dauerhafte Erhaltung der Bodenfruchtbarkeit ist für Landwirte seit Generationen höchstes Gebot.

Kann die Demotivation der Landwirte nicht aufgehalten werden, so wird das ernsthafte Konsequenzen nicht allein für den Berufsstand, sondern für viele Dörfer und den ländlichen Raum haben. Die Wirtschaftskraft einer Region ist dauerhaft nur zu erhalten, wenn die Attraktivität des Lebensraumes gesichert ist. Die Wirtschaftsregion Baden-Württemberg profitiert von der Schönheit einer gut erschlossenen Kultur- und Erholungslandschaft als Produkt einer von bäuerlichen Familien seit Generationen als wirtschaftliche Grundlage erhaltenen und gepflegten Flur. Nur eine multifunktionale Landwirtschaft kann diese gesellschafts- und umweltpolitisch unverzichtbare Aufgabe erfüllen. Landschafts- und Umweltpflege durch wirtschaftliche Nutzung kann nicht durch staatliche Pflegetrupps ersetzt werden. Flächenstillegung oder gar großräumige Aufgabe der Produktion auch in weniger ertragreichen Regionen würde eine gefährliche und irreparable Veränderung unserer Landschaft nach sich ziehen.

Diese berufsständische Bewertung steht in vollem Einvernehmen mit der des Landesnaturschutzverbandes Baden-Württemberg.

In einer gemeinsamen Erklärung der Bauernverbände mit dem baden-württembergischen Dachverband der Naturschutzverbände wurde im März 1991 die Befürchtung geäußert, daß sich die Sinnkrise in der Landwirtschaft erhöhen und in deren Folge die über Jahrhunderte geschaffene Kulturlandschaft zerstört werden könne. Es gilt als unbestritten, daß eine multifunktionale bäuerliche Landwirtschaft die größte Akzeptanz in der Gesellschaft findet. Diese Akzeptanz kann nicht durch Stillegung, sondern nur durch eine umweltgerechte Landbewirtschaftung erhalten und ausgebaut werden.

Energie aus Biomasse als Chance?

Der Anbau von Energiepflanzen auf sonst stillzulegenden Flächen muß unter Beachtung aller ökologischer Grundsätze bei Produktion und Verarbeitung gefördert werden.

Dazu ist erforderlich, daß neue Märkte erschlossen und Anwendungsgebote erlassen werden.

Die weitreichenden umweltpolitischen Vorteile des Einsatzes von nachwachsenden Rohstoffen müssen genutzt und auch ökonomisch gerecht bewertet werden.

Statt Stillegung fordert der Berufsstand deshalb seit Jahren eine Extensivierung der Produktion in Teilbereichen der Landwirtschaft und eine Nutzung freiwerdender Flächen zur Produktion von Biomasse zu Energiezwecken.

Die Landwirtschaft ist bereit und in der Lage, hochwertige Energiepflanzen in gleichbleibender Qualität zu erzeugen und dies unter Beachtung ordnungsgemäßer Fruchtfolgen, umweltschonender Anbauweisen und regionaler ökologischer Bedingungen.

Der gute Ausbildungsstand der Landwirte in Europa und insbesondere in Deutschland bietet eine solide Grundlage für die Umsetzung neuer pflanzenbaulicher und gentechnischer Erkenntnisse.

Eine standortgerechte Produktion von Energiepflanzen muß aber auch unterstützt werden durch eine aktuelle und qualifizierte Beratung sowie durch den Ausbau von Feldversuchen in Zusammenarbeit mit bäuerlichen Betrieben. Mit der Einrichtung eines Instituts für umweltgerechte Landbewirtschaftung in Müllheim und einer grenzüberschreitenden Forschungsstelle folgte das Land Baden-Württemberg in vorbildlicher Weise den Empfehlungen des Badischen Landwirtschaftlichen Hauptverbandes und des Badisch-Elsässischen Landwirtschaftskomitees zur Erschließung regionaler Produktionsalternativen.

EG-Agrarreform und GATT-Agrarkompromisse als Chance und Hindernis

Mit der im Mai 1992 beschlossenen Reform der EG-Agrarpolitik wurde der europäischen Landwirtschaft eine Verbesserung der Marktchancen für nachwachsende Rohstoffe in Aussicht gestellt. Die dazu erlassenen Verordnungen mit ihren hyperbürokratischen Regelungen für den Anbau, die Erfassung und Verarbeitung von Energie- und Industriepflanzen lassen bislang nicht erkennen, daß diese Zusage eingelöst werden wird.

Völlig unakzeptabel sind für den bäuerlichen Berufsstand die im Zuge der Verhandlungen der EG mit den USA erzielten Kompromisse über ein neues Welthandelsabkommen im Agrarbereich. Bei Annahme dieses miserablen Verhandlungsergebnisses würde die EG eine Begrenzung ihrer auf Stillegungsflächen vorgesehenen Ölsaatenproduktion auf maximal 720.000 ha dauerhaft hinnehmen. Damit überließe die EG den Weltmarkt neuer Energiepflanzen weitgehend den Amerikanern. Angesichts der von den Bauernverbänden in der Folge des GATT-Agrarkompromisses errechneten künftigen Stillegungsverpflichtungen von weit über 30 % der bisherigen Getreidefläche der EG entstünde eine neue Abhängigkeit der Europäer von den Amerikanern.

Der bäuerliche Berufsstand lehnt solche Knebelungen ebenso ab wie die bisherigen, verwaltungsaufwendigen nationalen Verordnungsentwürfe zur Umsetzung der EG-Vorschrift über den Anbau von nachwachsenden Rohstoffen.

Die vorgesehenen direkten Anbau- und Abnahmeverträge zwischen Produzenten und Erstverarbeiter erscheinen praxisfremd und demotivierend. Erzeugergemeinschaften sowie Erfassungs- und Vermarktungseinrichtungen sind als Zwischenstufe zuzulassen.

2.1 Stellungnahme des Badischen Landwirtschaftlichen Hauptverbandes

Das von der EG in Aussicht gestellte Ziel einer Verbesserung der Marktchancen nachwachsender Energien und Rohstoffe kann nur erreicht werden, wenn Erzeugergemeinschaften gebildet und gefördert sowie dezentrale Energieversorgungsunternehmen in Mitverantwortung von Landwirten eingerichtet werden.

Bei allen Wirtschaftlichkeitsberechnungen über dezentrale Energieversorgungskonzepte auf der Grundlage von Energie aus Biomasse sind neben den ökologischen Vorzüglichkeiten auch die Wertschöpfung für die jeweilige Region, die Sicherung der Arbeitsplätze und der ländlichen Infrastrukturen sowie der Wert der Erhaltung einer vielgliedrigen, gepflegten Kultur- und Erholungslandschaft einzubeziehen.

Rahmenbedingungen müssen geändert werden

Eine unternehmerische Chance für die heimische Landwirtschaft kann Energie aus Biomasse dann bieten, wenn eine Wende in der Energiepolitik eingeleitet wird. Österreich, die Schweiz, Norwegen und Dänemark sind in diesem Bemühen weit fortgeschritten.

Die Landwirtschaft erwartet durch Energiepflanzenanbau eine erhöhte gesellschaftliche Anerkennung als vollwertiges Glied der Volkswirtschaft. Sie erwartet ferner, daß bäuerliches Einkommen stärker als bisher am Markt erwirtschaftet werden kann, Kapitalverluste in der Landwirtschaft unterbleiben und die Wertschöpfung ländlicher Regionen verbessert wird.

Der technische und züchterische Fortschritt ist auch in der Zukunft nicht aufzuhalten. Für die Sicherstellung der Ernährung der EG-Bürger werden immer weniger landwirtschaftliche Flächen benötigt. Eine noch stärkere Extensivierung führt zu erheblichen Qualitätsverlusten und zu folgenschweren Entwicklung für ländliche Regionen.

Zu immer höheren Stillegungsverpflichtungen bietet sich die Anbaualternative von Energiepflanzen an. Bei dezentraler Energiegewinnung kann eine rentable Verwertung immer größerer Mengen von Grüngut aus Biotop-Flächen sowie von Resthölzern aus Durchforstungsflächen und der Industrieholz-Verarbeitung erreicht werden.

Solche Ziele können nur mit einer veränderten Energiepolitik erreicht werden. Die "Ex- und Hopp-Mentalität" in weiten Teilen der Gesellschaft muß überwunden und an deren Stelle ökologische Gesamtrechnungen gestellt werden. Die galoppierenden Umwelt-Folgekosten unserer derzeit kurzsichtigen Energiepolitik werden zu verändertem Verbraucherverhalten zwingen.

Der Energiepreis wird heute weltweit aus den Ausbeutekosten und nicht den hinzuzurechnenden Umweltfolgekosten abgeleitet. Erneuerbare und umweltfreundliche Energien können bei den bisherigen Kenngrößen keine wirkliche Wettbewerbsfähigkeit erzielen. Warten auf globale Lösungen kostet wertvolle Zeit und vergrößert die Umwelt-Hypothek, die früher oder später abzutragen sein wird.

Die Selbstzweifel in der Landwirtschaft können dann überwunden werden, wenn die ökologischen Leistungen der Bauern auch im Energiesektor Anerkennung finden. Eine wachsende Sensibilisierung von Verbrauchern und Gebietskörperschaften für mehr Lebensqualität, für die Sicherung der natürlichen Lebensgrundlagen, für eine Verbesserung der Luft- und Wasserqualität, für die Bekämpfung des Treibhauseffekts und die Erhaltung der Ozonschicht könnte zu einer Stabilisierung und positiven Veränderung der Rahmenbedingungen für die Energieproduktion aus Biomasse beitragen.

Zur Lösung der Umweltprobleme und zur Sicherung der Lebensqualität bedarf es gemeinsamer Anstrengungen von Landwirten und Naturschützern, der Wirtschaft und der Politik. Die Landwirtschaft kann dazu eine Pionier- und Orientierungsfunktion übernehmen. Der Landesnaturschutzverband Baden-Württemberg und die Arbeitsgemeinschaft Badisch-württembergischer Bauernverbände haben sich in ihrem gemeinsamen Grundsatzprogramm darauf verständigt, in diesem Bemühen enger zusammenzuarbeiten.

Die ökologischen Vorteile der Energie aus Biomasse müssen materiell neu bewertet werden. Umweltschutz und Umweltleistungen müssen ins Bewußtsein einer breiten Bevölkerung gerückt werden. Durch fiskalische Maßnahmen und Anwendungsgebote können umweltpolitisch schädliche Entwicklungen geändert und neue wirtschaftliche Rahmenbedingungen geschaffen werden.

Umweltartikel in Welthandelsabkommen aufnehmen

Der Deutsche Bauernverband fordert seit Jahren die Einführung eines Umweltartikels im General Agreement on Tariffs and Trade (GATT). Diese Forderung wurde vor wenigen Wochen von Bundeslandwirtschaftsminister Ignaz Kiechle im EG-Ministerrat aufgegriffen und empfohlen, dazu eine gemeinsame europäische Initiative zu ergreifen. Durch globale, im GATT vereinbarte Produktionsstandards könnten die derzeit wild wuchernden Umwelt-Dumpings im landwirtschaftlichen und industriellen Handel unterbunden und die Wettbewerbsnachteile für erneuerbare Energien aus Biomasse ausgeräumt werden. Durch eine solche Vereinbarung könnte ein wirksamer Schutz der Lebens- und Umweltqualität weltweit erreicht werden.

Anwendungsgebote unerläßlich

In ihrer Regierungserklärung zur laufenden Legislaturperiode haben die Bundes- und die Landesregierung Zusagen gemacht, Anwendungsgebote für nachwachsende Rohstoffe zu erlassen. Solche Gebote müssen nun für Schmier- und Kraftstoffe in Wasserschutzgebieten erlassen werden. Sie sind aber auch als Beimischungsgebote von Bio- zu fossilen Kraftstoffen zu erlassen. Für die Verwendung von Energie aus Biomasse könnten Bundes- und Landesbehörden Vorreiterrollen übernehmen.

Dezentrale Energieversorgungsanlagen mit Wärme-Kraft-Koppelung, die Nutzung von Schwachhölzern aus Waldgebieten sowie aus Energiewäldern, die Erschließung der Palette der C4-Pflanzen und die Verwertung von Stroh, von Getreide-Ganzpflanzen und schließlich auch von Rapsöl weisen in eine neue Richtung der Energiepolitik. In Schweden wurde erst jüngst errechnet, daß Strom aus Hackschnitzelanlagen um 40 % billiger ist als der aus ölbetriebenen Anlagen und 10 % billiger als aus Steinkohlekraftwerken produzierter Strom erzeugt werden kann.

Pflanzenöl aus Raps

Die Markteinführung von Rapsöl als Biodiesel in Form von Rapsmethylester wird derzeit in verschiedenen Modellprojekten getestet. 30 Freiburger Taxen fahren bereits seit Frühjahr 1992 "vegetarisch". Mit einem Flottenversuch mit insgesamt 300 Taxen wird Berlin in Kürze diesem Beispiel folgen. Die Chance für den Einsatz solcher umweltfreundlicher Treibstoffe liegen insbesondere in der Anwendung in umweltsensiblen Bereichen wie beim Taxi- oder Omnibusverkehr in Großstädten, bei der Bundeswehr und bei Motorbooten auf Seen, die als Trinkwasserspeicher dienen.

Die ökologischen Vorteile des Einsatzes solcher erneuerbarer Energien aus Biomasse sind überzeugend:

Die Ökobilanz der Bio-Diesel-Strategie ist unzweifelhaft positiv. Biodiesel genießt schon heute Mineralölsteuerfreiheit. Eine bereits angesagte CO_2-Steuer wird pflanzliche Energie aus Raps begünstigen.

Nicht zu verkennen sind die positiven Umweltwirkungen des Biodiesels. Es wird nur soviel CO_2 bei der Verbrennung freigesetzt, wie vorher von der Pflanze aus der Atmosphäre aufgenommen wurde. Die Energiebilanz ist eindeutig im Verhältnis 1 : 5 positiv. Durch Verbrennen von Biodiesel entstehen keine umweltschädlichen Schwefelemissionen. Die Beeinträchtigung des Klimas durch die Verbrennung von Biodiesel ist weit geringer als bei der durch Petro-Diesel.

Die wirtschaftliche Seite von Rapsöl

Rapsöl wird in der EG zu Weltmarktpreisen gehandelt. Damit steht der verarbeitenden Ölindustrie eine preiswerte und saubere Energie zur Verfügung. Die flächenbezogene Stützung des Ölsaatenanbaus durch die Europäische Gemeinschaft darf nicht den Produktionskosten für Rapsmethylester zugerechnet werden. Diese Stützung dient der Erhaltung unserer Kulturlandschaft. Die Schwelle zur Rentabilität ist damit bei Rapsmethylester nahezu erreicht. Der Einsatz dieser umweltfreundlichen Energie ist heute bereits völlig problemlos und erfordert keine Umrüstung von Fahrzeugen.

Eine ökologisch sinnvolle CO_2-Abgabe auf fossile Treibstoffe würde die wirtschaftliche Konkurrenzfähigkeit von Bio-Kraftstoffen voll gewährleisten.

Die Reproduzierbarkeit von Energie aus Biomasse durch die Landwirtschaft ist heute schon sehr groß. Einsatzmöglichkeiten bieten dabei insbesondere Biomasse-Heizwerke vor allem in ländlichen Bereichen. Beispiele hierfür könnten sein:

- Kommunale Energieversorgungsunternehmen mit Wärmekraftkoppelung
- Großgärtnereien
- Brauereien
- Brennereien
- Zuckerfabriken
- Krankenhäuser
- Schwimmbäder
- Wohngebiete mit Fernwärme
- Gewerbe- und Industriebetriebe

Liegen realistische wirtschaftliche Rahmenbedingungen vor, so lassen sich die Produktionspotentiale durch die Landwirtschaft sehr schnell erschließen. Schon heute gilt es, die Markteinführung durch konkrete Demonstrationsprojekte vorzubereiten. Eine verstärkte Zusammenarbeit zwischen Erzeugerbetrieben und der Wirtschaft ist dazu vordringlich. Forschungsarbeiten sind heute schon so weit fortgeschritten, daß die grundsätzliche Frage der Einsatzfähigkeit zahlreicher Energien aus Biomasse nicht mehr ernstlich in Frage gestellt werden kann.

Die Landwirtschaft erwartet jetzt die Umsetzung konkreter Projekte.

2.2 Stellungnahme des Landesnaturschutzverbandes Baden-Württemberg zu "Energie aus Biomasse - eine Chance für die Landwirtschaft?"

Hans-Hinrich Dölle, als Vertreter des Landesnaturschutzverbandes Baden-Württemberg im Kuratorium der Akademie
(Zürich, 6.5. 1993)

Die Energiewirtschaft in den hochentwickelten Ländern steht am Wendepunkt. Die CO_2-Problematik zwingt zum Umdenken. Die Nutzung des Energieträgers Biomasse ist ein kleiner Beitrag dazu. Wichtiger wäre es, die fossilen Energieträger dort drastisch zu verteuern und wirksame Einsparungsmaßnahmen dort durchzusetzen, wo heute die meiste Energie verbraucht wird: bei der Raumheizung, im Verkehr und bei der Prozeßwärme.

Eine Verteuerung der fossilen Energieträger zwingt nicht nur zur Energie-Ökonomie, sondern bietet endlich auch die Möglichkeit, andere Energieträger am Kostenwettbewerb erfolgversprechend teilhaben zu lassen.

Biomasse umfaßt nicht nur nachwachsende Energieträger, sondern auch sogenannte biogene Reststoffe, was die Studie der Akademie nicht berücksichtigt: organische Abfälle, Stroh und - was in Baden-Württemberg von besonderer Bedeutung ist - Holz in unterschiedlichem Zustand.

Präferenz muß die Nutzung dieser Stoffe haben, aus ökonomischen, ökologischen, technischen, politischen, ethischen und zeitlichen Gesichtspunkten heraus!

Gründe, die gegen den Anbau von nachwachsenden Energieträgern sprechen:

- Intensivierung statt Extensivierung in der Landwirtschaft
- Nachteile für Boden und Grundwasser (siehe z.B. FDE, Stuttgart 4/93: "...der Anbau von Raps hat einen höheren Düngungsbedarf gegenüber dem Nahrungsmittel-Anbau")
- Steigerung des Verkehrsaufkommens, z.B. beim An- und Abtransport von Rapsöl zu sogenannten zentralen Veresterungsanlagen
- Neuanbau statt Nutzung von bereits vorhandenen Reststoffen
- Nichtbeachtung baden-württembergischer Voraussetzungen.

Erneuerbare Energieträger wie Raps müssen großflächig integriert angebaut werden, um diese Art der Landbewirtschaftung überhaupt wirtschaftlich darzustellen. Ein solcher großflächiger Anbau konterkariert die seit wenigen Jahren laufenden Bemühungen um den Boden- und Grundwasserschutz. Der halbwegs wirtschaftlich darstellbare Anbau von Raps stellt die politisch und ökologisch gewollte Extensivierung in der Landwirtschaft auf den Kopf.

Die Enquete-Kommission Technologiefolgen-Abschätzung des Bundestages schreibt in ihrem Bericht über nachwachsende Rohstoffe am 24. September 1990: "Negative Umweltauswirkungen können insbesondere bei dem Anbau von Massenrohstoffen, der zu einer weiteren Intensitätssteigerung in der landwirtschaftlichen Produktion führen würde, erwartet werden."

Hinzu kommt, wie aus Studien des Umweltbundesamtes, aus Ingenieurstudien für Blockheizkraftwerke in Baden-Württemberg und aus den Schlußfolgerungen der Enquete-Kommission Technologiefolgenabschätzung des Bundestages hervorgeht, daß Raps eben doch nicht so problemlos oder umweltneutral zu nutzen ist:

- Das Rapsöl muß als Kraftstoff chemisch aufbereitet werden, Stichwort Methylester,
- beim Raps-Anbau entstehen andere "Treibhausgase" wie das aggressive Lachgas, und
- der Einsatz landwirtschaftlicher Betriebsmittel wie Saatgut, Düngemittel, Pflanzenschutzmittel und Brennstoffe fordert laut Enquete-Kommission alleine 30 - 50 Prozent des Gesamtenergieertrages aus dem Erntegut.

In den grundsätzlichen Ausführungen von Prof. Mohr wird die "ästhetische Bedeutung der bäuerlich geprägten Kulturlandschaft" gepriesen, eine Landschaft aus der Sicht des Natur- und Umweltschutzes, die Narben durch eine von der Subventionspolitik provozierte Intensivierung aufweist, eine Landschaft, die uns in Baden-Württemberg teilweise schwermetallhaltige Böden (Stichwort Klärschlamm), eine Verunreinigung der Grundwasserreserven durch Düngung und Pflanzenschutz gebracht hat, eine Landschaft, die die rote Liste der aussterbenden Tier- und Pflanzenarten länger hat werden lassen.

Schon aus diesen Gründen lehnt der Landesnaturschutzverband jede Initiative für den Anbau von sogenannten Energiepflanzen - ganz besonders von Raps - ab.

Es gibt weitere Gründe für ein Nein des Landesnaturschutzverbandes zum großflächigen Anbau nachwachsender Energieträger. Und dieses Nein impliziert eine Überarbeitung der Studie:

Die sinnvolle Nutzung von Biomasse hat folgenden Parametern zu folgen:

- Präferenz für mögliche Nah-Wärme-Systeme und Kraft-Wärme-Kopplung
- Standortbedingungen wie Einzugsgebiet der Rohstoffe (geringes Verkehrsaufkommen durch Transport max. 10-20 km) und Wärmeabnahmestruktur entscheiden über die Art der Biomasse
- unter dem Strich CO_2-neutral

2.2 Stellungnahme des Landesnaturschutzverbandes Baden-Württemberg

- keine neuen Umweltprobleme durch Anbau, Düngung, Pflanzenschutz, Transport, Weiterverarbeitung und Entsorgung der Reststoffe aus der thermischen Behandlung
- erprobte und bekannte Techniken zur Verbrennung oder Vergasung
- eine Ausrichtung auf typische Voraussetzungen in Baden-Württemberg
- soziale Komponente: arbeitsmarktwirksam
- ökonomische Komponente: regionale Wertschöpfung

Folgt man diesen Parametern, so drängen sich zwei Energieträger, die sich speziell in Baden-Württemberg häufen, geradezu auf: Holz, Restholz, Holzabfälle und organische Abfälle. Diese biogenen Reststoffe (diese Bezeichnung trifft für Holz nur dann zu, wenn es nicht zu vermarkten ist) liegen in einer unter Umweltgesichtspunkten nicht mehr akzeptablen großen Menge vor.

Auf meine Frage, warum nicht Holz statt Stroh oder Raps, antwortet Prof. Mohr am 31. März: "In der jetzt zur Debatte stehenden Studie, die sich vorrangig auf die Landwirtschaft bezieht, kommt Holz lediglich im Zusammenhang mit der Rotationsplantage vor. Dies hat technische Gründe: Die energetische Nutzung von Restholz erfordert erhebliche Strategien (und weit mehr Aufwand) als die Nutzung feldtrockener Biomasse in Pelletform in Anlagen der Kraft-Wärme-Kopplung."

Wir haben uns daraufhin an verschiedene Institutionen gewandt, darunter renommierte Ingenieure für Energie- und Umwelttechnik, die Akademie für Natur- und Umweltschutz Baden-Württemberg, das Umweltbundesamt, den BUND und die Forstdirektion Freiburg. Das Ergebnis dieser Recherchen:

1. Das Umweltbundesamt bleibt auch nach der Einschaltung zusätzlicher Gutachten bei seiner ablehnenden Einstellung zum Anbau von Raps. (FR vom 3. 1. 93, Interview mit Heinrich von Lersner)

2. In Sachen Biomasse muß in Baden-Württemberg dem Holz, in welcher Fraktion auch immer, die Präferenz eingeräumt werden. Der Holzmarkt hat sich in den vergangenen Monaten derart dramatisch verändert, daß in Sachen Biomasse rasch umgedacht werden muß, dies im Interesse des staatlichen wie auch des bäuerlich-privatwirtschaftlichen Waldbesitzes, (siehe die ausführlichen Darstellungen in der Studie der Forstdirektion Freiburg vom 30. 12. 92 unter dem Titel "Holz, weitgehend ungenutztes, umweltfreundliches Energiepotential; siehe "Initiative Holz - Rohstoff 2000", zu deren Unterzeichner u.a. der Landesbauernverband BaWü und der BLHV gehören).

3. In der Nutzung von Holz als Energieträger hinkt Baden-Württemberg hinter dem Engagement in Österreich und in der Schweiz her. Allein die Tatsache, daß die Einspeisung von Strom aus privat betriebenen Energieerzeugungsanlagen, insbesondere von solchen auf Holzbasis, bei uns von Rechts wegen erschwert, wenn nicht verunmöglicht wird, spricht für die verfehlte Politik in Sachen Holz.

4. In Österreich werden heute, je nach Bundesland verschieden, zwischen fünf und 15 Prozent der gesamten Primärenergie mit Rohstoff aus der Holzwirtschaft erzeugt. Das entspricht einem jährlichen Bedarf von rund 1,24 Millionen Festmeter Holzhackgut und Rinde mit einem Wert von 80 bis 100 Millionen DM. Dabei werden - und das muß auch den Bauernverband in Zukunft interessieren - eine große Anzahl von Fernwärmeanlagen von bäuerlichen Betriebsgemeinschaften in Form von Fernwärmegenossenschaften betrieben. Die Privat-Wald-Besitzer verkaufen sinnvollerweise nicht den Rohstoff Holz, sondern das Fertigprodukt Wärme. Eine Vorbild für ähnliche regionale Lösungen in Baden-Württemberg?

5. Die energetische Verwendung von Holz, Restholz, Sägerestholz, Durchforstungsholz, Schwachholz etc. stellt zwar eine kapitalintensive (trifft auch bei der Weiterverarbeitung von Raps zu) aber keine technische Herausforderung mehr dar, weder in der Vergasung, noch in der Verbrennung mit nachgeschalteter Rauchgasreinigung. Zum Thema Rückstände: diese sind auf alle Fälle frei von Schwermetallen, was man bei der Verbrennung von Pflanzen, die auf bestimmten Böden Baden-Württembergs angepflanzt werden, nicht sagen kann.

6. Eine Schweizer Untersuchung verdeutlicht die arbeitsmarktpolitischen Effekte: durch Ersatz von 200.000 Tonnen Heizöl durch 1 Million Festmeter Holz verdoppeln wir fast den Arbeitsplatzeffekt. Eine noch zurückhaltende Betrachtungsweise, die in der Bundesrepublik wie auch in Baden-Württemberg aus arbeitsmarktpolitischen Gesichtspunkten besonders im ländlichen Raum immer mehr, je weiter die industriellen Veränderungen voranschreiten, interessieren dürfte (siehe u.a. Schweizer Studie "Energie aus Heizöl oder aus Holz?" des Bundesamtes für Umwelt, Wald und Landschaft).

7. Unsere Wälder, ob bäuerlich privat-wirtschaftlich oder staatlich, produzieren Holz auf Halde oder müssen das Holz teilweise verfaulen lassen. Die Ursachen dafür sind bekannt: Holz-Billigimporte aus Nord- und Osteuropa, Papierrecycling und Umweltursachen in einem überalterten und geschwächten Wald wie Schädlinge, Stürme oder Schadstoff-Eintrag über die Luft, (siehe Literaturhinweise wie auch unter 2). Die Situation im Wald und am Holzmarkt zwingen den privaten wie den staatlichen/kommunalen Waldbesitzer zu anderen Vermarktungs- und Verwendungsstrategien für einen Wert, der einerseits buchstäblich verkommt und andererseits als Pflanze CO_2 bindet und weitere vielfältige Vorteile für den Naturhaushalt bringt.

Energie aus Biogas: In Baden-Württemberg häuft sich ein weiterer Reststoff, dessen Beseitigung uns zunehmend Probleme macht: organische Abfälle aus Industrie und Landwirtschaft. Wie weit hier schon bei uns in Baden-Württemberg

2.2 Stellungnahme des Landesnaturschutzverbandes Baden-Württemberg

gedacht wird, zeigt das Papier "Biogas aus landwirtschaftlichen Abfallsubstraten........" des Fraunhofer Instituts für Grenzflächen- und Bioverfahrenstechnik, Stuttgart.

Wie weit unsere kleinen, aber offensichtlich kreativeren Nachbarn in der Praxis sind, zeigt uns das Beispiel einer Biogasgemeinschaft dreier Dörfer in Dänemark, (Prospekt: "Organischer Abfall: Umweltschutz und Energieversorgung" der B&S Group, Energietechnik GmbH, Hannover Messe 1993).

Als Fazit ist zu fragen, warum sich die Akademie noch mit dem Biomasse-Thema Raps und Stroh befaßt, nachdem auf diesem Gebiet schon ausreichend viele und eher zur Vorsicht mahnende Analysen, Gutachten und Empfehlungen (gerade auch der in Bonn betriebenen Technikfolgenabschätzung und der OECD: Schadstoffabgabe bei der Verbrennung verschiedener Energieträger sowie der bayerischen Landesanstalt für Betriebswirtschaft, Weber: Pflanzenöle als Treibstoff oder des BUND) erarbeitet wurden; und warum die am 3. Mai 1993 vorgelegte Studie von Prof. Mohr eher einen für den Anbau von Raps und strohhaltigem Getreide propagandistischen Charakter hat, weniger einen der behutsamen Abschätzung von Technologiefolgen.

Der LNV empfiehlt der Akademie, wenn schon weitere Schritte in diese falsche Richtung - Nutzung vorhandener Stoffe statt bedenklichem Anbau neuer Stoffe - unternommen werden sollen, eine Öko- und Sozialbilanz aufzustellen zwischen der Studie von Prof. Mohr und dem, was in Baden-Württemberg vor der Haustür liegt: Holz und organische Abfälle. Dabei sind auch jene Technik- und Arbeitskosten in Vergleich zu stellen, die der Landwirt insgesamt zu investieren hat, wenn er Raps oder Getreide anbaut, erntet und vermarktet oder das vorhandene Holz (in welchem Zustand auch immer) nicht liegen läßt, sondern 100%ig erntet und an verschiedene Abnehmer zur unterschiedlichen Weiterverarbeitung oder thermischen Behandlung oder genossenschaftlichen Verwendung (siehe Österreich) vermarktet.

2.3 Nachwachsende Rohstoffe aus der Sicht der Landespolitik

Ludger Reddemann
Staatssekretär im Ministerium für ländlichen Raum, Ernährung, Landwirtschaft und Forsten Baden-Württemberg
(Stuttgart, 15. 3. 1993)

Die Bedeutung der Nutzung von Pflanzen zur Schonung fossiler Ressourcen und zur Entlastung der Umwelt findet in der Öffentlichkeit verstärkt Aufmerksamkeit.
   Baden-Württemberg fördert schon seit einer Reihe von Jahren aus agrar- und umweltpolitischen Gründen Entwicklungen auf dem Gebiet der nachwachsenden Rohstoffe mit erheblichen finanziellen Mitteln.

Für den Anbau nachwachsender Rohstoffe, in Ergänzung zur Produktion von Nahrungsmitteln, sprechen aus der Sicht des Landes vor allem folgende Gesichtspunkte:

- Der Anbau nachwachsender Rohstoffe kann zur Sicherung einer flächendeckenden Landbewirtschaftung und damit zur Erhaltung unserer bäuerlich geprägten Kulturlandschaft beitragen.
- Er kann den ländlichen Raum stärken, wenn sich auf der Basis dieser Rohstoffe eine weiterverarbeitende Industrie entwickelt.
- Er ermöglicht eine Auflockerung der oft zu engen betrieblichen Fruchtfolgen mit günstigen Wirkungen auf die Bodenfruchtbarkeit.
- Der Ersatz fossiler durch nachwachsende Rohstoffe hat ökologische Vorteile.

Allerdings gibt es noch offene Fragen, die im Laufe der Zeit zu klären sind. Vor allem geht es um die Herstellung der Wirtschaftlichkeit einer Verwendung nachwachsender Rohstoffe.
   Während agrarpolitische und soweit erkennbar, auch ökologische Gesichtspunkte für den Einsatz nachwachsender Rohstoffe sprechen, liegt ihr größtes Handicap in der noch fehlenden Wettbewerbsfähigkeit gegenüber den Konkurrenzprodukten aus fossilen Rohstoffen. Das hängt mit deren niedrigen Preisen zusammen. Fossile Rohstoffe lassen sich relativ billig bereitstellen und vertreiben. Auch sind die technischen Prozesse der Weiterverarbeitung ausgereift und in der Praxis erprobt. Ihre Nutzung führt allerdings zu schädlichen Umweltwirkungen, deren Beseitigung hohe volkswirtschaftliche Kosten verursacht, die über den Rohstoffpreis bislang nicht abgedeckt sind.

2.3 Nachwachsende Rohstoffe aus der Sicht der Landespolitik

Das Land Baden-Württemberg unterstützt daher die Überlegungen, nachwachsende Rohstoffe gegenüber den fossilen Rohstoffen steuerlich besser zu stellen, um ihnen auf diese Weise den Marktzugang zu erleichtern.

Die Ergebnisse des Workshops geben den Stand der Forschung und Anwendung auf dem Gebiet der nachwachsenden Rohstoffe umfassend wieder. Sie liefern der Politik wichtige Entscheidungshilfen. Es sei deshalb den Veranstaltern, Referenten und Teilnehmern an dieser Stelle herzlich gedankt.

3 Gutachten

Die wissenschaftliche Verantwortung für die im folgenden abgedruckten Gutachten liegt bei den jeweiligen Autoren. Die Herausgeber haben den Autoren lediglich einige Vorschläge unterbreitet und im Bedarfsfall das Layout der Beiträge dem gewünschten Druckbild angepaßt. Die Gutachten wurden im Anschluß an den Workshop aktualisiert und spiegeln den Stand des Wissens von Ende Januar 1993 wider.

Die Gutachten

3.1   Ch. Ahl: Energie aus Biomasse - Anbaupotentiale und Nutzungsperspektiven aus der Sicht der europäischen Gemeinschaft
3.2   W. Dambroth: Biomasse als Energiequelle - Züchtung, Anbau und Ertrag
3.3   L. Leible und D. Wintzer: Energiebilanzen bei nachwachsenden Energieträgern - Bedeutung und Beispiele
3.4   W. Kleinhanß: Pflanzenöle als Treibstoff - Erzeugung, Nutzung, Perspektiven
3.5   B. Widmann: Pflanzenöl als Energieträger - Stoffeigenschaften und Emissionen
3.6   K. Scheffer: Anbau von Energiepflanzen und ihr Einsatz über Verbrennung oder Vergasung - logistische Anforderungen und ökologische Bewertung
3.7   L. Dimitri: Einsatz schnellwachsender Baumarten im Kurzumtrieb zur Energiegewinnung
3.8   A. Strehler: Aufbereitung und Verfeuerung von Biomasse als Festbrennstoff
3.9   H. Busch: Strohverfeuerungsanlagen - Stand der Technik
3.10 E. Ortmaier: Ökonomische Aspekte der direkten thermischen Verwertung von Biomasse
3.11 H. Lüschen: Energie aus Biomasse - aus der Sicht eines Energieversorgungsunternehmens
3.12 S. Rettich: Energie aus Biomasse - aus der Sicht der kommunalen Energie-Versorger
3.13 H. Mohr: Politische Bewertung und Akzeptanz
3.14 J. Nida-Rümelin: Energie aus Biomasse - ethische und entscheidungstheoretische Aspekte

3.1 Energie aus Biomasse: Anbaupotentiale und Nutzungsperspektiven aus der Sicht der Europäischen Gemeinschaft

Dr. Christian Ahl[1]
Europäisches Parlament, Generaldirektion Wissenschaft, Scientific and Technological Options Assessment (STOA), Bâtiment Schuman,
L-2929 Luxembourg

Zusammenfassung: Vom derzeitigen Energieverbrauch der EG(12) in Höhe von 48.100 PJ (1990) werden zur Zeit ca. 2 % durch Biomasse und Holzverbrauch bereitgestellt. Aus Potentialvorausschätzungen wird für einzelne Länder der EG der Anteil der Energie aus Biomasse bei einer 10%igen Umwidmung der land- und forstwirtschaftlichen Nutzung zur Biomasseerzeugung mit bis zu 16% errechnet, für die EG(12) mit ca. 5 %. Die Reform der Gemeinsamen Agrarpolitik der EG befürwortet die Erzeugung von Industriepflanzen und somit auch Energiepflanzen auf den stillgelegten Flächen von ca. 4,3 Mio. ha. Bei vollständiger Nutzung und unter einer realistischen Ertragserwartung ließen sich dadurch 1,3 % bis 2,4 % des Energiebedarfs decken. Bei fortgesetztem Ertragszuwachs der landwirtschaftlichen Produktion könnten bis zum Jahr 2000 ca. 10 Mio. ha zum Energiepflanzenanbau genutzt werden, falls durch die diskutierte kombinierte CO_2-Energiesteuer der EG auch ein ökonomischer Anreiz für erneuerbare Energien aus Biomasse gegeben sein würde. Aufforstung und der Kurzumtrieb von schnellwachsenden Baumarten sind unter den derzeitigen ökonomischen Rahmenbedingungen der EG attraktiver geworden, stehen aber im Widerspruch zur Umweltpolitik der EG "Für eine dauerhafte und umweltgerechte Entwicklung". Die Forschungs- und Entwicklungsprogramme der Kommission der EG und einiger Mitgliedsstaaten werden kurz geschildert.

---

[1] Dieses Papier reflektiert nicht unbedingt die Meinung des Europäischen Parlamentes.

3.1 Energie aus Biomasse - aus der Sicht der Europäischen Gemeinschaft

3.1.1 Historie der "Energie aus Biomasse" in der Europäischen Gemeinschaft

3.1.2 Energiebedarf der EG und Potentialabschätzung zur Biomasse-Energie

3.1.3 Landwirtschaftspolitik der EG
- Exkurs GATT
- Flächenstillegung und Biomasseerzeugung
- Flankierende Maßnahmen der GAP-Reform
  Förderung der Aufforstung
  Extensivierung der landwirtschaftlichen Produktion
- Veränderungen des EAGFL-Budgets
- Potentiale aus der Sicht der Standorteigenschaften und Fruchtfolgegestaltung

3.1.4 Einige nationale Aktivitäten der Mitgliedsländer der EG(12) zur Biomasseerzeugung

3.1.5 Forschungs- und Entwicklungs-Aktivitäten der Kommission
- ECLAIR
- ALTENER
- JOULE
- THERMIE
- AIR

3.1.6 Zukünftige Entwicklung und Auswirkungen von Steueränderungen

3.1.7 Literatur

3.1.1 Historie der "Energie aus Biomasse" in der Europäischen Gemeinschaft

Die Sicht der Europäischen Gemeinschaft äußert sich in den Beschlüssen des Ministerrates, der Ausführung von Forschungs- und Entwicklungs-Aktivitäten (F & E) der Kommissionen und in den Entschließungen des Europäischen Parlamentes (EP).

In einer Entschließung des Ministerrates vom 16.9.1986 (ABL Nr. C 241/86) wird als ein energiepolitisches Ziel der Gemeinschaft noch die Förderung des Verbrauches von inländischer Kohle durch eine Verbesserung der Wettbewerbsfähigkeit der Produktionskapazitäten hervorgehoben, im Ansatz werden Forschungsaktivitäten auf dem Gebiet der erneuerbaren Energien unterstützt. Eine stärkere Aufmerksamkeit erfahren die erneuerbaren Energiequellen in der Erklärung des Ministerrates "Umwelt" zur Konferenz der Vereinten Nationen über Umwelt und Entwicklung vom 12.12.1991, die eine Hinwendung zur umweltverantwortungsvollen Energiepolitik darstellen soll. In einer Mitteilung der Kommission (KOM(89) 369 1989) an den Rat wurde zwar schon auf die Notwendigkeit der erneuerbaren Energiequellen hingewiesen, ihr besonderer Stellenwert wurde erst im Strategiepapier "A Community Strategy to limit Carbon Dioxide Emission and to improve Energy Efficiency" (SEC(91) 1744 final 1991) hervorgehoben. Parallel hierzu hat das EP die Vorlagen und Beschlüsse der Kommission kommentiert und u.a. die folgenden Entschließungsanträge eingereicht und angenommen:

- Förderung erneuerbarer Energiequellen durch die Gründung einer Europäischen Vereinigung für die Förderung erneuerbarer Energien (PE 201.134 und PE 200.582)
- Förderung der Biomasse-Erzeugung (B3-1732/91)
- Gemeinsame Energiepolitik (A3-0094/92)

Ein weitaus stärkerer, kurzfristiger Produktionsanreiz könnte sich aus der Richtlinie des Rates (KOM(92) 36 1992) über den "Verbrauchsteuersatz auf Kraftstoffe aus landwirtschaftlichen Rohstoffen" ergeben. In dieser Vorlage sollen laut Kommission gleichzeitig energie-, agrar- und umweltpolitische Ziele verfolgt werden. Diese Richtlinie ist in Zusammenhang mit der beschlossenen Flächenstillegung und den freiwerdenden Produktionskapazitäten zu sehen (KOM(91) 100 endg. 1991; KOM(91) 258 endg. 1991). In diesem Papier wird vorgeschlagen, den Steuersatz auf höchstens 10 % des Referenzsteuersatzes der fossilen Kraftstoffe zu senken, so daß man den vermeintlichen höheren Produktionskosten, den wirtschaftlichen Risiken (Ölpreis, Dollarwechselkurs, Wetter), den industriellen Risiken (Einführung neuer Technologien) und den geschäftlichen Risiken gerecht werden kann. Auf Dauer sollen 5 % des Kraftstoffenergieverbrauches durch Biosprit (Diesel und Äthanol) gedeckt werden.

In den Forschungsprogrammen der Kommission ECLAIR, JOULE, AIR, THERMIE und ALTENER werden einzelne Unterpunkte der Förderung der

"Energie aus Biomasse-Forschung" gerecht (siehe Abschnitt 3.1.5 - "F&E - Aktivitäten der Kommission").

3.1.2 Energiebedarf der EG und Potentialabschätzung zur Biomasse-Energie

Der Begriff 'Biomasse' umschließt speziell landwirt- und forstwirtschaftlich produzierte organische Masse zum Zwecke der Energieerzeugung sowie Nebenprodukte aus der Landwirtschaft (Stroh, Stallmist, Gülle etc.). Organische Abfälle aus der Müllsammlung oder -aufbereitung, die sich zur Müllverbrennung oder Verfaulung eignen, werden ebenfalls unter 'Biomasse' subsumiert. Bei den folgenden Ausführungen wird die jeweilige Bedeutung erläutert; aus der Fragestellung ist aber ersichtlich, daß es sich um eine Potentialabschätzung zur Biomasse-Produktion aus Energiepflanzen der Land- und Forstwirtschaft handelt.

Die Entwicklung des Gesamt-Bruttoenergieverbrauchs der EG(12) differenziert sich, bezogen auf die einzelnen Mitgliedsstaaten, nach dem Industriestandard und dem industriellen Produktionsniveau (Eurostat 1992; Tab.1).

Tabelle 1. Energieverbrauch der EG(12) in TJ (10^{12} J)

Land	1980	1985	1989	1990
Belgien	1 914 676	1 820 410	1 959 048	1 991 699
Dänemark	791 154	780 689	704 085	717 062
Deutschland	11 314 758	11 143 132	11 138 946	11 419 408
Griechenland	632 086	731 294	873 618	896 641
Spanien	2 801 271	2 942 758	3 522 938	3 590 332
Frankreich	7 723 170	8 108 282	8 786 414	8 899 436
Irland	339 443	366 861	398 633	419 856
Italien	5 625 984	5 550 636	6 258 070	6 329 232
Luxemburg	151 868	130 394	141 780	148 059
Niederlande	2 721 737	2 564 344	2 727 179	2 778 248
Portugal	398 926	430 321	617 016	634 598
U.K.	8 367 814	8 526 882	8 761 298	8 857 576
EG(12)	42 785 106	43 099 056	45 979 024	48 069 093

1 t Roh-Öl (TEP) = 42 GJ   1 TEP: ton equivalent du petrol: 1 t Rohöleinheit

Stagniert oder sinkt teilweise das hohe Energieniveau in den hochindustrialisierten Staaten, zeigen gerade die mediterranen Länder eine Ausweitung des Gesamtenergieverbrauchs; dadurch steigt in diesen Ländern prozentual der CO_2-Anteil pro Kopf der Bevölkerung an.

In der EG(12) betrug der pro-Kopf-CO_2-Anteil im Durchschnitt 2,25 t im Jahre 1980 und sank auf 2,13 t/Kopf im Jahr 1990, hingegen stieg er in Spanien von 1,31 t auf 1,34 t/Kopf im gleichen Zeitraum an. Der Energieverbrauch liegt bei ungefähr 140 GJ pro Kopf und Jahr innerhalb der EG (Entwicklungsländer ca. 35 GJ).

In den Vorausschätzungen für das Jahr 2010 wird der Energieverbrauch bei unverändertem Verhalten, einem Wachstum auf niedrigem Niveau und keinen neuen Initiativen auf 57 820 000 TJ (Szenario I: *business-as-usual*) ansteigen. In einem anderen Szenario (Szenario IV: verbesserte Energieeffizienz und Einsparung, verstärkte Nutzung der Kernenergie, steigende Energiepreise, CO_2-Energiesteuer, Wachstum wie in Szenario I) beträgt der Energieverbrauch 40 970 000 TJ (KOM(92) 23 endg. Vol. II (1992)).

Tabelle 2. Holz- und Biomassenutzung in der EG(12) in PJ (10^{15}) 1989

Land	(Feuer-)Holz in PJ	Biomasse (+ org. Abfälle) in PJ	Gesamtenergieanteil in %
Belgien mit Luxemburg	6	-	0.3
Dänemark	4	88	12.1
Deutschland	47	101	1.3
Griechenland	22	42	7.4
Spanien	26	38	2.1
Frankreich	112	336	5.3
Irland	0	46	11.4
Italien	48	162	3.2
Niederlande	1	-	< 0.1
Portugal	6	34	6.1
U.K.	2	50	0.6
EG(12)	284	797	2.3

nach Hall (1991)

Nur auf der Grundlage des Szenario IV kann eine Verringerung bzw. Stabilisierung des CO_2-Ausstoßes bis zum Jahr 2010 erreicht werden. Daher sollten sich alle Vergleichsberechnungen - falls eine Realisierung der Treibhausgasreduktion politisch und technisch angestrebt wird - auf Szenario IV beziehen. Szenario II und III stellen jeweils abgeschwächte Varianten dar (Carvalho Neto et al. 1990).

Der gegenwärtige Anteil der durch Biomasse erzeugten Energie liegt in den 12 Mitgliedsstaaten bei 797 000 TJ; das entspricht einem Anteil von 1.7 %. In dieser Berechnung sind aber *sämtliche* Biomassequellen enthalten (Faultürme etc). Für Feuerholz werden 284.000 TJ angegeben. Hall (1991) schätzt das Potential für die Länder der EG(12) mit 1 bis 17 %, bezogen auf den Energieverbrauch von 1989 (Tab. 3). Als Ertragserwartung werden 10 t/ha Biomasse in der Wald- oder Landwirtschaft bei 20 % Feuchte mit einer Energieausbeute von 150 GJ/ha angegeben.

Tabelle 3. Potentialabschätzung zur Energie aus Biomasse (10t TrS/ha)

Land	Flächenbedarf beim Energieverbrauch 1989 10t/ha TrS Mio. ha	entspricht % LN	bei 10% LN und der Waldfläche PJ	in % vom Energieverbrauch 1989
Belgien	15	411	24	1
Dänemark	4	96	46	8
Deutschland	88	250	339	3
Griechenland	6	48	145	16
Spanien	24	47	468	13
Frankreich	56	102	515	6
Irland	< 1	4	2	2
Italien	43	146	303	5
Luxemburg	s. Belgien			
Niederlande	21	614	19	1
Portugal	3	37	86	17
U.K.	58	241	138	2
EG (12)			2058	4.5

Innerhalb der EG(12) könnten somit 4.5 % des Energieverbrauches bei einer 10%igen Nutzung der gesamten Land- und Forstfläche zur Energieerzeugung aus (nachwachsender) Biomasse bereitgestellt werden. Eine noch höhere Bereitstellung ergibt sich, wenn die Energie aus den Reststoffen der landwirtschaftlichen und forstwirtschaftlichen Produktion miteinbezogen wird (Hall 1991)[2]. Inwieweit diese theoretischen Berechnungen mit der zukünftigen Flächennutzung nach der Agrarreform und darüberhinaus zu beurteilen sind, wird in den folgenden Kapiteln ausgeführt.

3.1.3 Landwirtschaftspolitik der EG

Die Reform der Gemeinsamen Agrar-Politik (GAP) umfaßt ein Regelwerk für die *Pflanzliche Produktion*, die *Flächenstillegung*, den *Nachwachsenden Rohstoffen*, *Regelungen für Tierische Produkte* (Entlastung des Rindfleischmarktes, Stabilisierung des Milchmarktes) und sogenannte *Flankierende Maßnahmen*, die u.a. Aufforstung und Extensivierungsprämien regeln (s.u.).

Mit der Annahme der Reform der Gemeinsamen Agrarpolitik (GAP) der Europäischen Gemeinschaft durch den Rat der Landwirtschaftsminister am 22. Mai 1992 in Brüssel werden insbesondere für die Ackerbauern einschneidende Maßnahmen ab dem Wirtschaftsjahr 1993/94 erfolgen.

Um an den regional differenzierten Ausgleichszahlungen für die erheblichen Preissenkungen bei Getreide, Ölsaaten und Eiweißpflanzen - bis zu 30 % zum Jahr 1995/96 - teilhaben zu können, müssen von der Getreideanbaufläche (+ Eiweißpflanzen- und Ölsaatenfläche) 15 % im Wirtschaftsjahr 1992/93 stillgelegt werden (KOM(91) 379 endg. 1991; KOM(91) 258 endg. 1991). Je nach konjunktureller Ertragsentwicklung können in den Folgejahren auch höhere Sätze möglich sein.

1990 betrug die Ackerfläche in der EG (12) 67.4 Mio. ha , wovon 35.1 Mio. ha mit Getreide, 4.6 Mio. ha mit Ölfrüchten und 1.9 Mio. ha mit Hülsenfrüchten bestellt waren (Com. of the EC, 1992). Vermindert man die Getreideanbaufläche um die Getreide-Kleinerzeuger (< 92 t/Betrieb), die in den Genuß der Ausgleichszahlungen ohne Teilnahme am konjunkturellen Stillegungsprogramm kommen, verbleiben noch ca. 28,1 Mio. ha Mähdruschflächen, die von den sogenannten Großerzeugern bestellt werden und die obligatorisch aus wirtschaftlichen Gründen an der Flächenstillegung teilhaben werden.

In den Rechtstexten zur Agrarreform (KOM(91) 379 endg. 1991) wird im Artikel 7 die Flächenstillegung als Rotationsbrache oder Dauerbrache (mit einer noch festzulegenden höheren Stillegungsquote) definiert; dem Getreideerzeuger soll

---

[2] Die Reststoffe ergeben sich nach Angaben der FAO aus Berechnungen des Rundholzeinschlages und dem landwirtschaftlichem Ertrag. Die Ausnutzungskoeffizienten der Reststoffe bringen zwischen 25% und 40% des Ertrages in Ansatz (D.O. Hall & R.P. Overend (1987): Biomass - Regenerable Energy. - John Wiley & Sons, Chichester 1987).

3.1 Energie aus Biomasse - aus der Sicht der Europäischen Gemeinschaft

es ermöglicht werden, nicht nur seine Grenzertragsflächen aus der Produktion herauszunehmen, sondern ebenso seine 'besseren' Standorte in die Flächenstillegung miteinzubringen. Die Dauerbrache soll durch erhöhte Ausgleichszahlungen attraktiv werden.

Neben der Marktentlastung durch die Flächenstillegung erhofft sich die Kommission durch den niedrigeren Getreidepreis eine bessere Wettbewerbsfähigkeit des einheimischen Getreides als Futtermittel gegenüber den Import-Futtermitteln. Man kalkuliert 30 Mio. Tonnen Getreide, die 1995/96 auf dem Futtermittelmarkt abgesetzt werden können.

Exkurs GATT: Im Rahmen des GATT-Agrarkompromisses zwischen den USA und der EG unterliegen die Ausgleichszahlungen für die pflanzliche und tierische Produktion *nicht* der Abbaupflicht der GATT-Vereinbarung. Ölsaaten werden auf einer Garantiefläche von 5,128 Mio. ha begrenzt (1992: 5,6 Mio. ha), entsprechend einer Produktionsmenge von 10,7 Mio. t Ölsaaten. Zwar muß von dieser Garantiefläche mindestens 10 % nach GATT, nach GAP-Reform 15 %, stillgelegt werden, aber auf der Stillegungsfläche dürfen für den Bereich "Nachwachsende Rohstoffe" ca. 1,8 Mio. t Ölsaaten zusätzlich erzeugt werden.

Flächenstillegung und Biomasseerzeugung: Die zur Stillegung angemeldeten Flächen können für den Anbau von nachwachsenden Rohstoffen und somit auch für die Biomasseerzeugung zur Energiegewinnung bestellt werden. Die hierfür aus der Sicht der Kommission notwendige Verwaltung ist im ABL Nr. L 355 (1992) niedergelegt und regelt die *Einführung eines integrierten Verwaltungs- und Kontrollsystems für bestimmte gemeinschaftliche Beihilferegelungen*. In der EG-Verordnung Nr. 2296/92 werden die zulässigen Feldfrüchte, die Verarbeitungserzeugnisse und die vom Landwirt und Verarbeiter zu erfüllenden Voraussetzungen zur Auszahlung der Hektarprämie für nachwachsende Rohstoffe näher erläutert. Beide Regelungen sind vom Parlament gerügt worden, da die Komplexität der Antragstellung sowie das zu erwartende Kontrollsystem von verschiedenen Agrarverwaltungen der Mitgliedsstaaten nur unzureichend erfüllt werden kann. Zur Zeit ist es nur schwerlich vorstellbar, daß mit diesen Verordnungen Anreize zum Anbau von nachwachsenden Rohstoffen geschaffen werden (Hassenpflug 1992).

Auf der Rotationsbrache sind folgende Ackerkulturen zugelassen:

Getreide:	u.a. Weichweizen, Gerste, Roggen, Hafer, Mais, Triticale, Buchweizen, Hirse, Menggetreide,
Ölsaaten:	Raps, Rübsen, Sonnenblumen, Sojabohnen, Ackersenf,
Hackfrüchte:	Kartoffeln,
Eiweißpflanzen:	Erbsen,
Heilpflanzen	

Die Dauerbrache bietet die Möglichkeit, schnell wachsende Gehölze oder Chinaschilf als Energiepflanzen anzubauen. Beide Optionen, besonders Chinaschilf, bedürfen aber noch der züchterischen und technologischen Bearbeitung.

Schätzungen zur Biomasseproduktion auf den stillgelegten Flächen beruhen auf den mittleren Erträgen der Gemeinschaft, die mit zur Zeit 4,6 t Korn/ha Getreide angegeben werden. 10 t Biomasseerzeugung bedeutet, unter den derzeitig angebauten landwirtschaftlichen Getreidepflanzen, eine Ganzpflanzennutzung.

Auf den geschätzten 4,22 Mio. ha (15 % von 28,1 Mio. ha, bezogen auf die Fläche 1990) ergeben sich bei einem zugrundegelegten Ertrag von 10 t/ha unter günstigen Bedingungen ca. 42 Mio. t Biomasse bzw. 633 PJ. Bei einem Verbrauch von 48 069 PJ Energie in der EG(12) im Jahre 1990 entspricht dies einem Anteil von 1,3 %.

Über die zukünftigen Flächenfreisetzungen bestehen von verschiedener Seite Schätzungen, die einen weit höheren Flächenanteil aus der ursprünglichen landwirtschaftlichen Produktion ausscheiden sehen.

Der Wissenschaftliche Beirat für Regierungspolitik der Niederlande erwartet für das Jahr 2015 40 Mio. ha, die aus der landwirtschaftlichen Produktion herausfallen.

Ähnliche Schätzungen existieren seitens der Kommission, die auf diesen Flächen 10 bis 25 t TrS, entsprechend 3 bis 8 t Erdöläquivalent, ernten will und damit 10-30 % des Energiebedarfs der EG(12) decken will (Wright 1992).

Das Bundesministerium für Ernährung, Landwirtschaft und Forsten erwartet zum Jahr 2000, daß 25-33 % der zur Nahrungsmittelproduktion genutzten Agrarfläche der EG alternativen Zwecken zugeführt werden wird (Bundestagsdrucksache 12/3493 1992).

Diesen doch sehr weitgehenden Schätzungen unterliegt die Annahme, daß weiterhin ein 2-3%iger Produktivitätsfortschritt in der landwirtschaftlichen Produktion erfolgen wird und die Futtermittelimporte den gleichen Umfang wie bisher haben werden. Damit konterkarieren diese Schätzungen die von der Kommission und dem Ministerrat getragene Politik der GAP-Reform, in der ausdrücklich die größere Wettbewerbsfähigkeit des Getreides gegenüber den importierten Futtermitteln[3] als wesentlicher Teil der Reform betrachtet wird - 30 Mio. t Getreide sollen bis 1996 in den Futtertrog wandern (entsprechend ca. 6,5 Mio. ha). Außerdem wird dadurch die Wirksamkeit der flankierenden Maßnahmen der GAP-Reform in Frage gestellt, in der u.a. das Extensivierungsprogramm der letzten Jahre fortgeschrieben wird.

Bis zum Jahr 2000 ergibt sich aus einer 2%igen Steigerung, ausgehend von 160 Mio. t Getreide als Garantiemenge, ein Zuwachs von ca. 28 Mio. t Getreide, der eine weitere Flächenstillegung von 5,2 Mio. ha erforderlich machen würde.

---

[3] Derzeit 'ersetzen' die Futtermittelimporte ca. 16,9 Mio. ha landwirtschaftliche Nutzfläche der EG.

3.1 Energie aus Biomasse - aus der Sicht der Europäischen Gemeinschaft

Da nach dem Willen der Kommission die Kleinerzeuger von der Stillegungspflicht ausgeschlossen bleiben, würde sich die Pflicht zur Getreide-Marktentlastung auf die größeren Marktfruchtbetriebe konzentrieren, deren Stillegungsquote auf ca. 30 % steigen würde.

Mit den zur Zeit gültigen Stillegungsflächen und den zu erwartenden summiert sich dieses zu einem Potential von ca. 10 Mio. ha für die EG(12) auf. Sollten sämtliche Stillegungsflächen mit Energiepflanzen bestellt werden können, wäre der zu erwartende Beitrag bei einer gezielten Auswahl von Energiepflanzen nach züchterischer und technologischer Bearbeitung bei einem TrS-Ertrag von 15 t/ha und einem Energiegehalt von 18 MJ/kg, entsprechend 270 GJ/ha, für die EG(12) 2 700 PJ oder 5,6 % des Energiebedarfs von 1990.

Flankierende Maßnahmen der GAP-Reform: Die "Flankierenden Maßnahmen" der GAP-Reform können als zusätzliche Nutzungsalternativen zur traditionell-konventionellen Landwirtschaft betrachtet werden und dienen, wie auch das "Regelwerk für die Pflanzliche und Tierische Produktion" zur Mengenreduzierung. Von den drei Punkten: Vorruhestandsregelung, Aufforstung und Förderung der umweltgerechten und den natürlichen Lebensraum schützenden landwirtschaftlichen Produktionsverfahren werden die beiden letzteren näher ausgeführt.

Förderung der Aufforstung: Neben der (vorgeschriebenen) Flächenstillegung bietet die GAP-Reform auch die Möglichkeit, auf landwirtschaftlichen Flächen Aufforstungen durchzuführen. Hierbei steht aber nicht der Gedanke der Biomasseerzeugung im Vordergrund, sondern die Tatsache, daß die EG(12) ein beträchtliches Versorgungsdefizit an Holz und Holzerzeugnissen hat. Ca. 50 %, d.h. 100 Mio. m^3, werden importiert. Die Schlußfolgerungen hieraus sind im Papier KOM(88) 255 (1988) niedergelegt:

- Schutz des Waldes vor Versauerung und Waldbrand,
- Verbesserung der Produktivität des Waldes,
- Förderung von Forst- und forstähnlichen Aktivitäten im ländlichen Raum und
- Unterstützung der Aufforstung landwirtschaftlicher Nutzflächen.

Der finanzielle Anreiz (KOM (91) 415 endg. 1991) unterscheidet zwar zwischen Nadel- und Laubbäumen, umfaßt aber (noch) nicht die Möglichkeit des naturnahen Waldbaus, sondern zielt auf Plantagenanbau hinaus.

Hierbei wird, entsprechend der auslaufenden finanziellen Unterstützung, das Holz nach ca. 20 Jahren eingeschlagen und könnte als Brennholz im Energiesektor Verwendung finden. Da die bisherigen geringeren Unterstützungen von der Landwirtschaft nur sehr zögerlich aufgenommen worden sind, erhofft man sich von den neueren Regelungen eine stärkere Nachfrage dieser Mittel. Über den möglichen Beitrag zur Energieerzeugung läßt sich nur spekulieren.

Bis zur ersten Umtriebszeit nach 5 Jahren fallen bei schnellwachsenden Hölzern auf ehemals landwirtschaftlichen Flächen ca. 10.000 DM Kosten an, die sich bei eventuell nötiger Eingatterung verdoppeln würden (Dimitri 1988). Der Landwirt oder das landwirtschaftliche Unternehmen wird sich aus Pflegegründen für eine Monokultur in der Anpflanzung entscheiden, zumal er mit forstlichen Arbeiten Neuland (i.d.R. Getreidebauer!) betritt. Bezüglich des Umweltaspektes werden von der Kommission keine Auflagen gemacht.

Tabelle 4. Unterstützungsbeiträge für Aufforstungsmaßnahmen in der EG(12) (ECU pro ha)

Jahr	Nadelbäume	Laubbäume
1	2 000	4 000
2 - 6	950	1 900
1 - 20	max. 600	max. 600
Summe	18 750	25 500

1 ECU = 2,35418 DM (sog. *Grüner* ECU, der Handels-ECU beträgt nach *info écu* 1/93 der Commission des Communautés européennes 1,95635 DM

Für Aufforstungsmaßnahmen würden aus der GAP-Reform 1993 40 Mio. ECU Gemeinschaftsmittel und ca. 30 Mio. ECU als Beitrag der Mitgliedsstaaten zur Verfügung stehen; damit könnten ungefähr 20 000 ha aufgeforstet werden. Ein möglicher 10 % Aufforstungsplan für die nächsten 10 Jahre bedeutet, daß pro Jahr ungefähr 675 000 ha aufgeforstet werden müßten[4]. Aufgegebene landwirtschaftliche Flächen sollen vor Erosion und weiteren "Risiken der Landschaftsschädigung" durch Aufforstung bewahrt werden, da die "... Aufforstung auf einer gesunden ökologischen Grundlage" (KOM(91) 258 endg. Seite 36 1991) erfolgt. Die zu erwartenden Forstplantagen stehen aber dann im Widerspruch zur "Beschreibung des Zustandes der Umwelt in der EG" (KOM(92) 23 Vol III Seite 61 1992). Hier wird ausgeführt, daß "diese künstliche und intensive Forstwirtschaft sich jedoch auf die Umwelt auswirkt" und "die naturnahen Lebensräume von Pflanzen, Vögeln und Insekten einengt" und weiterhin, daß "bekanntlich Nadel- und Eukalyptusbäume sehr leicht in Brand geraten", besonders in "Südfrankreich, der Iberischen Halbinsel und Sardinien".

---

[4] Bei ca. 67.5 Mill ha Ackerfläche in der EG. Neben der Ackerfläche könnte ebenso die Grünlandfläche aufgeforstet werden.

3.1 Energie aus Biomasse - aus der Sicht der Europäischen Gemeinschaft

Extensivierung der landwirtschaftlichen Produktion: Betrachtet man die Möglichkeiten, die sich aus der GAP-Reform für nachwachsende Rohstoffe ergeben, müssen auch die mit den landwirtschaftlichen Nutzflächen konkurrierenden alternativen Bodennutzungsperspektiven zur Potentialabschätzung miteinbezogen werden. Unter dem Gesichtspunkt "Aktionsprogramm für den landwirtschaftlichen Umweltschutz" (KOM(91) 415 endg. 1991) werden finanzielle Anreize geboten, die Produktionsweisen mit geringerer Umweltbelastung unterstützen.

Tabelle 5. Unterstützungsbeiträge für das Aktionsprogramm Landwirtschaftlicher Umweltschutz

Verringerung der Produktionsmittel nach regionalen Bedürfnissen	
Ackerland	250 ECU/ha
Weideland	210 ECU/ha
Extensive Grünlandwirtschaft und Vermeidung von Meliorationsmaßnahmen	
Ackerland	250 ECU/ha
Weideland	250 ECU/ha
Umweltfreundliche Nutzung stillgelegter Flächen	
250 ECU/ha	
Umweltgerechte Gestaltung stillgelegter Flächen über 20 Jahre	
+ 100 ECU/ha	

In den letzten Jahren brachten Extensivierungsprogramme nur geringe Entlastungen, was sich mit den durch die GAP-Reform verminderten Produktpreisen verändern könnte. Inwieweit die Extensivierungsmaßnahmen die Erzeugung von Biomasse stimulieren, bleibt unsicher, es ist eher keine Unterstützung zu erwarten.

Die in Tab. 5 angeführten Prämien des Extensivierungsprogramms werden hauptsächlich von Betrieben in Anspruch genommen werden, die sich auf kontrollierten biologischen Anbau umgestellt haben. 1989 betrug die landwirtschaftliche Nutzfläche, die nach den Richtlinien des organischen Landbaus (ABL Nr. L. 198 1991; KOM(92) 69 endg. 1992) bewirtschaftet wurden, 117 670 ha in der EG(12), eine 10%ige Steigerung gegenüber 1987.

Die weitere Entwicklung ist unter den gegenwärtigen agrarpolitischen Rahmenbedingungen als günstig zu beurteilen, die Aufnahmefähigkeit des Marktes ist aber begrenzt und ein 5%-Anteil ist schon optimistisch geschätzt. Im Augenblick liegt der Anteil des alternativen Landbaus in der EG(12) bei weniger als 0.3 %.

Tabelle 6. GAP-Reform - Flankierende Maßnahmen (in Mio. ECU)

	1993	1994	1995	1996	1997	Total
wenig umweltbelast. Stoffe, biol. Landbau, Ext.	5	22	45	73	111	256
umweltvert. Prod. weisen	16	66	134	216	330	762
Landschaftspflege	18	77	156	252	385	762
Aufforstung	40	45	52	65	83	285
Total	79	210	387	606	909	2191
Beitrag Mitgliedsstaaten	65	172	317	496	744	1794

Eine Inanspruchnahme der Extensivierungsprämien könnte aber auch unter Beibehaltung der traditionellen Landwirtschaft erfolgen. Die GAP-Reform leistet in dieser Hinsicht aber nur unsichere, steuerbare ökologische Entlastungen, da die spezielle Intensität des Einzelbetriebes neben der Standortfrage von lokalen Produktionsfaktoren abhängt (Dolluschitz 1992).

Veränderungen des EAGFL-Budgets: Aus der Sicht des Budgets der EG werden durch die GAP-Reform ca. 2,1 Milliarden ECU zusätzlich benötigt, um die Flankierenden Maßnahmen im Europäischen Ausrichtungs- und Garantiefonds für die Landwirtschaft (EAGFL) zu finanzieren.

Potentiale aus der Sicht der Standorteigenschaften und Fruchtfolgegestaltung: Landnutzung, Standorteigenschaften und Bodennutzungsmöglichkeiten lassen sich aus der Bodenkarte der Europäischen Gemeinschaft (Com. of the EC 1985) herauslesen. Lee und Louis (1985) haben die Nutzungseigenschaften aus landwirtschaftlicher Sicht beschrieben[5]. Zur Energieproduktion, zumal unter

---

[5] Die Bodenbezeichnungen beziehen sich auf die FAO-Nomenklatur 1974.

3.1 Energie aus Biomasse - aus der Sicht der Europäischen Gemeinschaft

annuellen Anbauverhältnissen, scheiden die Böden und Standorte aus, die auch für die pflanzliche Produktion nicht geeignet sind. Hierzu zählen: die Gruppen der Gleysols (mit Einschränkungen), Regosols, Lithosols, teils die Rendzinen, die Ranker, die Andosole, Solonchaks, Xerosols, Planosole und Histosole. Gründe sind je nach Bodentypgruppe in der Trockenheit oder Nässe, Erosionsanfälligkeit oder einer ökologischen Schutzbedürftigkeit zu sehen. Grenzertragsböden, die für einzelne Unternehmen keinen ausreichenden Deckungsbeitrag ergeben, werden auch für die Biomasseproduktion ohne Bedeutung bleiben. Somit konkurriert die Biomasseproduktion mit den intensiv genutzten Flächen der Nahrungsmittelproduktion. Eine Ausdehnung auf weniger begünstigte Standorte würde eine intensivere Nutzung voraussetzen, die eine erhebliche Steigerung der Grenzkosten mit sich bringen würde.

Finanzielle Anreize zur Ausdehnung bestimmter Getreidearten und/oder Ölfrüchte zur Energieerzeugung würden auch kurzfristig zur Veränderung der Fruchtfolge beitragen, zumal die technische Ausrüstung und die Fähigkeiten der Betriebsleiter auf diese Produktion ausgelegt sind. Im Durchschnitt der EG(12) liegt der Anteil der Getreideproduktion an der Ackerfläche bei 52 % (Com. of the EC (1992)), in den entsprechenden Getreideanbaugebieten bei über 75 %. Eine weitere Ausdehnung der Getreidefläche ist als zunehmende Intensivierung in der Region zu betrachten und als Zunahme der speziellen Intensität der einzelnen Produktionsfaktoren in den bekannten Getreideanbaugebieten.

Ein zu erwartender Sortenwechsel - Züchtungsziel wäre bei Energie-Getreidesorten hoher Korn- und Strohertrag mit verbesserter Standfestigkeit - und Artenwechsel (z.B. Winterhafer) erhöht innerhalb des Getreideanteils in der Fruchtfolge die Diversifizierung. Die Düngung des Energiegetreides würde weniger N-intensiv erfolgen, da der Wertewandel des Produktes sich stärker zum Stroh und fort vom eiweißreichem Korn entwickeln würde. Fruchtfolgebedingte bodenbürtige Krankheiten, z.B. Schwarzbeinigkeit (*Gaeumannomyces graminis*), würden, wie bei jeder Getreideanbauausdehnung bisher zu beobachten, eine Zunahme in den ersten Jahren erfahren, bis ein sogenannter *decline effect* eintreten würde, der den Ertrag auf einem niedrigeren, aber konstanten Niveau halten würde. Insgesamt beinhaltet die Getreideanbauausdehnung zum Zwecke der Energiegewinnung die bekannten Probleme im Getreideanbau (Viruserkrankungen etc.), könnte aber aufgrund der veränderten Anbauerfordernisse eine Entlastung der Fruchtfolgeprobleme mit sich bringen.

Differenzierter ist der Massenwechsel in der Fruchtfolgegestaltung zur Ölpflanze, speziell Raps, zu sehen. Ertragsziel im Ölpflanzenanbau ist sowohl für die Nahrungsmittelindustrie als auch für den Energiesektor eine hohe Ölausbeute aus den Körnern; vom Rapskuchen selbst, soweit zur Fütterung genutzt, wird zwar der Eiweißertrag geschätzt, doch ist die Nutzung des Rapskuchens weitgehend vom Marktverlauf der Importeiweißfuttermittel abhängig. Zur Zeit liegt der durchschnittliche Anteil der Ölsaaten an der Ackerfläche bei ca. 7 % in der EG(12), am höchsten in Dänemark mit 9,1 %. In einzelnen Regionen ersetzt Raps die "tragende Blattfrucht" Zuckerrüben, so ist z.B. in Schleswig-Holstein der

Rapsanteil an der Fruchtfolge auf 33 % angestiegen (Standortgunst mit maritimen Klima).

Grundsätzlich ergeben sich beim Rapsanbau bei alleiniger Körnernutzung höhere Rest-Nitrat Mengen in der Ackerkrume, die auch bei extensiver Wirtschaftsweise 100 kg N/ha ausmachen können (Antony u. Hasselbauer 1991). Ein verstärkter Anbau kann in Regionen mit - geologisch und geomorphologisch bedingt - hohem Anteil an Trinkwasserschutz-Zonen in der ackerbaulich genutzten Feldflur zu Nitrat-Problemen in Trinkwasserbrunnen führen.

3.1.4 Einige nationale Aktivitäten der Mitgliedsländer der EG(12) zur Biomasseerzeugung

In verschiedenen Mitgliedsländern der EG sind Energie-Programme verabschiedet worden, die sich mit der Forschung, Entwicklung und Markteinführung von "Erneuerbaren Energien" als Schwerpunkt beschäftigen oder als zusätzlichen Aspekt zur Energieversorgung betrachten.

In Großbritannien lancierte das *Department of Energy* ein *Renewable Energy Research and Development Programme*, welches von der *Energy Technology Support Unit, Renewable Energy Enquiries Bureau*, Oxfordshire, verwaltet wird. Bis zum Jahr 2000 sollen 2 Mio. ha der Agrarfläche mit schnellwachsenden Gehölzen bestellt werden (entspricht bei ca. 15 t TrS/ha und 18 MJ/kg 540 PJ/Jahr, ca. 6% des Energieverbrauches von 1990). Internationale Zusammenarbeit besteht mit der EG, der *International Energy Agency* und dem *Biofuel Program* des *US Department of Energy*. Durch Gesetzgebung (*Non-Fossil Fuel Obligation*) sind die regionalen Elektrizitätsgesellschaften verpflichtet, einen gewissen Anteil ihrer bereitgestellten Energie aus der Kernenergie und den erneuerbaren Energiequellen (Wind, Solar, ...) zu erzielen. Zur Zeit beträgt der Anteil der *biofuels* (+ Gas aus Abfalldeponien, Müllverbrennung) ca. 0,24 % am Energieverbrauch. POST (1992) kalkuliert das theoretische Potential der *biofuels* auf ca. 25 %, Flood (1991) weist hingegen nur 85 PJ Energiegewinn aus der Nutzung von 1/3 des derzeitigen Strohs, der Holzabfälle, der Gülle und des Holzes von Energieplantagen aus.

Die *Agence de l'Environment et de la Maîtrise de l'Energie* (ADEME) ist 1982 in Frankreich durch Fusion anderer nationaler Energiebehörden entstanden und im Jahre 1991 noch einmal erheblich in ihren Aufgaben erweitert worden, indem die Bereiche Luft- und Wasserqualität und Teile der Müll- und Abfallbehörde hinzugenommen worden sind. Das *Programme Français de Valorisation Enérgetique de la Biomasse* umfaßt Möglichkeiten des Energiepflanzenbaues in der Land- und Forstwirtschaft, verschiedene Techniken der Aufbereitung (Pyrolyse, mikrobielle Aufbereitung etc.) und die Markteinführung des Endproduktes Energie. Zur Zeit beträgt die Energiebereitstellung aus Holz (+Holzabfällen) 9,5 Mio. TEP (ca. 400 PJ, ca. 4,5 % vom Energieverbrauch 1990). Bis zum Jahr

2020 soll die Energiebereitstellung aus Holz und schnellwachsenden Gehölzen bei 15 Mio. TEP, entsprechend ca. 630 PJ (Cassin 1992) liegen.

In der Bundesrepublik Deutschland liegt nach einer Studie des *Bayernwerkes* in Amberg die mögliche Flächennutzung für Energiepflanzen zwischen 1,8 Mio. ha und 3,6 Mio. ha. Bei einem unterstellten Ertrag von 11 t/ha (lt. Studie) ergeben sich 2-4 % des Primärenergieverbrauches, die bereitgestellt werden könnten. In den einzelnen Bundesländern werden vielfältige Forschungs-, Erprobungs- und Demonstrationsvorhaben zur Energiegewinnung und Optimierung geeigneter Feuerungsanlagen durchgeführt (BML 1990; BML 1991). Im BML ist zur weiteren Koordinierung die *Fachagentur Nachwachsende Rohstoffe* gegründet worden.

In den südlichen Ländern der EG(12), so in Spanien und Portugal, werden insbesondere die schnellwachsenden Hölzer wie Eukalyptus und Pappel zur zukünftigen Energieversorgung im Rahmen von Energieprogrammen (*Plan de Energías Renovables, PER*, Spanien) gefördert. Pyrolysetechniken stehen hierbei im Vordergrund.

In Portugal werden z.Zt. ca. 3,3 Mio. t Holzabfälle zu energetischen Zwecken in der Papierindustrie verbraucht; insgesamt wurden 1989 ca. 7,5 % der Primärenergieerzeugung durch Biomasse erzeugt. Der prozentuale Anteil wird in den nächsten Jahren aufgrund der gesteigerten Energienachfrage (*Plan Energetico Nacional*, PEN) sinken. Ziel ist es, zusätzlich 4,2 PJ Energie aus schnellwachsenden Gehölzen zu erzeugen.

Griechenland konzentriert sich bei den erneuerbaren Energien hauptsächlich auf die Windenergie (400 MW im Jahr 2000).

In der Bereitstellung von Energie aus Biomasse liegt Dänemark, prozentual gesehen, auf einem hohen Standard (Meyer 1991).

Unter der Annahme, daß die Erwärmung der Erdatmosphäre nur vermindert bzw. auf dem jetzigen Stand gehalten werden kann, indem der CO_2-Ausstoß 60 % unter dem des Jahres von 1990 liegt (Houghton et al. 1990), wird in Dänemark ein Energieprogramm entwickelt, welches ca. 15 % der benötigten Gesamt-Sekundärenergie von 475 PJ für das Jahr 2020 aus Biomasse vorsieht (Tab. 7).

Für Dänemark ergeben sich bei 10%iger Nutzung der LN (s. Tab. 3) zur Biomasseerzeugung 46 PJ, im Vergleich zu Meyer (1991), der 71 PJ voraussieht, ein geringerer Ansatz. Meyers Berechnungen enthalten 33 PJ aus dem Reststroh. Die Vereinigung der dänischen Farmer sieht die Möglichkeit, 16% des Energiebedarfes aus Stroh und Energiepflanzen zu decken. Der Plan der Regierung sieht vor, bis zum Jahr 2005 9% bereitzustellen.

In den Niederlanden sieht die Initiative *Neuer Umwelt Plan* und *Neuer Umwelt Plan Plus* (NEP und NEP-plus), mit einer Laufzeitprojektion von 20 Jahren 1988 verabschiedet, ebenfalls eine Erhöhung der Energieproduktion aus Biomasse vor. In erster Linie wird aber weniger an die Möglichkeit des Anbaus von Energiepflanzen gedacht, sondern an die Verbrennung von organischem Hausmüll. So erhofft man sich, die 80 000 t organischen Hausmüll (incl. Gartenabfälle) der Stadt Amsterdam vergasen und zur Elektrizitätsgewinnung nutzen zu können.

Tabelle 7. Potentialvorausschätzung für Wärme-Sekundärenergie aus erneuerbaren Energiequellen für Dänemark, im Jahr 2020

Quelle	jährlicher Beitrag in PJ	in %
Solarenergie	65	28
Geotherm. Energ.	10	4
Stroh	33	15
Holzabfälle	8	4
Energieplantagen	14	6
Biogas	14	6
org. Abfälle	2	1
Total	146	64
Fossile Energie	81	36
Wärme-Sekundär-Energie	227	100
Summe Sekundär-Energie	447	

3.1.5 Forschungs- & Entwicklungsaktivitäten der Kommission

Seit 1976 hat die Kommission auf dem Gebiet der energetischen Nutzung von landwirtschaftlichen Produkten und Reststoffen Forschungsmittel eingesetzt, die in verschiedenen Workshops mündeten (Sourie u. Killen 1986; Ferrero et al. 1987; Grassi et al. 1987). Teilweise stehen die einzelnen Generaldirektorate in Forschungskonkurrenz zueinander. Die Kohärenz der Forschungsziele im Bereich der Biomasse ist im Papier "Biomass - A New Future" (Wright 1991) niedergelegt.

In den letzten Jahren verdienten folgende Programme Aufmerksamkeit:

ECLAIR - European Collaborative Linkage of Agriculture and Industry through Research - 1988-1993 DG VI, DG XII, DG XV (ABL L60, 1989): Während der ersten Phase (Com. of the EC 1991) wurden 42 Projekte gefördert, die sich hauptsächlich mit der Verbesserung der Inhaltsstoffe landwirtschaftlicher Produkte beschäftigten, aber auch mit der möglichen Nutzung von Kurzumtriebsplantagen mit Eukalyptus- und Pappelforsten. Für aufgelassene und landwirtschaftliche Grenzertragsböden werden Forschungen zur Verbesserung des genetischen Potentials von verschiedenen Laubbäumen gefördert. Ein weiteres Projekt beschäftigt sich mit der Ganzpflanzenverwertung.

ALTENER - Alternative Energy - DG XVII (COM(92) 180 final, 1992): Die Zielrichtungen des ALTENER Programms sind wie folgt:

- Erarbeiten von Verordnungen und gesetzgeberischen Maßnahmen zur Verminderung von Hemmnissen der Vermarktung von erneuerbaren Energiequellen,
- Finanzielle und ökonomische Maßnahmen für Biokraft- und Brennstoffe und deren Durchführbarkeitsstudien,
- Unterstützungsprojekte zur Einführung von neuen und erneuerbaren Energiequellen und
- Informationsaustausch und Ausbildungsmaßnahmen.

Die Mittel in Höhe von 40 Mio. ECU (1992 - 1994) sind den verschiedenen Punkten mit unterschiedlichem Gemeinschaftsanteil zugewiesen. Bis zum Jahr 2005 sollen - nach Maßgabe der Begründung für das ALTENER Programm - 8 % der Gesamtenergie-Produktion durch erneuerbare Energien zur Verfügung stehen, 27 GW des Elektrizitätsmarktes und 5 % des gesamten Treibstoffverbrauches (entsprechend 7 Mio. ha oder 7 Mio. TEP). Den Biobrennstoffen und der Biomasse wird besonders viel Raum im Forschungsprogramm zugewiesen, schnellwachsende Gehölze und C_4-Pflanzen sollen insbesondere nach der GAP-Reform für den großindustriellen Bereich nutzbar gemacht werden.

JOULE - Joint Opportunities for Unconventional or Long-term Energy supply - DG XII/E (O.J. L98, 1984): Zwar ist dieses Programm in erster Linie darauf abgestellt, Energieimporte zu vermindern, die Energieeffizienz zu verbessern und die Verschmutzung durch Emissionen zu reduzieren, mittel- und langfristig sollen aber neue und erneuerbare Energiequellen erschlossen werden.

THERMIE - TecHnologies EuRopéenes pour la MaîtrIse de l'Energie - DG XVII (KOM(89) 121 endg., 1989): Das THERMIE Programm unterstützt die Anwendungen von neuen Energietechnologien, deren Verwirklichung mit einem gewissen ökonomischen Risiko verbunden sind. Hierzu zählt auch die Anwendung von Biomasse, geothermischer Energie, Wasserkraft und Windenergie. Traditionelle Energieträger (Kohle, Kohlenwasserstoffe) und deren rationelle Nutzung, insbesondere für kleine und mittlere Unternehmen, werden gleichfalls aus dem Finanzvolumen von 179 Mio ECU (1992 - 1994) mit max. 40 % der Gesamtsumme unterstützt.

AIR - Agriculture and Agroindustry, including Fisheries (1. Ausschreibung):
Von 767 eingereichten Anträgen sind 103 Projekte dem Ministerrat zur Empfehlung vorgelegt worden. Die Generaldirektorate VI, XII und XIV überwachen und begleiten in einem Rahmenprogramm die Forschungen auf den Gebieten:

- Primärproduktion in Landwirtschaft, Forstwirtschaft, Aquakultur und Fischereiwesen,
- Input in Landwirtschaft, Forstwirtschaft, Aquakultur und Fischereiwesen,
- Verarbeitung von biologischen Rohstoffen der einzelnen Bereiche und
- Endnutzung und Produktwesen.

Unter der Verantwortung von DG VI sowie von DG XII werden Forschungen zu Energiepflanzen durchgeführt. DG VI beschäftigt sich mit schnellwachsenden Hölzern, Miscanthus und Eukalyptus-Plantagen, Ceratonia- und Rubus-Produktivität, während DG XII Sorghum als Energiepflanze, eine landwirtschaftliche Energiefarm und *Coppice*-Forsten bearbeitet. Zusammen werden von DG XII und DG VI 7 Groß-Projekte als Pilotanlagen zur Verarbeitung/Produktion von Biodiesel, Sorghum, Kenaf und Miscanthus gefördert.

3.1.6 Zukünftige Entwicklung und Auswirkungen von Steueränderungen

Nimmt die Kommission und der Ministerrat ihr Grundsatzpapier "Für eine dauerhafte und umweltgerechte Entwicklung" beim Wort, werden auf dem Sektor der erneuerbaren Energien Vergünstigungen eintreten.

Die Kommission der Europäischen Gemeinschaften hat einen Vorschlag des Rates zur Einführung einer Steuer auf CO_2-Emissionen und Energie vorgelegt, die zur rationelleren Energienutzung und zur Verringerung der CO_2-Emissionen beitragen soll (KOM(92) 226). Unter Punkt II 3b sind die erneuerbaren Energiequellen von der Steuer in Höhe von 3 $ je Barrel Öl (Jahr 2000 10 $ je Barrel) ausgenommen. Die CO_2-Steuer beläuft sich auf 0,16 ECU/GJ bis 0,30 ECU/GJ, die Energiesteuer beträgt einheitlich 0,21 ECU/GJ. Diesel würde sich unter diesen Annahmen um ca. 3 Pf/l bzw. 10 Pf/l verteuern (s. auch Imrie 1992).

Biokraftstoffe sollen nach einem weiteren Vorschlag des Rates mit max. 10% des Referenzsteuersatzes der herkömmlichen Treibstoffe (KOM(92) 36) besteuert werden. Unabhängig von den Stellungnahmen des Parlamentes, wobei einige Ausschüsse bezüglich der Steuerpräferenz der Biokraftstoffe durchaus eine ablehnende Meinung haben und die Meinungsbildung zur kombinierten CO_2-Energiesteuer noch nicht abgeschlossen ist, würde sich durch das Gesamtpaket "EG-Hektarprämie, Mineralölsteuerbefreiung und CO_2-Steuer-Befreiung" für Bioethanol, Biodiesel und Biomasse der Wettbewerbsnachteil verringern und teilweise sogar aufgehoben werden (BML 1992).

Neben den politischen Hürden, die noch zu überwinden sind, sollten ebenso Erleichterungen in der verwaltungstechnischen Durchführung gefunden werden. Die nationalen Behörden sollten die Möglichkeit von Erzeugerringen in Betracht ziehen, die die Verwaltungs- und Finanzabwicklung übernehmen (so z.B. praktiziert für die Olivenölbeihilfe). Stillegungsquoten könnten auch insgesamt an einen Mitgliedsstaat vergeben werden. Die Verpflichtung zur Erfüllung könnte gleichfalls wie in der Zuckermarkt- oder Milchmarktregulierung an betriebswirtschaftlich organisierte Genossenschaften, Aktienunternehmen oder Privatgesellschaften verteilt werden. Entsprechend der Geschichte der bäuerlichen Aktien-Zuckerfabriken sollte durch die EG der Anreiz gegeben werden, Energieversorgungsbetriebe für lokale Blockheizkraftwerke in der Trägerschaft der Rohstofflieferanten zu schaffen, anstatt den Mitgliedsländern Gelder zum Aufbau des *Integrierten Verwaltungs- und Kontrollsystems für bestimmte gemeinschaftliche Beihilferegelungen* zukommen zu lassen. Ähnliches wäre auch für den Naturschutz auf stillgelegten landwirtschaftlichen Flächen möglich. Diese Politik käme dem Prinzip der Subsidiarität gleichzeitig näher.

Die mögliche CO_2-Entlastung wird allerdings allein für die Biomasse-Produktion sehr unterschiedlich angegeben, nach eigenen Berechnungen (Ahl 1992) würden bei einer 30%igen Nutzung der landwirtschaftlichen Ackerflächen zur Erzeugung nachwachsender Rohstoffe ca. 7 % der CO_2-Menge von 1987 eingespart werden können.

Umweltgerechte Energiepolitik darf sich jedoch nicht nur in der Förderung erneuerbarer Energien als energiepolitisches Alibi erschöpfen. Biomasse als Energieträger kann nur im Zusammenhang mit einem Gesamtenergiekonzept der EG zum Erfolg führen:

- tatsächliche Energiekostenrechnung,
- bessere Information und Umwelterziehung der Endverbraucher,
- Vereinbarungen mit der Industrie über Verhaltenscodices,
- verbesserte Energieeffizienz,
- Normen für eine rationelle Energienutzung,
- Energiesparprogramme und
- Berücksichtigung der Umweltaspekte der Kernenergie.

Der Einfluß von Energieplantagen zur Erzeugung von Biomasse auf die Umwelt (Vielfältigkeit der Pflanzenproduktion, Auswirkung auf Begleitflora und Fauna, Bodenveränderungen) muß ebenso in Betracht gezogen werden wie die Vorteile, die sich in der Bereitstellung von erneuerbaren Energien ergeben.

Der mögliche theoretische Anteil von ca. 5 % zur Energieversorgung der EG bzw. 16 % in einzelnen Mitgliedstaaten, unabhängig von den noch zu bewältigenden Hindernissen in der Verarbeitung und im Transportwesen, zeigt aber auch, daß die Land- und Forstwirtschaft einen Beitrag zu den erneuerbaren Energien leisten kann.

3.1.7 Literatur

ABL Nr. L 60 (1989) Entscheidung des Rates vom 23. Februar 1989 über ein erstes mehrjähriges Programm (1989-1993) für auf Biotechnologie gestützte agroindustrielle Forschung und technologische Entwicklung-ECLAIR, Brüssel, 3.3.1989

ABL Nr. L 198 (1991) Verordnung (EWG) Nr. 2092/91 des Rates vom 24. Juni 1991 über den ökologischen Landbau und die entsprechende Kennzeichnung der landwirtschaftlichen Erzeugnisse und Lebensmittel. Brüssel, 22.7.1991

ABL Nr. C 241 (1986) Entschließung des Rates vom 16. September 1986 über neue energiepolitische Ziele der Gemeinschaft für 1995 und die Konvergenz der Politik der Mitgliedstaaten. Brüssel, 25.9.1986.

ABL Nr. L 355 (1992) Verordnung (EWG) Nr. 3508/92 des Rates vom 27. November 1992 zur Einführung eines integrierten Verwaltungs- und Kontrollsystems für bestimmte gemeinschaftliche Beihilferegelungen. Brüssel, 5.12.1992

Ahl C (1992) A note on non-food-production with a view providing information in time for the hearing planned by the Committee (for Agriculture, Fishery and Rural Development) in spring 1992, STOA, Luxembourg, May 1992

Antony F, Hasselbauer R (1991) Körnerrapsanbau in Wasserschutzgebieten. Raps 9(3):112-118

A3-0094/92 (1992) Bericht des Ausschusses für Energie, Forschung und Technologie über eine Gemeinsame Energiepolitik. C.R. Piquet, 28.2.1992.

BML (1990) Bericht des Bundes und der Länder über Nachwachsende Rohstoffe. 2. Aufl. Landwirtschaftsverlag Hiltrup, Münster

BML (1991) Forschungsdokumentation: Produktions- und Verwendungsalter-nativen für die Land- und Forstwirtschaft Nachwachsende Rohstoffe. Landwirtschaftsverlag Hiltrup, Münster

BML (1992) Mehr Umweltschutz mit nachwachsenden Rohstoffen. Bundesminister für Ernährung, Landwirtschaft und Forsten, Agrarpolitische Mitteilungen 12/92, Bonn

B3-1732/91 (1991) Förderung der Biomasse-Erzeugung. Entschließungsantrag S Kostopoulos, 1991

Bundestagsdrucksache 12/3493 (1992) Antwort der Bundesregierung auf die Große Anfrage Nr. 12/2275 "Chancen und Risiken nachwachsender Rohstoffe". Bonn, 21. 10. 1992

Carvalho Neto J, Dumort A, Guilmot JF, Lecloux M (1990) Energy for a new century - the European perspective -. Commission of the European Communities, Directorate-General for Energy, Brussels

Cassin P (1992) persönliche Mitteilung. P Cassin, ADEME, Paris

Com. of the EC (1985) Soil Map of the European Communities 1 : 1.000.000. - Commission of the European Communities, Directorate-General for Agriculture (eds)., Office for Official Publications of the European Communities, L-2929 Luxembourg.

Com. of the EC (1991) ECLAIR - 1988-1993 - Synopsis of R&D Projects. Commission of the European Communities, Directorate-General XII-Science-Research-Development, 103 Seiten, Brussels

Com. of the EC (1992) The Agricultural Situation in the Community - 1991 Report. Commission of the European Communities, Luxembourg

COM(92) 180 final (1992) Specific actions for greater penetration for renewable energy sources-ALTENER. Brussels, 29.6.1992

Dimitri L (1988) Bewirtschaftung schnellwachsender Baumarten im Kurzumtrieb zur Energiegewinnung. Schriften des Forschungsinstitutes für schnellwachsende Baumarten, Hannoversch-Münden, Band 4, 72 Seiten

Dolluschitz R (1992) Potentialabschätzung in der Pflanzenproduktion und dessen Ausschöpfung bei stärker ökologisch oder ökonomisch ausgerichteter Agrarpolitik. Agrarwirtschaft 41(1992):187-197.

Eurostat (1992) Statistische Grundzahlen der Gemeinschaft. 29. Ausgabe, Luxembourg

Ferrero GL, Grassi G, Williams HE (1987) Biomass Energy - From Harvesting to Storage. Elsevier Applied Science, London & New York, 327 Seiten

Flood M (1991) Energy without End. - Publ. by Friends of the Earth, London, 1991

Grassi G, Delmon D, Molle JF, Zibattay H (1987): Biomass for Energy and Industry. Elsevier Applied Science, London & New York, 1391 Seiten

Hassenpflug HG (1992) Nachwachsende Rohstoffe auf stillgelegten Flächen. Hannoversche Land- und Forstwirtschaftliche Zeitung 40:4-6

Hall DO (1991) Biomass Energy. Energy Policy, pp711-737

Houghton JT, Jenkins GJ, Ephraims JJ (ed.) (1990) Climate Change - The IPCC Scientific Assessment. Report prepared for IPCC Working Group 1, WMO/UNEP IPCC, Univ. Press Cambridge 1990

Imrie S (1992) A Technical Assessment of the Impact of the Proposed Carbon/Energy Tax in the EC. STOA Working Paper, Luxembourg

KOM(88) 255 (1988) Schutz des Waldes. Brüssel 1988

KOM(89) 121 endg. (1989) Europäische Technologien für den Umgang mit der Energie - Programm THERMIE. Brüssel, 22.3.1989

KOM(89) 369 (1989) Mitteilung der Kommission an den Rat betreffend Energie und Umwelt. Brüssel 1989

KOM(91) 100 endg. (1991) Mitteilung der Kommission an den Rat und das Europäische Parlament über die zukünftige Entwicklung der Gemeinsamen Agrarpolitik. Brüssel, 1.2.1991

KOM(91) 258 endg. (1991) Mitteilung der Kommission an den Rat und das Europäische Parlament über die zukünftige Entwicklung der Gemeinsamen Agrarpolitik - Folgedokument zu KOM (91) 100. Brüssel, 22.7.1991

KOM(91) 379 endg. (1991) Reform der Gemeinsamen Agrarpolitik: Rechtsgrundlagen (Feldfrüchte, Schafffleisch, Rindfleisch). Brüssel, 18.10.1991

KOM(91) 415 endg. (1991) Reform der Gemeinsamen Agrarpolitik: Rechtsgrundlagen. Flankierende Maßnahmen zur Reform der Agrarmarktunterstützung: Gemeinschaftsregelung der Gewährung von Beihilfen für forstwirtschaftliche Maßnahmen in der Landwirtschaft. Gemeinschaftsregelung der Gewährung von Beihilfen bei Inanspruchnahme einer Frührente in der Landwirtschaft. Brüssel, 31.10.1991

KOM(92) 23 endg. Vol. II (1992) Für eine dauerhafte und umweltgerechte Entwicklung. Amt für Veröffentlichungen der Europäischen Gemeinschaft, Luxemburg

KOM(92) 23 endg. Vol. III (1992) Der Zustand der Umwelt in der Europäischen Gemeinschaft-Überblick. Amt für Veröffentlichungen der Europäischen Gemeinschaft, Luxemburg.

KOM(92) 36 (1992) Vorschlag für eine Richtlinie des Rates über den Verbrauchsteuersatz auf Kraftstoffe aus landwirtschaftlichen Rohstoffen. Brüssel, 28.2.1992

KOM(92) 69 endg. (1992) Vorschlag für eine Verordnung des Rates zur Änderung der Verordnung Nr. 2092/91 des Rates vom 24. Juni 1991 über den ökologischen Landbau und die entsprechende Kennzeichnung der landwirtschaftlichen Erzeugnisse und Lebensmittel. Brüssel, 4.3.1992

KOM(92) 226 endg. (1992) Vorschlag für eine Richtlinie des Rates zur Einführung einer Steuer auf Kohlendioxidemissionen und Energie. Brüssel, 30.6.1992.

Lee J, Louis A (1985) Land Use and Soil Suitability. in: Com. of the EC (1985)

OJ L 98 (1984) Programme Joule. Brussels, 11.4.1984

Meyer NI (1991) Towards a sustainable energy policy, what can we learn from Denmark? 2nd Int. Conf. on Energy Consulting, Sept. 1991, Graz, Austria

PE 200.582 (1992) Arbeitsdokument Nr. 2 zum Übergang im Energiebereich: Bericht über die erneuerbaren Energien (B3-1686/90). V. Bettini, 15.4.1992

PE 201.134 (1992) Entwurf eines Berichtes über die Förderung erneuerbarer Energiequellen durch die Gründung einer Europäischen Vereinigung für die Förderung erneuerbarer Energien. Ausschuß für Energie, Forschung und Technologie, V. Bettini, Brüssel, 3.6.1992

POST (1992): Renewable Energy - Information for Member from the Parliamentary Office of Science and Technology. Briefing Note 32, London February 1992

SEC (91) 1744 final (1991) A Community Strategy to Limit Carbon Dioxide Emission and to Improve Energy Efficiency. Brussels, 1991

Sourie JC, Killen L (1986) Biomass: Recent Economic Studies. - Elsevier Applied Science, London & New York, 187 Seiten

Wright D (1991) Biomass - A New Future. Commission of the European Communities, Forward Studies Unit, pp36

3.2 Biomasse als Energiequelle - Züchtung, Anbau und Ertrag

Prof. Dr. M. Dambroth
Bundesforschungsanstalt für Landwirtschaft (FAL)
Institut für Pflanzenbau, Bundesallee 50, 3300 Braunschweig-Völkenrode

Zusammenfassung: Mit dem vorliegenden Beitrag soll skizzenhaft aufgezeigt werden, für welche Einsatzbereiche die Erzeugung von Biomasse zur Erzeugung von Energie in Betracht kommt. Von den potentiellen Möglichkeiten sind gegenwärtig die Erzeugung von Ethanol, die Gewinnung pflanzlicher Öle als Kraftstoffe und die Verbrennung von Biomasse zur Erzeugung von Energie als prioritär zu betrachten. Allen alternativen Energierohstoffen ist gemeinsam, daß sie im Vergleich zu den entsprechenden fossilen Rohstoffen noch nicht wettbewerbsfähig sind. Dieser Umstand sollte aber nicht Anlaß sein, die pflanzlichen Rohstoffe als nur wissenschaftlich interessant zu betrachten. Wenn heute alle Prognosen darauf hinauslaufen, daß der Anteil der Biomasse an der Energieerzeugung etwa 10 bis 15 v.H. betragen wird, dann sind solche Schätzungen Veranlassung genug, auch die Möglichkeiten und Grenzen der Nutzung heimischer Biomassepotentiale zu untersuchen und entsprechende Konzepte zu erarbeiten.

1 Einleitung und Definition

Das erkennbare Ende fossiler Rohstoffe hat weltweit die Suche nach alternativen Rohstoffquellen für industrielle und energetische Zwecke intensiviert. Neben der Solar- und Windenergie sowie der Wasserstofferzeugung nimmt dabei die Frage nach den Möglichkeiten und Grenzen der Nutzung pflanzlicher Rohstoffe - zumeist unter dem Begriff nachwachsende Rohstoffe subsumiert - einen vorrangigen Platz ein.

Um die Einsatzbereiche der pflanzlichen Rohstoffe gezielt anzusprechen, sollte auf den sehr globalen Begriff "Nachwachsende Rohstoffe" gänzlich verzichtet und besser von Industrie- und Energiepflanzen gesprochen werden. Sie sind wie folgt zu definieren:

Bei dem Anbau von <u>Industriepflanzen</u> kommt es darauf an, daß die in dem verwertbaren Erntegut während der Vegetationszeit gebildeten Stoffe - wie Stärke, Zucker, pflanzliche Öle und Fette, Eiweiß, Farb- und Gerbstoffe, Pharmaka, Cellulose und Fasern - während der Ernte und Aufbereitung ihre molekulare Struktur behalten und so in industrielle Verarbeitungsprozesse eingesetzt und weiterveredelt werden können.

Unter <u>Energiepflanzen</u> werden solche ein- und mehrjährig landwirtschaftlich genutzte Arten verstanden, die unmittelbar zur Energieerzeugung angebaut werden. Dabei kommt es in erster Linie auf die Erzielung hoher Hektarerträge an verwertbarer Biomasse an.

Die Erzeugungsziele des Energiepflanzenanbaues gliedern sich in folgende Bereiche:

- Nutzung von zucker- und stärkehaltigen Pflanzen zur Erzeugung von Ethanol
- Nutzung pflanzlicher Öle als Brenn- und Kraftstoffe
- Anbau von Biomasse zur Erzeugung von Festbrennstoffen
- Anbau von Biomasse zur Erzeugung von Biogas
- Energieerzeugung aus Biomasse durch Pyrolyse
- Anbau von Biomasse zur Gewinnung von Wasserstoff.

Für die ökonomische Wettbewerbsfähigkeit der Biomasse als Energieträger sind die Rohstoffkosten von entscheidender Bedeutung. Sie werden in erheblichem Umfang von den je Hektar zu erzielenden Erträgen an verwertbarer Biomasse bestimmt. Sie wiederum werden von pflanzenbaulichen und pflanzenzüchterischen Maßnahmen bestimmt. Welche Möglichkeiten und Grenzen dabei bestehen, soll nachfolgend an den ersten drei der oben genannten Erzeugungsziele des Energiepflanzenanbaues diskutiert werden. Dabei wird auf die hierzu am Institut erstellten Publikationen nicht im Detail eingegangen. Sie finden sich deshalb nur im Literaturverzeichnis.

2 Biomasse als Energiequelle

2.1 Nutzung von zucker- und stärkehaltigen Pflanzen zur Erzeugung von Ethanol

Die Gewinnung von Alkohol aus pflanzlichen Rohstoffen hat in der Landwirtschaft eine lange Tradition. Schon immer wurden zucker- und stärkehaltige Pflanzen zu diesem Zweck eingesetzt. Die gezielte Nutzung cellulosehaltiger Biomasse von landwirtschaftlich genutzten Arten zur Herstellung von Alkohol ist bisher großtechnisch nicht praktiziert worden. Sie beschränkte sich auf den Einsatz von Holz sowie auf die Verwendung von Rest- und Abfallstoffen.

Aus landwirtschaftlicher Sicht stehen für die Erzeugung von Ethanol neben den Getreidearten, einschließlich Mais und Zuckerhirse, vornehmlich die zucker- und stärkehaltigen Knollen- und Wurzelfrüchte zur Verfügung. Neben der Kartoffel und der Rübe sind hierzu der Topinambur und die Zichorie zu nennen. Dabei liegen die je Hektar zu erzielenden Erträge an Ethanol bei den Knollen- und Wurzelfrüchten deutlich über denen der Getreidearten.

Eine Steigerung der Ethanolerträge bei den Knollen- und Wurzelfrüchten ist in erster Linie durch pflanzenzüchterische Maßnahmen möglich. Für die Getreidearten gilt die Aussage ebenso, wenngleich hierbei die möglichen Zuwachsraten geringer sind. Mit dieser Aussage sind die Getreidearten jedoch nicht durch das ökonomische Sieb gefallen, denn für die Rentabilität einer Ethanolanlage ist ihre Kampagnezeit eine wichtige Größe.

Da heute keine Zweifel mehr daran bestehen, daß eine Ethanolanlage möglichst ganzjährig produzieren sollte, muß es möglich sein, in ihr einen Rohstoffmix zu verarbeiten, der je nach Saison aus stärke- oder zuckerhaltigen Knollen- und Wurzelfrüchten besteht und der in den Zeiten, zu denen kein Erntegut dieser Arten auf dem Feld anfällt, durch Getreide ergänzt werden müßte.

Der vermeintlich ökonomisch schwächer zu betrachtende Rohstoff Getreide könnte durch die Möglichkeit zur Kampagneverlängerung eine deutliche Aufwertung erfahren.

Für eine ökonomische Bewertung der einzelnen Arten spielen noch eine Reihe anderer Faktoren, wie z.B. die Transportkosten, die Verarbeitungskosten, die Verwertbarkeit der Reststoffe, eine Rolle, so daß hier keine Prioritätenliste für die Gewinnung von Ethanol-geeigneten Arten aufgestellt werden soll.

Für die Steigerung der Ethanolerträge kommt es darauf an, das genetisch angelegte Leistungspotential auszuschöpfen. Am Beispiel der Kartoffeln und der Rüben soll dies näher erläutert werden.

2.1.1 Kartoffeln

Ertragsniveau und Produktionsaufwand bei Kartoffeln können von der Pflanzenzüchtung in entscheidender Weise beeinflußt werden, und dabei sind die Grenzen der Leistungsfähigkeit noch keineswegs ausgeschöpft. Das Verhältnis zwischen der genetisch möglichen Ertragsleistung und dem realisierten Ertragsniveau ist völlig unbefriedigend. Bei seiner Verbesserung sollte es möglich sein, Kartoffelerträge von über 1000 dt/ha zu erzielen. Ertragsleistungen, die notwendig sind, um die Kartoffel als Ethanol- und Stärkelieferant wettbewerbsfähig zu machen.

Für die Wettbewerbsfähigkeit ist neben dem Knollenertrag auch der Stärkegehalt bestimmend, denn aus den beiden Größen errechnet sich der Stärkeertrag je Hektar.

Der Technologe wird immer einem hohen Stärkegehalt die erste Priorität einräumen, weil bei einem solchen Material die Konversionskosten gering gehalten werden. Aus naturwissenschaftlicher Sicht muß dem Stärkeertrag je Flächeneinheit die höchste Priorität eingeräumt werden, weil ein hoher Stärkegehalt und ein hoher Massenertrag kaum in Beziehung zu bringen sind. So müßte der Stärkeertrag ein für alle Seiten tragbarer Kompromiß sein.

Ein hoher Massenertrag bei einem mittleren Stärkegehalt von 15 % bis 18 % könnte deshalb eine annehmbare Richtschnur für die Selektion darstellen. Aus Abbildung 1 werden diese Zusammenhänge deutlich.

Zur effizienten Ausnutzung des Sonnenlichts und damit der eingesetzten Produktionsmittel sollte die Kartoffelpflanze der Zukunft ein optimales Verhältnis von Kraut- zu Knollenertrag, einen einheitlicheren Knollenansatz und eine stabilisierte Knollenzahl haben. Auf diese Forderungen wurde bereits früher hingewiesen.

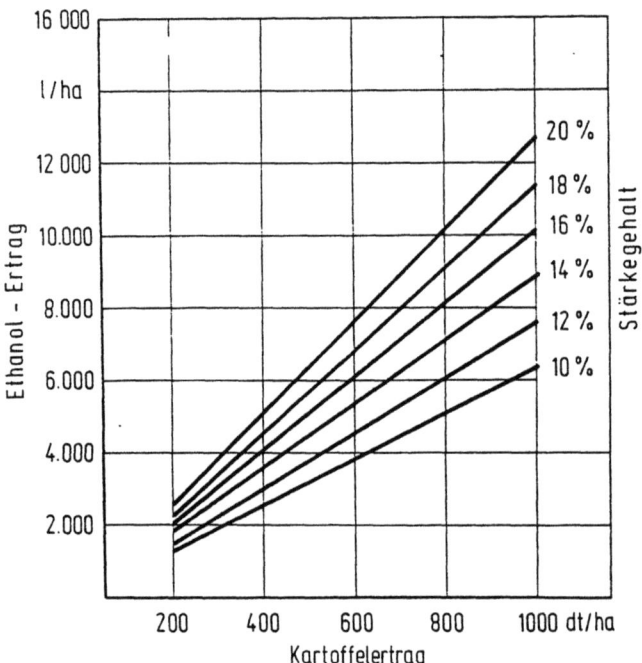

Abb. 1. Wechselbeziehungen zwischen Knollenertrag und Stärkegehalt zur Ethanol-Ausbeute bei Kartoffeln

An dieser Stelle muß ergänzend darauf aufmerksam gemacht werden, daß die Forderung nach einem hohen Stärkeertrag je Flächeneinheit nicht zu erfüllen ist, wenn die Reifezeit der Kartoffel ständig verkürzt wird.

Im Sinne einer optimalen Energieausnutzung ist es nicht länger vertretbar, wenn immer mehr Vegetationstage für die Ertragsbildung verschenkt werden. Sicher liegt es auch im Sinne einer möglichst langen Kampagne, wenn zu einem frühen Zeitpunkt Rohstoffe mit einer hohen Produktausbeute verfügbar sind, aber dies darf nicht zu Lasten der Erträge gehen.

Aus anbautechnischer Sicht bedarf es an dieser Stelle keiner näheren Ausführungen zur Erzielung optimaler Knollenerträge mit dem gegenwärtigen Stärkekartoffelsortiment. Hierbei kommt es darauf an, den vorhandenen Kenntnisstand in die Praxis umzusetzen.

2.1.2 Beta-Rüben

Im Hinblick auf die Ethanolerzeugung stellt sich bei Zuckerrüben die Forderung nach einer völlig neuen Zuchtrichtung, und zwar muß es das Ziel sein, den Höchstertrag an vergärbarer Substanz je Hektar zu erreichen, die wiederum mit einem möglichst geringen Aufwand erstellt werden muß.

Bei diesem Zuchtziel kommt es deshalb nicht allein auf den bereinigten Zuckergehalt an, was bedeutet, daß die Qualität der für die Ethanolherstellung zu selektierenden Rüben keine vorrangige Rolle spielt; sondern auch darauf, daß ein hoher Massenertrag erzielt werden muß und die Ernte ohne großen Energieaufwand vorgenommen werden kann.

Aufgrund dieser Rahmenbedingungen lassen sich für die Ethanol-Rübe folgende Zuchtziele formulieren:

- Die Ethanol-Rübe sollte eine hoch aus dem Boden aufstehende Form haben;
- die Blattbildung sollte nicht weit über der von alten Massenrübensorten liegen;
- der Zuckergehalt für eine Ethanol-Rübe sollte zwischen 12 und 16 ˚S liegen;
- der Frischmasseertrag der Rübenkörper sollte 1000 bis 1500 dt/ha erreichen.

Ethanol-Rüben müssen zukünftig eine eigenständige Gruppe innerhalb der Rübensortimente haben, und ihre Zulassung muß nach einem eigenen Prüfschema erfolgen, weil sie sonst weder als Zuckerrüben noch als Futterrüben sinnvoll eingestuft werden können. Auch kann bereits jetzt davon ausgegangen werden, daß sie andere Anbau- und Erntetechniken bedingen werden. Von der Erfüllung dieser Zuchtziele wird es wesentlich abhängen, mit welchen Ethanol-Erträgen je Hektar in Zukunft gerechnet werden kann.

In Abbildung 2 sind die theoretisch möglichen Ethanol-Erträge in Abhängigkeit von Zuckergehalt und Rübenertrag dargestellt. Es kann daraus unschwer abgelesen werden, daß die derzeitig möglichen Ausbeuten nicht die obere Grenze sein müssen.

Für den Technologen wird die Forderung an den Rohstoff immer lauten: ein möglichst hoher Zuckergehalt, weil dann der Konversionsaufwand gering gehalten werden kann. Technologen und Pflanzenzüchter werden aber einen Kompromiß finden müssen, denn aus biologischer Sicht ist ein hoher Zuckergehalt bei einem hohen Massenertrag kaum vorstellbar.

Deshalb sollte der Zuckerertrag je Hektar und damit die je Hektar zu erzielende vergärbare Substanz der gemeinsame Nenner sein.

2.1.3 Topinambur

Topinambur ist bisher nicht als eine Pflanze für die großtechnische Erzeugung von Ethanol bekannt geworden. Diese aus Amerika stammende Pflanze enthält in ihren

Knollen das Inulin. Es handelt sich dabei um Fructosane (mehr oder weniger langkettige Kohlenhydrate).

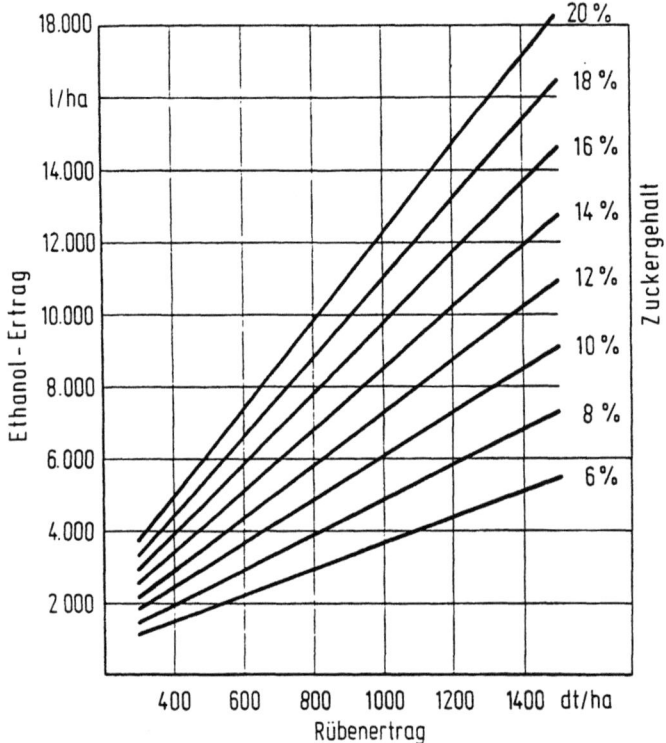

Abb. 2. Theoretisch mögliche Ethanol-Erträge (l/ha) von Beta-Rüben in Abhängigkeit von Zuckergehalt und Rübenertrag

Die vordringlichsten Ziele bei der züchterischen Bearbeitung von Topinambur zur Erzeugung von Ethanol sind:

- Erhöhung der Knollenerträge,
- ein möglichst hoher Gehalt an vergärbarer Substanz in den Knollen,
- Frühreife,
- ein möglichst früher Knollenansatz,
- eine nicht zu starke Krautentwicklung.

Zuchtziele, die durch die entsprechenden Arbeiten des Instituts bereits in erheblichem Maße realisiert werden konnten.

Die Knollenerträge von Topinambur sind mit denen der Kartoffel vergleichbar, wenngleich die Schwankungen zwischen den Standorten deutlicher ausfallen.

3.2 Biomasse als Energiequelle - Züchtung, Anbau und Ertrag   57

Die Topinamburpflanzen beginnen im Vergleich zur Kartoffel relativ spät mit dem Knollenansatz. Die Knollenentwicklung verläuft zunächst recht langsam, erfährt aber zumeist ab September eine erhebliche Beschleunigung, so daß in einer relativ kurzen Zeit beachtliche Ertragssteigerungen erreicht werden.

Der Anbau von Topinambur ist relativ einfach. Die Auspflanzung und die Ernte erfolgen mit der entsprechenden Kartoffeltechnik. Eine mechanische Hacke nach dem Auflaufen der Pflanzen ist als Unkrautbekämpfungsmaßnahme ausreichend, da bei der starken Entwicklung der Grünmasse des Topinamburs Unkräuter völlig unterdrückt werden. Topinamburknollen sind außerhalb des Bodens nur wenige Tage lagerfähig, vertragen aber durchaus Temperaturen bis -30 °C im Boden, so daß Topinambur nach der Vegetationszeit im Boden belassen und erst bei Frostfreiheit im Frühjahr gerodet werden kann.

2.1.4 Zichorie

Aussaat und Ernte der Zichorien lassen sich mit der Zuckerrübentechnik durchführen. Allerdings ist dabei die zumeist sehr lange Wurzel der Zichorie ein Hindernis, weil durch Bruch der Rübenkörper erhebliche Verluste auftreten können. Die Aussaat ist mit pilliertem Saatgut möglich. Der Feldaufgang von Zichorien weist noch relativ große Schwankungen auf. Die Aussaat dieser zweijährigen Pflanze darf erst nach den Eisheiligen erfolgen, da die Samen im angekeimten Stadium vernalisierbar sind, d.h. bei zu niedrigen Temperaturen in der Keimphase wird die Schoßphase eingeleitet, und es kommt nicht zu einer befriedigenden Wurzelbildung.

Die Bestandesdichte bei Zichorien liegt deutlich über der von Zuckerrüben. Nach den bisherigen Untersuchungen des Institutes dürfte die optimale Bestandesdichte bei 20 Pflanzen/m^2 liegen. Mit Zichorien lassen sich gegenwärtig Erträge bis zu 500 dt/ha erzielen. Allerdings können erhebliche Ertragsschwankungen auftreten, so daß die Zichorie noch keine sicher anzubauende Kulturpflanze ist. Ein besonderes Hindernis ist dabei die nicht ausreichende Saatgutqualität und der Mangel an geeigneten Herbiziden. Zur Verbesserung der Anbaueignung von Zichorien sind noch erhebliche pflanzenzüchterische Aufwendungen erforderlich.

2.1.5 Zuckerhirse

Die Zuckerhirse ist wie der Mais eine sogenannte C_4-Pflanze. Also eine Art, die aufgrund ihres Photosynthesesystems zu einer besonderen Effizienz bei der Ausnutzung der eingestrahlten Sonnenenergie befähigt ist. Infolge ihres Wurzelsystems besitzt die Hirse eine hohe Dürreverträglichkeit. Ihre Wärmeansprüche sind allerdings relativ hoch, ihre Ansprüche an die Bodenqualität dagegen wegen eines guten Aneignungsvermögens für Mineralstoffe gering. Die Zuckerhirse kann als eine Low-Input-Art bezeichnet werden. Besondere Probleme bezüglich Pflanzenschutz sind bisher nicht bekannt.

Die Zuckerhirse ist wie der Mais ein Getreide, und die gesamte Bestellung und Pflege der Bestände ist mit dem Maisanbau bis auf die Reihenweiten identisch. Sie liegen bei 40 cm. Die Aussaat der Zuckerhirse sollte Ende Mai/Anfang Juni erfolgen, weil die dann erreichte Bodenerwärmung einen guten Feldaufgang garantiert. Die Jugendentwicklung der Pflanzen ist relativ langsam, und die Bestände hinterlassen in dieser Phase oft einen etwas kümmerlichen Eindruck. Insbesondere im Juli erreicht die Wuchsintensität aber Werte, wie sie bei keiner anderen Art zu finden sind. Bestandshöhen von über 3 m werden in relativ kurzer Zeit erreicht.

Der in dem Mark der Stengel der Zuckerhirse gebildete Zucker setzt sich zu etwa 50 % aus Saccharose, zu 30 % aus Glucose und zu 20 % aus Fruktose zusammen. Aufgrund der Gehalte an Glucose und Fruktose kann der Zucker der Zuckerhirse nicht wie der der Zuckerrübe zu Kristallzucker verarbeitet werden, sondern er müßte in Form eines Sirups den Markt erreichen. Was jedoch kein Nachteil wäre, denn viele Verwender würden diese Form der Aufbereitung sogar bevorzugen. In der Pflanze wird der Zucker in dem Mark der Sproßabschnitte zwischen zwei Blattknoten, den Internodien, gebildet.

Am Institut wurden inzwischen über 1500 Formen der Zuckerhirse auf ihre Anbaueignung und ihre Qualitätsmerkmale hin untersucht. Einen Ausschnitt der dabei erzielten Ergebnisse zeigen die Darstellungen in Abbildung 3.

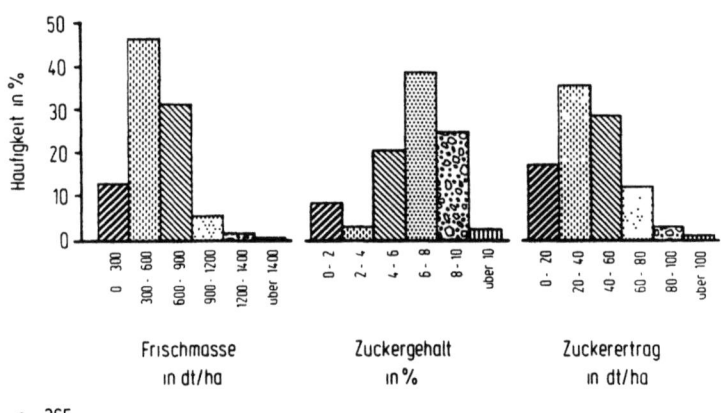

n 365

Abb. 3. Häufigkeitsverteilung für Frischmasse, Zuckergehalt und Zuckerertrag bei Zuckerhirse

Von den hier dargestellten 365 Herkünften erreichte die Mehrzahl Frischmasseerträge von über 600 dt/ha. Der Anteil der Herkünfte mit Zuckergehalten von über 10 % blieb relativ gering, aber entscheidend ist, daß Zuckererträge von über 100 dt/ha erzielt wurden. Das Auffinden solcher Formen bietet für die

3.2 Biomasse als Energiequelle - Züchtung, Anbau und Ertrag

Pflanzenzüchtung die Gewähr für weitere Ertragssteigerungen, wie diesbezügliche Arbeiten bei einer namhaften Zuckerrübenzuchtfirma beweisen.

Bei so viel Licht gibt es natürlich auch Schatten, und so ist die bisher nicht gelöste Ernte der Zuckerhirse die Bremse für ihren erfolgreichen Anbau als zuckerliefernde Pflanze.

Aufgrund der hohen Zuckererträge wäre es theoretisch möglich, mit der Zuckerhirse ähnlich hohe Ethanolerträge zu erzielen wie mit den Zuckerrüben.

3 Nutzung pflanzlicher Öle als Brenn- und Kraftstoffe

Der Einsatz von pflanzlichen Ölen als Brenn- und Kraftstoff ist nicht neu. Schon immer hat es insbesondere in Krisenzeiten Beispiele dafür gegeben. In jüngster Zeit ist dieses Thema wieder neu in die Diskussionen gekommen, weil in dem Anbau von Ölpflanzen zur eigenen Kraftstoffversorgung landwirtschaftlicher Betriebe ein möglicher Beitrag zur Lösung der Überschußproblematik auf den EG-Agrarmärkten gesehen wird.

Aus pflanzenzüchterischer und pflanzenbaulicher Sicht ist hierzu anzumerken, daß es bei einer solchen Produktionsrichtung vornehmlich darauf ankommt, hohe Ölerträge je Hektar zu erzielen und dabei Qualitätsaspekte, wie sie im Industriepflanzenanbau zu beachten sind, entfallen. Da gegenwärtig allein mit dem Raps akzeptable Ölerträge erzielt werden, konzentriert sich die gesamte Diskussion auf diese Fruchtart.

Wenn es das Ziel ist, pflanzliches Öl für Treibstoffzwecke zu erzeugen, dann sollten auch weitere Arten in die Diskussionen eingeführt werden. Aus der nachstehenden Tabelle sind die wichtigsten zu ersehen. Denn die Ausdehnung der Rapsfläche ist auf den für den Anbau prädestinierten Standorten nicht mehr unbegrenzt möglich.

Pflanzenart	mittlerer Samenertrag dt/ha	mittlerer Ölgehalt %
Winterraps	30	65
Sommerraps	22	45
Winterrübsen	20	40
Sommerrübsen	14	38
Weißer Senf	14	34
Schwarzer Senf	14	32
Ölrettich	16	44
Crambe	18	38
Ölrauke	14	34
Sonnenblume	30	55
Öllein	22	40
Leindotter	10	30
Mohn	14	48

Auf der anderen Seite erfordert der Rapsanbau auf den weniger gut geeigneten Standorten erhebliche Aufwendungen an Produktionsmitteln, so daß ökologische Grenzen erreicht werden. Für solche Standorte steht z.B. mit dem Leindotter eine Art zur Verfügung, deren Ölerträge nahe denen des Rapses liegen. In anderen Gebieten wiederum könnten der Öllein oder die Sonnenblume Alternativen bilden.

Wichtig ist es, daß mit dem Ziel 'pflanzliche Öle als Kraftstoffe' nicht eine Pflanzenart zu übermäßigen Flächenanteilen hochgeschraubt wird und dabei die ökologischen Probleme von der einen auf die andere Art verlagert werden. Stets sollte bei solchen Überlegungen der Aspekt der Erweiterung der Artenzahl in landwirtschaftlichen Nutzungssystemen im Sinne einer integrierten Landbewirtschaftung bedacht werden.

Nebem dem bereits erwähnten Leindotter kommen der Öllein, die Sonnenblume und die Senfarten in erster Linie für die Erzeugung pflanzlicher Öle als Treibstoffe in Betracht. Alle diese Arten haben jedoch noch kein ausreichendes Ertragsniveau. Deswegen besteht hier noch ein erheblicher Handlungsbedarf für die Pflanzenzüchtung. Bei der vorhandenen Variabilität in den genetischen Ressourcen dieser Arten bestehen aber sehr gute Aussichten zur Steigerung der Ölerträge je Hektar.

4 Anbau von Biomasse zur Erzeugung von Festbrennstoffen

4.1 Getreide

Im Zusammenhang mit den Möglichkeiten und Grenzen der Nutzung von Biomasse für energetische Zwecke wird sogleich auf die im Getreidebau anfallenden Strohmengen verwiesen. Dabei wird sehr gerne von "Überschußstroh" oder von "Problemstroh" gesprochen. Derartige Bezeichnungen sollen den Eindruck erwecken, als sei mit dem Stroh ein kostengünstiger Rohstoff verfügbar, mit dem ein wesentlicher Beitrag zur Energieversorgung der Volkswirtschaft geleistet werden könnte. Eine solche Denkweise wird der Realität nicht gerecht. Abgesehen von der Tatsache, daß die Strohbergung mit erheblichen Aufwendungen verbunden ist, muß im Interesse einer integrierten Landbewirtschaftung das nicht im Viehstall eingesetzte Stroh wieder dem Boden als organischer Dünger zugeführt werden. Wenn Stroh vom Acker exportiert wird und nicht in Form von Stallmist auf diesen zurückkehrt, muß durch andere organische Düngungsmaßnahmen, vorrangig durch den Zwischenfruchtanbau, Ersatz geschaffen werden. Der Verkaufserlös für das Stroh muß also neben den Bergungs- und Transportkosten auch die Kosten für den Anbau einer Zwischenfrucht decken. Der Rohstoff Stroh ist also nicht zum Nulltarif verfügbar.

Der Strohanfall ergibt sich aus der Getreidefläche, wobei Hektarerträge im Durchschnitt von 5,5 t angenommen werden können.

Bei Einsatz der ganzen Pflanze für die Erzeugung von Energie erhöhen sich die Erträge um den Kornertrag, so daß - gemessen an den durchschnittlichen

3.2 Biomasse als Energiequelle - Züchtung, Anbau und Ertrag   61

Getreideerträgen - etwa 10 t bis 12 t Trockenmasse je Hektar zu erzielen sind. Das entspricht etwa 33 v.H. der Leistung eines Schilfgrasbestandes.

Es wird nun sehr oft die Frage gestellt, ob nicht durch pflanzenzüchterische Maßnahmen eine deutliche Steigerung der Stroherträge erreicht werden könnte. Dabei wird auf die alten Landsorten verwiesen, aber auch neuere Züchtungen, wie z.B. Triticale, werden in die Diskussionen gebracht. Dazu ist zu bemerken, daß die Getreidezüchtung in den letzten Jahrzehnten eine deutliche Veränderung des Korn-Strohverhältnisses erreicht hat, der Gesamttrockenmasseertrag aber nicht in gleicher Weise angestiegen ist. Die Hektarerträge an Trockenmasse Getreide - also Korn plus Stroh - werden sich nicht mehr wesentlich steigern lassen.

Versuche zur Steigerung der Trockenmasseerträge bei Getreide durch Mehrfachanbauten in einem Jahr sind ökonomisch zweifelhaft, weil bei den damit verbundenen Gestehungskosten letztlich auch nicht die Trockenmasseerträge erzielt werden können, wie sie z.B. mit dem Chinaschilf denkbar sind und wie sie notwendig sind, um die Biomasseproduktion auf eine wettbewerbsfähige Ebene zu heben.

Inwieweit andere Getreidearten, wie der Mais und die Hirsen, für die Biomasseerzeugung zur Energiegewinnung genutzt werden können, hängt davon ab, zu welchem Zeitpunkt sie mit einem für die Verbrennung noch akzeptablen Feuchtigkeitsgehalt geerntet werden können. Hierzu führt das Institut gegenwärtig Untersuchungen durch.

4.2 Schilfgräser

4.2.1 Miscanthus sinensis Giganteus

Kurzbeschreibung der Pflanze, ihre Herkunft und ihre Verwendungsmöglichkeiten: Die Miscanthusarten sind perennierende Gräser, deren primäres Verbreitungsgebiet in Ostasien liegt. Ein sekundäres findet sich in den Vereinigten Staaten von Amerika.

Von den Miscanthusarten interessiert bezüglich ihrer Nutzung für industrielle und energetische Zwecke die Art Miscanthus sinensis. Alle Miscanthusarten verfügen über den C_4-Metabolismus, der sie zu einer hohen Stoffproduktion befähigt.

Die Nutzung der Miscanthusarten war bis zum Jahr 1935 auf ihr Heimatgebiet Ostasien beschränkt, wo sie in gewissem Umfang als Futterpflanzen und als Bepflanzungen zur Verhinderung von Erosionen genutzt wurden. Im Jahr 1935 brachte dann der Däne Aksel Olsen Klone von Miscanthus sinensis nach Dänemark. Dieser Klon zeichnete sich durch eine besondere Wüchsigkeit aus, und er erhielt die Bezeichnung "Miscanthus sinensis Giganteus". Auf dieser Herkunft basieren alle heutigen Anpflanzungen im landwirtschaftlichen Bereich. Alle Miscanthusarten fanden bisher als Zierpflanzen Verwendung. Versuche, sie als Flächenkulturen anzubauen, begannen in dem vergangenen Jahrzehnt. In

Deutschland wurde erstmals im Jahr 1982 in Möser, nahe Magdeburg, eine Fläche von einem Hektar angelegt. Gleiches geschah im Jahr 1983 auf der Versuchsstation Hornum in Dänemark, wo der Anbau mit einer intensiven Versuchstätigkeit bis hin zur Verwertung der Pflanzen gekoppelt wurde.

Die Nutzungsmöglichkeiten der Biomasse von Miscanthus sinensis "Giganteus" für energetische und industrielle Zwecke lassen sich gegenwärtig noch nicht in vollem Umfang abschätzen, aber neben der Verbrennung und der Pyrolyse könnte auch die Erzeugung von Wasserstoff aus der Grünmasse an Interesse gewinnen. Inwieweit die Gewinnung von Cellulose aus den Miscanthuspflanzen realisiert werden kann, bedarf ebenso weiterer Untersuchungen wie ihre Verwendung als Rohstoff für Dämmaterialien aller Art oder als Basis für Verpackungen und Formteile etwa in der Möbelindustrie.

Agronomische Rahmenbedingungen für den Anbau von Miscanthus sinensis Giganteus: Mit der Introduktion von Miscanthus sinensis 'Giganteus' in landwirtschaftliche Nutzungssysteme kann erst wirklich begonnen werden, wenn hinreichendes Datenmaterial aus verschiedenartigen Versuchsanstellungen zur Verfügung steht. Die gegenwärtig in großer Zahl angelegten Demonstrationsvorhaben ohne wissenschaftliche Begleitung sind dazu nicht geeignet. Sie tragen eher zu Irritationen bei, wie die allgemeine Diskussion beweist.

Die bisher für den Anbau von Miscanthus sinensis 'Giganteus' vorliegenden Empfehlungen sind somit noch sehr lückenhaft. Dennoch lassen sich einige grundsätzliche Kriterien aus der vorhandenen Literatur und eigenen Erkenntnissen ableiten. Danach ist eine klare Beziehung zwischen der Standortproduktivität und der Ertragsleistung zu erkennen. Böden mit Staunässe und einer mangelhaften Durchlüftung scheiden für den Anbau ebenso aus wie sehr trockene, grundwasserferne Standorte. Bezüglich des pH-Wertes stellen die Pflanzen keine besonderen Ansprüche. Allerdings sollten Extremwerte vermieden werden.

Die Pflanzung der Miscanthus-Bestände sollte im Juni erfolgen. Dabei ist darauf zu achten, daß die Pflanzen in einen gut feuchten Boden gelangen. Anderenfalls ist eine Beregnung notwendig, denn eine schnelle Anwuchsphase ist Voraussetzung für den Erfolg des Anbaues.

In aller Regel ist im ersten Jahr eine Unkrautbekämpfung notwendig. Dabei sollte jedoch auf jeglichen Herbizideinsatz verzichtet werden. Die mechanische Unkrautbekämpfung mit dem Striegel hat sich als besonders geeignet erwiesen. In den Folgejahren erübrigt sich diese Maßnahme.

Zu den weiteren agronomisch wichtigen Fragen bei dem Anbau von Miscanthus sinensis 'Giganteus', wie Saat- und Pflanzgut, Bestandesdichte, Ausdauerfähigkeit, Mineraldüngung und Wasserhaushalt hat das Institut umfangreiche Versuche angelegt, über die nachfolgend skizzenhaft berichtet werden soll, denn die bisherige Versuchsdauer ist zu kurz, als daß endgültige Aussagen gemacht werden könnten. Auf der anderen Seite ist das Interesse an dieser Pflanze so groß, und die Diskussionen um ihre zukünftige Bedeutung sind oftmals so emotional, daß es zur

Objektivierung der vielfältigen Aussagen gerechtfertigt erscheint, die vorliegenden Ergebnisse zu publizieren.

4.2.2 Erste Ergebnisse

Alle Versuche wurden auf dem Standort Braunschweig-Völkenrode durchgeführt, dessen Boden ein lehmiger Sand bzw. sandiger Lehm mit einem geringen Humusgehalt ist. Der pH-Wert im Oberboden liegt bei 6,5, der Unterboden ist schwach sauer. Die Jahresdurchschnittstemperatur beträgt 8,7 °C, und das langjährige Niederschlagsmittel erreicht 619 mm.

Saat- und Pflanzgutbereitstellung: Die lange Vegetationszeit der Miscanthus-Arten erlaubt in Mitteleuropa keine Saatguterzeugung. Im Falle von Miscanthus sinensis 'Giganteus' steht sie ohnehin nicht zur Diskussion, weil es sich hierbei um eine nicht fertile Hybridform handelt. Was bleibt, ist somit die vegetative Vermehrung mit folgenden Alternativen:

- Teilung der Rhizome oder oberirdischer Stengelteile mit entsprechender Pflanzenanzucht
- Direktauslegung der Rhizome ohne vorhergehende Pflanzenanzucht
- Anzucht mittels der Meristemkultur.

Diese Alternativen werden derzeit am Institut untersucht. Als vorläufiges Ergebnis dieser Arbeiten kann formuliert werden: Die Direktauslegung der Rhizome führt zu sehr schlechten Anwuchsraten, so daß die Pflanzenbestände lückig bleiben. Ein Nachteil, der sich auch in den Folgejahren nicht ausgleicht. In jedem Fall ist eine Vorkultivierung der Jungpflanzen erforderlich. Dabei dürfte aus ökonomischer Sicht die Anzucht der Rhizome ebenso ausscheiden wie die der Stengelsegmente, denn in beiden Fällen sind nicht unerhebliche Vorleistungen und Gewächshauskapazitäten notwendig. Was bleibt, ist die Pflanzguterzeugung mittels der Meristemkultur. Sie ist gegenwärtig das kostengünstigste Verfahren, wenngleich der Preis pro Pflanze auch hier etwa bei 0,80 DM liegt. In Anbetracht der langen Nutzungsdauer der Bestände ein sicher vertretbarer Preis, wenngleich auch dazu noch offene Fragen bleiben.

Bestandesdichte: Die Frage nach der optimalen Bestandesdichte ist bei allen Kulturpflanzen von größter Bedeutung. Von ihr hängt die Lichtinterzeption und damit die Stoffproduktion der Bestände ebenso ab wie die Ausnutzung der Wasser- und Nährstoffvorräte im Boden. Bei einer Pflanze wie Miscanthus sinensis 'Giganteus', die bisher als Zierpflanze genutzt wurde, stellt sich diese Frage in besonderer Weise. Zu ihrer Beantwortung wurde zunächst ein klassischer Bestandesdichtenversuch mit 1 Pfl./m^2, 2 Pfl./m^2, 3 Pfl./m^2 und 4 Pfl./m^2 bei einer einheitlichen Stickstoffdüngung von 80 kg N/ha angelegt. Die dabei in den

Jahren 1990, 1991 und 1992 erzielten Trockenmasseerträge sind in Abbildung 4 dargestellt.

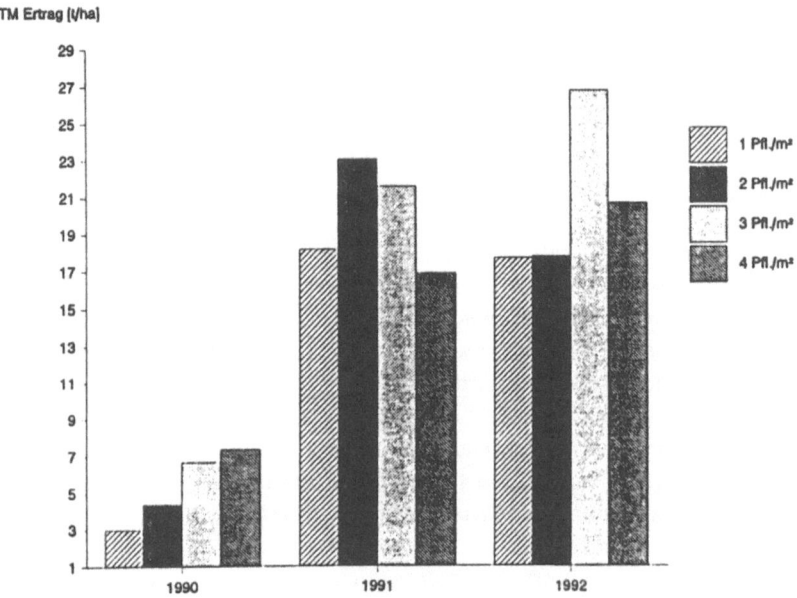

Abb. 4. Trockenmasse-Erträge von Miscanthus sinensis Giganteus in Abhängigkeit von der Bestandesdichte

Die Jahresangaben entsprechen den Ernteterminen, die jeweils Ende Februar erfolgten.

Wie aus der Abbildung 4 zu ersehen ist, bleibt der Ertrag im ersten Jahr - Auspflanzung im Juni 1989 - erwartungsgemäß niedrig. Im 2. Jahr steigt er erheblich an und erreicht im 3. Erntejahr bei einer Bestandesdichte von 3 Pfl./m^2 den höchsten Wert. Die weitere Ertragsentwicklung muß abgewartet werden, aber es ist zu vermuten, daß sich der Ertrag auf dem Standort Braunschweig bei etwa 30 t/ha stabilisieren wird. Die immer wieder prognostizierten 50 t/ha Trockenmasse dürften demnach in das Reich der Spekulationen gehören.

Ausdauerfähigkeit: Zum gegenwärtigen Zeitpunkt können keine Aussagen zu diesem Punkt gemacht werden. Weder bei den gewählten Bestandesdichtenversuchen noch bei den Düngungsvarianten sind irgendwelche Tendenzen dieser Art erkennbar. Lediglich bei der direkten Auspflanzung von Rhizomen war ein schlechter Aufgang zu verzeichnen, und die aufgelaufenen Pflanzen waren offensichtlich nicht in der Lage, die Fehlstellen auszugleichen. Inwieweit eine prognostizierte Nutzungsdauer von 15 Jahren realistisch ist, muß abgewartet werden.

Mineraldüngung: Die Frage nach der zweckmäßigen Höhe der Mineraldüngung zu Miscanthus sinensis 'Giganteus' wird bereits heftig diskutiert, obwohl kaum Versuchsergebnisse vorliegen. Aus den ersten Institutsergebnissen kann gefolgert werden, daß eine Stickstoffdüngung in Höhe von 100 bis 120 kg N/ha angemessen ist. Eine genaue Bilanzierung ist jedoch noch vorzunehmen. Auffallend ist, daß Miscanthus sinensis 'Giganteus' vergleichsweise hohe Phosphat- und Kaligehalte in der Trockenmasse aufweist. Die für die Abgaswerte bei der Verbrennung relevanten Gehalte an Spurenelementen und Schwermetallen sind dagegen sehr niedrig und dürften keinen begrenzenden Faktor darstellen.

Bei Berücksichtigung der hohen Ertragsleistung muß Miscanthus sinensis 'Giganteus' im Vergleich zu den Getreidearten als relativ anspruchslos angesehen werden, wenngleich diese Aussage nicht so verstanden werden darf, als sei diese Art bezüglich ihrer Boden-, Nährstoff- und Wasseransprüche eine Extensivkultur.

Wasserhaushalt: Wie bereits oben angesprochen, versagt der Anbau von Miscanthus sinensis 'Giganteus' auf trockenen, grundwasserfernen Standorten. In den zu dieser Thematik angelegten Gefäßversuchen zeigte sich sehr deutlich, daß ein ausreichendes und vor allen Dingen kontinuierlich verfügbares Wasserangebot zu den höchsten Trockenmasseerträgen führt. Trockenperioden bedingen eine Stagnation des Wachstums. Allerdings setzt nach solchen Perioden, bis in den Herbst hinein, das Wachstum bei dem Vorhandensein ausreichender Niederschläge wieder ein, so daß eine hohe Kompensation der vorausgegangenen Perioden mit geringen Ertragszuwächsen eintritt. Von einem übermäßig hohen Wasserbedarf der Pflanzen kann aber nicht gesprochen werden.

Literatur

Dambroth, M., 1979: Pflanzliche Rohstoffe als Grundlage für die Herstellung von Nicht-Nahrungsmitteln - Herausforderung an die Agrarwirtschaft. "Energiekrise eröffnet neue Perspektiven". - Agrar-Übersicht 30, 500-502

Dambroth, M.; Bramm, A., 1980: Aspekte der Äthanolgewinnung aus nachwachsender Biomasse - Agrar-Übersicht 32, Nr. 3, 26-31

Dambroth, M., 1980: Ethanol-Gewinnung aus nachwachsender Biomasse - nicht unbedingt brasilianische Spezialität. - Sonnenenergie 6, Nr. 3, 38-45

Dambroth, M., 1980: Welche Rolle spielen Rüben und Kartoffeln bei der Bewältigung der Energieprobleme? - Agrar-Übersicht 31, Nr. 9, 11-17

Dambroth, M., 1980: Ethanol aus Kartoffeln - Herausforderung an die Kartoffelzüchtung und die Anbautechnik. - Kartoffelbau 31, 296-297

Dambroth, M., 1981: Biochemikalien aus Biomasse. - Nachr. aus Chemie, Technik und Laboratorium 29, II. 1, 12-17

Dambroth, M., 1981: Nachwachsende Biomasse - Möglichkeiten und Grenzen für den ganzjährigen Betrieb einer Äthanolanlage auf der Basis nachwachsender Rohstoffe. - Agrar-Übersicht 32, Nr. 6, 10-12 + 85

Dambroth, M., 1981: Verknappung petrochemischer Rohstoffe eröffnet dem Ölfruchtanbau eine neue Chance. - Agrar-Übersicht 32, Nr. 9, 41-44

Dambroth, M., 1981: Nutzungsmöglichkeiten nachwachsender Rohstoffe als Chemiegrundstoffe und Energiesubstitute in der Bundesrepublik Deutschland. - Agra-Europe 46/81, 9-23

Seehuber, R.; Dambroth, M., 1982: Die Erzeugung pflanzlicher Öle für die chemische Industrie eröffnet der Landwirtschaft eine Produktionsalternative - Bestandsaufnahme, Literaturübersicht und Zielsetzung. - Landbauforschung Völkenrode 32, 133-148

Seehuber, R., 1984: Oilseed crops for cultivation in Middle Europe - survey and first results. - Proc. EC-Workshop "Old and new industrial crops - their processing and feasibility" in Wageningen, NL, 8-10 November 1983, Publication of IBVL, p. 119-128

Seehuber, R.; Dambroth, M., 1984: Die Potentiale zur Erzeugung von Industriegrundstoffen aus heimischen Ölpflanzen und die Perspektiven für ihre Nutzbarmachung. - Landbauforschung Völkenrode 34, 174-182 und Raps 4 (1986), 150-157

Dambroth, M., 1986: Für die Landwirtschaft eröffnen sich viele pflanzenbauliche Produktionsalternativen. - Agrar-Übersicht, 37. Jahrg., Heft 6, S. 16 ff

Dambroth, M.; El Bassam, N., 1981: Agrarprodukte. - Diercke Weltwirtschaft 1, dtv/Westermann München und Braunschweig

Dambroth, M., 1986: Die Natur als Chemieproduzent: Nachwachsende Rohstoffe CLB-Chemie f. Labor u. Betrieb, 37. Jahrg., Heft 3, 1986, 100-103

Dambroth, M., 1987: Industriepflanzen für Energie und Chemie, aus: Energie und Biomasse - Österreichische Gesellschaft für Land- und Forstwirtschaft, 16. Int. Symposium in Gmunden (13. bis 15. Okt. 1986, Kongreßhaus Gmunden, Oberösterreich)

El Bassam, N.; Dambroth, M.; Rühl, G., 1987: Die Zuckerhirse - eine neue Rohstoffbasis für die Zuckerindustrie. - Landbauforschung Völkenrode, 37. Jahrg., 1987, Heft 4, 201-206

El Bassam, N.; Dambroth, M.; Rühl, G., 1990: Sweet Sorghum - a new source of raw material for the sugar industry. - Plant Research and Development, Vol. 31. 1990, 7-17

El Bassam, N.; Dambroth, M.; Jacks, I., 1992: Die Nutzung von Miscanthus sinensis (Chinaschilf) als Energie- und Industriegrundstoff. - Landbauforschung Völkenrode, 42. Jahrg. 1992, Heft 3, 199-205

3.3 Energiebilanzen bei nachwachsenden Energieträgern

- Bedeutung und Beispiele -

Dr. Ludwig Leible und Dr. Detlev Wintzer
Abteilung für Angewandte Systemanalyse (AFAS)
Kernforschungszentrum Karlsruhe, Postfach 3640
7500 Karlsruhe 1

Zusammenfassung: Die Ergebnisse einer Energiebilanz sind neben ihrer Zielsetzung und Detaillierung maßgeblich dadurch bestimmt, in welchem Umfang die einzelnen Komponenten des Energie-Inputs und -Outputs berücksichtigt und energetisch bewertet werden. Nach der Betrachtung methodischer Aspekte wird dies in einem Vergleich verschiedener Energiebilanzen aus der Literatur zu Rapsöl und Rapsölmethylester (RME) mit eigenen Abschätzungen verdeutlicht.

Aus der Gegenüberstellung verschiedener flüssiger (Rapsöl, RME, Ethanol, Methanol), gasförmiger (Wasserstoff) und fester (Stroh, Heu, Miscanthus, Hackschnitzel aus Schnellwuchsplantagen, Weizen und Rapssaat) nachwachsender Energieträger wird ersichtlich, daß die festen Energieträger sowohl hinsichtlich des Energieertrages (brutto und netto) als auch hinsichtlich des Verhältnisses Energie-Input zu Energie-Output und hinsichtlich der Netto-CO_2-Minderung am günstigsten abschneiden.

Die flüssigen Energieträger Rapsöl, RME oder Ethanol können dagegen aufgrund der derzeitigen Rahmenbedingungen (Befreiung reiner Biokraftstoffe von der Mineralölsteuer) und technischen Voraussetzungen (- Beimischung zu herkömmlichen Treibstoffen) leichter in den Markt eingeführt werden.

Neben den Resultaten aus den hier vorgestellten Energiebilanzen, dürfte auch aus volkswirtschaftlicher Sicht den festen nachwachsenden Energieträgern eindeutige Priorität zuzuordnen sein.

3.3.1 Einführung

Die Diskussion von Energiebilanzen hatte in der Vergangenheit immer im Zusammenhang mit starken Preisanstiegen bei fossilen Energieträgern (1973/74 und 1979/80) neuen Auftrieb erhalten.

In den letzten Jahren hat sich das Interesse an Energiebilanzen wieder verstärkt. Dies rührt vor allem aus der Erkenntnis, daß der Verbrauch fossiler Energieträger über den Ausstoß von Kohlendioxid (CO_2) nahezu 50 % des Treibhauseffektes verursacht (Deutscher Bundestag 1988). Ziel der daraus abgeleiteten Forschungsanstrengungen ist es, neben den Möglichkeiten zur Energieeinsparung, verstärkt alternative Energieträger zu nutzen, die nicht bzw. nur unwesentlich zum CO_2-Ausstoß beitragen.

Nachwachsende Rohstoffe als "nachwachsende Energieträger" haben in diesem Zusammenhang wieder eine Art von Renaissance erlebt, weil ihnen bei ihrer energetischen Nutzung "CO_2-Neutralität" zugesprochen wird.

Anhand der Analyse der Energiebilanzen zu ausgewählten flüssigen, gasförmigen und festen nachwachsenden Energieträgern soll nachfolgend näher untersucht werden, mit welchem Energieaufwand ihre Bereitstellung verbunden ist und in welchem Umfang sie fossile Energieträger substituieren und somit zur Minderung des CO_2-Ausstoßes beitragen können. Hierbei ist auch der Frage nachzugehen, welchen Energieträgern besondere Priorität zuzusprechen ist.

Zuvor sollen jedoch einige methodische Aspekte zum Aufstellen und Analysieren von Energiebilanzen beleuchtet und Abgrenzungen vorgenommen werden.

3.3.2 Methodische Aspekte

Die Aufstellung und Analyse von Energiebilanzen wird für verschiedene Bereiche (Wirtschaftssektoren) oder Produkte in teilweise sehr unterschiedlicher Vorgehensweise und unterschiedlichem Detaillierungsgrad durchgeführt. Maßgeblich ist hierbei, mit welcher Fragestellung an die Analyse von Energiebilanzen herangegangen wird (vgl. Niehaus 1975, Batel et al. 1980).

Beispielsweise könnte im Vordergrund stehen, die energieintensiven Produktionsbereiche in einer Volkswirtschaft auszuweisen, um die möglichen Rückwirkungen einer kombinierten CO_2- und Energiesteuer auf die Wettbewerbsfähigkeit einzelner Wirtschaftsbereiche abschätzen zu können.

Diese Fragestellung verlangt einen umfassenden Überblick über den Umfang des Energieeinsatzes in diesen Sektoren, bei teilweisem Verzicht auf tiefgehende Detaillierung. Als herkömmliches Verfahren zur Beantwortung dieser Fragestellung wird die Input-Output-Analyse herangezogen (vgl. Born 1992, Hippmann 1986, Slesser 1987, Stahmer und Hippmann 1984). Hierbei werden zwei in sich konsistente Statistiken einer Volkswirtschaft miteinander verknüpft; dies ist einerseits die Input-Output-Tabelle, die die Produktionsverflechtungen (in monetären Größen) zwischen den Wirtschaftssektoren wiedergibt und andererseits die Energiebilanz, die den Energieeinsatz in abgegrenzten Sektoren einer Wirtschaft abbildet (vgl. Schiffer 1991).

Steht dagegen im Vordergrund, zwei Produkte (z.B. Energieträger) oder Produktionsprozesse hinsichtlich ihres Energieaufwandes vergleichend zu betrachten, z.B. um Substitutionsmöglichkeiten beim Energieeinsatz zu ergründen oder um die Struktur des Energieeinsatzes zu erfassen, beispielsweise mit der Zielrichtung, die Höhe der CO_2-Emissionen in diesem Produktionsprozeß abzuschätzen, dann ist die zugrundeliegende Prozeßkette zu analysieren (vgl. Mortimer 1991).

3.3 Energiebilanzen bei nachwachsenden Energieträgern

Für die Ableitung und Analyse der Energiebilanzen zu nachwachsenden Energieträgern ist die letztgenannte Vorgehensweise vorteilhafter, da aufgrund fehlender Datensätze bzw. fehlender Detaillierung (- Auflösungsvermögen) die erste Methode nicht anzuwenden ist.

Welche Komponenten und Bereiche bei der Aufstellung von Energiebilanzen zu nachwachsenden Energieträgern zu berücksichtigen sind, ist schematisch in Abbildung 1 aufgeschlüsselt.

Auf der Input-Seite der Energiebilanz ist der gesamte Energieaufwand aufzulisten, beginnend mit dem Bereich Anbau und Ernte bis zur Rohstoffverwendung. Die wichtigsten Komponenten sind hierbei in der Regel der Energieaufwand für die Bereitstellung der Prozeßenergie (z.B. Treibstoff, Elektrizität) und der Düngemittel. Der Anteil der Investitionsgüter (z.B. Maschinen, Gebäude) am Primärenergiebedarf ist dagegen eher von zweitrangiger Bedeutung und liegt nach Abschätzungen von Born (1992) im großen und ganzen unter 5 %.

Der Anteil der Investitionsgüter wird in den nachfolgenden Energiebilanzen nicht berücksichtigt, einerseits wegen ihrer offensichtlich geringen Bedeutung, vor allem aber wegen der großen Unsicherheit (- fehlende Daten) bei der Abschätzung des ihnen zurechenbaren Energieaufwandes.

Die Bereitstellung der menschlichen Arbeitskraft wird in Energiebilanzen in der Regel nicht berücksichtigt (vgl. Mortimer 1991). Eine grobe Abschätzung zeigt, daß der leistungsbedingte Energieaufwand für die Bereitstellung der menschlichen Arbeitskraft um den Faktor 200 bis 500 unter der Bedeutung des Energieaufwandes für Investitionsgüter liegt.

Anders sind die Beweggründe für die Nichtberücksichtigung der Sonnenenergie als Energie-Input. Der wichtigste Grund hierfür liegt in der kostenlosen und CO_2-neutralen Bereitstellung der Sonnenenergie. Da die Pflanzen außerdem die eingestrahlte Sonnenenergie nur zu rd. 1 - 2 % in Biomasse überführen (vgl. Niehaus 1975), würde jede Energiebilanz zu nachwachsenden Energieträgern von vornherein mit einem negativen "Netto-Energieertrag" als Saldo abschließen, falls dieser "Energieaufwand" als Input-Größe berücksichtigt würde (vgl. Abb. 1).

Neben der Berücksichtigung oder Nichtberücksichtigung bestimmter Komponenten des Energie-Inputs ist für die Summe des Energieaufwandes vor allem relevant, welcher Aufwand an Primärenergie z.B. für das jeweilige Produktionsmittel pro Einheit (z.B. pro kg) unterstellt wird.

Am Beispiel Stickstoff (N) wird dies deutlich. Während Mitte der 70er und Anfang der 80er Jahre noch ein Energieaufwand von rd. 80 MJ/kg N unterstellt wurde (vgl. Pimentel et al. 1973, Batel et al. 1980), kann nach neueren Angaben eher von einer Halbierung des Energieaufwandes ausgegangen werden (vgl. Oheimb et al. 1987, Stout 1989). Diese neueren Angaben wurden auch bei den nachfolgenden Energiebilanzen berücksichtigt und teilweise durch eigene Abschätzungen ergänzt.

Die Produktion und Verwendung nutzbarer Rohstoffe oder Energieträger (s. Beispiel Methanol / Wasserstoff) aus Biomasse ist im Vergleich zu deren Produktion aus fossilen Rohstoffen bzw. Energieträgern (z.B. Erdgas) oft mit

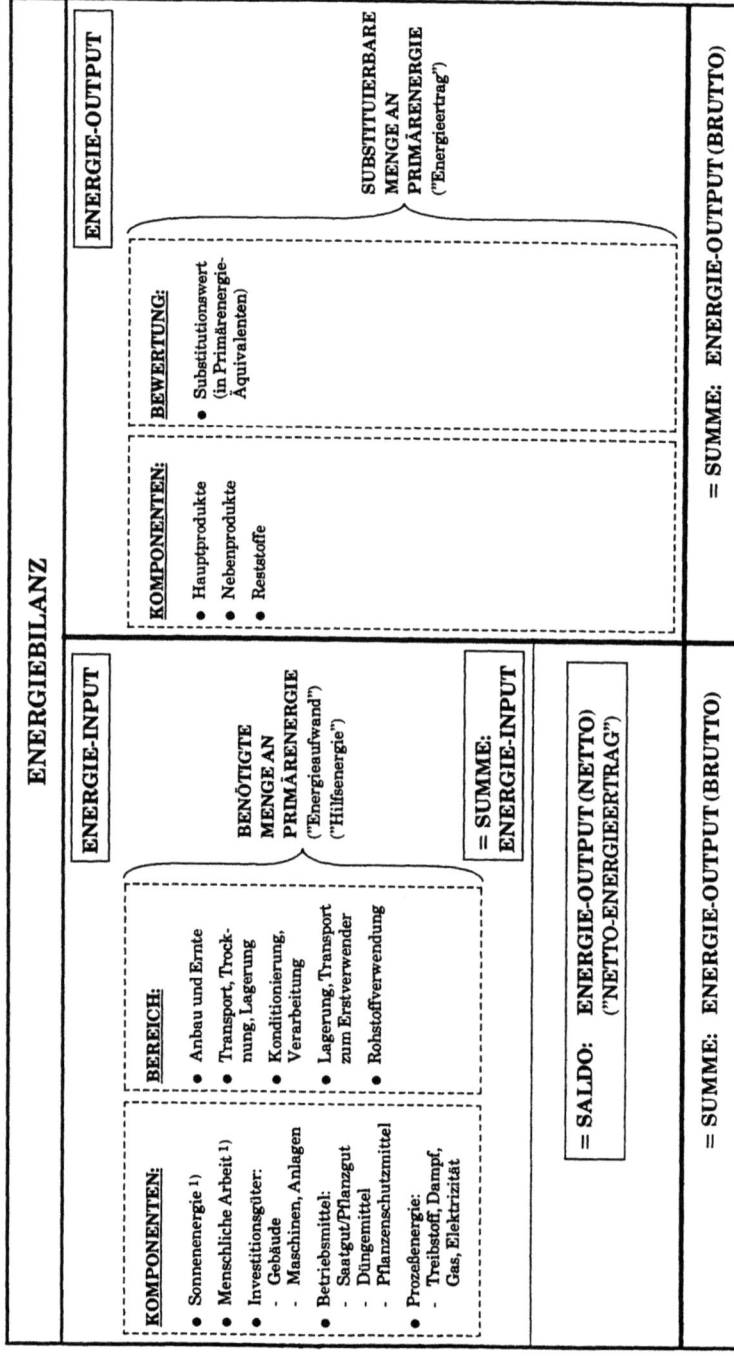

Abb. 1. Schema zum Aufbau und den Komponenten einer Energiebilanz bei nachwachsenden Energieträgern

1) Werden bei Energiebilanzen in der Regel nicht berücksichtigt

3.3 Energiebilanzen bei nachwachsenden Energieträgern 71

zusätzlichen Energieaufwendungen oder mit Nachteilen beim Wirkungsgrad verbunden und entsprechend zu berücksichtigen.

Ähnlich wie bei der Verarbeitung muß sich die Biomasse als nachwachsender Energieträger in ihrem Wert an den substituierbaren fossilen Energieträgern messen lassen, wobei etwaige Vor- und Nachteile beim Wirkungsgrad (- Überführung in Nutzenergie) entsprechend zu berücksichtigen sind (s. Beispiel Ethanol). Hieraus leitet sich der energetische Substitutionswert ($GJ_{\text{fossiler Energieträger}}$ / GJ_{Biomasse}) ab. Der entsprechende monetäre Substitutionswert ("Marktwert") des nachwachsenden Energieträgers wird vom energetischen Substitutionswert mitbestimmt.

Problematisch ist in diesem Zusammenhang weniger die Ableitung des Substitutionswertes für die Hauptprodukte (z.B. Rapsölmethylester) als vielmehr die energetische Bewertung der beim Anbau und bei der Verarbeitung anfallenden Koppelprodukte (z.B. Rapsextraktionsschrot, Glycerin). Wird, wie nachfolgend getan, konsequent der "Substitutionsansatz" (vgl. Röver und Austmeyer 1988) angewandt, so ist ihr energetischer Substitutionswert alleine davon abhängig, in welchem Umfange ihre Verwendung z.B. als Futtermittel oder als Brennstoff entsprechende fossile Energieträger ersetzen kann.

3.3.3 Energiebilanzen ausgewählter nachwachsender Energieträger

Nachfolgend werden für gegenwärtige Rahmenbedingungen einige Energiebilanzen nachwachsender Energieträger wiedergegeben, wobei jeweils typische Vertreter aus der Gruppe der flüssigen und gasförmigen und der festen Energieträger ausgewählt wurden.

Da zu der Vielzahl der möglichen Rohstoffe (Biomasseträger) auch sehr unterschiedliche Wege der Konditionierung und Verarbeitung und der energetischen Verwendung kommen, können hier nur exemplarisch entsprechende Ergebnisse dargestellt werden.

Einen Eindruck von der Vielfalt der Kombinationsmöglichkeiten zwischen Rohstoff und dessen energetischer Verwendung gibt die Arbeit von Wintzer et al. (1991) wieder. Auf diesen Ergebnissen bauen die hier angeführten Energiebilanzen auf.

Flüssige und gasförmige Energieträger

Als wichtigste Vertreter aus dieser Gruppe soll hier auf Rapsöl bzw. Rapsölmethylester (RME), Ethanol, Methanol und Wasserstoff eingegangen werden.

Hierbei wurde bei Ethanol, Methanol und Wasserstoff auf die Auflistung einer detaillierten Energiebilanz verzichtet, und es wurde nur auf aggregierte Kenngrößen wie z.B. Energieaufwand, Netto-Energieertrag oder Substitutionsverhältnisse (- Substitution fossiler Energieträger) eingegangen.

Rapsöl und Rapsölmethylester (RME): Die teilweise sehr unterschiedliche Vorgehensweise hinsichtlich der Berücksichtigung und energetischen Bewertung beim Energie-Input und -Output (s. methodische Aspekte) soll hier am Beispiel Rapsöl und RME verdeutlicht werden (s. Tab. 1). Aus dem Vergleich von Energiebilanzen aus der Literatur mit eigenen Abschätzungen wird sehr schnell ersichtlich, daß neben der Produktionsintensität (z.B. Aufwand an Düngung und Pflanzenschutz) vor allem die unterschiedliche energetische Bewertung der einzelnen Komponenten des Energie-Inputs und -Outputs maßgeblich das Endergebnis (z.B. Netto-Energieertrag, Verhältnis Input zu Output) bestimmen.

Größere Abweichungen hinsichtlich der energetischen Bewertung von Input-Komponenten zeigen sich beim Saatgut und beim Energiebedarf für die Bereitstellung des Stickstoffs, dies wurde bei den methodischen Aspekten bereits angesprochen. Das Saatgut wurde von Studer und Wolfensberger (1991) und von Batel et al. (1980) energetisch mit dem Heizwert (H_u) bewertet, bei den eigenen Abschätzungen wurde dagegen nur der Energieaufwand berücksichtigt, der zur Produktion und Bereitstellung des Saatgutes nötig war.

Trotz der unterschiedlichen Bewertungsansätze lassen sich die Ergebnisse wie folgt zusammenfassen:

Bei der Bereitstellung von Rapsöl oder RME wird der Energieaufwand in erster Linie durch den Bereich Anbau und Ernte (incl. Trocknung) bestimmt. Die Gewinnung und Raffination des Rapsöls trägt nur rd. 20 % und die Umesterung von Rapsöl zu RME je nach Ansatz 10 bis 20 % zum Energieaufwand bei. Der unterschiedliche Ansatz für die Umesterung hat darin seine Ursache, daß in einem Fall das hierzu benötigte Methanol mit seinem Heizwert bewertet wird, während beim eigenen Ansatz der Energieaufwand für die Produktion und der Heizwert (H_u) des hierzu nötigen Rohstoffs (meist Erdgas) dem Methanol in Rechnung gestellt werden.

Im Bereich Anbau und Ernte wird der Energieaufwand in erster Linie durch die Düngung (rd. 2/3 bis 3/4) bestimmt, vor allem durch die N-Düngung (s. Tab. 1). Der direkte Energieeinsatz in Form von Treib- und Schmierstoff trägt mit etwa 20 % zum Energieaufwand in diesem Bereich bei. Die Investitionsgüter (Maschinen und Anlagen) haben nach Abschätzungen von Studer und Wolfensberger (1991) und Batel et al. (1980) mit 10 % nur einen untergeordneten Anteil am Energieaufwand in diesem Bereich, gemessen am Energie-Input insgesamt sogar nur 7 % (vgl. Tab. 1). Für den Bereich der industriellen Verarbeitung wurde von den angeführten Autoren dagegen kein entsprechender Ansatz für Energieaufwendungen unterstellt, die mit der Bereitstellung von Investitionsgütern zusammenhängen.

Bei den eigenen Abschätzungen zu Energiebilanzen wurden Energieaufwendungen für Investitionsgüter aus den genannten Gründen (s. methodische Aspekte) generell nicht berücksichtigt.

3.3 Energiebilanzen bei nachwachsenden Energieträgern

Tabelle 1. Energiebilanzen zu Rapsöl und Rapsölmethylester (RME). Ein Vergleich unterschiedlicher Abschätzungen und Vorgehensweisen

	Einheit	Studer, R., u. U. Wolfensberger 1991			Batel, W., et al. 1980			Eigene Berechnungen		
		MJ pro Einheit	Menge pro ha	Energie (GJ/ha)	MJ pro Einheit	Menge pro ha	Energie (GJ/ha)	MJ pro Einheit	Menge pro ha	Energie (GJ/ha)
ERTRAG	(kg Saat)	24,50	2940	72,03	26,38	2730	72,03	22,60	3200	72,30
I ENERGIE-INPUT:										
ANBAU und ERNTE:										
Saatgut	(kg)	24,5	10	0,25	25,0	10	0,25	5,70	5	0,03
Dünger: Stickstoff (N)	(kg)	80,0	133	10,61	80,0	140	11,20	46,0	190	8,74
Phosphat (P_2O_5)	(kg)	12,0	79	0,95	14,0	60	0,84	10,8	96	1,03
Kali (K_2O)	(kg)	8,0	124	0,99	9,0	120	1,08	7,2	180	1,30
Magnesium (MgO)	(kg)		17	0,10				1,8	400	0,72
Kalk (CaO)	(kg)							115,2	5,7	0,66
Pflanzenschutz (Wirkstoff/insgesamt)	(kg)	800,0	1	0,80	790,0	1	0,79	35,1	81,4	2,85
Treibstoff	(l)	35,5	114	4,05			4,00	42,8	1,6	0,07
Maschinen/Gebäude	(l)			2,00			2,00			
SUMME: ANBAU und ERNTE:				19,75			20,16			15,40
INDUSTRIELLE VERARBEITUNG:										
Transport				0,30			s. Treibstoff			0,22
Trocknung, Lagerung		0,48	2940	1,41			s. Treibstoff	0,29	3200	0,93
Ölgewinnung (Rapsöl roh)		3,14	1185	3,78	3,14	1084	3,40	4,17	1222	5,10
Raffination (Rapsöl raff.)		1,86		2,01	1,79	1029	1,84			
Umesterung: Methanol	(kg)	19,70	104,1	2,06				30,35	118,5	3,60
Prozeßenergie				0,75						0,92
Transport zur Tankstelle (ca. 100 km)										0,07
SUMME: INDUSTRIELLE VERARBEITUNG:				10,30			5,24			10,84
SUMME: ENERGIE-INPUT				30,05			25,40			26,24
II ENERGIE-OUTPUT										
Rapsöl (roh / entschleimt u. entsäuert)	(kg)	36,90	1202	44,83	36,90	1084	40,00	37,12	1173	43,54
Rapsölmethylester (RME)	(kg)	37,30						3,02 [1]	1760	5,32 [1]
Rapsschrot	(kg)	14,93	1774	26,48	14,93	1646	24,57	16,30	112	1,83
Glycerin	(kg)	16,30	96	1,56						
SUMME: ENERGIE-OUTPUT				72,87			64,57			50,69
NETTO-ENERGIEERTRAG				42,82			39,17			24,45 [2]
VERHÄLTNIS INPUT zu OUTPUT				0,41			0,39			0,52

[1] Eingesparter Energieaufwand für die "Alternative" Sojaextraktionsschrot; bei Bewertung des Rapsschrotes mit seinem energet. Futterwert bzw. seinem Heizwert (H_u) würde sich der Energie-Output um rd. 40 % erhöhen.   [2] Hiermit kann netto eine energieäquivalente Menge von rd. 700 l Diesel (H_u: 35,1 MJ/l) substituiert werden.

Auf der Seite des Energie-Outputs wurde das Rapsöl bzw. RME und Glycerin energetisch mit seinem jeweiligen Heizwert (H_u) bewertet, wobei für Glycerin die Annahme zugrundeliegt, daß die Verwendungsmöglichkeiten im chemisch-technischen Bereich bereits erschöpft sind und Glycerin energetisch genutzt wird. Beim Rapsschrot wurde dagegen bei den eigenen Abschätzungen nicht von seinem energetischen Futterwert als Bewertungsmaßstab ausgegangen, sondern von der "eingesparten" Energie beim Anbau von Sojabohnen, welche in Form von Sojaextraktionsschrot durch Rapsschrot aus dem Futtertrog verdrängt werden.

Würde das Rapsschrot nicht als Futtermittel eingesetzt, sondern als Brennstoff genutzt und mit seinem Heizwert (H_u) bewertet, dann würde bei den eigenen Berechnungen der Energie-Output ("Energieertrag") pro ha rd. 40 % höher liegen als ausgewiesen (vgl. Tab. 1).

Trotz der sehr unterschiedlichen Bewertungsansätze der angeführten Beispiele aus der Literatur und dem eigenen Ansatz und der unterschiedlichen Höhe des Netto-Energieertrages pro ha liegt das Verhältnis von Energie-Input zu Energie-Output relativ nahe zusammen (s. Tab. 1): Pro bereitgestelltem Energieäquivalent Rapsöl bzw. RME müssen 0,4 bis 0,5 Energieeinheiten aufgewandt werden.

Gemessen am Netto-Energieertrag lassen sich somit pro ha Raps rd. 700 l mineralölstämmiger Dieselkraftstoff ersetzen.

Die detaillierten Vergleiche der Daten von Tabelle 1 zeigen, daß diese Ähnlichkeit der Resultate teilweise aufeinander kompensierende größere Abweichungen bei Einzelkomponenten zurückzuführen ist.

Ethanol: Ethanol steht als Energieträger schon länger in der Diskussion als Rapsöl oder RME, seit einigen Jahren ist das Interesse jedoch deutlich abgekühlt. Dies liegt neben den Wettbewerbsnachteilen nicht zuletzt auch an dem sehr hohen Energieaufwand für Ethanolbereitstellung aus Biomasse und den Problemen bei der Schlempeentsorgung.

In Tabelle 2 sind die wichtigsten Kenngrößen einer Energiebilanz zur Gewinnung und Verwendung von Ethanol aus Zuckerrüben und Winterweizen zusammengestellt.

Im Gegensatz zu Rapsöl oder RME fällt der größte Teil des Energieaufwandes (rd. 2/3 bis 3/4) nicht im Bereich Anbau und Ernte, sondern bei der Ethanolgewinnung als Prozeßenergiebedarf an (s. Tab. 2).

Gemessen am Ethanolertrag (= Brutto-Energieertrag) verbleiben somit, nach Abzug des Energieaufwandes, bei der Gewinnung über Zuckerrüben nur rd. 21 % bzw. über Winterweizen nur rd. 13 % als Netto-Energieertrag.

Diese Relationen in der Energiebilanz lassen sich wesentlich verbessern, wenn Rübenschnitzel oder Stroh als Energieträger zur Dampferzeugung eingesetzt werden, wobei dies allerdings auch die Kostenseite belasten würde.

Bei der Verwendung von Ethanol als Energieträger ist sehr entscheidend, in welchem Ausmaß eine Beimischung zum Ottokraftstoff erfolgt. Werden nur bis zu 5 % dem Ottokraftstoff beigemischt, dann kann dem Ethanol ein zusätzlicher

3.3 Energiebilanzen bei nachwachsenden Energieträgern

Tabelle 2. Energieaufwand, Netto-Energieerträge und Substitutionsverhältnisse bei der Bereitstellung von Ethanol (Eth) aus Zuckerrüben und W-Weizen und dessen Verwendung als Mischkomponente für Ottokraftmotoren (OK)

		ZUCKERRÜBEN	W-WEIZEN
1. ANBAU und ERNTE:			
Ertrag: Rüben/Korn	(t/ha)	49	6,9
Ethanol	(t/ha)	4,4	2,0
entspricht	(GJ/ha)	118,6	53,9
Energieaufwand:			
Anbau + Ernte	(GJ/GJ$_{Eth}$)	0,160	0,271
Transport zur Ethanolanlage	(GJ/GJ$_{Eth}$)	0,025	0,006
2. ETHANOLGEWINNUNG: [1]			
Energieaufwand (netto)	(GJ/GJ$_{Eth}$)	0,601	0,587
(inkl. Energiegutschrift für Nebenprodukte)		(0,075)	(0,131)
3. TRANSPORT ZUR VERWENDUNG:			
(Tankstelle)	(GJ/GJ$_{Eth}$)	0,003	0,003
Su. ENERGIEAUFWAND (1. - 3.)	(GJ/GJ$_{Eth}$)	0,789	0,867
NETTO-ENERGIEERTRAG	(GJ/GJ$_{Eth}$)	0,211	0,133
4. VERWENDUNG:			
a) 5 % Beimischung zu Ottokraftstoff:			
Substitutionsverhältnis:			
brutto	(GJ$_{OK}$/GJ$_{Eth}$)	1,25	1,25
netto (incl. Energieaufwand)	(GJ$_{OK}$/GJ$_{Eth}$)	0,46	0,38
b) > 20 % Beimischung zu Ottokraftstoff:			
Substitutionsverhältnis:			
brutto	(GJ$_{OK}$/GJ$_{Eth}$)	1	1
netto (inkl. Energieaufwand)	(GJ$_{OK}$/GJ$_{Eth}$)	0,21	0,13

Ethanol: Spez. Gewicht: 0,789 kg/l; H$_u$: 27 GJ/t

[1] Werden Rübenschnitzel bzw. Stroh als Energieträger zur Dampferzeugung eingesetzt, dann kann der angeführte Prozeßenergiebedarf in der Ethanolanlage um mehr als 50 % gesenkt werden.

Aufmischeffekt (vgl. Funk und Schmoltzi 1986) zugerechnet werden. Ein Energieäquivalent Ethanol ersetzt unter diesen Bedingungen brutto rd. 1,25 Energieäquivalente Ottokraftstoff (s. Tab. 2). Unter Berücksichtigung des Energieaufwandes für die Bereitstellung des Ethanols können folglich netto pro Energieäquivalent Ethanol 0,46 bzw. 0,38 Energieäquivalent Ottokraftstoff ersetzt werden, je nachdem, ob Zuckerrüben oder Weizen als Rohstoff für die Ethanolproduktion herangezogen werden.

Werden deutlich mehr als 5 % Ethanol dem Ottokraftstoff beigemischt oder Ethanol als alleiniger Energieträger genutzt, so können pro Energieeinheit Ethanol netto nur noch 0,21 bzw. 0,13 Energieeinheiten Ottokraftstoff substituiert werden (s. Tab. 2).

Methanol und Wasserstoff: Methanol und Wasserstoff werden derzeit vor allem aus dem sehr preiswerten Erdgas gewonnen.

Soll nun Erdgas als Rohstoffträger durch Biomasse ersetzt werden, so ist dies aufgrund deutlicher Nachteile in der Handhabung der Biomasse mit Nachteilen im Wirkungsgrad der Anlage verbunden, hinzu kommt der zusätzliche Bedarf an Prozeßenergie z.B. für die Bereitstellung von Sauerstoff. Somit kann bei diesem Substitutionsschritt pro Energieäquivalent Biomasse brutto nur rd. 0,7 Energieäquivalent Erdgas ersetzt werden (s. Tab. 3).

Unter Berücksichtigung des Energieaufwandes für die Bereitstellung der Biomasse frei Anlage, in Tabelle 3 ist dies für das Beispiel Stroh dargestellt, verbleibt netto ein Substitutionsverhältnis von 0,6. Das heißt, netto könnten pro Energieäquivalent Stroh rd. 0,6 Energieäquivalent Erdgas ersetzt werden.

Je energieaufwendiger die Bereitstellung der Biomasse frei Nutzungsanlage ist (vgl. Tab. 4), desto geringer würde die verbleibende Substitution (netto) von Erdgas ausfallen.

Tabelle 3. Energetische Substitutionsverhältnisse bei der Produktion von Wasserstoff und Methanol aus Biomasse, verglichen mit der Gewinnung aus Erdgas

	Wasserstoff (H_2) aus		Methanol aus	
	Erdgas	Biomasse (Pellets)	Erdgas	Biomasse (Pellets)
ANLAGENEFFEKTE:				
Größe der Verarbeitungsanlage (MW_{Input})	160	80	160	80
Wirkungsgrad der Anlage (GJ_{Output}/GJ_{Input})	0,70	0,57	0,66	0,54
Energieaufwand (GJ/GJ_{Input})	0,0263	0,1211	0,0289	0,1263
dv. für elektr. Strombedarf [1] (GJ/GJ_{Input})	0,0263	0,0474	0,0289	0,0526
dv. für Sauerstoffbereitstellung [2] (GJ/GJ_{Input})	–	0,0737	–	0,0737
ENERGETISCHES SUBSTITUTIONSVERHÄLTNIS:				
brutto ($GJ_{Erdgas}/GJ_{Biomasse}$)		0,715		0,716
netto, für Stroh [3] ($GJ_{Erdgas}/GJ_{Biomasse}$)		0,613		0,614

[1] Elektrischer Wirkungsgrad: 0,38 ($MWh_{el}/MWh_{Primärenergie}$)
[2] Sauerstoffbedarf: 19,5 kg/GJ_{Input}; Energiebedarf: 0,4 kWh_{el}/kg O_2
[3] Der Energieaufwand für die Bereitstellung von Strohpellets (H_u = 16,4 GJ/tTM) beträgt 0,102 $GJ/GJ_{Biomasse}$.

Feste Energieträger

Aus der Vielzahl möglicher fester nachwachsender Energieträger sind in Tabelle 4 die Energiebilanzen von Stroh, das als preiswertes Koppelprodukt der Getreideproduktion anfällt, Heu von eingesäten Ackerflächen (- Flächenstillegung) und die

3.3 Energiebilanzen bei nachwachsenden Energieträgern

exotischeren Varianten Miscanthus (Miscanthus sinensis) und Hackschnitzel aus Schnellwuchsplantagen (Pappel, Kurzumtrieb) zusammengestellt. Bei den beiden letztgenannten Energieträgern ist die Unsicherheit bei der Abschätzung der Kennwerte zu den Energiebilanzen deutlich höher als bei Stroh oder Heu; die hier unterstellten Produktionsverfahren (- einschließlich Ertragsniveau) dürften jedoch nicht als zu ungünstig anzusprechen zu sein.

Für die Energieaufwendungen im Bereich Anbau und Ernte ist sehr entscheidend, ob ein Energieträger als Koppelprodukt (s. Stroh) anfällt, ein relativ intensiver Anbau betrieben wird (s. Heu) oder ob hohe Erträge mit deutlich geringeren Aufwendungen bei der Düngung zu erzielen sind, wie dies für Miscanthus und Schnellwuchsplantagen (SWP) zu erwarten ist (s. Tab. 4).

Prinzipiell ist in diesem Zusammenhang anzumerken, daß der Energieaufwand im Bereich Anbau und Ernte sehr maßgeblich dadurch bestimmt wird, mit welcher Intensität der Anbau - insbesondere die Düngung - betrieben wird. Ein extensiver Anbau könnte die Energiebilanz der nachwachsenden Energieträger wesentlich verbessern, die ökonomische Wettbewerbsfähigkeit würde sich hierbei jedoch nicht im gleichen Umfang verbessern, sondern sich eher in einer anderen Richtung bewegen, insbesondere wegen Unterauslastung noch vorhandener Produktionskapazitäten (- Fixkostenbelastung).

Der Anteil des Energieaufwandes für Anbau und Ernte am gesamten Energie-Input liegt zwischen 25 % (Stroh) und rd. 60 % (Heu). Der Energieaufwand im Bereich Anbau und Ernte wird mit Ausnahme der Schnellwuchsplantage (rd. 36 %) etwa zur Hälfte durch die Bereitstellung bzw. Nutzung des N-Düngers bestimmt. Bei SWP trägt der relativ hohe Treibstoffeinsatz, vor allem bedingt durch die Ernte, zu rd. 40 % zum Energieaufwand im Bereich Anbau und Ernte bei (s. Tab. 4).

Sehr entscheidend sowohl für den Energieaufwand als auch für die Kosten der Bereitstellung der angeführten festen Energieträger ist, welche Erntetechnologie bzw. Erntekette betrachtet wird. Bei Stroh und Heu (s. Tab. 4) wurde von einer Ballen-Linie (- mit Zwischenlagerung auf dem Feld) und anschließender Pelletierung ausgegangen. Bei Miscanthus wurde eine Häcksel-Kette, mit anschließender Trocknung/Pelletierung unterstellt; bei SWP wurde von motor-manueller Ernte, Zwischenlagerung auf der Erntefläche (- natürliche Trocknung), häckseln und Transport zum Zwischenlager beim Landwirt ausgegangen.

Im Bereich Konditionierung/Lagerung/Transport ist der Energieaufwand für die Pelletierung mit Abstand die entscheidende Größe (s. Tab. 4).

Bei Stroh und Heu wird der Energieaufwand zu rd. 3/4 durch die Pelletierung bestimmt; bei Miscanthus ist dieser Anteil etwas geringer, da für die wahrscheinlich erforderliche Trocknung ein nicht unwesentlicher Energieaufwand nötig ist (s. Tab. 4).

Analog zu dem Ertrag pro ha, gibt es auch hinsichtlich des Energieertrages (brutto) pro ha eine eindeutige Rangfolge von Miscanthus über SWP und Heu zu Stroh, mit dem geringsten Energieertrag (s. Tab. 4).

Tabelle 4. Energiebilanzen zur Bereitstellung und Verwendung von Festbrennstoffen über Stroh, Heu, Miscanthus und Schnellwuchsplantagen

	Einheit	MJ pro Einheit	Stroh Menge pro ha	Stroh Energie (GJ/ha)	Heu (Einsaat, 2 Schnitte, 5 Jahre) Menge pro ha	Heu Energie (GJ/ha)	Miscanthus [1] (pro Jahr bei 10 Nutzungsjahren) Menge pro ha	Miscanthus Energie (GJ/ha)	Schnellwuchsplantage (SWP) [2] Menge pro ha	Schnellwuchsplantage Energie (GJ/ha)
ERTRAG	(t TM)		6,5		10,0		20,0		10,0	
I ENERGIE-INPUT:										
ANBAU und ERNTE:										
Anteilige Energie für Anpflanzung/Einsaat				1,38		1,42		1,30		1,03
Dünger: Stickstoff (N)	(kg)	46,0	30	0,15	190	8,74	125	5,75	70	3,22
Phosphat (P_2O_5)	(kg)	10,8	14	0,52	65	0,70	33	0,36	15	0,16
Kali (K_2O)	(kg)	7,2	72	0,04	300	2,16	200	1,44	45	0,32
Kalk (CaO)	(kg)	1,8	22		400	0,72	400	0,72	200	0,36
Pflanzenschutz (Aufwandmengen)	(kg)	115,2	13	0,46	82	2,88	31	1,09	105	3,78
Treibstoff	(l)	35,1	0,3	0,01	1,6	0,07	0,6	0,03		0,09
Schmierstoff	(l)	42,8		0,26		0,40				
Lagerung a. d. Feld (Ballen)										
SUMME: Anbau und Ernte:				2,82		17,09		10,69		8,96
KONDITIONIERUNG/LAGERUNG/TRANSPORT:										
Transport (10 km) (incl. Be-/Entladen)				1,53		2,11		4,14		0,86
Trocknung (von 76 auf 83 % TS)								8,40		
Pelletierung				5,95		8,39		18,96		
Lagerung (Pellets/Hackschnitzel)				0,13		0,20		0,40		0,60
Transport zum Verwender (Pellets, 30 km)				0,39		0,60		1,20		1,73
SUMME: Konditionierung/Lagerung/Transport:				8,00		11,30		33,10		3,19
SUMME: ENERGIE-INPUT:				10,82		28,39		43,79		12,15
II ENERGIE-OUTPUT:										
· brutto				106,5		163,8		334,8		171,0
· netto ("Netto-Energieertrag")				95,7		135,4		291,0		158,9
· Verhältnis INPUT zu OUTPUT				0,102		0,173		0,131		0,071
III VERWENDUNG: ENERGETISCHES SUBSTITUTIONS-VERHÄLTNIS in:										
Kohleanlagen (> 10 MW; Zumischung) [3]										
brutto ($GJ_{Kohle}/GJ_{Biomasse}$)				1		1		1		1
netto ($GJ_{Kohle}/GJ_{Biomasse}$)				0,898		0,827		0,869		0,929
Heizwerken (5 MW) [4]										
brutto ($GJ_{Heizöl}/GJ_{Biomasse}$)				0,826		0,826		0,826		0,826
netto ($GJ_{Heizöl}/GJ_{Biomasse}$)				0,724		0,653		0,695		0,755

[1] Alle Angaben beziehen sich auf ein Nutzungsjahr, bei 10 Nutzungsjahren insgesamt.
[2] Schnellwuchsplantage mit Pappeln, 15 Jahre Nutzungsdauer, 5 Ernten, anteiliger Ertrag pro Nutzungsjahr: 10 t TM/ha, natürliche Trocknung.
[3] Zumischung in bestehenden Kohleanlagen, die mit stückiger Kohle arbeiten.
[4] Heizwerke für Pellets oder Hackschnitzel (Vergleich mit Öl-Zentralheizung).

Gemessen am Verhältnis Energie-Input zu -Output schneidet SWP am günstigsten ab, gefolgt von Stroh, Miscanthus und Heu, bei dem rd. 17 % des Energie-Outputs (brutto) nötig sind, um den Energieaufwand abzudecken.
Diese Verhältnisse ändern sich nur unwesentlich, wenn zusätzlich (ist in Tab. 4 nicht enthalten) der Energieaufwand in Rechnung gestellt wird, der nach Ende der Nutzung für die Rückumwandlung der "Heu-", Miscanthus- und SWP-Fläche in herkömmlich genutzte Ackerfläche nötig ist. Nach einer groben Abschätzung sind bei Heu und Miscanthus rd. 1 GJ pro ha und Nutzungsjahr anzusetzen.

Für SWP ist dieser zusätzliche Energieaufwand für die Rodung mehr als fünfmal so hoch. Die mit dieser Rodung verbundenen zusätzlichen Kosten würden die Wettbewerbsfähigkeit dieses Produktionsverfahrens entscheidend verschlechtern.

Als Beispiele für die energetische Verwendung der angeführten Festbrennstoffe ist in Tabelle 4 die Zumischung in bestehenden Kohleanlagen (- Ersatz von stückiger Kohle) und ihr Einsatz in Heizwerken (- Vergleich mit Ölzentralheizung) dargestellt. Weitere Kombinationen zwischen nachwachsenden Energieträgern und deren Verwendung finden sich bei Wintzer et al. (1991).

Während in der Kohleanlage ein Energieäquivalent Biomasse jeweils ein Energieäquivalent Kohle substituieren kann, muß bei der Verwendung in Heizwerken von deutlichen Nachteilen beim Wirkungsgrad ausgegangen werden. Eine Energieeinheit Biomasse ersetzt hier nur rd. 0,8 Energieeinheiten Heizöl (= Substitutionsverhältnis, brutto). Das energetische Substitutionsverhältnis (netto) ist jeweils niedriger, entsprechend dem jeweiligen Energieaufwand für die Bereitstellung der Festbrennstoffe frei Verwendung (s. Tab. 4).

3.3.4 Vergleichende Gesamtschau und Diskussion

Die verschiedenen nachwachsenden Energieträger sind in Tabelle 5 in einer Art Gesamtschau hinsichtlich Energieertrag, Energieaufwand und Netto-CO_2-Minderung einander gegenübergestellt.

Die Netto-CO_2-Minderung pro ha wurde über die Substitution des jeweiligen fossilen Energieträgers (= Brutto-CO_2-Minderung) durch den nachwachsenden Energieträger (z.B. Strohpellets, Ethanol, RME) abgeleitet, abzüglich der mit dem Energieaufwand für die Rohstoffbereitstellung verbundenen CO_2-Emission.

Neben der Art des fossilen Energieträgers (z.B. Steinkohle, Erdgas) und des Energieaufwandes für seine Bereitstellung frei Verwendung, ist zusätzlich entscheidend, in welchem Verhältnis ($GJ_{fossiler\ Energieträger}$ / $GJ_{Biomasse}$) der fossile Energieträger durch die Biomasse energetisch substituiert werden kann. Für die Ableitung der Netto-CO_2-Minderung ist außerdem sehr maßgeblich, welche fossilen Energieträger zur Deckung der benötigten Prozeßenergie für die Biomassebereitstellung frei Verwendung herangezogen wurden. Während bei der energetischen Nutzung von Steinkohle zwischen 91 bis 93 kg CO_2/GJ (H_u) freigesetzt werden, sind dies bei mineralölstämmigem Heizöl (HEL) bzw.

Dieselkraftstoff 74 - 78 kg CO_2/GJ (H_u) bzw. bei Erdgas sogar nur 53 - 56 kg CO_2/GJ (H_u) (vgl. Birnbaum und Wagner 1992, Born 1992).

Treibhauswirksame Gase (z.B. N_2O, CH_4), die zusätzlich bei der Bereitstellung und Verwendung der nachwachsenden Energieträger entstehen, wurden hierbei nicht berücksichtigt. Diese Effekte, die je nach Standort und Gegebenheiten sehr variieren und nur grob abzuschätzen sind, können die ausgewiesene Netto-CO_2-Minderung pro ha (s. Tab. 5) nur selten um mehr als 0,5 t CO_2/ha vermindern. Naturbelassene bzw. nicht bewirtschaftete Flächen (z.B. Flächenstillegung) emittieren ebenfalls treibhauswirksame Gase und müßten hierbei als Referenzflächen berücksichtigt werden.

Aus Tabelle 5 wird deutlich, daß die festen nachwachsenden Energieträger, wie z.B. Stroh, Heu, Hackschnitzel aus SWP oder Miscanthus, hinsichtlich des Energieertrags pro ha, des Energieaufwands und der Netto-CO_2-Minderung pro ha deutlich günstiger abschneiden als die flüssigen und gasförmigen Energieträger. Unter diesem Gesichtspunkt ist beispielsweise die direkte energetische Nutzung von Weizen als Festbrennstoff hinsichtlich der Netto-CO_2-Minderung um ein Mehrfaches günstiger als über den Umweg der Ethanolproduktion und -verwendung. Ethische Bedenken, die gegen eine energetische Nutzung von Nahrungs- und Futtermitteln (s. Weizen) sprechen, würden bei der Verbrennung von Weizen vermutlich deutlicher zu Tage treten als bei der Verbrennung des aus Weizen gewonnenen Ethanols.

Beim Vergleich zwischen Ethanol und RME wird ersichtlich, daß mit Ethanol, gewonnen aus Zuckerrüben, mehr als die doppelte Menge an CO_2 netto eingespart werden kann; bei Ethanol aus Weizen sind die Beiträge zur CO_2-Minderung (netto) etwa vergleichbar mit denen von RME (s. Tab. 5).

Die Vorteile für die flüssigen Energieträger liegen vor allem in ihrer höheren Energiedichte, in den derzeit besseren technischen Voraussetzungen für ihre Markteinführung, z.B. durch Beimischung zu herkömmlichen Energieträgern wie Diesel oder Ottokraftstoff, und in ihren höheren monetären Substitutionswerten (- abgeleitet aus fossilen Treibstoffen). Letztere werden jedoch weniger durch die Kosten der Produktion dieser fossilen Treibstoffe bestimmt, als durch die entfallende Mineralölsteuer. Die teilweise bei flüssigen Energieträgern sehr unterschiedlichen Steuersätze, z.B. für Heizöl (HEL): 8 Pf/l, Diesel: 54 Pf/l und Benzin (bleifrei): 82 Pf/l, führen derzeit zu einer deutlichen Benachteiligung derjenigen nachwachsenden Energieträger, die auf den Wärmemarkt (z.B. Ersatz von Heizöl) zielen.

Bei der Bereitstellung der Festbrennstoffe Stroh, Heu und Miscanthus ist von Bedeutung, ob auf die sehr energie- aber auch kostenaufwendige Pelletierung verzichtet werden kann; bei den in Tabelle 4 dargestellten Energiebilanzen war sie jeweils unterstellt und ist separat ausgewiesen.

Die Pelletierung hat den Vorteil, daß mit ihr, über eine höhere Energiedichte des Brennstoffs, eine günstigere Form für Transport, Zwischenlagerung und in der Regel auch höhere Wirkungsgrade bei der energetischen Nutzung erreicht werden. Vor allem aus Kostengründen wird jedoch das Bestreben bestehen bleiben, auf die

3.3 Energiebilanzen bei nachwachsenden Energieträgern

Tabelle 5. Energieertrag (H_u), Energieaufwand und Netto-CO_2-Minderung bei verschiedenen nachwachsenden Energieträgern und deren Verwendung

ENERGIETRÄGER	(Ertrag (t/ha)) Energieertrag (Hu) (GJ/ha)	Energieaufwand (in % vom Energieertrag)	Netto-CO_2-Minderung (t CO_2/ha)
Stroh-Pellets	(6,5 t TM)		
- für Kohleanlagen [2]	106,5	10,2	8,9
- als Methanol oder H_2	59,1	40,7	2,7
SWP-Hackschnitzel	(10 t TM)		
- für Kohleanlagen	171,0	7,1	14,7
Miscanthus-Pellets	(20 t TM)		
- für Kohleanlagen	334,8	13,1	27,1
- für Heizwerke (5 MW) [3]	334,8	13,1	19,9
- als Methanol oder H_2	185,8	45,9	7,8
Heu-Pellets	(10 t TM)		
- für Kohleanlagen	163,8	17,3	12,7
Weizen (-korn)	(6,9 t)		
- für Kohleanlagen	97,2	15,4	7,7
- als Ethanol [4][5]	53,9	86,7	1,6
Zuckerrüben	(49 t FM)		
- als Ethanol [5]	118,6	78,9	4,3
Rapssaat	(3,2 t)		
- für Kohleanlagen	72,3	22,9	5,3
Rapsöl	(1,22 t)		
- als Heizöl oder Raffinerierohstoff	44,8	41,3	1,8 - 2,1
- als RME	43,5	51,7	1,8

Gerundete Werte

[1] Bezogen auf den Energieertrag (brutto) des jeweiligen Energieträgers.
[2] Zumischung in bestehenden Kohleanlagen, die mit stückiger Kohle arbeiten.
[3] Heizwerke für Pellets oder Hackschnitzel (Vergleich mit Öl-Zentralheizung).
[4] Wird unterstellt, daß Rübenschnitzel bzw. Stroh als Energieträger zur Dampferzeugung eingesetzt werden, so kann der Prozeßenergiebedarf in der Ethanolanlage um mehr als 50 % gesenkt werden.
[5] Beimischung bis zu 5 % zu Ottokraftstoff.

Pelletierung zu verzichten, soweit dies die energetische Verwendung und die unterstellten Transportradien für die Biomassebereitstellung zulassen (s. Beispiele aus Dänemark).

Die energetische Berücksichtigung von Reststoffen, wie z.B. Getreide- und Rapsstroh oder Zuckerrübenblatt, kann den Netto- Energieertrag in einer Energiebilanz deutlich erhöhen, wobei jedoch immer zu berücksichtigen ist, mit welchen Wirkungsgraden (- energetisches Substitutionsverhältnis) hierdurch fossile Energieträger ersetzt werden können. Die ökonomische Bilanz würde sich hierbei unter den derzeitigen Rahmenbedingungen in der Regel verschlechtern.

Soweit Koppelprodukte aus der Produktion von nachwachsenden Energieträgern als Futtermittel genutzt oder als Rohstoff (z.B. Glycerin) einer chemisch-technischen Verwendung zugeführt werden, sollten sie nur dann mit ihrem Heizwert (H_u) bewertet werden, wenn sie auch tatsächlich in diesem Umfang alternative Energieträger substituieren. Die monetäre Bewertung von Rapsschrot nach seinem Futterwert (Substitutionswert) und die gleichzeitige Bewertung in einer Energiebilanz nach seinem Heizwert (H_u) oder physiologischen Brennwert wäre somit nicht miteinander vereinbar.

Die Verhältnisse zwischen Input und Output einer Energiebilanz dürften sich in Zukunft noch weiter verbessern. Vor allem technische, züchterische und biotechnologische Fortschritte werden die Produktionsverhältnisse in Richtung höherer Umweltverträglichkeit und Effizienz (- Energieeffizienz) verschieben. So lassen sich beispielsweise bei der energieaufwendigen Ethanolproduktion, durch energieeffizientere Maischverfahren und über die Recyclierung von Schlempe, noch deutliche Energieeinsparungen umsetzen (vgl. Pieper 1991).

Obgleich nach Stout (1989) eine Unzahl an Informationen zu Energiebilanzen bereits veröffentlicht sind, wird man auch in Zukunft dazu gezwungen sein (vgl. Mortimer 1991), aufgrund technischer Fortschritte und geänderter Rahmenbedingungen und nicht zuletzt auch aufgrund fehlender Vergleichbarkeit bereits vorliegender Energiebilanzen, entsprechend "aktualisierte" Energiebilanzen abzuleiten.

Literatur

BATEL, W., M. GRAEF, G. MEJER, R. MÖLLER und F. SCHOEDDER, 1980: Pflanzenöle für die Kraftstoff- und Energieversorgung. Grundl. Landtechnik 30 (2), 40-51.

BIRNBAUM, K., und H.-J. WAGNER, 1992: Einheitliche Berechnung von CO_2-Emissionen. Energiewirtschaftliche Tagesfragen 42 (1/2), 78-80.

BORN, P., 1992: Energie-, CO_2- und Arbeitsaufwand bei der Herstellung von Gütern. BWK 44 (5), 209-214.

DEUTSCHER BUNDESTAG (Hrsg.), 1988: Schutz der Erdatmosphäre. Eine internationale Herausforderung. Zwischenbericht der Enquete-Kommission des 11. Deutschen Bundestages "Vorsorge zum Schutz der Erdatmosphäre". Zur Sache 5, 583 S.

FUNK, H., und M. SCHMOLTZI, 1986: Technische und ökonomische Aspekte der Verwendung von Äthanol im Vergaserkraftstoff. Landbauforschung Völkenrode 36 (1), 40-49.

HIPPMANN, H.-D., 1986: Input-Output-Tabellen der Energieströme und Energiebilanzen. Wirtschaft und Statistik 5, 346-355.

MORTIMER, N.D., 1991: Energy analysis of renewable energy sources. Energy policy (5), 374-385.

NIEHAUS, F., 1975: Nettoenergiebilanzen - Ein Hilfsmittel zur Analyse von Energienutzungsstrukturen. BWK 27 (10), 395-400.

OHEIMB, von R., J. PONATH, G. PROTHMANN, CHR. SERGEOIS, U. WERSCHNITZKY, H. WILLER, 1987: Energie und Agrarwirtschaft. - Direkter und indirekter Energieeinsatz im agrarischen Erzeugerbereich in der Bundesrepublik Deutschland -. KTBL-Schrift 320, 102 S.

PIEPER, H.-J., 1991: Hohenheimer Dispergier-Maischverfahren mit Schlempe-Recycling. Schlußbericht. Institut für Lebensmitteltechnologie, Universität Hohenheim.

PIMENTEL, D., et al., 1973: Food production and the energy crisis. Z. Science 182, 443-449.

RÖVER, H., und K.E. AUSTMEYER, 1988: Möglichkeiten der Energieumformung mit nachwachsenden Rohstoffen. VDI Berichte Nr. 675, 365-380.

SCHIFFER, H.-W., 1991: Energiemarkt Bundesrepublik Deutschland (2. völlig neu bearbeitete Auflage). Verlag TÜV Rheinland, Köln, 282 S.

SLESSER, M., 1987: Net energy as an energy planning tool. Energy policy (6), 228-238.

STAHMER, C., und H.-D. HIPPMANN, 1984: Input-Output-Tabellen der Energieströme 1980. Wirtschaft und Statistik 8, 655-667.

STOUT, B.A., 1989: Handbook of energy for world agriculture. Elsevier Applied Science, London/New York, 504 S.

STUDER, R., und U. WOLFENSBERGER, 1991: Energie- und CO_2- Bilanzen über den Alternativ-Treibstoff Biodiesel. Landwirtschaft Schweiz 4 (12), 637-640.

WINTZER, D., B. FÜRNISS, S. KLEIN-VIELHAUER, L. LEIBLE, E. NIEKE, TH. PETERMANN, CH. RÖSCH und H. TANGEN, 1991: Technikfolgenabschätzung zum Thema "Nachwachsende Rohstoffe". Zwischenbericht: Energetische Nutzung nachwachsender Energieträger. Agra-Europe 48, Sonderbeilage 1-52.

3.4 Pflanzenöle als Treibstoff
   - Erzeugung, Nutzung, Perspektiven -

Dr. Werner Kleinhanß
Institut für Betriebswirtschaft, Bundesforschungsanstalt für Landwirtschaft,
Bundesallee 50, D-3300 Braunschweig-Völkenrode

Zusammenfassung: Aufgrund günstiger Preisverhältnisse zu Getreide einerseits und realisierter technischer Fortschritte andererseits wurde der Rapsanbau in der EG stark ausgeweitet. In Deutschland belief sich die Anbaufläche 1992 auf 1 Mio. ha. Das mobilisierbare Erzeugungspotential und die begrenzten Absatzmöglichkeiten von Rapsöl und Rapsschrot im Ernährungs- und Futtermittelsektor waren der Ausgangspunkt für die Suche nach alternativen Verwendungsmöglichkeiten im non-food-Sektor. Während die Absatzmöglichkeiten von Rapsöl im chemisch-technischen Sektor begrenzt sind und sich in Deutschland auf weniger als 0,2 Mio. t pro Jahr belaufen dürften, ist im Treibstoffsektor ein Absatzpotential vorhanden, welches das Erzeugungspotential bei weitem übersteigt. Die Erschließung dieses Marktpotentials wird vor allem durch folgende Faktoren determiniert:

- Verfügbarkeit kostengünstiger und effizienter Nutzungsverfahren,
- geeignete ökonomische Rahmenbedingungen,
- umwelt- und versorgungspolitisch begründete Stützungsmaßnahmen.

Seitens der Kosten für die Ölgewinnung und Umesterung schneiden zentral gelegene Großanlagen am günstigsten ab; eine on-farm-Ölgewinnung kann nicht als effiziente Lösung bezeichnet werden. Hinsichtlich der Nutzung ist nur mit der Anpassung von Rapsöl an die Anforderungen herkömmlicher Direkteinspritzermotoren via Weiterverarbeitung zu Rapsöl-Methylester (RME) eine unmittelbare Markteinführung möglich.

Die ökonomischen Rahmenbedingungen sprechen bei gegebenen Energiepreisen und Weltmarktpreisen für Rapsöl nicht für eine Treibstoffnutzung. Durch die Möglichkeit der non-food-Rapserzeugung auf stillgelegten Flächen haben sich die Wettbewerbsbedingungen zwar verbessert, jedoch nicht in dem Maße, wie es zur Herstellung der Wettbewerbsfähigkeit notwendig wäre. Während die Rapssaatverwender beim derzeitigen Substitutionswert von RME lediglich in der Lage wären, Preise für Rapssaat von 170 DM/t zu bezahlen, ist ein nennenswertes Angebot erst bei Rapssaatpreisen von 350 bis 400 DM/t zu erwarten. Dieses Wettbewerbsdefizit könnte durch eine Subventionierung in Größenordnung der Mineralölsteuer für Dieselkraftstoff - oder eine entsprechende Steuerbefreiung - kompensiert werden. Eine solche Subventionierung wäre mit umwelt-, energie- und versorgungspolitischen Vorteilen zu begründen.

3.4 Pflanzenöle als Treibstoff - Erzeugung, Nutzung, Perspektiven - 85

3.4.1 Einleitung

Die Produktion und Nutzung von Pflanzenölen für Treibstoffzwecke - insbesondere von Rapsöl - wird seit einigen Jahren intensiv diskutiert, wobei immer neue Optionen, wie das on-farm-Konzept, der Elsbett-Motor bzw. positive Umwelteffekte in den Mittelpunkt gestellt wurden. Trotz intensiver Forschung und Entwicklung konnte eine breite Markteinführung und die damit angestrebten Ziele - Agrarmarkt- und Umweltentlastung, Einkommenssicherung und Beitrag zur Diversifizierung der Energieversorgung - bislang nicht erreicht werden. Dies hat vor allem ökonomische Gründe, denn bei den bisher gegebenen Energie- und Agrarpreisen waren Pflanzenöle im Treibstoffsektor nicht wettbewerbsfähig (Götzke u. Kleinhanß 1988).

Hoffnungen auf eine Verbesserung der Wettbewerbfähigkeit stützen sich auf die Veränderung folgender Rahmenbedingungen:

- Umstellung der Ölsaaten- und Getreidemarktregelungen im Rahmen der Reform der Gemeinsamen Agrarpolitik (GAP) und Möglichkeit des Anbaues nachwachsender Rohstoffe auf Stillegungsflächen;
- Vorschlag der EG-Kommission zur Verringerung der Mineralölsteuer für Biokraftstoffe auf maximal 10 % des für den betreffenden Treibstoff maßgeblichen Steuersatzes (KOM (92) 36 endg.);
- Vorschlag der EG-Kommission zur Befreiung von Biokraftstoffen von der CO_2-Komponente der beabsichtigten CO_2-Energiesteuer.

Auf die Auswirkungen dieser Maßnahmen wird in vorliegender Untersuchung eingegangen, wobei der Schwerpunkt auf die Veränderungen der agrarmarktpolitischen Rahmenbedingungen gelegt wird.

Im Rahmen dieses Beitrags wird ausschließlich Rapsöl in der derzeit üblicherweise angebotenen Qualität (erucasäurefrei) behandelt. Dafür sprechen sowohl technologische als auch ökonomische Gründe. Erucasäurehaltiges Rapsöl hat eine höhere Viskosität und dürfte deshalb bei niedrigen Außentemperaturen eher zu Betriebsstörungen führen. Öle mit hohem Anteil mehrfach ungesättigter Fettsäuren (insbesondere Leinöl) neigen zur Verharzung und lassen ohne Umesterung Rückstandsprobleme im Motor erwarten. Sonnenblumen- und Sojaöl - welche ebenfalls in der EG produziert werden - haben einen gegenüber Rapsöl höheren Preis.

Nach einem kurzen Überblick über die Entwicklung der Rapserzeugung werden die Erzeugungspotentiale unter gegebenen und mittelfristig zu erwartenden Rahmenbedingungen analysiert. Anschließend werden die wichtigsten technischen Konzepte der Rapsölgewinnung, Weiterverarbeitung und Nutzung diskutiert und ihre Kosten dargestellt. Im Zusammenhang mit der einzel- und gesamtwirtschaftlichen Bewertung wird eine mögliche Stützung über eine Steuerermäßigung für Biotreibstoffe erörtert. Abgerundet wird diese Studie durch eine knappe Darstellung der Umwelteffekte.

3.4.2 Rapserzeugung - Anbauentwicklung und Wettbewerbsfähigkeit

Der Rapserzeugung als erste Stufe der Prozeßkette kommt zugleich die wirtschaftlich größte Bedeutung zu, da der größte Teil der Erzeugungskosten für Rapsöltreibstoff auf die Rohstoffkosten entfällt. Im folgenden wird der Versuch unternommen, die bei mittelfristig zu erwartenden ökonomischen Rahmenbedingungen möglichen Erzeugungspotentiale für Rapssaat abzuschätzen.

Anbauentwicklung: Die Entwicklung der Ölsaatenerzeugung in der EG ist durch eine große Dynamik gekennzeichnet. Zwischen 1980 und 1990 wurde die Anbaufläche
- von Raps von 0,61 Mio. auf etwa 1,8 Mio. ha,
- von Sonnenblumen von 0,8 Mio. auf 2,3 Mio. ha,
- von Sojabohnen von 0,02 Mio. auf 0,46 Mio. ha

ausgeweitet (Uhlmann et al. 1992, S. 5). Beim Rapsanbau wurde diese Entwicklung maßgeblich durch Frankreich, Deutschland, Großbritannien und Dänemark bestimmt. In Deutschland wurde die Rapsanbaufläche zwischen 1989 und 1992 von 0,5 Mio. ha auf 1 Mio. ha ausgeweitet. Davon entfielen 1992 allein 0,4 Mio. ha auf die neuen Länder, während unter DDR-Bedingungen nur etwa 150.000 ha angebaut wurden.

Diese Entwicklung wurde im wesentlichen durch günstige Preisrelationen gegenüber dem konkurrierenden Getreide (Uhlmann et al. 1992, S. 81), ertragssteigernde technische Fortschritte und Kostensenkungen bei der Ernte ermöglicht. Die EG-Kommission ist dieser Entwicklung durch preispolitische Maßnahmen begegnet, im Rahmen derer die Interventionspreise für Raps von 43,8 ECU/dt in 1983/84 auf 31,7 ECU/dt in 1990/91 gesenkt wurden, einhergehend mit einer Verschlechterung der Preisrelation zu Gerste von 2,31 : 1 auf 2,22 : 1.

Von uns durchgeführte Grenzkostenberechnungen und Potentialabschätzungen haben gezeigt (Kleinhanß 1989), daß noch erhebliche Erzeugungspotentiale außerhalb der klassischen Anbauregionen mobilisierbar sind, wenn geeignete ökonomische Rahmenbedingungen bestehen. Diese werden vor allem durch die Marktregelungen bestimmt. Bei der bis 1991/92 geltenden Regelung wurden die Erzeugerpreise über dem Weltmarktpreisniveau gestützt. Bei der neuen Regelung erfolgt eine Stützung über Flächenprämien. Da bisher keine detaillierten Untersuchungen zur Auswirkung der neuen Regelung vorliegen, wird im Rahmen dieses Beitrages versucht, die Wettbewerbsbedingungen und Erzeugungspotentiale unter dem Einfluß der GAP-Reformbeschlüsse abzuschätzen.

Rapserzeugung unter den Bedingungen der neuen Marktregelungen: Mit den Beschlüssen zur Reform der gemeinsamen Agrarpolitik strebt die EG-Kommission eine Annäherung der EG-Agrarpreise für wichtige Produktgruppen an das Weltmarktpreisniveau an und eine Marktentlastung durch obligatorische Flächenstillegung und Extensivierung der Produktion. Zur Kompensation der

3.4 Pflanzenöle als Treibstoff - Erzeugung, Nutzung, Perspektiven - 87

Preissenkungen werden flächengebundene Transferzahlungen gewährt. In bezug auf die Ölsaatenerzeugung[1] sind folgende Maßnahmen von Bedeutung:

- Die Erzeugerpreise für Ölsaaten leiten sich vom Weltmarktpreis ab. Die Erzeuger erhalten flächengebundene Transferzahlungen, die sich aus dem Durchschnittsertrag der einzelnen Bundesländer und einem mit Bezug zum Referenzpreis festgelegten Betrag ableiten (Jahnen 1992). 1992/93 belief sich die Flächenprämie auf durchschnittlich 1.185 DM/ha. Abweichungen der Weltmarktpreise vom Referenzpreis um $\pm$ 8 % haben keinen Einfluß auf die Flächenprämien; bei Überschreiten einer bestimmten Menge werden die Flächenprämien gekürzt.
- Bei Getreide wird der Interventionspreis stufenweise auf 27,54 DM/dt in 1993/94, 25,18 DM/dt in 1994/95 und 22,82 DM/dt in 1995/96 gesenkt und Preisausgleichszahlungen im Durchschnitt Deutschlands von 330 DM/ha im ersten, 461 DM/ha im zweiten und 593 DM/ha im dritten Jahr gewährt. Um die Preisausgleichszahlungen zu erlangen, müssen Betriebe mit einer Jahreserzeugung von mehr als 92 t Getreide, Ölsaaten und Hülsenfrüchten (ca. 18 ha) 15 % der Basisfläche[2] stillegen. Unter die sogenannte *Kleinerzeugerregelung* fallende Betriebe erhalten für Ölsaaten dann nur Preisausgleichszahlungen in Höhe derer von Getreide.
- Auf den Stillegungsflächen können Rohstoffe für non-food-Verwendungen - u.a. Raps - angebaut werden, wobei ebenfalls die Stillegungsprämie in Höhe von durchschnittlich 593 DM/ha gewährt wird. Die Produktion ist vertraglich zwischen Erzeuger und non-food-Verwender abzusichern und unterliegt strengen Kontrollen.

Diese Regelungen haben einen Einfluß auf
- die Intensität der Ölsaatenerzeugung,
- die Wettbewerbsverhältnisse gegenüber den konkurrierenden Feldfrüchten, insbesondere Getreide,
- die regionale Wettbewerbsfähigkeit und Allokation der Ölsaatenerzeugung sowie
- das sektorale Angebot.

---

[1] Die im Rahmen der GATT-Verhandlungen zwischen der EG-Kommission und den USA getroffenen Vereinbarungen sehen eine Begrenzung der Ölsaatenfläche im Rahmen der Ölsaatenmarktregelung sowie eine Begrenzung der Ölsaatenerzeugung für non-food-Zwecke auf Stillegungsflächen vor. Da definitive Entscheidungen und Ausführungsbestimmungen erst nach Abschluß der GATT-Verhandlungen zu erwarten sind, gehen wir im Rahmen der Modellrechnungen nicht weiter auf die genannten Vereinbarungen ein.

[2] Mit Getreide, Ölsaaten und Hülsenfrüchten bestellte Fläche. Die Silomaisfläche kann fakultativ mit einbezogen werden.

Diese Fragen werden, soweit von der Datengrundlage her möglich, auf Basis von Modellrechnungen untersucht. Mangels Ertrags- und Betriebsstrukturdaten für die Land- und Stadtkreise der neuen Länder begrenzt sich die quantitative Analyse auf den Gebietsstand der Bundesrepublik Deutschland von 1989. Dazu wird ein auf Kreisebene aufbauendes Simulationsmodell verwendet (Kleinhanß 1989), das die regionalen Wettbewerbsverhältnisse zwischen den wichtigsten Verfahren der Bodenproduktion abbildet und sektorale Hochrechnungen ermöglicht.

Den Modellrechnungen werden vier unterschiedliche Szenariobedingungen zugrundegelegt (siehe Tabelle 1). Szenario 1 stellt die durchschnittlichen Preisbedingungen von 1992/93 dar. Obwohl die Annahme einer obligatorischen Flächenstillegung nicht zutrifft, soll hiermit vor allem die Wettbewerbsfähigkeit des Rapsanbaues unter Bedingungen untersucht werden, bei denen für Raps Flächenprämien und für Getreide noch keine Flächenprämien gewährt werden. Die Szenarien 2 bis 4 unterscheiden sich durch die in den betreffenden Wirtschaftsjahren relevanten Preise und Flächenprämien für Getreide. Unter diesen Szenariobedingungen werden Simulationsrechnungen mit unterschiedlichen Rapspreisen durchgeführt, um deren Einfluß auf die Wettbewerbsfähigkeit darzustellen.

Tabelle 1. Szenariobedingungen

Szenario	Wirt-schafts-jahr	Raps		Getreide		Still-legungs-prämie
		Preis[a] DM/t[d]	Flächen-prämie[b] DM/ha	Preis DM/t[d]	Flächen-prämie[c] DM/ha	DM/ha
1	1992/93	384	1185	334	0 [e]	593
2	1993/94	384	1185	275	330	593
3	1994/95	384	1185	252	461	593
4	1995/96	384	1185	228	593	593

[a] Preisabweichungen von +/− 8 % haben keinen Einfluß auf die Prämien; sonst endogene Anpassung in Abhängigkeit vom Preis.
[b] Bezogen auf den regionalen Durchschnittsertrag von Raps, hier Bundesdurchschnitt.
[c] Bezogen auf den regionalen Durchschnittsertrag von Getreide, hier Bundesdurchschnitt. Für die einzelnen Länder wird jeweils eine Ertragsregion unterstellt. Die im Herbst 1992 vorgenommene stärkere, regionale Differenzierung in Niedersachsen und Rheinland−Pfalz wird hier nicht berücksichtigt.
[d] Preise werden modellendogen um MwSt. beaufschlagt; für Flächenprämien keine MwSt.
[e] Vereinfacht wird für 1992/93 ebenfalls von einer obligatorischen Flächenstillegung ausgegangen.

Quelle: BML: Neue EG−Marktpolitik bei pflanzlichen Produkten. Agrarpolitische Mitteilungen. Nr. 5/92.

3.4 Pflanzenöle als Treibstoff - Erzeugung, Nutzung, Perspektiven -

Intensität der Rapserzeugung: Aufgrund der mit der Umstellung der Ölsaatenmarktregelung verbundenen Senkungen der Erzeugerpreise von etwa 75 DM/dt auf Weltmarktpreisniveau von zur Zeit etwa 30 bis 35 DM/dt ist eine Extensivierung der Rapserzeugung zu erwarten. Diese erstreckt sich auf die Anpassung des Mineraldünger- und Pflanzenschutzaufwandes als auch des Kapital-, Arbeits- und Maschineneinsatzes. Zeddies (1992, S. 6 f.) kommt in Modellrechnungen zu dem Ergebnis, daß die optimale Höhe der Stickstoffdüngung um 28 kg/ha auf 128 kg/ha zurückgeht. Beim Ertrag von 31,7 dt/ha wird ein Deckungsbeitrag von 1.230 DM/ha erzielt. Bei weiterer Extensivierung mit niedrigerem Pflanzenschutz- und Maschineneinsatz sowie einer Stickstoffdüngung von 52 kg/ha bzw. 0 kg/ha geht Zeddies von Erträgen von 25 bzw. 15 dt/ha aus. Gegenüber der erstgenannten Intensitätsstufe liegen die Deckungsbeiträge der beiden niedrigeren Intensitätsstufen um 32 bzw. 77 DM/ha niedriger. Die Deckungsbeiträge weichen in allen drei Fällen nur um ± 30 DM/ha von der Flächenprämie ab, d.h., sie werden fast ausschließlich durch die Flächenprämie bestimmt. Daher wäre es naheliegend, zu extensiven Bewirtschaftungsformen überzugehen, z.B. ohne Düngung und Unkrautbekämpfung sowie reduzierter Bodenbearbeitung. Zeddies errechnet für diese Variante einen Deckungsbeitrag, der nur um 115 DM/ha niedriger als die Flächenprämie liegt. Letzteres könnte sich jedoch leicht als Bumerang erweisen

- Die Flächenprämien werden nur bei ordnungsgemäßer Bewirtschaftung gewährt; entsprechende Kontrollen des Anbaues werden vorgenommen. Nur in dürregeschädigten Regionen, z.B. in Mecklenburg-Vorpommern, wurden in 1992 die Flächenprämien auch ohne Aberntung des Feldbestandes gewährt.
- Die Regelung sieht eine Bindung der Flächenprämien an die Durchschnittserträge vor, d.h., eine Halbierung der Durchschnittserträge z.B. in einem Land, hätte auch eine Halbierung der Flächenprämien zur Folge. Dadurch würde die Wettbewerbsfähigkeit der Rapserzeugung erheblich beeinträchtigt.

Lange (1992, S. 46 ff.) schlägt deshalb eine moderate Extensivierungsstrategie vor. Insbesondere durch Senkung des Stickstoff- und Pflanzenschutzaufwandes können die variablen Kosten auf guten bis mittleren Standorten um ca. 250 DM/ha gesenkt werden; der Ertrag geht dabei um 4 bis 5 dt/ha zurück.

Bei den hier durchgeführten Modellrechnungen werden Intensitätsanpassungen nur in abgeschwächter Form berücksichtigt. Die Kostensenkungen belaufen sich in der Größenordnung von 150 bis 200 DM/ha. Es wird weiterer Forschung bedürfen, um die möglichen Intensitätsanpassungen auf regionaler Ebene auf eine geeignete empirische Datengrundlage zu stellen.

Regionale Wettbewerbsfähigkeit: Tabelle 2 weist die Berechnungsgrundlagen für die variablen Kosten von Raps und Getreide auf. Bei angenommenen Preisen für

Rapssaat von 350 DM/t[3] werden im Durchschnitt der Länder folgende Deckungsbeiträge (mit Anbauflächen gewogene Mittel) erreicht:

- In Schleswig-Holstein liegen die Deckungsbeiträge mit durchschnittlich 1.380 DM/ha am höchsten.
- Deckungsbeiträge in Höhe von 1.000 bis 1.200 DM/ha werden in Niedersachsen, Nordrhein-Westfalen, Hessen und Bayern erzielt.
- In Baden-Württemberg erreichen die Deckungsbeiträge 920 DM/ha und mit 730 DM/ha liegen sie am niedrigsten in Rheinland-Pfalz und im Saarland.

Tabelle 2. Spezifizierung der Verfahren der pflanzlichen Produktion im Modell

		Winter-raps	Winter-weizen [a]	Winter-gerste [b]	Sommer-gerste	Winter-roggen	Hafer
Variable Spezialkosten = konstant							
– Saatgut	DM/ha	77.0	127.0	93.0	119.0	90.0	101.0
– Var. Maschinenkosten [c]	DM/ha	62.3	96.6	96.6	96.6	96.6	96.6
– Spezialmaschinen Ernte	DM/ha	80–192 [d]	–	–	–	–	–
– Versicherungen	DM/ha	36.7	16.2	16.2	16.2	16.2	16.2
Ertragsabhängige Inputs							
– Treibstoffbedarf [e]	l/ha	86.0	93.0	86.0	93.0	86.0	93.0
– Heizölbedarf Trocknung	l/ha	2.50 E	E	E	E	E	E
– Elektroenergie							
Trocknung/Lagerung	KWh	2.65 E	1.05 E	1.05 E	1.05 E	1.05 E	1.05 E
– Mineraldünger							
Stickstoff	kg/ha	5.5 E	5+2.5 E	10+2.0 E	5+1.5 E	5+2.0 E	5+2.2 E
Phosphat	kg/ha	6.96 $E^{0.75}$	3.89 $E^{0.75}$	5.10 $E^{0.67}$	5.10 $E^{0.67}$	0.42 $E^{1.17}$	0.42 $E^{1.17}$
Kali	kg/ha	39.37 $E^{0.43}$	1.37 $E^{0.99}$	1.37 $E^{0.99}$	7.31 $E^{0.61}$	1.37 $E^{0.99}$	0.16 $E^{1.44}$
Kalk	kg/ha	3.97 $E^{0.75}$	2.23 $E^{0.75}$	2.23 $E^{0.75}$	2.23 $E^{0.75}$	2.23 $E^{0.75}$	2.23 $E^{0.75}$
– Pflanzenschutz	DM/ha	10.93 $E^{0.90}$	0.06 $E^{1.99}$	–144+5.4 E	0.81 $E^{1.20}$	0.81 $E^{1.20}$	0.81 $E^{1.20}$
Arbeitszeitbedarf	AKh	12.4	12.4	12.4	12.4	12.4	12.4

E = Ertrag (Hauptleistung) in dt/ha
[a] Sommerweizen wurde wegen seines geringen und abnehmenden Flächenumfangs Winterweizen zugeschlagen
[b] Sommermenggetreide wurde zu je 50% Winter- bzw. Sommergerste zugeschlagen
[c] Variable Kosten für Schlepper, Geräte und betriebseigene Erntemaschinen (ohne Kosten für Trocknung, Treib- und Schmierstoffe)
[d] Differenziert nach Betriebsgröße:
   K = 192.5 – 11.25 LF_R; LF_R = potentielle Rapsfläche je Betrieb im Rahmen der Fruchtfolgegrenze (<10 ha)
[e] Schmierstoffbedarf 2% des Treibstoffbedarfs

Die differenzierte regionale Abstufung der Deckungsbeiträge geht aus Karte 1 hervor. Im Vergleich zu der alten Marktregelung werden ertragsschwache gegenüber ertragsstarken Standorten begünstigt, was auf die innerhalb der Länder einheitlichen Flächenprämien zurückzuführen ist.

---

[3] Bei den Modellrechnungen wird, sofern nicht anders erwähnt, ein Preis frei Abnehmer von 350 DM/t plus Mehrwertsteuer unterstellt.

3.4 Pflanzenöle als Treibstoff - Erzeugung, Nutzung, Perspektiven -

Ausdruck für die *Wettbewerbsfähigkeit* der Rapserzeugung sind seine Deckungsbeiträge im Verhältnis zu den konkurrierenden Verfahren der Bodenproduktion. Als Mähdruschfrucht konkurriert Raps vorwiegend mit Getreide, wobei dem Gewinnmaximierungsprinzip folgend eine Anbauausweitung von Raps zulasten der wettbewerbsschwächsten Getreidearten vorgenommen wird. Karte 2 stellt die Deckungsbeitragsrelationen gegenüber den wettbewerbsschwächsten Getreidearten unter Preisbedingungen des Szenarios 1 - hier noch ohne Flächenprämie für Getreide - dar. In Schleswig-Holstein, Niedersachsen, Nordrhein-Westfalen und Hessen erreicht Raps durchschnittlich um 30 bis 50 % höhere Deckungsbeiträge als die wettbewerbsschwächste Getreideart (s. auch Abbildung 1). In Rheinland-Pfalz und Baden-Württemberg besteht nur ein geringer Wettbewerbsvorsprung, während Raps in Bayern und im Saarland auf mehreren Standorten nicht konkurrenzfähig ist. Gegenüber den wettbewerbsstärksten Getreidearten ergibt sich eine ähnliche regionale Abstufung (Abbildung 1), allerdings unterhalb der 100 %-Marke, was besagt, daß Raps mit diesen Getreidearten nicht konkurrieren kann. Aus Fruchtfolgegründen dürften diese Konkurrenzbeziehungen aber nicht zum Tragen kommen.

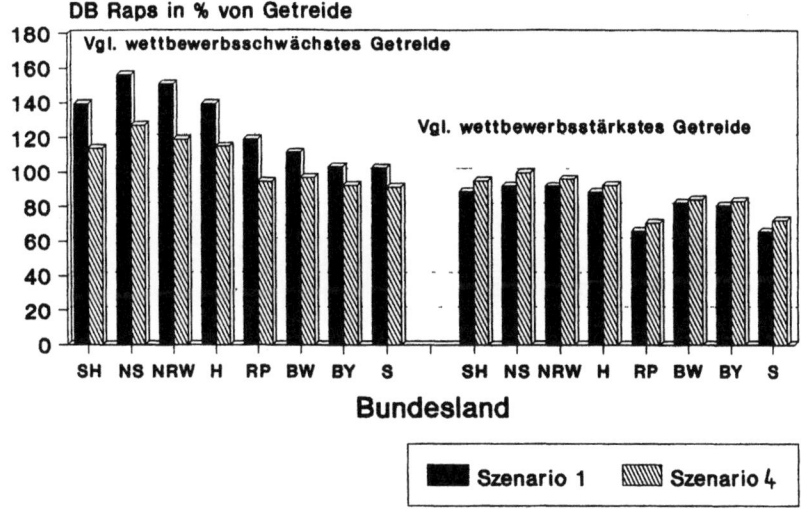

Eigene Berechnungen FAL.BW.KL.07

Abb. 1. Deckungsbeiträge (DB) von Raps in Relation zu den wettbewerbsschwächsten und wettbewerbsstärksten Getreidearten unter verschiedenen Szenariobedingungen

Durch die Einführung von *Flächenprämien für Getreide* zum teilweisen Ausgleich der Preissenkungen - und zwar länderspezifisch und unabhängig von der Getreideart - werden die Wettbewerbsverhältnisse deutlich beeinflußt. Ertragsschwache Regionen innerhalb eines Landes gewinnen an Wettbewerbskraft

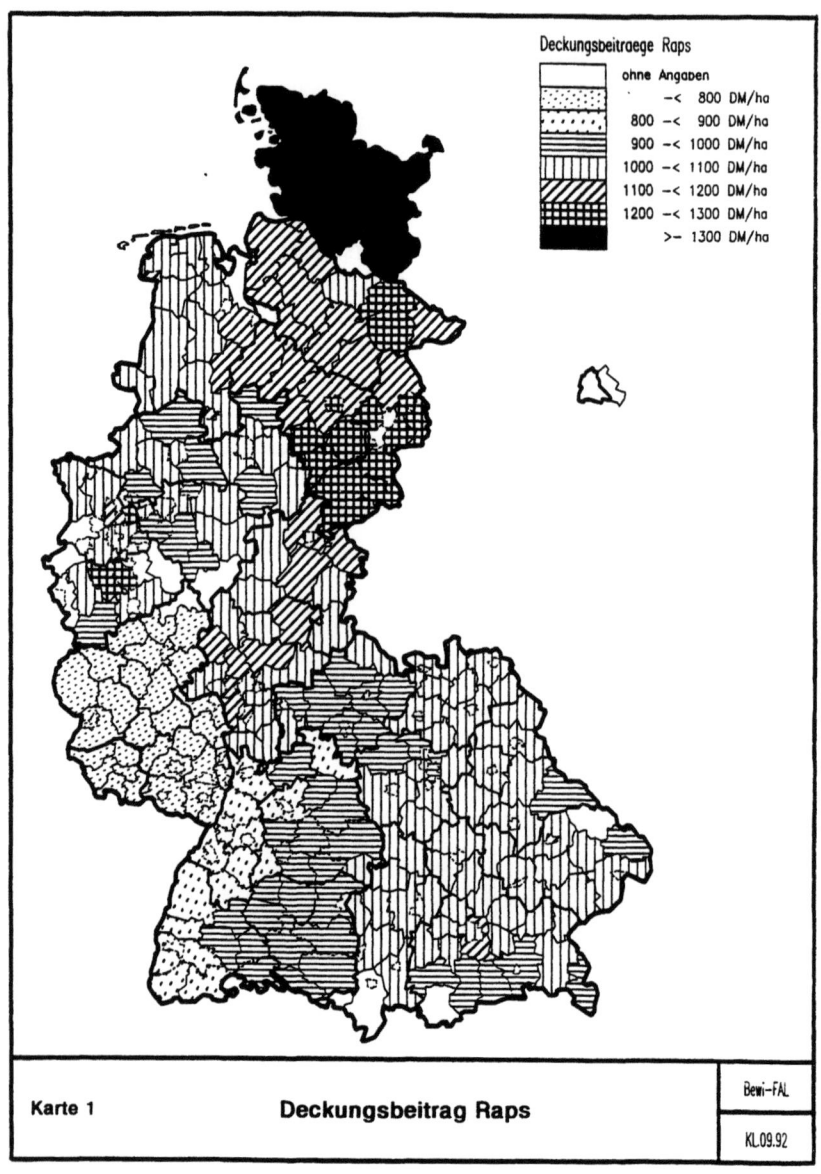

Karte 1 Deckungsbeitrag Raps

gegenüber ertragsstarken Regionen, ertragsschwache Getreidearten gegenüber ertragsstarken. Dies führt dazu, daß unter den für Getreide in 1995/96 geltenden Bedingungen (Szenario 4) die Deckungsbeiträge von Raps in Schleswig-Holstein, Niedersachsen, Nordrhein-Westfalen und Hessen nur noch 115 bis 130 % der wettbewerbsschwächsten Getreidearten betragen. In den anderen Regionen wäre Raps deutlich unterlegen. Da die Deckungsbeiträge der ertragsstärksten Getreide-

3.4 Pflanzenöle als Treibstoff - Erzeugung, Nutzung, Perspektiven -

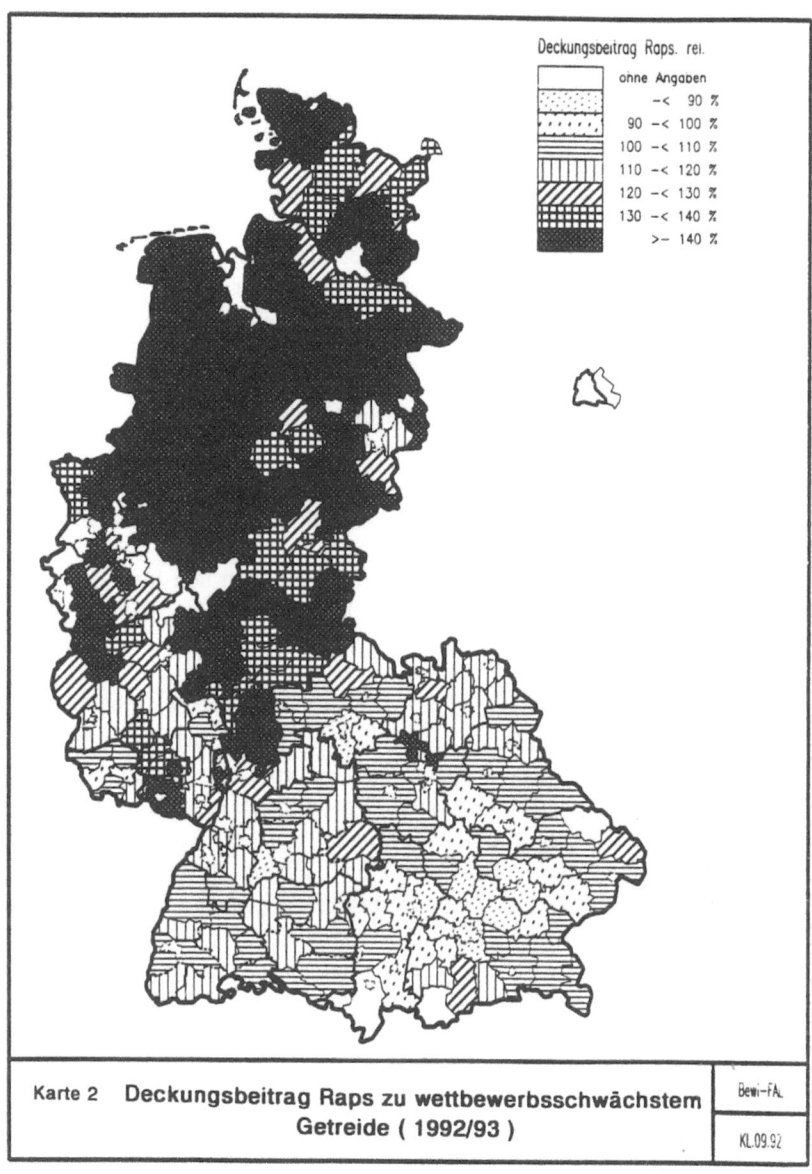

Karte 2 Deckungsbeitrag Raps zu wettbewerbsschwächstem Getreide (1992/93)

arten zurückgehen, verbessert sich die relative Wettbewerbsfähigkeit von Raps gegenüber den ertragsstärkeren Getreidearten; Raps erreicht jedoch nicht deren Deckungsbeitragsniveau (s. Abbildung 1).

Sektorales Angebot für food- und non-food-Raps: Bei der Beurteilung der Wettbewerbsfähigkeit der Rapserzeugung müssen ferner die obligatorische

Flächenstillegung und die *Kleinerzeugerregelung* berücksichtigt werden. In den Modellrechnungen wurde angenommen, daß die wettbewerbsschwächsten Mähdruschfrüchte im Umfang der obligatorischen Flächenstillegung eingeschränkt werden. Die Kleinerzeugerregelung soll in den Betriebsgrößenklassen bis 18 ha Basisfläche angewendet werden, wenn die Summe der Deckungsbeiträge der auf der gesamten Basisfläche angebauten Feldfrüchte größer ist als die Summe der Deckungsbeiträge für 85 % der Basisfläche und 15 % Flächenstillegung. Untersucht wird der Einfluß unterschiedlicher Erzeugerpreise für Raps - und simultan dazu der Flächenprämien -, Getreidepreisszenarien der Jahre 1992/93, 1993/94, 1994/95 und 1995/96 (s. Tabelle 1) sowie eine Senkung der Flächenprämien für Raps.

Im einzelnen stehen folgende Fragen im Mittelpunkt:

- Wird der derzeitige Anbauumfang beibehalten?
- Besteht ein zusätzliches Erzeugungspotential im Rahmen der Ölsaatenmarktregelung?
- Unter welchen Bedingungen wird die Rapserzeugung für non-food-Zwecke auf Stillegungsflächen wettbewerbsfähig und welches Erzeugungspotential ist dabei mobilisierbar?

In der Ausgangssituation[4] belief sich die Rapserzeugung auf 1,695 Mio. t im Alt-Bundesgebiet. Der derzeitige Anbauumfang wird auf Kreisebene eingeschränkt - so die Annahmen -, wenn die Deckungsbeiträge von Raps niedriger liegen als die des wettbewerbsschwächsten Getreides. Dies ist bereits unter Preisbedingungen des Szenarios 1 der Fall, denn die Ist-Erzeugung geht bei Rapspreisen von 350 DM/t auf 1,54 Mio. t zurück (Abbildung 2 und Anhang 1). Bei höheren Preisen für Rapssaat gewinnt Raps an Wettbewerbskraft gegenüber den wettbewerbsstärkeren Getreidearten.

Durch die Verringerung der Getreidepreise von Szenario 1 bis Szenario 4 sowie die Erhöhung der Flächenprämie für Getreide verschlechtert sich die Wettbewerbsfähigkeit von Raps. In stärkerem Umfang werden Rapsflächen zur Stillegung herangezogen. Unter ungünstigsten Bedingungen - Szenario 4 mit Rapspreisen von 400 DM/t - geht die Ist-Erzeugung auf 1,25 Mio. t zurück.

Auf den Standorten, auf denen Raps höhere Deckungsbeiträge erzielt als Getreide, kann seine Erzeugung dem Gewinnmaximierungsprinzip folgend so weit ausgedehnt werden, wie seine Deckungsbeiträge mindestens die der zu verdrängenden Getreidearten erreichen und die Fruchtfolgegrenze von hier angenom-

---

[4] Sektorales Angebot auf Basis der dem Modell für 1992 zugrundegelegten Ist-Anbauflächen und Erträge.

3.4 Pflanzenöle als Treibstoff - Erzeugung, Nutzung, Perspektiven

menen 25 % der Ackerfläche[5] nicht überschritten wird. Aufgrund der Fruchtfolgegrenze gilt es zu entscheiden, ob der Rapsanbau im Rahmen der Marktordnung oder für non-food-Zwecke auf Stillegungsflächen ausgeweitet werden soll. Diesbezüglich wurden zwei Varianten zugrundegelegt:

- *Variante A:* Raps wird auf Stillegungsflächen angebaut, wenn seine Deckungsbeiträge höher sind als die Differenz zwischen dem im Rahmen der Marktordnung angebauten Raps und dem verdrängten Getreide.
- *Variante B:* Raps wird auf Stillegungsflächen angebaut, wenn seine Deckungsbeiträge positiv sind.

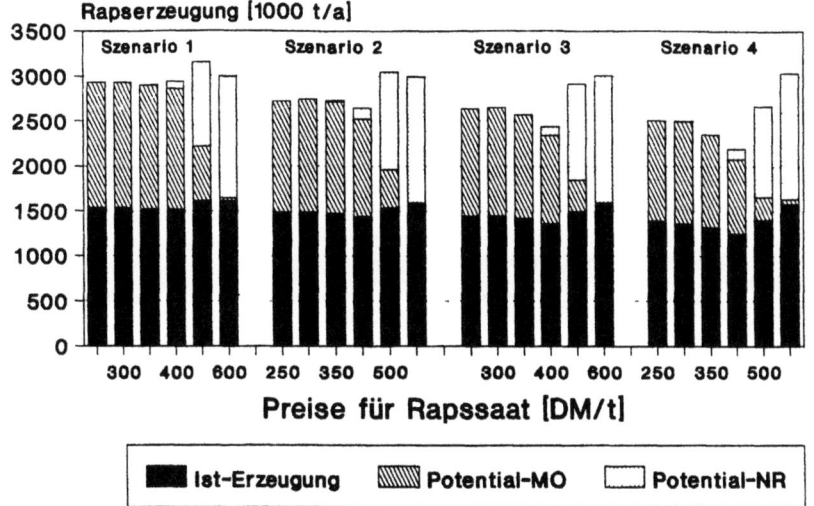

Abb. 2. Rapssaatangebot und mobilisierbares Erzeugungspotential im Rahmen der Ölsaatenmarktordnung (MO) und für non-food-Zwecke (NR) (Variante A)

Betrachtet wird zunächst Variante A. Das im Rahmen der Marktordnung *mobilisierbare Erzeugungspotential* ist beträchtlich (s. Abbildung 2 und Anhang 1); es beläuft sich auf 1,4 Mio. t bei Rapssaatpreisen von 350 DM/t in Szenario 1. Das Erzeugungspotential bleibt in der Preisspanne 250 bis 350 DM/t nahezu unverändert, was auf die kompensatorische Zunahme der Flächenprämien

---

[5] Anbauumfang von Zuckerrüben und Raps maximal 25 % der Ackerfläche.

zurückzuführen ist. Bei höheren Marktpreisen wird die Rapserzeugung auf ertragsstärkeren Standorten begünstigt.

Die Ausweitung der Flächenprämien für Getreide wirkt der Mobilisierung des Erzeugungspotentials entgegen; bei Rapssaatpreisen von 250 bis 350 DM/t beläuft sich das Erzeugungspotential auf 1,25 Mio. t in Szenario 2, 1,2 Mio. t in Szenario 3 und 1,1 Mio. t in Szenario 4. Die Rapserzeugung konzentriert sich dabei fast ausschließlich auf die Betriebe, die einen Teil ihrer Flächen stillegen. Im Rahmen der Kleinerzeugerregelung wird Raps nur im Szenario 3 (in geringem) und in Szenario 4 in stärkerem Umfang produziert (s. Anhang 1), allerdings erst ab Rapspreisen von 500 DM/t (0,16 Mio. t im Rahmen der Ist-Anbauflächen und 0,12 Mio. t für food-Zwecke). Diese relativ ungünstige Wettbewerbsfähigkeit hängt damit zusammen, daß bei dem im Rahmen der Kleinerzeugerregelung angebauten Raps nur Flächenprämien in Höhe derer von Getreide gewährt werden.

Rapserzeugung auf Stillegungsflächen für non-food-Zwecke erfolgt erst, wenn die Preise frei Abnehmer mindestens 350 DM/t betragen (Abbildungen 2, 3 und 4). In Variante A käme unter diesen Bedingungen nur in Szenario 2 ein Angebot von 16.000 t zustande, in Variante B ein Angebot von 62.000 t in Szenario 1 bzw. von 91.000 t in den anderen Szenarien. Bei höheren Preisen gewinnt er stark an

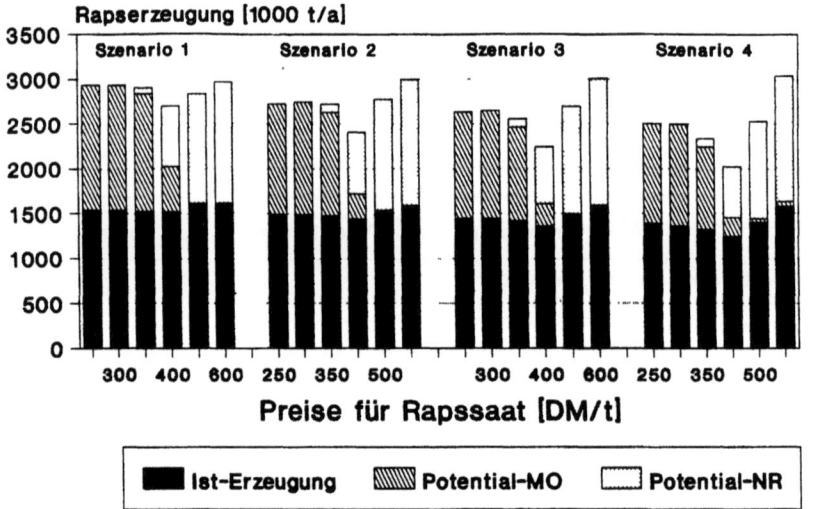

Abb. 3. Rapssaatangebot und mobilisierbares Erzeugungspotential im Rahmen der Ölsaatenmarktordnung (MO) und für non-food-Zwecke (NR) (Variante B)

Wettbewerbskraft. In Variante A wird die non-food-Rapserzeugung bei Preisen von 400 DM/t auf 80.000 bis 130.000 t ausgeweitet, bei Preisen von 500 DM/t

3.4 Pflanzenöle als Treibstoff - Erzeugung, Nutzung, Perspektiven -

auf 0,94 bis 1,09 Mio. t und bei Preisen von 600 DM/t auf 1,35 bis 1,41 Mio. t. Das Erzeugungspotential in Szenario 1 liegt an der Untergrenze der oben genannten Werte, während das Erzeugungspotential in den anderen Szenarien an der Obergrenze liegt. In Variante B ließe sich bei Rapssaatpreisen von 400 und 500 DM/t gegenüber Variante A ein wesentlich höheres Erzeugungspotential für non-food-Zwecke mobilisieren. Aufgrund der Fruchtfolgerestriktion geht dieses aber zulasten der Mobilisierung der Rapserzeugung für food-Zwecke.

Nach diesen Ergebnissen ist ein beträchtliches Erzeugungspotential für non-food-Raps vorhanden, sofern er anderen nachwachsenden Rohstoffen in seiner Wettbewerbsfähigkeit überlegen ist. Da die Stillegungsquote aller Voraussicht nach noch erhöht wird, wäre ein weiter zunehmendes Erzeugungspotential zu erwarten. Dieses ist jedoch nur mobilisierbar, wenn Rapssaatpreise von mehr als 350 DM/t erzielt werden. Preise frei Abnehmer von 250 DM/t - wie sie 1992 kontraktiert wurden - dürften nicht ausreichen, die variablen Kosten der Rapserzeugung zu decken, es sei denn, die Intensität wird drastisch gesenkt. Das damit verbundene hohe Produktionsrisiko dürfte jedoch einem Vertragsanbau entgegenstehen, da die Abnehmer darum bemüht sein dürften, die Kapazitäten ihrer Verarbeitungsanlagen auszulasten. Erst nach der Ernte 1993 dürfte festzustellen sein, ob sich die an die non-food-Rapserzeugung geknüpften Erwartungen erfüllen.

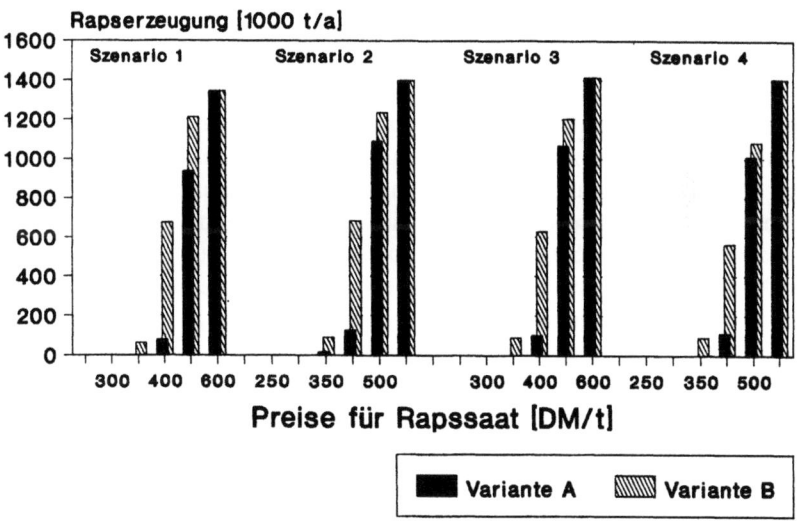

Abb. 4. Angebot an Rapssaat für non-food-Zwecke - Vergleich Variante A und B -

Gegenüber den oben dargestellten Ergebnissen sind aus den im Rahmen der GATT-Verhandlungen getroffenen Vereinbarungen erhebliche Einschnitte für die

Ölsaatenerzeugung zu erwarten. Durch die Begrenzung der Ölsaatenfläche und erforderliche Flächenstillegung entsprechend des allgemeinen Stillegungssatzes sind erstens Einkommensverluste zu erwarten, resultierend aus dem Deckungsbeitrag für Raps und Stillegungsprämie. Zweitens sind die ermittelten Erzeugungspotentiale nicht realisierbar, was mit einem Verzicht an Produzentenrente einhergeht. Schließlich würde auch die non-food-Rapserzeugung begrenzt, so daß selbst unter günstigen Preisbedingungen für Rapssaat wesentlich geringere Mengen zu erwarten sind.

Verringerung der Flächenprämien für Raps: Die Modellrechnungen haben gezeigt, daß der Umfang der Ist-Erzeugung und das im Rahmen der Ölsaatenmarktregelung mobilisierbare Erzeugungspotential in den Szenarien 2 bis 4 bei Preisen von 250 bis 400 DM/t in nahezu gleicher Größenordnung liegt. Dies ist auf den Zusammenhang zwischen Flächenprämie und vom Weltmarkt abgeleiteter Erzeugerpreise zurückzuführen; wenn letztere steigen, werden die Flächenprämien gesenkt. Als weiteres Steuerungsinstrument sieht die Marktregelung deshalb vor, daß die Flächenprämien gesenkt werden, wenn das Angebot bestimmte Höchstmengen überschreitet. Bei den dazu von uns durchgeführten Modellrechnungen wurde davon ausgegangen, daß der "Zielpreis"[6] um einen bestimmten Prozentsatz gesenkt wird, wodurch sich bei einem hier angenommenen Erzeugerpreis für Raps von 350 DM/t die Flächenprämien überproportional verringern. Abbildung 5 stellt die Ergebnisse für Variante A dar.

Die Verringerung der Flächenprämien bewirkt eine deutliche Verschlechterung der Wettbewerbsfähigkeit und eine Angebotseinschränkung. In Szenario 1 geht die Gesamterzeugung beim Zielpreis von 85 % auf das Niveau der Ist-Erzeugung in der Ausgangssituation zurück. Bei Senkung des Zielpreises auf 80 % werden nur noch 0,5 Mio. t erzeugt. Unter Bedingungen des Szenarios 4 sind die Auswirkungen noch drastischer. Hier geht die Gesamterzeugung von 2,5 Mio. t in der Ausgangssituation bei Senkung des Zielpreises auf 90 % auf 1,14 Mio. t bzw. auf 0,23 Mio. t bei 85 % des Zielpreises zurück. Diese Anbaueinschränkung vollzieht sich vornehmlich durch Einschränkung der Rapserzeugung auf ungünstigen Standorten, d.h. daß sich dann der Rapsanbau im Rahmen der Stützungsregelung für Ölsaaten in zunehmendem Maße auf seine klassischen Produktionsstandorte zurückziehen dürfte.

Der non-food-Rapsanbau spielt bei den hier zugrundeliegenden Preisen von 350 DM/t Saat keine Rolle. Bei hohen Preisen wird er flächendeckend im Rahmen der obligatorischen Flächenstillegung ausgeweitet. Eine stärkere Anbaukonzentration ist vor allem in Regionen mit günstigen Betriebsstrukturbedingungen, insbesondere in den neuen Ländern und in Norddeutschland, mit Ausnahme der Regionen mit

---

[6] Vom Weltmarkt abgeleiteter Erzeugerpreis plus der aus dem Durchschnittsertrag in Deutschland auf die Menge bezogenen Flächenprämie.

3.4 Pflanzenöle als Treibstoff - Erzeugung, Nutzung, Perspektiven -

intensiver tierischer Veredlung, zu erwarten. Aufgrund der starken Inanspruchnahme der Kleinerzeugerregelung ist in Süddeutschland eine geringe Anbaukonzentration zu erwarten, aus der höhere Kosten für Erfassung und Transport resultieren.

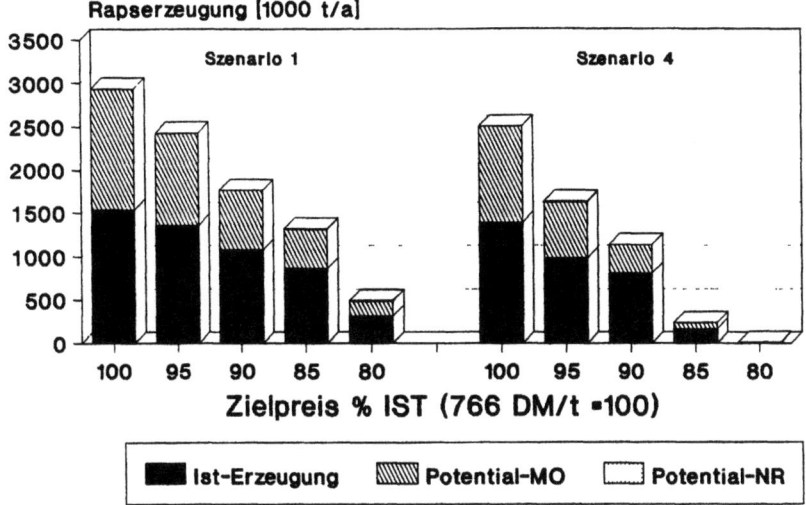

Abb. 5. Rapssaatangebot bei Reduzierung der Stützung über die Flächenprämie - Erzeugerpreis 350 DM/t

Einkommenseffekte: Aus der zusätzlichen Rapserzeugung resultiert ein Einkommenszuwachs, die sogenannte *Produzentenrente*. Sie leitet sich aus dem Deckungsbeitragszuwachs gegenüber den verdrängten Verfahren ab. Unter Bedingungen von Variante A beläuft sich die Produzentenrente für die zusätzliche Rapserzeugung bei Rapssaatpreisen von 250 bis 400 DM/t sektoral auf (Abbildung 6 und Anhang 1):

- ca. 130 Mio. DM in Szenario 1,
- ca. 80 Mio. DM in Szenario 2,
- ca. 70 Mio. DM in Szenario 3 und
- ca. 65 Mio. DM in Szenario 4.

Bei höheren Preisen resultiert die Zunahme der Produzentenrente vor allem aus der Zunahme der non-food-Rapserzeugung auf Stillegungsflächen. Sofern Preise von 500 DM/t und mehr erzielt werden könnten, wären hohe Einkommenseffekte zu erwarten.

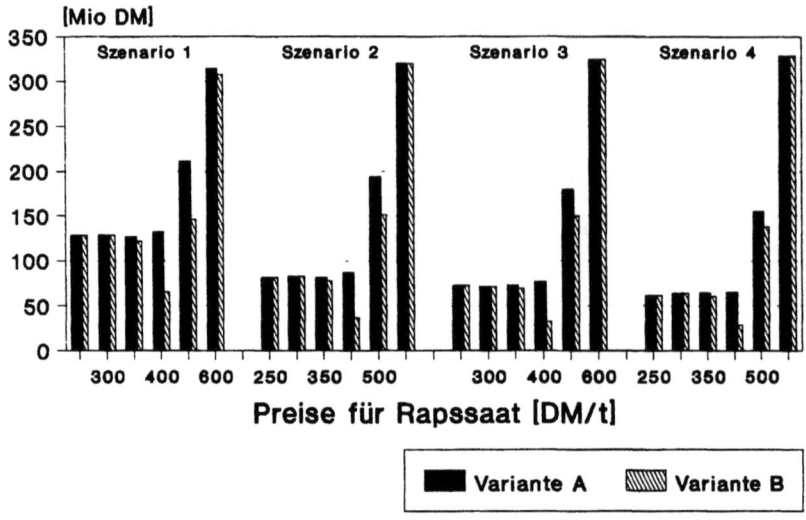

Abb. 6. Produzentenrente durch Ausweitung der Rapserzeugung - Varianten A und B -

Aus einkommenspolitischer Sicht kann die non-food-Rapserzeugung nur einen signifikanten Beitrag leisten, wenn die Absatzmöglichkeiten im non-food-Sektor Preise gewährleisten, die mindestens in Größenordnung der durchschnittlichen Weltmarktpreise für Rapssaat liegen. Auf das Verhältnis zwischen Erzeugungskosten für Rapsöl in Abhängigkeit vom Saatpreis und Erlös im Treibstoffsektor wird in Kapitel 3.4.5 eingegangen.

3.4.3 Rapsölgewinnung und Weiterverarbeitung

Verfahren der Weiterverarbeitung[7] sind zunächst die Rapsölgewinnung aus der Rapssaat, die Ölreinigung und gegebenenfalls die Veresterung von Rapsöl zu Rapsölester.

Klassisches Verfahren für die Rapsölgewinnung ist die Preß-Extraktion in zentral gelegenen Großanlagen. Alternativ dazu wurde im Zusammenhang mit der Treibstoffnutzung die dezentrale Rapsölgewinnung in Kleinanlagen vorgeschlagen,

---

[7] Auf die Kosten für Transport und des Erfassungshandels wird hier nicht explizit eingegangen, da diese Kosten bereits in die vorangestellten Deckungsbeitragsrechnungen eingegangen sind.

die nach dem sogenannten Kaltpreßverfahren arbeiten. In Forschungs- und Entwicklungsprojekten werden gänzlich neue Verfahrenswege beschritten, und zwar die Ölextraktion mit überkritischem CO_2 sowie enzymatische Verfahren. Im folgenden beschränken wir uns auf die Beschreibung der zentralen und dezentralen Rapsölgewinnung.

Zentrale Ölgewinnung: Die großen Ölmühlen wenden zur Verarbeitung von Rapssaat fast ausschließlich ein kombiniertes Preß-Extraktionsverfahren an, dessen Verfahrensschema in Abbildung 7 dargestellt ist (Barthel et al. 1986, S. 63 ff.). Zunächst wird die Rapssaat gereinigt und durch verschiedene Walzwerke zerkleinert. Die anschließende Erwärmung auf Temperaturen von über 80 °C setzt die Viskosität des Öls herab, läßt es leichter aus den Pflanzenzellen austreten und führt zur Eiweißkoagulation, welches sonst durch Schmieren- und Schaumbildung den Preßvorgang erschweren könnte. Unerwünschte Enzyme und Mikroorganismen werden durch die Hitzeeinwirkung inaktiviert. Die Pressung wird mit kontinuierlich arbeitenden Schneckenpressen durchgeführt, die etwa 70 % des vorhandenen Öls abpressen. Das Öl wird von Saatteilchen gereinigt, getrocknet, gekühlt und gelagert. Der Rapskuchen mit noch ca. 18 % Öl wird zerkleinert, bevor das restliche Öl mit dem Lösungsmittel n-Hexan extrahiert wird. Durch Verdampfen wird n-Hexan vom Extraktionsschrot abgetrennt.

Das kombinierte Preß-Extraktionsverfahren führt zu Ölausbeuten von über 98,5 %. Diese hohe Ölausbeute ist für die Wirtschaftlichkeit des Verfahrens von entscheidender Bedeutung, da Rapsöl in der Regel einen höheren Preis hat als Rapsschrot. Je nach Verwendungszweck muß das Öl anschließend noch entschleimt, entsäuert, gebleicht und desodoriert werden (Raffination).

Die Kosten der industriellen Rapsölgewinnung sind nur näherungsweise zu ermitteln, da die Ölmühlenbetreiber entsprechende Daten als vertraulich ansehen (Barthel et al. 1986, S. 63). Eine obere Grenze der Kosten läßt sich durch den Schlaglohn, definiert als Saldo aus Kosten für Rapssaat und Erlösen für Rapsöl und Rapsschrot angeben. Nach Götzke (1989, S. 19) beträgt er unter Weltmarktbedingungen 24,40 DM/t Rapssaat, in der EG 54,80 DM/t. In den weiteren Berechnungen nehmen wir den höheren Wert an und unterstellen hierbei, daß dadurch die Kosten der Ölreinigung wie Entschleimung und Entsäuerung abgedeckt werden. Bezogen auf die oben genannten Ölausbeuten resultieren Kosten der Ölgewinnung von 0,14 DM/kg Öl.

Dezentrale Rapsölgewinnung: Die dezentrale Rapssaatverarbeitung in einzel- bzw. überbetrieblich genutzten Anlagen ist durch die Diskussion um die Nutzung von Rapsöl als Dieselersatz in Erwägung zu ziehen. Kosten für mittlere Verarbeitungskapazitäten lassen sich auf Basis der in Österreich projektierten Anlagen abschätzen. Bei den dort zugrundegelegten Verarbeitungskapazitäten von 9.000 t bzw. 36.000 t Rapssaat pro Jahr kommen ausschließlich Hochleistungs-Schneckenpressen zur Anwendung, bei denen Ölausbeuten von 90 % erreicht werden. Die Preßkosten belaufen sich auf 0,324 DM/kg Öl in der kleinen bzw.

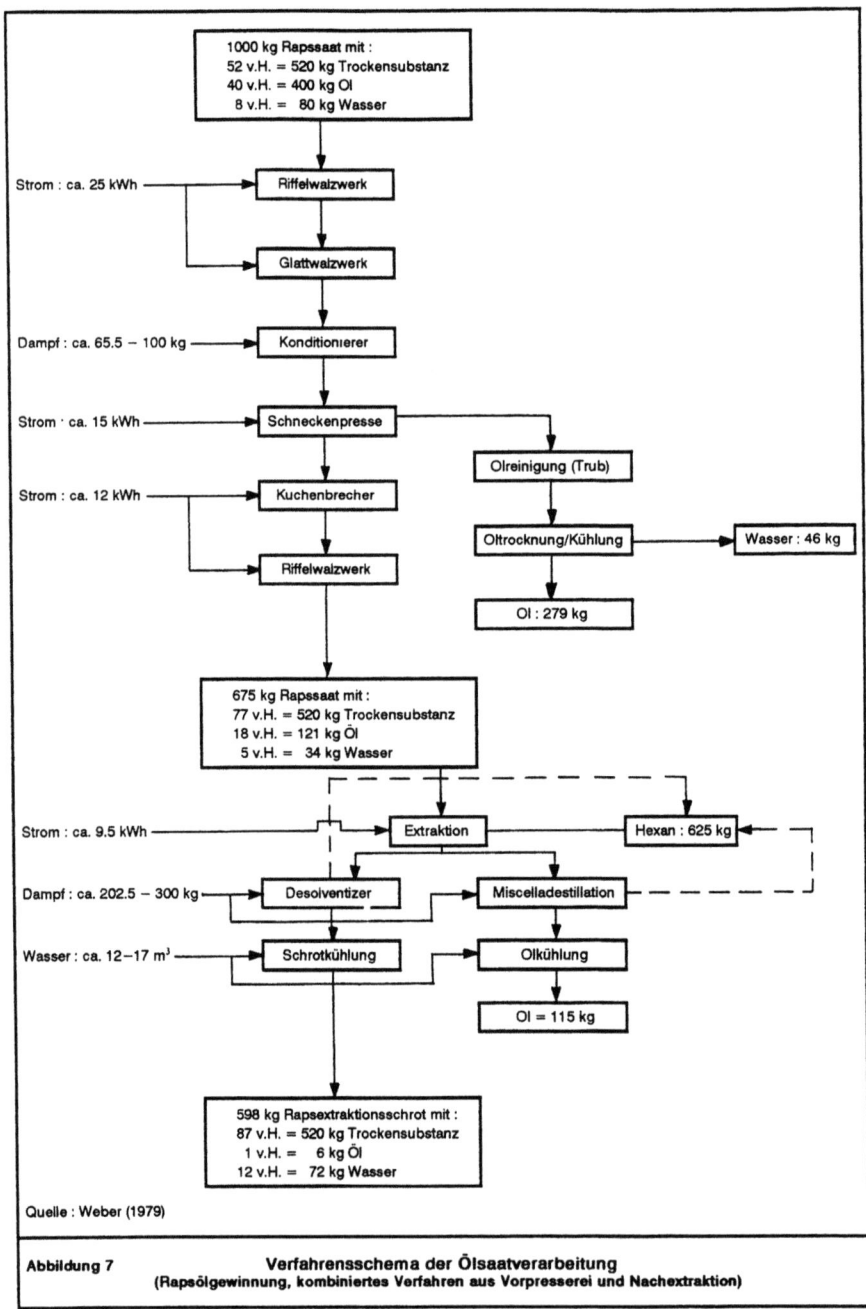

Abb. 7. Verfahrensschema der Ölsaatenverarbeitung (Rapsölgewinnung, kombiniertes Verfahren aus Vorpresserei und Nachextraktion)

0,164 DM/kg Öl in der großen Anlage (Kleinhanß et al. 1990, S. 49). Durch Ausschöpfung von Skaleneffekten in dezentralen Anlagen wäre es also möglich, die Verfahrenskosten auf das Niveau zentraler Großanlagen abzusenken. In der Praxis dürfte dies nur realisierbar sein, wenn die Anlagen - wie in Österreich - im Umfeld von Getreidehandelsunternehmen angesiedelt werden und vorhandene Infrastruktur (Saaterfassung, Analyselabors) genutzt werden kann.

Nach dem sogenannten *on-farm-Konzept* wird die Rapsölgewinnung für den betrieblichen Bedarf angestrebt. Bei den auf dem Markt angebotenen Kleinpressen wird zugunsten einer preiswerten Technik auf mehrere Verarbeitungsschritte verzichtet. Bei einem Teil der Anlagen wird keine Saatgutreinigung und Konditionierung vorgenommen. Durch Kaltpressen der Rapssaat mit ca. 60 °C wird die Lösung der Schleimstoffe im Öl vermieden, was einen späteren Aufarbeitungsschritt erspart. Nach der Pressung wird das Öl gefiltert oder durch einfaches Absetzen, welches bis zu drei Wochen dauern kann, geklärt.

Die Ölausbeute dieser Pressen ist erheblich geringer und liegt, je nach Durchsatz, zwischen 70 und 85 %. Nach den von uns durchgeführten Kostenrechnungen liegen die Kosten der Ölgewinnung in einzelbetrieblich genutzten Pressen selbst bei günstiger Auslastung bei mindestens 0,65 DM/kg Öl. Sie betragen damit ein Mehrfaches industrieller Großanlagen. Eine weitere Ausschöpfung von Skaleneffekten ist nur durch überbetriebliche Nutzung möglich.

Neben den wesentlich höheren Kosten spricht folgendes gegen die on-farm-Ölgewinnung:

- Die Ölreinigung dürfte nicht in jedem Fall den Ansprüchen an eine Treibstoffnutzung genügen, wodurch Verstopfungen der Kraftstoffilter zu erwarten sind. Ferner kann nicht ausgeschlossen werden, daß bei verstopfungsbedingtem Warmlaufen der Pressen in höherem Maße Phosphatide in das Öl austreten, die zu schädlichen Rückstandsbildungen im Motor (u.a. Kolbenfresser) führen.
- Rohe Öle lassen sich ohnehin nur in Vorkammer- bzw. speziell angepaßten Direkteinspritzer-Motoren (z.B. Elsbett-Motor) einsetzen; letzterer ist jedoch technisch noch nicht ausgereift.
- Darüber hinaus ist es kaum möglich, den einzelbetrieblichen Rapsölbedarf für Treibstoffzwecke mit dem Bedarf an Rapsschrot als Futtermittel abzustimmen, so daß entweder eine inferiore Verwendung von Rapsschrot als Düngemittel bzw. ein überregionaler Absatz erforderlich ist (Kleinhanß 1989).

Um Skaleneffekte weitgehend auszuschöpfen, sollte die Weiterverarbeitung zu Rapsölester in Großanlagen vorgenommen werden. Deshalb wäre es kaum sinnvoll, die im Vergleich zu kleinen Mengen Rapsöl transportwürdigere Rapssaat dezentral zu verarbeiten. Alles in allem kommen wir zu dem Schluß, daß nach dem on-farm-Konzept keine Verbesserung der Effizienz und Senkung der Kosten der Ölgewinnung zu erwarten ist.

Rapsölmethylesterherstellung: Im Gegensatz zu rohem Rapsöl läßt sich nur Rapsölmethylester (RME) ohne größere technische Schwierigkeiten in gängigen Dieselmotoren mit Direkteinspritzung einsetzen. Die Umesterung von Rapsöl erfolgt durch Zugabe von Alkohol, üblicherweise Methanol, und unter Einwirkung eines Katalysators. Als Produkte entstehen RME und Glycerin. Großindustriell wird die Umesterung bei einer Temperatur von 240 °C und einem Betriebsdruck von 90 Bar durchgeführt. Das anfallende Glycerin wird nach der Umesterung abgetrennt und der RME mittels Destillation gereinigt. Bei diesen von der oleochemischen Industrie angewendeten Verfahren entstehen Umesterungskosten von etwa 0,45 DM/l RME (Leodolter 1988).

Die in Österreich im Hinblick auf die Treibstoffnutzung entwickelten Verfahren arbeiten im Normaldruck und bei Raumtemperatur. Für die in Aschach projektierte Anlage für 3.345 t RME/Jahr wurden Fest- und Betriebskosten von 0,418 DM/kg RME und abzüglich des Glycerinerlöses Umesterungskosten von 0,225 DM/kg RME erwartet. In gleicher Größenordnung liegen die von Götzke (1989) ermittelten Verfahrenskosten (0,234 DM/kg RME). Eine weitere Kostensenkung ließe sich durch Ausschöpfung von Skaleneffekten mit größeren Anlagen realisieren. Dieser Tendenz steht allerdings entgegen, daß bei einer starken Ausweitung der RME-Herstellung Glycerin inferioren Verwendungen, z.B. als Futtermittel oder Brennstoff, zugeführt werden müßte, in denen die Verwertungserlöse nur maximal die Hälfte der gegenwärtigen Marktpreise erreichen. Angesichts des derzeitigen Beiprodukterlöses von 0,20 DM/kg RME ist dies ein entscheidender Kostenfaktor, der durch Skaleneffekte kaum aufgewogen werden kann.

3.4.4 Rapsölnutzung als Treibstoff

Bei der Rapsölverwendung im Treibstoffsektor bestehen grundsätzlich folgende Alternativen - die Anpassung der Motoren an die qualitativen Eigenschaften von Rapsöl und die qualitative Anpassung von Rapsöl an die gängigsten Motortypen. Die Vor- und Nachteile sind in Tabelle 3 gegenübergestellt.

Für die Verwendung *reinen Rapsöls* sind mit Vor- und Wirbelkammern ausgerüstete Motoren (indirekte Einspritzung) geeignet; herkömmliche Schleppermotoren lassen sich für einige Typen mit vertretbarem Kostenaufwand umrüsten. Diese Motoren haben ein günstigeres Emissionsverhalten, weisen aber einen bis zu 15 % höheren volumetrischen Kraftstoffverbrauch auf. Eine Neuentwicklung stellt der sogenannte Duotherm(Elsbett)-Motor dar, dessen Verbrennungsprinzip den Einsatz von rohem Rapsöl ermöglicht. Nach Herstellerabgaben sind bei diesem Direkteinspritzer keine höheren Verbrauchswerte zu erwarten. Da dieser Motor die Serienreife noch nicht erreicht hat, ist eine größere Störanfälligkeit zu erwarten. Eine Umrüstung ist mit Kosten von ca. 2.000 DM/Zylinder verbunden, weshalb sie nur in Verbindung mit einer Generalüberholung des Motors wirtschaftlich vertretbar ist. Eine breite Markteinführung ist deshalb kurzfristig nicht zu erwarten.

3.4 Pflanzenöle als Treibstoff - Erzeugung, Nutzung, Perspektiven -

Tabelle 3. Konzepte zur Rapsölverwendung als Treibstoff

Merkmal	Rapsöl-Methylester	Rapsöl/Diesel Gemisch- oder Parallelbetrieb	Rapsöl-motor
Verbrennungsprinzip im Motor	Direkteinspritzung	Vor- oder Wirbelkammer	Duotherm
Aufbereitung des Rapsöls	Entschleimung Destillation Umesterung	Entschleimung Destillation	rohes Rapsöl
– im Vergleich zu Dieselmotoren (Direkteinspritzern) –			
– Volumetrischer Kraftstoffverbrauch	5 – 8 % höher	10 – 15 % höher	a
– Emissionen • Ruß	auf die Hälfte reduziert	höher	a
• Stickoxide	geringfügig höher	geringer	a
– Technische Probleme • Winterbetrieb	vernachlässigbar	Starten mit Diesel	Starten mit Diesel
• Verkokung	keine	im Langzeitbetrieb	a
• Schmieröl	leichte Verdünnung	Verdünnung/ Verharzung	erhöhter Verbrauch
– Mehrkosten	Umesterung	Motorumrüstung, erhöhter Wartungsaufwand	a

[a] Mangels Versuchsergebnissen können hierüber keine Angaben gemacht werden.
Quelle: Anlehnung an Vellguth, 1988

Eine breite Markteinführung von Rapsöl im Treibstoffsektor wäre am ehesten möglich, wenn Rapsöl zu Rapsölester weiterverarbeitet wird. Rapsölmethylester (RME) weist mit Dieselkraftstoff vergleichbare Eigenschaften auf und ermöglicht einen problemlosen Einsatz im Langzeitbetrieb. Gewisse technische Voraussetzungen, wie RME-geeignete Dichtungen und Kraftstoffleitungen, werden von den gängigsten Schleppertypen erfüllt. Wegen der Schmierölverdünnung sind kürzere Ölwechselintervalle erforderlich sowie Kaltstartprobleme bei extrem tiefen Temperaturen im Winter zu erwarten. Diese lassen sich jedoch durch einen geringen Benzinzusatz überwinden. Weiterhin ist ein um 5 bis 8 % höherer volumetrischer Verbrauch zu erwarten. RME kann in reiner Form eingesetzt werden. In einigen Ländern wie Frankreich und Italien wird jedoch ein RME-Dieselgemisch (50 : 50) als sogenanntes Diesel-Bi propagiert. Damit gehen allerdings auch die bei RME vorhandenen Vorteile beim Emissionsverhalten teilweise verloren.

Eine weitere Variante stellt die *Einbringung von Rapsöl* in den *Raffinationsprozeß* der Dieselkraftstoffherstellung dar. Dabei wird Rapsöl thermisch in niedrigere Kohlenwasserstoffe aufgespalten. Nach bisherigen Erfahrungen geht man davon aus, daß Rapsöl in Zumischungsanteilen von bis zu 25 % eingesetzt werden kann. Die Verarbeitungskosten werden auf 0,25 bis 0,30 DM/kg Rapsöl geschätzt. Vorteile sind insbesondere bei der Distribution zu erwarten, weil hier im Gegensatz zu RME oder Rapsöl kein eigenes Tankstellennetz aufgebaut werden muß. Von Nachteil ist, daß die mit der Rapsölverwendung erwartete Verringerung von Emissionen verloren geht. Aus ökonomischer Sicht spricht dagegen, daß sich der Substitutionswert für Rapsöl aus dem gegenüber Dieselkraftstoff niedrigeren Rohölpreis ableitet. Detaillierte Ergebnisse zu diesem Verfahren sind erst nach Abschluß des BMFT-finanzierten Forschungs- und Entwicklungsprojektes zu erwarten.

Verbrauchsunterschiede sowie Veränderungen der Fix- und Unterhaltungskosten von auf die Rapsöl- bzw. RME-Verwendung ausgerichteten Fahrzeugen sind von Bedeutung. Diese Kosten wurden am Beispiel von Schleppern der Leistungsklasse 60 bis 75 kW unter Annahme verschiedener Umrüstungskosten für Vorkammer- bzw. Duotherm-Motoren analysiert (Kleinhanß et al. 1990, S. 60) (s. Tabelle 4). Nach diesen Ergebnissen wäre nur ein mit Duotherm-Motor in Serienfertigung ausgerüsteter Schlepper kostenneutral mit Rapsöl zu betreiben, da nach Herstellerangaben in diesem Fall keine höheren Investitionen zu erwarten sind (Schlepper 5). Beim RME-Betrieb liegen die Substitutionswerte aufgrund des Mehrverbrauchs um 6 Pfennig/l unter dem Preis von Dieselkraftstoff (Schlepper 2). Für in Vorkammermotoren eingesetztes Rapsöl liegen die Substitutionswerte um 0,16 bis 0,23 DM/l unter denen von Dieselkraftstoff und bei Nutzung im Duotherm-Motor je nach Umrüstungskosten um 0,01 bis 0,51 DM/l niedriger. Eine volle Vergleichbarkeit der Ergebnisse ist erst herzustellen, wenn beim RME die Konversionskosten für die Umesterung einbezogen werden. Einschließlich der genannten Umesterungskosten sind deshalb keine eindeutigen Vorteile für eines der Verfahren vorhanden, wenn man die Rapsölverwendung in den noch nicht serienreifen Duotherm-Motoren ausklammert.

3.4.5 Ökonomische Gesamtbewertung

Bei der ökonomischen Beurteilung stehen folgende Fragen im Mittelpunkt:

- Ist die Rapsölerzeugung für Treibstoffzwecke bei gegebenen ökonomischen Rahmenbedingungen wettbewerbsfähig, bzw. unter welchen Rahmenbedingungen könnte eine Wirtschaftlichkeit erreicht werden?
- Welche gesamtwirtschaftlichen Kosten/Nutzen sind bei einer Markteinführung zu erwarten und wie stehen diese im Verhältnis zu den in Erwägung gezogenen fiskalpolitischen Maßnahmen, wie z.B. die Steuerbefreiung?

3.4 Pflanzenöle als Treibstoff - Erzeugung, Nutzung, Perspektiven -

Tabelle 4. Vergleich der Schlepperkosten bei unterschiedlichen Treibstoffen

Kostenposition		Schlepper 1 Diesel	Schlepper 2 RME	Vorkammermotor		Elsbettmotor		
				Schlepper 3 Rapsöl	Schlepper 4 Rapsöl	Schlepper 5 Rapsöl	Schlepper 6 Rapsöl	Schlepper 7 Rapsöl
Leistungsklasse 60-74 kW Investition	DM	75000	75000	78500	83000	75000	82500	10000
Abschreibung [a]	DM	6250	6250	6542	6917	6250	6875	8333
Versicherung	DM	481	481	481	481	481	481	481
Zinsanspruch [b]	DM	3000	3000	3140	3320	3000	3300	4000
Festkosten	DM	9731	9731	10163	10718	9731	10656	12814
Verbrauch	l/h	8.10	8.51	9.36	9.36	7.65	7.65	7.65
Verbrauch p.a. [c]	DM	6480	6804	7484	7484	6124	6124	6124
Betriebskosten [d]	DM	7736	7968	7968	7968	7968	7968	7968
Kosten p.a. ohne Treibstoff	DM	17467	17699	18131	18686	17699	18624	20782
Kosten p.a. mit Treibstoff [e]	DM	20707	21101	21873	22428	20761	21686	23844
Treibstoffpreis für Kostengleichheit (Substitutionswert)	DM/l	0.50	0.44	0.34	0.27	0.49	0.34	-0.01

Rahmendaten: vol. RME-Verbrauch +5%, vol Rapsölverbrauch Vorkammermotor +16%, vol. Rapsölverbrauch Elsbettmotor -5.5%

Schlepper 1: Schlepper im Dieselbetrieb
Schlepper 2: Schlepper im RME-Betrieb, keine Umbaukosten
Schlepper 3: Vorkammermotor im Rapsölbetrieb, Umbaukosten 3 500 DM
Schlepper 4: Vorkammermotor im Rapsölbetrieb, Umbaukosten 8 000 DM
Schlepper 5: Elsbettmotor im Rapsölbetrieb, keine Umbaukosten
Schlepper 6: Elsbettmotor im Rapsölbetrieb, Umbaukosten 7 500 DM
Schlepper 7: Elsbettmotor im Rapsölbetrieb, Umbaukosten 25 000 DM

[a] 12 Jahre, [b] 8 % vom halben Anschaffungspreis, [c] Betriebsstunden pro Jahr: 800,
[d] veränderliche Kosten ohne Treibstoff 9.67 DM/h, bei Rapsöl- und RME-Betrieb +3%,
[e] Treibstoffpreis 0.5 DM/l.

Quelle: KTBL-Taschenbuch Landwirtschaft 1988, eigene Berechnungen

Im folgenden sollen zunächst Kostenrechnungen auf Basis der den Angebotsschätzungen zugrundeliegenden Preise durchgeführt werden.

Bei den in Tabelle 5 ausgewiesenen Berechnungen gehen wir von Preisen für Rapssaat von 250 bis 600 DM/t frei Abnehmer aus, die unterschiedliche Weltmarktpreisbedingungen repräsentieren sollen. Die Kosten der Ölgewinnung in zentralen Großanlagen werden mit 55 DM/t Rapssaat angenommen. Unabhängig vom Rapssaatpreis wird ein Rapsschrotpreis von 233 DM/t unterstellt, welcher sich aus dem Sojaschrotpreis ableitet (Rapsschrotpreis 70 % des Sojaschrotpreises). Unter Berücksichtigung der bei Preßextraktion resultierenden Ausbeuten von 0,394 t Öl und 0,598 t Schrot je t Saat belaufen sich die Kosten der Rapsölerzeugung auf 674 DM/t Rapsöl beim Preis der Rapssaat von 350 DM/t. Diese Zahlen repräsentieren in etwa die derzeitigen Preisbedingungen, die ja bei Rapssaat, Öl und Schrot durch die Weltmarktpreise bestimmt werden. Bei Saatpreisen von 250 DM/t könnte Rapsöl zu Kosten von 420 DM/t, bei Preisen von 600 DM/t zu 1.309 DM/t bereitgestellt werden. Für die Veresterung entstehen zusätzliche Kosten von 234 DM/t RME, wodurch sich die Bereitstellungskosten für Rapsölmethylester beim Preisniveau für Rapssaat von 350 DM/t auf 908 DM/t erhöhen.

Tabelle 5. Herstellkosten[a] und Substitutionswert für RME

Preis Rapssaat DM/t	Herstellkosten Rapsöl[b] DM/t	RME DM/t	Preis Diesel[c] DM/t	Substitutionswert RME DM/t[d]	Kostenunterdeckung RME DM/t
250	420	654	507	461.7	-192
300	547	781	507	461.7	-319
350	674	908	507	461.7	-446
400	801	1035	507	461.7	-573
500	1055	1289	507	461.7	-827
600	1309	1543	507	461.7	-1081

[a] Alle Preise ohne MwSt.
[b] Konversionskosten 55 DM/t Saat; Ausbeute 0.394 t Öl und 0.598 t Rapsschrot/ t Rapssaat; Preis für Rapsschrot 233 DM/t.
[c] Ohne Mineralölsteuer und MwSt.
[d] Substitutionswert 91.07 % des Dieselkraftstoffpreises.

Entscheidend ist nun, ob diese Bereitstellungskosten über oder unter dem Substitutionswert von RME im Treibstoffbereich liegen. Vergleichsbasis ist der abgabenfreie Tankstellenabgabepreis für Dieselkraftstoff, der nach den in Kleinhanß et al. (1990) für 1992 zugrundegelegten Szenariobedingungen bei 507 DM/t Dieselkraftstoff liegt. Unter Berücksichtigung des Mehrverbrauchs und der geringen Umrüstungskosten resultiert ein Substitutionswert von 462 DM/t RME. Dieser liegt niedriger als die bei Weltmarktpreisen für Rapssaat von 250 DM/t resultierenden Bereitstellungskosten für RME. Es verbleibt eine Kostenunterdeckung von 192 DM/t RME, bei Saatpreisen von 600 DM/t von 1.080 DM/t RME. In bezug auf die oben dargestellten Modellrechnungen folgt:

1. Der Anbau von Raps für non-food-Zwecke im Rahmen der Flächenstillegung wird erst bei Saatpreisen von 350 bis 400 DM/t wettbewerbsfähig. Die daraus

resultierenden Bereitstellungskosten liegen um 446 bis 573 DM/t RME über den Substitutionswerten, d. h. die Rapsölerzeugung für Treibstoffverwendungen wäre nicht wettbewerbsfähig. Zusätzliche Subventionen sind deshalb erforderlich.

2. Bei Preisen von 250 DM/t Saat wird Raps zwar im Rahmen der Marktordnung angebaut, sofern - wie in der Marktregelung vorgesehen - die Flächenprämien entsprechend erhöht werden. Gegenüber dem Absatz von Rapsöl zu Weltmarktpreisbedingungen wäre bei seiner Verwendung im Treibstoffsektor via RME eine zusätzliche Stützung von 192 DM/t RME erforderlich. Eine Treibstoffnutzung von Rapsöl wäre deshalb gesamtwirtschaftlich nicht sinnvoll, es sei denn, versorgungs- und umweltpolitische Vorteile könnten eine zusätzliche Stützung in oben genannter Größenordnung begründen.

3. Eine Wettbewerbsfähigkeit wäre eher zu erwarten, wenn die Verwendung rohen Rapsöls in seriengefertigten Motoren ohne zusätzliche Kosten und ohne Mehrverbrauch möglich wäre. Theoretisch ist dies bei dem Duotherm-Motorkonzept denkbar, weshalb an diesen Motor große Hoffnungen geknüpft wurden. Von den praktischen Erfahrungen her zu urteilen ist jedoch festzustellen, daß eine kurzfristige Markteinführung nicht zu erwarten ist.

Gesamtwirtschaftliche Aspekte der non-food-Rapsölerzeugung für Treibstoffzwecke im Rahmen der Flächenstillegung: Aus den oben dargestellten Ergebnissen folgt, daß die Rapssaatverwender - ohne zusätzliche Subventionen - nur einen Preis bezahlen könnten, der sich aus dem Substitutionswert für rohes Rapsöl bzw. RME ableitet. Bei dem oben genannten Substitutionswert von 461,7 DM/t RME wäre der Verwender in der Lage, einen Saatpreis von 174 DM/t Rapssaat frei Anlieferung zu bezahlen. Dieser liegt niedriger als die derzeit im Rahmen von Anbauverträgen kontraktierten Preise von etwa 250 DM/t. Letztere kann der Verarbeiter nur bezahlen, wenn die Verarbeitungskosten niedriger wären - was unseres Erachtens wenig wahrscheinlich ist - oder höhere Verkaufspreise für die Endprodukte realisierbar sind.

Andererseits haben die Modellrechnungen gezeigt, daß eine non-food-Rapserzeugung auf Stillegungsflächen bei Saatpreisen von 250 und 300 DM/t nicht wirtschaftlich ist. Erst wenn zusätzliche Subventionen bereitgestellt werden - z.B. über eine partielle Steuerbefreiung -, wären die Rapssaatverarbeiter in der Lage, für Rapssaat einen Preis zu bezahlen, der über den Grenzkosten der Erzeugung auf den günstigsten Standorten liegt.

In der Bundesrepublik Deutschland beträgt die Mineralölsteuer für Dieselkraftstoff derzeit 0,54 DM/l. Nach der nationalen Regelung kann im Rahmen von Pilotprojekten verwendetes Rapsöl von der Mineralölsteuer befreit werden (KOM (92) 36 endg.). Der EG-Vorschlag sieht vor, die Mineralölsteuer für Biokraftstoffe auf maximal 10 % des üblichen Satzes zu ermäßigen. Unseres Erachtens wäre eine völlige Steuerbefreiung nicht zu rechtfertigen, da auch bei RME ein Mehrverbrauch zu erwarten ist. Wenn man von einem volumetrischen Mehrverbrauch von 5 bis 8 % ausgeht, dürfte die Steuer um maximal 0,514 DM/l RME ermäßigt werden; massebezogen sind dies 0,584 DM/kg RME. Unter Berücksichtigung der in Tabelle 5 ausgewiesenen Wettbewerbsdefizite wäre es den Herstellern von RME möglich, Rapspreise von etwa 400 DM/t auszuzahlen, wenn eine Steuerbefreiung in der o.g. Größenordnung gewährt würde.

Tabelle 6. Gesamtwirtschaftliche Effekte der non-food-Rapserzeugung und Verwendung als RME, Preis für Rapssaat 400 DM/t

Szenario	Angebot Rapssaat 1000 t	Rapsöl 1000 t	Kosten RME [a] Mio. DM	Erlös [b] Mio. DM	Erford. Stützung Mio. DM	Mineralöl- steuerbef. [c] Mio. DM	Produz. Rente Mio. DM	Ges.wirtsch. Verlust [d] Mio. DM
Variante A								
1	79.0	31.1	32.2	14.3	−17.9	(18.2)	2.0	−15.9
2	127.0	50.0	51.8	23.1	−28.7	(29.2)	5.2	−23.5
3	101.0	39.8	41.2	18.3	−22.9	(23.2)	4.3	−18.6
4	113.0	44.5	46.1	20.5	−25.6	(26.0)	4.6	−21.0
Variante B								
1	676.0	266.3	275.5	122.7	−152.9	(155.5)	17.3	−135.6
2	683.0	269.1	278.5	124.1	−154.4	(157.1)	19.0	−135.4
3	630.0	248.0	256.7	114.3	−142.4	(144.8)	18.0	−124.4
4	564.0	222.0	229.8	102.3	−127.5	(129.6)	17.2	−110.3

[a] 1035 DM/t.
[b] Basierend auf einem Substitutionswert von 461.7 DM/t RME.
[c] 584 DM/t RME.
[d] Erforderliche Stützung einer Produzentenrente.

Ausgehend von Rapssaatpreisen von 400 DM/t stellt sich die Situation für die non-food-Rapsölerzeugung unter Bedingungen der 4 Szenarien wie folgt dar (Tabelle 6). In Variante A beläuft sich das Erzeugungspotential für Rapsöl im Rahmen der Flächenstillegung auf 31.100 t in Szenario 1 bzw. auf 44.500 t in Szenario 4. Den Bereitstellungskosten für RME von 46 Mio. DM in Szenario 4 steht ein Erlös von 20,5 Mio. DM gegenüber. Die erforderliche Stützung von 25,6 Mio. DM könnte durch eine Mineralölsteuerbefreiung aufgewogen werden. Diesem Verzicht auf Steuereinnahmen steht ein Einkommenszuwachs auf Ebene der Erzeuger (Produzentenrente) gegenüber. Zusammengenommen resultiert ein gesamtwirtschaftlicher Verlust von 15,9 Mio. DM in Szenario 1 bzw. von 21 Mio. DM in Szenario 4. Unter den Bedingungen von Variante B mit einem größeren Rapsölangebot liegt die erforderliche Stützung ebenfalls in Größenordnung einer potentiellen Subvention in Form der Mineralölsteuerbefreiung. Der gesamtwirtschaftliche Verlust beläuft sich auf 135 Mio. DM in Szenario 1 und 110 Mio. DM in Szenario 4.

Bei höheren Preisen für Rapssaat sind - bezogen auf eine Einheit RME - höhere gesamtwirtschaftliche Verluste zu erwarten. So belaufen sich die Kosten für die in Szenario 1, Variante A, produzierten 369.178 t RME auf 475,87 Mio. DM. Der aus dem Substitutionswert abgeleitete Erlös beläuft sich auf 170,45 Mio. DM.

3.4 Pflanzenöle als Treibstoff - Erzeugung, Nutzung, Perspektiven -

Der Stützungsbedarf von 305,42 Mio. DM ist höher als eine aus der Mineralölsteuerbefreiung abgeleitete Subvention in Höhe von 215,59 Mio. DM. Unter Berücksichtigung der Produzentenrente von 115,72 Mio. DM verbleibt ein gesamtwirtschaftlicher Verlust von 189,7 Mio. DM. Mit 514 DM/t RME ist er geringfügig höher als bei Rapssaatpreisen von 400 DM/t, bei denen er sich auf 511 DM/t RME beläuft.

Es sei erwähnt, daß in diesen Berechnungen positive Umwelteffekte monetär nicht bewertet werden. Desgleichen wird davon ausgegangen, daß das zusätzliche Rapsschrotangebot zu keiner Verdrängung von Inlandsgetreide im Futtermittelsektor führt und deshalb Veränderungen bei den Exporterstattungen für Getreide vernachlässigt werden können.

Anders verhält es sich bei dem im *Rahmen der Ölsaatenmarktordnung mobilisierbaren Erzeugungspotential*, bei dem durch die Ausweitung der Rapserzeugung in der Regel Getreide verdrängt wird, wodurch die zusätzliche Stützung für Raps mit der Stützung für Getreide (Flächenprämie plus Exporterstattung) gegeneinander aufzuwägen sind. Eine derartige gesamtwirtschaftliche Rechnung wurde von Kleinhanß et al. (1990) durchgeführt und 1990 abgeschlossen. Die dort angenommenen Rahmenbedingungen sind durch die Reform der EG-Agrarmarktpolitik teilweise überholt. Dennoch seien die Ergebnisse kurz erwähnt, da sie in ihrer Tendenz auch heute noch Gültigkeit haben.

Bei einer sukzessiven Ausweitung der Rapsöltreibstoffverwendung in der Landwirtschaft der Bundesrepublik Deutschland von 2 % des Dieselkraftstoffsubstitutes in 1990 bzw. 50 % im Jahr 2000 und einer insgesamt zu substituierenden Dieselkraftstoffmenge von 3,3 Mio. t resultiert ein negativer Nettowohlfahrtseffekt von

- 3,416 Mrd. DM beim RME-Konzept,
- 3,848 Mrd. DM beim Vorkammermotorkonzept,
- 2,96 Mrd. DM beim Elsbett-Motorkonzept auf Basis seriengefertigter Motoren.

Unter den für 1992 zugrundeliegenden Szenariobedingungen errechnen sich Subventionen für die Verwendung von 0,79 DM/kg RME und ein negativer Nettowohlfahrtseffekt von 0,66 DM/kg RME. Der Erzeugungsumfang beträgt dabei nur etwa 60 % des in Variante B im Rahmen der Flächenstillegung bei Saatpreisen von 400 DM/t mobilisierbaren Angebots. Bei einer vergleichbaren Erzeugung wären höhere Grenzkosten zu erwarten, aus denen wiederum höhere negative Nettowohlfahrtseffekte resultieren würden.

Anhand des Vergleichs der Ergebnisse - Rahmenbedingungen vor und nach der Reform der EG-Agrarmarktpolitik - läßt sich schließen, daß sich die Wettbewerbsbedingungen für Rapsöltreibstoffe durch die Möglichkeit des Rapsanbaues im Rahmen der Flächenstillegung verbessert haben. In diesem Fall sind die Nutzungskosten für die Flächennutzung Null bzw. sie leiten sich aus der alternativen Verwendung für den Anbau anderer nachwachsender Rohstoffe ab. Dadurch scheint es wahrscheinlich, daß die Rapsölerzeugung für Treibstoffzwecke aus einzelwirtschaftlicher Sicht rentabel werden könnte, wenn zusätzliche

Subventionen in Größenordnung der Mineralölsteuer für Dieselkraftstoff gewährt würden. Dieser positiven Tendenz steht allerdings entgegen, daß die Rapserzeugung insbesondere im süddeutschen Raum aufgrund der Anwendung der Kleinerzeugerregelung in stärkerem Umfang eingeschränkt werden dürfte. In einigen Gebieten dürfte sich dann der Rapsanbau - adäquate Preise vorausgesetzt - auf Stillegungsflächen konzentrieren, die wiederum wegen der ungünstigen betriebsstrukturellen Bedingungen keinen großen Umfang einnehmen. Daraus resultierend sind höhere Kosten für Rohstofferfassung und -transport zu erwarten.

3.4.6 Umwelteffekte

Die staatliche Förderung der Produktion und Verwendung von Rapsöl für Nichtnahrungszwecke wird vor allem mit der Erwartung positiver Umwelteffekte zu begründen versucht. Es wird an dieser Stelle nicht auf die kontroverse Diskussion im Zusammenhang mit der Studie des Umweltbundesamtes "Ökobilanz von Rapsöl" eingegangen. Vielmehr werden Ergebnisse präsentiert, die auf Basis eigener Arbeiten erzielt wurden (Kleinhanß et al. 1990).

Hinsichtlich der Veränderung des Mineraldünger-, Pflanzenschutzmittel- und Energieeinsatzes ist zu differenzieren, ob Raps auf stillgelegten Flächen angebaut wird oder Getreide verdrängt. Auf stillgelegten Flächen nimmt der Betriebsmitteleinsatz entsprechend des für die Rapserzeugung erforderlichen zu, gegenüber Getreide nur um die Differenz zu dem des verdrängten Getreides. Da im letzteren Fall vor allem die Schwachgetreidearten - mit in der Regel niedrigerer Intensität - verdrängt werden, ist mit Ausweitung des Rapsanbaues eine Zunahme des Stickstoff-, Phosphat-, Energie- und Pflanzenschutzmitteleinsatzes zu rechnen. Diese Effekte lassen sich auf der Basis umweltrelevanter Stoffströme für unterschiedliche Mengenszenarien der Rapserzeugung abschätzen. Fruchtfolgebedingte Auswirkungen sind standortspezifisch unterschiedlich und einer Quantifizierung kaum zugänglich. Im Treibstoffsektor ist insbesondere beim RME-Einsatz eine Verringerung der Kohlenwasserstoff-, Schwefeldioxid- und Polyaldehydemissionen zu erreichen.

Die Diskussion konzentriert sich im Bereich der Treibstoffverwendung aber vor allem auf die Möglichkeit zur Verringerung von CO_2-Emissionen in der Atmosphäre und die damit verbundenen Entlastungen beim sogenannten Treibhauseffekt. Wegen der bislang noch nicht hinreichend geklärten Ursache-Wirkungsbeziehungen und Bewertungsansätze lassen sich die Größenordnungen positiver externer Effekte einer Treibstoffverwendung von Rapsöl anstelle von Dieselöl zur Zeit nicht hinreichend genau abschätzen. Exemplarisch soll aber am Beispiel der RME-Verwendung die potentielle CO_2-Verminderung bilanziert werden. Dabei gehen wir davon aus, daß

- weder Getreidestroh noch Rapsstroh durch energetische Nutzung dazu beitragen, den Verbrauch fossiler Energieträger zu reduzieren;

3.4 Pflanzenöle als Treibstoff - Erzeugung, Nutzung, Perspektiven -   113

- die vermehrte Zuführung organischer Masse durch Rapsstroh im Vergleich zu Getreidestroh im Boden nicht zur Veränderung des Humusgehalts führt (Schoedder 1990), sondern das dabei gebundene CO_2 nach der Verfütterung an Tiere und nach dem Verzehr der daraus gewonnenen tierischen Nahrungsmittel durch Menschen wieder freigesetzt wird.

Bezogen auf die Bedingungen der von Kleinhanß et al. (1990) durchgeführten Kosten-Nutzen-Analyse mit einer Substitution von 3,3 Mio. t Dieselkraftstoff durch RME stellt sich die Situation wie folgt dar. Durch den Ersatz von Dieselkraftstoff läßt sich die direkte CO_2-Freisetzung um 10,9 Mio. t vermindern, unter Berücksichtigung des bei der Dieselkraftstoffherstellung erforderlichen Energieinputs um 12,5 Mio. t CO_2. Diesem Bruttoeffekt steht ein zusätzlicher CO_2-Ausstoß von 5,7 Mio. t CO_2 für den direkten und indirekten Energieeinsatz der Rapserzeugung und Verarbeitung gegenüber, der sich bei Ausweitung des Rapsanbaues zulasten von Getreide um den aus dem Vorleistungseinsatz resultierenden CO_2-Ausstoß von 3,3 Mio. t reduziert. Dadurch ergibt sich ein Netto-CO_2-Einspareffekt von
- 9,8 Mio. t bei Ausweitung der Rapserzeugung zu Lasten von Getreide,
- 6,8 Mio. t beim Anbau auf stillgelegten Ackerflächen.

Bei einem Nettowohlfahrtseffekt von -3,4 Mrd. DM ergibt sich im ersten Fall ein Nettowohlfahrtsverlust von 349 DM/t CO_2-Minderung. Es stellt sich nun die Frage, inwieweit dieser Wert durch andere in Ansatz zu bringende positive externe Effekte abgesenkt werden kann und welche Kosten andere Strategien der CO_2-Minderung verursachen. Vergleichbare Gegenüberstellungen von CO_2-Verminderungseffekten mit den dabei entstehenden Wohlfahrtseffekten liegen u.W. bisher nicht vor. Es ist aber davon auszugehen, daß Maßnahmen zur Energieeinsparung bzw. zur verbesserten Energienutzung, z.B. durch Förderung der Gebäudeisolierung oder durch Besteuerung des Verbrauchs fossiler Energieträger, bei gleichem Aufwand öffentlicher Mittel einen wesentlich größeren Beitrag zur Verminderung von CO_2-Emissionen leisten könnten.

Literatur

Barthel E, Götzke H, Hennigs H (1986) Konversionskosten ausgewählter Produktlinien im Bereich nachwachsender Rohstoffe. IfBW-Arbeitsbericht 1/86, Braunschweig-Völkenrode

EWG (1991) Verordnung (EWG) Nr. 3766/91 des Rates vom 12. Dezember 1991 zur Einführung einer Stützungsregelung für die Erzeuger von Sojabohnen, Raps- und Rübsensamen und Sonnenblumenkernen. ABL Nr. L 356/17 vom 14.12.1991

EWG (1992) Verordnung (EWG) Nr. 2293/92 der Kommission vom 31. Juli 1992 mit Durchführungsbestimmungen für die Flächenstillegung nach Artikel 7 der Verordnung (EWG) Nr. 1765/92 des Rates

EWG (1992) Verordnung (EWG) Nr. 2296/92 der Kommission vom 31. Juli 1992 mit Durchführungsbestimmungen für die Nutzung stillgelegter Flächen zur Erzeugung von Rohstoffen, die in der Gemeinschaft zu nicht in erster Linie für Lebensmittel- oder Futtermittelzwecke bestimmten Erzeugnissen verarbeitet werden

Götzke H (1989) Preisbildung und Verwendung einheimischer Ölsaaten als Nahrungs- und Industriegrundstoffe. Abschlußbericht zum Forschungsvorhaben 87 NR 015. Institut für Landwirtschaftliche Marktforschung der FAL, Braunschweig

Götzke H, Kleinhanß W (1988) Produktion von Rapsöl als Treibstoff - Eine Chance für die deutsche Landwirtschaft? Landbauforschung Völkenrode 38, 1:17-41

Jahnen R (1992) Stützungsregelung für die Erzeuger von Sojabohnen, Raps- und Rübsensamen und Sonnenblumenkernen. AID Informationen 41, 19:2-15

Kleinhanß W (1989) Strukturelle Bedingungen und ökonomische Konsequenzen der Produktion und Nutzung von Rapsöl als Treibstoffsubstitut in der Landwirtschaft der Bundesrepublik Deutschland. Berichte über Landwirtschaft 67, 2:257-284

Kleinhanß W (1989) Simulation model for the economic evaluation of non-food biomass production on regional and sectoral level. In: Becker H, Requillart V (ed) Macroeconomic evaluation of renewable resources from biomass. Kiel, 49-62

Kleinhanß W, Kerckow B, Schrader H (1990) Kosten-nutzenanalytische Bewertung der Produktion und Nutzung von Rapsöl für Treibstoff-, Schmierstoff- und technische Zwecke. Abschlußbericht zum Forschungsvorhaben 89 NR 013, Institut für Betriebswirtschaft der FAL, Braunschweig

Kleinhanß W, Schrader H, Kerckow B (1990) Kosten-nutzenanalytische Bewertung der Produktion und Verwendung von Rapsöl in der Fettchemie und als Schmier- und Treibstoff. Landbauforschung Völkenrode 40, 3:237-250

KOM (92) 36 endg. (1992) Vorschlag für eine Richtlinie des Rates über den Verbrauchssteuersatz auf Kraftstoffe aus landwirtschaftlichen Rohstoffen

Lange J (1992) Neue Rapsmarktordnung- neue Rapsintensitäten? top agrar 2:46-50

Leodolter A (1988) Das bäuerliche Ölfruchtprojekt Modell Silberberg. Agrarische Rundschau 3/4:18-19

Schoedder F (1990) Möglichkeiten zur Verminderung der CO_2-Freisetzung. In: Sauerbeck D, Brunnert H (Hrsg) Klimaveränderungen Landbewirtschaftung. Teil I, Landbauforschung Völkenrode, SH 117

Uhlmann F, Salamon P, Kleinhanß W, Kögl H, Beusmann V (1992) The Oilseeds and Protein Sector: Economics of Production. Report for The Commission of the European Communities, IfBW und IfLM der Bundesforschungsanstalt für Landwirtschaft Braunschweig-Völkenrode

Vellguth G (1988) Pflanzenöl als Dieselkraftstoffsubstitut. Landbauforschung Völkenrode 1:12-16

Weber K (1979) Considerations on the One and Two Step Oil Extraction from Rapeseed. International Congress on Oilseeds and Oils, New Delhi

Zeddies J (1992) Ist die Neuregelung unternehmenfeindlich? Hannoversche Land- und Forstwirtschaftliche Zeitung 1:6-7

3.4 Pflanzenöle als Treibstoff - Erzeugung, Nutzung, Perspektiven -

Anhang 1. Sektorales Angebot an Rapssaat bei verschiedenen Rapssaatpreisen
- Variante A -

Szenario	Preis	Angebot Rapssaat im Rahmen der Ölsaatenregelung (MO)		dav. Kleinerzeuger		NR–Raps	Produzentenrente	
		Ist	Potential	Ist	Potential		MO–Raps potentiell	NR–Raps
	DM/t	1000 t	1000 t	1000 t	1000 t	1000 t	Mio. DM	Mio. DM
1	250	1541.0	1395.0				128.248	
	300	1538.0	1395.0				129.031	
	350	1525.0	1378.0				127.403	
	400	1521.0	1340.0			79.0	130.854	1.977
	500	1619.0	598.0	0.1		937.0	95.448	115.721
	600	1616.0	33.8			1345.0	6.832	307.373
2	250	1492.0	1231.0				81.463	
	300	1492.0	1255.0	0.1			82.753	
	350	1478.0	1235.0	0.4		16.0	81.557	0.217
	400	1441.0	1077.0	0.4		127.0	82.229	5.159
	500	1541.0	422.0	0.1		1088.0	58.882	134.909
	600	1596.0	0.0			1396.0	0.000	320.256
3	250	1447.0	1192.0	0.1			72.383	
	300	1448.0	1201.0	0.4			71.225	
	350	1422.0	1146.0	0.4		0.2	73.211	0.001
	400	1365.0	972.0	0.6	0.2	101.0	72.476	4.247
	500	1496.0	351.0	1.7	0.0	1067.0	44.938	134.773
	600	1593.0	2.3	5.9	2.3	1412.0	0.052	324.472
4	250	1395.0	1109.0	0.4			61.875	
	300	1360.0	1136.0	0.4			64.325	
	350	1325.0	1026.0	0.6			64.432	
	400	1247.0	832.0	0.7		113.0	60.919	4.591
	500	1403.0	254.0	26.5	44.7	1010.0	25.185	129.739
	600	1581.0	54.0	158.0	116.0	1404.0	4.645	323.883

Anhang 2. Sektorales Angebot an Rapssaat bei verschiedenen Rapssaatpreisen
- Variante B -

Szenario	Preis	Angebot Rapssaat im Rahmen der Ölsaatenregelung (MO)		dav. Kleinerzeuger		NR-Raps	Produzentenrente	
		Ist	Potential	Ist	Potential		MO-Raps potentiell	NR-Raps
	DM/t	1000 t	1000 t	1000 t	1000 t	1000 t	Mio. DM	Mio. DM
1	200	1541.0	1395.0				128.248	
	250	1538.0	1395.0				129.031	
	350	1525.0	1313.0			62.0	121.711	0.644
	400	1521.0	500.0	0.1		676.0	48.038	17.321
	500	1619.0	0.0	0.1		1210.0	0.000	146.255
	600	1616.0	0.0	0.0		1345.0	0.000	307.293
2	250	1492.0	1231.0				81.463	
	300	1492.0	1255.0				82.753	
	350	1478.0	1152.0	0.4		90.8	76.866	0.877
	400	1441.0	279.0	0.4		683.0	17.789	18.989
	500	1540.0	0.0	0.1		1233.0	0.000	151.208
	600	1596.0	0.0			1397.0	0.000	320.256
3	250	1447.0	1192.0				72.383	
	300	1448.0	1201.0				71.225	
	350	1422.0	1047.0	0.4		91.0	68.438	0.878
	400	1365.0	247.0	0.6		630.0	14.789	17.993
	500	1496.0	0.0	1.7		1201.0	0.000	149.493
	600	1593.0	2.3	6.0		1412.0	0.052	324.472
4	250	1395.0	1109.0				61.875	
	300	1360.0	1136.0				64.325	
	350	1325.0	914.0	0.6		90.7	59.714	0.875
	400	1247.0	214.0	0.7		564.0	11.681	17.197
	500	1403.0	44.0	26.5	44.7	1083.0	0.571	137.441
	600	1581.0	54.0	158.0	116.0	1404.0	4.645	323.883

3.5 Pflanzenöl als Energieträger
- Stoffeigenschaften und Emissionen

B. A. Widmann, Dipl.-Ing.agr.
Bayer. Landesanstalt für Landtechnik, Vöttinger Straße 36, D-8050 Freising

Zusammenfassung: Zur Schonung von Boden und Gewässern, aber auch als Beitrag zur Bereitstellung von erneuerbaren Rohstoffen und Energieträgern in energiedichter, flüssiger Form sowie zur Abmilderung des Kohlendioxidanstieges in der Erdatmosphäre ist es sinnvoll, pflanzliche Öle als Rohstoffe und Energieträger einzusetzen. Durch den nahezu unbegrenzt aufnahmefähigen Energiemarkt können dadurch landwirtschaftliche Flächen aus der Nahrungsmittelproduktion umgewidmet und der Agrarmarkt der Europäischen Gemeinschaft entlastet werden.

Die Gewinnung der Öle kann in industriellen Großanlagen (Ölmühlen) oder in genossenschaftlich organisierten Kleinanlagen erfolgen.

Der Einsatz von Pflanzenöl als Treibstoff für Dieselmotoren ist entweder in Spezialmotoren oder aber in chemisch veränderter Form in konventionellen Dieselmotoren möglich. Die Ergebnisse der Emissionsmessungen mit Dieselkraftstoff, Rapsöl und Rapsölmethylester sowie deren Mischungen sind, abhängig vom Motorenprinzip, sehr unterschiedlich. Verbesserungen hinsichtlich einer Schadstoffkomponente werden häufig durch Erhöhungen bei anderen Stoffen aufgewogen, so daß keine gravierenden Vor- oder Nachteile zwischen den Kraftstoffen festzustellen sind. Für Rapsöl und Rapsölmethylester bleiben im Gegensatz zu Dieselkraftstoff die Vorteile des geschlossenen Kohlenstoffkreislaufes, des niedrigen Schwefelgehaltes im Kraftstoff (damit praktisch keine SO_2-Emission) und der hohen biologischen Abbaubarkeit sowie der Regenerierbarkeit.

Auch als Heizölersatz ist Pflanzenöl geeignet. In Zerstäubungsbrennern für extra leichtes Heizöl mit heißer Brennkammer und Ölvorwärmung können dem Heizöl bis zu 20 % Rapsöl beigemischt werden. In Brennern für mittelschweres und für schweres Heizöl ist in den meisten Fällen der Betrieb mit 100 % Rapsöl möglich.

Bei langfristiger Betrachtung müssen jedoch die wertvollen flüssigen Energieträger in mobilen Systemen als Treibstoff verwendet werden.

Durch das mit inländischer Erzeugung bereitstellbare begrenzte Potential scheint es sinnvoll, künftig unverändertes Pflanzenöl in pflanzenöltauglichen Dieselmotoren einzusetzen, begrenzt auf umweltsensible Bereiche wie beispielsweise Binnenschiffahrt, Wasserschutzgebiete, Bergregionen und Landwirtschaft.

Die höchste Wertschöpfung wird jedoch derzeit im Bereich der Nutzung als Schmierstoff und Hydrauliköl erzielt.

3.5.1 Einleitung

Die Entnahme und der Verbrauch der in Jahrmillionen entstandenen fossilen Bodenschätze in einem Zeitraum von wenigen hundert Jahren mit dem damit verbundenen Anstieg des Kohlendioxidgehalts der Erdatmosphäre und die erheblichen Umweltauswirkungen von Unfällen mit Mineralöl zwingen zur Suche nach erneuerbaren Energieträgern mit einem geschlossenen Kohlenstoffkreislauf und einer möglichst geringen Belastung von Luft, Boden und Gewässern.

Für die auch langfristig notwendige Mobilität sind energiedichte, gut transportierbare Energieträger für den Einsatz in Motoren erforderlich. Neben Alkoholen wie Ethanol kann die Landwirtschaft vor allem pflanzliche Öle, in unseren Breiten vorwiegend Raps- und Sonnenblumenöl, bereitstellen. Durch die Photosynthese nimmt die Pflanze Kohlendioxid (CO_2) aus der Erdatmosphäre auf. Der so in die Pflanzensubstanz eingebundene Kohlenstoff wird bei der Verbrennung wiederum als CO_2 an die Umgebung freigesetzt.

Pflanzenöl ist regenerierbar und zeichnet sich durch seine hohe biologische Abbaubarkeit von etwa 96 % innerhalb von 21 Tagen (Mineralöl: ca. 20 %), die geringere Verlagerung in tiefere Bodenschichten und damit in das Grundwasser sowie seinen extrem niedrigen Schwefelgehalt (ca. 0.01 % bei Rapsöl) aus.

Da der Raps neben der Sonnenblume in unseren Regionen anbautechnisch die geeignetste Ölpflanze darstellt, beziehen sich die folgenden Aussagen im wesentlichen auf Rapsöl.

3.5.2 Nutzungsmöglichkeiten von Rapsöl als Energieträger

Rapsöl als Treibstoff: Die Kraftstoffeigenschaften von Rapsöl weichen in einigen Punkten von der gültigen Norm für Dieselkraftstoffe DIN 51 601 ab (siehe Tabelle 1). Vor allem die um den Faktor 10 höhere Viskosität (Zähigkeit) ist vermutlich dafür verantwortlich, daß in herkömmlichen direkt einspritzenden Dieselmotoren beim Betrieb mit Rapsöl Ablagerungen im Bereich der Zylinderbuchsen, Kolben, Ventile und Einspritzdüsen auftreten. Der geforderte Flammpunkt kann dagegen leicht eingehalten werden. Mit einem Wert von über 300 °C ist Rapsöl keiner Gefahrklasse im Sinne der Verordnung über brennbare Flüssigkeiten (VbF) zuzuordnen (Dieselkraftstoff: Gefahrklasse A III, Flammpunkt bis 100 °C).

Der CFPP-Wert (**C**old **F**ilter **P**lugging **P**oint) gibt den Temperaturgrenzwert der Filtrierbarkeit an. Da diese Methode speziell für Mineralöl ausgelegt ist und auf der Ausscheidung von Paraffinen bei Dieselkraftstoff beruht, kann sie nicht ohne weiteres auf Pflanzenöle übertragen werden. Der Filtriergrenzwert ist hier viskositätsbedingt. Ähnlich verhält es sich mit der Cetanzahl (Zündwilligkeit), die in einem Prüfmotor ermittelt wird, dessen Einstellungen (Einspritzdruck und Kraftstofftemperatur) für Pflanzenöl verändert werden müssen, so daß ein direkter Vergleich nicht sinnvoll ist.

3.5 Pflanzenöl als Energieträger - Stoffeigenschaften und Emissionen

Tabelle 1. Kraftstoffeigenschaften von Dieselkraftstoff, Rapsöl und Rapsölmethylester

Kenngröße	DIN 51 601	Diesel	Rapsöl	RME
Dichte (15 °C) [kg/dm^3]	0.820-0.860	0.842	0.952	0.884
kin. Viskosität (20 °C) [mm^2/s]	2 - 8	3.08	78.7	6.80
Flammpunkt [°C]	> 55	68	324	135
CFPP-Wert [°C]	≤ 0	-7	+5	-9
Schwefelgehalt [%]	≤ 0.2	0.21	0.009	0.006
Koksrückstand [%]	≤ 0.10	0.04	< 0.01	< 0.01
Cetanzahl	≥ 45	51.5	≈ 39	≈ 51

Um nun Rapsöl trotzdem in Dieselmotoren einsetzen zu können, gibt es zwei Lösungsansätze:
- Anpassung des Kraftstoffs an den Motor (chemische Veränderung)
- Anpassung des Motors an den Kraftstoff (pflanzenöltaugliche Motoren)

Eine Übersicht über die heute verfügbaren Techniken gibt Abbildung 1.

Anpassung des Kraftstoffs	Anpassung des Motors
■ Umesterung	■ Doppelduothermmotor (Elsbett)
■ Hydrocracking/Hydrotreating (VEBA)	■ Wirbelkammermotor (z.B. KHD)
■ Mischung Pflanzenöl + Benzin + Alkohol	■ Knickpleuelmotor (Mederer)
	■ K&S Rapsölmotor
■ Emulsion Pflanzenöl/Wasser	■ IFA-Motor
■ Pflanzenölvorwärmung (IBS)	

Abb. 1. Einsatzmöglichkeiten von Rapsöl als Treibstoff in Dieselmotoren

Anpassung des Kraftstoffs an den Motor: Rapsöl ist ein Triglycerid, also ein Ester aus drei Fettsäuren mit einem dreiwertigen Alkohol, dem Glycerin.

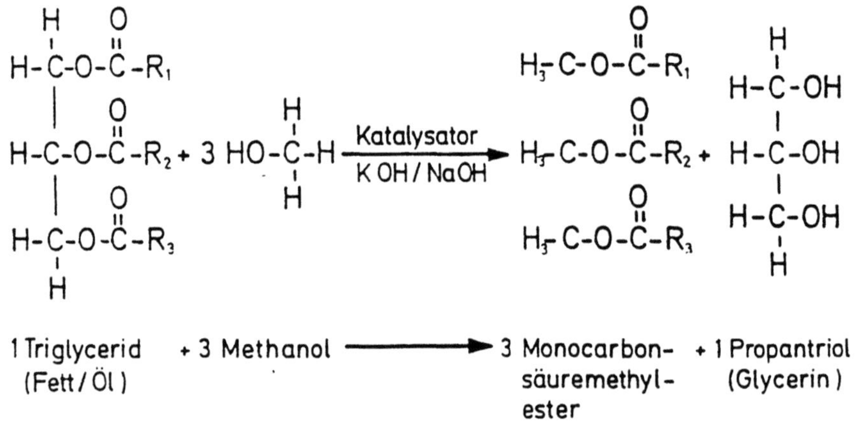

$$\begin{array}{c} H-\overset{H}{\underset{|}{C}}-O-\overset{O}{\underset{\|}{C}}-R_1 \\ H-\overset{|}{\underset{|}{C}}-O-\overset{O}{\underset{\|}{C}}-R_2 \\ H-\overset{|}{\underset{|}{C}}-O-\overset{O}{\underset{\|}{C}}-R_3 \\ H \end{array} + 3\ HO-\overset{H}{\underset{H}{\overset{|}{C}}}-H \xrightarrow[\text{KOH / NaOH}]{\text{Katalysator}} \begin{array}{c} H_3-C-O-\overset{O}{\underset{\|}{C}}-R_1 \\ H_3-C-O-\overset{O}{\underset{\|}{C}}-R_2 \\ H_3-C-O-\overset{O}{\underset{\|}{C}}-R_3 \end{array} + \begin{array}{c} H-\overset{H}{\underset{|}{C}}-OH \\ H-\overset{|}{\underset{|}{C}}-OH \\ H-\overset{|}{\underset{H}{C}}-OH \end{array}$$

1 Triglycerid + 3 Methanol ⟶ 3 Monocarbon- + 1 Propantriol
(Fett / Öl)   säuremethyl-   (Glycerin)
                                                            ester

Abb. 2. Umesterung von Pflanzenöl

Bei der *Umesterung* werden zunächst die drei Fettsäuren abgespalten und anschließend jeweils mit einem einwertigen Alkohol, zum Beispiel Methanol, neu verestert (siehe Abbildung 2). Dazu ist ein Katalysator notwendig. Aus 100 l Rapsöl und 13 l Alkohol können mit 1.5 l KOH oder NaOH als Katalysator etwa 97 l RME und 17 l Glyceringemisch hergestellt werden. Das dabei frei werdende Glycerin kann bei ausreichender Reinheit verkauft werden. Allerdings reagiert der Glycerinmarkt preislich sehr empfindlich auf Angebotsschwankungen, so daß der Erlös aus dem Glycerinverkauf nur sehr vorsichtig zu Wirtschaftlichkeitsberechnungen herangezogen werden kann.

Rapsölmethylester ist dem Dieselkraftstoff ähnlicher als Rapsöl und liegt vor allem bei der Viskosität und der Cetanzahl im Rahmen der DIN-Norm (Tabelle 1).
Die Vorteile dieser Lösung sind:
- Rapsölmethylester ist in herkömmlichen Dieselmotoren ohne Änderung einsetzbar
- daher ist kurzfristig der Einsatz in bestehenden Fahrzeugen möglich

demgegenüber stehen die Nachteile:
- Verlust an Gesamtwirkungsgrad, da für die Umesterung zusätzliche Energie aufgewendet werden muß
- die Umesterung kostet etwa 0.30 bis 0.50 DM/l
- zum Teil treten bei der Verwendung von RME Verdünnungen des Motorenöls auf

3.5 Pflanzenöl als Energieträger - Stoffeigenschaften und Emissionen

Beim Verfahren *Hydrocracking/Hydrotreating* (VEBA OIL AG) wird Rapsöl in Beimischung zu mineralischem Rohöl in einer Mineralölraffinerie verarbeitet. Es werden dabei alle Doppelbindungen im Molekül durch vollständige Sättigung mit Wasserstoff und alle Stickstoffverbindungen entfernt; die Moleküle werden anschließend gecrackt. Das Endprodukt ist ein dieselähnlicher Kraftstoff.

Die *Mischung* von Rapsöl (80 %) mit Waschbenzin (14 %) und Alkohol (6 %) gilt ebenfalls als geeigneter Treibstoff für konventionelle Dieselmotoren. Derzeit werden an der Universität Stuttgart-Hohenheim die Kraftstoffeigenschaften und Emissionen ermittelt und ein Flottenversuch begonnen. Außerdem laufen Versuche mit dem Einsatz einer *Emulsion* aus Rapsöl, Wasser und einem Emulgator.

Anpassung des Motors: Die zweite Möglichkeit ist die Anpassung des Motors an den Kraftstoff, also die Verwendung eines pflanzenöltauglichen Spezialmotors.

Die derzeitigen Lösungsansätze hierfür sind zum Beispiel:
- direkt einspritzender Dieselmotor mit entsprechend geänderten Bauteilen (Doppelduothermmotor, Fa. Elsbett GmbH)
- großvolumige Wirbelkammermotoren (z.B. KHD)
- Knickpleuelmotor (G. Mederer)
- K&S Rapsölmotor (Kaltenhauser & Stauderer, Trostberg)
- IFA-Motor (Fa. IFA Nordhausen)
- IBS Pflanzenölvorwärmung (IBS, Siegsdorf)

Während die ersteren Lösungen Veränderungen an Motorteilen wie Kolben, Pleuel, Einspritzdüsen etc. vorsehen, nimmt die IBS Pflanzenölvorwärmung eine Zwischenstellung zur Kraftstoffanpassung ein. Sie beruht auf der Erwärmung des Kraftstoffs direkt bei der Einspritzung auf eine Temperatur, bei der die Viskosität (Zähigkeit) jener von Dieselkraftstoff entspricht. Bei einigen der obengenannten Systeme liegen noch wenig Praxiserfahrungen vor. Zum Teil sind auch noch Grundlagenuntersuchungen notwendig. Andere Motoren stehen dagegen bereits kurz vor der Serienreife.

Die Vorteile der direkten Nutzung von Rapsöl in Spezialmotoren sind:
- kein zusätzlicher Energieaufwand für eine Umwandlung
- keine zusätzlichen Kosten

jedoch sind
- die Motoren noch nicht serienmäßig verfügbar
- zum Teil ist beim Starten Dieselkraftstoff notwendig
- die *nachträgliche* Umrüstung ist sehr teuer, falls sie nicht mit einer Generalüberholung des Motors kombiniert werden kann.

Rapsöl als Brennstoff: Eine weitere einfache Möglichkeit, Rapsöl als Energieträger zu nutzen, ist die Verwendung in Ölfeuerungsanlagen. Mit relativ geringem Aufwand wird dabei Heizöl und damit indirekt Dieselkraftstoff substituiert. Allerdings ist dabei zu bedenken, daß bei einer langfristigen Betrachtung, die den vollständigen Ersatz fossiler Energieträger voraussetzt, die flüssigen Energieträger für die Energienutzung in mobilen Systemen (vor allem Motoren) eingesetzt werden müssen und für die einfache stationäre Bereitstellung von Wärmeenergie eher feste Brennstoffe in Frage kommen.

Im Vergleich zu Heizöl EL (extraleicht) unterscheidet sich Rapsöl wiederum in einigen wichtigen Eigenschaften, wie Dichte, Viskosität und dem um etwa 10 % niedrigeren Heizwert. Deshalb kann es in Zerstäubungsbrennern für Heizöl EL nicht zu 100 % eingesetzt werden.

3.5.3 Kraftstoffeigenschaften

Sowohl für die Nutzung von Rapsöl in pflanzenöltauglichen Spezialmotoren als auch für den Einsatz von beispielsweise Rapsölmethylester (RME) in konventionellen Dieselmotoren ist es jedoch wichtig, daß eine gleichbleibende Kraftstoffqualität gewährleistet ist. Deshalb wurden seit 1988 an der Bayerischen Landesanstalt für Landtechnik, Weihenstephan, im Auftrag des Bayerischen Staatsministeriums für Ernährung, Landwirtschaft und Forsten, Forschungsarbeiten unter anderem zu den Kraftstoffeigenschaften von Rapsöl und Rapsölmethylester im Vergleich zu Dieselkraftstoff durchgeführt.

Dabei standen folgende Hauptfragen im Vordergrund:
- Wie wirken sich Rapssorte und Anbaustandort auf das Fettsäuremuster und dieses auf die Kraftstoffeigenschaften aus?
- Welchen Einfluß haben die Art der Ölgewinnung und der Grad der Raffination?
- Wie verhalten sich die Kennwerte bei verschiedenen Beimischungs-Anteilen von Rapsöl bzw. RME zu Dieselkraftstoff?
- Wie ist das Viskositäts-/Temperaturverhalten von Rapsöl und Mischungen mit Dieselkraftstoff bzw. Heizöl?
- Wie verändern sich die Eigenschaften im Laufe einer Lagerung über zwei Jahre unter verschiedenen Bedingungen?

Rapssorte und Anbaustandort: Für die Ermittlung des Sorten- und Standorteinflusses auf das Fettsäuremuster und die Kraftstoffkennwerte wurden jeweils drei Sorten von je vier Standorten aus zwei Erntejahren miteinander verglichen. Der Einfluß der Sorte, des Anbaustandortes und auch der des Jahres auf das Fettsäuremuster ist jeweils signifikant, wobei die Unterschiede jahresbedingt am größten sind.

Anders als erwartet hat das Fettsäuremuster - zumindest in den vorliegenden Schwankungen - jedoch kaum einen Einfluß auf die Kraftstoffkennwerte. Es zeichnen sich nur geringe Unterschiede bei Dichte, Viskosität und Trübungspunkt ab, so daß davon auszugehen ist, daß Rapsöl als Kraftstoff von dieser Seite her eine relativ gleichbleibende Qualität aufweist.

Art der Ölgewinnung und Raffinationsgrad: Für die Untersuchung des Einflusses der Ölgewinnungsart und des Raffinationsgrades auf die Kraftstoffqualität wurden die in Abbildung 3 gezeigten Varianten verglichen (jeweils eingerahmt).

3.5 Pflanzenöl als Energieträger - Stoffeigenschaften und Emissionen

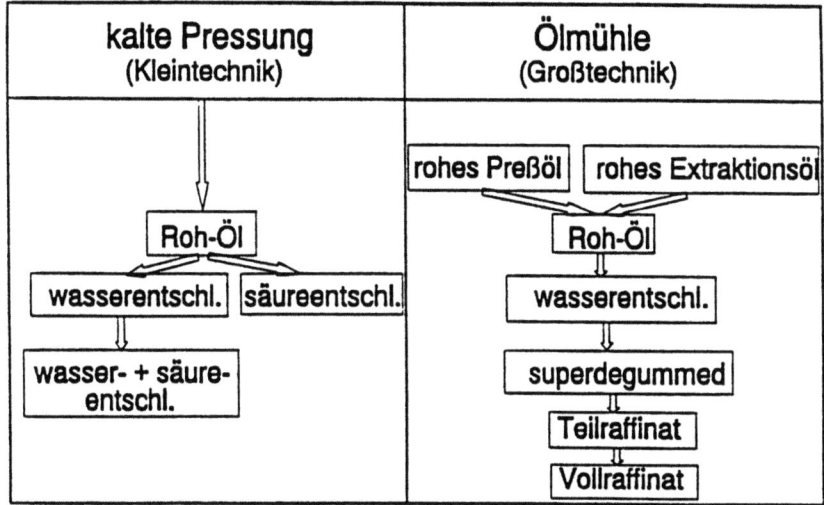

Abb. 3. Varianten zur Ermittlung der Kraftstoffkennwerte (Art der Ölgewinnung und Raffinationsgrad)

Es zeichnen sich bei den nach DIN 51 601 geprüften Werten nur sehr geringe Unterschiede zwischen den Varianten ab. Allerdings sind zusätzlich einige Eigenschaften wichtig, die nicht in der DIN-Norm erfaßt sind. Eine entscheidende Größe ist dabei der Gehalt an Phospholipiden, die bei der Treibstoffnutzung Probleme schaffen können (Ausfällung bei Wasserzutritt oder Kondensationsvorgängen, Ablagerungen im Motor, Korrosion). Die Untersuchung der Einflußparameter auf den Phosphorgehalt sowie die Bestimmung eines Grenzwertes ist ein Gegenstand eines weiteren Forschungsvorhabens, das zur Zeit bearbeitet wird.

Beimischung von Rapsöl oder Rapsölmethylester zu Dieselkraftstoff: In den Abbildungen 4 und 5 sind die Kraftstoffkennwerte verschiedener Mischungen von Rapsöl bzw. Rapsölmethylester und Dieselkraftstoff relativ zu Dieselkraftstoff (DK=100) aufgetragen.

Viskositäts-/Temperaturverhalten von Rapsöl und Mischungen mit Dieselkraftstoff bzw. Heizöl: Die Viskosität ist die wichtigste physikalische Größe, die den Einsatz von unverändertem Rapsöl in konventionellen, vor allem direkt einspritzenden Dieselmotoren für den Langzeitbetrieb unmöglich macht. Deshalb war es das Ziel dieser Messungen, genaue Viskositätsdaten über Dieselkraftstoff, Heizöl und im Vergleich dazu Rapsöl verschiedener Raffinationsstufen sowie von Rapsölbeimischungen zu Diesel bzw. Heizöl zu gewinnen. Da die Viskosität zudem stark temperaturabhängig ist, wurde jeweils der Temperaturbereich von knapp unter 0 °C bis 100 °C in engen Schritten herangezogen. Tiefere Temperaturen konnten aus versuchstechnischen Gründen nicht untersucht werden.

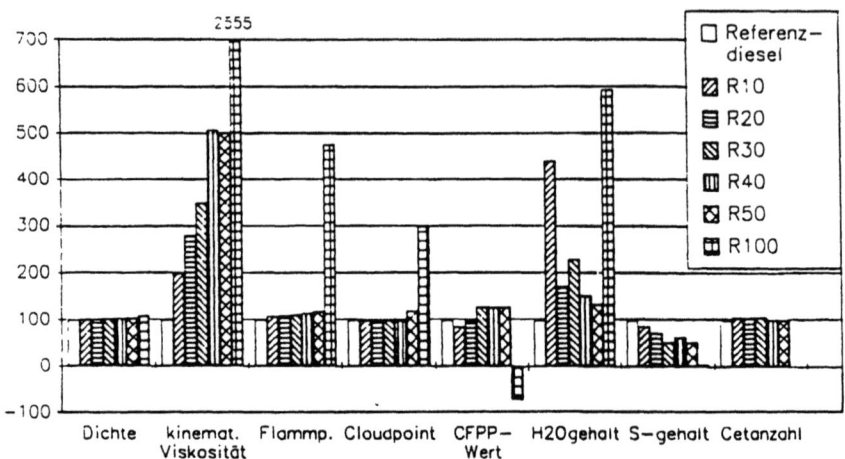

Abb. 4. Kraftstoffkennwerte von Mischungen aus Rapsöl und Dieselkraftstoff (Dieselkraftstoff = 100)

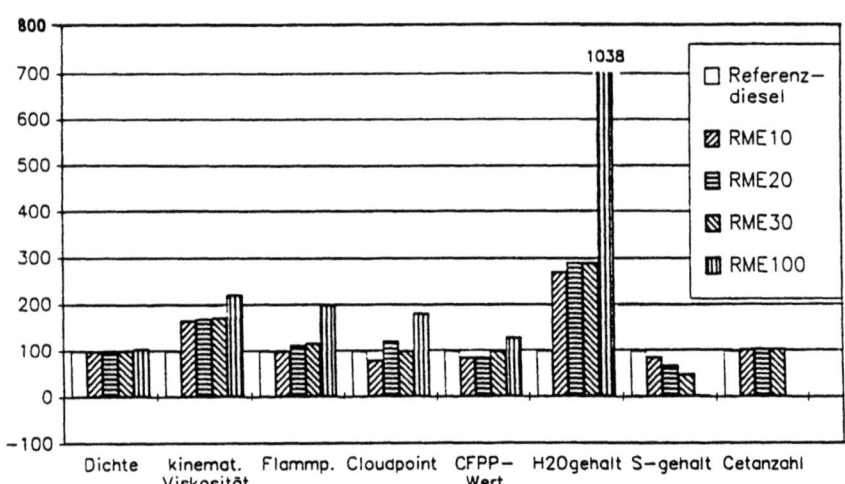

Abb. 5. Kraftstoffkennwerte von Mischungen aus Rapsölmethylester und Dieselkraftstoff (Dieselkraftstoff = 100)

Die geprüften Öle waren Referenzdieselkraftstoff, Heizöl EL, Rapsöl kaltgepreßt roh, Rapsöl Ölmühlentechnologie wasser- und säureentschleimt und Rapsöl Ölmühlentechnologie Vollraffinat.

3.5 Pflanzenöl als Energieträger - Stoffeigenschaften und Emissionen

Das Viskositäts-/Temperaturverhalten von Dieselkraftstoff und Heizöl EL ist nahezu identisch; lediglich im Temperaturbereich von 0 °C und darunter zeigten sich Abweichungen von 1 mm^2/s.

Weitere Versuche ergaben auch, daß die temperaturabhängigen Viskositätskurven von Rapsöl verschiedener Ölgewinnungsarten und Raffinationsstufen völlig deckungsgleich sind; das gilt auch für Mischungen dieser Öle mit Dieselkraftstoff bzw. Heizöl EL jeweils im Verhältnis 1:1.

Beimischungen von Rapsöl zu Dieselkraftstoff bzw. Heizöl EL weisen mit zunehmendem Rapsölanteil eine stärkere Temperaturabhängigkeit der Viskosität auf. Der Viskositätsverlauf im Temperaturbereich zwischen -5 und +100 °C ist für Heizöl EL (gilt auch für Dieselkraftstoff) und Rapsöl Vollraffinat sowie aus Mischungen dieser beiden Stoffe in engen Schritten in Abbildung 6 aufgetragen.

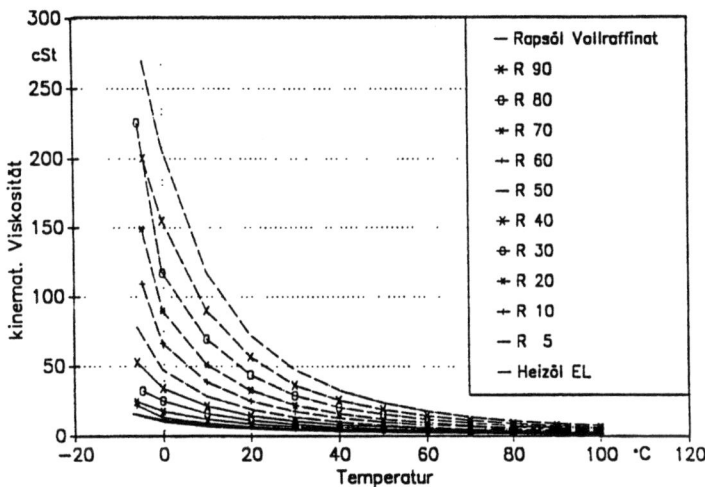

Abb. 6. Viskositäts-/Temperaturverhalten von Mischungen aus Rapsöl und Heizöl EL (R 5: 5 % Rapsöl, 95 % Heizöl EL, usw.)

Lagereigenschaften: Da für den Einsatz von Rapsöl bzw. Rapsölmethylester eine kontrollierbare Kraftstoffqualität nicht zuletzt aus Gewährleistungsgründen eine große Rolle spielt, war es das Ziel eines groß angelegten Lagerungsversuches, die Variabilität der Kraftstoffkennwerte von Rapsöl, Rapsölmethylester sowie von deren 10prozentigen Beimischungen zu Dieselkraftstoff im Vergleich mit Referenz- und Handelsdiesel in Abhängigkeit verschiedener Lagerungsbedingungen zu ermitteln.

Die Einflußgrößen waren dabei:
Hinsichtlich der Ölgewinnung:
- Pressung an einer Kleinanlage
- chemische Extraktion in industriellem Maßstab

Hinsichtlich der Raffinationsstufe:
- rohes Rapsöl (kalt gepreßt, gereinigt)
- wasserentschleimtes Rapsöl
- teilraffiniertes Rapsöl (entschleimt, neutralisiert, gebleicht)

Hinsichtlich des Tankwerkstoffes:
- Metall (Eisen)
- Kunststoff (Polyethylen)

Hinsichtlich der Temperaturbedingungen bei der Lagerung:
- Erdtank (+5 °C konstant)
- schattenloser Platz im Freien
- unbeheizter Raum
- beheizter Raum (+20 °C konstant)

Hinsichtlich der Lagerungsdauer:
- Lagerungszeitraum: 2 Jahre

Neben den aufgeführten drei Rapsölvarianten wurden Rapsölmethylester und jeweils 10 Vol.-%ige Beimischungen von Rapsöl bzw. Rapsölmethylester zu Referenzdieselkraftstoff, im folgenden als R 10 bzw. RME 10 bezeichnet, sowie zum Vergleich Handels- und Referenzdiesel gelagert.

Eine schematische Übersicht über den Aufbau des Lagerungsversuches liefert Abbildung 7.

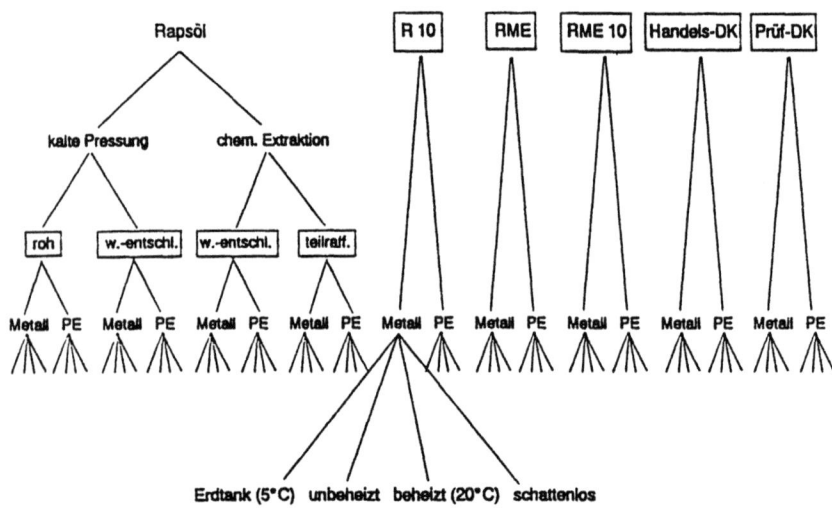

Abb. 7. Varianten zur Ermittlung der Kraftstoffkennwerte (Lagerungsversuch)

Bei allen Behältern war eine Möglichkeit zum Gasaustausch vorgesehen, wie bei Lagertanks üblich. Ein halbes Jahr nach Beginn des Lagerzeitraums wurden jedoch zusätzlich jeweils ein Polyethylenbehälter mit "Preßöl roh" (aus gleicher Rapspartie frisch gepreßt und sedimentiert), jedoch mit luftdicht verschlossenem Deckel, unter den Bedingungen "Erdtank", "schattenlos" und "beheizt" aufgestellt.

3.5 Pflanzenöl als Energieträger - Stoffeigenschaften und Emissionen

Als Beispiel für die Veränderung der fettchemischen Kenngrößen dient die Peroxidzahl. Sie gibt die Menge an aktivem Sauerstoff pro kg Pflanzenfett (bzw. Öl) an. Sie ist damit ein Maß für den oxidativen Verderb von Fetten.

Bei der Lagerung im *Metalltank* unter *Erdtankbedingungen* (konstant 5°C) stieg die Peroxidzahl bei keiner Ölvariante auf über 80 meq/kg an; teilraffiniertes, großtechnisch gewonnenes Rapsöl verhielt sich dabei am ungünstigsten, während die Mischungen mit Dieselkraftstoff eine Peroxidzahl von nahezu 0 über die gesamte Lagerzeit beibehielten.

Bei einer Lagerung in einem durchscheinenden *Polyethylentank* im *Freien* unter dem Einfluß von Temperaturschwankungen und Lichteinstrahlung stieg andererseits die Peroxidzahl bei allen Varianten im Laufe der zwei Jahre auf Werte über 150 meq/kg an. Dabei reagierten einige Öle offensichtlich besonders stark auf diese Lagerbedingungen; so nahmen die Werte für die Mischungen mit Dieselkraftstoff und vor allem für Rapsölmethylester schon nach wenigen Wochen stark zu und erreichten am Ende der zweijährigen Lagerdauer Peroxidzahlen bis zu über 600 meq/kg. Die Peroxidzahl der reinen Rapsölvarianten stieg unter den oben genannten Bedingungen nahezu linear auf etwa 200 meq/kg an.

Höhere Temperaturen bewirken also eine schnellere Fettoxidation, wobei die Einstrahlung von Licht den oxidativen Verderb stark fördert. Besonders empfindlich reagieren darauf Rapsölmethylester und unter Lichteinfluß auch Mischungen aus Rapsöl bzw. Rapsölmethylester und Dieselkraftstoff.

Um die Peroxidzahl während der Lagerung möglichst niedrig zu halten, sind nach einer statistischen Auswertung folgende Schlüsse zu ziehen:
- Die Lagerung im Erdtank bietet, statistisch abgesichert, die günstigste Lagertemperatur, die schattenlose Aufstellung die schlechteste. Die Lagerung in unbeheizten oder auf 20 °C beheizten Räumen liegt dazwischen; die beiden Varianten sind jedoch, statistisch gesehen, untereinander gleich.
- Metalltanks sind, statistisch abgesichert, besser zur Lagerung geeignet als durchscheinende Polyethylentanks
- Rapsölmethylester zeigt den höchsten Peroxidzahlanstieg und unterscheidet sich dabei signifikant von allen anderen Ölproben mit Ausnahme des teilraffinierten Extraktionsöls
- Bei Lagerung unter 40 Wochen zeigt sich, auf das 96wöchige Modell bezogen, keine statistisch gesicherte Peroxidzahlveränderung

Wird der Sauerstoffzutritt unterbunden, so ergibt sich ein ganz anderes Bild. Die Peroxidzahl von kalt gepreßtem Öl hatte sich bei luftdichter Lagerung, sogar unter dem Einfluß hoher Temperaturen und Temperaturschwankungen sowie direkter Sonnenbestrahlung, lediglich auf etwa 25 meq/kg verdoppelt. Die Vergleichsprobe ohne Luftabschluß erreicht dagegen bis zum Ende einen Wert von 215 meq/kg, während unter Erdtankbedingungen auch das Rapsöl mit Sauerstoffzutritt in der Peroxidzahl unter 50 meq/kg bleibt. Bei kühler dunkler Lagerung spielt also die vorhandene Sauerstoffmenge nur eine untergeordnete Rolle.

3.5.4 Emissionen von rapsöl- und RME-betriebenen Motoren

Im Rahmen des gleichen Forschungsvorhabens wurden im Auftrag des Bayerischen Staatsministeriums für Ernährung, Landwirtschaft und Forsten Emissionsmessungen an Pkw- und Schlepperdieselmotoren beim Einsatz von Rapsöl, Rapsölmethylester und deren Mischungen mit Dieselkraftstoff durchgeführt. Der TÜV Bayern und das Institut für Verbrennungskraftmaschinen und Kraftfahrzeuge der Technischen Universität München führten dabei im Unterauftrag der Bayerischen Landesanstalt für Landtechnik die Emissionsmessungen durch; das Bayerische Landesamt für Umweltschutz, München übernahm in Amtshilfe einen großen Teil der Abgasanalysen.

Es wurden in Abhängigkeit von den verschiedenen Kraftstoffen folgende Emissionskomponenten ermittelt:
- Kohlendioxid (CO_2)
- Kohlenmonoxid (CO)
- Stickoxide (NO_x)
- Kohlenwasserstoffe (C_nH_m)
- Partikelmasse
- Schwärzungszahl
- Aldehyde (Formaldehyd, Acetaldehyd, Acrolein, Propionaldehyd)
- BTX-Komplex (Benzol, Toluol, Ethylbenzol, Xylol)
- Polyzyklische aromatische Kohlenwasserstoffe (PAH)

Pkw-Dieselmotoren: Die Versuche wurden auf dem Rollenprüfstand des TÜV Bayern nach dem US-Fahrzyklus FTP 75 (daraus 505-Sekunden-Test, Warmphase) an den in Tabelle 2 angegebenen Fahrzeugen durchgeführt.

Je nach Motorbauweise (Direkteinspritzer/Vorkammermotor, Saugmotor/Turbolader) verhielten sich die Emissionen unterschiedlich. Im Gesamtdurchschnitt lagen die Werte in einem ähnlichen Bereich wie beim Betrieb mit Dieselkraftstoff.

Kohlenmonoxid (CO) konnte in den meisten Fällen durch den Einsatz von Rapsöl bzw. RME verringert werden, doch trat in einem Versuch auch eine deutliche Erhöhung auf.

Der *NO_x-Ausstoß* war beim Betrieb mit Rapsöl in der Regel etwas höher als bei Dieselkraftstoff.

Die Emissionen an *Ruß* und *Partikeln* traten bei Rapsöl meist erniedrigt auf. Die Partikelemission ist in Abbildung 8 dargestellt.

Kraftstoffverbrauch und *Motorleistung* blieben etwa gleich; trotz des um ca. 10 % niedrigeren Energieinhalts des Rapsöls betrug der Leistungsabfall nur 2 bis 3 %. Da Rapsöl im Gegensatz zu Dieselkraftstoff Sauerstoff enthält, findet die Verbrennung unter günstigeren Bedingungen statt, so daß der niedrigere Heizwert des Rapsöls dadurch etwas kompensiert wird.

Deutlich höhere Emissionen ergaben sich jedoch bei einzelnen Kohlenwasserstoffkomponenten, so etwa bei den *Aldehyden*, bestimmten polyzyklischen aromatischen Kohlenwasserstoffen (*PAHs*) und z.T. *Benzol*. *Toluol* dagegen konnte wiederum beim Betrieb mit Rapsöl im Vergleich zum Dieselkraftstoff auf ein Viertel reduziert werden.

3.5 Pflanzenöl als Energieträger - Stoffeigenschaften und Emissionen

Tabelle 2. Zusammenstellung einiger technischer Daten der getesteten Fahrzeugen

	Fahrzeug					
	1	2	3	4	5	6
Leistung [kW]	40	51	63	85	50	53
Hubraum [cm^3]	1570	1570	2443	2443	2496	1457
Zylinder [Zahl]	4	4	6	6	4	3
Motorart	Saug-diesel	Turbo-diesel	Saug-diesel	Turbo-diesel	Saug-diesel	Turbo-diesel
Einspritzung	Wirbelkammer	Wirbelkammer	Wirbelkammer	Wirbelkammer	Direkteinspr.	Direkteinspr.
Kraftstoffe	DK R10 RME10 RME100	DK R10 RME10 RME100	DK R10 RME10 RME100 RME50	DK R10 RME10 RME100	DK R10 RME10 RME100	DK R100

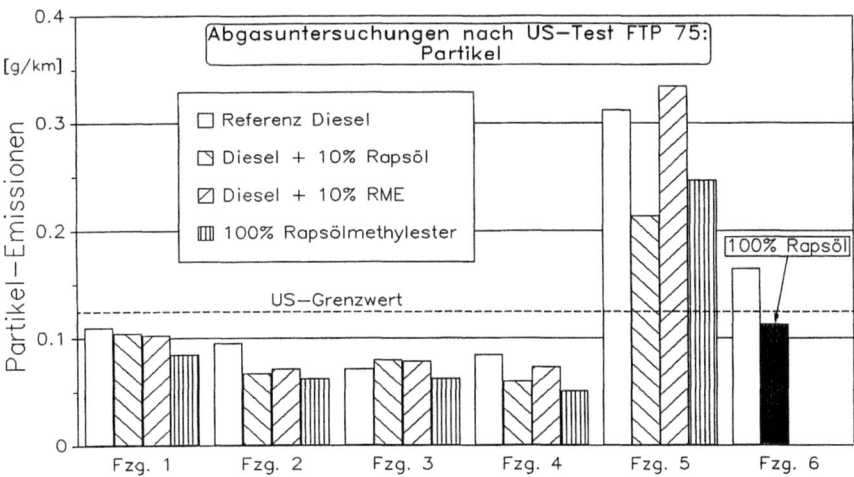

Abb. 8. Partikelemission der getesteten Fahrzeuge in Abhängigkeit von den Kraftstoffvarianten

Von Vorteil ist, daß praktisch keine *Schwefeloxid-Emissionen* auftreten, da Rapsöl nahezu schwefelfrei ist.

Außerdem entsteht bekanntlich bei der Verbrennung von Rapsöl (überhaupt Biomasse) kein zusätzliches *Kohlendioxid* (CO_2), da der Kreislauf zwischen Aufnahme der Pflanze und der Freisetzung bei deren Verbrennung geschlossen ist.

Die Summe der Kohlenwasserstoffe ist in Abbildung 9 vergleichend dargestellt.

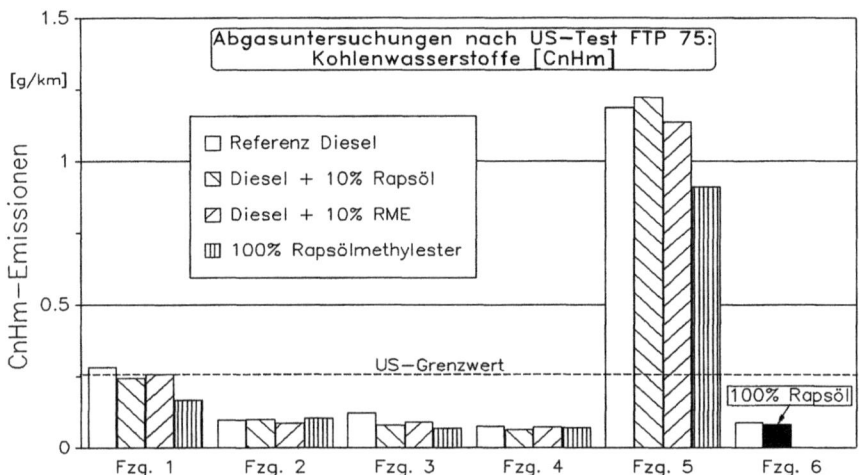

Abb. 9. Kohlenwasserstoff-Emissionen der getesteten Fahrzeuge in Abhängigkeit von den Kraftstoffvarianten

Schlepper-Dieselmotoren: Diese Untersuchungen erfolgten auf dem Motorenprüfstand des Instituts für Verbrennungskraftmaschinen und Kraftfahrzeuge der TU München nach den Testzyklen ECE-R 49 und ECE-R 24. Die geprüften Motoren und Prüfkraftstoffe sind der Tabelle 3 zu entnehmen.

Es ist noch anzumerken, daß der Motor 3 nicht mehr dem Stand der Technik entspricht und auch nicht mehr serienmäßig vertrieben wird; er wurde zu Vergleichszwecken in das Versuchsprogramm aufgenommen.

Die *Leistung* nahm beim Einsatz von Rapsölmethylester bzw. Rapsöl nur geringfügig ab; der *effektive* Wirkungsgrad blieb in engen Grenzen unverändert.

Der *CO-Ausstoß* blieb außer bei dem nicht mehr als serienmäßig geltenden Motor 3 ebenfalls nahezu konstant. Lediglich beim Motor 5 kam es beim Einsatz von Rapsöl zu einer deutlichen Erhöhung.

Bei den Motoren 1, 3 und 4 wurde eine steigende Tendenz hinsichtlich der NO_x-*Emission* bei der Verwendung von Rapsöl bzw. Rapsölmethylester festgestellt. Bei den anderen beiden Motoren wurde die Emission nicht beeinflußt.

3.5 Pflanzenöl als Energieträger - Stoffeigenschaften und Emissionen

Tabelle 3. Technische Daten der geprüften Motoren und verwendete Prüfkraftstoffe

Motor	1	2	3	4	5
Nennleistung [kW]	44	96	54	91	59
Hubraum [l]	3.86	5.96	3.79	5.67	5.65
Zylinderzahl	4	6	4	6	6
Einspritzung	Direkt	Direkt	Direkt	Direkt	Wirbelkammer
Einsatzzweck	Landw. Maschinen, Gabelstapler, kl. Nutzfzg.	Landw. Maschinen	Landw. Maschinen, Nutzfzg.	Landw. Maschinen, Nutzfzg.	Landw. Maschinen, Untertagebetrieb
Kraftstoffe	Diesel R10 RME10 RME	Diesel R10 RME10 RME	Diesel R10 RME10 RME	Diesel Rapsöl RME	Diesel Rapsöl RME

Die Summe der *Kohlenwasserstoffe* nahm bei Motor 1 und 2 bei RME ab, bei R10 zu, der dritte Motor zeigte ein unterschiedliches Bild; während sich beim Motor 4 auf einem sehr niedrigen Emissionsniveau keine Änderungen ergaben, wurde der C_nH_m-Ausstoß beim Motor 5 mit Rapsöl deutlich erhöht, jedoch noch unter dem Niveau der anderen Motoren (Abbildung 10).

Die *Schwärzungszahl* wurde fast durchweg durch die Verwendung von Rapsöl oder Rapsölmethylester verringert; ebenso die *Partikelemission*, die allerdings beim Motor 5 im Rapsölbetrieb höher als im Dieselbetrieb war (Abbildung 11).

Hinsichtlich spezieller *Kohlenwasserstoffkomponenten* zeigt sich ein sehr uneinheitliches Bild. Unter Berücksichtigung des hohen Analysenfehlers, der in diesem Spurenbereich auftritt, lassen sich nur schwer Aussagen machen, die zu verallgemeinern sind.

Grundsätzlich wurden in den unteren Leistungsbereichen leistungsbezogen weitaus mehr Kohlenwasserstoffe emittiert als beispielsweise bei Vollast. Dabei schnitten die beiden pflanzenöltauglichen Motoren aufgrund ihres speziellen Bauprinzips insgesamt besser ab als die anderen Motoren. Innerhalb der einzelnen Komponenten ergaben sich jedoch zum Teil gravierende Unterschiede.

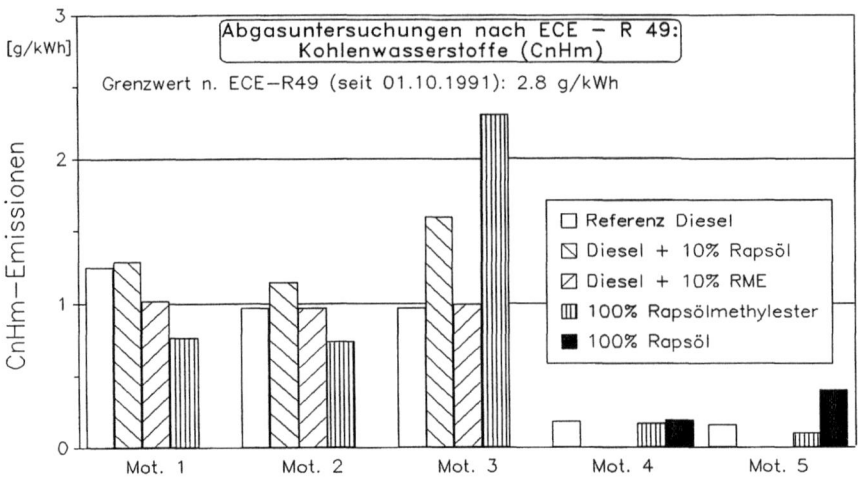

Abb. 10. Gesamt-Kohlenwasserstoffemissionen der geprüften Motoren bei verschiedenen Kraftstoffen

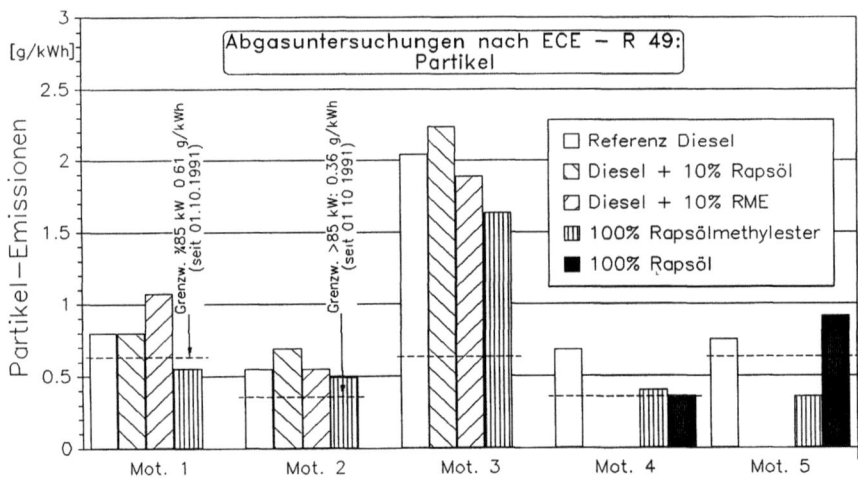

Abb. 11. Partikelemission der getesteten Motoren bei verschiedenen Kraftstoffen

Das *kanzerogene Potential* war beim Betrieb des Motors 4 mit Rapsöl oder RME am niedrigsten; ebenfalls niedrige Emissionen an krebserregenden PAHs traten beim Motor 2 mit allen Kraftstoffen und beim Motor 5 im Dieselbetrieb auf. Beispielhaft sind diese Emissionen bei Vollast in Abbildung 12 aufgetragen.
Bewertung: Eine eindeutige Bewertung der Kraftstoffe aus Rapsöl im Vergleich zu Dieselkraftstoff ist aufgrund der vorliegenden Ergebnisse schwierig. Verbesserungen hinsichtlich einer Schadstoffkomponente werden häufig durch Erhöhungen bei anderen Stoffen aufgewogen.

3.5 Pflanzenöl als Energieträger - Stoffeigenschaften und Emissionen 133

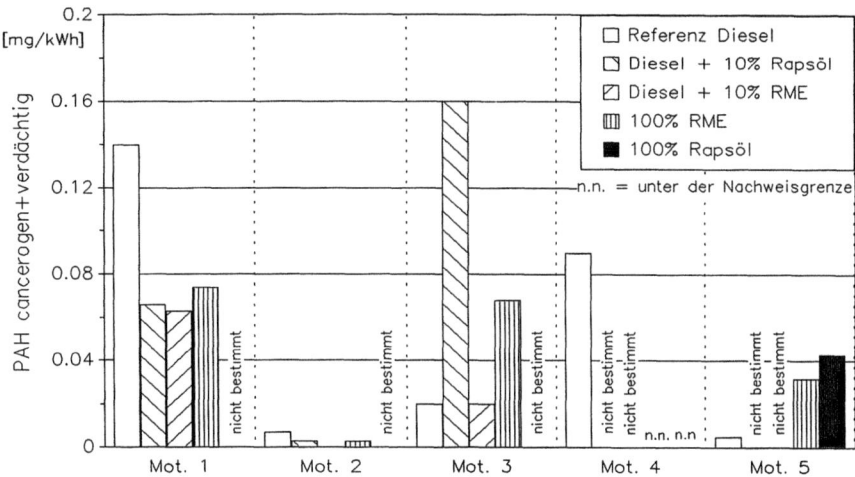

Abb. 12. Summe aller als cancerogen und als verdächtig eingestuften PAHs; ECE-R49-Betriebspunkt 8 (Vollast)

Bei den konventionell als Schadstoffe geltenden Abgaskomponenten können keine generellen und eindeutigen Umweltvor- oder Nachteile für Rapsöl bzw. Rapsölmethylester gegenüber Dieselkraftstoff gesehen werden. Als eindeutige Umweltvorteile bleiben jedoch

- Regenerierbarkeit des Energieträgers Rapsöl bzw. Rapsölmethylester
- geschlossener Kohlenstoffkreislauf
- hohe biologische Abbaubarkeit
- hoher Flammpunkt von >300°C bei Rapsöl (Lager- und Transportsicherheit)
- keine SO_x-Emissionen

3.5.5 Einsatz von Rapsöl als Heizölersatz

Um die Möglichkeiten der energetischen Nutzung von Rapsöl und dessen Mischungen mit Heizöl in Ölfeuerungsanlagen zu überprüfen, wurden alle gängigen Konstruktionsprinzipien von Brennern, teilweise auch von Kesseln auf ihre technische Eignung und ihr Emissionsverhalten hin untersucht. Dabei handelte es sich um Brenner für Heizöl EL (extraleicht), M (mittelschwer, nicht in der BRD, aber in Österreich erhältlich) und S (schwer) sowie um Kessel mit und ohne eingebauter heißer Brennkammer für den Betrieb mit Heizöl EL.

Abgas- und Dauerversuche wurden an den Prüfständen der Bayerischen Landesanstalt für Landtechnik, Weihenstephan und des TÜV Bayern sowie auch an Praxisanlagen durchgeführt.

Neben den Abgaskomponenten CO_2, CO, NO_x und C_nH_m wurden bei einem Brenner für Heizöl EL die PAH-, Aldehyd- und BTX-Emissionen bei Betrieb mit Heizöl EL und mit 20%iger Rapsölbeimischung zu Heizöl EL erfaßt.

Anhand der Dauerversuche wurden Heizöl-Rapsölmischungen ermittelt, mit denen Heizungsanlagen langfristig störungsfrei betrieben werden können. Eine Übersicht über die für die Praxis relevanten Einsatzmöglichkeiten liefert Abbildung 13.

Bei dem untersuchten *Verdampfungsbrenner* ergaben sich hinsichtlich der CO- und NO_x-Emissionen bis zur maximal einsetzbaren Rapsölbeimischung von 10 Vol.-% keine brennstoffspezifischen Unterschiede. Die C_nH_m-Emissionen der Brennstoffe mit Rapsölanteil lagen teils über, teils unter den Werten von Heizöl EL und waren abhängig vom Restsauerstoffgehalt im Abgas. Auffallend waren die mit steigendem Rapsölanteil zunehmenden Rußemissionen.

Bei den *Druckzerstäubungsbrennern* mit Ölvorwärmung, die am Prüfstand der Landtechnik Weihenstephan getestet wurden, konnten unabhängig vom Verbrennungssystem (Gelb- oder Blaubrenner) bei Betrieb mit dem Brennstoff R 20 (20 % Rapsöl, 80 % Heizöl EL) höhere CO-Emissionen festgestellt werden als mit Heizöl EL. Bei den Untersuchungen an einem Gelbbrenner auf dem Prüfstand des TÜV Bayern konnten im Vergleich zu Heizöl EL bei 20 %iger Rapsölbeimischung zum Teil niedrigere CO-Werte ermittelt werden. Die NO_x-Emissionen waren bei Rapsölbeimischungen in der Regel gegenüber Heizöl EL erniedrigt.

Abweichungen zwischen den Prüfständen der Landtechnik Weihenstephan und des TÜV Bayern waren auf die Verwendung unterschiedlicher Brennkammern, anderer Kesselrauminnendrücke und Brennstoffchargen zurückzuführen. Die vor allem auch in der Praxis variierenden Bedingungen wie Kesselraumdrücke, Feuerraumbelastungen, Verbrennungstemperaturen und Stickstoffgehalte der Brennstoffe hatten auf die CO- und NO_x-Emissionen einen größeren Einfluß als die maximal beigemischten 20 Vol.% Rapsöl zu Heizöl EL.

Mit Ausnahme eines Brenners konnten bei allen Versuchen mit Rapsölanteil in Druckzerstäubungsbrennern niedrigere C_nH_m-Emissionen gegenüber reinem Heizöl EL nachgewiesen werden. Bei in der Praxis üblichen CO_2-Gehalten wurden generell bei Rapsölzumischung niedrigere Rußemissionen gemessen als bei reinem Heizöl EL-Betrieb, sofern die Rußwerte bei Heizölbetrieb nicht schon den Wert Null erreichten.

Bei der erweiterten Abgasuntersuchung wurden für den Brennstoff mit 20 Vol.-% Rapsölbeimischung höhere PAH-, BTX- und Aldehyd-Emissionen als für Heizöl EL gemessen und zwar um die Faktoren 2.18, 1.87 und 2.51.

Bei der Verfeuerung von *100 % Rapsöl* als Ersatz für schweres Heizöl in geeigneten Ölbrennern wurden etwas geringere CO-Emissionen, höhere C_nH_m-Emissionen und wesentlich niedrigere NO_x-Emissionen freigesetzt als bei Heizöl S.

Aufgrund der vorliegenden Ergebnisse scheint eine *generelle* Beimischung auch geringerer Mengen Rapsöl zu Heizöl EL nicht sinnvoll. Der Rapsölanteil muß individuell auf die Anlage abgestimmt werden. Schweröl hingegen kann aus technischer Sicht jederzeit durch Rapsöl ersetzt werden.

3.5 Pflanzenöl als Energieträger - Stoffeigenschaften und Emissionen

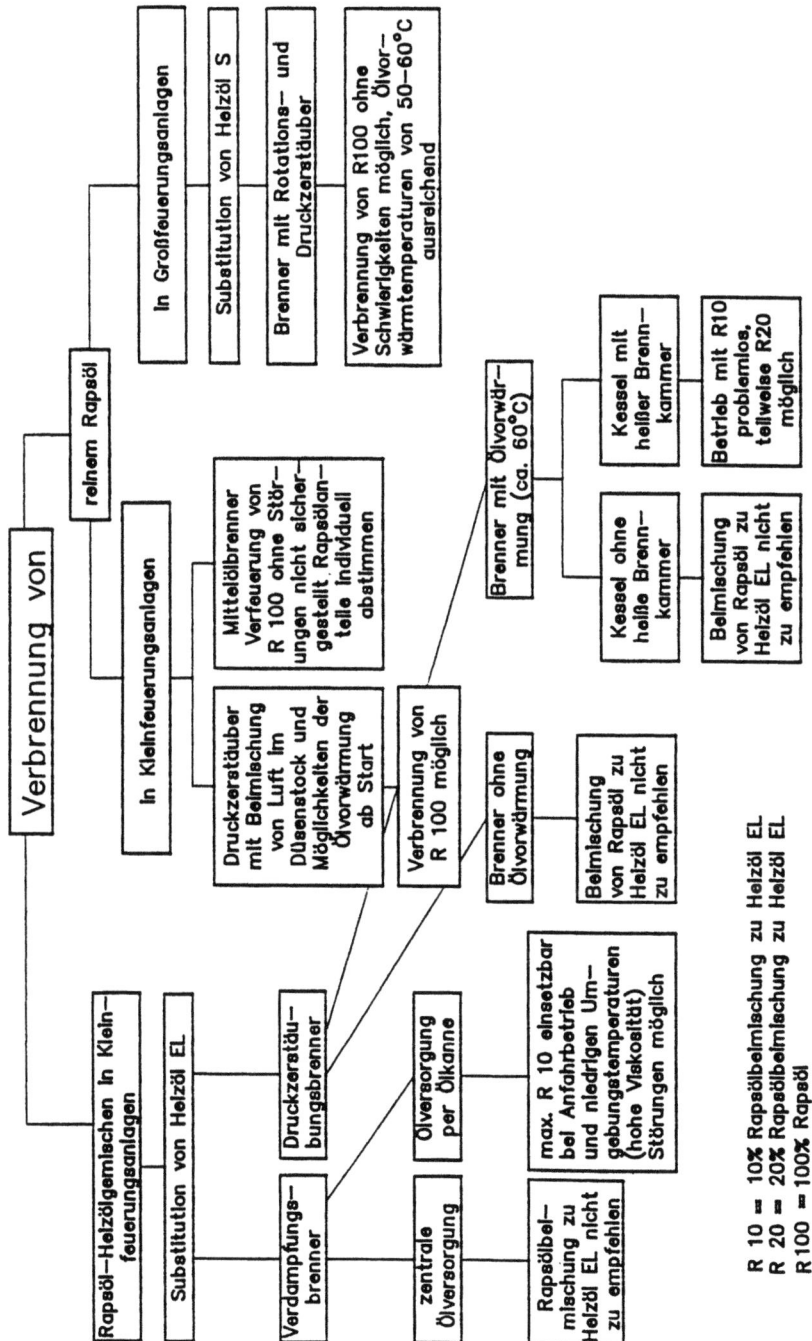

Abb. 13. Möglichkeiten der Verfeuerung von reinem Rapsöl bei verschiedenen Feuerungstechniken

3.5.6 Beurteilung und Ausblick

Der Anbau von Energie- und Rohstoffpflanzen im Rahmen einer verantwortungsbewußten Landbewirtschaftung kann zur Bereitstellung umweltschonender regenerativer Energieträger beitragen. Die Flächen werden damit sinnvoller verwertet als durch Stillegung.

Die Energiebilanz ist deutlich positiv. Unter Einbeziehung aller Energieaufwendungen, wie zum Beispiel für die Herstellung der Landmaschinen, für Dünger etc. ergibt sich für Raps ein Input-Output-Verhältnis von 1:6,5. Im Output ist die Energie aller Produkte, also des Öls, Preßkuchens und des erntbaren Strohanteils enthalten, da die Gegenüberstellung des gesamten Energieaufwandes lediglich einem Teil der Produkte aus energetischer Sicht unzulässig ist. Würde trotzdem die gesamte Produktionsenergie alleine dem Rapsöl aufgerechnet, so wäre das Input-Output-Verhältnis immer noch 1:2.

Trotz des Wissens um die Begrenztheit der fossilen Energieträger, deren Auswirkungen auf Gewässer und Boden bei Ölunfällen sowie um die mit ihrer Nutzung verbundenen Erhöhung der CO_2-Konzentration in der Erdatmosphäre stehen heute Kohle, Öl und Gas so kostengünstig zur Verfügung, daß erneuerbare Energieträger selten ökonomisch erscheinen.

Vielleicht sollte aber in diesem Zusammenhang bedacht werden, daß bei den heutigen Preisen für fossile Energie entgegen allen Gesetzen der ökonomischen Rechnung kein Kostenansatz für den späteren Ersatz der verbrauchten Ressourcen enthalten ist. Bei regenerativen Energieträgern, vor allem bei pflanzlicher Biomasse, sind jedoch zunächst Kosten für deren Produktion aufzuwenden. Ein Kostenvergleich ist unter diesem Gesichtspunkt also nicht zulässig.

Langfristig wird die Gesellschaft bereit sein müssen, für die Grundbedürfnisse des Menschen, *Nahrung* und *Energie*, einen angemessenen Preis zu bezahlen.

In vielfältiger Weise sind inzwischen technische Lösungsansätze vorhanden, Pflanzenöle als Energieträger und Rohstoffe zu verwenden.

Die Nutzung in geeigneten Ölfeuerungsanlagen bereitet technisch keine Schwierigkeiten und kann kurzfristig umgesetzt werden. Damit können Heizöl, also indirekt Dieselkraftstoff, ersetzt und entsprechende Agrarflächen umgewidmet werden.

Bei mittel- und langfristiger Betrachtung sind für die einfache Wärmeenergiebereitstellung eher Festbrennstoffe zu verwenden und die wertvollen flüssigen Energieträger, als energiedichte, gut transportfähige Formen, in mobilen Systemen, also Motoren einzusetzen. Darüberhinaus besteht die Möglichkeit, Pflanzenöl in Blockheizkraftwerken mit einem Gesamtwirkungsgrad von über 90 % zur Stromerzeugung und gleichzeitig zur Wärmegewinnung (Kraft-Wärme-Kopplung) zu verwerten.

Gerade in umweltsensiblen Bereichen, wie Binnenschiffahrt, Wasserschutzgebiete, Landwirtschaft und Bergregionen wird die Nutzung von Pflanzenöl sinnvoll sein. Dort wird vor allem der Vorteil der hohen biologischen Abbaubarkeit ausgenutzt.

3.5 Pflanzenöl als Energieträger - Stoffeigenschaften und Emissionen 137

Beim heutigen Kenntnisstand ist es notwendig, beide Konzepte, jenes der Anpassung des Kraftstoffs an den Motor und jenes der Anpassung des Motors an den Kraftstoff in Forschung und Erprobung zu verfolgen. In beiden Fällen sind noch einige Fragen durch Grundlagenforschung zu klären.

Sind *kurzfristig* schnelle Lösungen mit angepaßten Kraftstoffen möglich, so scheint in der *Zukunft* die Nutzung des unveränderten Pflanzenöls in pflanzenöltauglichen Dieselmotoren in den oben genannten umweltsensiblen Regionen sinnvoll. Voraussetzung dafür ist, daß diese Motoren ausgereift und serienmäßig zur Verfügung stehen. Bei einem Mengenpotential von bis zu 10 % des derzeitigen Dieselkraftstoffbedarfs bei inländischer Selbstversorgung wäre es nämlich nicht notwendig, einen angepaßten Treibstoff für alle vorhandenen Dieselmotoren bereitzustellen. Bei der gleichzeitig notwendigen Energieeinsparung erhöht sich die relative Substitutionsmenge entsprechend.

Für eine vollständige, von fossilen Energieträgern unabhängige Versorgung mit Treibstoffen werden auch in Zukunft Energieimporte notwendig sein. Entwicklungsländer könnten dabei mit Pflanzenölerträgen von bis zu 7000 l/ha wertvolle Exportprodukte anbieten und damit Devisen erwirtschaften. Der Ausdehnung von Trockengebieten muß ohnedies mit einer Flächenbewirtschaftung begegnet werden.

Bei der Bewertung der technischen Tauglichkeit von Pflanzenöl als Treibstoff für Dieselmotoren sollte nicht übersehen werden, daß der Dieselmotor und der Dieselkraftstoff etwa 100 Jahre Vorsprung haben, 100 Jahre Zeit zur Optimierung und zur gegenseitigen Anpassung. Es kann deshalb nicht erwartet werden, daß die Verfahren zur Umwandlung des Kraftstoffs auf der einen oder die Maßnahmen zur Motorenanpassung auf der anderen Seite auf Anhieb oder innerhalb weniger Jahre optimale Lösungen darstellen. Hier ist gewiß noch ein großes Entwicklungspotential vorhanden.

Literatur

Strehler A, Widmann BA, Apfelbeck R, Gessner B, Pontius P (1992) Verwendung von Rapsöl zu Motorentreibstoff und als Heizölersatz in technischer und umweltbezogener Hinsicht. Endbericht der Bayer. Landesanstalt für Landtechnik. Gelbes Heft Nr. 40. Bayer. Staatsministerium für Ernährung, Landwirtschaft und Forsten. München

Strehler A (1992) Das CO_2-Einsparpotential durch Verwendung von Brennstoffen und Treibstoffen aus Biomasse mit Schwerpunkt Energiepflanzen. Sonderdruck Landtechnik Weihenstephan. Freising-Weihenstephan

Strehler A (1991) Energie aus Biomasse - Potential, Aufbereitung und Wege der energetischen Umsetzung. Sonderdruck Landtechnik Weihenstephan. Freising-Weihenstephan

Widmann BA (1988) Gewinnung und Reinigung von Rapsöl - Untersuchungen an einer Kleinanlage. Diplomarbeit Institut für Landtechnik. Freising-Weihenstephan

Widmann BA (1990) Produktion, Aufbereitung und energetische Nutzung von Pflanzenölen. Sonderdruck Landtechnik Weihenstephan. Freising-Weihenstephan

Widmann BA (1992) Qualitätskriterien bei der Gewinnung von Pflanzenölen für die Nutzung als nachwachsende Rohstoffe. Sonderdruck Landtechnik Weihenstephan. Freising-Weihenstephan

3.6 Anbau von Energiepflanzen und ihr Einsatz über Verbrennung oder Vergasung - logistische Anforderungen und ökologische Bewertung

Prof. Dr. Konrad Scheffer
Gesamthochschule Kassel Universität, Fachbereich Landwirtschaft,
Nordbahnhofstr. 1a, D-3430 Witzenhausen 1

Zusammenfassung: Energieeinsparung ist der preisgünstigste Weg zur Reduktion von CO_2-Emissionen. CO_2-neutrale Energie aus Wasser und Wind ist insbesondere in Deutschland nur begrenzt verfügbar. Strom aus Solarkraftwerken ist zur Zeit noch um das Zehn- bis Zwanzigfache teurer als Strom aus Kohle oder Kernkraft. Dagegen steht Biomasse in fast unbegrenzter Menge und mit fossilen Energieträgern zu fast vergleichbaren Preisen weltweit zur Verfügung. Mit dem hier vorgestellten Doppelnutzungssystem (immergrüner Acker) werden Biomasseerträge von 20 bis 40 t Trockenmasse pro ha erzielt. Voraussetzung für Höchsterträge ist allerdings eine ausreichende Wasserversorgung der Pflanzen über eine hohe Wasserspeicherkapazität des Bodens, ausreichende Niederschläge oder zusätzliche Beregnung. Nicht auf allen Standorten läßt sich dieses ökologische Anbausystem mit Erträgen in dieser Größenordnung anwenden.

Nach unseren und dänischen Berechnungen ergeben sich Erzeugungskosten für Strom von 17 bis 20 Pfennig/kWh und für Fernwärme von 5 bis 7 Pfennig/kWh. Heimischer Strom aus Steinkohle wird deutlich teurer produziert, Strom aus Braunkohlen- und Kernkraftwerken ist billiger. Neben der anzustrebenden Förderung CO_2-neutraler Energiequellen muß bei der Kostenkalkulation auch besonders beachtet werden, daß die sozialen Kosten der Stromproduktion aus Kohle und Kernkraft (z.B. Umweltschäden, Forschungsförderung, Entsorgung) auf 5 bis 12 Pfennig pro kWh geschätzt werden (HOHMEYER, 1989).

Ein CO_2-vermindernder Effekt der energetischen Nutzung von Biomasse ist jedoch nur gewährleistet, wenn die Energiebilanz, d.h. das Verhältnis von Energieertrag zum Aufwand an Energie positiv ist. Dieses Verhältnis ist nach unseren Berechnungen größer als 10 : 1. Es liegt damit um das Mehrfache günstiger als bei der Produktion von Ethanol oder Rapsölmethylester.

3.6.1 Einleitung

Abschätzung des Energiepotentials aus Biomasse, ökologische und technische Voraussetzungen:
   Der Energiegehalt des jährlichen Biomassezuwachses übersteigt den Weltenergiebedarf um das Zehnfache, den Nahrungsmittelenergiebedarf um mehr als

3.6 Anbau von Energiepflanzen und ihr Einsatz über Verbrennung oder Vergasung

das Hundertfache. Somit steht neben anderen CO_2-neutralen Energiequellen mit Biomasse ein ausreichendes Potential an Energie zur Verfügung, um kurzfristig zu einer drastischen Verbrauchsreduktion an fossilen Brennstoffen zu kommen (HALL, 1978). Im Vergleich zu anderen CO_2-neutralen Energiequellen ist in unserem Land das Bewußtsein für diese große Energiequelle noch wenig entwickelt, dabei ist Biomasseenergie

- im Gegensatz zur Photovoltaik schon heute bezahlbar (ORTMAIER, 1992, KOLLOCH, 1990, PETERSEN, 1992, ELLIOTT u. BOOT, 1990) ,
- im Vergleich zur Kernkraft ohne Umweltrisiken nutzbar und ohne Umweltschäden produzierbar,
- im Vergleich zur Wind- und Wasserkraft in viel größerem Umfang verfügbar.

Für eine Abschätzung des Energiepotentials aus Biomasse können in Deutschland folgende Flächen herangezogen werden:

4 Mio. ha Ackerfläche
1 Mio. ha Reststoffe aus der Verarbeitung von nachwachsenden Rohstoffen
3 Mio. ha nicht über Vieh nutzbare Gras-, Naturschutz- und Heckenflächen
3 Mio. ha Wald mit schnellwachsenden Baumarten und zusätzlich das Stroh von
4 Mio. ha Getreide und Raps sowie das Restholz aus Wald und Industrie.

Eine Addition des jährlichen Biomassezuwachses auf diesen Flächen bei Trockenmasseerträgen pro ha von 18 t auf dem Acker, 7 t Reststoffen, 3 t auf Grasland, 9 t durch schnellwachsende Baumarten sowie 5 t durch Stroh ergibt ohne Restholznutzung 135 Mio. t Trockenmasse. Die Restholzmengen können auf 10 Mio. t geschätzt werden.

145 Mio. t Biomasse entsprechen 87 Mio. t Steinkohleeinheiten. Diese Energiemenge macht 20 % der 1990 in Deutschland an fossilen Energieträgern verbrauchten 435 Mio. t SKE aus. Bei sparsamerem Umgang mit Energie erhöht sich dieser Anteil zwangsläufig. Das Sparpotential bei fossilen Energieträgern wird in Deutschland auf mindestens 100 Mio. t SKE geschätzt (LAUSCH, 1989). Nach Erreichen dieses Sparzieles könnten 85 Mio. t SKE aus Biomasse 26 % der fossilen Energiemenge ersetzen. Wäre der politische Wille vorhanden, könnte Biomasse in unserem Lande und noch mehr in anderen Industriestaaten in erheblichem Maße zur Minderung der CO_2-Emissionen und damit zur Vermeidung einer Klimakatastrophe beitragen, ohne daß sich die Energiepreise wesentlich erhöhen müßten und die Umwelt zusätzlich gefährdet würde. Drei wesentliche Voraussetzungen sind jedoch zu erfüllen:

1. Die Energiebilanz muß mindestens 1 : 10 (Input : Output) betragen. Deshalb muß die gesamte Pflanzenmasse energetisch genutzt werden. Die Treibstoffproduktion aus Teilen der Pflanze ist nur zu rechtfertigen, wenn keine Energie-

aufwendige Konversion erfolgt und wenn auch die Restpflanze durch Verbrennung oder Vergasung energetisch genutzt wird.

2. Biomasse muß von einer Vielzahl von Pflanzenarten stammen, Monokulturen auf dem Acker und im Wald scheiden aus unserer Betrachtung von vornherein aus. Die Feuerungs- oder Vergasungstechniker müssen Energieträger unterschiedlicher Struktur, Dichte, Feuchte und Energiegehalte beherrschen.

3. Der Anbau der Energiepflanzen darf nicht zu einer weiteren Verschärfung der Umweltprobleme in der Landwirtschaft führen. Hierfür müssen Konzepte erarbeitet werden, die von vornherein zum Ziel haben, die wichtigsten Umweltprobleme der Landwirtschaft Bodenerosion, Eintrag von Nitrat und chemischen Pflanzenschutzmitteln in das Grundwasser zu vermeiden. Dies kann nur durch eine Vielzahl von energetisch nutzbaren Pflanzenarten in einem bodenschonenden Anbausystem erfolgen.

Im folgenden wird die Biomasseproduktion auf Acker und Grünland unter diesen ökologischen Aspekten bewertet.

3.6.2 Energiepflanzen vom Acker

Einjahrespflanzen:

Trockene Biomasse: Trockene Biomasse aus Einjahrespflanzen kann nur über Getreide (Korn und Stroh) geerntet werden. Hier sind die Anbautechniken bekannt. Kritisch zu bewerten ist der chemische Pflanzenschutzmitteleinsatz (Herbizide, Insektizide, Fungizide), ohne den das Ertragsrisiko sehr groß ist. Der Aufwand an Stickstoffdüngern ist hoch, kann jedoch durch proteinarme noch zu züchtende Sorten oder durch Auswahl alter, strohreicher Herkünfte stark reduziert werden. Die einseitige Nutzung von Getreide führt zu einer Einengung der Fruchtfolgen bis hin zu Monokulturen.

Feuchte Biomasse: Eine breite Palette von Pflanzenarten ist energetisch nur dann nutzbar, wenn diese feucht geerntet, in Silos konserviert und mit Wassergehalten zwischen 30 und 50 % verbrannt oder vergast werden. Die Techniken dafür sind vorhanden (z.B. VØLUND, 1990). Ein neues, an ökologischen Notwendigkeiten orientiertes Anbausystem für Energiepflanzen wird im folgenden beschrieben (SCHEFFER, 1988, 1989, 1992). Das Anbausystem beruht auf der Nutzung von zwei Fruchtarten pro Vegetationsjahr. Eine Zweifachnutzung wird möglich, da die Ausreife der Erstfrucht nicht abgewartet wird und somit Vegetationszeit für den Anbau einer Zweitfrucht gewonnen wird. Die Zweitfrucht wird ohne vorhergehende Bodenbearbeitung zwischen die Stoppeln der ersten Kultur gesät oder als 4 bis 6 Wochen alte Jungpflanzen gepflanzt. Diese "Bodenruhe" wirkt einem

Humusabbau entgegen, und die Stoppeln der Vorfrucht bieten einen idealen Schutz vor *Erosion*. Abbildung 1 zeigt die Doppelnutzung an einem Beispiel für eine 7-feldrige Fruchtfolge.

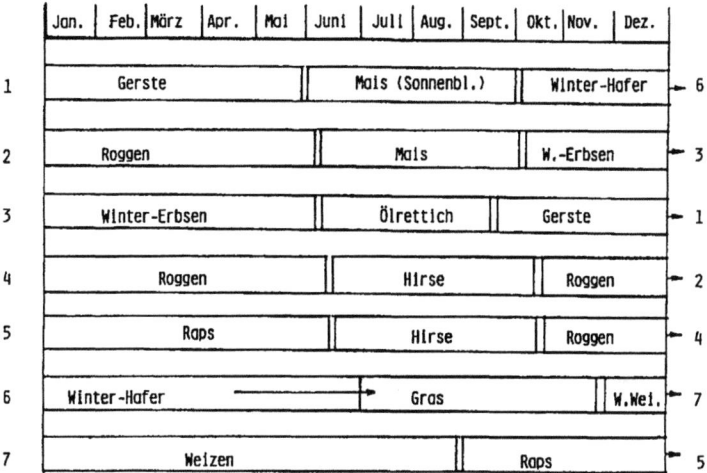

Abb.1. Eine immergrüne Fruchtfolge mit Energie- und Futterpflanzen.

Als überwinternde Kulturen eignen sich die heimischen Getreidearten, des weiteren Raps und Rübsen, einige Futterpflanzen und ebenso Winterleguminosen als Stickstoffsammler. Als Folgekulturen im Frühsommer werden Mais, Hirse und Sonnenblumen angebaut. Bei ausreichender Wasserversorgung kann durch das Auspflanzen dieser Kulturen der Biomasseertrag durch den zusätzlichen Vegetationszeitgewinn über die Jungpflanzenanzucht noch erheblich gesteigert werden. Aber auch weitere Arten, wie Ölrettich, Fenchel, Quinoa oder Gräser könnten als Folgekulturen geeignet sein. Gräser können im Frühjahr als Untersaat in Getreide eingesät werden.

Durch diesen Zweifruchtanbau erhält der Boden das ganze Jahr über eine wachsende und schützende Vegetationsdecke, die ständig Nährstoffe entzieht und somit Nährstoffauswaschungen, insbesondere von *Nitratstickstoff*, minimiert (KARPENSTEIN-MACHAN et al., 1992,a).

Herbizide werden gewöhnlich eingesetzt, um die Konkurrenz zwischen Kulturpflanze und Unkraut auszuschalten und einer Unkrautvermehrung durch Samenausfall vorzubeugen. Die Konkurrenz zwischen Unkraut und Kulturpflanze verliert an Bedeutung, wenn nicht nur die Kulturpflanze das Ernteprodukt darstellt, sondern wenn der Gesamtbestand einschließlich des Unkrauts (thermisch) nutzbar ist. Die frühzeitige Ernte der Winterfrüchte kann gleichzeitig die Samenreife und somit Vermehrung der Unkräuter verhindern. Eine Herbizidanwendung bei der Sommerfrucht ist nicht notwendig, wenn der Boden unbearbeitet bleibt und Unkrautsamen nicht zum Keimen angeregt werden und wenn die Ernte der Vorfrüchte zu einem Zeitpunkt erfolgt, bei dem diese nicht wieder austreiben. Dies ist bei Getreide und Leguminosen nach der Blüte gewährleistet. Eine Spätverunkrautung z.B. mit Gänsefuß bereitet noch Probleme. Hieran wird gegenwärtig verstärkt gearbeitet. Bei der Energiepflanzenproduktion kann auf *Fungizide und Insektizide* weitgehend verzichtet werden (KARPENSTEIN-MACHAN et al., 1992,b). Getreide und Raps werden in einem Stadium geerntet, in dem Pilzerkrankungen den Gesamtertrag wenig beeinflussen. Mais und Hirse werden von Pilzen und Insekten wenig geschädigt. Das gleiche gilt für Sonnenblumen, wenn sie frühzeitig geerntet werden.

Für das Auspflanzen von Jungpflanzen wurde ein neues Verfahren entwickelt. Die Anzucht der Jungpflanzen erfolgt in zigarrenähnlichen Anzuchtgefäßen, die mit leicht von Wurzeln durchdringbarem Papier umhüllt und mit trockenem Anzuchtsubstrat und Samenkorn gefüllt sind. Diese 'Zigarren' werden in eine endlose Folienrinne gestellt, wobei der Abstand der Zigarren dem späteren Pflanzenabstand entspricht. Die endlose Folienrinne ermöglicht die ungestörte Ausbreitung der Wurzeln, allerdings nur zu den benachbarten Pflanzen hin, wodurch ein vollautomatisches Auspflanzen ermöglicht wird. Die trocken verpackten Zigarren können über Monate hinweg, übereinander gestapelt, gelagert werden. Vier bis sechs Wochen vor dem geplanten Auspflanztermin beginnt durch Befeuchten die Anzucht der Jungpflanzen. Bei Frostgefahr geschieht dies in einfachen, aus Federstahl und Folie bestehenden Gewächshäusern, sonst im Freien, wobei mit einer Folienabdeckung die Keimung beschleunigt wird. Das Auspflanzen erfolgt mit einer Pflanzmaschine, mit der die Pflanzen an der Folie aus dem Pflanzenverband herausgezogen und nach bekanntem Prinzip über Pflanzscheiben in den Boden eingepflanzt werden. Dabei wird zuvor die Folie von den Wurzeln getrennt und aufgewickelt. Die Maschine pflanzt vollautomatisch mit einer Geschwindigkeit von 5 km/h (SCHEFFER, 1985).

Mehrjahrespflanzen (Beispiel Miscanthus sinensis):

Vielfach ist in der Öffentlichkeit der Eindruck entstanden, als sei Miscanthus die einzige für energetische Nutzung geeignete Pflanzenart. Dabei stehen neben der Vielzahl von Einjahrespflanzen auch weitere Mehrjahrespflanzenarten, wie z.B. heimische Schilfarten zur Verfügung. Über ihre Ertragsfähigkeit gibt es jedoch noch keine wissenschaftlichen Veröffentlichungen. Zu den Mehrjahrespflanzen müssen auch die schnellwachsenden Baumarten gezählt werden.

Noch ist nicht entschieden, ob Miscanthus eine unter ökonomischen und ökologischen Gesichtspunkten gut geeignete Energiepflanze darstellt. Endgültige Ergebnisse über die Höhe der Erträge in Abhängigkeit von Standort und Klima sind bundesweit erst in den nächsten 6 bis 8 Jahren zu erwarten. Erst dann kann

3.6 Anbau von Energiepflanzen und ihr Einsatz über Verbrennung oder Vergasung 143

ein Landwirt abschätzen, ob er die hohen Kosten für die Anpflanzung der Miscanthuskulturen tragen kann. Zusätzlich verzögernd für einen großflächigen Anbau wirkt sich die Unkenntnis über geeignete Methoden (und Kosten) zur Beseitigung der Wurzelmassen (Rhizome) nach Aufgabe oder nach Erfrieren einer Miscanthuskultur aus. Aus ökologischer Sicht ist der Verbleib der ca. 1.000 kg gespeicherten Stickstoffs pro ha in der Rhizommasse zu klären (KÖSTER, 1991).

Mehrjahrespflanzen können, falls sie sich als anbauwürdig erweisen, aus Gründen der Vielgestaltigkeit der Fruchtfolgen nur einen Teil der Ackerflächen besetzen. Ein wesentlicher Anteil der Biomasse wird immer aus dem Anbau von Einjahrespflanzen mit ebenso hohem Ertragspotential stammen. Somit gibt es keinen Grund, mit der energetischen Nutzung von Biomasse nicht sofort zu beginnen. In 7 bis 15 Jahren werden Mehrjahrespflanzen eine wichtige Ergänzung des Spektrums schon jetzt nutzbarer Energiepflanzenarten darstellen.

3.6.3 Energiepflanzen von Grünland- und Naturschutzflächen

Wertvolles Viehfutter kann von einer Grünlandfläche nur bei hohem Nährwert, d.h. in einem frühen Entwicklungsstadium der Futterpflanzen gewonnen werden. Somit ist eine Grünlandfläche nur dann gewinnbringend zu bewirtschaften, wenn der Aufwuchs in mehreren jährlichen Schnitten geerntet wird.

Bei einer Nutzung der Flächen für die Energiewirtschaft ist dies weniger bedeutsam, denn im Gegensatz zur energetischen Bewertung bei der Fütterung spiele das Entwicklungsstadium bei der Verbrennung keine Rolle. Sogar minderwertige und giftige Pflanzen, die sich bei verzögertem Schnittzeitpunkt und reduzierter Schnitthäufigkeit ausbreiten, sind im Heizwert nicht von anderen Pflanzenarten verschieden. Eine Reduzierung der Schnitthäufigkeit führt bei niedrigem Nährstoffeinsatz nicht zu einer Einbuße im Jahresertrag an Trockenmasse, der Wassergehalt des Erntegutes sinkt, die Erntekosten reduzieren sich (STÜLPNAGEL, 1991). Die ökologische und ökonomische Konsequenz dieser Betrachtung ist, daß sich Landwirten, die ertragsschwache Grünlandflächen bislang über aufwendige Viehhaltung genutzt haben, eine Nutzungsalternative bietet. Die ökologische Folge ist die mit verminderter Schnitthäufigkeit verbundene Artenvermehrung und Förderung der Lebensbedingungen der Wiesenfauna.

Unter ähnlichen Nutzungsaspekten müssen die in Deutschland vorhandenen und noch auszuweisenden Naturschutzflächen von bis zu 1 Mio. ha betrachtet werden. Um diese Flächen mit ihrer Grünlandvegetation zu erhalten und nicht einer natürlichen Sukzession hin zu einer Busch- und Waldvegetation zu überlassen, muß der Biomasseaufwuchs in regelmäßigen Abständen beseitigt werden. STÜLPNAGEL (1991) hat hierzu folgende Betrachtungen und Berechnungen durchgeführt: Kann der Aufwuchs nicht verfüttert werden, muß er nach dem Abfallbeseitigungsgesetz einer ordnungsgemäßen Verwertung zugeführt werden (Deponierung, Kompostierung). Das gleiche gilt für Biomasse aus Strukturelementen der Landschaft mit ihren Gräsern, Kräutern, Hecken, Büschen und Bäumen. Sowohl die zusätzlichen Kompostierungskosten als auch die Deponiekosten belaufen sich auf ca. 150 DM pro t Trockenmasse. Bei der thermischen Verwertung könnte hingegen ein Erlös von 150 DM/t TM frei Kraftwerk erzielt werden. Damit reduzieren sich die Erhaltungskosten für Naturschutzflächen ganz erheblich. Unter günstigen Bedingungen könnten sogar bei hohen Aufwuchsmengen und geringen Transport- und Pflegekosten Gewinne erzielt werden.

Die energetische Nutzung des Grünlandaufwuchses erleichtert somit vielerorts die Aufgabe der Viehhaltung mit der damit verbundenen Intensivbewirtschaftung des Grünlandes und erhöht die Bereitschaft zur Überführung größerer Flächen in Naturschutzgebiete.

3.6.4 Lagerung der Biomasse und Aufbereitung zu Brennstoff

Lagerung der Biomasse: Trockene Biomasse wird mit bekannter Erntetechnik zu kubischen oder zylindrischen Ballen gepreßt und vor Niederschlägen geschützt gelagert. Die geschützte Lagerung von Getreide (Korn + Stroh) ist im Gegensatz zu Stroh wegen der Gefahr der Keimung der Körner von besonderer Wichtigkeit. Weitere Probleme können durch Lagerschädlinge (Ratten, Mäuse, Vögel) auftreten. Miscanthus ist nur dann ähnlich problemlos wie Stroh lagerfähig, wenn die Pflanze zum Zeitpunkt der Ernte im Spätwinter genügend ausgetrocknet ist. Nach bisherigen Erfahrungen ist dies unter unseren Witterungsbedingungen nicht immer der Fall. Wenn sich bei größeren Anbauflächen die Erntezeit über einen längeren Zeitraum hinweg erstreckt, kann Miscanthus nur teilweise trocken geborgen werden. Für die Lagerung von feuchter Biomasse ist die Silierung vorgesehen (SCHEFFER, 1992). Die Silierung in großen Fahrsilos mit undurchlässigen Fundamenten und Auffanggruben für Sickersaft befreit von der witterungsbedingten Abhängigkeit vom Erntetermin. Sie ermöglicht das oben beschriebene ökologische Anbausystem mit einer Vielzahl von Pflanzenarten, geerntet in unterschiedlichen Entwicklungsstadien. Eine (teilweise) Trocknung des Erntegutes ist dabei in den Sommermonaten auf dem Feld vorgesehen, um die Transport- und Brennstoffaufbereitungskosten zu reduzieren. Durch das Anwelken von Getreide und Gras vor der Silierung läßt sich der Wassergehalt auf 50 bis 60 % reduzieren.

Aufbereitung zu Brennstoff: Biomasse ist energetisch durch Verbrennen oder Vergasen mit Wassergehalten zwischen 30 und 50 % gut nutzbar. Nach THIEM (1990) ist bei Wirbelschichtfeuerung und nach STREHLER (1992) bei Rostfeuerung die Biomasse mit Wassergehalten von 50 % noch gut verbrennbar. Wassergehalte von 50 bis 60 % enthält silierte Biomasse aus vorgewelktem Getreide und Gras. Durch Abpressen des feuchten Siliergutes aus Mais, Hirse, Sonnenblumen werden die Wassergehalte auf 50 % reduziert. Hierbei fällt Preßsaft an, der ebenso wie die Asche, als Nährstoffträger auf die Nutzflächen

3.6 Anbau von Energiepflanzen und ihr Einsatz über Verbrennung oder Vergasung

zurückgeführt wird. Nach unseren Untersuchungen enthält der Preßsaft bis zu 25 % des in der Pflanze enthaltenen Stickstoffs. Dieser Anteil wird nicht über den Brennvorgang emittiert, sondern als Dünger genutzt. Erste Untersuchungen zeigen auch, daß die Zumischung des sauren Preßsaftes zu Gülle zu einer erheblichen Reduktion von NH_3-Emissionen während und nach der Ausbringung der Gülle führen kann.

Die zur Verdampfung des Wasseranteils benötigte Energie (bei 50 % H_2O-Gehalt ca. 10 % der Gesamtenergie) kann durch Kondensation des Dampfes aus dem Rauchgas größtenteils zurückgewonnen und als Fernwärme genutzt werden. Ein solches als Brennwerttechnik bezeichnetes Verfahren wird in einem Holzhackschnitzel-Heizwerk in Dänemark angewendet (VØLUND, 1990). Das Kondenswasser kann auf den Feldern verregnet werden.

Niedrigere Wassergehalte sind wahrscheinlich bei der Vergasung der Biomasse erforderlich. Eine weitere Reduktion ist durch die Zumischung trockener Brennstoffe (Stroh, Getreide, Heu) möglich.

In Abb. 2 ist schematisch die Erfassung feuchter und trockener Biomassen dargestellt. Alle energetisch nutzbaren Ackerfrüchte sowie Reststoffe werden zu einem homogenen Brennstoff mit erwünschten Wassergehalten vermischt. Stroh spielt als trockener Brennstoff eine große Rolle. Da Stroh überall in großen Mengen anfällt, kann man im allgemeinen mit einem Anteil von 30 % an der genannten Brennstoffmenge (bezogen auf Trockenmasse) rechnen. Reicht das Stroh zur Reduzierung des Wassergehaltes nicht aus, steht zusätzlich reifes Getreide (in unserer Fruchtfolge vorzugsweise Triticale oder Winterhafer als Vorfrüchte von Raps) zur Verfügung. In Tabelle 1 sind Mischungsbeispiele und sich daraus ergebende Wassergehalte aufgeführt.

Tabelle 1. Ausgangswassergehalt von Biomassearten und Endwassergehalt von Mischungen unterschiedlicher Trockenmassenanteile am Brennstoff

Biomasse	Wassergehalt %	Trockenmassenanteile am Brennstoff %				
Stroh	15	30	30	50	20	30
reifes Getreide	15	20	10	-	20	-
Heu	15	10	10	-	-	-
Siliergut vorgewelkt; Getreide, Raps	55	20	20	25	25	30
Siliergut entwässert; Mais, Hirse, Sonnenblumen	50	20	30	25	35	40
Wassergehalt der Mischung %		35,5	38,8	39,2	42,1	45,0

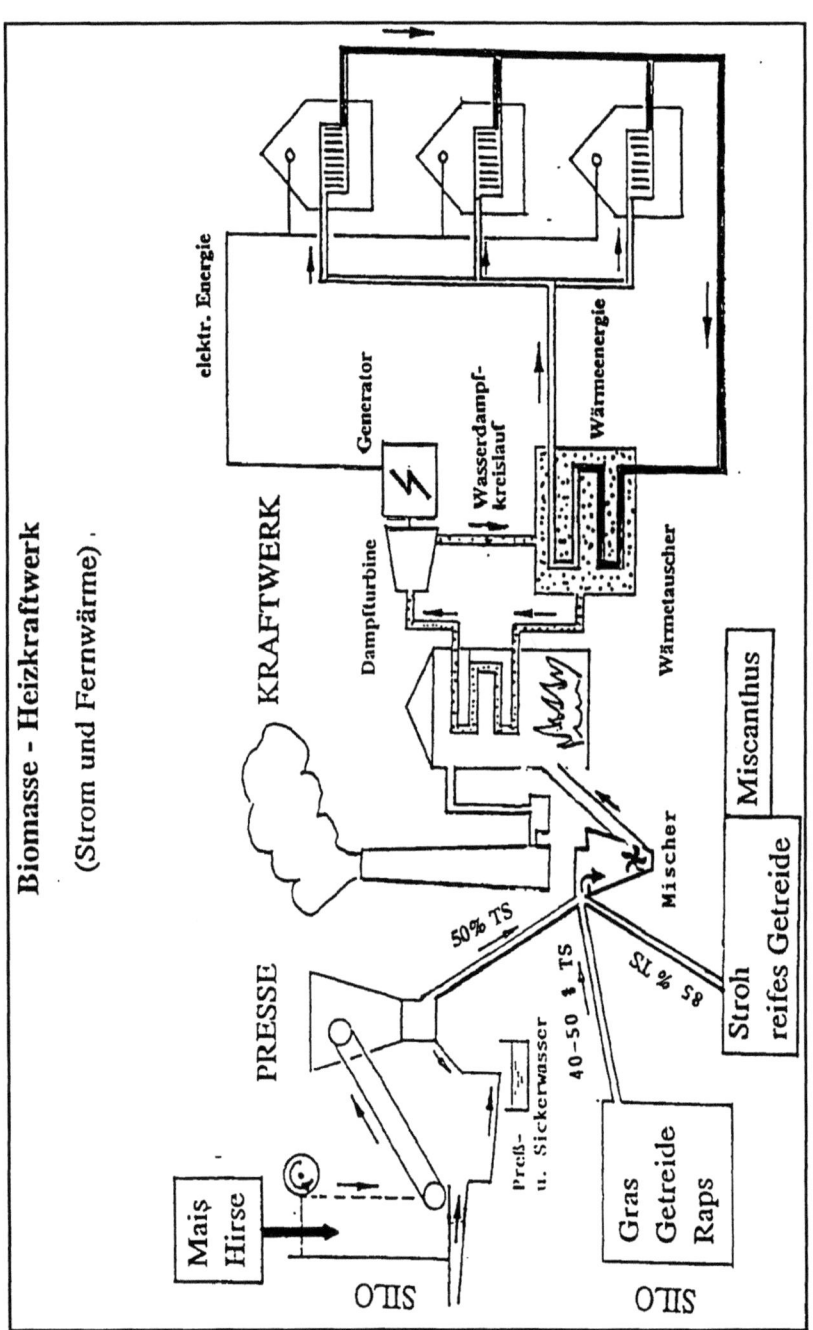

Abb. 2. Schematische Darstellung eines aus der Mischung verschiedener Biomassen betriebenen Heizkraftwerkes mit Kraftwärmekopplung

3.6 Anbau von Energiepflanzen und ihr Einsatz über Verbrennung oder Vergasung 147

Literatur

ELLIOTT, Ph. and R. BOOTH: Sustainable Biomass Energy; Selected Papers of Shell International Petroleum Company Ltd., 11 S., 1990.

HALL, D.O.: Welt-Energiebilanz; Intern. Symp. "Bioenergie - Energie aus lebenden Systemen", Zürich-Rüschlikon; Ref. Chem. Ind. 30, 146, 1978.

HOHMEYER, O.: Soziale Kosten des Energieverbrauchs; Springer Verlag, Berlin, 145 S., 1989.

KARPENSTEIN-MACHAN, M., K. SCHEFFER u. E. PAHMEYER: Zweifruchtanbau - die Chance für alternative Energiegewinnung; mais 3/92, 24 - 26, 1992(a).

KARPENSTEIN-MACHAN, M., E. SODIKIN u. K. SCHEFFER: Der Anbau von Getreide zur Brennstoffgewinnung in einem umweltfreundlichen Anbausystem; Mitt. Ges. für Pflanzen. bauwissenschaften 5, 95 - 98, 1992(b).

KOLLOCH, H.P.: Ökonomische Bewertung zur Ernte und zum Einsatz von Stroh und Schwachholz als Energieträger in Großfeuerungsanlagen; Diss. München-Weihenstephan, 1990.

KÖSTER, W.: Überlegungen zum Anbau von Miscanthus; Versuchsbericht LUFA Hameln, 1991.

LAUSCH, E.: Treibhaus Erde; GEO 9/89, 37 - 60, 1989.

ORTMAIER, E.: Biomasseerzeugung und -verwertung - wie rechnet sich das? Arbeitsunterlagen DLG, Biomasseerzeugung zur direkten energetischen Nutzung, 123 - 146, 1992.

PETERSEN, W.: Fernwärme aus Stroh für Hjordkaer; Top Agrar 2/92, 132 - 134, 1992.

SCHEFFER; K.: Das Pflanzen von Mais - Eine neue Methode zur Steigerung der Flächenproduktivität und zur Verhinderung von Bodenerosion; mais 1/85, 10 - 13, 1985.

SCHEFFER, K.: Mais und Zuckerhirse als Zweitfruchtpflanzen; Landtechnik 43, 100 - 101, 1988.

SCHEFFER, K.: Neue Möglichkeiten der Fruchtfolgegestaltung und Biomasseproduktion durch das Pflanzverfahren bei Vermeidung von Bodenerosion, Nitrateintrag und Gülleüberdüngung; VDLUFA-Schriftenreihe 28, Kongreßband 1988, 431 - 442, 1989.

SCHEFFER, K.: Brennstoff aus Biomasse - eine bedeutende Energiequelle für die Zukunft; mais 2/92, 30 - 33, 1992.

STREHLER, A.: Das CO_2-Einsparpotential durch Verwendung von Brennstoffen und Treibstoffen aus Biomasse mit Schwerpunkt "Energiepflanzen"; VDI Berichte Nr. 942, 127 - 147, 1992.

STÜLPNAGEL, R.: Thermische Verwertung von Biomasse vom Grünland - eine Chance für Landwirtschaft und Umwelt; Ziele und Wege der Forschung im Pflanzenbau; Festschrift für Kord Baeumer, Göttingen, 171 - 183, 1991.

THIEM, U.: Studie zur energetischen Biomassenutzung im Auftrag des Niedersächs. Ministers für Ernährung, Landwirtschaft und Forsten, Kap. 0903, Titel 68550, 1990.

VØLUND: Feuerungsanlage für unterschiedliche Brennstoffe; Projekt Info, Dänemark, 1990.

3.7 Einsatz schnellwachsender Baumarten im Kurzumtrieb zur Energiegewinnung

L. Dimitri
Forschungsinstitut für schnellwachsende Baumarten
und Hessische Forstliche Versuchsanstalt, Hann. Münden

Zusammenfassung: Der Einsatz schnellwachsender Baumarten im Kurzumtrieb zur Energiegewinnung ist eine zwischen der konventionellen Land- und Forstwirtschaft liegende neue Bodennutzungsart, mit der

- ein Teil der ehemals landwirtschaftlich genutzten Flächen wieder einer sinnvollen Nutzung zugeführt werden kann,
- ein positiver Beitrag zum Kohlenstoffhaushalt der Atmosphäre, zu Natur-, Landschafts- und Umweltschutz geleistet werden kann (Arten- und Erosionsschutz, Grundwasserneubildung u.ä.m.),
- eine volkswirtschaftlich als industrieller Rohstoff sowie als Energielieferant dringend benötigte lignocellulosehaltige Biomasse umweltfreundlich produziert wird,
- eine sinnvolle Rückführung organischer Stoffe in den natürlichen Kreislauf der Nährstoffe ermöglicht wird,
- ein wesentlicher Beitrag zur Erholung und Verbesserung landwirtschaftlicher Böden erreichbar ist und darüber hinaus auch noch
- die Chancen zur Vermarktung der in der konventionellen Forstproduktion als Koprodukt anfallenden Biomasse verbessert werden können (Absatzmöglichkeit für Brennholz aus dem Wald).

Hohe Biomasse-Erträge können vor allem mit den bereits geprüften Sorten/Klonen verschiedener Balsampappeln und deren Hybriden erreicht werden (12 t atro/a/ha und ggf. mehr).

Es besteht bereits eine gute Anbautechnik; die Ernte- und Verwendungstechnik muß noch verbessert bzw. neu entwickelt werden.

Bei einem einmaligen Zuschuß zu den verhältnismäßig hohen Anlagekosten und einer Preisfindung, die dem energetischen Wert entspricht, besteht bei dieser Bodennutzungsart durchaus die Möglichkeit einer umweltfreundlichen und langfristig subventionsfreien Bewirtschaftung.

Finanzielle Unterstützung für weitere Optimierungsversuche und zur Entwicklung geeigneter Ernte- und Verwendungstechniken kann durchaus als eine gute Investition für die Zukunft angesehen werden, weil diese Bodennutzungsart

3.7 Einsatz schnellwachsender Baumarten im Kurzumtrieb zur Energiegewinnung   149

- aus der Sicht der Ökologie und des Umweltschutzes vorteilhaft und
- aus ökonomischer sowie gesellschaftspolitischer Hinsicht vernünftig ist.

Die mit dieser neuen Bodennutzungsart und mit der Verwendung der Produkte verbundenen technischen Probleme können in verhältnismäßig kurzer Zeit gelöst werden. Langwieriger und wahrscheinlich komplizierter sind die politischen, rechtlichen und ökonomischen Probleme hierbei zu lösen.

3.7.1 Situation

Die aus Bäumen und ihrer Begleitflora sowie -fauna gebildeten Ökosysteme erfüllen zahlreiche, sehr wichtige Funktionen:

- Gestaltung und Sicherung der Natur und Landschaft: Schutz der Naturräume, Artenschutz, Landschaftsökologie und -gestaltung, Erosionsschutz.
- Erfüllung grundlegender Umweltfunktionen: Klimaausgleich, Wasserertrag, Luftqualität.
- Nutz- und Erholungsfunktion: Holz; andere Roh-/Nahrungsstoffe (z.B. Harz, Pilze, Früchte, Heilpflanzen, Wildbret, Honig u.ä.m.); Erholungs- und Heileinrichtungen.

Zur Erfüllung dieser für die weitere Entwicklung und Lebensqualität der Menschheit unersetzlichen, multifunktionalen Nutz-, Schutz- und Wohlfahrtwirkungen müßten die bestehenden Wälder unbedingt erhalten und vielerorts neue begründet werden. Dem stehen weltweit der große Bedarf an lignocellulosehaltigen Rohstoffen für industrielle Verwendung und Energiegewinnung sowie die Notwendigkeit der Waldrodungen, um landwirtschaftlich nutzbare Fläche zu erhalten, häufig entgegen.

Darüber hinaus wird die Existenz des Waldes durch anthropogen bedingte Schadstoffe stark gefährdet. Die genannten Bedrohungen des Waldes gaben den Anlaß dafür, daß an der UN-Konferenz für Umwelt und Entwicklung (UNCED) der Staats- und Regierungschefs 1992 in Rio de Janeiro einhellig eine Charta zum weltweiten Schutz der Wälder unterzeichnet wurde. Der stetig zunehmende Holz- und Energiebedarf erfordert aber nicht nur den Schutz, sondern auch eine umfangreiche Neuanlage von Wäldern und solchen Anlagen, in denen nachwachsende, lignocellulosehaltige Biomasse zur Energiegewinnung produziert werden kann ("Greening of the world").

Die Energie, die derzeit in der Biomasse der Erdoberfläche - meist als Bäume - gespeichert ist, kann mit den in den bekannten unterirdischen Brennstoffreserven vorhandenen verglichen werden (HALL, 1980).

Weltweit werden jährlich etwa 3 Mrd. Kubikmeter Rohholz produziert. In der Periode von 1974 bis 1978 wurden davon rd. 2,5 Mrd. m^3 genutzt (FAO, 1978).

In der Bundesrepublik werden von der Produktion eigener Wälder jährlich etwa 30 Mio. m³ genutzt und ca. die gleiche Menge für den Eigenverbrauch bzw. weitere Verarbeitung eingeführt - wertmäßig etwa 3 Mrd. DM.

Das Rohholz wird verwendet

- in der Welt   zu 47 % als Nutzholz und zu 53 % als Brennholz
- in der Europ.
  Gemeinschaft   zu 88 % als Nutzholz und zu 12 % als Brennholz
- in der Bundes-
  republik   zu 93 % als Nutzholz und zu 7 % als Brennholz

Schon dieser kurze Überblick zeigt, daß die Energiegewinnung aus lignocellulosehaltigen Rohstoffen in verschiedenen Teilen der Welt sehr unterschiedlich ist. Etwa 1,8 Mrd. Menschen sind in Ländern der Dritten Welt von Holz als primäre Energiequelle abhängig. Die Abhängigkeit wird in diesen Ländern in absehbarer Zeit noch weiterhin zunehmen, so daß bereits zur Jahrtausendwende 3 Mrd. Menschen unter Brennstoff-Mangel leiden werden, der nur durch Importe aus anderen Gebieten beseitigt werden kann (SENNERBY-FORSSE, 1992). Aber auch in den dichtbesiedelten und hochentwickelten Industrieländern erscheint der Anbau schnellwachsender Baumarten in kurzer Umtriebszeit zur Erzeugung lignocellulosehaltiger Biomasse aus folgenden Gründen sehr sinnvoll:

a) Der steigende Rohstoffbedarf der Holzindustrie wurde in der Vergangenheit durch stetig zunehmende Importe, vor allem aus Ländern der Tropen/Subtropen, gedeckt. Durch den absolut notwendigen Schutz der dortigen Wälder - u.a. auch wegen ihrer maßgeblichen Bedeutung für das Klima der Erde - und den steigenden Eigenbedarf wird dies künftig nicht mehr im erforderlichen Umfang möglich und vertretbar sein.

b) Aber auch in der chemischen Industrie ist ein eindeutiger Strukturwandel zur Verwendung nachwachsender Materialien als Rohstoff-Basis zu vermerken: Vor allem bei den auf Mineralöl-Basis beruhenden Kunststoffen wird sich der Anteil der aus unterschiedlicher Biomasse gewonnenen und abbaubaren Produkte wahrscheinlich stark erhöhen.

c) Die bereits früher geäußerte Auffassung, daß die Subvention der von der Landwirtschaft im Überfluß produzierten Nahrungsmittel auch aus Mangel an notwendigen Mitteln nicht mehr möglich sein wird, hat sich bestätigt (DIMITRI, 1988). Eine mögliche Alternative für einen Teil der bisher landwirtschaftlich genutzten Flächen stellt der in den sogenannten non food-Bereich fallende Anbau schnellwachsender Baumarten in kurzen Umtriebszeiten als eine neue Bodennutzungsart dar.

3.7 Einsatz schnellwachsender Baumarten im Kurzumtrieb zur Energiegewinnung 151

d) Infolge des großen Angebotes besteht heute auf dem Weltmarkt kein Mangel an Mineralöl für Energiegewinnung. Aus Erfahrung wissen wir aber, daß sich diese Situation schnell ändern kann und wegen der starken Belastung der Umwelt durch die Folgeprodukte sich schnell ändern muß! Sicherlich wird der Anteil der aus regenerativer Biomasse gewonnenen Energie in den Industrieländern nach wie vor nur ein bescheidener sein können. Man muß sie aber zusammen mit den anderen regenerativen Energiequellen vermehrt nutzen.

3.7.2 Kurze Begriffsbeschreibung

Der Anbau schnellwachsender Baumarten in kurzer Umtriebszeit ist fast in jeder Beziehung ein Übergang zwischen zwei konventionellen Wirtschaftsformen: Für die Landwirtschaft bedeutet dies eine erhebliche Extensivierung, für die Forstwirtschaft dagegen eine starke Intensivierung der Bewirtschaftung. Die enge Verknüpfung ist bereits aus der internationalen Bezeichnung dieser neuen Bodennutzungsart zu entnehmen:

- Forest **farming**
- **Agro-forestry** for food and energy
- Short rotation **forestry**
- **Energy** forest plantations.

Dies weist darauf hin, daß Anlagen mit forstlichen Pflanzen in einer der landwirtschaftlichen Nutzung ähnlichen Weise bewirtschaftet werden.

Als "schnellwachsend" werden in der Forstwirtschaft jene Baumarten bezeichnet, die auf geeigneten Standorten einen maximalen durchschnittlichen Gesamtzuwachs (DGZ max) von 10 - 12 Festmeter/Jahr und Hektar haben, wobei 75 % dieses Wertes bereits bis zu einem frühen Erntealter (30 - 50 Jahre) erreicht werden sollen (NOACK, 1979; RÖHRIG, 1979).

Da für die Holztechnologie, aber auch für die Energiegewinnung nicht nur das Volumen, sondern vor allem die produzierte Trockenmasse an Holz von besonderer Bedeutung ist, betrachten wir in diesem Zusammenhang solche Baumarten bzw. -sorten als "schnellwachsend", die auf guten Standorten in mittlerem Pflanzverband und während einer mittleren Umtriebszeit von 5 Jahren eine durchschnittliche Trockenmasseproduktion von wenigstens 10 t Trockensubstanz (t atro) je Jahr und Hektar produzieren (DIMITRI, 1989). Umgerechnet sind das 22 fm/a/ha und damit rd. die doppelte Leistung als die bereits oben für forstwirtschaftliche Verhältnisse erwähnte. Die Länge der Umtriebszeit (Nutzungsdauer, Rotation) richtet sich u.a. nach den qualitativen Anforderungen an das erzeugte Produkt.

Beim "Kurzumtrieb" (KU) wurden von SCHREINER (1970) drei Arten unterschieden:

1 Faser- oder Energieholz-KU (Umtriebszeit = 2 - 5 Jahre)
  - mini rotation.
2 Industrieholz-KU (U = 6 - 15 Jahre)
  - midi rotation
3 Stammholz-KU (U = 16 - 30 Jahre)
  - short rotation

Aus praktischen Gründen unterscheidet DIMITRI (1981) zwischen zwei Arten von Plantagen:

1. **Kurzumtriebsplantagen** (Abb. 1), die in Abhängigkeit der Baumart und der Wüchsigkeit der verwendeten Sorten
   - eine Umtriebszeit von etwa 2 bis 10 Jahren,
   - einen verhältnismäßig engen Pflanzverband,
   - eine Durchschnittshöhe von 3 bis 15 m und
   - einen durchschnittlichen Brusthöhendurchmesser bis zu 10 cm haben.

Abb. 1. Kurzumtriebsplantage mit mehrtriebig wachsenden Weiden
(rechts: Salix viminalis; links: S. dasyclados)

2. **Baumplantagen** (Abb. 2), die gekennzeichnet sind unter anderem durch
   - eine Umtriebszeit zwischen 10 und etwa 40 Jahren,
   - einen weiten Pflanzverband (bis 10 x 10 m),
   - eine mittlere Höhe von über 20 m und einen Brusthöhendurchmesser von über 20 cm.

3.7 Einsatz schnellwachsender Baumarten im Kurzumtrieb zur Energiegewinnung 153

Abb. 2. Baumplantage mit den Pappelklonen "Muhle Larsen" (links) und "Schubu" (rechts)

Nur bei den erstgenannten ist die Holzproduktion zur Energiegewinnung häufig das hauptsächliche Wirtschaftsziel. Bei den Baumplantagen fällt Holz als Koprodukt an (z.B. Kronen- und Astmaterial), das zur Erzeugung von Energie verwendet werden kann - wie dasjenige aus der konventionellen Forstproduktion.

3.7.3 Das Potential und die Ansprüche an die Anbaufläche

Mit der Zunahme der Bevölkerung in den heutigen Industriestaaten nahm auch der Anteil landwirtschaftlich genutzter Fläche von tieferen Ebenen bis in die höheren Gebirgslagen rasch zu. Bei mehr oder weniger stagnierender Anzahl der Bewohner und Anwendung moderner Produktionsmethoden (z.B. hochgezüchtete Anbausorten, intensiver Pflanzenschutz, rationelle, großbetriebliche Produktionstechnik) werden heute von der Landwirtschaft nun erheblich mehr Güter produziert als benötigt bzw. gewinnbringend auf dem Weltmarkt abgesetzt werden können. Die logische Konsequenz daraus ist eine zunehmende Flächenstillegung: In höheren Lagen mit meist ungünstigen Standortverhältnissen wird sich die Waldgrenze wieder nach unten verschieben. Für tiefere und ebene Lagen mit verhältnismäßig guten Standortbedingungen müssen neue Nutzungsarten entwickelt werden.

Die Größe der aus den genannten Gründen aus der landwirtschaftlichen Nutzung ausscheidenden Fläche ist zur Zeit nicht genau zu beziffern: Für die EG wird eine Flächengröße von 12 - 16 Mio. ha und für die Bundesrepublik Deutschland (alte Länder) eine solche von 1 - 3 Mio. ha geschätzt (WEISGERBER, 1988). Die EG-Kommission hat neulich veranschlagt, daß wegen der geringeren Zuschüsse bis zu 80 Mio. ha landwirtschaftlicher Flächen aus der Nahrungsmittel-Produktion ausgenommen, d.h. stillgelegt oder einer anderen Nutzung zugeführt werden (BUSCH, 1992). Nach Angaben von MUHS (1988) werden von den 13,5 Mio. ha landwirtschaftlich genutzter Fläche der alten Bundesrepublik bis zum Jahre 2000 etwa 2,5 - 3,3, möglicherweise sogar 4,8 Mio. ha einer anderen Nutzung zugeführt.

Ein Teil der an die bestehenden Wälder angrenzenden Fläche wird sicherlich aufgeforstet und konventionell bewirtschaftet werden. Der Anteil der mit schnellwachsenden Baumarten in kurzem Umtrieb bewirtschafteten Fläche wird auch von den qualitativen Standorts-Anforderungen begrenzt. Sehr gute Leistungen und eine rationelle Anbautechnik können nur auf Flächen erreicht werden, die

- einen guten Wasser-, Nährstoff- und Lufthaushalt sowie entsprechende Gründigkeit haben und
- in ganzjährig befahrbaren, möglichst ebenen Lagen liegen.

Der Nährstoff- und Lufthaushalt kann durch verschiedene agrotechnische Maßnahmen in gewissem Umfang verbessert werden. Entscheidend ist daher der Wasserhaushalt des Bodens, weil eine Bewässerung nur in seltenen Ausnahmefällen in Frage kommen kann.

Unter der Berücksichtigung dieser Kriterien wird die für die hier beschriebene Bodennutzungsart in Frage kommende Flächengröße mit 0,4 - 0,75 Mio. ha in den Ländern der alten Bundesrepublik geschätzt (WEISGERBER, 1988; MUHS, 1988).

Wenn wir auch das Flächenpotential der neuen Länder berücksichtigen, kann für die Bundesrepublik eine für den Anbau schnellwachsender Baumarten im Kurzumtrieb geeignete Fläche von mindestens 1 - 1,5 Mio. ha angenommen werden.

3.7.4 Pflanzenmaterial - Arten, Sorten/Klone

Wegen der erheblich intensiveren Bewirtschaftung muß bei dieser Art der Bodennutzung noch mehr als bei der konventionellen Forstproduktion auf die Eignung des Ausgangsmaterials geachtet werden. Entscheidende Kriterien für die Wahl sind u.a.:

- Sicheres Anwuchsverhalten,
- gute Wuchsleistung bereits in den ersten Jahren,
- leichte Vermehrbarkeit (möglichst durch Stecklinge),
- gutes Ausschlagvermögen nach der Nutzung des Stammteiles,
- hohe Widerstandsfähigkeit gegen biotische und abiotische Gefahren,
- möglichst breite Anbaueignung
- gute holztechnologische Eigenschaften (z.B. hoher Heizwert, Faserlänge usw.)

3.7 Einsatz schnellwachsender Baumarten im Kurzumtrieb zur Energiegewinnung   155

Diese unerläßlichen Eigenschaften werden nur von einigen Laubbaumarten erfüllt. In umfangreichen Versuchen des Forschungsinstitutes für schnellwachsende Baumarten haben wir die Robinie (Robinia pseudoacacia L.), Hainbuche (Carpinus betulus L.), Erlen (Alnus sp.), Birken (Betula sp.), Weiden (Salix sp.) und Pappeln (Populus sp.) getestet. Die Ergebnisse der jüngsten Auswertungen belegen, daß sich einige Arten der Balsampappeln (Sektion Tacamahaca; z.B. Klone und freie Abblüte der P. trichocarpa) sowie deren Kreuzungen (z.B. Hybride zwischen P. maximowiczii und P. trichocarpa) von der Massenleistung her besonders für den Kurzumtrieb eignen. Auch die intersektionellen Hybriden von Tacamahaca-Aigeiros haben eine überdurchschnittliche Wuchsleistung (P. trichocarpa x P. deltoides und P. nigra x P. maximowiczii).

Bei den Artkreuzungen zwischen P. trichocarpa x P. deltoides sind besonders die Klone 'Raspalje', 'Unal' und 'Beaupré'; zwischen P. nigra x P. maximowiczii, die Mehrklonsorte 'Max' (1 bis 5) zu nennen.

3.7.5 Anbautechnik und Schutz der Anlagen

Die Leistung der Klone und die Eigenschaften der Produkte wird neben der Standortsgüte von der Anbautechnik maßgeblich beeinflußt. Sie beinhaltet folgende Arbeits- bzw. Tätigkeitsbereiche:

- Bodenvorbereitung und -bearbeitung
- Einbringen der Stecklinge oder Pflanzen in den Boden
- Freistellen der Schößlinge von der Konkurrenzvegetation im ersten und ggf. im zweiten Jahr
- Mäusebekämpfung nach Bedarf: regelmäßige Beurteilung der Forstschutz-situation; ggf. rehwildsichere Gatterung bei Salix-Arten
- Beerntung und Abtransport der Biomasse
- Ersatz fehlender Nährstoffe

Alle diese Maßnahmen betreffen vor allem zwei Fragenkomplexe:

1. Steigerung der Biomasseproduktion (t atro/a/ha)
2. Optimierung der Bewirtschaftungskosten (DM/a/ha)

Hierzu werden nachfolgend lediglich einige Hinweise gegeben.

Da durch eine Bodenvorbereitung im Herbst des Vorjahres und Bodenbearbeitung vor der Pflanzung im Frühjahr sowohl der Wasser- als auch der Lufthaushalt verbessert wird, bewirken diese eine bessere Anwuchsrate und eine höhere Wuchsleistung. Eine Regulierung der Konkurrenzflora durch Herbizideinsatz bzw. durch mechanische Beseitigung ist auch hier nur bei extrem starkem Vorkommen vor allem im Jahr der Begründung notwendig; sonst wird der teure Einsatz durch die geringe Wirkung nicht gerechtfertigt (Abb. 3). Vor allem aus Gründen der Zweckmäßigkeit (Mechanisierung, Kostenersparnis usw.) sollte die Anlage mit Stecklingen begründet werden, die mit bereits vorhandenen Maschinen kostengünstig gepflanzt werden können.

Der Pflanzverband (der den Abstand der Pflanzen zwischen sowie in den Reihen und somit die Pflanzenzahl je Hektar charakterisiert) spielt eine entscheidende Rolle bei:

- den Kosten für Pflanzenbeschaffung,
- der späteren Bewirtschaftung (ggf. Bodenbearbeitung, Pflanzenschutz, Ernte)
- den qualitativen Eigenschaften sowie
- der Massenleistung der Pflanzen.

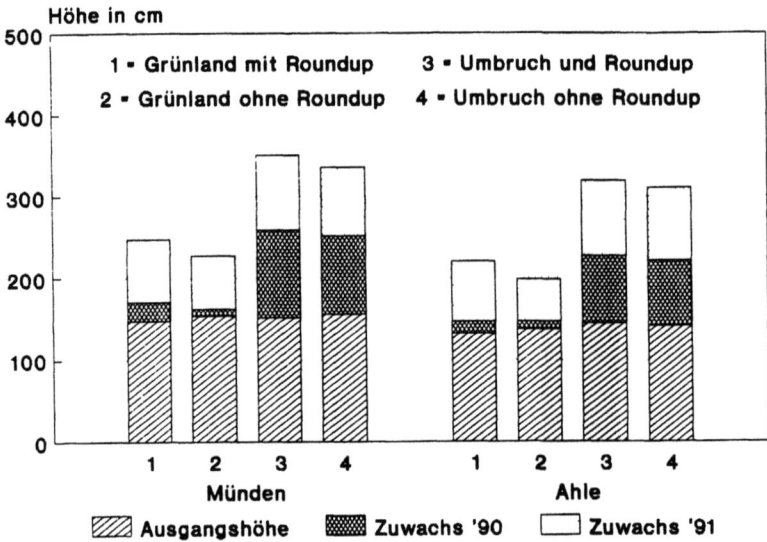

Abb. 3. Höhenentwicklung von Pappeln der Mehrklonsorten 'Ahle' und 'Münden' nach drei Vegetationsperioden in Abhängigkeit der Behandlung des Bodens und der Begleitvegetation

Die Massenleistung des Einzelbaumes ist die Funktion seiner Höhen- und Durchmesser-Entwicklung. Da zwischen der Höhe und dem Brusthöhendurchmesser (BHD) eine enge positive Korrelation besteht, wird hier nur die Entwicklung des letztgenannten in Abhängigkeit vom Pflanzverband erörtert. In Abb. 4 ist dieser Zusammenhang bei einem Weiden- (S. dasyclados) und drei Balsampappel-Klonen dargestellt. Nach einer verhältnismäßig gut vergleichbaren Ausgangslage ('84) haben die Pflanzen aller Klone den jeweils größeren Standraum besser genutzt und nach acht Vegetationsperioden einen stärkeren Durchmesser

3.7 Einsatz schnellwachsender Baumarten im Kurzumtrieb zur Energiegewinnung

entwickelt. Aufgrund der gewonnenen Daten konnte zwischen dem gemessenen Durchmesser und dem Trockengewicht der Einzelpflanze eine sehr enge, eindeutige Beziehung errechnet werden (Abb. 5): Wenn also die Weiden nach fünf Vegetationsperioden im Engverband (2 x 0,3 m) einen durchschnittlichen **Durchmesser** von ca. 38 mm und im Weitverband (3 x 0,6 m) einen solchen von rd. 48 - 50 mm erreicht haben (Abb. 4), so ist die **Trockenmasse** der Einzelpflanze im letztgenannten Verband etwa doppelt so hoch (Abb. 5). Die gleiche Beziehung besteht auch bei den Balsampappeln und ist besonders dann wichtig, wenn das Holz für industrielle Verarbeitung verwendet wird. Da aber bei der Verwendung des Materials zur Energiegewinnung seine teilweise vom Durchmesser abhängigen qualitativen Eigenschaften (z.B. Faserlänge u.ä.m.) von untergeordneter Bedeutung sind, ist hier nicht die Massenleistung des Einzelbaumes, sondern diejenige der ganzen Anlage entscheidend (s. unten).

Abbildung 6 ist deutlich zu entnehmen, daß bei Balsampappelklonen trotz z.T. erheblich geringerem Durchmesser die gesamten Trockenmassenerträge nach den ersten fünf Jahren (1. Rotation) bei engen Pflanzverbänden - wegen der sehr viel höheren Pflanzenzahl - die höchsten sind. Nur beim Weidenklon ist dies anders, weil die Weide artspezifisch mehrtriebig aufwächst und die Triebe den zur Verfügung stehenden Raum gut ausnützen. Dieser Zusammenhang ist in Abb. 7 deutlich zu sehen: Die Weide hat im fünften Jahr der 2. Rotation unabhängig vom Pflanzverband etwa 5 - 7 Triebe, wohingegen die Pappelklone meistens nur einen bzw. zwei Triebe aufweisen.

Je weniger Nebentriebe pro Stock vorhanden sind, umso besser ist in der Regel die Stammentwicklung und umso günstiger kann die Beerntung erfolgen.

Die Anzahl der Triebe ist von besonderer Bedeutung bei der maschinellen Beerntung - die bisher leider als weitgehend ungelöst betrachtet werden muß - und wenn die Anlage in längerem Umtrieb zur industriellen Verwertung des Materials dient.

Die Pappeln und die Weiden sind zwar potentiell von zahlreichen Krankheits- und Schaderregern bedroht (BUTIN, 1957; HUBBES, 1983; SZONTAGH, 1990); anhand der etwa zwanzigjährigen Erfahrungen können wir jedoch sagen, daß bisher keine bestandesbedrohenden Krankheiten und/oder Schäden aufgetreten sind. Im Feld-/Wald-Grenzbereich können bei für die Mäusevermehrung günstigen Bedingungen zuweilen Populationsdichten entstehen, bei denen eine rationelle Bekämpfung notwendig wird. Die anfänglich zur Vermeidung von Wildschäden als generell notwendig erachtete Einzäunung der Anlage wird bei größeren Flächen nicht mehr empfohlen.

Die Stockausschläge schnellwachsender Klone sind in den ersten beiden Jahren nach der Nutzung durch Windwurf besonders stark gefährdet. In ebenen und windexponierten Lagen muß für einen ausreichenden Windschutz gesorgt werden (Dauerwaldrand, Windriegel).

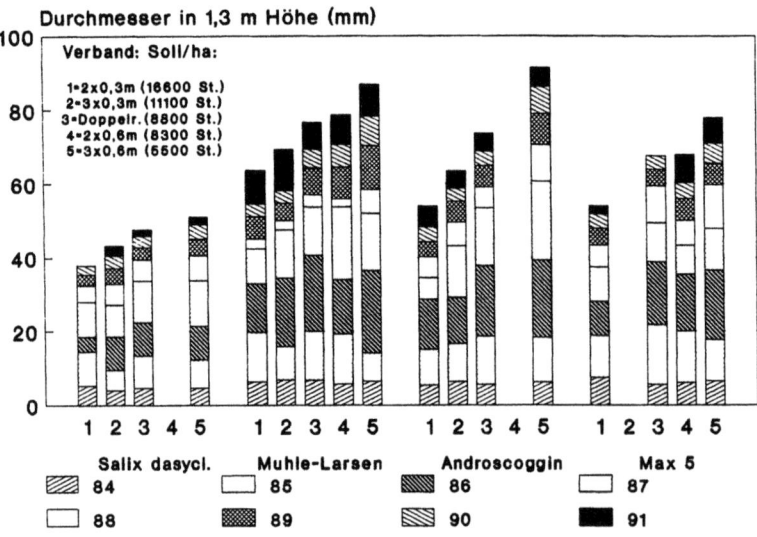

Abb. 4. Durchmesserentwicklung bei einem Weiden- und drei Balsampappelklon(en) nach acht Vegetationsperioden in Abhängigkeit vom Pflanzverband

Fünfjährige, eintriebige Pflanzen

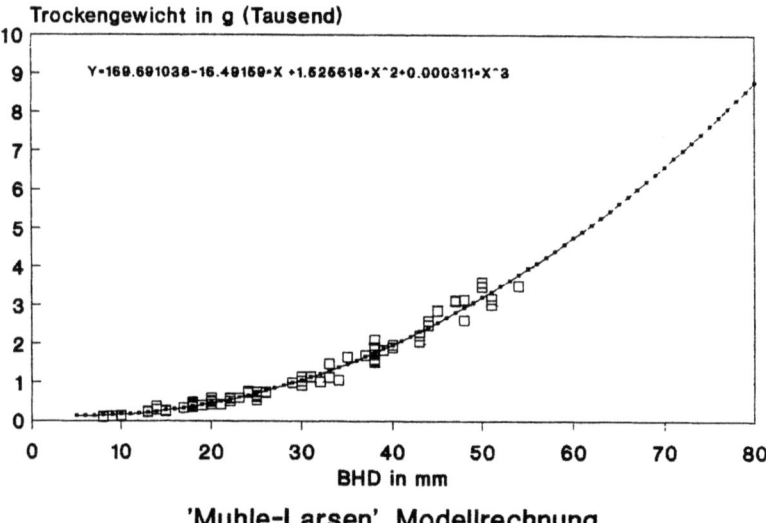

'Muhle-Larsen', Modellrechnung

Abb. 5. Beziehung zwischen Brusthöhendurchmesser (BHD) und Trockenmasse eintriebiger Pflanzen des Pappelklones 'Muhle-Larsen' nach fünf Vegetationsperioden

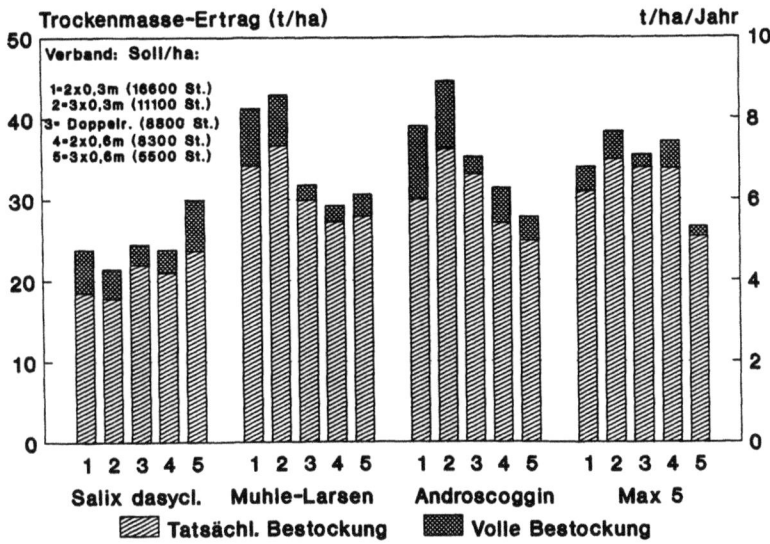

Abb. 6. Trockenmasse-Erträge verschiedener Pappelklone und eines Weidenklones (Salix dasyclados) bei tatsächlicher bzw. voller Bestockung nach fünf Vegetationsperioden in Abhängigkeit vom Pflanzverband

3.7.6 Kosten und Leistung der Anlage

Der anfänglich bei der Begründung von kleinen Versuchsflächen auf Waldstandorten und ehemals landwirtschaftlich genutzten Flächen erforderliche extrem hohe Aufwand (DIMITRI, 1988) konnte mittlerweile sowohl bei weiteren Großversuchen als auch bei der Anlage großer "Holzfelder" durch die Praxis erheblich reduziert werden. Die für die fünf Jahre dauernde 1. Rotationszeit notwendigen Kosten belaufen sich für Begründung, Pflege und Schutz auf rd. 2.500 - 3.500 DM/ha (DÖHRER, 1991; FRIEDRICH, 1992, mündl. Mitteilung).

Da für die maschinelle Beerntung des Materials derzeit nur verschiedene Prototypen existieren, können nach wie vor nur Richt- bzw. Rahmenwerte für die anfallenden Erntekosten angegeben werden: Sie betragen etwa 30 DM/t atro - einschließlich Hackschnitzelherstellung.

Aus mehreren Gründen scheint die unter hydraulischem Druck erfolgte Bündelung des Materials günstiger zu sein als seine Zerspanung gleich bei der Beerntung: Das gebündelte Erntegut trocknet verhältnismäßig gut unter Freilandbedingungen aus, wohingegen sich die feuchten Späne ohne künstliche Trocknung nur schlecht und unter schnellem Verlust an Trockenmasse (Abbau durch Mikroorganismen) lagern lassen (DIMITRI, 1988; MITCHELL and FORD-ROBERTSON, 1992).

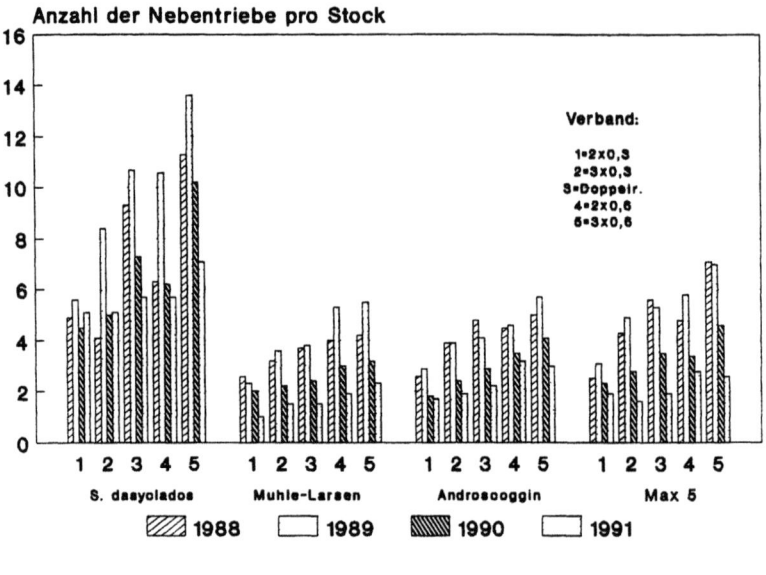

Abb. 7. Anzahl der Triebe je Stock bei einem Weiden- und drei Balsampappelklon(en) während der vier Jahre der 2. Rotationszeit in Abhängigkeit vom Pflanzverband

Die erwähnten Arten der Balsampappeln und deren Arthybriden haben ein ausgesprochen gutes Regenerationsvermögen. Es kann daher davon ausgegangen werden, daß die Anlagen mindestens in drei Rotationsperioden von jeweils 5 Jahren bewirtschaftet werden können.

Für die drei Umtriebsperioden fallen weitere Kosten von **jeweils** etwa 1.000 - 2.000 DM/ha für die Ernte an. Somit belaufen sich die Gesamtkosten für die Bewirtschaftung und dreimalige Nutzung auf rd. 600 DM/a/ha (3000 + 3x2000 = 9000 : 15 = 600).

Bei den ersten kleinflächigen Versuchen mit nicht für die Verwendung im Kurzumtrieb speziell gezüchteten Klonen und bei mehr oder weniger umfangreichen Ausfällen erzielten wir während der 1. Rotation eine durchschnittliche Massenproduktion von etwa 4 - 8 t atro pro Jahr und Hektar. In gleicher Größenordnung lag die Leistung auch im anbautechnischen Teil der 10 ha großen Versuchsfläche in Abbachhof (Abb. 6). Auf gleicher Versuchsfläche wurden zahlreiche neue Klone zur Prüfung ihrer Eignung für den Anbau im Kurzumtrieb getestet. Nach zweiter, jeweils 4 Jahre dauernder Wuchsperiode haben 27 Balsampappeln und Balsampappelhybriden eine durchschnittliche jährliche Trockensubstanzproduktion von mehr als 12 t pro Hektar erreicht. Folgende acht Klone lagen sogar über 18 t/ha/a:

1. Raspalje   24,3 t/ha/a
2. Unal   23,3 "
3. 218/75(8)   22,4 "
4. Max 1   19,3 "
5. Max 4   18,7 "
6. Trichobel   18,7 "
7. Ross Lake 1   18,2 "
8. Max 3   18,2 "

Auch wenn man die durchschnittlich-jährliche Trockensubstanzproduktion während der zwei jeweils vierjährigen Rotationsperioden betrachtet, haben 14 Klone der genannten Balsampappeln eine Leistung von über 12 t/ha/a gehabt. Bei der Anwendung bester Klone und einer rationellen Anbautechnik kann man während der drei Rotationsperioden von jeweils 5 Jahren z.Z. mit einer durchschnittlich-jährlichen Trockensubstanzproduktion von etwa 12 t/ha rechnen. Eine Produktionssteigerung auf durchschnittlich 15 - 20 t atro/a/ha scheint künftig durchaus möglich zu sein, wenn 1. die Anlage in Kombination bestwüchsiger und widerstandsfähiger Sorten begründet sowie 2. durch geeignete Maßnahmen der Luft-, Wasser- und Nährstoffhaushalt des Bodens erheblich verbessert wird (s. unten).

Die langfristige Produktion derartig hoher Mengen an Biomasse setzt natürlich eine hinreichende Nährstoffversorgung des Standortes voraus. Auf früher landwirtschaftlich genutzten Flächen werden zumindest während der ersten Rotation genügend Nährstoffe vorhanden sein. Dies zeigen auch die Ergebnisse der bodenkundlichen Versuche auf der Versuchsfläche Abbachhof: Eine zusätzliche Düngung mit den Hauptnährelementen P, K und Mg hat bei keinem der geprüften Klone die Wuchsleistung beeinflußt. Nur eine N-Düngung vermochte bei einigen Klonen den Sproßmassezuwachs zu steigern (MAKESCHIN et al., 1989).

Unsere Düngungsversuche auf mehreren Versuchsflächen zeigten, daß eine Zufuhr von 2 t/ha Volldünger (15/15/15) die Höhenwuchsleistung der Klone nur mäßig (10 - 15 %) erhöht hat (Abb. 8). Demgegenüber war die Leistung der Klone durch eine Düngung mit 35 t/ha ausgereiftem und seuchenhygienisch unbedenklichem Müll-Klärschlamm-Kompost (MKK), der in sandige Oberböden eingearbeitet wurde, durchschnittlich um mehr als 50 % erhöht (bei einigen Klonen sogar weit über 100 % !) (Abb. 9). Diese Mehrleistung ist wahrscheinlich nur zu einem geringen Teil auf die Zufuhr organischer Nährstoffe, sondern vielmehr auf die wesentliche Verbesserung der Bodendynamik (Lufthaushalt, Wasserhaltekapazität, biologische Tätigkeit) zurückzuführen.

Eine optimale Biomasseproduktion ist also von einer ausgewogenen Versorgung des Bodens mit den notwendigen Makro- und Mikronährelementen (MILLER, 1983), mit Wasser und Luft, aber auch von einer regen mikrobiellen Tätigkeit im durchwurzelbaren Raum abhängig. Von diesen Faktoren hängt nicht nur die Massenleistung, sondern natürlich auch die Widerstandsfähigkeit der Bäume erheblich ab.

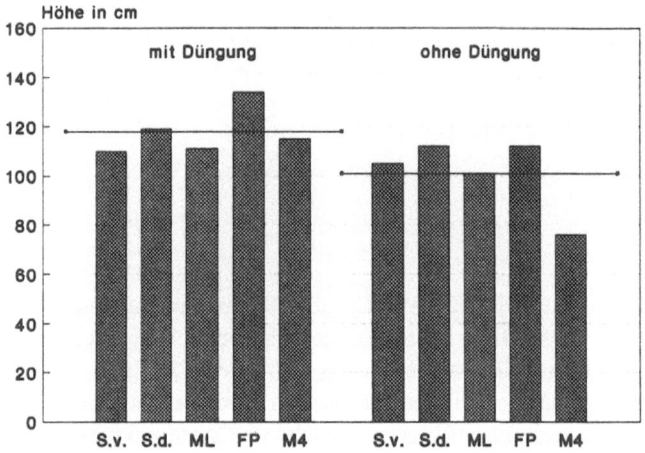

Abb. 8. Höhenwuchsleistung derselben Weiden- und Pappelklone mit bzw. ohne Düngung nach zwei Vegetationsperioden

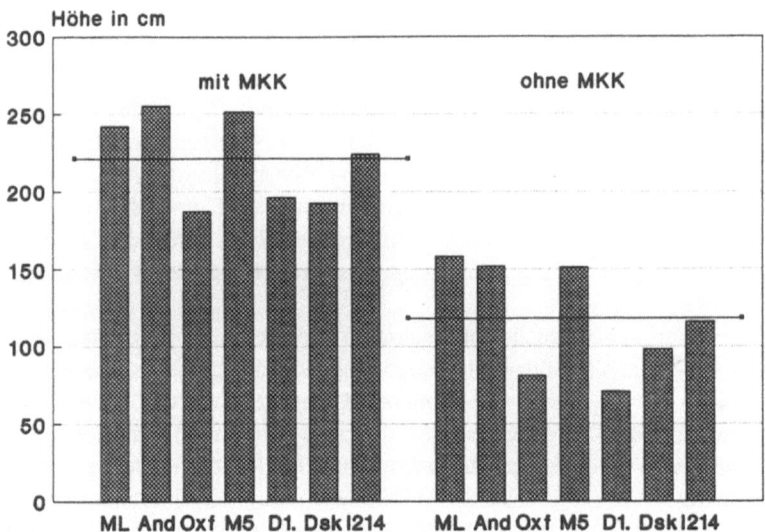

Abb. 9. Höhenwuchsleistung derselben Pappelklone mit bzw. ohne Müll-Klärschlamm-Kompost(MKK)-Düngung nach zwei Vegetationsperioden

3.7.7 Fragen der Ökonomie

Eine neue alternative Bodennutzungsart hat nur dann Aussicht auf eine erfolgreiche Anwendung, wenn sie:

3.7 Einsatz schnellwachsender Baumarten im Kurzumtrieb zur Energiegewinnung

- einzelbetrieblich oder gesamtwirtschaftlich vertretbar ist,
- sich nahtlos in den landwirtschaftlichen Betriebsablauf integrieren läßt und wenn
- dabei Produkte erzeugt werden, die privat- und/oder volkswirtschaftlich erwünscht und nutzbringend verwertet werden können.

Sollten dabei noch weitere Vorteile entstehen, so erhöht sich dadurch die Attraktivität beträchtlich (s. unten).

Geht man von der realistischen Annahme aus, daß mit geeignetem Ausgangsmaterial und rationeller Anbautechnik eine lignocellulosehaltige Biomasse von durchschnittlich 12 t atro je Jahr und Hektar produziert werden kann, so entspricht dies einer Energie-Menge von 54 Mio. kcal oder 62,4 Tsd. kWh oder 225 GJ.

Beim Vergleich der Heizwerte besteht zwischen 1 t atro Holz und Heizöl ein Verhältnis von 1:0,43 und zum Erdgas von 1:0,57. Einem Kilogramm Heizöl entsprechen also rd. 2,3 kg atro Holz. In den erwähnten 12 t atro Holz ist also eine Energieäquivalenz von etwa 5.200 l Heizöl gespeichert.

Einen Marktpreis für das Holz aus Kurzumtriebsplantagen gibt es z.Z. noch nicht. Für die nachstehende, rein orientierende Berechnung kann

a) der im staatlichen Forstbetrieb erzielte Durchschnittserlös für Gewichtsholz (z.B. in Hessen zwischen 1985 - 1990 = 85,- bis 100,- DM je t atro für Buchenholz) oder
b) der energie-äquivalente Heizölpreis, der jedoch wegen der höheren Bereitstellungs- und Bedienungskosten um 30 - 50 % gekürzt wird,

als Grundlage genommen werden.

Im ersten Fall ergibt sich zwischen Einnahmen und Ausgaben ein subventionsfreier Betrag von 420 bzw. 600 DM/a/ha und im zweiten Fall (bei der Annahme eines Heizölpreises von 0,40 DM/l) ein solcher von 440 bis 856 DM/a/ha.

Dies sind Erlöse, die zumindest einen erheblichen Beitrag zur Reduktion der umfangreichen Subventionen landwirtschaftlicher Betriebe leisten können.

Bei der Gewinnung von Energie aus Biomasse sind auch die Kenntnisse über die Relationen des Netto-Ertrages an Heizwert zwischen verschiedenen Pflanzenarten von besonderer Bedeutung: Nicht nur die Rentabilität der Anlagen, sondern auch die Umweltverträglichkeit kann davon erheblich betroffen werden.

Zur Frage der Energieerträge aus verschiedenen nachwachsenden Rohstoffen hat VOESTE (1981) einige interessante Daten mitgeteilt. Aus diesen geht eindeutig hervor, daß der **Netto-Ertrag** an Heizwert bereits bei einer Produktion von 10 t atro Holz pro Jahr und Hektar höher als bei Zuckerrohr und Zuckerrübe ist und daß in **Relation** zu den genannten Arten das Holz um rd. 30 % und gegenüber den anderen Vergleichsarten noch besser abschneidet.

Der günstige Netto-Ertrag an Energie ist nicht nur eine einfache Funktion der Massenproduktion, sondern vor allem die Folge des günstigen Verhältnisses zwischen eingesetzter und gewonnener Energie (input:output-Verhältnis). Wenn dieses Verhältnis in Naturwäldern sehr hoch (1:150) und bei der landwirtschaftlichen Nutzung sehr niedrig (etwa 1:1) ist, so betrug es bei intensiv bewirtschafteten Pappel-Kurzumtriebsplantagen (mit Bewässerung!) 1:4,3 (ZAVITKOVSKI, 1972). ZSUFFA (1982) vermutet, daß dieses Verhältnis bei Schnellwuchsplantagen - in Abhängigkeit von Standort, Notwendigkeit der Düngung und Bewässerung, Produktionstechnik - auf etwa 1:10 bis 1:50 verbessert werden kann.

Das Verhältnis von Energieeinsatz zum Energieertrag wird für die Kurzumtriebsplantagen in Schweden auf etwa 1:10 und in den USA auf 1:12 bis 1:25 (ohne die Energie für die Ernte) beziffert (SOYEZ, 1980; STEINBECK, 1984). Die Energiebilanz wird natürlich auch von der Nutzungsart wesentlich beeinflußt (Direktheizung, Biosprit u.ä.m.).

Neben dem höheren Netto-Ertrag muß auch die geringere Intensität und Risikobelastung der Bewirtschaftung genannt werden (z.B. einmalige Anlage in 10 - 15 Jahren, geringe bzw. keine Pflege nach dem 2. Jahr u.ä.m.), weil dadurch die Wirtschaftlichkeit und Flexibilität betroffen wird.

Zur Beurteilung der ökonomischen Situation ist ein Vergleich (1.) der **Kosten** verschiedener Brennstoffe und (2.) des finanziellen **Aufwandes** für die Beheizung mit ihnen sehr wichtig. Hierzu haben STORKAN und STOYAN (1992) die in den Tabellen 1 und 2 aufgeführten Daten mitgeteilt.

Tabelle 1. Brennstoffkostenvergleich

Brennstoffart	Maßeinheit (ME)	Kosten je ME frei Feuerungsanlage DM	Brennstoffkosten Pf/kWh
Nadelschichtholz			
- Selbstwerbung	Rm	9,25	1,1
- Ankauf	Rm	20,25	2,4
Hackschnitzel	s-m^3	19,08	3,4
Heizöl (leicht)	l	0,51	4,8
Erdgas	m^3	0,51	5,1
Stadtgas	m^3	0,55	11,4
Koks	t	430,00	6,3
Braunkohlenbrikett	t	228,00	5,4

Bei einem Vergleich der Brennstoffkosten bzw. der Gesamtkosten ergibt sich aus Tab. 1 und 2, daß sich das Holz, das aus Beständen mit schwächeren Dimensionen ab Durchforstungsmaterial (Schichtholz) bzw. aus holzbe- und -verarbeitenden Betrieben als Restholz (Hackschnitzel) gewonnen wird, hinsichtlich beider Werte als durchaus konkurrenzfähig erweist.

Tabelle. 2. Finanzieller Aufwand für die Beheizung eines normalgedämmten Wohnhauses (140 m² beheizte Fläche) mit unterschiedlichen Heizungsanlagen

Energieträger Anlagenart	Investitionen DM	Kapital- und Betriebskosten DM/a	Brennstoffkosten DM/a	Gesamtkosten DM/a	Pf/kWh
Schichtholz					
ohne Pufferspeicher	17.000				
- Selbstwerbung		2.620	310	2.930	10,0
- Ankauf		2.620	670	3.290	11,2
mit Pufferspeicher	21.500				
- Selbstwerbung		3.260	310	3.570	11,4
- Ankauf		3.260	670	3.930	13,4
Hackschnitzel mit Tagessilo	20.000	2.900	970	3.870	13,2
Heizöl	17.000	2.930	1.400	4.330	14,7
Erdgas	14.200	2.530	1.510	4.040	13,7
Flüssiggas	14.100	3.140	1.750	4.890	16,6
Stadtgas	13.500	2.420	3.370	5.790	19,7

Die folgende Berechnung soll anhand der mitgeteilten Daten belegen, daß dies auch für die im Kurzumtrieb produzierte Biomasse zutreffend ist:

a) Produktion: 12 t atro = 62.400 kWh
b) Kosten: 600 DM/a/ha Bewirtschaftungs-)
                              und Erntekosten) 780 DM
             12 x 15 DM/t Transportkosten) Gesamtkosten
             = 180 DM   )

78000 Pf : 62.400 = <u>1,25 Pf/kWh</u>

3.7.8 Ökologische Aspekte

Der landwirtschaftlich genutzte Boden ist in den letzten Jahrzehnten durch die Deposition von Luftschadstoffen und durch intensive Nutzung (Einsatz von Dünge- und Pflanzenschutzmitteln sowie schwerer Geräte) stark belastet worden. Eine Verbesserung dieses Zustandes und eine starke Erholung des Bodens erfolgt nach Anbau schnellwachsender Baumarten aus folgenden Gründen:

- Nach Anlage der Fläche wird das Bodengefüge ca. 15 Jahre lang nicht mehr gestört (Befahren bei Ernten nur bei Frost);

- die Holzgewächse durchwurzeln den Boden intensiver und tiefer als die landwirtschaftlichen Pflanzen (Nährstoffe auch aus tieferen Schichten);
- durch Verrottung des jährlich in großer Menge anfallenden Laubes
  - Zunahme des Humusgehaltes und
  - der Mikro- und Makrofauna (MAKESCHIN et al. 1989; MAKESCHIN,1992);
  - Verbesserung der Bodendynamik.

In den mehrjährigen Anlagen können zahlreiche Pflanzen- und Tierarten eine ökologische Nische finden, die auch nach der Nutzung der Bäume außerhalb der Vegetationsperiode nicht zerstört wird, da im kommenden Frühjahr schnell eine neue Pflanzendecke vorhanden ist.

3.7.9 Aspekte der Landschaftsökologie und des Umweltschutzes

Die mit verschiedenen Pappeln und Weiden begründeten mehrjährigen Anlagen stellen sehr markante Bilder in der freien Landschaft dar. Sie beeinflussen sowohl die Gestaltung als auch die Ökologie einer Landschaft in erheblichem Ausmaß. Durch die vielfältige Form und Farbe der Blätter und Äste sowie deren Änderung im Verlauf der Vegetationszeit prägen sie das ästhetische Bild der Landschaft in charakteristischer Weise.

Die Anlage hat einen beträchtlichen Einfluß auf die örtliche Witterung durch die ausgleichende Wirkung auf Licht-, Temperatur- und Windverhältnisse (z.B. Schutz der angrenzenden landwirtschaftlichen Kulturen). Infolge der höheren Schneeansammlung und verzögerter Schneeschmelze tragen sie zur besseren Grundwasser-Neubildung sowie zur Verhütung von starken Erosionen in erheblichem Maße bei.

Es ist bekannt, daß durch die Energiegewinnung aus fossilen Energieträgern in großem Umfang Kohlendioxid, das bei ihrer ursprünglichen Produktion gebunden wurde, nun wieder freigesetzt wird. Dadurch wird die Atmosphäre mit CO_2 angereichert, was wiederum infolge des sogenannten Treibhauseffektes zu einer langfristigen Erhöhung der Durchschnittstemperatur führt.

Bestehende und insbesondere neu begründete Wälder wirken als Senker im Kohlenstoffhaushalt der Erde, weil sie für die Produktion von Biomasse CO_2 benötigen und dieses eine mehr oder weniger lange Zeitspanne konservieren (BURSCHEL et al., 1992). Bei der Energiegewinnung aus Biomasse, die in Kurzumtriebsplantagen produziert wurde, wird das ursprünglich gebundene CO_2 zwar wieder freigesetzt. Diese Plantagen sind bei dem Kohlendioxidhaushalt der Atmosphäre aber trotzdem nicht neutral, weil sie durch Substituierung fossiler Energieträger insgesamt zu einer CO_2-Reduktion beitragen können (KÜRSTEN und BURSCHEL, 1991).

Die Auswirkungen der Energiegewinnung aus Biomasse auf die Umwelt werden im wesentlichen beeinflußt durch:

- die Art der Nutzung (z.B. Verfeuerung, Vergasung),
- Entwicklungsstand der Anlagen,
- Eigenschaften des Rohstoffes (z.B. Holz/Rinden-Anteil, Feuchtigkeitsgehalt).

Emissionsmessungen zeigen, daß bei Verfeuerung von Holz/Holzhackschnitzeln kein SO_2, weniger CO und Staub, dafür aber mehr Kohlenwasserstoffe als bei der Kohle abgegeben werden (HUISGEN, 1987) und bei einer modernen Großfeuerungsanlage die Emissionen unter den strengen Auflagen des Umweltschutzes bleiben, die Asche als Reststoff wiederverwendet werden kann und somit ein geschlossener ökologisch/technischer Kreislauf gegeben ist (AMSCHL, 1987).

3.7.10 Schlußbetrachtung

Die Nutzung der in der nachwachsenden Biomasse gespeicherten Sonnenwärme ist die älteste Form der Energiegewinnung der Menschheit.

Dafür, daß die einstrahlende Sonnenenergie bei der Produktion von Biomasse häufig nur mit einem Wirkungsgrad von weniger als 1 % genutzt wird, sind hauptsächlich verschiedene Umweltfaktoren (z.B. Nährstoff- oder Wassermangel, Temperaturextreme, biotische Konkurrenten) verantwortlich. Ohne die Notwendigkeit einer Verbesserung fundamentaler physiologischer Mechanismen in Lichtnutzung/-verbrauch wäre eine Erhöhung des Wirkungsgrades auf etwa 5 % möglich, wenn man einerseits auf die erwähnten Umweltfaktoren (COOMBS, 1983) und zum anderen auf die genetisch gesteuerten Eigenschaften des Ausgangsmaterials Einfluß nimmt.

Zur Lösung folgender Probleme müssen Alternativen gefunden werden:

1. Reduktion der hohen Subventionen, die für landwirtschaftliche Überproduktion und/oder als Prämien für Flächenstillegung benötigt werden.
2. Erhaltung bäuerlicher Strukturen und Arbeitsplätze.
3. Erhöhung des Anteiles an regenerativer Energie.
4. Bindung von CO_2 in Biomasse und dessen Reduktion in der Atmosphäre durch Substituierung fossiler Energieträger.
5. Erhöhung des Anteils der Selbstversorgung an lignocellulosehaltigen Rohstoffen.
6. Verbesserung des Natur-, Landschafts- und Umweltschutzes in der freien Landschaft.

Eine sehr günstige Möglichkeit ergibt sich hierzu durch den Anbau schnellwachsender Baumarten in kurzen Umtriebszeiten auf ehemals landwirtschaftlich genutzten Flächen, wenn

a) Anbaufläche mit erwünschten Eigenschaften bereitgestellt,
b) Ausgangsmaterial mit hohem genetischen Wert (vor allem hohe Massenleistung und Widerstandsfähigkeit) gewählt,
c) die Nährstoffversorgung und die Dynamik des Bodens (Lufthaushalt, Wasserhaltekapazität, mikrobiologische Tätigkeit) u.a. durch die Anwendung ausgereifter, seuchenhygienisch unbedenklicher Müll-Komposte verbessert,
d) rationelle Anbau- und Erntetechnik entwickelt und
e) die energetische Nutzung der Biomasse in zeitgemäßen Verbrennungsanlagen umweltfreundlich genutzt

wird.

Einige dieser "Wenn's" sind bereits hinreichend gelöst, andere wiederum - wie z.B. Erntemaschinen, Verbrennungsanlagen - sind derzeit in der Entwicklung bzw. Erprobung.

Aber alle Möglichkeiten und Notwendigkeiten im **technischen** Bereich können verhältnismäßig zügig gelöst werden. Probleme können sich 1. bei der politischen Willensbildung, 2. bei zügiger gesetzlicher Regelung und 3. bei der Preisgestaltung, die dem energetischen Wert des produzierten Materials entspricht, ergeben. Dieser politisch/ökonomische Bereich bereitet derzeit größere Schwierigkeiten.

Literatur

Amschl, A., 1987: Biomasse-Fernheizwerk in der Steiermark ist in Betrieb. Holz-Zbl. Nr. 148, S. 2265

Burschel, P.; Weber, M.; Kürsten, E., 1992: Stellungnahme zur Anhörung der Enquete-Kommission des Deutschen Bundestages zum Schutz der Erdatmosphäre am 16. und 17. Januar 1992. Mitt.Lehrstuhl für Waldbau u.Forsteinrichtung der Univ. München

Busch, J., 1992: Western-Europe could reduce CO_2 emissions by a third. Enviro Nr. 13, 18-21

Butin, H., 1957: Die blatt- und rindenbewohnenden Pilze der Pappel unter besonderer Berücksichtigung der Krankheitserreger. Mitt. BBA, Berlin-Dahlem, Heft 91

Coombs, J., 1983: Improving biomass productivity. 2nd E.C. Conference Energy from Biomass, 103-110

Dimitri, L., 1981: Einige Fragen zum Waldbau der Plantagen. Forst- u. Holzwirt, 36, 493-500

Dimitri, L., 1988: Bewirtschaftung schnellwachsender Baumarten im Kurzumtrieb zur Energiegewinnung. Schr.Reihe d.Forschungsinstitutes f.schnellwachsende Baumarten, Bd. 4

Dimitri, L., 1989: Anbau schnellwachsender Baumarten zur Energie- und Rohstoffgewinnung auf bisher landwirtschaftlich genutzten Flächen. Forst- u. Holz, 44, 307-311

Döhrer, K., 1991: Praktische Erfahrungen mit der Anlage großer Holzfelder. Holzzucht, 3/4, 27-30

FAO, 1978: Yearbook of forest products statistics. Food and Agriculture Organisation of United Nation, Rome, 428 pp.

Hall, D.O., 1980: Biomass: solar energy through biology-fuels now and in the future. In: Troisiemes assises internationales de l'environment, Dec. 9.-11., Paris, 411-444

Hubbes, M, 1983: A review of the potential diseases of Alnus and Salix in energy plantations. Report No. 5 IEA - Forestry Energy Agreement, OTIFBI, Maple, Canada

Huisgen, M., 1987: Emissionsmessungen an Hackschnitzelfeuerungen, Holz-Zbl. Nr. 148, 2257-2258

Kürsten, E. und Burschel, P., 1991: Forstliche Energieplantagen und Treibhauseffekt. Holz-Zbl. Nr. 123/127, 1953-1954 und 2010-2012

Makeschin, F.; Rehfuess, K.E.; Rüsch, I. und Schörry, R., 1989: Anbau von Pappeln und Weiden im Kurzumtrieb auf ehemaligem Acker: Standörtliche Voraussetzungen, Nährstoffversorgung, Wuchsleistung und bodenökologische Auswirkungen. Forstw.Cbl., 108, 125-143

Makeschin, F., 1992: Influence of fast growing poplars and willows on the soil macrofauna on formerly arable land. In: GRASSI,G.; COLLINA, A. and ZIBETTA, H.: Biomass for energy, industry and environment, 97-103. Elsevier App. Sci., London and New York

Miller, H.G., 1983: Wood energy plantations - diagnosis of nutrient deficiencies and the prescription of fertilizer applications in biomass production. Report No 3, IEA-Forestry Energy Agreement, OTIFBI, Maple, Canada

Mitchell, C.P. and Ford-Robertson, J.B., 1992: Supply systems for short rotation energy forestry in the UK. In: Mitchell, C.P.; Sennerby-Forsse, L. and Zsuffa, L.: Problems and perspectives of forest biomass energy. Swed.Univ. of Agricult.Sci., Uppsala, 31-35

Muhs, H.-J., 1988: Biomassza termelési és hasznositási kisérletek eredményei az NSzK-ban. Symp. Erdögazdálkodás-Racionális Földhasználat, Budapest

Noack, D., 1979: Holzeigenschaften und Verwendungsmöglichkeiten schnellwachsender Baumarten. Forst- u.Holzwirt, 34, S.112

Röhrig, E., 1979: Waldbauliche Aspekte beim Anbau schnellwachsender Baumarten. Forst-u.Holzwirt, 34, 106-112

Schreiner, E.J., 1970: Mini-Rotation forestry. USDA Forest Service Res. Paper NE-174

Sennerby-Forsse, L., 1992: Problems and perspectives of forest biomass in developing countries. In: Mitchell, C.P.; Sennerby-Forsse, L. and Zsuffa, L.: Problems and perspectives of forest biomass energy. Swed.ed.Univ. of Agricult.Sci., Uppsala, 10-17

Soyez, D., 1980: Waldenergie und Energiewälder. Bericht vom "Intern.Forestry Energy Meeting" Schweden. Allg.Forstz. Nr. 48, 1345-1348

Steinbeck, K., 1984: Short-Rotation forestry as a biomass source: an overview. Manuskript, Universität Georgia, Athens/USA

Storkan, O. und Stoyan, D., 1992: Ökonomische Betrachtungen zur Energiegewinnung aus Holz. "Der Wald" Nr. 5, 155-156

Szontagh, P., 1990: Pflanzenschutz in Pappel- und Weidenbeständen (ung.). All.Gaz. EFSz, Budapest

Voeste, Th., 1981: Holz als Rohstoff für Chemie und flüssige Kraftstoffe. In: Hüttermann, A., 1981: Wald als Rohstoffquelle. Schriftenr. d.Forstl. Fakultät d.Univ. Göttingen, Bd. 69, 126-139

Weisgerber, H., 1988: Aufforstung landwirtschaftlicher Flächen aus forstlicher Sicht - Neue Anbauformen mit raschwüchsigen Baumarten in kurzen Umtriebszeiten. Agrarspectrum, 14, 213-232

Zavitkovski, J., 1972: Energy production in irrigated, intensively cultured plantations of Populus "Tristis" and Jack Pine. Forest Science, 25, 383-392

Zsuffa, L., 1982: The production of wood for energy. In: Smith, W.R. (Ed.), 1982: Energy from Forest Biomass. Acad-Press, New York, London, 5-17

3.8 Aufbereitung und Verfeuerung von Biomasse als Festbrennstoff

Dr. A. Strehler
Bayer. Landesanstalt für Landtechnik, Vöttinger Straße 36, D-8050 Freising

Zusammenfassung: Strenge Vorschriften zum Betrieb von Biomassefeuerungsanlagen verteuern diese Art der Energiegewinnung, stellen jedoch auf der anderen Seite sicher, daß die Umwelt nicht unnötig belastet wird. Die Staubemission und der Gehalt an Kohlenmonoxyd sind die wesentlichen kritischen Faktoren. Die Technik zur Brennstoffaufbereitung ist sehr vielgestaltig, sie erstreckt sich vom Zerkleinern von Holz und Stroh mit Häckselgeräten über die Verdichtung zu Ballen bis hin zum Pelletieren. Der Energiebedarf zum Hacken von Holz liegt bei 6 - 8 kWh/t, zur Pelletierung von Massengetreide muß mit 40 kWh/t gerechnet werden, die Erstellung von Compactrollen verlangt jedoch nur 3 - 5 kWh/t. In der Feuerungstechnik wurden über die letzten Jahre sehr große Fortschritte erzielt. Diese beziehen sich vor allem auf die Feuerungsqualität. Es ist gelungen, die Emission von Feststoffen, Geruch und Kohlenwasserstoffen wesentlich zu reduzieren. Biomassefeuerungen werden im Bereich von Kleinanlagen mit 3 - 15 kW, aber auch bis 100 MW für Großanlagen angeboten. Bei den Scheitholzkesseln ging die Entwicklung in den letzten Jahren stark zu den Gebläsekesseln. Absätzig beschickte Feuerungsanlagen werden sinnvollerweise mit Wärmespeichern verbunden. Anlagen zur automatischen Brennstoffnachführung senken den Arbeitsbedarf und erlauben ähnlichen Komfort wie Ölfeuerungsanlagen. Biomassebrennstoffe haben den positiven Effekt des geschlossenen Kohlenstoffkreislaufes, ihre energetische Nutzung trägt also nicht zum Treibhauseffekt bei. Große Strohfeuerungsanlagen wurden vor allem in Dänemark weiterentwickelt und in die Praxis eingeführt, da dort das Ölpreisniveau entsprechend höher lag. Besondere Anstrengungen im Bereich der Verbesserung von Regelungssystemen lassen in der Zukunft erwarten, daß die Biomassefeuerungsanlagen noch umweltfreundlicher betrieben werden können.

3.8.1 Einführung

Biomasse liegt in vielen Formen als Energieträger vor. Das größte Potential steht z. Zt. aus Reststoffen wie Holz und Stroh zur Verfügung. Je nach Absicht der Pflanzenproduktion können die genannten Stoffe auch als Nebenprodukte oder Beiprodukte aufgefaßt werden. Darüberhinaus lassen sich in der Landwirtschaft spezielle Energiepflanzen produzieren, deren Endprodukte als Festbrennstoffe oder Flüssigenergieträger vorliegen. Während trockene Reststoffe oder Nebenprodukte hauptsächlich über die Verfeuerung der Wärmegewinnung zugeführt werden, besteht im Bereich der Energiepflanzen zusätzlich noch die Möglichkeit, die

3.8 Aufbereitung und Verfeuerung von Biomasse als Festbrennstoff 171

Aufbereitung bis zu Treibstoffen durchzuführen wie Pflanzenöl als Dieselersatz und Äthanol als Benzinersatz oder -zusatz.

Aufgrund der begrenzten Verfügbarkeit fossiler Energieträger und wegen der CO_2-Problematik gewinnen Biomasse-Energieträger als regenerative Energieformen zunehmend an Bedeutung. Der weitgehend geschlossene Kohlenstoffkreislauf ergibt den Vorteil, daß Energiepflanzen nicht bzw. nur marginal zum Treibhauseffekt beitragen.

3.8.2 Brennstoffeigenschaften

Biomasse-Energieträger werden durch ihre chemische Zusammensetzung (s. Tabelle 1) und durch ihren physikalischen Zustand (s. Tabellen 2 und 3) charakterisiert.

Bei den feuerungstechnischen Kennwerten stellt der hohe Anteil an flüchtigen Bestandteilen den wesentlichen Unterschied zu fossilen Energieträgern dar. Die Anlagen zur energetischen Umsetzung müssen diesem Faktor durch entsprechende konstruktive Merkmale Rechnung tragen. Bei absätzig (diskontinuierlich) beschickten Anlagen ist die Aufteilung in Primär- und Sekundärbrennkammer sehr wichtig. Physikalische Unterschiede, vor allem durch Teilchengröße und Feuchtegehalt haben einen großen Einfluß auf die Feuerungsqualität und Automatisierbarkeit der Beschickung. Zur Holzzerkleinerung ist ein relativ geringer Kraftaufwand nötig, Häckseln 6 - 8 kW/t. Das Pelletieren von Stroh verlangt hingegen 40 - 50 kWh/t.

Tabelle 1. Eigenschaften von Biomasse-Brennkraftstoffen

Brennstoff Kraftstoff	Heizwert Hu wasserfrei in MJ/kg	flüchtige Best.teile %	Asche-gehalt %	Elementgehalte in %				
				C	H	O	N	S
Stroh(Weizen)	17,3	74	6	45	6,0	43	0,6	0,12
Ganzpflanze (Weizen)	17,5	76	3,5	45	6,0	43	1,8	0,20
Holz ohne Rinde	18,5	85	0,5	47	6,3	46	0,16	0,02
Rinde	16,2	76	3	47	5,4	40	0,4	0,06
Holz mit Rinde	18,1	82	0,8	47	6,0	44	0,3	0,05
Miscanthus	17,4	(80)	3,0	46	6,0	44	0,7	0,1
Rapsöl	35,8	100	0	77	12	11	0,1	0
Äthanol	26,9	100	0	52	13	25	0	0
Methanol	19,5	100	0	38	12	50	0	0

Tabelle 2. Physikalische Kenngrößen von Stroh

	Häckselgut	HD Ballen	Großballen		Briketts+Pellets
Stapeldichte kg/m³ (Schüttgewicht)	40 - 60	70 - 120	60 - 90	60 - 160	300 - 600
Gewicht je Einheit in kg	-	8 - 25	300 - 400	200 - 600	0,02 - 0,2 (Schüttgewicht)
mittlerer Lagerraumbedarf m³ / 45 000 kWh	200 - 300	100 - 160	130 - 190	70 - 190	16 - 32
Transporteignung Kurzstrecke	-	O	+	+ +	+ +
Transporteignung Langstrecke	- -	-	O	+	+ +
Brennraumbeschickung	kontinuierlich	absätzig	absätzig	absätzig	kontin. + absätzig
Beschickungsmöglichkeit von Hand	-	+	- -	- -	+ +
Automatisierbarkeit der Beschickung	+ +	-	-	O	+ +
Möglichkeit der Leistungsregelung	+ +	+	O	O	+ +
geeignetes Feuerungssystem	Wärmeerzeuger mit pneum. oder mech. Brennstoffeinspeisung	Unterbrand mit Nachbrennkammer oder Auflösung in Häckselgut (Spalte 2)			auf beweglichem Rost bzw. Unterbrand

Legende: + + = sehr günstig ; + = günstig ; O = neutral ; - = weniger geeignet ; - - = sehr ungünstig bzw. nicht möglich

Tabelle 3. Kenngrößen von Holz

	Sägemehl	Hackschnitzel	Scheitholz 30-50cm Länge ungestapelt-gestapelt	Scheit- u. Rollenholz 100cm Länge gestapelt	Preßlinge aus Sägemehl oder Hackschnitzel
Stapeldichte kg/m³ (Schüttgewicht)	120 - 180	160 - 250	250 - 500	300 - 500	400 - 600
Gewicht je Einheit kg	-	- 0,2	0,4 - 2,5	3 - 25	0,03 - 0,2
Lagerraumbedarf Jahresvorrat mittleres Wohnhaus m³	105 - 140	70 - 105	40 - 105	40 - 70	35 - 50
Transporteignung Kurzstrecke	+ +	+ +	+	+	+ +
Transporteignung Langstrecke	+	+	O	+	+ +
Brennraumbeschickung	mechanisch u. von Hand	mechanisch u. von Hand	von Hand	von Hand	mechanisch u. von Hand
Beschickungsmöglichkeit von Hand	O	O	+	+ +	+
Automatisierbarkeit der Beschickung	+	+ +	-	-	+
Möglichkeit der Leistungsregelung	+ +	(O Ubr) + +	O	O	(+ +)
Gebräuchliche Beschickungs- u. empfehlw. Feuerungssysteme	abs. Spezialöfen kontinuierl. in HHS-Feuerung	grobe HHS, Unterbrand alle HHS-Feuerungen mit kont.Einspeisg, meist Verofen	abs. Unterbrand	abs. Unterbrand ev. Durchbrand	abs. Unterbrand oder kont. HHS-Feuerung

Bemerkung: +++sehr günstig; ++günstig; O=möglich; -wenig geeignet   HHS=Holzhackschnitzel; abs.=absätzig; kont.=kontinuierlich

In der Landwirtschaft erzeugte Energiepflanzen als Festbrennstoffe sind in ihrer chemischen Zusammensetzung und im Heizwert dem Stroh sehr ähnlich. Unterschiede treten vor allen Dingen im Aschegehalt auf, der bei reinen Energiepflanzen niedriger liegt als bei Getreidestroh.

Tabelle 4 zeigt noch einige Faustzahlen über physikalische Kenngrößen der Festbrennstoffe aus Biomasse.

3.8 Aufbereitung und Verfeuerung von Biomasse als Festbrennstoff

Tabelle 4. Physikalische Kenngrößen von Biomasse-Festbrennstoffen

Gutsart	Form	Raumgewicht kg / m³	Ballenmaß in m	Ballengewicht in kg
Getreideganz-pflanzen	Häckselgut	130 - 170	--	--
(Korn + Stroh)*	Kubischer Großballen	240	0,6 x 0,9 x 2,3	300
	Rundballen	220	1,2 x 1,6 ⌀	500
	Hochdruck-ballen	140	0,4 x 0,6 x 0,8	16
	Pellets	550	--	--
Miscanthus	Pellets	640	--	--
	Häckselgut	80 - 110	--	--

* nach Bludau und Turowski (4)

3.8.3 Brennstoffaufbereitung

Holzbrennstoffe: Bei der Holzverarbeitung entstehen Sägemehl, Schleifstaub und Holzabschnitte. Waldrestholz wird in Scheitholz verschiedener Länge (von 20 cm - 1 m) mehr oder weniger stark gespalten. Schwachholz wird aus arbeitswirtschaftlichen Gründen zu Hackschnitzeln verarbeitet (rieselfähiges Schüttgut). Hackschnitzel unterscheiden sich stufenlos in Feinhackschnitzel (Teilchengröße um 10 mm) bis zu Grobhackschnitzeln (Teilchengröße um 50 mm). Schleifstaub, Sägemehl und Rinden werden häufig zu Preßlingen weiterverarbeitet. Dazu verwendet man Kolbenpressen oder Kollergangpressen. Zur Scheitholzaufbereitung dienen spezielle Einrichtungen wie: Spalthammer, Spalthammer mit Schneidwerk, Spiralkegelspalter und kombinierte Geräte. Spalthammergeräte teilen das Holz durch Einpressen eines Keiles in Faserrichtung. Spiralkegelspalter arbeiten durch Eindringen eines rotierenden Kegels quer zum Scheit bzw. Rundling. Es gibt auch Geräte, die Stangen und Rollen in einem Arbeitsgang spalten und schneiden. Diese Maschinen eignen sich jedoch nur für schwächeres Holz bis ca. 25 cm Durchmesser.

Der Energiebedarf zum Holzspalten ist verschwindend gering. Deutlich mehr Energieaufwand besteht bei der Hackschnitzelerzeugung mit 6 - 8 kWh/t. Herstellerlisten zu Holzaufbereitungsgeräten wurden in Weihenstephan zusammengestellt (Strehler 1985).

Hackschnitzelherstellung: In der BRD fallen jährlich 9,5 Mio. fm Schlagabraum und Rinden an. Dazu kommen noch erhebliche Mengen an Reisholz. Für die großtechnische Nutzung dieser Holzabfälle ist es notwendig, rieselfähiges Material in

schüttfähiger Form einzusetzen. Nach dem technischen Aufbau lassen sich 3 Gruppen von Holzhackern unterscheiden:
- Trommelhacker
- Scheibenradhacker
- Keilschneckenhacker.

In Abb. 1 sind diese 3 Hackerarten schematisch dargestellt.

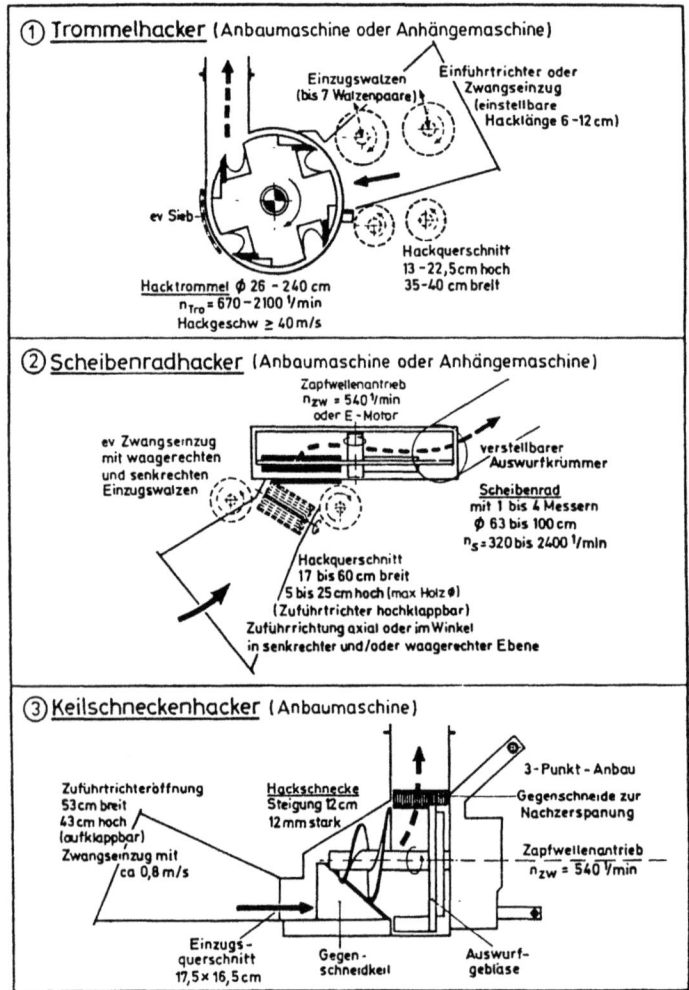

Abb. 1. Einzugs- und Zerkleinerungsorgane bei 3 typischen Vertretern für Holzhackmaschinen

Stroh und halmgutartige Energiepflanzen: Stroh und Getreideganzpflanzen werden entweder gehäckselt, pelletiert oder zu Ballen gepreßt. Zur Ganzpflanzenverfeuerung gewinnt die Pelletierung und Brikettierung an Bedeutung, da es bei

3.8 Aufbereitung und Verfeuerung von Biomasse als Festbrennstoff

Ballen zu Kornverlusten kommt und die Lagerung durch Schädlinge problematisch ist. Der spezifische Energiebedarf zum Pelletieren und Brikettieren liegt bei 40 kWh/t, bei Stroh ergeben sich bis zu 70 kWh/t. Die Pelletierung ist auch die Voraussetzung zur Nutzung automatisch beschickter Feuerungsanlagen, wie sie für Holzhackschnitzel verwendet werden.

Kubische Großballen (Großpacken) erscheinen als bevorzugte Technik, wenn größere Feuerungsanlagen (über ein MW) zur Anwendung kommen. Entsprechende Erfahrungen liegen aus Dänemark vor, vor allem im Bereich von Stroh. Neu ist die Entwicklung der Compactrolle (Matthies 1991) und der Firmen Welger und Krone. Die Besonderheit liegt in der sehr hohen Bergeleistung (bis 15 t/h) bei geringem Leistungsbedarf (3 - 5 kWh/t) und einer hohen Dichte von 250 - 450 kg/m^3. Abb. 2 zeigt den technischen Aufbau des Verdichtungssystems nach Martensen (1992).

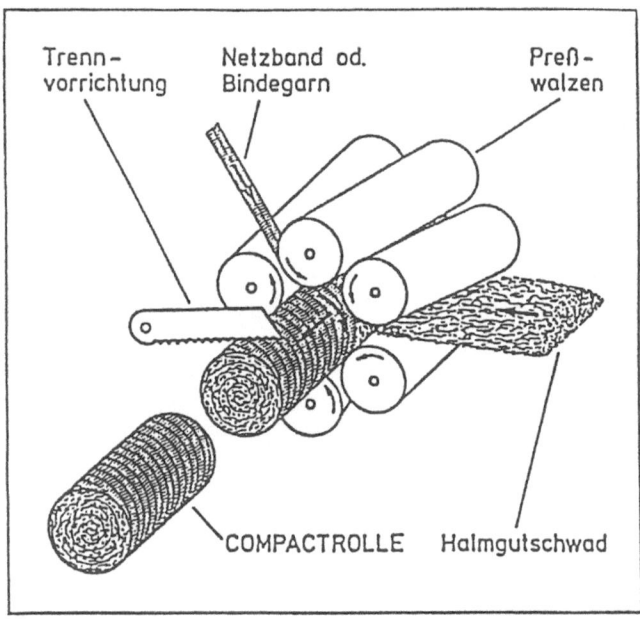

Abb. 2. Kompaktrollenpresse - Funktionsskizze nach Matthies

Bei diesem neuen Verfahren entsteht ein Endlosstrang, der mit Netz oder Schnur gebunden wird. Der Durchmesser ist je Maschine in einem gewissen Rahmen variabel, es sind jedoch verschiedene Maschinentypen mit größeren Durchmessern geplant. Im Versuch laufen Anlagen mit 250 und 350 mm Rollendurchmesser. Kurz abgeschnitten ergibt sich grobes Schüttgut, beliebig länger geschnitten ergibt sich Stapelgut. Durch Verknüpfen mehrerer Rollen können größere Einheiten geschaffen werden, die mit Kran oder Stapler versetzt werden. 1993 laufen an der Landtechnik Weihenstephan spezielle Untersuchungen zu diesem Pressentyp.

Über die Aufbereitung von Getreideganzpflanzen als Energieträger wurde in Weihenstephan ein Forschungsvorhaben durchgeführt. Im Endbericht, August 1992, sind die Ergebnisse unter folgendem Titel zusammengefaßt:

"Verfahrensrelevante Untersuchungen zu Bereitstellung und Nutzung jährlich erneuerbarer Biomasse als Festbrennstoff unter besonderer Berücksichtigung technischer, wirtschaftlicher und umweltbezogener Aspekte" (Bludau, Turowski 1992).

In 2 Forschungsvorhaben wird der Bau selbstfahrender Pelletieranlagen untersucht. Die Förderung erfolgt über das Bayer. Staatsministerium für Ernährung, Landwirtschaft und Forsten.

Miscanthusernte: Eine Energiepflanze, die viel von sich reden macht, stellt die schilfartige Miscanthuspflanze dar. Erst ab dem 3. Jahr des Anbaus kommt es zu lohnenswerten Erträgen. Die Ernte wird prinzipiell mit Häckslern durchgeführt, meist Selbstfahrer in der Hand von Maschinenringen. Diese Häcksler werden mit einem Getreideschneidwerk versehen. Allerdings sind die erzielten Schüttdichten mit 60 - 80 kg/m^3 auf Transportfahrzeugen gering, kommen also nur für kurze Transportentfernungen in Frage. Der Einsatz von Großpacken-Pressen wird derzeit untersucht. Allerdings ist zur Funktion und zur Erlangung höherer Dichten ein Vorquetschen der Stengel notwendig. Ein anderer Aufbereitungsweg besteht darin, das gehäckselte Gut in Pelletier- und Brikettieranlagen zu hochverdichtetem Schüttgut umzuformen.

3.8.4 Verfeuerung von Holz, Stroh und Energiepflanzen

Feuerungsanlagen für Holz verfügen über die älteste Tradition, sie hatten für die Entwicklung der Menschheit in kälteren Klimabereichen zentrale Bedeutung, zum Kochen sowie für die Erwärmung des Wohnbereiches. Daß vermeintliche Naturschützer diese naturverbundene Wärmequelle verbieten wollen, klingt grotesk. Ohne Zweifel ist es notwendig, die Feuerungstechnik so zu verfeinern, daß die Umwelt keinen Schaden durch kritische Emissionen nimmt und der positive CO_2-Effekt der Biomassenutzung über den geschlossenen Kohlenstoffkreislauf ohne Nachteile zum Tragen kommt. Dazu gehört aber auch die richtige Handhabung der Anlagen (Feuchtebereich, Einstellung). In den letzten Jahren wurden auf dem Gebiet der Feuerungstechnik große Fortschritte bezgl. Feuerungsqualität in allen Größenklassen von Anlagen erzielt. Offene Kamine wurden in der Effizienz der Wärmenutzung gesteigert. Durch gelegentliche Abdeckung der Brennkammeröffnung durch Glasscheiben wurde bei Kaminöfen ein guter Kompromiß zwischen Behaglichkeit und feuerungstechnischem Wirkungsgrad gefunden.

3.8 Aufbereitung und Verfeuerung von Biomasse als Festbrennstoff

Bei Einzel- und Kachelöfen wurde durch die Einführung des Unterbrandsystems und/oder durch bessere Luftzuführung auch für verschiedene Sektionen (Primär-/Sekundärluft) ein großer Fortschritt zur Emissionsminderung erzielt. Unterbrandsysteme haben den Vorteil, daß weniger häufig nachgeheizt werden muß, und daß der Abstand zum Nachbrennbereich über die gesamte Abbrenndauer gleich bleibt. Allerdings besteht bei Fehlbedienung eine gewisse Verpuffungsgefahr, die bei Durchbrandsystemen geringer ist.

Bei Kachelgrundöfen kann auf bewährte traditionsgebundene Technik zurückgegriffen werden. Neue Techniken zur Leistungsregulierung über die Abgastemperatur erhöhen den Wirkungsgrad. Bei Heizungsherden wird durch verstellbare Roste eine bessere Anpassung an den Brennstoffzustand ermöglicht. Holzheizkessel werden in Leistungsbereichen von 10 kW - 100 MW angeboten. Im Wohnhausbereich kommen kleine Scheitholzkessel mit Handbeschickung, Hackschnitzelfeuerungen und Großfeuerungen über einen Fernwärmeanschluß zur Anwendung.

Bei den Scheitholzkesseln ging die Entwicklung zum Gebläsekessel und Unterbrandsystem ohne Druckgebläse, evtl. mit Saugzuggebläse. Absätzig beschickte Kessel (Scheitholzkessel) werden in ihrem Emissionsverhalten durch die Kombination mit einem Wärmespeicher sehr begünstigt. Dazu kommt ein positiver arbeitswirtschaftlicher Aspekt. Der Umwelteffekt begründet sich darin, daß Festbrennstoffkessel bei entsprechender Brennstofffüllung im Teillastbereich höhere Emissionen aufweisen und Wärmetauschergröße und Heizleistung nicht mehr zusammenpassen, wenn nicht ein mehrstufiger Wärmetauscher eingesetzt wird. Mit Speicher lassen sich Kessel im optimalen Lastbereich betreiben, auch wenn zur Beheizung nur eine Teillast benötigt wird. Die Optimallast wird so lange gefahren, bis der Wärmespeicher (Wassertank) die maximale Temperatur erreicht hat. Die Befeuerung wird dann eingestellt. Aus dem Speicher läßt sich jeder Teillastbereich abziehen, ohne Einfluß auf die Emission und den Wirkungsgrad (gute Isolierung des Speichers vorausgesetzt) der Feuerungsanlage zu nehmen.

Abb. 3 zeigt eine Speicheranordnungsmethode, die sich für viele Anwendungsbereiche als günstig herausstellte. Die Speichergröße sollte mindestens 100 l je kW Heizleistung betragen. Daraus resultiert eine Mindestnutzungsdauer von 6 Stunden (Vollast) bis mehreren Tagen (Teillast).

In der Praxis wurden viele Speichersysteme erprobt, auch in Verbindung mit Solarkollektoren. Die Forschungsvorhaben hierzu wurden vom BMFT, der EG und Landwirtschaftsministerien gefördert, sie standen in Zusammenhang mit der Stroh- und Holzfeuerung. Nun näheres zur optimalen Speicheranordnung entsprechend Abb. 4.

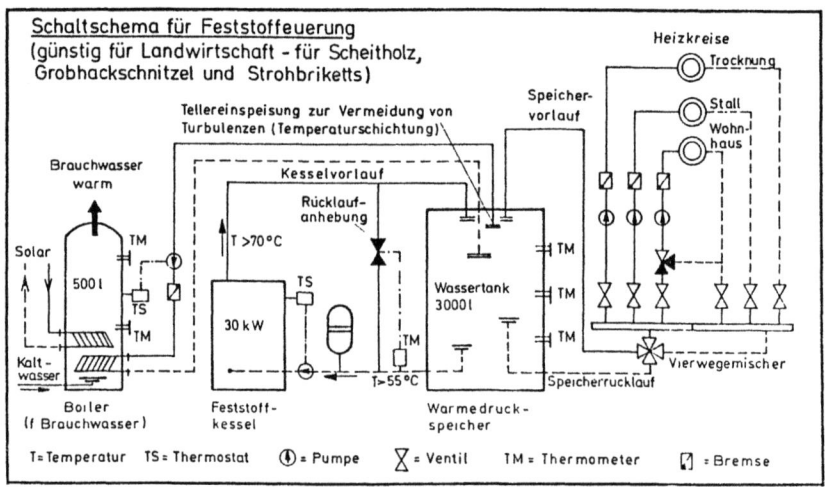

Abb. 3. Wärmespeicher - Systemvorschlag

Die Heizkreispumpe wird über die Kesseltemperatur gesteuert (70 - 90 °C), um die Korrosion in Wärmetauscher und Kamin zu vermeiden und um günstige Brennkammertemperaturen sicherzustellen. Der Wärmespeicher wird über ein Tellereinspeisesystem ohne Turbulenzen zur Erzielung einer Temperaturschichtung mit Heißwasser von oben befüllt. Das kalte Speicherwasser gelangt über die Rücklaufanhebung erwärmt wieder in den Kessel. Drei Thermometer zeigen die Temperatur des Speichers in 3 Höhenstufen, damit der Ladevorgang beobachtet werden kann. Die Entnahme des Speicherwassers erfolgt direkt neben dem Speicherbefüllteller, damit sofort nach dem erneuten Anheizen bei Erreichung der vollen Kesseltemperatur heißes Wasser für die Beheizung genutzt werden kann. Die einzelnen Heizkreispumpen ziehen die Wärme aus dem Speicher. Der Brauchwasserboiler ist in gleicher Weise angeschlossen.

Da neue Wärmespeicher in der Anschaffung sehr teuer sind, werden häufig druckfeste gebrauchte Behälter verwendet (z. B. ausgediente Ölerdtanks). Außerdem bemühen sich die Kesselhersteller um die Verbesserung der Regelsysteme, um auch im Teillastbereich die strengen Vorschriften der 1. BImschV bzw. der TA-Luft einhalten zu können. Bei den Gebläsekesseln gelingt dies durch Verwendung modulierender Gebläse (stufenlose Regelung), durch eine günstig angeordnete, richtig dimensionierte Nachbrennkammer und mit mehrstufigen Wärmetauschern (z. B. thermostatisch gesteuerte Abdeckung von Rauchgaszügen). Derzeit werden diese Regelsysteme in Weihenstephan geprüft. Darüberhinaus wird eine Eigenentwicklung mit adaptiver Regelung (nach Prof. Meiering 1992) an der Landtechnik Weihenstephan erprobt.

Die Kombination von Holzkesseln mit Ölbrennern wird von einigen Herstellern angeboten. Abb. 4 zeigt dieses System.

3.8 Aufbereitung und Verfeuerung von Biomasse als Festbrennstoff

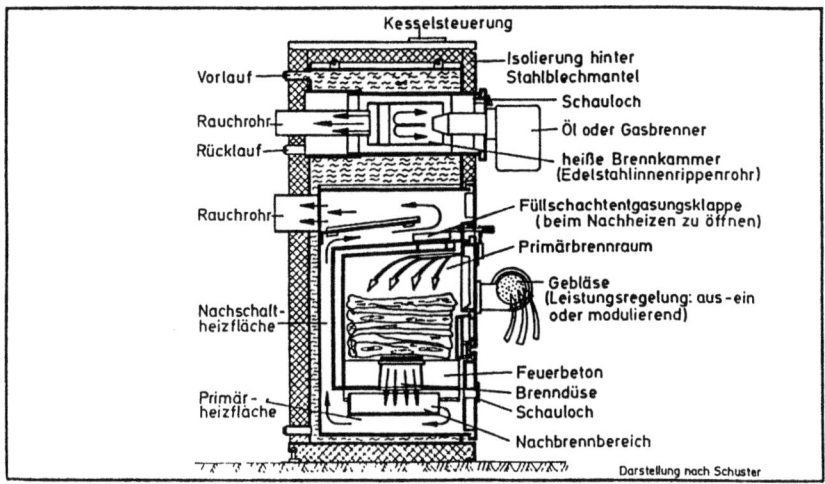

Abb. 4. Gebläsekessel in Kombination mit einem Ölbrenner

Kessel zur Verwendung von Holzmeterstücken haben sich in der Praxis für landwirtschaftliche Wohnhäuser bewährt, da bei Holzmeterstücken in den Bereichen Aufbereitung, Transport, Ein- und Auslagerung, Brennstoffzuführung weit weniger Arbeitsaufwand anfällt als bei der Verwendung von kurzem Scheitholz. Aufgrund des höheren Gewichtes der Scheite und Rollen (bis 20 kg) ist allerdings eine kräftige Bedienungsperson nötig.

Kessel zur Verfeuerung von Strohhochdruckballen sind ähnlich aufgebaut (Füllschacht nach Brennkammer, Wärmetauscher). Abb. 5 zeigt ein in der Praxis sehr bewährtes System. Unterbrandkessel für Stroh unter 100 kW können die Emissionsvorschriften - wenn überhaupt - nur sehr knapp einhalten, wobei ohne Rauchgasfilter die Staubemission der kritische Faktor ist. Sobald der Brennstoff nicht ausreichend trocken ist, wird auch der zulässige CO-Grenzwert von 4 g/m^3 überschritten.

Strohfeuerungsanlagen mit Großballenauflöser werden heute nur noch in höheren Leistungsbereichen betrieben, da wegen der geringen Ölpreise die Rentabilität derartiger Strohfeuerungsanlagen aufgrund der hohen technischen Anforderungen zur Einhaltung der Emissionsgrenzen nur noch vereinzelt in Deutschland gegeben ist, im Gegensatz zu Dänemark, Schweden und Österreich, wo ein höheres Preisniveau für fossile Energieträger durch entsprechende Besteuerung vorliegt.

Abb. 6 zeigt ein dänisches System für die Verwendung kubischer Großballen mit Strohauflöser.

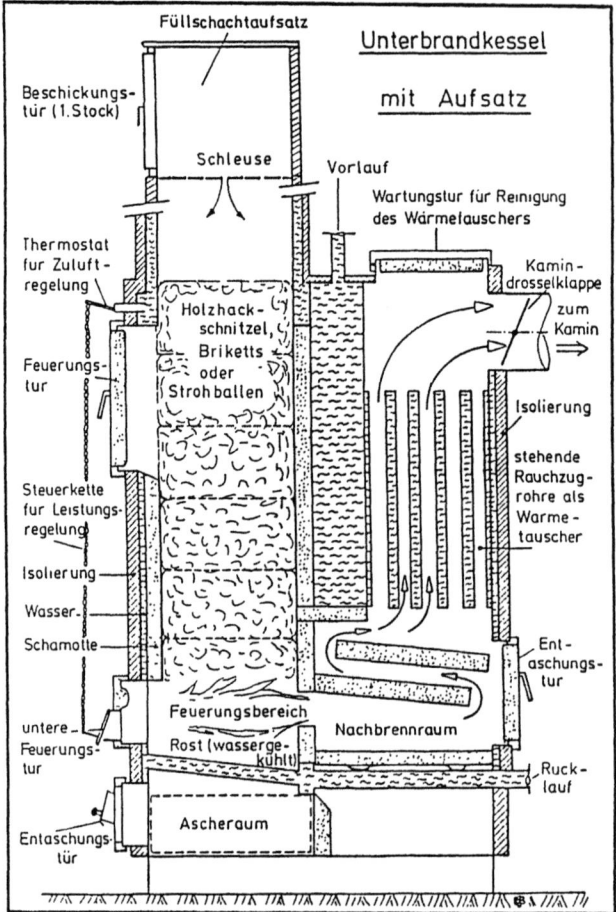

Abb. 5. Unterbrandkessel mit Schachtaufbau (Vorratsbehälter)

Abb. 7 zeigt einen Großballenkessel, der nach dem Zigarrenabbrandsystem arbeitet (Verbrennungsluftdüsen sind auf die Stirnseite des Ballens gerichtet, zum Ausbrand des fixen Kohlenstoffes ist ein Schrägrost angeordnet).

In Österreich wird die Fließbettfeuerung (Wirbelschicht) für Stroh produziert und erfolgreich eingesetzt.

Zur Verfeuerung von Holzhackschnitzeln und Stroh-, Massengetreide- oder Miscanthuspellets lassen sich Systeme mit automatischer Brennstoffnachführung auch in Leistungsbereichen für Einzelwohnhäuser einsetzen (Strehler 1991). Voröfen mit Unterschub und Quereinschub haben sich auch in Verbindung mit Ölkesseln

3.8 Aufbereitung und Verfeuerung von Biomasse als Festbrennstoff

bewährt. Von Vorteil ist, wenn im Rostbereich Bewegung herrscht, um eine gleichmäßige Brennstoffverteilung und einen zuverlässigen Ascheaustrag zu gewährleisten. In den Abbildungen 8 - 11 werden verschiedene Systeme dargestellt, deren Funktion aus den jeweiligen Graphiken hervorgeht.

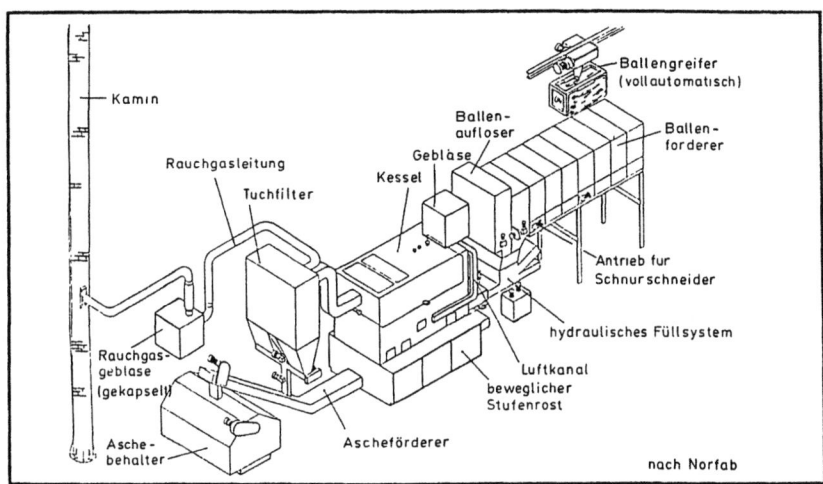

Abb. 6. Großballenfeuerungsanlage mit Strohauflöser

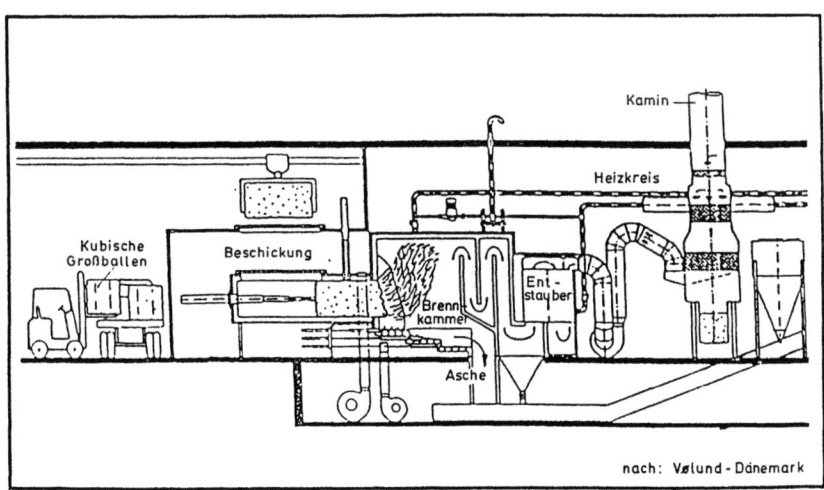

Abb. 7. Dänische Großballenfeuerungsanlage "Zigarrenabbrandsystem"

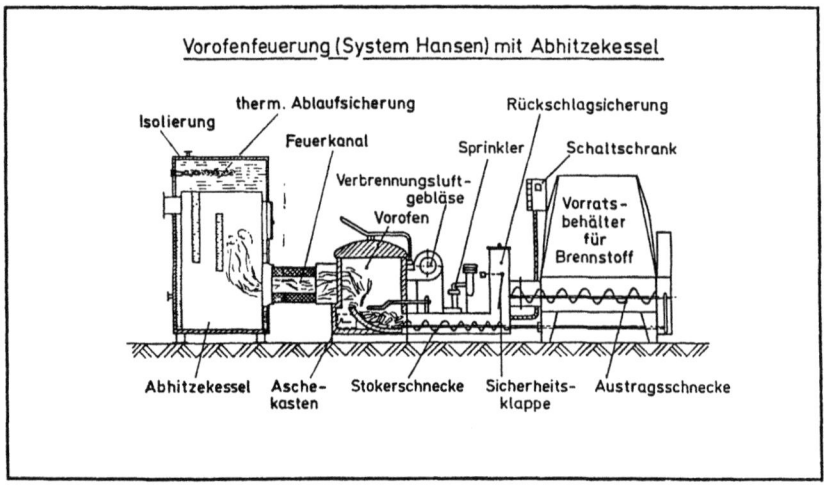

Abb. 8. Unterschubfeuerung

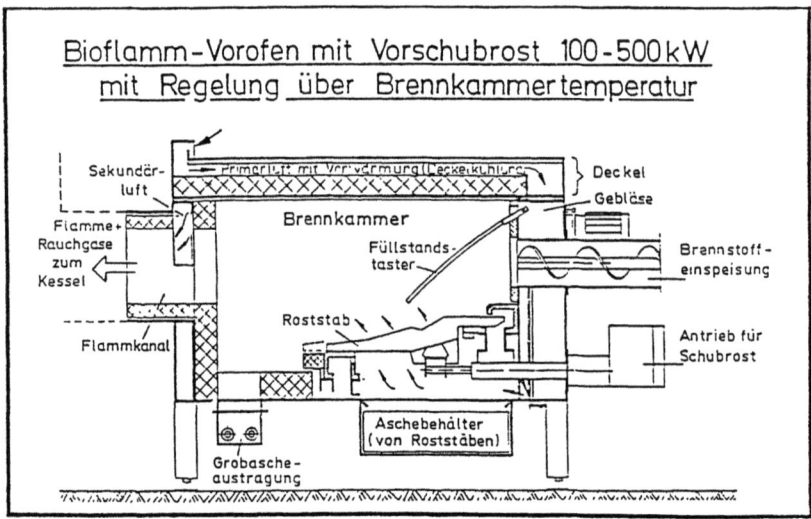

Abb. 9. Quereinschubfeuerung mit beweglichen Roststäben

Für grobstückiges Hackgut hat sich die Schubrostfeuerung (Abb. 11 rechts oben) besonders gut bewährt. Diese Anlagenart wird auch sehr häufig zur Braunkohlefeuerung in den neuen Bundesländern verwendet. Versuche mit Biomasse bewiesen, daß sich diese Feuerungsanlagen ohne großen Aufwand auf Biomasse umrüsten lassen. Die in Abb. 11 rechts unten dargestellte Einblasefeuerung eignet sich vor allem für Sägemehl und Schleifstaub. Normalerweise lohnt es sich nicht, Biomasse zu vermahlen, um die sonst sehr effizienten Einblasefeuerungen einzusetzen. Für geschnittenes Halmgut eignen sich Wirbelschicht-Feuerungsanlagen.

3.8 Aufbereitung und Verfeuerung von Biomasse als Festbrennstoff 183

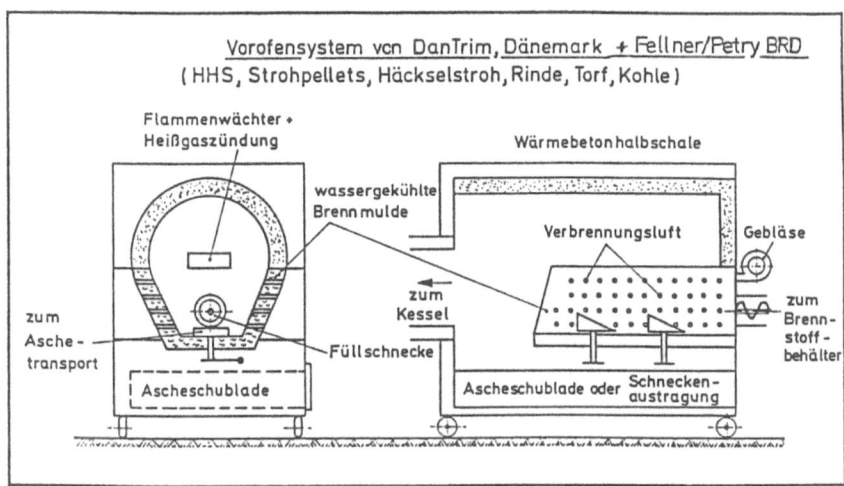

Abb. 10. Vorfeuerung mit wassergekühltem Rost (verringert Schlackebildung bei Verwendung von Stroh)

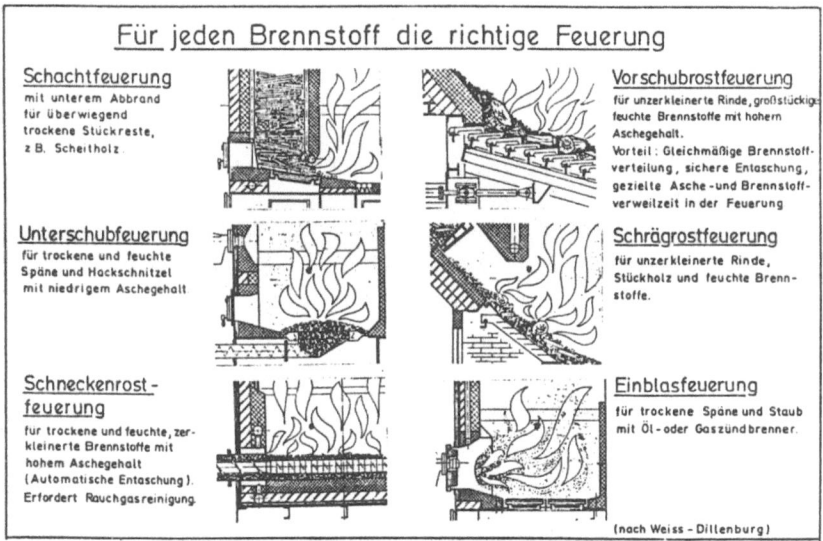

Abb. 11. Übersicht zu verschiedenen Feuerungssystemen für Holz, Pellets und Briketts

Bei mehreren Firmen laufen Aktivitäten zur Vergasung von Biomasse. Das gewonnene Schwachgas wird separat in Schwachgasbrennern in Wärme umgesetzt oder aber in Verbrennungsmotoren zur Kraftgewinnung verwertet. Vergaser aus deutscher Produktion sind noch nicht auf dem deutschen Markt. Mit dem Vergasungssystem hofft man auf geringere Emissionen im Bereich von Staub, Kohlenwasserstoffen, Geruch und Stickoxyden. Allerdings ist diese Technik mit höherem Aufwand verbunden, also teurer als die zuvor besprochenen Feuerungsanlagen.

3.8.5 Stand der Forschung zur Verbesserung des Emissionsverhaltens verschiedener Feuerungsanlagen

Zur Verringerung der Staubemissionen bemüht man sich um neue billigere Filtersysteme. Mit Keramikfiltern wurden erste Erfolge erzielt. Elektrofilter werden bei Großanlagen eingesetzt. Tuchfilter weisen eine zu geringe Lebensdauer auf, sie sind gegenüber Funkenflug sehr anfällig.

Zur Verringerung der Emission an höheren Kohlenwasserstoffen, CO und Geruch bemüht man sich, die Nachbrennkammern zu optimieren, damit auf hohem Temperaturniveau (ca. 1.000 °C) Gasverweilzeiten von 1 - 3 Sekunden erzielt werden. Durch Verwirbelung wird die Verbrennungsreaktion beschleunigt. Um die Emission von Stickoxyden zu vermindern, bleibt man mit der Feuerungstemperatur im Bereich von 1.000 °C (keine Oxydation von Luftstickstoff). Stickstoff aus dem Brennstoff wird zwangsläufig zum Großteil oxidiert, könnte jedoch durch Katalysatoren wieder reduziert werden.

Die Verbesserung der Leistungsregelung von Feststofffeuerungsanlagen ist notwendig. Die Primärluftmenge als Parameter für die Kesselleistung wird meistens über die Kesseltemperatur geregelt. Die Feuerungsqualität wird durch Regelung der Sekundär- und Tertiärluftmengen über die Abgasqualität geregelt. Als Parameter für die Abgasqualität gilt der Sauerstoffgehalt oder der Gehalt an Kohlenwasserstoffen im Rauchgas. Ein neuer Regler, der von Prof. Meiering (1992) entwickelt wurde, zeigt hier neue kostengünstige Wege zur Verbesserung der Feuerungsqualität bei kleinen und großen Anlagen. Mit der adaptiven Regelung wird ein intelligentes Regelsystem entwickelt, das über kleine Mikroprozessoren kostengünstig bereitgestellt werden soll.

3.8.6 Vorschriften und Rahmenbedingungen

Die Vorschriften zur Emissionsbegrenzung bestimmen den technischen Aufwand und somit die Anschaffungspreise von Feuerungsanlagen für Stroh und Holz. Bis 1988 gab es eine weniger eng gefaßte Staubemissionsbegrenzung (300 mg/m^3 bei 12 % CO_2, entspricht 9 % O_2) und keine CO-Begrenzung. Dafür mußten Rußgrenzwerte eingehalten werden.

Bei Stroh hatte man mit Durchbrandkesseln Schwierigkeiten, diese Vorschriften einzuhalten. Daher wurden Unterbrandkessel mit heißen Nachbrennkammern entwickelt. Diese erfüllten die Anforderungen für Hochdruckballen und Rundballen. Seit 1988 gelten härtere Vorschriften mit 150 mg/m^3 Staubauswurf und - leistungsgestaffelt - unterschiedliche Werte für die Emission von Kohlenmonoxyd. Die Tabellen 5 und 6 geben die wichtigsten Daten für Holz und Stroh

3.8 Aufbereitung und Verfeuerung von Biomasse als Festbrennstoff

wieder. Unter 15 kW dürfen nur Steinkohle, Braunkohle, Torfbriketts und naturbelassenes, stückiges Holz verwendet werden (1.BImSchV).

Über 15 kW gelten folgende Grenzwerte:

Tabelle 5. Emissionsgrenzwerte für Holzbrennstoffe

Anlagen-größe KW/MW	relevante Vorschrift	Bezugs-sauerstoff Vol. %	Emissionsgrenzwerte			
			CO g/m³	Staub mg/m³	org. C mg/m³	NO$_x$ mg/m³
15 - 50	1.BImSchV	13	4	150	-	-
50 - 150	1.BImSchV	13	2	150	-	-
150 - 500	1.BImSchV	13	1	150	-	-
500 - 1 MW	1.BImSchV	13	0,5	150	-	-
1 - 5 MW	TA Luft	11	0,25*	150	50	500
5 - 50 MW	TA Luft	11	0,25	50	50	500

* : bis 2,5 MW Feuerungsleistung gilt der Grenzwert nur bei Betrieb mit Nennlast

Stroh und ähnliches pflanzliches Material dürfen in Anlagen unter 15 kW nicht verheizt werden (1.BImSchV).

Tabelle 6. Emissionsgrenzwerte für Stroh und strohähnliche Energiepflanzen

Anlagen-größe KW/MW	relevante Vorschrift	Bezugs-sauerstoff Vol. %	Emissionsgrenzwerte			
			CO g/m³	Staub mg/m³	org. C mg/m³	NO$_x$ mg/m³
15 - 100	1.BImSchV	13	4	150	-	-
100 KW - 5 MW	TA Luft	11	0,25*	150	50	500
5 - 50 MW	TA Luft	11	0,25	50	50	500

* : bis 2,5 MW Feuerungsleistung gilt der Grenzwert nur bei Betrieb mit Nennlast

Feuerungsanlagen unter 15 kW dürfen aus dem Bereich der Biomassebrennstoffe nur mit stückigem Holz betrieben werden. Einfache Strohfeuerungen konnten die Umweltanforderungen nicht mehr erfüllen. Dies gelang nur noch bei Anlagen mit automatischer Brennstoffzuführung und speziellen Unterbrandkesseln. Für die Verfeuerung von Halmgut (Stroh, Massengetreide u. a.) gilt ab 100 kW Heizleistung die TA-Luft, die bei Holz erst ab 1 MW Heizleistung angewendet wird. Bei den Holzkesseln bestanden ca. 30 % der im Wohnhausbereich installierten Kessel die Erstmessung nach der 1. BImschV vom 15.07.1988 nicht. Scheitholzkessel ohne Wärmespeicher mußten auch im Teillastbereich gemessen werden. Bei der derzeit geltenden Meßmethode erfüllten viele Anlagen die Vorschriften nicht. Bei den Messungen wurde deutlich, daß die Betriebsweise und die Art der Installation sowie der Feuchtegehalt des Brennstoffes starken Einfluß auf das Meßergebnis nahmen. Zum Teil bestanden einfache Durchbrandkessel mit kalter Brennkammer ohne Nachbrennbereich die Prüfung und andererseits blieben einige der prinzipiell besser für Biomasse geeigneten Unterbrandsysteme mit Nachbrennbereich auf der Strecke.

Bei Holz gibt es eine Staffelung der Anforderungen der Feuerungsqualität nach Leistung von 15 kW - 1 MW nach dem CO-Gehalt von 4 g - 0,25 g/m^3 (s. Tabelle 5). Bei Stroh und ähnlichen Energiepflanzen sind ab 100 kW 0,25 g/m^3 einzuhalten. Somit ist bei Anlagen höherer Leistung mehr technischer Aufwand zu treiben, sowohl im technischen Aufbau, als auch in der Regelungstechnik. Auch an den Brennstoffzustand ergeben sich steigende Ansprüche, wenn engere Grenzwerte eingehalten werden müssen. Das betrifft vor allem den Feuchtegehalt (Soll unter 20 %) und die Größe des Brennstoffteilchens (Scheitholz oder Hackschnitzel). Zum Anheizen sollte man den Brennraum nur zu 10 - 20 % füllen und bei Scheitholz kleiner gespaltenes Material verwenden, da dies schneller anbrennt.

Literatur

Bludau D., Turowski P. (1992) Verfahrensrelevante Untersuchungen zu Bereitstellung und Nutzung jährlich erneuerbarer Biomasse als Festbrennstoff unter besonderer Berücksichtigung technischer, wirtschaftlicher und umweltbezogener Aspekte. Gelbes Heft Nr. 44, Bayer. Staatsministerium für Ernährung, Landwirtschaft u. Forsten, München
Martensen (1992) Vortrag zur Halmgutverdichtung am Bayerischen Staatsministerium für Ernährung, Landwirtschaft und Forsten. München
Matthies H. J. (1991) Die Kompaktrollenpresse. Eine richtungsweisende Neuentwicklung für die Halmguternte. Landtechnik 5/91; 46. Jahrg.
Meiering A. (1992) Adaptives Regeln von Feststoff-Feuerungen. In: Energetische Nutzung von Biomasse (Tagungsband 2), Seite 281. Vertrieb: Landtechnik Weihenstephan, Vöttinger Str. 36, 8050 Freising
Strehler A. (1985) Brennholz, Eigenschaften und Technik von der Bergung bis zur Lagerung. Grüne Schriftenreihe Landtechnik Weihenstephan
Strehler A. (1991) Potentiale und Möglichkeiten der Energiegewinnung aus Holz, Stroh und in der Landwirtschaft produzierten Energieträgern. Grüne Schriftenreihe Landtechnik Weihenstephan (enthält viele Hinweise zu weiterführender Literatur)

3.9 Strohfeuerungsanlagen - Stand der Technik

Henry Busch
Vølund Energy Systems A/S, Esbjerg, Dänemark

Zusammenfassung: In der Umwelt- und Energietechnik werden heute Feuerungssysteme für Biobrennstoffe viel mehr gefragt für den Einsatz in kleinen ortsnahen Heizwerken und in dezentralen Heizkraftwerken.

Dezentrale Energieversorgung von Strom und Wärme im kommunalen Bereich läßt sich in kleinen Schritten, mit vereinfachten Genehmigungsverfahren und mit Schaffung zusätzlicher Arbeitsplätze in den Kommunen verwirklichen.

Langfristig ist ein Trend zu dezentralen, umweltfreundlichen, kombinierten Versorgungssystemen erkennbar. Dabei kann in Zukunft die energetische Nutzung von Überschußstroh eine dominierende Rolle spielen.

3.9.1 Einleitung

Die Landwirtschaft von morgen wird sich vor allem dadurch auszeichnen, daß sie aus Pflanzen sowohl hochwertige Nahrungsmittel als auch industrielle Rohstoffe und erneuerbare Energieträger produziert.

Jedoch werden die Möglichkeiten für die Anwendbarkeit dieses Rohstoffes in der Energieversorgung und der Energieumsetzung wesentlich durch verfügbare Techniken und Anlagen bestimmt.

Eine relevante und hochentwickelte Technologie ist eine Voraussetzung für eine rationelle und energetische Nutzung vorhandener Biomasse und nachwachsender Rohstoffe.

Der nächstliegende und zumeist preiswerteste Energieträger ist Getreidestroh, welches -von speziellen Regionen abgesehen- in der Umgebung nahezu jeder Kommune in ausreichender Menge verfügbar ist.

Die Technologien stehen heute zur Verfügung. In Dänemark ist in mehr als 60 Städten und Ortschaften die zentrale Wärmeversorgung aus dem Energieträger Stroh in Betrieb, und heute ist auch eine dezentrale Energieversorgung von Strom und Wärme in kombinierten Wärmeversorgungssystemen erkennbar.

Eine besondere Chance zur Anwendung innovativer Technologien haben die neuen Bundesländer. Die vielen umweltbelastenden Kohlenöfen in Wohnungen und Häusern können in Städten und Ortschaften durch ein verlustarmes Nahwärmesystem mit einem einzigen Kessel ersetzt werden, der z.B. mit Stroh befeuert wird.

Als Beispiel wird in der Stadt Schkölen in Thüringen mit etwa 1700 Einwohnern ein Strohheizwerk mit Fernwärmenetz zur Wärmeversorgung der Stadt errichtet werden. Das Strohheizwerk wird meines Wissens das erste seiner Art in der Bundesrepublik sein.

Mit der Errichtung und dem Betrieb des Strohheizwerkes in Schkölen werden neue Maßstäbe für eine umweltentlastende rationelle Energieversorgung auf Grund der regenerativen Energienutzung gesetzt.

Ziel der Maßnahmen ist die Versorgung von Mietwohnungen, Wohnhäusern, Gewerbe- und Industriebetrieben sowie öffentlicher Gebäude mit umweltfreundlich erzeugter Raumwärme und Warmwasser.

Mit dem Bau des Heizwerkes können jährlich etwa 3.500 Tonnen Braunkohle eingespart werden.

3.9.2 Das Strohverbrennungssystem in Schkölen

Das Strohheizwerk umfaßt:

1. Strohlager
2. Brennstoffzufuhrsystem
3. 3,15 MW Strohkessel
4. 4,0 MW Ölkessel
5. Zusatzeinrichtungen
6. Schornstein
7. Verwaltungsgebäude

Das Strohlager kann etwa 240 Hesston-Ballen mit der Abmessung 1200 x 1300 x 2400 mm fassen. Das Gewicht eines Hesston-Ballens beträgt etwa 500 kg. Die Lagerkapazität reicht bei Vollast für einen Betrieb von 6 Tagen.

Im Strohlager wird ein vollautomatischer Deckenlaufkran für den Transport und die Befüllung der Kesselanlage mit Ballen verwendet.

Brennstoffzuführung: Die Brennstoffzuführung erfolgt über ein Speiseaggregat (Speisekasten), welches aus Brandschutzgründen mit einer senkrechten und einer waagerechten Feuerklappe versehen ist, in dem wassergekühlten Tunnel, der bis zum Brenner reicht. Die Verbrennung erfolgt in einem Strohbrenner (Abb. 1).

Die Anlage ist für eine kontinuierliche Beschickung mit ganzen, unaufgeschnittenen Hesston-Ballen entwickelt und konstruiert. Sie zeichnet sich, was die mechanische Funktion betrifft, dadurch aus, daß sie vom Wassergehalt des Strohes völlig unabhängig ist. Gleichzeitig ist die für den Feuerungsprozeß benötigte Zusatzenergie sehr gering.

Im Tunnel wird der Strohballen von einem hydraulisch getriebenen Vorschubsystem geschoben. Die Vorschubgeschwindigkeit wird von der Wärmeabnahme des Kessels geregelt. Die eingebaute Automatik sorgt dafür, daß die Vorderseite des Ballens (die Verbrennungsfläche) im Verhältnis zu den Verbrennungsluftdüsen immer richtig angebracht ist.

3.9 Strohfeuerungsanlagen - Stand der Technik

Abb. 1. Zeigt den Strohbrenner "Zigarrenbrenner" und den Kessel in Schkölen.

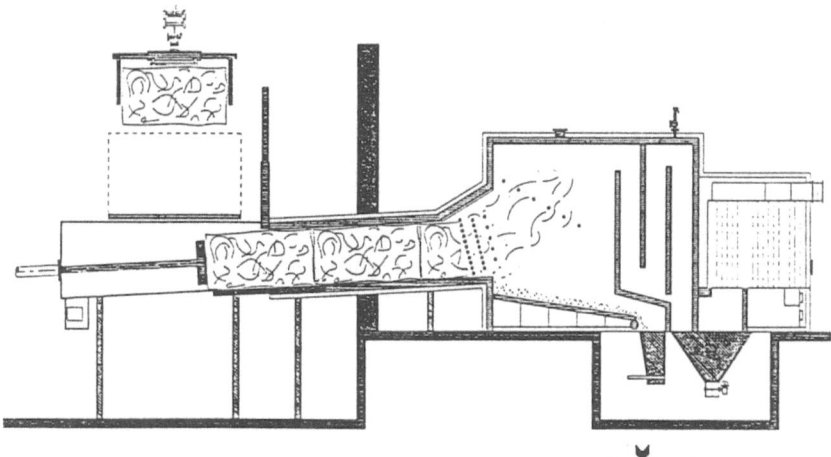

Brenner: Der Strohbrenner unterscheidet sich von anderen Strohverbrennungssystemen dadurch, daß auch Stroh mit einem relativ hohen Wassergehalt bei Einhaltung einer O_2-Konzentration von 6-11% verbrannt werden kann. Der Brenner kann von 20% bis 100% der Leistung betrieben werden. Die Modulierung wird als eine Funktion der Wärmeabnahme des Kessels geregelt.

Die Anlage zeichnet sich außerdem in den folgenden Punkten aus:

- Sie ist unempfindlich gegen Fremdkörper im Stroh wie Steine, Eisenteile etc.
- Eine Vorbehandlung des Strohes ist nicht nötig.
- Es existieren wenige Verschleißteile.
- Der Stromverbrauch ist niedrig.
- Es besteht kein Risiko einer Staubexplosion.

Die ruhige und stabile Verbrennung gewährleisten dem Kessel und den Filteranlagen die besten Arbeitsbedingungen.

Die Sauerstoffzuführung für die Verbrennung wird in Primär-, Sekundär- und Tertiärluft aufgeteilt. Für die Primärluft gibt es ein eigenes frequenzgeregeltes Gebläse. Die Primärluftmenge wird zunächst nach der Sauerstoffkonzentration im Rauchgas geregelt. Die Sekundärluft (Brenner) und die Tertiärluft (Rost) haben ein gemeinsames, ebenfalls drehzahlgeregeltes Gebläse. Die Aufteilung beider Teilmengen erfolgt durch Klappen. Der Sekundärluftbedarf beträgt 20-30% und der Tertiärluftbedarf 5-10% des Gesamtluftbedarfs.

Durch eine Verringerung der Kesselraumbelastung, eine Vergrößerung der Kesseloberfläche durch eine entsprechende Ausmauerung und durch eine effektive Verwirbelung der Rauchgase wird eine verminderte CO-Emission erreicht.

Um die NO_X-Bildung zu reduzieren, wird eine Rauchgasrezirkulation installiert. Die Rezirkulationsmenge beträgt ungefähr 20% der Rauchgasmenge.

Strohkessel: Der Kessel besteht hinsichtlich der Wärmeübertragung aus zwei Teilen, einem Strahlungsteil und einem Konvektionsteil. Der Verbrennungsraum und der Übergangsbereich zum Konvektionsteil bilden den Strahlungsteil. Im Anschluß an den Übergangsbereich folgt das Konvektionsteil, das aus 5 senkrechten Rohrsektionen besteht.

Bei Leistungsänderungen des Brenners wird die Rauchgastemperatur nach dem Economizer durch Klappen im Rauchgasaustritt so geregelt, daß die Rauchgastemperatur immer ungefähr 120°C beträgt.

Kesseldaten:

Max. kontinuierliche Leistung	3,15 MW
Max. Betriebstemperatur	120°C
Max. Betriebsdruck	6,0 bar
Verbrennungsraumbelastung b. 100% Leistung	0,17 MW/m³
Heizfläche, Verbrennungsraum	49,5 m²
Kesselwirkungsgrad b. 100% Leistung	90,5 %
Rauchgasreinigung	Gewebefilter

Die oben genannten Daten sind bei einem Wassergehalt des Strohs von 16% gültig.

Für Ersatz- und Spitzenlast ist in der Anlage ein 4,0 MW ölgefeuerter Kessel installiert.

Kesselrost: Der Strohverbrennungsrost ist eine Spezialanfertigung zur Verwendung mit dem Strohbrenner.

Der Rost ist verbrennungstechnisch für die Normalsituation optimiert, bei der mehr als 80% der Verbrennung im Strohbrenner erfolgt.

Der Rost ist mit dem Kessel fest verbunden. Dies bewirkt, daß Undichtheiten zwischen dem Rost und dem Kessel nicht vorkommen können. Der Rost ist aus selbsttragenden Stahlrohren.

Vor der Unterseite des Rosts wird Luft durch 5 Luftzonen eingeblasen. Jede Zone wird mittels motorgeregelter Klappen gesteuert.

Rauchgasreinigung: Die Rauchgase werden zuerst über einen Zyklon und danach durch den nachfolgenden Gewebefilter geführt.

Der Filter ist so dimensioniert, daß eine Reststaubkonzentration von unter 50 mg/m³$_N$ sicher eingehalten werden kann.

Die Inbetriebnahme der Anlage wird nach Bauplan Ende April 1993 stattfinden.

3.9 Strohfeuerungsanlagen - Stand der Technik

Investitionsplan zum Strohheizwerk Schkölen

(x 1000 DM)

Betriebsjahr	Ansatz (100%)	1992 (80%)	1993 (..+20%)	1994	1995	1996	Saldo 1992-1996
Grundstück	9	9					9
Gebäude	1.366	1.093	273				1.366
Maschinen-anlage	2.700	2.160	540				2.700
Erhöhter Emissionsschutz			238				238
Nahwärmenetz	1.920	1.536	384				1.920
Hausanschluß-leitungen	792	633	369	163	127	132	1.424
Wärmeüber-gabestationen	662	530	320	147	114	117	1.228
Wärmezähler	114	91	42	19	20	20	192
Projekt-Detail-Planung	530	424	106				530
Projekt-Management	420	336	84				420
	8.531	6.812	2.356	329	261	269	10.027

Die Deutsche Bundesstiftung Umwelt bewilligte für dieses innovative Projekt ein Darlehen zum Bau der Anlage und des Fernwärmenetzes. Auch das Land Thüringen will das Projekt mit Fördermitteln begleiten.
Nach den vorliegenden Berechnungen sind jährlich ca. 4200 Tonnen Stroh notwendig, die von der Landwirtschaft des Umlandes bereitgestellt werden können.

Strohbrenner/Strohballengröße: Zur Verfeuerung von Stroh in Heizwerken und Heizkraftwerken wird regulär ausschließlich Stroh verwendet, das in Großballen (Hesstonballen) mit den folgenden Hauptmaßen gepreßt ist:

Höhe: 1.290 mm
Breite: 1.220 mm
Länge (ca.): 2.400 mm

Die Ballen wiegen etwa 500 kg, abhängig vom Preßgrad, der etwa 150 kg/m^3 beträgt.

Dieser Ballentyp ist teils der billigste Typ, teils hat er folgende Vorteile:

- Läßt sich leicht stapeln (etwa 4 bis 5 Stück in der Höhe).
- Ermöglicht den automatischen Transport von Lager zum Kessel.
- Verbilligt die Lagerung wegen des hohen Preßgrades.

Für kleinere Anlagen, d.h. ein Strohkessel mit einer Leistung unter 2,0 MW, können Strohballen mit etwas kleineren Hauptmaßen mit Vorteil verwendet werden:

Höhe: 800 mm
Breite: 850 mm
Länge: 2.000 mm
Gewicht (ca.): 175 kg

Der Strohbrenner kann auch für andere Ballengrößen gebaut werden.

Bei Verwendung von großen Ballen ist die maximale Brennerleistung 6,3 MW bei einem Wassergehalt des Strohes zwischen 15% und 16%.

Ein Strohkessel mit einer Leistung über 6,3 MW soll deshalb mit der erforderlichen Brenneranzahl ausgestattet werden, wie z.B. in Heizkraftwerken.

3.9.3 Der Strohpreis

Im Gegensatz zu den meisten anderen Brennstoffen wird der Strohpreis nur wenig von ausländischen Verhältnissen, wie dem Dollarkurs, OPEC-Vereinbarungen u.s.w., beeinflußt.

Der Strohpreis wird nach Verhandlungen zwischen dem Strohlieferanten und dem Heizwerk festgelegt. Der Preis soll z.B. folgende Kosten decken:

- Verzinsung und Abschreibung der Strohpresse.
- Lagerung vom Stroh.
- Transportkosten u.s.w.

Der Basispreis, bei einem Wassergehalt von 15% bis 16% und frei geliefert am Heizwerk, liegt als Jahresdurchschnitt in der Regel um die 100 DM pro Tonne. Dies ist der Preis in Dänemark, und diese Zahlung bekommen auch die Lieferanten in Schkölen/Thüringen.

Bei einem Wassergehalt von mehr als 16% wird der Preis um 2% für jedes Prozent Wasser im Stroh reduziert. Ebenso gibt es einen Zuschlag von 2% für jedes Prozent, das der Wassergehalt unter 15% ist.

Die Preisberechnung enthält ferner einen Monatsfaktor von 1,5%, d.h. daß im August zum Beispiel 90% des Basispreises, im September 91,5%, im Oktober 93% u.s.w., bezahlt wird.

Die Vereinbarung mit dem Strohlieferanten enthält in der Regel auch eine Vereinbarung, daß er Bodenasche und Flugasche abholen soll, die in den meisten Fällen auf die Felder gebreitet werden.

3.9.4 Begrenzung der Rauchgastemperatur in Strohverbrennungssystemen

Wegen der niedrigen Erweichungstemperatur der Strohasche (ca. 800°C) darf das Rauchgas vor dem Eintritt in den Konvektionsteil des Kessels höchstens ca. 700°C heiß sein.

Ein weiterer temperaturbegrenzender Faktor kann der Chlorgehalt des Strohs sein, welcher die Bildung von HC1 herbeiführen kann. Dieser hat bei Temperaturen von mehr als 450°C eine sehr korrosive Auswirkung auf die Überhitzerrohre eines Dampfkessels, weshalb er die Lebensdauer der Rohre sehr stark vermindern kann. Die höchstzulässige Grenze der Dampftemperatur wird deshalb auf 450°C geschätzt.

3.9.5 Dezentrales Heizkraftwerk Haslev

Der Grundstein des ersten strohgefeuerten dezentralen Heizkraftwerkes Dänemarks und wohl des ersten der Welt wurde am 29. Februar 1988 gelegt.

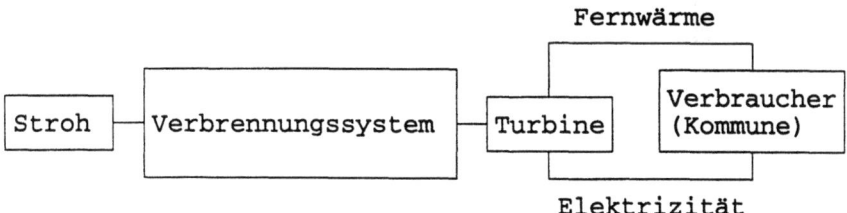

Das Heizkraftwerk wurde im Laufe des Herbstes 1989 in kommerziellen Betrieb genommen. Es liefert Elektrizität an das Netz sowie Fernwärme an rund 2000 Verbraucher der Stadt Haslev.

Wärmeeffekt: 13 MW
Elektrischer Effekt: 5 MW
Gesamteffekt: 18 MW

Der jährliche Strohverbrauch beträgt etwa 28.000 Tonnen, entsprechend etwa 56.000 Hesstonballen.

Zur Lagerung des heißen Fernheizwassers ist die Anlage mit einem Speichertank von 3.200 m³ versehen. Der Tank enthält Wärme für etwa 16 Stunden normalen Sommerverbrauch (etwa 300 GJ).

Die gesamte Gebäudefläche beträgt ca. 2.700 m². Hiervon sind 1.600 m² als Strohlager ausgelegt. Dadurch ist der Lagerbestand für den Verbrauch von 3 Tagen bei Vollast rund um die Uhr gesichert.

Strohfeuerung in Hochdruck-Dampfkesselanlagen mit Turbinenbetrieb ist durch das Verbrennungssystem möglich: Das System sichert eine kontrollierte Verbrennung von ganzen Großballen, die durch 4 parallele Strohbrenner verbrannt werden.

Anlagedaten:

Kesseldaten	Dampfmenge		26 t/h
	Dampfdruck		67 bar
	Dampftemperatur		430°C
	Strohverbrauch		5300 kg/h
Turbinendaten	Nennleistung		5,1 MW
	Nennspannung		10,5 kV
	Kondensationstemp.		88/78°C
	Wärmeleistung		13 MW
Wirkungsgrad	Kesselwirkungsgrad		90,7%
	Anlagewirkungsgrad		85%
Rauchgasreinigung			Gewebefilter

Emissionswerte:

Emissionswerte (Grenzwerte) bei 12% CO_2:

Staub	Weniger als 50 mg/m³N
Stickstoff	Weniger als 340 mg/m³N
CO	Weniger als 875 mg/m³N

Während der letzten Jahre sind mehrere Emissionsmessungen durchgeführt worden. Die durchschnittlichen Werte sind wie folgt:

Staub	12 mg/m³N
Stickstoff	337 mg/m³N
CO	347 mg/m³N

3.9.6 Dezentrales Heizkraftwerk Holstebro

Im Rahmen eines regionalen Energiekonzeptes soll für die Kommunen Holstebro und Struer mit insgesamt etwa 57.000 Einwohnern ein integriertes Energieversorgungssystem basierend auf den Energieträgern Abfall, Stroh, Hackschnitzel und Erdgas aufgebaut werden (Abb. 2). Die kommerzielle Inbetriebsetzung der Anlage ist für den 1. Januar 1993 vorgesehen.

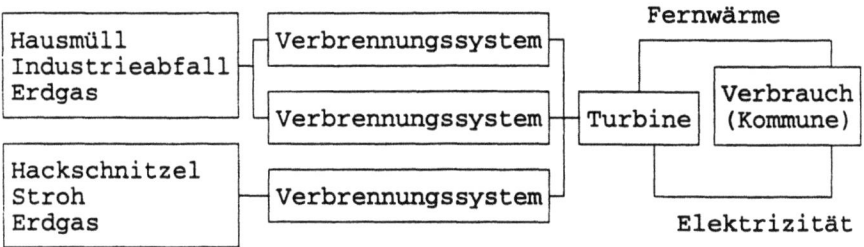

Die Anlage soll rund 20.000 Mietwohnungen und Wohnhäuser mit Raumwärme und Warmwasser versorgen.
    Bei Vollast ist der Strohverbrauch etwa 23-24 Ballen pro Stunde. Das Strohlager hat eine Kapazität von etwa 1800 Strohballen, ausreichend für einen Verbrauch von 3 Tagen.
    Die Hackschnitzel werden draußen auf einem nicht überdachten Platz gelagert. Für die Beschickung des Kessels ist ein überdachtes Lager mit einer Kapazität von 900 Tonnen gebaut.

Brennstoff:

Die Anlage ist für die Verbrennung der folgenden Brennstoffe dimensioniert:

Abfall	Brennwert 10,5 MJ/kg
Stroh (Hesston Ballen)	Brennwert 14,0 MJ/kg
Hackschnitzel	Brennwert 10,17 MJ/kg
Erdgas	Brennwert 44,4 MJ/kg

Jährlicher Brennstoffverbrauch:

Abfall	Tonnen 35.000 bis 40.000
Stroh	Tonnen 50.000
Hackschnitzel	m^3 60.000 (17.000 Tonnen)
Erdgas	m^3 7,5 mio.

Abb. 2. Der Kombikessel für Hackschnitzel, Stroh und Erdgas im Heizkraftwerk Holstebro. Der Kessel ist mit drei Strohbrennern an jeder Seite versehen. Vorne das Beschickungssystem für Hackschnitzel.

Kesseldaten:

Kesseldaten (Abfall - pro Kessel)

Lastpunkt	%	100
Dampfmenge	kg/s	8,8
Dampfdruck nach Überhitzer	bar	65
Dampftemp. nach Überhitzer	°C	520
Verfeuerte Abfallmenge	kg/h	9.000
Verfeuerte Erdgasmenge	kg/h	250
Anlagewirkungsgrad	%	82

3.9 Strohfeuerungsanlagen - Stand der Technik

Kesseldaten (Biomasse)

Lastpunkt	%	100
Dampfmenge	kg/s	13,5
Dampfdruck nach Überhitzer	bar	65
Dampftemp. nach Überhitzer	°C	520
Verfeuerte Abfallmenge	kg/h	9.350
Verfeuerte Erdgasmenge	kg/h	410
Anlagewirkungsgrad	%	92

Gesamte Wärmeleistung bei Lastpunkt 100% = ca. 67 MJ/s. Gesamte Stromleistung bei Lastpunkt 100% = ca. 28 MW.

Jährliche Stromproduktion 160 mio. KWh.
Jährliche Wärmeproduktion 1.439.000 GJ.

3.9.7 Vergasung

Eine zweite Möglichkeit ist, die Biomasse zu vergasen, d.h. die Biomasse in ein brennbares Gas umzuwandeln. Dies gibt gewisse interessante neue Perspektiven zur Verwendung von Biomasse.

Statt Wärme kann jetzt auch mechanische Energie und Strom durch die Verbrennung von Biomasse in einem gasmotorbetriebenen Stromgenerator hergestellt werden.

In erster Linie besteht großes Interesse an Vergasung von Stroh und Holz.

Thermische Vergasung ist in Dänemark keine neue Erscheinung. Seit vielen Jahren wird mit dieser Technik Stadtgas auf der Basis von Kohlen hergestellt, und während des 2. Weltkrieges wurde die Technik verwendet, um Holz und Holzkohle in Gas als Brennstoff für die Autos umzugestalten.

Auf Grundlage der bekannten Technologie ist im Kyndbywerk eine Weiterentwicklung durchgeführt worden, in der Vølund mit einem traditionellen Gegenstromvergaser mit einem thermischen Effekt von etwa 1 MW arbeitet.

Hier hat man sowohl Stroh als auch Hackschnitzel als Brennstoff verwendet, und man hat allmählich die Handhabung beider Brennstoffe gelernt. Das gleiche gilt für den Vergasungsprozeß, der bei Zugabe von Luft und Wasserdampf erfolgt.

Die Gegenstromvergaser zeichnen sich durch ihre einfache Konstruktion und Wirkungsart aus, sind jedoch gleichzeitig für einen hohen Teergehalt im hergestellten Gas bekannt. In diesem Teer können 20 bis 40% der Energie gebunden sein. Vølund arbeitet im Moment intensiv daran, das Problem durch ein Spalten des Teeres im Gas mittels eines Katalysators zu lösen.

Die Daten der Pilotanlage sind:

Vergasungseffekt:	1	MW
Strom-Effekt:	250	kW
Eingefeuerte Strohmenge:	300	kg/h
Produzierte Gasmenge:	300	m^3/h
Brennwert im Gas:	6	MJ/m^3

Seit den letzten 2 Jahren werden an dieser Pilotanlage viele Versuche durchgeführt, und wir sind jetzt so weit, daß wir im Herbst 1993 eine Vergasungsanlage für Holz mit einer Leistung von 4,0 MW (thermisch) in kommerziellen Betrieb nehmen können. Das Ziel ist, 1995 einen Gasmotor anzukuppeln. Die Anlage wird von den dänischen Energiebehörden begleitet und gefördert.

Funktion: Der Gasgenerator besteht aus einem senkrechten Zylinderofen mit einer keramischen Innenisolierung. Die Biomasse wird oben durch ein Schleusesystem zugeführt, und mit dem Fortschreiten des Vergasungsprozesses sinkt das Material durch den Ofen. Die ausgebrannte Asche wird durch einen rotierenden Rost unten entnommen.

Der Generator ist ein Gegenstromgenerator, d.h. daß das erzeugte Gas durch die noch nicht erhitzte Biomasse durchgelassen und oben entnommen wird. Die frische Biomasse wird dadurch durch warmes Gas im Gegenstrom erhitzt.

Die thermische Umwandlung der Biomasse in Gas erfolgt durch die Entgasung und die Verkohlung des organischen Materials mit der anschließenden Zersetzung der Kohlenreste durch Beimischung eines Vergasungsmittels.

Im Prinzip gibt es 4 Reaktionszonen, die übereinander liegen. Die chemischen Reaktionen sind in nachstehender Figur dargestellt.

In der **Trockenzone** wird der feuchte Brennstoff durch das warme Prozeßgas getrocknet. Der freigegebene Wasserdampf wird mit dem Prozeßgas abgeleitet.

In der **Pyrolysezone**, die die primäre Reaktionsstufe darstellt, erfolgt die Zersetzung der Biomasse. Die flüchtigen Bestandteile der Biomasse werden durch Erhitzung abgegeben. Bei der Zersetzung wird hauptsächlich Methan, aber auch andere schwerere Kohlenwasserstoffe verschiedener Art freigegeben. Die Temperatur in der Pyrolysezone ist so hoch, daß selbst die schweren Kohlenwasserstoffe in Gasform vorhanden sind. Bei Abkühlung der schwereren Gase, werden sich einige davon in Teer verflüssigen.

In der unteren Zone, der **Oxidationszone**, wird das Vergasungsmittel zugeführt. Es handelt sich normalerweise um atmosphärische Luft. Hier wird die für die Vergasung notwendige Wärme erzeugt durch Verbrennung der Koksreste mit Bildung von Kohlendioxid.

In der **Reduktionszone** wird ein Teil des gebildeten Kohlendioxides und Wasserdampfs in Kohlenmonoxid und Wasserstoff reduziert. Die Temperatur in

Abb. 3. Prinzipskizze des Vølund Gasgenerators

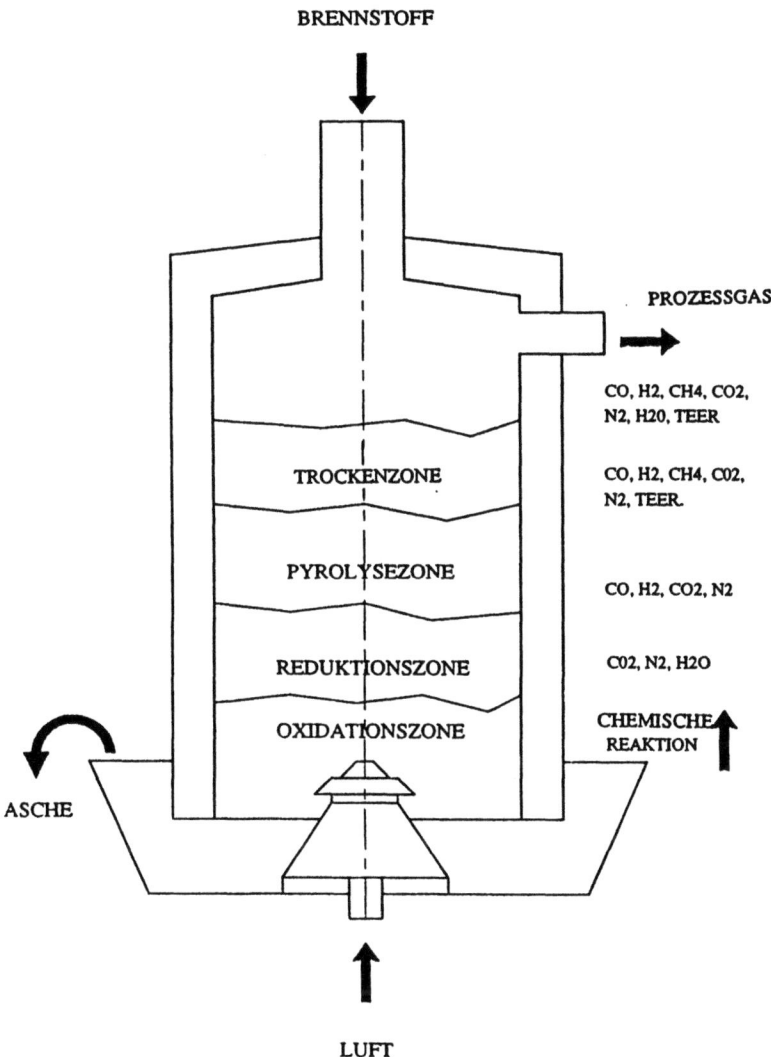

der Reduktionszone muß über 900°C sein, damit der Reduktionsprozeß erfolgen kann. Auf der anderen Seite darf sie nicht so hoch sein, daß in bezug auf geschmolzene Schlacken Probleme entstehen. Normalerweise muß die Temperatur zwischen 1000 und 1200°C liegen. Das Besondere an diesem Generator ist, daß es durch Befeuchtung der in den Generator hineingeblasenen Luft möglich wird, die Temperatur im Generator unabhängig von der Leistung zu regeln.

Neben dem besonderen System der Luftbefeuchtung zeichnet sich der Vølund Generator durch einen speziellen Rost am Boden des Reaktors aus. Wie aus Abb. 3 hervorgeht, hat der Rost die Form eines Kegels. An der Peripherie sind Schaber befestigt, die die Asche/Schlacke unten durch Ascheschleusen hinausschaben.

Ein Hydrauliksystem ermöglicht die Rotation des Rosts. Das daraus resultierende Umrühren begünstigt die Verteilung des Materials im Reaktor und die Entnahme der Asche.

Der Rost wird ausreichend gekühlt durch die eingeblasene Luft und die sich über dem Rost befindliche Ascheschicht.

Auf Forschungsebene wird intensiv und zielgerichtet an der Entwicklung einer Technologie zur effektiven Gasreinigung gearbeitet, durch z.B. eine katalytische Spaltung zwecks der Beseitigung von Teer. Das Entwicklungsprogramm wird noch ungefähr 2 Jahre laufen. Nach diesem Zeitpunkt wird die Ergänzung der Vergasungsanlage durch einen Gasmotor und einen Generator zur Kraftwärmeerzeugung von Relevanz sein.

3.9.8 Anlagegröße

Eine Kessel- und Vergasungsanlage für Biobrennstoffe kann sinnvollerweise in den folgenden Größen gebaut werden:

	Thermische Leistung
Stroh	2,5 MW/h bis 50 MW/h
Holz	2,5 MW/h bis 70 MW/h
Stroh und Holz, gemischt	12 MW/h bis 50 MW/h
Stroh- oder Holzvergasung	1 MW/h bis 10 MW/h

Anlieferung von Brennstoff: Das Stroh und die Hackschnitzel werden normalerweise und ohne Probleme von den umliegenden Feldern und Wäldern angeliefert. Zum Beispiel wird das Stroh für die Anlage in Haslev aus einem Umkreis von 30 km des Werkes angeliefert. Wegen des ziemlich großen Verkehrsaufkommens sollte das Heizwerk am Rande der Stadt gebaut werden.

Das Stroh wird mit einem LKW mit Hänger oder durch den Landwirt mit seinem Schlepper und passendem Plattformwagen angeliefert. Beide bringen eine Ladung von 20 Großballen mit ca. 10 Tonnen.

3.10 Ökonomische Aspekte der direkten thermischen Verwertung von Biomasse

Dr. Erich Ortmaier
Lehrstuhl für angewandte landwirtschaftliche Betriebslehre
8050 Freising-Weihenstephan

Zusammenfassung: Verfahren zur Energiegewinnung aus nachwachsenden Rohstoffen wurden in den letzten zwei Dekaden bis zu unterschiedlichen Stadien der Marktreife entwickelt. In der Regel scheiterte dabei die Einführung in die Praxis weniger an technischen Problemen, sondern mehr an der geringen ökonomischen Effizienz.

Biomasse ist als Brennstoff zur Erzeugung von Wärme und/oder Prozeßenergie hervorragend geeignet, da bei der Konversion durch direkte thermische Verwertung sehr hohe Wirkungsgrade zu erzielen sind. Bei Anlagen gleicher Leistungsklassen muß allerdings für feststoffbeaufschlagte Wärmeerzeuger mit deutlich höheren Investitionsbeträgen je installiertes Kilo-Watt thermischer Leistung gerechnet werden, falls bezüglich Bedienungs-, Steuerungs- und Regelungskomfort und Emissionen Vergleichbarkeit mit öl- oder gasbefeuerten Anlagen erreicht werden soll. Dabei interessiert vor allem die Frage, wie hoch bei gegebenem Preis für fossile Konkurrenzbrennstoffe die Energieeinheit in der Biomasse und damit bei definiertem Energiegehalt die Tonne Biobrennstoff selbst bezahlt werden kann, wenn voll vergleichbare Anlagen die erzeugte Energieeinheit mit identischen Kosten produzieren sollen.

Ein zweiter und ganz wesentlicher Aspekt sind die tatsächlichen Bereitstellungskosten für Biomasse und damit letztlich die Preiswürdigkeit biogener Brennstoffe.

Während bei Reststoffen, die Entsorgungsprobleme bereiten, ggf. mit einer Erstattung von Entsorgungskosten zu rechnen ist, und bei der Verwendung von Rest- und Abfallstoffen lediglich Ernte- und Bergungskosten anzusetzen sind, muß bei gezielt angebauten Energiepflanzen die Konkurrenz zur Produktion herkömmlicher Marktfrüchte in Form von Nutzungskosten berücksichtigt werden. Diese Aussage gilt jedoch nur mit Einschränkungen, bzw. nur dann, wenn beide Nutzungsformen um den knappen Faktor "Fläche" konkurrieren. Bei obligatorischer Flächenstillegung sind dagegen keine Nutzungskosten zu veranschlagen, da hier die beiden Alternativen lauten "Brache" oder "Energiepflanzen-Produktion"; die Flächenprämie wird hier in beiden Fällen gewährt.

1 Problemstellung

Die spätestens mit den beiden Energiekrisen während der siebziger Jahre bewußt gewordene Endlichkeit der Vorräte und die absehbare Erschöpfung an fossilen und letztlich auch an nuklearen Brennstoffen erfordert mehr denn je eine zielorientierte, d.h. an langfristigen Notwendigkeiten ausgerichtete Energiepolitik. Darüber hinaus ist eine immer breiter werdende Bevölkerungsschicht gegenüber den ökologischen Wirkungen des anthropogenen Energieumsatzes sensibilisiert. Wissenschaftlich gilt es inzwischen als unstrittig, daß der durch die gehäufte Verbrennung fossiler Energien zusätzliche CO_2-Eintrag in die Erdatmosphäre einen Treibhauseffekt bewirkt, woraus irreversible Klimaveränderungen resultieren.

Beide Problembereiche - Ressourcenschonung und Vermeidung von Umweltschäden - erfordern künftig in verstärktem Ausmaß eine Energiepolitik, die zum einen versucht, das reichlich vorhandene Potential von Energie-Einsparmöglichkeiten auszuschöpfen und darüber hinaus regenerative, d.h. nicht erschöpfliche Energieträger verstärkt zu nutzen. Beide Ziele sind dabei nicht sequentiell, sondern zeitlich nebeneinander, also parallel zu verfolgen.

Ein bewußter Einstieg in die Energiepflanzenproduktion hätte zudem den außerordentlich wünschenswerten Effekt der Umwidmung von Ackerflächen, die zur Nahrungsmittelerzeugung nicht mehr benötigt werden. Eine Eindämmung der stetig gewachsenen und EG-weit inzwischen kaum noch finanzierbaren Marktordnungskosten zur Beseitigung der Agrarüberschüsse wäre die unmittelbare Folge.

Die technischen Verfahren zur Energiegewinnung aus nachwachsenden Rohstoffen sind weitgehend existent. Die Einführung in die Praxis scheiterte bis dato überwiegend an der geringen ökonomischen Effizienz. Dabei spielt das in der Bundesrepublik Deutschland nach wie vor relativ niedrige Preisniveau für fossile Konkurrenzbrennstoffe - hochsubventionierte Kraftwerkskohle ausgenommen - eine entscheidende Rolle. Für die nachfolgenden Ausführungen, die ausschließlich auf die Erzeugung und die direkte thermische Verwertung, d.h. Verbrennung von Biomasse abstellen, sind deshalb fundierte betriebswirtschaftliche Analysen unumgänglich.

2 Bewertung von Biomasse als Brennstoff

Konkurrenzbrennstoffe der regenerativen Energieträger sind die konventionellen festen, flüssigen und gasförmigen Brennstoffe fossiler Herkunft wie Steinkohle, Braunkohle, Heizöl, Schweröl, Erdgas, etc.. Basis für die Bewertung von Biomasse ist jedenfalls deren Energiegehalt in Form des Heizwertes; dieser wiederum hängt mit gewissen Schwankungen von Art und Herkunft des pflanzlichen Materials ab und wird entscheidend vom Anteil an Trockensubstanz je Gewichtseinheit beeinflußt. Die monetäre Bewertung biogener Brennstoffe geschieht nicht selten hilfsweise über den Preis für Heizöl EL (extra leicht) mit genau definiertem Qualitätsstandard. So enthält auch Tabelle 1 die theoretisch

3.10 Ökonomische Aspekte der direkten thermischen Verwertung von Biomasse

möglichen Preise für Biomasse mit gegebenem Heizwert bei variierenden Heizölpreisen.

Aus der Spanne von 30 bis 70 Pf je Liter - sie entspricht den Schwankungen am Heizölmarkt innerhalb weniger Jahre - leiten sich Äquivalenzpreise für Biomasse von ca. 120.- bis 280.- DM je Tonne ab. Diese Art der Preisbildung für den Festbrennstoff Biomasse aus den Kosten je Energieeinheit eines flüssigen Energieträgers ist jedoch nicht völlig korrekt und gibt Anlaß für Fehlinterpretationen, da die identischen Kosten nach Bruttoenergiegehalten die energieträgerspezifischen Eigenschaften bei der Verbrennung, wie z.b. unterschiedliche Anlagenwirkungsgrade und insbesondere bei der Brennstoffhandhabung, unberücksichtigt lassen.

Tabelle 1. Theoretische Preise für Biomasse nach Heizöläquivalenten (abgeleitet aus den Kosten je Energieeinheit von Heizöl) bei variierenden Heizölpreisen.

Heizölpreis[a]	Kosten je Energieeinheit[b]		Äquivalenzpreis[c] Biomasse
Pf/l	Pf/MJ	Pf/kWh	DM/t
30	0.83	3.0	118
35	0.97	3.5	138
40	1.11	4.0	158
45	1.25	4.5	178
50	1.39	5.0	197
55	1.53	5.5	217
60	1.67	6.0	237
65	1.81	6.5	257
70	1.94	7.0	276

[a] Frei Verbraucher einschließlich MwSt.
[b] Energiegehalt pro Liter Heizöl (EL) 36 MJ (Mega-Joule) bzw. 10 kWh
[c] Energiegehalt Biomasse $Hu_{(roh)}$ = 14.2 MJ/kg bei einem Feuchtegehalt U = 12 %
Energiegehalt Biomasse in der Trockensubstanz $Hu_{(wf)}$ = 16.5 MJ/kg
Umrechnung: Energiegehalt der Rohsubstanz
$Hu_{(roh)} = Hu_{(wf)} * (100-U):100 - 24.41 * U$ (kJ/kg).
Quelle: Eigene Berechnungen

Sollen als biogene Brennstoffe nicht nur Rest- und Abfallstoffe wie Schwachholz, Stroh oder zu entsorgende Abfälle aus der Landschaftspflege Verwendung finden, sondern Energiepflanzen gezielt angebaut werden, so bewegen sich beispielsweise die Hektarerträge für Getreide-Ganzpflanzen je nach Standort, Getreideart, Korn-Stroh-Verhältnis, etc. derzeit zwischen etwa 10 bis 16 Tonnen. Trockenmasseerträge von 20 Tonnen je Hektar und darüber scheinen dagegen bei einem anzustrebenden Trockensubstanzgehalt von wenigstens 75 % nur mit C4-Pflanzen, insbesondere Chinaschilf, erreichbar.

Der in Tabelle 2 ausgewiesenen Ertragsspanne von 10 bis 30 Tonnen pro Hektar entsprechen Öläquivalente von rund 4000 bis 12000 Liter . Bei einem Heizölpreis von 40 Pf je Liter - entsprechend etwa den aktuellen Notierungen - errechnen sich Hektarerlöse von knapp 1600.- bis über 4700.- DM.

Bei 70 Pf je Liter - ein Preisniveau, welches in der Vergangenheit erreicht, auch sogar schon überschritten wurde - würden sich die entsprechenden "Marktleistungen" zwischen über 2700.- DM pro Hektar und ca. 8300.- DM je Hektar bewegen. Es ist an dieser Stelle mit Nachdruck darauf hinzuweisen, daß der Ausdruck "Marktleistung" in diesem Zusammenhang völlig deplaciert ist, da mangels Nachfrage nach Ganzpflanzenbrennstoffen auf Getreidebasis kein Markt existiert und es sich somit lediglich um theoretische, aber derzeit nicht realisierbare Erlöse handelt. Während den Öläquivalenten je Hektar eine gewisse reale Aussagekraft zukommt - so könnten bruttoenergie-bezogen durch 20 Tonnen Biomasse mit gegebenem Brennwert tatsächlich etwa 7900 Liter Heizöl substituiert werden - haben die theoretischen Hektarerlöse lediglich hypothetischen Charakter. Es ist Gegenstand des folgenden Abschnittes zu zeigen, daß der Betreiber einer Energie-Erzeugungsanlage nicht bereit sein wird, bzw. nicht in der Lage sein kann, entsprechende Äquivalenzpreise für Biomasse als Brennstoff zu bezahlen.

Tabelle 2. Flächenbezogene Energieerträge und theoretische Erlöse in Abhängigkeit vom Biomasse-Ertrag bei unterschiedlichen Preisen für Heizöl EL

Biomasse-Ertrag[a]	Energie-Ertrag[b]		theoretische Erlöse DM/ha[c]	
t/ha	GJ/ha	l/ha	HEL 40 Pf/l	HEL 70 Pf/l
10	142.0	3940	1576	2758
12	170.4	4730	1892	3311
14	198.8	5520	2208	3864
16	227.2	6310	2524	4417
18	255.6	7100	2840	4970
20	284.0	7890	3156	5523
22	312.4	8680	3472	6076
24	340.8	9470	3788	6629
26	369.2	10250	4100	7175
28	397.6	11040	4416	7728
30	426.0	11830	4732	8281

[a] Hektarerträge Biomasse z.B. Getreide (Ganzpflanzen) oder im oberen Ertragsbereich C-4-Pflanzen (Chinaschilf) bei einem Feuchtegehalt von 12 % (Heizwert s.Tabelle 1).
[b] Energieertrag in Giga-Joule (GJ) bzw. Öläquivalent (Heizöl EL = HEL)
[c] Aktueller Preisstand ca. 40 Pf/l.
Quelle: Eigene Berechnungen

3 Zur Ökonomik von Energie-Erzeugungs-Anlagen

Biomasse ist als Brennstoff zur Erzeugung von Wärme und/oder Prozeßenergie hervorragend geeignet, da bei der Konversion durch direkte thermische Verwertung sehr hohe Wirkungsgrade zu erzielen sind. Für Anlagen gleicher Leistungsklassen muß allerdings für feststoffbeaufschlagte Wärmeerzeuger mit deutlich höheren Investitionsbeträgen je installiertes Kilo-Watt thermischer Leistung gerechnet werden, falls bezüglich Bedienungs-, Steuerungs- und Regelungskomfort und Emissionen Vergleichbarkeit mit öl- oder gasbefeuerten Anlagen erreicht werden soll. Wesentliche Komponenten für die Mehrkosten sind dabei Brennstofflager und -aufbereitung, mechanische Brennstoffentnahme und automatische Beschickung, automatischer Ascheaustrag und Rauchgasreinigung.

Dabei verursachen innerhalb der Festbrennstoffe Strohfeuerungen und Mehrstoffkessel für verschiedenste Biomassen die höchsten Investitionskosten. Da der zusätzliche Investitionsaufwand für Biomasseanlagen nicht proportional mit der Anlagengröße wächst, also Degressionseffekte vorliegen, wird die untere Grenze bei einer installierten thermischen Leistung von 1 bis 2 Megawatt gesehen und sind aus Kostenüberlegungen wesentlich größere Einheiten anzustreben. Eine Ausnahme stellen mit Holzhackschnitzel befeuerte Anlagen dar, die auch in niedrigeren Leistungsbereichen - etwa ab 100 kW - mit automatisierter Brennstoffzufuhr preislich relativ günstig abschneiden. Bei Großanlagen nehmen im Zusammenhang mit der Brennstoffversorgung die Verkehrs- und Logistikprobleme rasch zu; die Obergrenze für Biomasseanlagen ist deshalb zur Zeit bei etwa 25 bis 30 Megawatt thermischer Leistung anzusetzen.

An Einsatzmöglichkeiten für Biobrennstoffe kommen insbesondere Heizwerke auf kommunaler Ebene, aber auch Gewerbe- und Industriebetriebe, Schlachthöfe, Grünfuttertrocknungsanlagen, Stärke- und Zuckerfabriken und ähnliche Unternehmungen in Frage.

3.1 Kostentheoretische Zusammenhänge

Zur Überprüfung der Rentabilität bzw. Konkurrenzfähigkeit der Energieerzeugung mittels Biomasse gegenüber fossilen Brennstoffen finden die üblichen dynamischen und statischen Methoden der Wirtschaftlichkeitsrechnung Verwendung. Für die nachfolgenden Kalkulationen wird ausschließlich auf das statische Verfahren der Kostenvergleichsrechnung zurückgegriffen, wobei eine Erfassung der Einnahmen unterbleibt. Die Vernachlässigung der Erlöse ist unter der hier sicher zutreffenden Prämisse zulässig, daß für alle untersuchten Alternativen die Einnahmen aus dem Verkauf je Energieeinheit identisch sind. Als Entscheidungskriterium dienen dann allein die errechneten Produktionskosten je Einheit; realisiert wird in der Regel das Verfahren mit den minimalen Durchschnittskosten. Beispiele zur Kostenvergleichsrechnung befinden sich in Tabelle 3 für Anlagen unterschiedlicher Leistungsklassen mit fossilen sowie biogenen Energieträgern als Brennstoff. Die den jeweiligen Berechnungen zugrundeliegenden Parameter, wie Investitionsbedarf, Abschreibungsdauer, Reparaturkosten etc. beruhen zum Teil auf Befragungen von Herstellerfirmen, Planungsbüros und Anlagenbetreibern, sind aber teilweise auch Publikationen und Prospektunterlagen entnommen. Verglichen werden Anlagen mit einem und zehn MW thermischer Leistung, die entweder mit Heizöl EL oder mit Biomasse (Stroh) zu befeuern sind. Hinsichtlich der Investitionskosten je MW beträgt die Relation zwischen Heizölanlagen und Strohanlagen 1:2; des weiteren wird angenommen, daß bei 10-facher Anlagenleistung der Investitionsbedarf lediglich um den Faktor 7 steigt, womit einem schwach degressiven Kostenverlauf Rechnung getragen wird. Die Einzelpositionen der Modellrechnungen folgen der üblichen Gliederung in fixe und betriebsbedingte Kosten.

Eine Erhöhung der Investitionssumme um 100 Prozent beim Übergang von Heizöl auf Stroh als Brennstoff bewirkt eine Verdoppelung der jährlichen Kapitalkosten (Zinsansatz, Abschreibung, Versicherung) und einen analogen Kostenanstieg der erzeugten Energieeinheit bei einer identischen Zahl von Betriebsstunden je Jahr. Die biomassebefeuerten Anlagen werden aber noch durch weitere Mehrkosten benachteiligt. Dies sind höhere Reparaturkosten, ein höherer Eigenenergieverbrauch, der sich in einem vermehrten Zukauf von Fremdstrom niederschlägt, und insbesondere vergleichsweise hohe Personalkosten. Wird die Bruttoenergie im Brennstoff preisgleich zugekauft - dies trifft nach den Vorgaben in Tabelle 3 mit Preisen für Heizöl von rund 465.- DM/t und für Stroh von etwa 158.- DM/t bei korrespondierenden Energiegehalten von 43 und 14.2 MJ/kg zu - und darüber hinaus um die unterschiedlichen Anlagenwirkungsgrade bereinigt, so zeigen die Ergebnisse in Form der Produktionskosten bzw. Stückkosten erhebliche Differenzen: Während bei der Ölanlage mit 1 MW Leistung Stückkosten von rund 61.- DM/MWh anfallen, belaufen sich diese bei der strohbeaufschlagten Anlage auf über 88.- DM/MWh, was einen relativen Kostenanstieg um ca. 45 Prozent bedeutet. Für die größeren Anlagen im Leistungsbereich von 10 MW lauten die entsprechenden Vergleichswerte 55.6 DM/MWh und 77.1 DM/MWh; der Einsatz von Stroh als Brennstoff verursacht somit hier eine Verteuerung um fast 39 Prozent je erzeugte MWh Wärmeenergie.

Zur generellen Darstellung der Konkurrenzfähigkeit von Biomasse als Brennstoff gegenüber Primärenergieträgern fossiler Herkunft erscheint es zweckmäßig, auf einige kostentheoretische Zusammenhänge zurückzugreifen. Abbildung 1 enthält Kostenfunktionen von Anlagen zur Energieerzeugung der Leistungsklasse 1 MW für die Brennstoffe Heizöl EL und Stroh in Abhängigkeit von der Anlagenauslastung. Im oberen Teil der Graphik sind die Gesamtkostenfunktionen wiedergegeben. Diese setzen sich zusammen aus einem Fixkostenblock, der lediglich zeitbedingt, d.h. betriebsunabhängig anfällt, sowie den variablen Kosten, die mit der Anzahl der Betriebsstunden linear ansteigen. Beide Kostenkomponenten addieren sich zur Gesamtkostenfunktion.

3.10 Ökonomische Aspekte der direkten thermischen Verwertung von Biomasse

Tabelle 3. Kosten der Energieerzeugung in Anlagen unterschiedlicher Leistungsklassen mit fossilen und biogenen Energieträgern als Brennstoff.

Brennstoff			Heizöl El		Biomasse (Stroh)	
Anlagenleistung		MW	1	10	1	10
Gesamtinvestition[a]		DM	500000	3500000	1000000	7000000
Abschreibung	25a	DM/a	20000	140000	40000	280000
Zinssatz	8%	DM/a	20000	140000	40000	280000
Versicherung	0,5%	DM/a	2500	17500	5000	35000
Fixkosten(gesamt)		DM/a	42500	297500	85000	595000
Einsatzdauer		h/a	5000	5000	5000	5000
Kesselwirkungsgrad		%	92	92	85	85
Anlagenauslastung[b]		%	70	70	70	70
Fixkosten		DM/GJ	3.37	2.36	6.75	4.72
		DM/MWh	12.14	8.50	24.29	17.00
Reparaturkosten[c,d]	60 80%	DM/a	12000	84000	32000	224000
Energieverbrauch[d,e]	1% 2%	DM/a	6650	66500	13300	133000
Personalbedarf		Ak	0.1	0.3	0.3	2
Personalkosten	50000	DM/a	5000	15000	15000	100000
variable Kosten ohne		DM/GJ	1.88	1.31	4.79	3.63
Brennstoff		DM/MWh	6.76	4.73	17.23	13.06
Brennstoff:						
Energiegehalt		MJ/kg	43	43	14.2	14.2
Preis[f]		DM/t	465.1	465.1	157.7	157.7
Energiekosten[g]		DM/GJ	11.76	11.76	13.07	13.07
		DM/MWh	42.33	42.33	47.06	47.06
Variable Kosten		DM/GJ	13.63	13.07	17.86	16.70
		DM/MWh	49.08	47.05	64.29	60.12
Gesamtkosten absolut		DM/GJ	17.01	15.43	24.61	21.42
		DM/MWh	61.23	55.55	88.58	77.12
Gesamtkosten relativ		%	100	100	100	100
fix		%	19.8	15.3	27.4	22.0
variabel insgesamt		%	80.2	84.7	72.6	77.9
(Brennstoff)		%	69.1	76.2	53.1	61.0

[a] Gesamte Anlage vom Brennstofflager bis zum Kamin einschl. Gebäude.
[b] Bezogen auf die Anlagenleistung.
[c] Bezogen auf die Anlagenlebensdauer und die gesamten Investitionskosten.
[d] Jeweils erster Wert für heizöl-, zweiter Wert für strohbefeuerte Anlagen.
[e] Bezogen auf Energieoutput. Stromzukauf mit 0.19 DM/kWh.
[f] Heizölpreis 0.40 DM/l. Strohpreis nach Energieäquivalent 158.- DM/t.
[g] Bezogen auf Energiegehalt unter Berücksichtigung des Anlagenwirkungsgrades
Quelle: Kolloch, P. (2,S. 178 ff) und eigene Berechnungen.

Für die Ölanlage ist analog zu Tabelle 3 ein Brennstoffpreis von 40 Pf je Liter HEL angenommen. Die spezifischen Investitionskosten, gemessen in DM je kW thermische Leistung, der öl- und der strohbefeuerten Anlage verhalten sich auch hier wie 1:2; alle weiteren, den Kostenfunktionen zugrundeliegenden Basisdaten sind Tabelle 3 zu entnehmen.

Soll jetzt für eine vorzugebende Zahl von Betriebsstunden Kostengleichstand erreicht und damit die erzeugte MWh brennstoffunabhängig zu identischen Kosten bereitgestellt werden, so müssen die Gesamtkostenfunktionen für diese Jahresauslastungen zum Schnitt gebracht werden. Es ist unmittelbar einsichtig, daß wegen des Fixkostenüberhanges die Steigung der Gesamtkostenfunktion der Biomasse-Anlage kleiner sein muß, als diejenige der konkurrierenden Ölanlage, um dieses Ziel zu erreichen. Ein geringeres Steigungsmaß bedeutet jedoch reduzierte variable Kosten; da diese im wesentlichen aus dem Brennstoffzukauf resultieren, folgt daraus, daß Biomasse nicht nach Äquivalenzpreisen bezahlt werden kann, sondern eine deutlich schlechtere Vergütung erhalten muß, als es vom Heizwert her zu rechtfertigen wäre.

Für Biomasse sind zwei Kostenfunktionen errechnet, die für 3000 bzw. 7000 Betriebsstunden pro Jahr Kostengleichheit mit der Ölanlage aufweisen.

Die im unteren Teil der Graphik dargestellten Stückkostenfunktionen für Strohanlagen verlaufen aufgrund der höheren Fixkosten zunächst wesentlich stärker degressiv als die Durchschnittskostenfunktion der Ölanlage. Da für 3000 bzw. 7000 Betriebsstunden die Produktionskosten für die Bereitstellung der Jahresenergiemenge genau so hoch sind wie bei der ölbefeuerten Anlage, liegen an den Schnittstellen auch identische Stückkosten vor. Damit dieser Kostengleichstand erreicht werden kann, dürfen - relativ betrachtet - die variablen Kosten der Biomasseanlage bei 3000 Betriebsstunden lediglich 71 % und bei 7000 Stunden etwa 88 % des Wertes der Ölanlage betragen. Das bedeutet jedoch nicht, daß für Biomasse 71 % bzw. 88 % des Äquivalenzpreises bezahlt werden kann: Da in den variablen Kosten hier auch die Ansätze für Reparatur und Wartung, Stromzukauf und Personalkosten enthalten sind und diese bei Anlagen mit Festbrennstoffen deutlich über den Werten von heizölbefeuerten Kesseln liegen, betragen die relativen Preisabschläge für Biobrennstoffe erheblich mehr als die errechneten Differenzen der variablen Kosten von 29 % bzw. 12 Prozent.

Den numerischen Werten der Stückkostenfunktionen ist aber ebenfalls zu entnehmen, daß Biomasse-Anlagen eine möglichst hohe Zahl von Betriebsstunden pro Jahr aufweisen sollen, d.h. zur Versorgung von Grundlasten wesentlich besser geeignet sind als zur Abdeckung von Spitzenlasten. Mit zunehmender Jahresarbeit wird die erzeugte Energieeinheit durch den Fixkostenüberhang immer weniger belastet und somit eine vergleichsweise ständig bessere Vergütung des Brennstoffes Biomasse ermöglicht.

3.10 Ökonomische Aspekte der direkten thermischen Verwertung von Biomasse

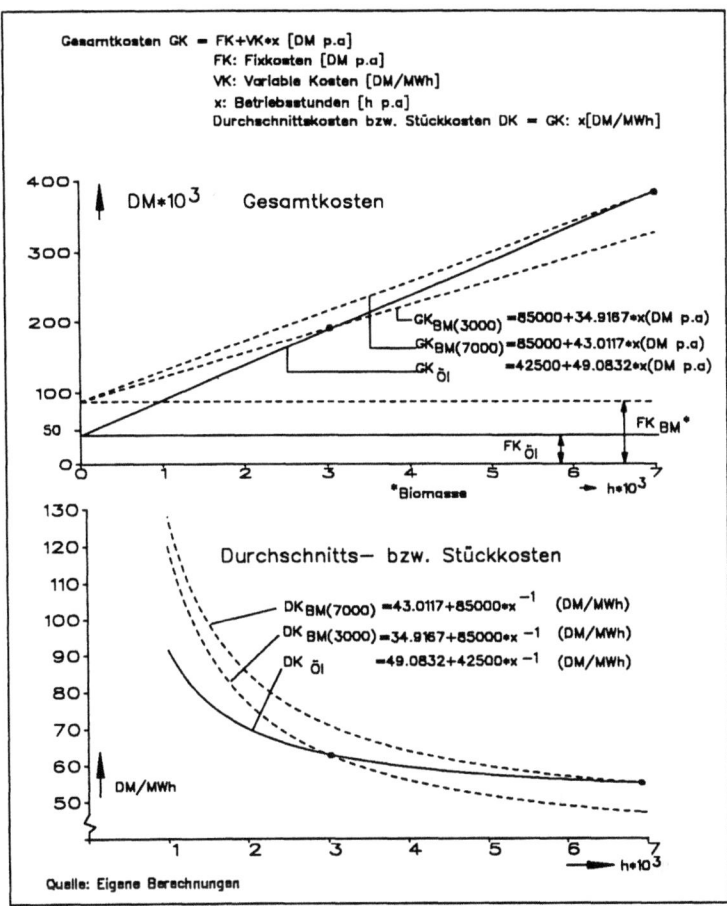

Abb. 1. Kostenfunktionen von Anlagen zur Wärmeerzeugung der Leistungsklasse 1 MW mit fossilen (Heizöl EL) und biogenen (Stroh) Energieträgern als Brennstoff in Abhängigkeit von der Anlagenauslastung

Gerade im Zusammenhang mit den bereits mehrfach erwähnten Auslastungsgraden dürfen jedoch einige praxisrelevante Fakten nicht unerwähnt bleiben. Der Planung bzw. Dimensionierung von Heizwerken, die ausschließlich auf die Deckung des Wärmebedarfs von Wohnungen und auf die Bereitstellung von Brauch-Warmwasser abstellen, liegen sog. "geordnete Jahresdauerlinien" zugrunde. Diese beinhalten den Wärmebedarf der zu versorgenden Verbraucher je Zeiteinheit im Jahresablauf, geordnet nach aufsteigenden oder abfallenden Werten. Wird die zu installierende Kesselleistung an der Lastspitze orientiert, ergeben sich ausgesprochen ungünstige Auslastungen, die im vorliegenden Fall der

Wohnhausheizung bei etwa 1800 bis 2300 Vollaststunden pro Jahr liegen. Es ist deshalb aus ökonomischen Überlegungen zweckmäßig und beispielsweise in dänischen Heizwerken praxisüblich, mit biomassebeheizten Wärmeerzeugern wegen deren hohen spezifischen Investitionskosten nur Grundlasten abzudecken, die sich auf weniger als 50 Prozent der Lastspitze belaufen. Damit sind Einsatzzeiten bis zu 4000 und sogar mehr Vollaststunden pro Jahr realisierbar. Die Spitzenlast wird dagegen von einem vergleichsweise kostengünstigen Öl- oder Gaskessel versorgt, der auch im Schwachlastbereich mit gutem Wirkungsgrad läuft und zugleich als Reservekessel dient.

Einsatzzeiten von 7000 bis 8000 Vollaststunden je Jahr sind nur dann zu verwirklichen, wenn eine permanente Nachfrage nach Wärme und/oder Prozeßenergie auf konstantem Niveau vorliegt. Entsprechende Voraussetzungen sind in der Regel nur bei Industrie- und Gewerbebetrieben gegeben.

Hinsichtlich der Leistungsklassen von biomassebefeuerten Anlagen läßt sich festhalten, daß bei gegebenem Stand der Technik die obere Grenze zur Zeit bei etwa 25 bis 30 Megawatt liegen dürfte, da in Großanlagen im Zusammenhang mit der Brennstoffversorgung die Verkehrs- und Logistikprobleme rasch zunehmen; so werden beispielsweise bei einem Heizwert von 3.8 MWh je Tonne - entsprechend Getreidestroh mit 15 % Feuchte - wirkungsgradbereinigt etwa 0.3 t Brennstoff je MWh erzeugter Arbeit benötigt. Das bedeutet bei 30 MW Kesselleistung und 7000 Vollaststunden pro Jahr einen Bedarf von 63000 t Brennstoff.

Im neuerrichteten dänischen Heizkraftwerk Mabjerg mit einer thermischen Leistung von ca. 120 MW - die Generatorleistung beträgt 28 MW netto, bei einer maximal auszukoppelnden Wärmeleistung von 68 MW - werden neben Hausmüll und Erdgas Getreidestroh in Form von Großpacken und Holzhackschnitzel verfeuert. Der jährliche Einsatz an Biobrennstoffen - Stroh und Holz - wird in der Summe mit 200000 t beziffert. Damit dürfte unter logistischen Aspekten die Grenze des Machbaren erreicht sein.

3.2 Ableitung von Gleichgewichtspreisen

Im Zusammenhang mit der Preisfindung für den Brennstoff Biomasse interessiert vor allem die Frage, wie hoch bei gegebenem Ölpreis die Energieeinheit in der Biomasse und damit bei definiertem Energiegehalt die Tonne Biobrennstoff selbst bezahlt werden kann, wenn voll vergleichbare Anlagen mit identischen Bereitstellungskosten produzieren sollen.

Tabelle 3 enthält die Basisdaten und Vorgaben zur Ableitung von Gleichgewichtspreisen für Biomasse in Anlagen unterschiedlicher Leistungsklassen. Der Gleichgewichtspreis für Biobrennstoffe errechnet sich dann unter der Bedingung identischer Stück-(Durchschnitts-) Kosten, das heißt:

3.10 Ökonomische Aspekte der direkten thermischen Verwertung von Biomasse

$DK_{HEL} = DK_{BM}$ (DM/MWh)

und gleicher Jahresarbeiten

$JA_{HEL} = JA_{BM}$ (MWh/a)

für die öl- bzw. biomassebeaufschlagte Anlage nach folgendem Ansatz:

$P_{BM} = ((P_{HEL}/W_{HEL}) - (JMK_{BM}/JA_{BM})) * H_{UBM} * W_{BM}$ (DM/t)

mit

DK_{HEL}: Stückkosten der Ölanlage (DM/MWh)

DK_{BM}: Stückkosten der Biomasseanlage (DM/MWh)

P_{BM}: Gleichgewichtspreise Biomasse (DM/t)

P_{HEL}: Preis Heizöl EL (DM/MWh)

W_{HEL}: Wirkungsgrad der Ölanlage

JMK_{BM}: Jahresmehrkosten der Biomasseanlage im Vergleich zur Ölanlage (DM/a)

JA_{HEL}: Jahresarbeit (erzeugte Energie) der Ölanlage (MWh/a)

JA_{BM}: Jahresarbeit (erzeugte Energie) der Biomasseanlage (MWh/a)

HU_{BM}: Energiegehalt Biobrennstoff (MWh/t)

W_{BM}: Wirkungsgrad der BM-Anlage

t: Betriebszeit der Anlage (h/a)

Die Kalkulationsergebnisse enthält Tabelle 4; die Gleichgewichtspreise sind in Abhängigkeit vom Preis für Heizöl EL für unterschiedliche thermische Leistungen der Anlagen und variierende Jahresauslastungen, d.h. Betriebszeiten, berechnet. Akzeptable Gleichgewichtspreise für biogene Brennstoffe sind offensichtlich nur bei Heizölpreisen zu erwarten, die erheblich über dem aktuellen Niveau liegen. Eine hohe Anlagenauslastung ist des weiteren eine unabdingbare Voraussetzung und im Hinblick auf bereits erörterte kostentheoretische Zusammenhänge nicht überraschend. Eine zusätzliche Verbesserung in der Verwertung von Biomasse wird schließlich durch die Konversion im höheren Leistungsbereich - hier 10 MW - erzielt.

Aufschlußreich sind auch die Relationen zwischen den Gleichgewichtspreisen und dem korrespondierenden Biomassepreis nach Energieäquivalent. Der Verlauf dieser relativen Gleichgewichtspreise als Funktion des Heizölpreises ist unter Berücksichtigung weiterer Einflußgrößen in Abbildung 2 wiedergegeben. Hier wird ebenfalls deutlich, daß Gleichgewichtspreise im Bereich von 60 bis 80

Prozent der Äquivalenzpreise hohe bis sehr hohe Laufzeiten der Anlagen erfordern und erst ab Ölpreisen von etwa 0.50 DM je Liter und darüber realisierbar sind. Aus den berechneten Gleichgewichtspreisen ist generell zu folgern, daß der Brennstoff Biomasse unter derzeitigen Preisverhältnissen auf den Märkten für fossile Primärenergieträger nur dann eine Chance hat, die Konkurrenz zu bestehen, falls biomassebeaufschlagte Anlagen entweder mit erheblichen Investitionszuschüssen zur Kompensation der Mehrkosten gestützt, und/oder der Brennstoff Biomasse permanent subventioniert wird. Ausgenommen hiervon sind zum einen Rest- und Abfallstoffe, die zu minimalen Bereitstellungskosten verfügbar sind, oder beispielsweise Abfälle aus der Garten- und Landschaftspflege, die entsorgt werden müssen; die bisherigen Kosten der Entsorgung sind dann - gegebenenfalls in voller Höhe - als negativer Brennstoffpreis anzusetzen.

Tabelle 4. Gleichgewichtspreise (DM/t)[a] bei der Energie-Erzeugung aus Biomasse[b] im Vergleich zu Heizöl in Abhängigkeit vom Heizölpreis bei variierender Anlageleistung und Betriebszeit

Preis für Heizöl (EL)	Biomasse- preis nach Energie- äquivalent	Zulässige Preise für Biomasse in DM/t					
		installierte Leistung 1 MW			installierte Leistung 10 MW		
		Betriebszeit der Anlage in Jahresstunden					
DM/l	DM/t	3000	5000	7000	3000	5000	7000
0.30	118	-16	31	50	17	50	64
0.35	138	2	48	68	34	68	82
0.40	158	20	66	86	52	85	100
0.45	178	38	84	104	70	103	118
0.50	197	55	102	121	88	121	135
0.55	217	73	119	139	105	138	153
0.60	237	91	137	157	123	156	171
0.65	256	108	155	175	141	174	188
0.70	276	126	173	192	159	192	206

[a] Ermittelt nach der Kostenvergleichsrechnung; Datenbasis und Annahmen nach Tabelle 3
[b] Energiegehalt $H_{u(roh)}$ = 14.2 MJ/kg
Quelle: Eigene Berechnungen

3.10 Ökonomische Aspekte der direkten thermischen Verwertung von Biomasse 213

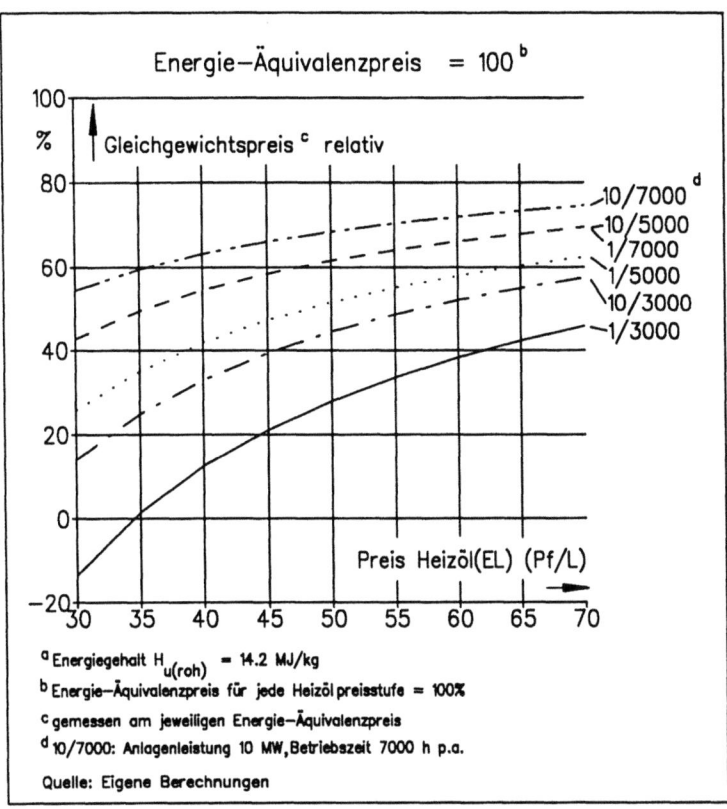

Abb. 2. Gleichgewichtspreis für Biomasse[a] gemessen am Energie-Äquivalenzpreis in Abhängigkeit vom Heizölpreis bei variierender Anlagenleistung und Betriebszeit

Die im Rahmen von Modellrechnungen ermittelte Abhängigkeit des Gleichgewichtspreises für Biobrennstoffe von den beiden Haupteinflußgrößen - Preis für fossile Konkurrenzbrennstoffe und Anlagenauslastung - ist zusammenfassend dem Schaubild in Abbildung 3 zu entnehmen: Während der Gleichgewichtspreis mit dem Heizölpreis linear zunimmt, ergibt sich mit einer Erhöhung der Betriebszeit ein zunächst überproportionaler Anstieg des Preisniveaus für den Biobrennstoff, wobei eine Auslastung von wenigstens 4000 Jahresstunden angestrebt werden sollte.

Die Berechnung des in Abbildung 3 wiedergegebenen Beispiels basiert auf folgenden empirischen Werten (siehe auch Tab. 3):

P_{HEL}: $\quad 30 \leq P_{HEL} \leq 100$ (Pf/l = DM/MWh)

$\quad \Delta P_{HEL} = 5$ (Pf/l)

$W_{HEL} = 0.92$

$JA_{BM} = 10 * 0.7 * t$ (MWh/a)

t: $\quad 1500 \leq t \leq 8500$ (h/a)

$\quad \Delta t = 250$ (h/a)

$JMK_{BM} = 522500 + 1.9 * JA_{BM}$ (DM/a)

$H_{UBM} = 3.944$ (MWh/t)

$W_{BM} = 0.85$

Der Gleichgewichtspreis für Biomasse ergibt sich dann zu

$$P_{BM} = \left(\frac{P_{HEL}}{0.92} - \frac{522500 + 13.3 * t}{7 * t} \right) * 3.944 * 0.85 \text{ (DM/t)}$$

bzw.

$P_{BM} = A * P_{HEL} - B * t^{-1} - C$ (DM/t)

mit $\quad A = 3.6443$
$\quad\quad\quad B = 250232.7$
$\quad\quad\quad C = 6.3696$

Interessant erscheinen in diesem Zusammenhang noch die partiellen Ableitungen von P_{BM} nach den beiden unabhängigen Variablen, da die entsprechenden Differentialquotienten Aussagen über die Empfindlichkeit des Gleichgewichtspreises von Biobrennstoff auf Veränderungen des Preises für fossile Energieträger sowie der Betriebszeit der Anlagen zulassen.

So liefert im konkreten vorliegenden Beispiel der Differentialquotient

$$\frac{\delta P_{BM}}{\delta P_{HEL}} = A = 3.64 \text{ (DM/t je Pfennig/l)}$$

3.10 Ökonomische Aspekte der direkten thermischen Verwertung von Biomasse

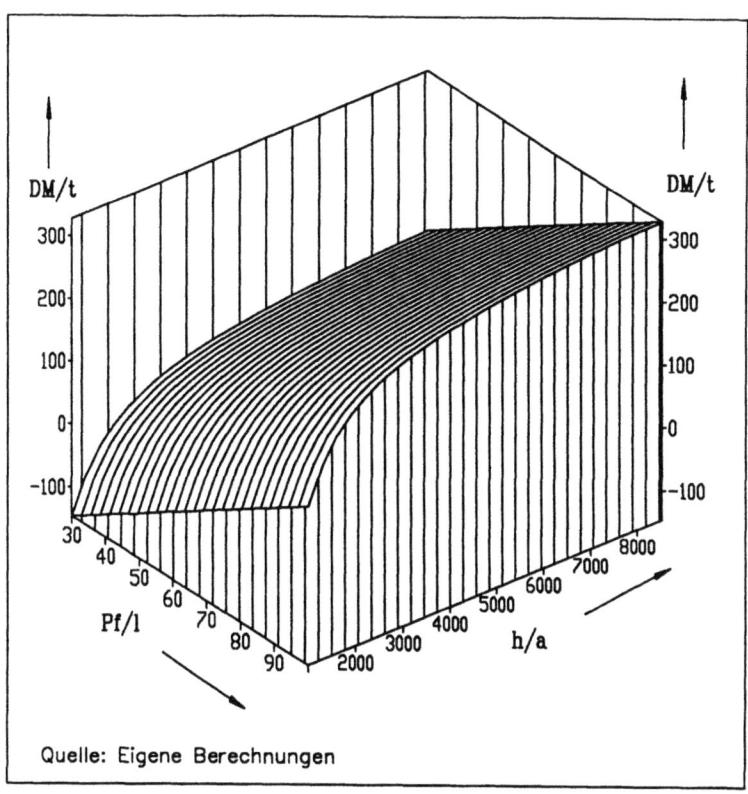

Abb. 3. Gleichgewichtspreis für Biomasse (DM/t) als Funktion des Heizölpreises (Pf/l) und der Betriebszeit (h/a) einer Wärmeerzeugungs-Anlage mit einer Kesselleistung von 10 MW

das Ergebnis, daß mit einer Preisänderung für Heizöl von 1 Pfennig pro Liter der Gleichgewichtspreis für Biobrennstoff gegebener Qualität um 3.64 DM je Tonne schwankt, und zwar unabhängig von der jährlichen Betriebszeit der Anlage und dem absoluten Niveau des Heizölpreises. Dieses hier ermittelte Ergebnis steht in völliger Übereinstimmung mit den Werten in Tabelle 4 (siehe Differenzen der "zulässigen Preise für Biomasse" in Abhängigkeit vom Heizölpreis).

Der Quotient

$$\frac{\delta P_{BM}}{\delta t} = B * t^{-2} = 250232.7 * t^{-2} \text{ (DM/t je h)}$$

läßt die starke Abhängigkeit des Preises für Biobrennstoffe von der Betriebszeit der Anlage erkennen. Während bei einer Erhöhung der Laufzeit der 10 MW-Anlage im Bereich von 5000 h pro Jahr um eine weitere Stunde, der Gleichgewichtspreis um lediglich ziemlich exakt 1 Pfennig je Tonne ansteigt, beträgt der zugehörige Wert bei 3000 Vollaststunden mit 2.78 fast das Dreifache; damit wird die Forderung nach langen jährlichen Betriebszeiten von biomasse-befeuerten Anlagen erneut unterstrichen.

4 Die Preiswürdigkeit biogener Brennstoffe

Die Frage der Preiswürdigkeit ist einfach zu beantworten, falls man die Produktions- bzw. Bereitstellungskosten der unterschiedlichen Biomassen kennt. Wie bereits kurz erwähnt, sind bezüglich Preiswürdigkeit Reststoffe, die Entsorgungsprobleme bereiten, an erster Stelle zu nennen. Während Abfälle aus der Landschaftspflege in der Bundesrepublik Deutschland bis dato kaum einer thermischen Verwertung zugeführt werden, finden Holzreststoffe und Rinden aus Sägewerken und der holzbe- und -verarbeitenden Industrie bereits in erheblichem Umfang Verwendung. Dabei steht die Eigenversorgung dieser Betriebe mit Wärme und/oder Prozeßenergie im Vordergrund; vereinzelt sind auch Anlagen mit Kraftwärme-Kopplung installiert. Eine Einbindung derartiger Anlagen, auch im Megawatt-Bereich, in kommunale Netze der Nah- und Fernwärmeversorgung wird jedoch kaum praktiziert.

An zweiter Stelle folgen mit Sicherheit Koppelprodukte aus der land- und forstwirtschaftlichen Produktion, wie Stroh aus dem Getreide- und Ölpflanzenanbau, sowie Restholz aus der notwendigen Durchforstung von Jungwaldflächen und aus dem Einschlag hiebreifer Bestände. Die Bereitstellungskosten der Biomasse umfassen hier die Kostenkomponenten für Bergung, für eine eventuelle Konversion zu einem konditionierten Brennstoff - als Beispiele sind hier die fast immer erforderliche Aufbereitung von Restholz zu Hackschnitzeln und die aus Gründen eines besseren "handling" erwünschte Pelletierung von Stroh zu nennen - des weiteren für Transport und gegebenenfalls für Zwischenlagerung.

Speziell angebaute Energiepflanzen liegen dagegen bezüglich Preiswürdigkeit sicherlich am Ende der Skala, da sie in direkter Konkurrenz zu anderen marktfähigen Produkten stehen und deshalb mit Nutzungskosten belastet sind, soweit sie nicht auf Flächen produziert werden, für die eine obligatorische Stillegung gilt.

4.1 Koppelprodukte Stroh und Restholz

Die Bereitstellungskosten von Stroh werden u.a. vom angewendeten Bergeverfahren beeinflußt. Unter Berücksichtigung arbeitswirtschaftlicher Aspekte ist die Bergung in Form von zylindrischen oder kubischen Großballen als kostengünstigstes Verfahren einzustufen, vor allem dann, wenn Transportentfernungen vorliegen, welche die praxisüblichen Hof-Feld-Entfernungen deutlich übersteigen. Dabei sind jedoch große Ballenvolumina anzustreben; Rundballen unter 1.5 m Durchmesser sind diesbezüglich weniger vorteilhaft. So erfolgt beispielsweise auch in Dänemark die Belieferung mehrerer Dutzend strohbefeuerter Heizwerke mit installierten Leistungen bis zu 10 MW ausschließlich in Form von Quaderballen.

In diesem Zusammenhang erscheint der Hinweis angebracht, daß Dänemark bei der thermischen Verwertung von Stroh eine führende Position einnimmt und dort jährlich ca. 800000 Tonnen Stroh in Kraftwerken verbrannt werden.

Neben den Bergekosten spielt bei Stroh der Nährstoff- oder Düngewert noch eine gewisse Rolle, der als Ersatzkostenwert leicht zu berechnen ist und vor allem dann veranschlagt werden soll, wenn eine Rücklieferung der Strohasche auf das Feld unterbleibt. Humuswerte und Fruchtfolgewirkungen von Stroh sind dagegen äußerst schwierig abzuschätzen und monetär kaum kalkulierbar. In Abbildung 4 sind die von KOLLOCH (2) ermittelten Strohbereitstellungskosten frei Verbraucher zusammengestellt; dabei handelt es sich um ausgewählte Verfahren, die für die Belieferung von Kraftwerken von Relevanz sind. Ohne Berücksichtigung von Nährstoffwerten reicht die Kostenspanne von etwa 50.- DM/t bis 110.- DM/t.

Für die Bergung von Schwach- und Restholz und dessen Aufbereitung zu Hackgut existiert eine enorme Vielfalt möglicher und in der forstwirtschaftlichen Praxis auch anzutreffender Verfahren. Diese reichen von der motor-manuellen Kurzholzernte über die teilmechanische Ernte von baumfallenden Längen oder Vollbäumen nach dem Seillinienverfahren bis zur mechanisierten Ernte mit dem Vollernter oder der Fäll-Rückemaschine.

Dementsprechend groß ist auch die Bandbreite möglicher Bereitstellungskosten für Hackschnitzel, die noch zusätzlich in erheblichem Umfang vom Durchmesser des Rohmaterials beeinflußt werden. So beziffert z.B. KOLLOCH (2, S.143 ff) für Bäume mit durchschnittlich 12 cm Brusthöhendurchmesser (BHD) die Kosten pro Tonne Hackschnitzel auf 70.- DM bis 180.- DM und bei einem BHD von 18 cm auf rund 50.- DM bis 120.- DM. Unter Berücksichtigung praxisrelevanter Verfahren und der Annahme überdurchschnittlicher Maschinenauslastung sowie eines Lohnansatzes von 25.- DM je AK-Stunde dürften sich die Bereitstellungskosten in einer Spanne von etwa 70.- DM bis 130.- DM je Tonne bewegen.

In unserem Nachbarland Österreich hat die Wärmeversorgung mittels Holzhackschnitzel inzwischen eine zum Teil beachtenswerte regionale Bedeutung erlangt. Führend sind dort die waldreichen Bundesländer Kärnten und Steiermark, wobei die größte Anlage eine thermische Leistung von 18 MW aufweist.

4.2 Getreide-Ganzpflanzen

Die gezielte Produktion von Biobrennstoffen, zum Beispiel in Form von Getreide-Ganzpflanzen, erfordert bei der Berechnung von Produktions- bzw. Bereitstellungskosten eine differenzierte Methodik: Stellt Fläche einen knappen Faktor

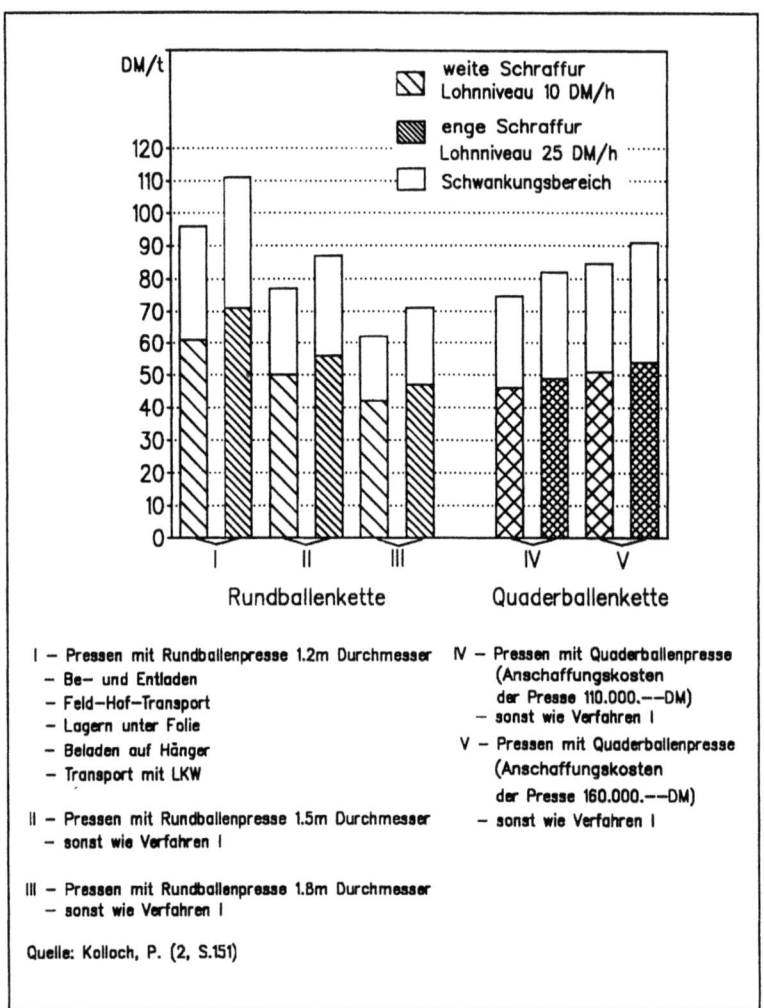

Abb. 4. Kosten ausgewählter Strohbereitstellungsverfahren
(Loco-Verbraucher, Transportentfernung 20 km)

dar und ist diese mit keinerlei Auflagen, wie etwa einer Stillegungspflicht belegt, so ist der Deckungsbeitrag der verdrängten Kultur in Form von Nutzungskosten zu berücksichtigen. Bei der alternativen Verwendung ein und desselben Produktes als Konsumware oder als Brennstoff, gilt die Forderung nach identischen Deckungsbeiträgen. An dieser Forderung ist auch unter den Bedingungen eines fakultativen Stillegungsprogrammes für Ackerflächen festzuhalten. Unter den im Jahr 1992 noch gültigen Bedingungen der freiwilligen Stillegung von Flächen und

3.10 Ökonomische Aspekte der direkten thermischen Verwertung von Biomasse

der hierbei zulässigen Möglichkeit der "Energiebrache", war das zutreffende betriebswirtschaftliche Entscheidungskriterium der beim Energiepflanzenanbau zu erzielende Deckungsbeitrag im Vergleich zu anderen Alternativen der Flächenverwertung. Völlig anders stellt sich dagegen die Situation bei der obligatorischen Stillegung im Rahmen der EG-Agrarreform. Landwirtschaftliche Betriebe ab einer bestimmten Mindestgröße, bzw. ab einem bestimmten Produktionsumfang werden hier der Stillegungspflicht unterworfen. Dabei besteht ebenfalls die Möglichkeit, brachzulegende Flächen mit Energiepflanzen zu bestellen; Ausgleichszahlungen in Form von Flächenprämien werden in beiden Fällen gewährt. Ein entsprechendes Berechnungsbeispiel findet sich weiter unten.

Zunächst jedoch wird gezeigt, wie sich die Wettbewerbskraft bei der thermischen Nutzung von Getreide-Ganzpflanzen, verglichen mit dem Brennstoff Stroh, verschlechtert, wenn der Kornanteil als Konsumware bewertet wird. Die berechneten Energiekosten für Stroh, Körner und Ganzpflanzen sind Tabelle 5 zu entnehmen. Ursache für den Kostenanstieg im Vergleich zu Stroh sind sowohl die praktisch identischen Heizwerte je kg Trockensubstanz von Stroh und Korn, als insbesondere die weitaus höheren Erlöse für das Produkt Korn nach derzeit noch gültigen Marktordnungspreisen. Wie Tabelle 5 zeigt, verteuert sich selbst bei dem hohen Preisniveau für Stroh mit Energiekosten von 25.- DM/MWh die Bruttoenergie in der Ganzpflanze auf rund 54.- DM/MWh; das bedeutet bei praktisch gleichem Energiegehalt je Gewichtseinheit einen Kostensprung um 113 Prozent.

Tabelle 5. Energiekosten im Getreide; Stroh-Körner-Ganzpflanze

	Einheit	Stroh		Körner	Ganzpflanze[a]	
Rohstoffpreis	DM/t	50	100	330	190[b]	215[b]
Energiegehalt[c]	GJ/t	14.2		14.5	14.35	
Energiekosten	DM/GJ	3.52	7.04	22.76	13.24	14.98
	DM/MWh	12.68	25.35	81.93	47.67	53.94
Öläquivalent[d]	DM/l	0.13	0.25	0.82	0.48	0.54

[a] Korn-Strohverhältnis 1:1.
[b] Niedriger bzw. hoher Rohstoffpreis für Stroh bei konstantem Preis für Körner; der Marktpreis für Korn als Konsumware ist nur dann von Relevanz, wenn die Produktion auf Flächen stattfindet, die nicht der Stillegungspflicht unterliegen.
[c] $H_{u(roh)}$ bei 12 % Feuchte.
[d] Entspricht einem Preis für Heizöl EL von ...DM/l
Quelle: Eigene Berechnungen.

Interessant ist hierbei auch, daß die Kosten je Energieeinheit mehr oder minder invariant sind in Bezug auf steigende oder sinkende Hektarerträge, wie von THOMA (3, S.72 ff) mittels detaillierter Untersuchungen nachgewiesen wird.

Getreideganzpflanzenproduktion auf besten Standorten und entsprechend überdurchschnittlichen Erträgen verbessert somit dessen Konkurrenzkraft bei der energetischen Nutzung als Brennstoff nicht, solange dieser mit Konsumware konkurriert.

Die zentrale Problematik der Ganzpflanzenverwendung als Brennstoff sei abschließend noch an einem konkreten Planungsbeispiel demonstriert. Die entsprechenden Kalkulationen werden dabei unter den Konditionen vor und nach der EG-Agrarreform vorgenommen, um die Auswirkungen der geänderten agrarpolitischen Rahmenbedingungen auf den gezielten Anbau von Energiepflanzen aufzeigen zu können.

Tabelle 6 enthält einen Vergleich für Triticale als Futterware und als Brennstoff, unter den für das Jahr 1992 noch zutreffenden Bedingungen einer Teilnahme an der freiwilligen Stillegung von Ackerflächen, mit der Möglichkeit zur Energieträgerproduktion. Die Werte orientieren sich an Vorgaben des Amtes für Landwirtschaft in Neumarkt (Oberpfalz) im Zusammenhang mit der Umstellung einer genossenschaftlichen Trocknungsanlage von schwerem Heizöl auf Biomasse als Brennstoff. Triticale ist dabei wegen dessen Überlegenheit bei der erntbaren Pflanzenmasse je Hektar eine besonders interessante Anbauvariante.

Die Energiepflanzenproduktion stellt für die Brennstofflieferanten nur dann eine empfehlenswerte Alternative dar, wenn damit keine Einkommensnachteile gegenüber dem konventionellen Verfahren des Kornverkaufes verbunden sind. Somit ist hier Deckungsbeitragsgleichheit zu fordern.

Der Erlös für den Ganzpflanzenbrennstoff von 125.- DM/t stellt einen Gleichgewichtspreis bei exakt definierter Brennstoffqualität dar. (S. Tab. 6, Fußnote b). Die Umstellung der Anlage wurde mit einem beachtlichen Investitionszuschuß gefördert. Konkurrenzbrennstoff ist Heizöl EL, da eine Betriebsgenehmigung mit schwerem Heizöl kaum noch zu realisieren war. Ein Vergleich der flächenbezogenen Deckungsbeiträge in Tabelle 6 läßt erkennen, daß bei vorgegebenen Preisen die Produktion von Biobrennstoff mit deutlichen ökonomischen Nachteilen verbunden ist.

Wird die Prämie für Energiebrache - lediglich 70 % der Flächenstillegungsprämie - berücksichtigt, die sich regionsspezifisch auf 886.- DM je Hektar belief, ist die Brennstofferzeugung mittels Ganzpflanze dem Kornverkauf überlegen. Nach den damaligen Förderkonditionen wurde bei Inanspruchnahme der Energiebrache weder eine Ausgleichszulage noch der soziostrukturelle Einkommensausgleich gewährt. Außerdem mußte für jedes Hektar Energiebrache ein zusätzliches Hektar im "Normalverfahren" stillgelegt werden. Die Ausgleichszulage betrug im konkreten Fall 130.- DM je Hektar. Der soziostrukturelle Einkommensausgleich weitere 240.- DM je Hektar. Somit wurde durch Nichtgewährung dieser Fördermittel die Prämie für die Energiebrache erheblich dezimiert. Im Prinzip wäre es nicht nur zulässig, sondern durchaus korrekt, wenn die beim Energiepflanzenanbau eingesparten Marktordnungskosten dem Biobrennstoff in voller Höhe gutgeschrieben würden.

3.10 Ökonomische Aspekte der direkten thermischen Verwertung von Biomasse 221

Im Wirtschaftsjahr 1990/91 belief sich z.b. der Subventionsbedarf zur Überschußbeseitigung im Getreidesektor nach der offiziellen Agrarberichterstattung (1, S.103 u. S.160) auf etwa 250.- DM je Tonne.

Tabelle 6. Deckungsbeitragsrechnung[a] Triticale; Ertragsniveau 6 t Korn/ha; Vergleichskalkulation Kornverkauf bzw. Ganzpflanzenverkauf als Brennstoff

		Korn	Ganzpflanze
Ertrag Korn	t/ha	6.0	6.0
Ertrag Stroh[b]	t/ha	-	9.0
Gesamtertrag	t/ha	6.0	15.0
Erlös[c]	DM/t	310	125
Erlös	DM/ha	1860	1875
variable Kosten[d]	DM/ha	1062	1391
Deckungsbeitrag	DM/ha	798	484
Prämie Flächenstilllegung 70% (100%)[a,e]	DM/ha		620 (886)
Deckungsbeitrag	DM/h	798	1104 (1370)
Wegfall Ausgleichszulage[a,f]	DM/ha		-130
Wegfall soz.strukt. Einkommensausgleich[g]	DM/ha		-240
Deckungsbeitrag	DM/ha	798	734 (1000)

[a] Basisdaten Amt für Landwirtschaft Neumarkt i.d.Oberpfalz.
[b] Korn-Stroh-Verhältnis 1:1.5.
[c] Korn- und Biomassepreis incl. MwSt; Biomassepreis bei 15 % Feuchte und $H_{u(wf)}$ = 16.5 MJ/kg.
[d] Erhöhtes Düngungsniveau nach Entzug für Ganzpflanze, falls keine Ascherücklieferung auf das Feld erfolgt; jedoch deutlich reduzierter Aufwand für Pflanzenschutz; bei Kornverkauf: Ernte überbetrieblich mit 220.- DM/ha; bei Ganzpflanzenproduktion: Ernte überbetrieblich mit Schwadmäher und Großpackenpresse; Kosten 40.- DM/t.
[e] Im Einzugsgebiet der Trocknungsgenossenschaft beläuft sich die Stillegungsprämie auf durchschnittlich 886.- DM/ha.
[f] Die Region befindet sich in der Gebietskulisse für "benachteiligte Gebiete".
[g] In Bayern aktuell 240.- DM/ha.
Quelle: Eigene Berechnungen

Im Zuge der Agrarreform und der damit in direktem Zusammenhang stehenden neuen Getreidemarktordnung werden die Getreidepreise bis zum Wirtschaftsjahr 1995/96 stufenweise auf Weltmarktniveau abgesenkt und gleichzeitig flächenbezogene Preisausgleichszahlungen gewährt, um die Erlösverluste wenigstens teilweise zu kompensieren. Diese Flächenprämien orientieren sich an regionalisierten Durchschnittserträgen und dürften sich bis zum genannten Zeitpunkt in Bayern auf knapp 600.- DM je Hektar belaufen. Voraussetzung für den Erhalt der Prämien ist die obligatorische Stillegung von Ackerflächen, falls der Betrieb ein bestimmtes Produktionsvolumen überschreitet. Die Prämien werden für die stillzulegenden Flächen auch dann gewährt, wenn diese mit Pflanzen bestellt werden, die ausschließlich als Energieträger dienen. Die Stillegungsflächen sind zu begrünen; Selbstbegrünung ist dabei erlaubt, Schwarzbrache unzulässig; somit sind jedenfalls variable Kosten für Mulch- oder Pflegeschnitte anzusetzen.

Befindet sich ein Betrieb in der Kulisse für benachteiligte Agrargebiete, erhält er für die preisausgleichsberechtigten Flächen auch die Ausgleichszulage für Wirtschaftserschwernisse. Die Frage, ob die letztgenannte Zulage auch für Stillegungsflächen gewährt wird, ist derzeit nicht zu beantworten. Das gleiche gilt bezüglich des soziostrukturellen Einkommensausgleichs. Beide Komponenten bleiben deshalb bei den nachfolgenden Kalkulationen unberücksichtigt.

Die Ergebnisse in Tabelle 7 zeigen für obligatorisch stillgelegte Ackerflächen nach Abzug der Pflegekosten einen Deckungsbeitrag von knapp 400.- DM je Hektar. Demgegenüber weist die Brennstoffproduktion bei einem angenommenen Preis von 125.- DM je Tonne - hier als "Ganzpflanzen 1" bezeichnet - mit einem Deckungsbeitrag von rund 1100.- DM eine hervorragende Wettbewerbskraft auf. Die Differenz läßt dabei eine überdurchschnittliche Entlohnung des vermehrten Arbeitsaufwandes zu.

Die Rubrik "Ganzpflanzen 2" enthält eine Grenzwertrechnung zur Abschätzung der Preisuntergrenze für Brennstoffe auf Basis Ganzpflanzen-Getreide. Wird ein vergleichbarer Deckungsbeitrag wie auf zwangsweise stillzulegenden Flächen gefordert, genügt bereits ein Erlös von rund 80.- DM je Tonne Biomasse. In diesem Zusammenhang ist nachdrücklich darauf hinzuweisen, daß auf diesem Preisniveau keinerlei Angebot erwartet werden darf. Bei einer angemessenen Vergütung des Zeitaufwandes und unter Einbeziehung der in der Deckungsbeitragsrechnung nicht enthaltenen disproportionalen Spezialkosten, dürften erst mit Preisen in einer Bandbreite von etwa 120.- bis 170.- DM je Tonne ausreichende Anreize gegeben sein, um einen - noch nicht vorhandenen - Markt mit Brennstoffen in Form von Ganzpflanzen-Getreide zu versorgen.

Als Ergebnis bleibt schließlich festzuhalten, daß durch die Möglichkeit, auf zwangsweise stillzulegenden Flächen Energiegetreide anzubauen, die Konkurrenzfähigkeit dieser Produktionsform eine entscheidende Verbesserung erfahren hat.

3.10 Ökonomische Aspekte der direkten thermischen Verwertung von Biomasse

Tabelle 7. Deckungsbeitragrechnung Triticale. Vergleichskalkulation Flächenstillegung bzw. Ganzpflanzenverkauf als Brennstoff.

		Stillegung	Ganzpflanzen 1	Ganzpflanzen 2
Ertrag Korn	t/ha		6.0	6.0
Ertrag Stroh	t/ha		9.0	9.0
Gesamtertrag	t/ha		15.0	15.0
Erlös	DM/t		125.0	79.4
Erlös	DM/ha		1875	1191
variable Kosten	DM/ha	200	1391	1391
Deckungsbeitrag	DM/ha	-200	484	-200
Flächenprämie	DM/ha	590	590	590
Deckungsbeitrag	DM/ha	390	1074	390

Quelle: Eigene Berechnungen

4.3 Spezielle Energiepflanzen

Wie bereits erwähnt, schwanken die Energiegehalte je kg Trockensubstanz verschiedener Biomassen nur wenig. Damit könnte man annehmen, daß der entscheidende Parameter zur Beeinflussung der Wirtschaftlichkeit bei der Brennstoffproduktion im Gesamttrockenmasseertrag je Hektar zu sehen sei. Höchste Trockenmasse-Erträge je Flächeneinheit lassen aufgrund ihrer spezifischen Photosyntheseleistung und der damit in direktem Zusammenhang stehenden Massenwüchsigkeit sog. C4-Pflanzen erwarten. Miscanthus sinensis Giganteus, oder Chinaschilf - fälschlich oft auch als Elefantengras bezeichnet - steht dabei seit mehreren Jahren im Mittelpunkt des Interesses. Diese perennierende und als Dauerkultur anzulegende Species wird bei uns bis jetzt überwiegend nur versuchsweise angebaut. Der feldmäßige Anbauumfang ist gering, die Produktionstechnik (noch) nicht ausgereift, nachhaltig gesicherte Ertragsangaben liegen nicht vor. Trotz der schlecht abgesicherten Datenbasis wird nachfolgend eine von THOMA (4) vorgenommene Abschätzung der Produktionskosten vorgestellt, wobei nach neuestem Kenntnisstand Ertragserwartungen bis zu 30 Tonnen Trockenmasse je Hektar und Jahr nicht unrealistisch erscheinen. Tabelle 8 enthält die Rohstoffkosten von Miscanthus in Abhängigkeit wesentlicher kostenbeeinflussender Variablen. Dies sind an vorderster Stelle die Pflanzgutkosten, wobei nach dem aktuellen Stand der Vermehrungstechnik mittels Microvermehrung

Kosten pro Pflanze von 1.- DM inclusive Ausbringung möglich sein sollten. An zweiter Stelle standen bis dato die zu veranschlagenden Nutzungskosten. Diese sind gleichzusetzen mit dem Deckungsbeitrag der Geringstfrucht, die durch Miscanthus von der Ackerfläche verdrängt wird. Die Nutzungskosten sind in der vorliegenden Kalkulation mit 800.- DM/ha und null DM veranschlagt. Dem ersten Wert kommt lediglich unter dem Aspekt der alten, im Jahre 1992 noch gültigen Marktordnung und den in diesem Jahr im Getreidebau erzielbaren Deckungsbeiträgen Bedeutung zu. Die entsprechenden Produktionskosten dienen nur für Vergleichszwecke. Wird dagegen Miscanthus auf zwangsweise stillzulegenden Flächen angebaut - die Möglichkeit zur Anlage von Dauerkulturen als nachwachsende Rohstoffe entsprechend den Vorschriften der Dauerbrache scheint nach den neuen Rahmenbedingungen der Agrarreform gegeben - sind keine Nutzungskosten anzusetzen.

Tabelle 8. Produktionskosten von Miscanthus sinensis "Giganteus" in Abhängigkeit wesentlicher kostenbeeinflussender Parameter ohne Berücksichtigung von Erntekosten (Rohstoff auf Feld stehend)

			800			0		
Nutzungskosten[a]	DM/ha							
Ertrag[b]	t TM/ha	20	25	30	20	25	30	
Pflanzgutkosten 1.50 DM/St								
Rohstoffkosten[c]	DM/ha	4011	4065	4120	3091	3145	3200	
Rohstoffkosten	DM/t	201	163	137	155	126	107	
Pflanzgutkosten 1.00 DM/St								
Rohstoffkosten	DM/ha	3142	3196	3251	2222	2276	2331	
Rohstoffkosten	DM/t	157	128	108	111	91	78	
Pflanzgutkosten 0.50 DM/St								
Rohstoffkosten	DM/ha	2273	2327	2382	1353	1407	1462	
Rohstoffkosten	DM/t	114	93	79	68	56	49	

[a] Nutzungskosten der Ackerfläche, entsprechend dem durchschnittlichen Deckungsbeitrag der verdrängten Kulturen.
[b] Netto-Ertrag Trockenmasse nach Ernteverlusten.
[c] Summe aus proportionalen Spezialkosten (ertragsabhängig), Nutzungskosten und Kapitalkosten[d] der Anlage.
[d] Annahmen zur Berechnung der Kapitalkosten:
Nutzungsdauer 10 Jahre; zusätzlich 2 Jahre Aufwuchszeit; Zinssatz 8 % Annuitätenfaktor 0.149; des weiteren ist unterstellt, daß Aufwand (ohne Zins) und Nutzungskosten der Fläche im zweiten Jahr durch den Ertrag des zweiten Jahres gedeckt werden.
Quelle: Thoma, H. (4, S.117 ff) und eigene Ergänzungen.

3.10 Ökonomische Aspekte der direkten thermischen Verwertung von Biomasse 225

Nach objektiver Einschätzung erscheinen damit Rohstoffkosten im Bereich von etwa 80.- DM bis 130.- DM je Tonne Trockenmasse realisierbar. Nach Zurechnung der Erntekosten von ca. 40.- DM bis 50.- DM je Tonne - wobei auch hier die Produktionstechnik keineswegs endgültig geklärt ist - belaufen sich im Brennstoff Miscanthus die Kosten je Energieeinheit dann auf etwa 26.- DM bis 40.- DM je MWh. Eine eindeutige Überlegenheit gegenüber Getreide-Ganzpflanzen wird damit künftig auch kaum erreicht.

5 Abschließende Bemerkungen

Der Komplex Energieerzeugung aus biogenen Brennstoffen hat gerade in jüngster Zeit vermehrte Aktualität gewonnen und befindet sich in einer intensiven Diskussion. Dabei überwiegen die positiven Argumente eindeutig; Hauptgesichtspunkte für den Einsatz von Biomasse im Energiebereich sind die dringend erforderliche Reduzierung der CO_2-Belastung in der Erdatmosphäre zur Verringerung des Treibhauseffektes, die alternative Verwendung landwirtschaftlicher Nutzflächen, die zur Nahrungsmittelerzeugung nicht mehr benötigt werden, die Streckung fossiler Ressourcen und eine Erhöhung der Sicherheit bei der Energieversorgung. Von der Gegenseite werden lediglich Befürchtungen geäußert, daß mit der Produktion nachwachsender Rohstoffe eine ökologisch unerwünschte Intensität der Nutzung landwirtschaftlicher Flächen beibehalten würde.

Dabei steht außer Frage, daß aus Kostengründen als Brennstoffe primär Landschaftspflegeabfälle und Koppelprodukte wie Schwach- bzw. Abfallholz und Stroh zu verwenden sind. Aspekte der Intensität des Faktoreinsatzes in der Landwirtschaft werden damit sicher nicht tangiert. Erst an zweiter Stelle werden speziell angebaute Energiepflanzen, wie beispielsweise Getreide-Ganzpflanzen, zum Einsatz gelangen. Die Bereitstellungskosten liegen hier deutlich höher. Im Rahmen der bereits eingeleiteten EG-Agrarreform besteht auf zwangsweise stillzulegenden Flächen die Möglichkeit zur Produktion von Energieträgern. Deren Konkurrenzfähigkeit hat sich erheblich verbessert, da auf obligatorischen Stillegungsflächen keine Nutzungskosten zu veranschlagen sind. Eine Verwendung dieser Flächen für die Brennstoffproduktion darf - eine entsprechende Nachfrage vorausgesetzt - in erheblichem Umfang erwartet werden.

Obwohl weitgehender Konsens bezüglich einer möglichst umgehenden Verwendung von Biomasse im Brennstoffsektor herrscht, sind in der Bundesrepublik Deutschland bis dato keine größeren Projekte realisiert, wenn man von Rest- und Abfallstoffen der Holzindustrie absieht. Die Ursache ist dabei nicht in der technischen Machbarkeit, sondern in den wirtschaftlichen Rahmenbedingungen zu suchen. Im Klartext: Die fossilen Konkurrenzbrennstoffe sind entschieden zu billig. Dabei spiegeln deren Preise keineswegs die ökologische Wahrheit wider. Sie umfassen Kosten für Förderung und Verteilung sowie Gewinnmargen, aber keinerlei Elemente, die der Endlichkeit Rechnung tragen und eventuell erst langfristig auftretende Umweltschäden berücksichtigen. Zur Erhöhung der Wettbewerbschancen von Biobrennstoffen könnte die schon mehrfach beabsichtigte Einführung einer CO_2-Steuer auf Primärenergieträger fossiler Herkunft einen hervorragenden Beitrag leisten. Diese sollte sich am Brennwert bemessen und über einen Zeitraum von mehreren Jahren stufenweise eingeführt werden; wobei ein absolutes Niveau von zunächst 3 bis 4 Pfennig je kWh-Energieinhalt genügen dürfte, um die Wettbewerbsnachteile der biogenen Brennstoffe weitgehend zu kompensieren.

Eine entsprechende Steuer würde darüber hinaus dem zu präferierenden Verursacherprinzip in hervorragender Weise genügen und im Vergleich zu einer subventionierten Förderung nachwachsender Rohstoffe die weitaus bessere Lösung darstellen.

Literatur

(1) BUNDESREGIERUNG (Hrsg.): Agrarbericht 1992.
(2) KOLLOCH, P.: Ökonomische Untersuchungen zur Ernte und zum Einsatz von Stroh und Schwachholz als Energieträger in Großfeuerungsanlagen (1 MW bis 10 MW). Dissertation, TU München-Weihenstephan 1990.
(3) THOMA, H.: Durchführbarkeitsstudie zur energetischen Nutzung von nachwachsenden Rohstoffen durch direkte Verbrennung. Projektstudie im Auftrag des BMFT und der KFA Jülich GmbH (Kennzeichen 0319275 A), Langenbach 1989.
(4) THOMA, H.: Ökonomische Aspekte zum Anbau von Miscanthus sinensis 'Giganteus'. In: KTBL-Arbeitspapier 158: Miscanthus sinensis. Dokumentation des Fachgespräches vom 11./12.09.1990 in Braunschweig, S. 117-122. Darmstadt 1991.

3.10 Ökonomische Aspekte der direkten thermischen Verwertung von Biomasse 227

Anhang

Tabelle. Energiepflanzenanbau im Rahmen der Flächenstillegung

Während nach der früheren Regelung für den Anbau von Energiepflanzen zum Ausgleich der Deckungsbeitragsdifferenz mindestens 132 DM/t Trockenmasse erzielt werden mußten (ohne Lohnkosten und ohne Verdienst), sind es nach den Bestimmungen der Agrarreform nur noch 75 DM/t trockene Biomasse.

Modellbetrieb: LF = AF = 100 ha

A) Volle Nutzung

	DB/ha	DM ges.	AKh/ha	AKh ges.
100 ha LF				
67 ha Getreide	1100	73700	10	670
16 ha Zuckerrüben				
17 ha Raps				
		73700		670

B) 5 jährige Stillegung (frühere Regelung)

20% von 100 ha, EMZ 55,	Stillegungsprämie	=	1107 DM/ha
	Pflegekosten (Begrünung)	=	-200 DM/ha

	DB/ha	DM ges.	AKh/ha	AKh ges.
100 ha LF				
47 ha Getreide	1100	51700	10	470
16 ha Zuckerrüben				
17 ha Raps				
20 ha Stillegung	907	18140	3	60
Summe		69840		530
Differenz zu A): B-A		-3860		-140

C) 5 jährige Stillegung + Energiepflanzenanbau (frühere Regelung)

30 % v. 100 ha, EMZ 55,   davon 50% Energiepflanzen
Stillegungsprämie =   1107 DM/ha * 0.7 = 775 DM/ha
Anbauprämie =   775 DM/ha, Pflegekosten   -200 DM ha

	DB/ha	DM ges.	AKh/ha	AKh ges.
100 ha LF				
37 ha Getreide	1100	40700	10	370
16 ha Zuckerrüben				
17 ha Raps				
(30) ha Stillegung:				
15 ha Stillegung	970	13605	3	45
15 ha Energiepflanzen[a]	-1120	-16800	10	150
(15) ha Anbauprämie	775	11624		
(15) ha Wegfall Soz.str.Ausgleich[b]	-240	-3600		
Summe		45529		565
Differenz zu A): C-A		-28171		-105
bezogen auf 15 ha Energiepflanzen		-1878 DM/ha		
notwend. Erlös[c] 123.2 dt T/ha		-15.24 DM/dt T		
Differenz zu B): C-B		-24311		35
bezogen auf 15 ha Energiepflanzen		-1621 DM/ha		
notwend. Erlös[c] 123.2 dt T/ha		-13.16 DM/dt T		

D) 15% Zwangsstillegung nach Agrarreform, 1995/96

15% v. 84 ha Mähdruschfläche				
Stillegungsprämie =	593 DM/ha			
Pflegekosten =	-200 DM/ha			
100 ha LF	DB/ha	DM ges.	AKh/ha	AKh ges.
54.4 ha Getreide	800	43520	10	544
16 ha Zuckerrüben				
17 ha Raps				
12.6 ha Stillegung	393	4952	3	38
Summe		48472		582
Differenz zu A): D-A		-25228		-88

D) 15% Zwangsstillegung und Energiepflanzenanbau

15% v. 84 ha, davon 100% Energiepflanzen				
Stillegungsprämie =	593 DM/ha			
Anbauprämie =	593 DM/ha			
100 ha LF	DB/ha	DM ges.	AKh/ha	AKh ges.
54.4 ha Getreide	800	43520	10	544
16 ha Zuckerrüben				
17 ha Raps				
(12.6) ha Stillegung	593	7472		
12.6 ha Energiepflanzen[a]	-1120	-14112	10	126
Summe		36880		1021
Differenz zu D): E-D		-11592		88
bezogen auf 12.6 ha Energiepflanzen		-920 DM/ha		
notwend. Erlös[c]	123.2 dt T/ha	-7.47 DM/dt T		

[a]Variable Kosten Getreidebau.
[b]Nach damaliger Regelung entfiel der soziostrukturelle Einkommensausgleich.
[c]Zum Ausgleich der Deckungsbeitragsdifferenz insgesamt; Ertragsniveau 140 dt/ha Biomasse (Korn + Stroh) mit 12% Feuchte; Unterschiede im AKh-Bedarf sind monetär nicht bewertet.

LF = Landwirtschaftliche Fläche
AF = Ackerfläche
DB = Deckungsbeitrag
AKh = Arbeitskraft-Stunden
EMZ = Ertragsmeßzahl

3.11 Energie aus Biomasse
   - aus der Sicht eines Energieversorgungsunternehmens

Dipl.-Phys. Hermann Lüschen,
Energie-Versorgung Schwaben AG, Kriegsbergstraße 32, 7000 Stuttgart 1

Zusammenfassung: Eine wirtschaftliche Konkurrenz mit den klassischen Primärenergieträgern ist für gezielt angebaute, nachwachsende Rohstoffe im energetischen Sektor ohne dauerhafte Ausgleichszahlungen nicht erkennbar.
Das wesentliche energetische Einsatzpotential nachwachsender Rohstoffe liegt in der Nahwärmeversorgung bzw. der dezentralen Kraft-Wärme-Kopplung. Steigende Anforderungen an den Wärmeschutz oder ein nennenswert höheres Preisniveau für herkömmliche Energieträger mindern das Einsatzpotential für Biomasse im Wärmemarkt. Auf Basis der energiewirtschaftlichen Rahmenbedingungen muß deshalb aus heutiger Sicht der Anbau gezielt angebauter Biomasse für energetische Zwecke sehr zurückhaltend bewertet werden.
Die Nutzung von Biomasse in Form von Rest- und Abfallstoffen oder sogar als Entsorgungsaufgabe kann demgegenüber in günstigen Fällen durchaus wirtschaftlich sein.

3.11.1 Einführung

Bis zum Beginn der Industrialisierung wurde der Energiebedarf durch das lokale Angebot an Wind- und Wasserkraft sowie insbesondere Holz, landwirtschaftliche Abfälle und tierische Muskelkraft gedeckt. Erst steigender Bedarf, die Verknappung an Holz und die Entdeckung eines Energieträgers hoher Energiedichte - der Kohle - leiteten mit der beginnenden Industrialisierung eine Entwicklung ein, in der auch die Landwirtschaft fossile Brennstoffe und elektrische Energie für eine umfassende Mechanisierung und Intensivierung der Produktion nutzte.
  In der Agrarpolitik nimmt der Anbau nachwachsender Rohstoffe zur energetischen Nutzung im Zuge der Diskussion um den Treibhauseffekt einen wachsenden Stellenwert ein. Die EVS untersucht im Rahmen ihres Energieprogramms 2000 durch Demonstrationsprojekte den möglichen Beitrag regenerativer Energien zur Energieversorgung; seit 1988 wird unter wissenschaftlicher Begleitung der Universität Hohenheim und der Landesanstalt für Pflanzenbau in Forchheim auch ein Versuchsanbau gezielt angebauter Energiepflanzen durchgeführt.
  Der folgende Beitrag soll die aus energiewirtschaftlicher Sicht resultierenden Rahmenbedingungen und Möglichkeiten des Einsatzes nachwachsender Rohstoffe im Strom- und Wärmemarkt aufzeigen.

3.11.2 Wirtschaftliche Rahmenbedingungen

Biomasse, die grundsätzlich auch für energetische Zwecke genutzt werden kann, läßt sich im Sinne einer langfristigen Betrachtung zweckmäßig nach den anlegbaren Agrarpreisen und Primärenergiepreisen des Weltmarktes bewerten. Danach erzielt die energetische Bewertung weniger als die Hälfte des Erlöses herkömmlicher landwirtschaftlicher Hauptprodukte, wobei aufgrund der Erfordernisse für die Brennstoffbehandlung, Reststoffentsorgung und Rauchgasreinigung der Importkohlepreis als Maßstab dient (Bild 1).

Wie sehen die Verhältnisse bei gezielt angebauten Energiepflanzen, z.B. Miscanthus aus, wenn für die Erzeugungsfläche der Deckungsbeitrag des Getreideanbaus unterstellt wird? Anhand der Erfahrungen bei der EVS [3] (H. Lüschen; G. Müller 1992) aus mehreren Anbaujahren weist eine durchaus realistische, obere Abschätzung der Strom- und Wärmegestehungskosten aus biomassebefeuerten Anlagen einen wirtschaftlichen Abstand von etwa einem Faktor 2 bis 3 zu den Gestehungskosten aus fossilbefeuerten Anlagen aus, wie dies mehr oder weniger auch für andere regenerative Energien zutrifft: Solarthermie und Geothermie für die Wärmeerzeugung, Wind- und solarthermische Kraftwerke zur Stromerzeugung sowie alternative Kraftstoffe haben heute je nach Standort vergleichbare Abstände zur Wirtschaftlichkeit (Bilder 2 und 3).

Eine Konkurrenz nachwachsender Rohstoffe mit den klassischen Primärenergieträgern scheint somit allenfalls auf Basis einer dauerhaften Subvention möglich, z.B. wenn abweichend von der jüngsten EG-Agrarreform [2] (Landwirtschaftsblatt WE, 1992) die Ausgleichszahlung künftig nur für nachwachsende Rohstoffe gewährt wird (Bild 1).

Aber selbst wenn hierfür Finanzmittel bereitgestellt werden, muß man aufgrund der naheliegenden Parallelen zur Verstromung deutscher Steinkohle davon ausgehen, daß ein dauerhaftes Subventionssystem beständig auf dem Prüfstand steht, verbunden mit der Gefahr, daß sich die EG oder einzelne Staaten aus der Finanzierung zurückziehen und unter Umständen langfristig angelegte Investitionen in der Strom- und Wärmeversorgung im nachhinein in Frage gestellt werden. Längerfristig tragfähige Wirtschaftlichkeitsbetrachtungen müssen deshalb ungeachtet nationaler oder EG-weiter Stützungsmaßnahmen die vollen Kosten des Anbaus, der Ernte und der Aufbereitung nachwachsender Rohstoffe beinhalten.

Was folgt hieraus für die langfristigen Chancen der Biomasse im Strom- und Wärmemarkt?

3.11.3 Einsatzmöglichkeiten im Strom- und Wärmemarkt

Im Gegensatz zur direkten energetischen Nutzung von Sonne und Wind ist die Energieerzeugung aus Biomasse nicht einem fluktuierenden Angebot ausgesetzt,

3.11 Energie aus Biomasse - aus der Sicht eines Energieversorgungsunternehmen 231

d. h. Biomasse läßt sich zunächst in die Infrastruktur der Energiewirtschaft als neuer Brennstoff nahtloser einbinden.

Sie trägt aber auch den Nachteil der direkten Einbindung von Sonne und Wind, nämlich eine geringe Energiedichte verbunden mit einem hohen Aufwand bei der Brennstoffbereitstellung, also im Vergleich zu fossilen Energieträgern spezifisch höhere Brennstoffkosten. Allein aus wirtschaftlichen Gründen wird deshalb eine Verwertung mit hohem Ausnutzungsgrad zwingend, wie z.B. die gleichzeitige Nutzung von Kraft und Wärme.

Das Potential nachwachsender Rohstoffe liegt hierbei aus folgenden Gründen im Bereich der dezentralen Kraft-Wärme-Kopplung (KWK): Wärme aus zentralen Großkraftwerken kann mangels Abnehmer nur partiell ausgekoppelt und vergütet werden. Der Einsatz der preisgünstigsten Primärenergieträger Braunkohle, Importkohle und Uran hat somit dort erste Priorität. Demgegenüber werden dezentrale KWK-Anlagen kleiner Leistung am örtlichen Wärmeabsatzpotential ausgelegt und ermöglichen dort auf Basis eines hohen Brennstoffausnutzungsgrades grundsätzlich den Einsatz spezifisch teurer Brennstoffe wie Öl und Gas, aber auch Biomasse. Darüber hinaus bestehen aus Gründen des Verkehrsaufkommens und der hohen Transportkosten kaum Möglichkeiten des Einsatzes von Biomasse in größeren Kraftwerken, d. h. der Anbau und die Verwertung von Biomasse müssen sich am lokalen Wärmebedarf orientieren.

Mittels aufwendiger Brennstoffaufbereitung ist daneben auch denkbar, nachwachsende Rohstoffe z. B. als Pellets direkt beim Endverbraucher einzusetzen. Man sollte hier aber den Weg der Kohle vor Augen haben, die im Wärmemarkt ihre Position an anwendungsfreundlichere Energieträger abtreten mußte und sich letztlich nur über die Veredelung zu Strom und Fernwärme behaupten konnte. Über einzelne, ausgewählte Industrie- und Gewerbebetriebe sowie der Land- und Forstwirtschaft hinaus, dürften deshalb ungeachtet der Wirtschaftlichkeit kaum Möglichkeiten des Einsatzes im Endenergiemarkt bestehen.

Wärmepreis und Wärmebedarf: In der energiepolitischen Diskussion besteht oftmals die Ansicht, die Nutzung regenerativer Energien würde sich bei steigendem Preisniveau der herkömmlichen Energieträger selbständig am Markt durchsetzen. Trifft dies auch für die Stromerzeugung z. B. aus Windkraft- und Photovoltaik-Anlagen zu, so müssen bei der gekoppelten Strom- und Wärmeerzeugung aber die Rückwirkungen eines steigenden Preisniveaus auf die Wärmeverteilung und den Wärmeabsatz berücksichtigt werden. Biomasse nimmt hierbei unter den regenerativen Energien eine Sonderstellung ein:

Das wesentliche Einsatzpotential nachwachsender Rohstoffe liegt in der Deckung des Nahwärmebedarfs bzw. der dezentralen KWK und damit in einem Sektor, wo ein empfindliches Einspar- und Substitutionspotential vorliegt.

Die Nahwärmeversorgung mit oder ohne KWK konkurriert mit der dezentralen Einzelgebäudeversorgung und hat heute im Wärmemarkt in der Regel einen wirtschaftlich schweren Stand. Unterstellt man ein nennenswert steigendes Preisniveau auf dem Wärmemarkt, werden zunächst Maßnahmen des verstärkten Wärmeschutzes und der Wärmerückgewinnung sowie die Einbindung solarthermischer Wärme und Umweltwärme wirtschaftlich interessant. Diese nachfrageseitigen, dezentralen Techniken sind grundsätzlich sowohl im Wohnungsbau wie auch im gewerblich-industriellen Sektor wirksam und verschieben das Optimum der Wärmeversorgung weiter in Richtung der dezentralen Einzelgebäudeversorgung mit herkömmlichen Energieträgern.

Bild 4 verdeutlicht dies prinzipiell für Raumwärme und Warmwasser in privaten Haushalten. Sicherlich gelten quantitativ andere Verhältnisse für den Wärmebedarf in Industrie und Gewerbe. Tendenziell wird aber auch hier der Wärmebedarf bei steigendem Energiepreisniveau deutlich zurückgehen und das Einsatzpotential nachwachsender Rohstoffe in der dezentralen KWK mindern [5] (R. Weber, 1991).

Dies gilt selbstverständlich auch dann, wenn auf heutigem Preisniveau der Wärmebedarf durch eine Novellierung der Wärmeschutzverordnung bzw. durch Einführung einer Wärmenutzungsverordnung reduziert wird.

3.11.4 Fazit und Nutzungskonzept

Da ein steigendes Preisniveau der herkömmlichen Energieträger nicht zwangsläufig die Chancen nachwachsender Rohstoffe für die energetische Verwertung verbessert, sondern durch Rückwirkungen des hohen Preisniveaus auf die Wärmebedarfsstruktur eher deren Einsatzchancen mindert und auch eine Subventionierung der Anbaukosten langfristig als nicht tragfähig erscheint, müssen sich die Kosten nachwachsender Rohstoffe zwangsläufig nach unten hin dem vorgegebenen Energiepreisniveau anpassen. Welcher Preisspielraum ist vorhanden?

Anhand einer optimistischen Kostenbetrachtung erkennt man (Bilder 2 und 3) am Beispiel von Miscanthus, daß das heutige Preisniveau fossiler Energieträger nur erreicht werden kann, wenn gleichzeitig mehrere günstige Rahmenbedingungen vorliegen und ein sehr hoher Ertrag erzielt wird. Gerade Letzteres muß aber zurückhaltend bewertet werden, wenn mit weiteren Fortschritten in der Pflanzenproduktion und Veredelungswirtschaft im Agrarsektor die Weichen in Richtung Intensivierung gestellt und nachwachsende Rohstoffe demzufolge auf Grenzertragsflächen oder Flächen mit anderen Standortnachteilen verwiesen werden [4] (G. Thiede, 1990).

Es wird deutlich, daß gezielt angebaute Biomasse für energetische Zwecke aufgrund der Anbau-, Ernte-, Transport- und Lagerkosten aus heutiger Sicht signifikant höhere Brennstoffkosten verursacht und für Kostensenkungen nur begrenzten Spielraum aufweist.

Rest- und Abfallstoffe: Anders ist die Situation für Rest- und Abfallstoffe, die - wie z.B. Stroh und Restholz - schon heute bei sehr günstigen örtlichen Voraussetzungen die Schwelle zur Wirtschaftlichkeit bei der Strom- und Wärmeerzeugung erreichen können (Bilder 2 und 3). Dies zeigen auch die Erfahrungen der EVS mit der Verstromung von Deponiegas und Klärgas, auch Rest- und Abfallenergieträger, die nicht die Kosten ihrer gezielten "Herstellung" tragen müssen.

Es erscheint deshalb sinnvoll, zunächst Biomasse als Rest- und Abfallstoffe für Zwecke der Nahwärmeversorgung oder der Kraft-Wärme-Kopplung in Industrie und Gewerbe einzusetzen, um bei günstigen örtlichen Voraussetzungen bereits heute quasi wirtschaftliche Voraussetzungen zu schaffen und dort insbesondere die logistischen Anforderungen an die Brennstoffbereitstellung im Anlagenbetrieb kennenzulernen.

CO_2-Minderung: Der Landwirtschaft neue Märkte zu erschließen ist ein wesentlicher Impuls in der Diskussion um den Einsatz nachwachsender Rohstoffe. Hinzu kommt aus Gründen des Klimaschutzes ein möglicher Beitrag zur CO_2-Minderung.

In der Fachwelt herrscht heute weitgehend Einigkeit über die Auswirkungen des CO_2-Anstiegs auf die globale Durchschnittstemperatur. Weniger verläßlich werden hingegen die globalen und vor allem regionalen Auswirkungen eines CO_2- und Temperaturanstiegs auf das gesamte Ökosystem beurteilt [1] (P. Borsch, P. Wiedmann, 1992).

Vor diesem Hintergrund erscheint es sinnvoll, im energetischen Sektor zunächst die CO_2-mindernden Maßnahmen durchzuführen, die auch ohne den Aspekt der Klimagefährdung ihren energiewirtschaftlichen und ökologischen Stellenwert besitzen. Hierzu zählen generell Maßnahmen der rationellen Energieverwendung, der Einsatz nicht-fossiler Energieträger aus Gründen der Preisstabilität und Ressourcenschonung wie auch die energetische Verwertung von Biomasse in Form von Rest- und Abfallstoffen. Demgegenüber läßt sich der gezielte Anbau nachwachsender Rohstoffe für den Strom- und Wärmebedarf aufgrund der wirtschaftlichen Rahmendaten nur aus übergeordneten gesellschaftlichen, jedoch nicht aus energiewirtschaftlichen Gründen ableiten.

Literatur

Borsch P, Wiedmann P: Was wird aus unserem Klima? Aktuell-Verlag, 1992 EG-Agrarreform, Landwirtschaftsblatt WE Nr. 25, 1992
Lüschen H, Müller G: Anbau von Miscanthus und anderen Energiepflanzen für den Strom- und Wärmemarkt aus der Sicht eines Energieversorgungsunternehmens. In: Forum für Zukunftsenergien, Landtechnik Weihenstephan (Hrsg): Energetische Nutzung von Biomasse, Fachtagung 27./28.04.92 in Freising-Weihenstephan
Thiede G: Landwirt im Jahr 2000, Verlagsunion 1990
Weber R: Einsatzmöglichkeiten von BHKW zur dezentralen KWK in der Stadt Rottweil, Diplomarbeit FH Konstanz, September 1991

Bild 1

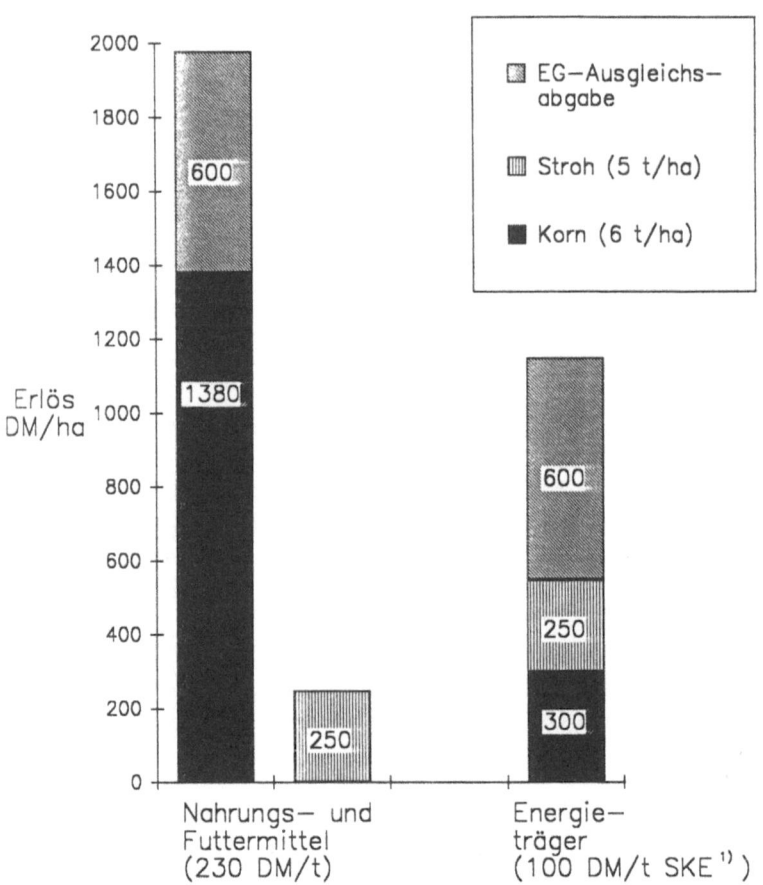

Bewertung pflanzlicher Biomasse

3.11 Energie aus Biomasse - aus der Sicht eines Energieversorgungsunternehmen 235

Bild 2

Kosten der Brennstoffbereitstellung aus Miscanthus (vergleichend Stroh)

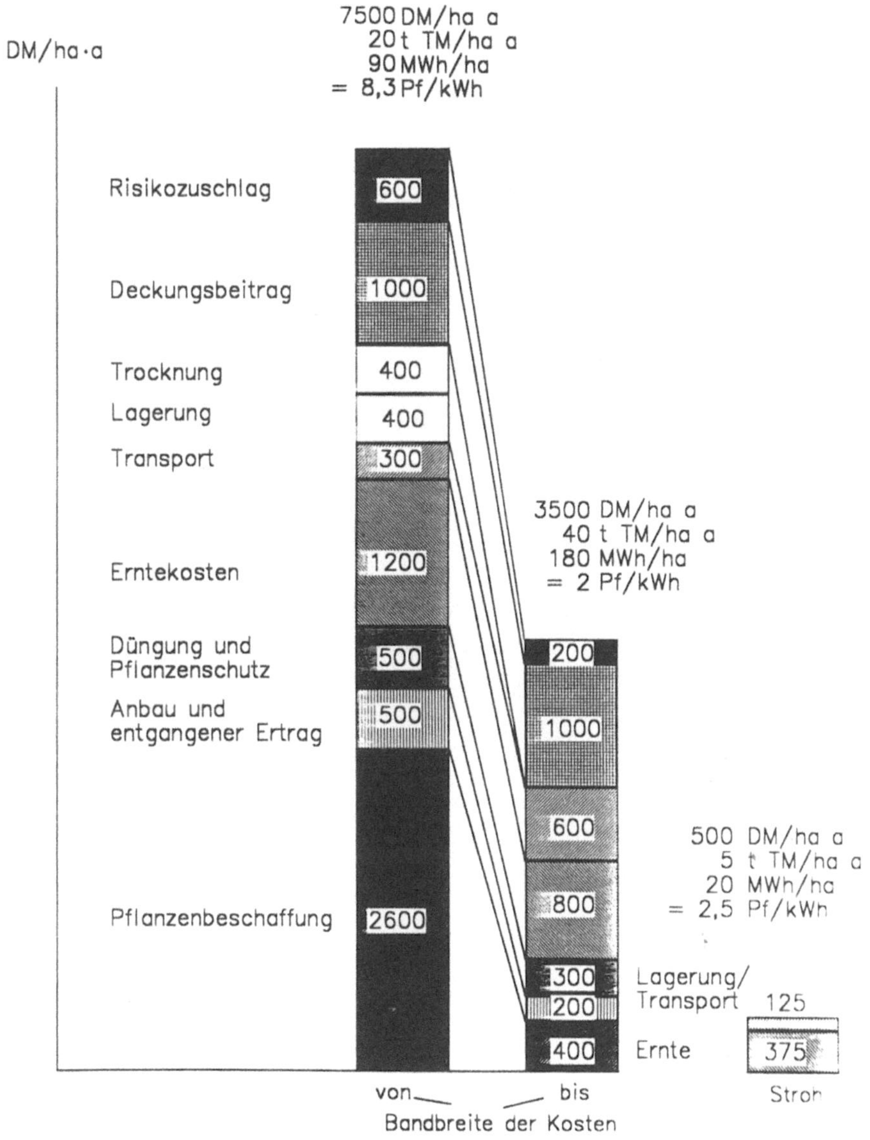

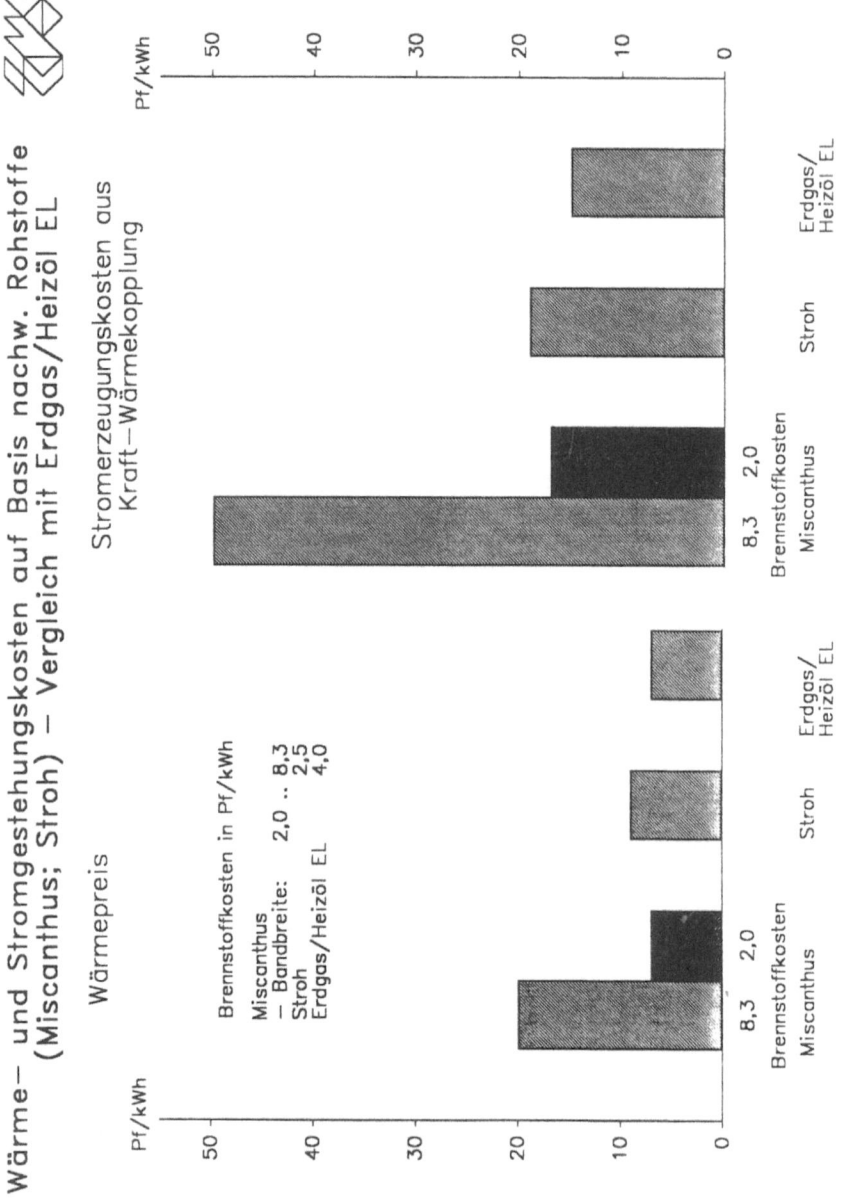

Bild 3

3.11 Energie aus Biomasse - aus der Sicht eines Energieversorgungsunternehmen 237

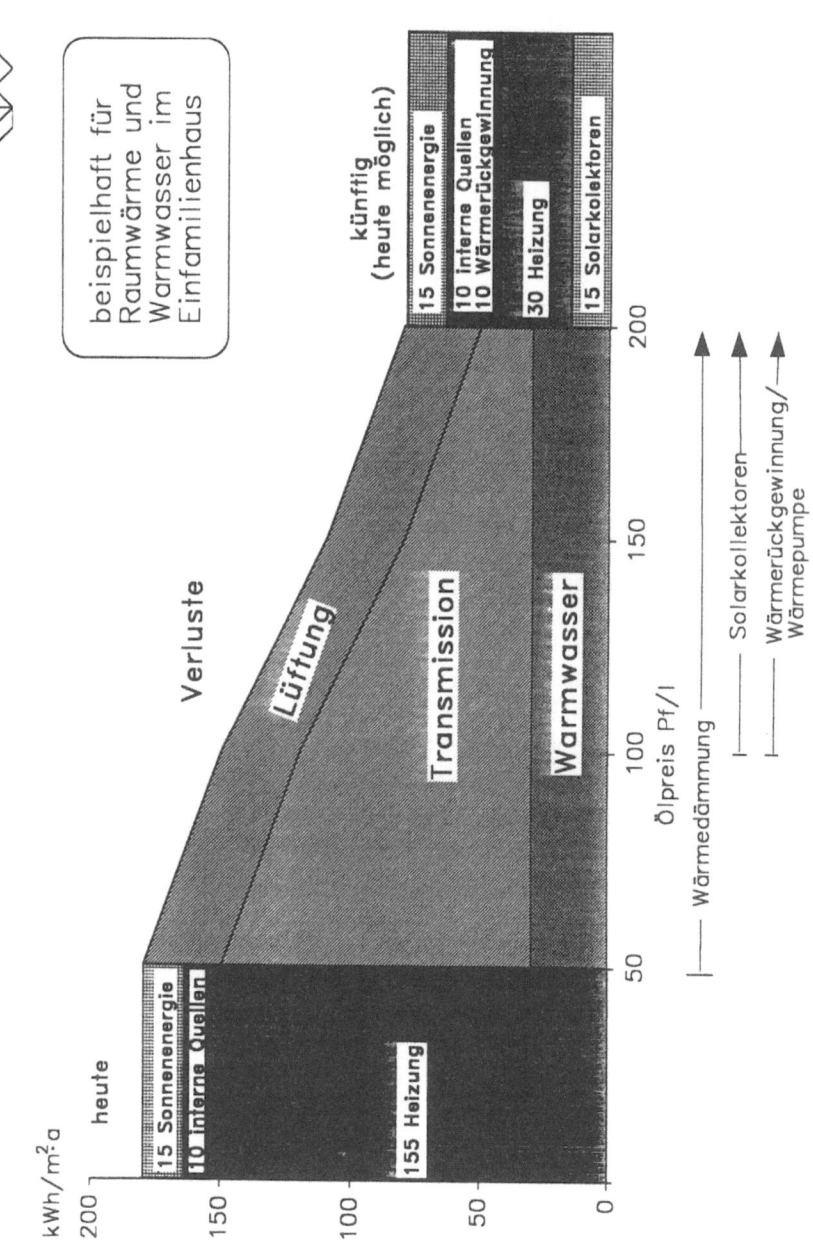

Bild 4

3.12 Energie aus Biomasse
   - aus der Sicht der kommunalen Energie-Versorger

Siegfried Rettich
Leitender Direktor a.D. der Stadtwerke Rottweil
Wachholderweg 9, 7216 Dietingen 1

Zusammenfassung: Um einer drohenden Klimakatastrophe zu entgehen, ist es dringend erforderlich,

- den Verbrauch der herkömmlichen Primärenergieträger Erdgas, Öl, Kohle und Uran drastisch zu senken
- durch umweltfreundliche regenerative Energien einen größeren Anteil an der Energieversorgung abzudecken.

Regionale und kommunale Energieversorgungskonzepte sind dringend erforderlich, um Wege aufzuzeigen, wie dies in der Zukunft erreicht werden kann.

Regenerative Energien werden in der kommunalen Energieversorgung einen immer breiteren Raum einnehmen müssen, wenn die Problematik der Luftschadstoff- und Kohlendioxidbelastung gelöst werden soll.

Im Rahmen der regenerativen Energien werden Biomassen einen immer breiteren Raum einnehmen. Dominierend müssen Biomassen im ländlichen Raum in dezentralen Anlagen eingesetzt werden, da dort kein Verdrängungswettbewerb mit Erdgas stattfinden wird und da die dort wachsenden Biomassen keine langen Transportwege erfordern.

Eine Auswertung der Erdgasstatistik der Gasversorgung Süddeutschland (GVS) zeigt, daß es allein in Baden-Württemberg 1.600 bis 2.000 Städte, Gemeinden und Ortsteile gibt, die noch über keine Erdgasversorgung verfügen und deshalb vorrangig mit Biomassen aus Holzheizwerken, Holzheizkraftwerken, Strohheizwerken, Strohheizkraftwerken, Biogasheizkraftwerken und Pflanzenölblockheizkraftwerken mit elektrischer Energie und Wärme versorgt werden könnten.

Beispielhafte Anlagen in Österreich und Dänemark zeigen, daß bei entsprechenden Rahmenbedingungen heute schon erhebliche Beiträge zur Primärenergie-Einsparung geleistet werden können.

Energieversorgungsunternehmen sollten künftig bereit sein, derartige dezentrale Projekte zu bauen und zu betreiben, da dort das notwendige know how vorhanden ist und damit auch große Potentiale realisiert werden könnten. Wenn von diesen Unternehmen jedoch keine positiven Signale kommen, wäre es durchaus möglich, diese Konzepte auch auf Genossenschaftsbasis oder als Contracting-Modelle unter Beteiligung von Landesbanken zu bauen und zu betreiben.

3.12 Energie aus Biomasse - aus der Sicht der kommunalen Energie-Versorger

3.12.1 Das kommunale Energieversorgungskonzept

Ein kommunales Energieversorgungskonzept soll den Entscheidungsträgern der Kommune, des Landkreises oder der Region auf der gesicherten Grundlage der derzeitigen Energieverbrauchsstruktur Instrumente in die Hand geben, diese Struktur sowohl
- durch rationelle Energieverwendung
- durch rationelle Energieumwandlung
- durch Ausbau regenerativer Energien kurz-, mittel- und langfristig so zu beeinflussen, daß der Primärenergieverbrauch und in der Folge die Schadstoffbelastung der Luft wesentlich gesenkt werden kann.

Ein Energieversorgungskonzept soll folgende Kriterien enthalten:

- Bestandsaufnahme der Mengen und Struktur der derzeit benötigten Energien, Wärme sowie elektrische Energie
- Betrachtungszeitraum des Konzepts
- technische, organisatorische und politische Instrumente zur Beeinflussung der Struktur
- mögliche Szenarien für die Zukunft
- Vorschläge zum Ausbau regenerativer Energien
- Vorschläge zum Ausbau der zentralen und dezentralen Kraft-Wärme-Kopplung
- Empfehlungen an die Entscheidungsträger.

Am Beispiel der Wärmeversorgung einer Stadt wird dargestellt (Abbildung 1), wie die Wärmeverbrauchsstruktur aufgebaut ist. Es soll gezeigt werden, welche Mengen an Nutzwärme, an Primärenergie unter Berücksichtigung des Jahresnutzungsgrades benötigt werden. Auf der Grundlage dieser Struktur werden Szenarien entwickelt, unter der Voraussetzung, die derzeitige Wärmeverbrauchsstruktur so zu beeinflussen, daß in kurzer Zeit erreicht werden kann, nur noch ein Minimum der derzeit benötigten Primärenergie bei gleichbleibendem Komfort aufbringen zu müssen.

Der derzeitige Wärmeverbrauch kann auf drei Arten beeinflußt werden:

- Senkung des Nutzwärmeverbrauchs (rationelle Energieverwendung)
- Verbesserung des Energieumwandlungsgrades (rationelle Energieumwandlung)
- Ausbau der regenerativen Energieerzeugung.

Mit der zu erwartenden Verknappung der nicht erneuerbaren Energieträger und des zu erwartenden CO_2-Anstiegs werden die regenerativen Energien im Rahmen eines kommunalen Energiekonzeptes einen immer größeren Raum einnehmen müssen.

3.12.2 Die regenerativen Energien

Unter regenerativen Energien werden alle direkt und indirekt aus der Sonne abgeleiteten Energien verstanden.

Zu den direkten Sonnenenergien zählen
- Solararchitektur
- Wärme durch Sonnenkollektoren oder Absorberanlagen
- elektrische Energie aus Photovoltaikanlagen

Zu den indirekten Sonnenenergien zählen
- Wasserkraft
- Windkraft
- Energie aus Biomasse, diese wiederum aufgegliedert in nachwachsende Rohstoffe wie Holz aus Energiewald, Forstabfälle, Industrieholz-Abfälle, Grünmassen und landwirtschaftliche Abfälle wie Gülle, Jauche, Klärgas aus Kläranlagen, Deponiegas aus Mülldeponien, Biogas aus Hausmüll-Verwertungsanlagen.

3.12.3 Energie aus Biomasse

Regenerative Energien, hier vor allem Energie aus nachwachsenden Rohstoffen, müssen in Zukunft vermehrt im ländlichen Raum eingesetzt werden. Die energetische Infrastruktur in den Städten ist durch die nahezu vollständige Erdgasversorgung abgedeckt, während in vielen ländlichen Gemeinden wegen fehlender Betriebswirtschaftlichkeit eine Erdgasversorgung nicht vorhanden ist und auch in Zukunft deshalb wohl nicht aufgebaut werden wird. Die dort lebende Bevölkerung ist weitgehend auf Heizöl, Elektrospeicherheizung und Einzelraum-Heizung mit Holz oder Kohle angewiesen. Die Folgen sind gegenüber städtischen Energieversorgungen extrem schlechte Energienutzungsgrade, die sich im allgemeinen zwischen 50 und 60 % bewegen.

3.12.4 Erdgas-Verdichtung in Baden-Württemberg

Anhand der Erdgas-Statistik der Gasversorgung Süddeutschland (GVS) 1988, die auch schon die für 1989 bis 1991 geplanten erdgasversorgten Städte und Gemeinden Baden-Württembergs enthält und anhand des amtlichen Gemeindeverzeichnisses für die Bundesrepublik Deutschland 1987 können die Städte und Gemeinden Baden-Württembergs aufgeteilt werden in
a) mit Erdgas versorgte Städte und Gemeinden
b) nicht mit Erdgas versorgte Städte und Gemeinden.

3.12 Energie aus Biomasse - aus der Sicht der kommunalen Energie-Versorger

Dabei ergibt sich folgendes Bild:

Zu a) bis 2.000 Einwohner	37 Gemeinden
von 2.000 bis 5.000 Einwohner	171 Städte
mehr als 5.000 Einwohner	364 Städte
Zu b) bis zu 2.000 Einwohner	215 Gemeinden
von 2.000 bis 5.000 Einwohner	245 Städte
über 5.000 Einwohner	66 Städte

Die Auswertung dieser Statistik zeigt, daß es in Baden-Württemberg immerhin 526 Städte und Gemeinden gibt, die nicht an die Erdgasversorgung angeschlossen sind. Wenn man jedoch davon ausgeht, daß in vielen der mit Erdgas versorgten Gemeinden mehr oder weniger viele Ortsteile ebenfalls nicht mit Erdgas versorgt sind, wird vorstehend genannte Zahl noch relativiert. Beispiel: Rottweil Stadt ist erdgasversorgt ausgewiesen. Die Stadt besteht aus der Kernstadt und den Ortsteilen Göllsdorf, Hausen, Hochwald, Neukirch, Neufra, Bühlingen, Feckenhausen und Zepfenhan. Mit Erdgas versorgt sind die Kernstadt und die Ortsteile Bühlingen, Göllsdorf, Neufra. Nicht mit Erdgas versorgt sind die Ortsteile Hausen, Hochwald, Neukirch, Feckenhausen und Zepfenhan. Man kann, um die in Baden-Württemberg nicht mit Erdgas versorgten Ortsteile zu beziffern, die ermittelte Zahl von 526 mit dem Faktor 3 bis 4 multiplizieren. Das bedeutet, daß in Baden--Württemberg 1.600 bis 2.100 Ortsteile vorhanden sind, die ohne Erdgasversorgung sind.

3.12.5 Regenerative Energieversorgungskonzepte

In den nicht mit Erdgas versorgten Gemeinden bietet sich künftig eine Energieversorgung auf der Basis regenerativer Energien hauptsächlich auf dem Gebiet der nachwachsenden Rohstoffe an. Dringend erforderlich ist jedoch, daß für diese Gemeinden integrierte Energieversorgungskonzepte geschaffen werden, an denen sich neben den Energieversorgungsunternehmen auch die Land- sowie die Forstwirtschaft beteiligen werden.

Sollten sich die Energieversorgungsunternehmen in der Zukunft für eine derart fortschrittliche Energieversorgung nicht aufgeschlossen zeigen, müßten beispielsweise zwangsläufig Energieversorgungskonzepte auf genossenschaftlicher Basis verwirklicht werden.

Je nach land- und forstwirtschaftlicher Struktur bieten sich Wärmekonzepte an, welche die Brennstoffe
- Holzabfälle aus Forstwirtschaft und Holzindustrie
- Kurzumtriebswälder wie Pappeln und Dauerkulturen wie Miscanthus sinensis
- Strohabfälle

- Rapsöl
- Biogas aus landwirtschaftlichen Abfällen gekoppelt mit nativ-organischen Küchen- und Gartenabfällen aus dem Hausmüll

verwenden.

An nachfolgenden Beispielen soll ein Überblick über mögliche Projekte aufgezeigt werden

3.12.6 Beispiele

Holzheizwerke in Niederösterreich
Die Abbildungen 2 und 3 zeigen zwei Beispiele von kleinen Holzheizwerken, die kleine Ortschaften direkt mit Nahwärme versorgen.

Wärmeversorgung Randegg:
Erstellt von der Fernwärmeversorgungsgenossenschaft Randegg. Das Projekt wird als ein wesentlicher Beitrag zur Verminderung der Auslandsabhängigkeit von Erdöl und Kohle, zur Verbesserung der Umweltsituation und zur Stärkung der wirtschaftlichen Kraft ländlicher Gebiete gesehen.
Fernwärmetrassenlänge ca. 1.700 m.

Wärmeversorgung Lichtenegg:
Erstellt von der Lichtenegger - Energieversorgungsgesellschaft, zu der sich 18 Landwirte und 2 Gewerbetreibende zusammengeschlossen haben.
Heizkessel: Vorofen mit Dreizugkessel 1.100 kW, Rauchgasreinigung über Multizyklonanlage,
Fernwärmetrassenlänge ca. 1.400 m, Nenndurchmesser 25 bis 125 mm.

Projekt Holzheizkraftwerk Rottweil - Hausen
Für die Strom- und Wärmeversorgung einer in die Stadt eingemeindeten Ortschaft mit ca. 850 Einwohnern wird ein Holzheizkraftwerk errichtet. Abbildung 4 zeigt das Verfahrensschema des geplanten Holzgassystems. Die Generatorleistung wird ca. 3.000 Normcubikmeter/Stunde betragen. Bei der unausbleiblichen Heizwertschwankung des Holzgases wird die Feuerungsleistung zwischen 3,3 MW_{pr} und 4,6 MW_{pr} schwanken.

Gasanalysen, die vom Engler-Bunte-Institut, Karlsruhe, im Jahre 1991 an der Versuchsanlage der Schwelmer - Eisenwerke durchgeführt wurden, ergaben folgende Werte für Generatorgas:

3.12 Energie aus Biomasse - aus der Sicht der kommunalen Energie-Versorger

	Durchschnitt	
CO	15	Vol. %
CO_2	16,5	Vol. %
C_XH_Y	2	Vol. %
H_2	20	Vol. %

Staub	1 mg / m^3_N
Teer	2 mg / m^3_N
NH_3	10 mg/ m^3_N
Phenol	1 mg / m^3_N
H_u	1,1 bis 1,54 kWh/m^3_N

Die Gaszusammensetzung schwankte je nach Holzart und Feuchtegehalt des eingesetzten Holzes.

Nach Angaben des Anlagenentwicklers wird an der Versuchsanlage aufgrund von Messungen mit folgenden Energiebilanzen gerechnet.

Gaserzeugung
- Gasanteil   66 %
- Kohleanteil   22 %
- Wärmeanteil   11 %
- Abstrahlungsverluste 1 %

Holzgaskraftwerk
- Wärmeanteil (>70°C)   47 %
- Stromerzeugung   20 %
- Abwärmeverlust   11 %
- aktive Generatorkohle 22 %

Zum Einsatz wird Holz aus Durchforstungen, aus Kurzumtriebswäldern, aus der Holzindustrie und aus Hausabbrüchen kommen. Der Aufbau des Heizkraftwerkes ist Abbildung 5 zu entnehmen. Die Anlage soll derzeit vom Anlagenentwickler in Tangerhütte erstellt und getestet werden.

Projekt Biogas aus landwirtschaftlichen Abfällen
Anhand einer Studie wurde untersucht, welche Biogasmengen an einem anaeroben mesophilen Biogasreaktor mit Gülle von 150 Großvieheinheiten Rindern, 50 Großvieheinheiten Schweinen und 10 Großvieheinheiten Hühnern vermischt mit 50 t/Woche Küchenabfällen aus der Großküche eines Krankenhauses hergestellt werden können. Es ist geplant, das produzierte Biogas in Gasmotoren in elektrische Energie und Wärme umzuwandeln, wobei die elektrische Energie in das Stadtwerkenetz eingespeist werden soll und die Wärmemenge teilweise zur Warmhaltung des Biogasreaktors und zur Beheizung des Krankenhauses verwendet werden soll.
Die Abbildungen 6 und 7 zeigen die Prinzipschaltbilder der Biogasanlage.

Projekt Strohheizwerk Hyordkaer, Dänemark
Errichter: Vølund Energy Systems A/S.

Bei diesem System werden Strohgroßballen in die Brennkammer entsprechend der jeweils erforderlichen Wärmeleistung geschwindigkeitsgesteuert eingeschoben bzw. luftzufuhrgesteuert an der Einschubstelle abgebrannt. Diese Art der Feuerung wird als "Zigarrenabbrandsystem" bezeichnet.

Technische Daten:
Kesselanlage Vølund 320 SE
Kesselleistung 3,15 MW
Vorlauftemperatur 120°C maximal
Verbrennungsraumbelastung bei 100 %
Leistung: 0,17 MW/m^3
Heizfläche, Verbrennungsraum: 49,44 m^2
Kesselwirkungsgrad bei 100 % Leistung: 90,5 %
Rauchgasreinigung mit Gewebefilter

Die oben erwähnten Daten sind bei einem Wassergehalt des Strohs von 16 % gültig.

Biogas-Heizkraftwerk Rottweil
Im Jahre 1987 wurde nach 1 1/2-jährigem Pilotversuch eine Studie erstellt, die aufzeigen sollte, wie weit der in der Region Schwarzwald-Baar-Heuberg anfallende Gesamtmüll durch sinnvolles Recycling der Deponie ferngehalten und gleichzeitig in Energie umgewandelt werden kann. Dieses Projekt versprach für eine Region von 45.000 Einwohnern, das derzeit erforderliche Deponievolumen auf 12 bis 14 % zu senken und dabei gleichzeitig durch Biogas aus Küchen- und Gartenabfällen sowie durch Schwelgas aus Restmüll erhebliche Energiemengen zu erzeugen. Nachdem sich vor drei Jahren die politische Mehrheit nicht für dieses komplexe, aber zukunftsweisende Modell entscheiden konnte, stattdessen - wie landauf, landab üblich - auf die Müllverbrennung gesetzt hat, wurden die Aktivitäten der Landkreise in Richtung Verbrennung entwickelt. Nachdem bis heute weder ein Standort für eine Müllverbrennungsanlage gefunden wurde, geschweige denn ein definitives Angebot für eine Müllverbrennungsanlage erhältlich war, auf der anderen Seite die Deponien nahezu verfüllt sind und weitere Aktivitäten in Richtung Müllverbrennung von sehr starken Bürgerinitiativen beeinträchtigt werden, ist man in der Zwischenzeit dem von den Stadtwerken entwickelten sogenannten Rottweiler Modell wieder nähergetreten. Der Landkreis hat zwischenzeitlich einstimmig beschlossen, das Rottweiler Modell in Stufen zu verwirklichen. Stadtwerke wurden vom Landkreis beauftragt, auf Rechnung und im Namen des Landkreises für den Kreis eine Müllvergärungsanlage zu planen, zu bauen, in Betrieb zu nehmen und zu betreiben. Bei Inbetriebnahme der Anlage wird im Landkreis Rottweil zusätzlich zur Mülltonne die Biotonne eingeführt, in

der Biogasanlage wird dieser Müll im anaeroben Verfahren in Biogas und Kompost umgewandelt. Mit dem gewonnenen Biogas werden über Blockheizkraftwerksmotoren elektrische Energie und Wärme für das daneben liegende Industriegebiet produziert werden. Der gewonnene Kompost wird im Landkreis in der Land- und Forstwirtschaft Verwendung finden.

Das emissionsschutzrechtliche Genehmigungsverfahren ist abgeschlossen, mit Baubeginn wird im Frühjahr 1993 gerechnet. In der Anlage werden jährlich ca. 9.000 t nativ-organische Küchen- und Gartenabfälle verarbeitet werden. Die Netto-Energiebilanz wird 1.515.000 KWh_{el}/Jahr und 2.526.000 KWh_{th}/Jahr betragen.

Blockheizkraftwerk auf Rapsölbasis für ein Schulzentrum
Im Frühjahr 1993 wird im Heizraum des Schulzentrums Aldingen, Kreis Tuttlingen, ein mit naturbelassenem Rapsöl angetriebenes Blockheizkraftwerk in Betrieb genommen. Der zum Einsatz kommende Elsbett-Motor hat eine elektrische Leistung von 71 kW_{el} und eine Wärmeleistung von 104 kW_{th}. Berechnungen haben ergeben, daß jährlich 1.332.500 kWh Energie aus Rapsöl benötigt wird. Dies wird bei einem Wärmeinhalt von 10 kWh/Liter einer jährlichen Rapsölmenge von 133.250 Liter entsprechen.

Bei einer Ölausbeute von 40 % entspricht dies einem Rapsverbrauch von 200.000 kg/Jahr, bei einer Ernte von 4 t/ha und Jahr einer Fläche von 50 ha.

Mit Unterstützung des Landwirtschaftsamtes werden derzeit langfristige Abnahmeverträge für Raps aus dem non-food-Bereich mit Landwirten abgeschlossen.

3.12.7 Integrale Konzepte

Integrale Konzepte eröffnen in der Zukunft verschiedenen Interessengruppen Möglichkeiten, unter für alle Beteiligten ökonomischen Gesichtspunkten ökologische Projekte zu verwirklichen. Nachfolgendes Beispiel soll anhand eines integralen Konzeptes eine derartige Möglichkeit aufzeigen.

Probleme: Verkehrsüberlastung in einer Mittelstadt mit ca. 15.000 Einwohner, Probleme der Landwirtschaft und Forstwirtschaft mit der Verwertung von Holz und Stroh, Erdgasversorgung wegen fehlender Zubringer-Hochdruckleitung nicht möglich.

Das integrale Konzept: Entwicklung eines attraktiven Stadtbuskonzeptes, um den Individualverkehr einzuschränken.

Stadtbusse werden aus Umweltschutzgründen als Elektro-Niederflurbusse betrieben. Zur Erzeugung der elektrischen Energie wird ein auf Holz- und Strohbasis befeuertes Heizkraftwerk erstellt. Die dabei in Kraft-Wärme-Kopplung anfallende Abwärme wird zur Wärmeversorgung entsprechend dem anfallenden Anteil zur Beheizung der Stadtteile verwendet.

Die benötigte "regenerative Energie" wird von den Land- und Forstwirten über sichere Abnahmeverträge geliefert. Ein derartiges Konzept muß über eine landeseigene Energieagentur entwickelt und mit den Beteiligten organisiert werden. Beteiligte an einem derartigen Konzept sind: Bürgermeister, Gemeindevertreter, Verkehrsplaner, Energieversorger, Landwirtschaft, Forstwirtschaft, Finanzierungsgesellschaften, Genehmigungsbehörden, Zuschußgeber.

Zusammenfassend kann festgestellt werden, daß die Einführung von Biomassen in die kommunale Energieversorgung unter Beteiligung der kommunalen und regionalen Energieversorger große Potentiale erwarten läßt.

Literatur

Amt der NÖ Landesregierung, "Fernwärme in Niederösterreich, Lichtenegg", Wien 1988
Bundesminister für Forschung und Technologie und Bundesminister für Raumordnung, Bauwesen und Städtebau: Arbeitsprogramm "örtliche und regionale Energieversorgungskonzepte", Bonn 1980
Cronauge U: Integrierte örtliche Versorgungskonzepte für Klein- und Mittelstädte. In: Städte- und Gemeindebund, Heft 7/1983
Deutsches Institut für Wirtschaftsforschung (DIW) und Fraunhofer-Institut für Systemtechnik und Innovationsforschung (ISI): Abschätzung des Potentials erneuerbarer Energiequellen in der Bundesrepublik Deutschland, Berlin und Karlsruhe 1984
Enquete-Kommission: "Vorsorge zum Schutz der Erdatmosphäre"; Zwischenbericht der Enquete-Kommission des 11. Deutschen Bundestages, Bonn 1988
Eurosolar, Bonn: Arbeitskreis für nachwachsende Rohstoffe / Biomasse, September 1990
Fernwärmeversorgungsgenossenschaft A-Randegg: "Fernwärme in Niederösterreich, Randegg" 1989
Gasversorgung Süddeutschland (GVS): Erdgasstatistik 1988, Stuttgart 1988
Heide v.d., H.J.: Aspekte und Gedanken zu regionalen Energieversorgungskonzepten unter raumordnerischer Sicht. In: "Der Landkreis", Heft 5/1982
Maurer M, Winkler IPP. In: "Biogas thermische Grundlagen, Bau und Betrieb von Anlagen", Karlsruhe 1989
Perlwanger A.: Untersuchung und Optimierung von Biogasanlagen in der Praxis mit technisch ökonomischer Vergleichsauswertung Bayerische Landesanstalt für Landtechnik, Weihenstephan TU München, München 1987
RWE Energie AG: Energieflußbild der BRD 1990
Schacht, M.: Örtliche und regionale Energiekonzepte, Berlin 1988
Solar-Energie-Technik GmbH, Altlußheim: Wärme und Strom aus Sonnenenergie 1990
Stadtwerke Rottweil: Energieversorgungskonzept der Stadt Rottweil 1992
TU Graz: Handbuch für kommunale und regionale Energieplanung; Institut für Umweltforschung, Graz 1986
Wellinger A.: Biogas-Handbuch, Grundlagen - Planung - Betrieb landwirtschaftlicher Anlagen CH, Aarau 1984

3.12 Energie aus Biomasse - aus der Sicht der kommunalen Energie-Versorger

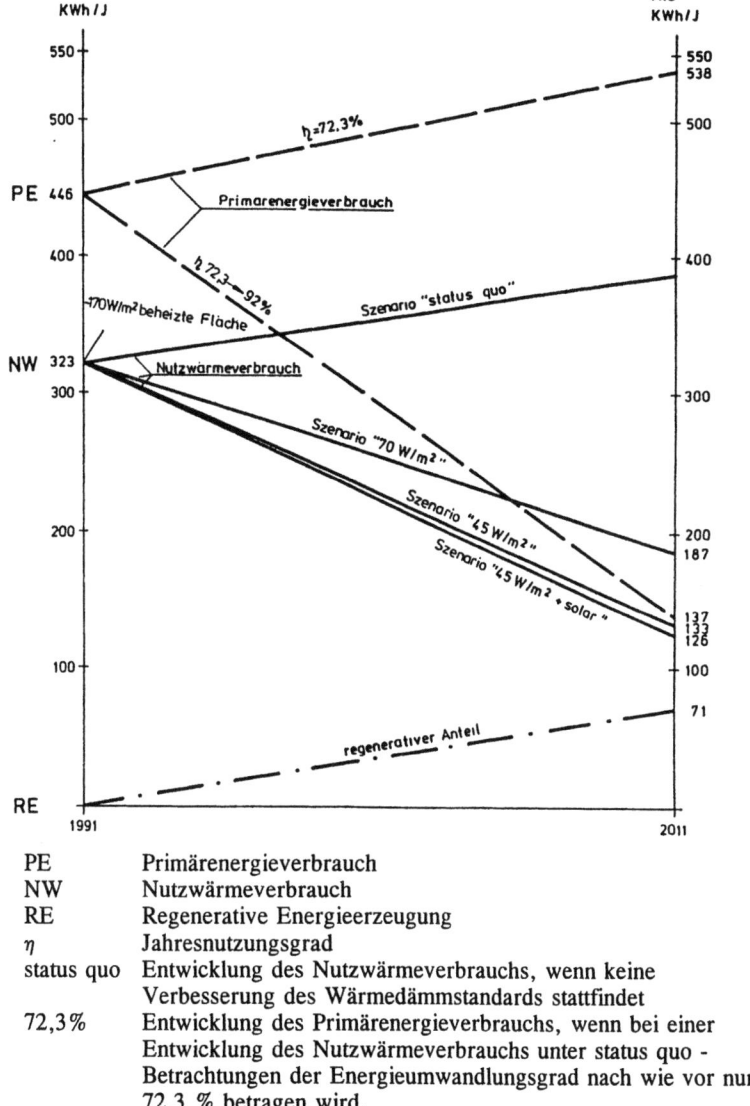

PE	Primärenergieverbrauch
NW	Nutzwärmeverbrauch
RE	Regenerative Energieerzeugung
η	Jahresnutzungsgrad
status quo	Entwicklung des Nutzwärmeverbrauchs, wenn keine Verbesserung des Wärmedämmstandards stattfindet
72,3 %	Entwicklung des Primärenergieverbrauchs, wenn bei einer Entwicklung des Nutzwärmeverbrauchs unter status quo - Betrachtungen der Energieumwandlungsgrad nach wie vor nur 72,3 % betragen wird.
70 W/m²	Entwicklung des Nutzwärmeverbrauchs, wenn der spezifische Verbrauch bis zum Ende der Referenzperiode durch technische Maßnahmen auf 70 W/m² reduziert wird.
45 W/m²	Entwicklung des Nutzwärmeverbrauchs, wenn der spezifische Verbrauch bis zum Ende der Referenzperiode durch technische Maßnahmen auf 45 W/m² reduziert wird.
45 W/m² + Solar	zusätzlich werden solare Deckungsanteile verwirklicht

Abb. 1. Wärmeszenarien der Stadt Rottweil

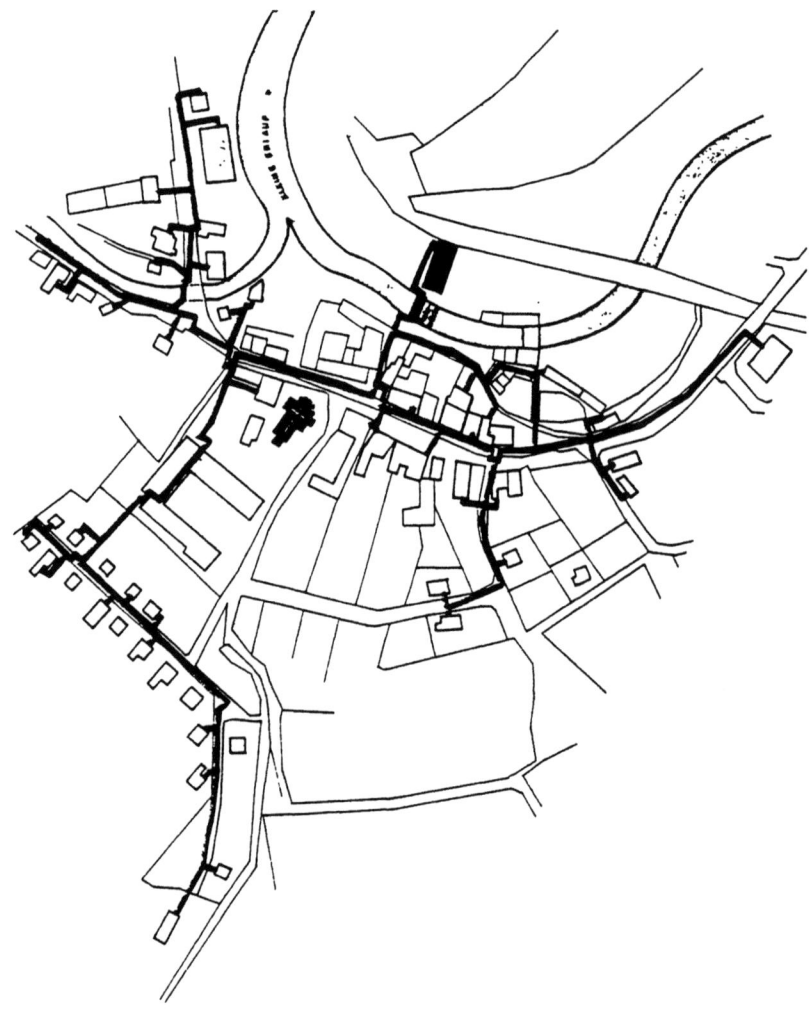

Abb. 2. Fernwärmeversorgung Randegg, Niederösterreich
Eigentümer: Fernwärmeversorgungsgenossenschaft Randegg
Holzverbrauch: rund 2.100 Schüttraummeter Holzschnitzel / Jahr
Wärmeeinspeisung 1,1 MW für 46 Objekte
Trassenlänge des Wärmenetzes 1.700 m

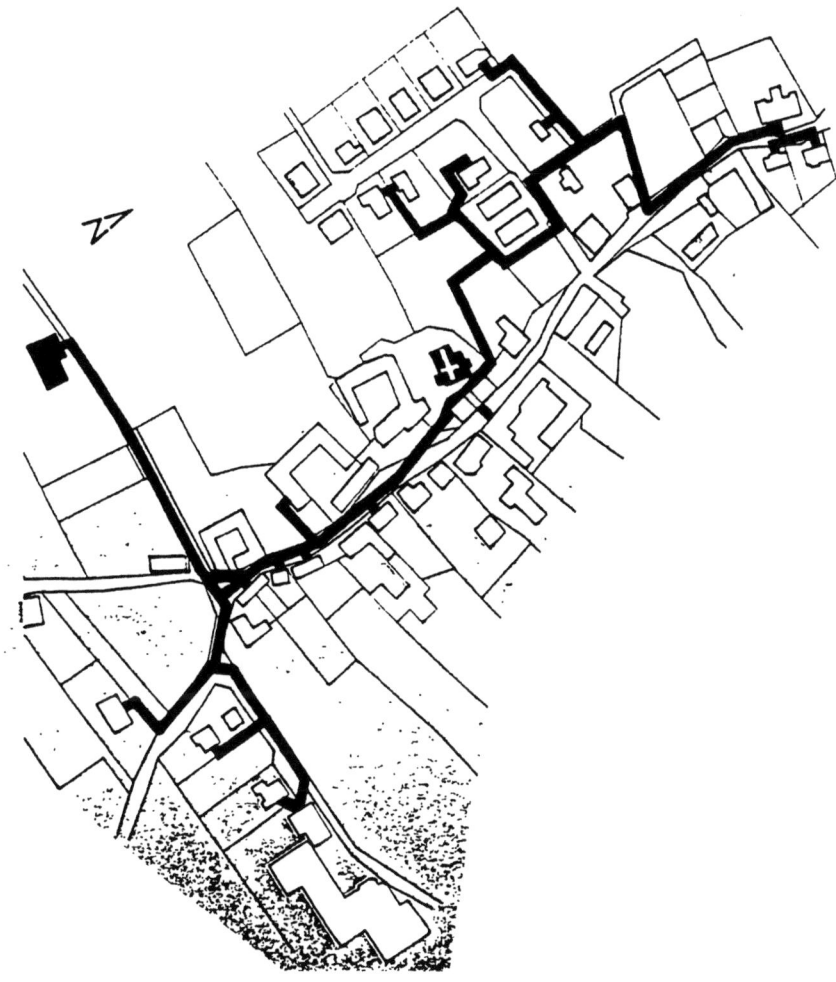

Abb. 3. Fernwärmeversorgung Lichtenegg, Niederösterreich
Eigentümer: Lichtenegger Energieversorgungsgesellschaft, bestehend aus 18 landwirtschaftlichen Betrieben und zwei Gewerbebetrieben
Kesselleistung 1,1 MW
Trassenlänge des Wärmenetzes 1.400 m

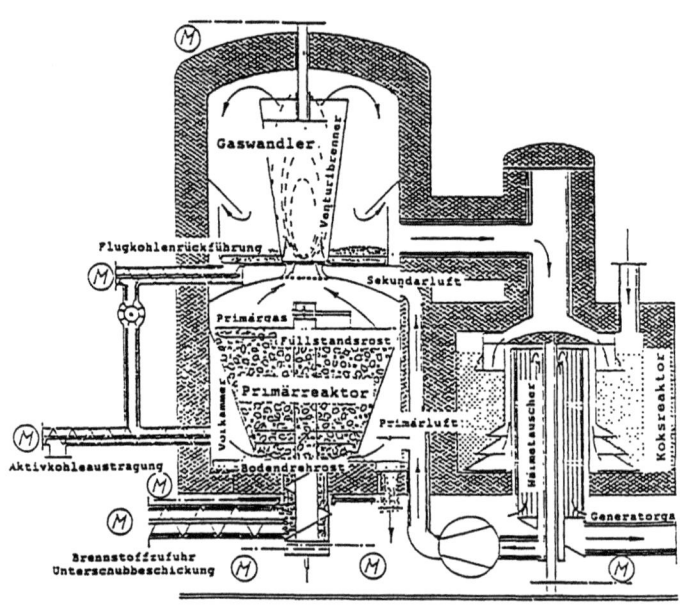

Abb. 4. Holzvergaser-System der Firma Easymod Energiesysteme GmbH

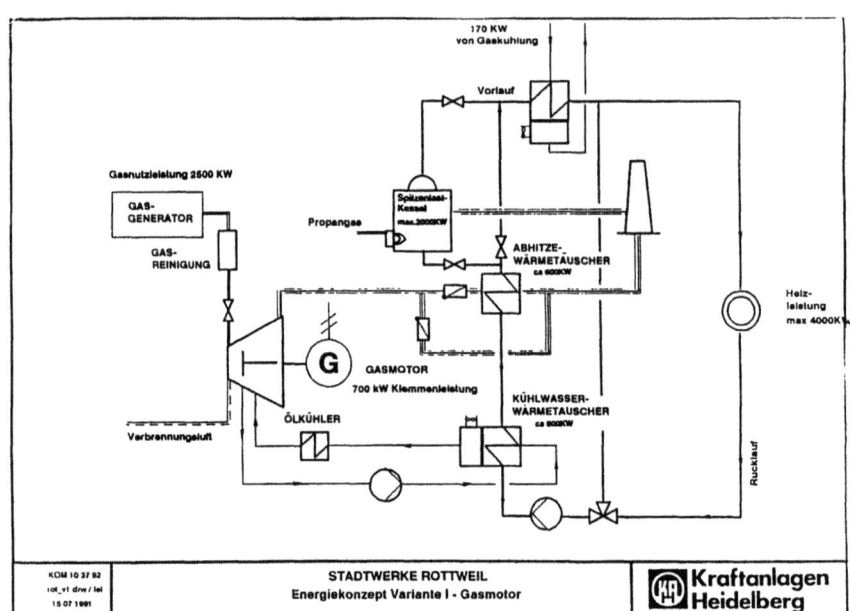

Abb. 5. Verfahrensschema des geplanten Holzheizkraftwerkes Rottweil-Hausen der Stadtwerke Rottweil

3.12 Energie aus Biomasse - aus der Sicht der kommunalen Energie-Versorger

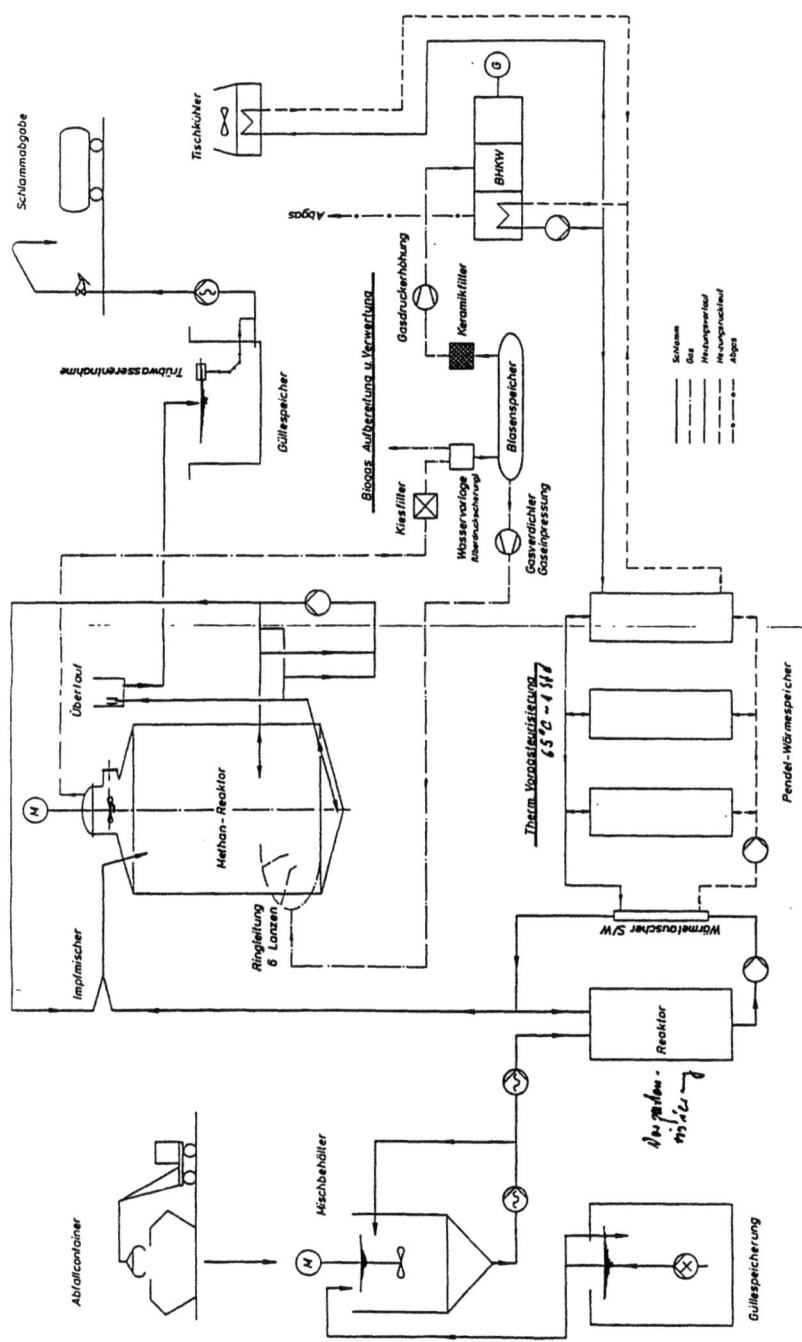

Abb. 6. Machbarkeitsstudie Biogasverstromung, Verfahrensschema der Vergärungsanlage

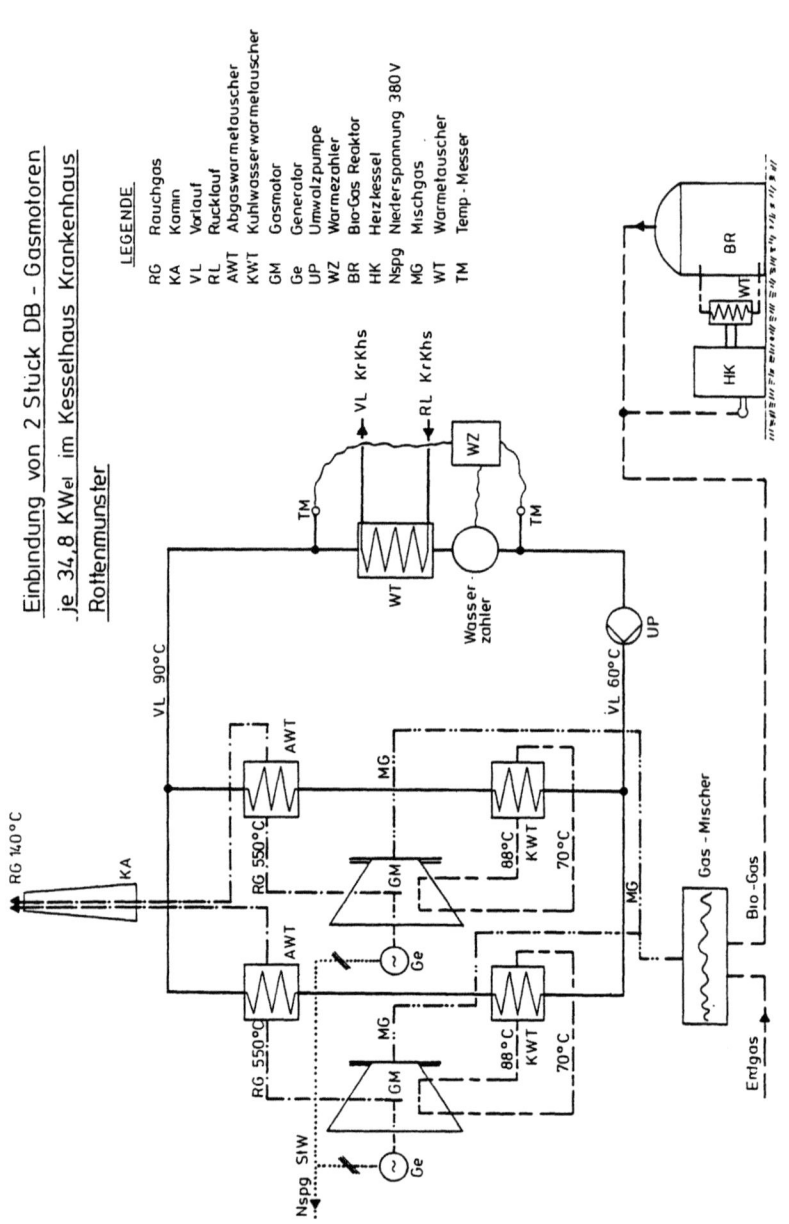

Abb. 7. Machbarkeitsstudie Biogasverstromung, Verfahrensschema der Gasverwendung

3.13 Politische Bewertung und Akzeptanz

Prof. Dr. H. Mohr
Akademie für Technikfolgenabschätzung in Baden-Württemberg
Nobelstraße 15, 7000 Stuttgart 80 (Vaihingen)

Zusammenfassung: Die ehrgeizige Zielsetzung der Bundesregierung: Reduktion der Kohlendioxid-Emissionen um 25 % bis zum Jahr 2005, begünstigt die Strategie "Erzeugung von Nutzenergie aus Biomasse". Darüber hinaus sprechen weitere politische Zielsetzungen für einen verstärkten Einsatz von Biomasse auf dem Energiesektor: Autarkie der Landwirtschaft bezüglich Dieselkraftstoff, sinnvolle Verwendung der agrarischen Überschußflächen ("Energieproduktion statt Flächenstillegung"), Erhaltung der bäuerlich geprägten Kulturlandschaft, Erhaltung der ländlichen Sozialstruktur. Man kann davon ausgehen, daß sich die Bereitstellung von landwirtschaftlich produzierter Biomasse für die dezentrale Energieversorgung im allgemeinen in die Fruchtfolge integrieren läßt. Unerwünschte strukturelle Änderung sind deshalb eher unwahrscheinlich.

Die Akzeptanzprobleme (Biomasse statt Lebensmittel, Akzeptanz des Energiepflanzenbaus durch den Landwirt im Fall von Raps und Getreide) werden als wenig gravierend eingestuft. Die "öffentliche Meinung" steht dem Einsatz von Biobrennstoffen für Fernwärme und in Anlagen der Kraft-Wärme-Koppelung in der Regel positiv gegenüber. Beim Anbau von Energiepflanzen (zum Beispiel Raps oder Triticale) entstehen keine besonderen ökologischen Risiken, sofern die Prinzipien einer ordnungsgemäßen Landbewirtschaftung gewahrt bleiben.

Das eigentliche Problem sind die im Vergleich zu Mineralöl, Erdgas und Kohle relativ hohen Kosten für die Produktion und Bereitstellung geeigneter Biomasse. Eine ausreichend hohe CO_2-Steuer, die Biobrennstoffe begünstigt, erscheint unabdingbar. Auch der kommunale Energiemarkt (Strom-/Wärme-Erzeugung) bedürfte einer durchgreifenden Anpassung, um den mit Biomasse befeuerten Heiz-/Kraft-Anlagen eine bessere Chance zu geben.

Die notwendigen ordnungspolitischen Maßnahmen werden dadurch gerechtfertigt, daß die Biomasse als Energieträger bezüglich der externen Kosten günstig abschneidet. Vieles spricht dafür, daß sich die Konkurrenzfähigkeit der Biomasse als Energieträger entscheidend verbessern würde, wenn die Strom- und Wärmepreise "die ökologische Wahrheit" sagten. Dies schließt eine faire monetäre Bewertung der positiven Umwelteffekte ein, die von einer leistungsfähigen Landwirtschaft ausgehen.

1 Politische Motive für eine verstärkte Nutzung von Biomasse auf dem Energiesektor

1.1 Reduktion der CO_2-Freisetzung

Die Bundesregierung hat sich das ehrgeizige Ziel gesetzt, bis zum Jahr 2005 die Kohlendioxid-Emissionen um 25% in den alten und um 30% in den neuen Bundesländern zu vermindern. Mit dem bisherigen Maßnahmenpaket läßt sich dieses "Orientierungsziel" nicht erreichen. Mit dem Projekt "Energie aus Biomasse" soll ein Beitrag zu einer CO_2-neutraleren Erzeugung von Nutzenergie geleistet werden. Das bei der Verbrennung von Biomasse gebildete CO_2 wurde bei der Bildung der Biomasse über die Photosynthese aus der Luft entnommen. Insofern ist die Erzeugung von Nutzenergie aus Biomasse tatsächlich CO_2-neutral. Wegen des unumgänglichen Einsatzes terrestrischer Energie bei der Produktion von Biomasse (z. B. Treibstoff, Düngemittel, Elektrizität, Pestizide), ist die CO_2-Einsparung in der Regel weniger als 100%, beim Rapsölmethylester (RME) als Substitut von Dieselkraftstoff etwa 35%. Wird allerdings im Fall von Raps eine thermische Verwertung des Strohs und des Rapsextraktionsschrotes angenommen, so ergeben sich "Netto-CO_2-Gutschriften". Das heißt, daß mit dem Einsatz von RME unter dieser praktisch durchaus möglichen Annahme nicht nur kein CO_2 emittiert, sondern gleichzeitig eine bestimmte Menge an fossilen Energieträgern einschließlich ihrer CO_2-Emissionen zusätzlich substituiert wird [1]. Der Einwand, der CO_2-Vorteil eines Biomasse-Einsatzes werde durch die verstärkte Produktion von Spurengasen (vor allem N_2O) reduziert, ist zwar berechtigt; es darf aber bei der Bildung von Ökobilanzen nur das durch Düngung zusätzlich zur alternativen Nutzung entstandene N_2O in Rechnung gestellt werden. Agrarexperten (Deutsche Gesellschaft für Entwicklungstechnologie) gehen jedenfalls davon aus, daß der gesamte Ausstoß klimarelevanter Gase - einschließlich des in CO_2-Äquivalente umgerechneten N_2O - bei der Herstellung und Verbrennung von 1 kg Biodiesel 1,42 kg, bei 1 kg Mineralöldiesel dagegen 4,4 kg CO_2-Äquivalente beträgt (laut VDI-Nachrichten, 9.10.92).

Wir rechnen damit, daß EG-weit 5 - 10% der benötigten Primärenergie aus Biomasse gedeckt werden könnten. Dies wäre zweifellos mit einem erheblichen CO_2-Vorteil verbunden.

3.13 Politische Bewertung und Akzeptanz

1.2 Minimale SO_2-Emissionen

Die SO_2-Emissionen sind bei der Verbrennung von Biomasse in der Regel minimal, da der Schwefelgehalt der Biomasse sehr viel geringer ist als im Fall von (Braun-)Kohle oder Mineralöl. Die Errichtung kostspieliger Rauchgasentschwefelungsanlagen kann entfallen. Allerdings sind bei Anlagen zur Strohverbrennung > 1 MW wegen der Emission von Partikeln, CO, NO_x und HCl, entsprechende Rauchgasreinigungsanlagen erforderlich [2].

Beim Einsatz von Rapsöl als Dieselkraftstoff fällt der positive Effekt ins Gewicht, daß Pflanzenöle (fast) schwefelfrei sind, und sich somit der Schwefelgehalt der insgesamt eingesetzten Kraftstoffe verringert.

1.3 Biologische Verträglichkeit

Bei der Verbrennung von Biomasse entstehen gasförmige und feste Produkte. In den festen "Aschen" bleiben die mineralischen Bestandteile der pflanzlichen Grundsubstanz zurück. Das Wiederverwertungsgebot dürfte im Fall von Aschen aus Biomasse (potentielle Düngemittel) leichter zu befolgen sein, als bei Kohleaschen und Rauchgasgips [3]. Im Fall von Rapsöl und Rapsölmethylester besteht ein entschiedener Vorteil gegenüber Schmiermitteln, Hydraulikölen und Dieselkraftstoff mineralischer Herkunft in der leichten biologischen Abbaubarkeit. Die biogenen Stoffe sollten deshalb überall dort eingesetzt werden, wo eine Kontamination von Boden oder Wasser besonders unerwünscht ist, zum Beispiel im Wald, in Wassereinzugsgebieten, auf Seen und Flüssen und generell in der Landwirtschaft [4].

1.4 Autarkie der Landwirtschaft bezüglich Dieselkraftstoff

Die mechanisierte Landwirtschaft ist total davon abhängig, daß Dieseltreibstoff verfügbar ist. Eine politisch motivierte oder ökonomisch bedingte Reduktion oder Sperrung der Mineralölzufuhr würde die landwirtschaftliche Produktion in Deutschland entscheidend treffen. Eine weitgehende Autarkie der Landwirtschaft bezüglich Dieselkraftstoff ist deshalb im Interesse einer Versorgungssicherheit mit Lebensmitteln ein Gebot.

Schätzungen für Deutschland (Jahr 2000) ergaben eine agrarische Dispositionsfläche von mehreren Mio. ha, auf der Energiepflanzen, darunter auch Raps, angebaut werden könnten. Ein gegenüber 1989 zusätzliches Erzeugungspotential von 1,5 Mio. t Rapsölmethylester erscheint deshalb realistisch. Dies entspräche energieäquivalent etwa 1,3 Mio. t herkömmlichem Dieselkraftstoff. Diese Menge, rund 5% des im Straßenverkehr insgesamt eingesetzten Dieselkraftstoffs, würde im wesentlichen den Treibstoffbedarf der Landwirtschaft abdecken [4].

1.5 Verwendung der Überschußflächen

Die Agrarpolitik steht vor der Aufgabe, mit den landwirtschaftlichen Überschußflächen möglichst ökonomisch umzugehen (Die Ökonomie ist die Lehre vom rationalen, vernünftigen Umgang mit wertvollen, knappen Ressourcen). Schätzungen [5] besagen, daß innerhalb der EG in absehbarer Zeit etwa 16 Mio. ha Agrarfläche nicht mehr für die Nahrungsproduktion benötigt werden. In der Bundesrepublik, einschließlich der neuen Länder, soll sich die disponible Fläche auf mehr als 4 Mio. ha belaufen. Bei einer Flächenstillegungsprämie von 600 DM/ha · a nach der Agrarreform entspräche dies einer Subventionssumme von ca. 2,4 Mrd. DM/a.

Es ist zu begrüßen, daß die Landwirtschaft nach neuen Produktionszweigen sucht, um auf den freiwerdenden Flächen effektiv weiter wirtschaften zu können. Man kann Agrarkapazitäten nicht einfach stillegen, ohne nach den sozialpolitischen Folgen für den ländlichen Raum zu fragen. Andererseits sehen die Befürworter des Arten- und Biotopschutzes, zu denen sich auch der Autor rechnet, in der heutigen Situation die Möglichkeit, Agrarflächen für die nachhaltige Sicherung von Arten einzusetzen. Vermutlich wird im Endeffekt über Ausgleichszahlungen an die Landwirtschaft ein (kleiner) Teil (10%?) der disponiblen Agrarflächen für Biotopvernetzungen und Biotopentwicklungen - im Sinne einer vorindustriellen Kulturlandschaft - verfügbar gemacht werden; auf dem größeren Teil der Fläche jedoch müssen neue Anbauformen erprobt werden. Unter diesem Gesichtspunkt ist der Anbau von Energiepflanzen attraktiv, weil der Energiemarkt ungeheuer groß ist und in der politischen Diskussion Alternativenergien gefragt sind. Um die Umweltverträglichkeit des Anbaus von Energiepflanzen beurteilen zu können, müssen die Auswirkungen der neuen Produktionslinien bezüglich Erosion, Nitrataustrag, Pflanzenschutzmittelaustrag u.s.w. mit den Auswirkungen der gegenwärtigen Nutzung unter dem übergeordneten Gesichtspunkt einer "nachhaltigen Landwirtschaft" [6] verglichen werden.

Entsprechende Studien haben zu dem Resultat geführt, daß sich Energiepflanzen umweltverträglich produzieren lassen, wenn die Kulturpflanze und das Produktionsverfahren auf den Standort abgestimmt sind. Es gelten die gleichen Gesichtspunkte wie für den Anbau von Nahrungsmittelpflanzen [7]. Man kann davon ausgehen, daß sich die Bereitstellung von landwirtschaftlich produzierter Biomasse für die dezentrale Energieversorgung im allgemeinen in die Fruchtfolge integrieren läßt. Unerwünschte strukturelle Änderung sind deshalb eher unwahrscheinlich.

Generell sind bei der Flächenumwidmung die folgenden Maximen zu befolgen:
- keine zusätzlichen ökologischen Belastungen;
- keine zusätzlichen Subventionen aus der allgemeinen Kasse;
- Reversibilität der Flächenumwidmung, womöglich von einer Vegetationsperiode zur nächsten (Die Erzeugung von Nahrung hat im Notfall den Vorrang vor der Erzeugung von Biomasse zur Energiegewinnung).

1.6 Die Wohlfahrtswirkung der bäuerlich geprägten Kulturlandschaft

Von Natur aus ist Mitteleuropa ein Waldland gewesen. Bei der Etablierung der Landwirtschaft in unserer Region wurden die natürlichen Ökosysteme durch anthropogene, d. h. durch menschliche Planung und Arbeit bestimmte Ökosysteme ersetzt. Aus der unwirtlichen Naturlandschaft entstand die vielfältig genutzte Kulturlandschaft mit ihrer Artenvielfalt. Man kann davon ausgehen, daß die vom bäuerlichen Familienbetrieb und vom "Dorf" geprägte Kulturlandschaft (von vielen als "Natur" apostrophiert) auch unter den heutigen Nutzungsbedingungen für die meisten Menschen eine emotionale und ästhetische Ressource darstellt, die es möglichst ungestört zu erhalten gilt. Angesichts der kaum zu überschätzenden positiven externen Effekte einer intakten Landwirtschaft erscheint das ständig wiederholte Argument, die Wertschöpfung der Landwirtschaft falle, gemessen am gesamten Bruttosozialprodukt, kaum ins Gewicht, als kurzsichtig und irreführend. Was bliebe von der Wertschöpfung der Ernährungsindustrie und des Fremdenverkehrs ohne die Vorleistungen der Landwirtschaft!

Für die monetäre Bewertung der externen Effekte, z. B. der Erholungsfunktion und der ästhetischen Bedeutung der bäuerlich geprägten Kulturlandschaft, gibt es erste Ansätze [8]. Analoge Studien zur monetären Bewertung von externen Effekten der Forstwirtschaft weisen im Fall der Erholungsfunktion des Waldes erstaunlich hohe Beträge aus [9]. Ein Rückfluß des monetären Werts der Erholungsfunktion der Kulturlandschaft - heute noch ein öffentliches Gut - wäre keine Subvention, sondern ein fairer Ausgleich für eine von der Landwirtschaft bisher nebenbei erbrachte landeskulturelle Leistung. Von "Subvention" sollte man nur dann sprechen, wenn die Aufwendungen für die Landwirtschaft den Wert der positiven externen Effekte übersteigen. Jedenfalls besteht ein öffentliches Interesse daran, die agrarisch bestimmte Kulturlandschaft, in der auch kleinere Betriebe ihre Chance haben, im wesentlichen so zu erhalten, wie sie sich uns heute darbietet (mit einigen wichtigen Korrekturen im Sinn der oben genannten Biotopentwicklungen). Dies gilt für das Verhältnis von landwirtschaftlich genutzten Flächen zu forstlich genutzten Arealen (etwa 70:30) ebenso wie für das Verhältnis von Grünland zu Ackerflächen. Der Erhalt etablierter Fruchtfolgen spielt in diesem Zusammenhang eine wichtige Rolle.

Auch aus diesen Gründen erscheint der von Außenseitern gepriesene Einsatz von Miscanthus sinensis, cv. Giganteus, mit seinen landschaftsbestimmenden Monokulturen für den nüchternen Betrachter wenig attraktiv [10]. Auch die großräumige Verwandlung von Agrarflächen in Holzplantagen im Kurzumtrieb zur Energiegewinnung [11] könnte wohl kaum mit allgemeiner Akzeptanz rechnen.

Die gelegentlich befürchteten Monokulturen bei Raps sind aus Gründen der Fruchtfolge nicht zu erwarten. Es ist ein Gebot der ökonomischen Vernunft, die Flächenanteile von Raps unterhalb von 25% der Ackerfläche zu halten, da bei Flächenanteilen über 25% Ertragsdepressionen durch zunehmenden Schädlingsbefall zu erwarten sind [12].

2 Akzeptanzprobleme

2.1 Biomasse oder Lebensmittel

Natürlich konkurriert die Produktion von Biomasse mit derjenigen von Nahrungsmitteln, da Grenzertragsflächen auch für die effiziente Biomasseproduktion nicht in Frage kommen. Es ist nicht auszuschließen, daß sich der gegenwärtige Trend "Überproduktion an Nahrungsmitteln" in absehbarer Zeit umkehrt, und wir auch in Westeuropa einen Teil der freigesetzten Agrarflächen wieder für die Produktion von Lebensmitteln benötigen. Jedenfalls erscheint die momentane Situation instabil: In den meisten Entwicklungsländern vollzieht sich neuerdings das Bevölkerungswachstum schneller als das Wachstum der Agrarproduktion. Die Auswirkungen des "global warming" auf die regionale und globale Agrarproduktion sind im Moment nicht abzuschätzen, aber vermutlich in der Bilanz negativ [13]. Um so wichtiger ist es, daß wir an der oben genannten Maxime "Reversibilität der Flächenumwidmung innerhalb kurzer Frist" strikt festhalten.

Ethische Bedenken gegen die energetische Nutzung von Nahrungs- und Futtermitteln sind schwer zu entkräften, da sie sich der rationalen Analyse entziehen. Die Alternative zum "Energiepflanzenbau" ist ja in der Regel die ökologisch keineswegs unbedenkliche "Flächenstillegung"! Merkwürdigerweise werden gegen letztere keine ethischen Bedenken laut. In meinem Seminar über "Möglichkeiten und Grenzen alternativer Energieerzeugung" habe ich auch die Erfahrung gemacht, daß keine ethischen Einwände gegen eine Verbrennung von Äthanol (aus Mais gewonnen) vorgebracht wurden, wohl aber gegen die Nutzung (Verbrennung) von Maiskörnern für energetische Zwecke. Ein geduldiger, rationaler Diskurs kann hier vielleicht weiterhelfen.

2.2 Akzeptanz des Energiepflanzenanbaus durch den Landwirt?

Bei Raps (Brassica napus L., ssp. oleifera) und Getreide, z. B. Triticale (Triticosecale W.), als Energiepflanzen sind keine neuen Agrarmethoden, keine neuen Anlagen und keine neue Infrastruktur erforderlich. Im Fall von Holzpflanzen im Kurzumtrieb (Pappelhybriden, Weiden) oder beim Aufbau und Betrieb von Miscanthus-Plantagen wird hingegen sowohl ökologisch als auch verfahrenstechnisch Neuland betreten. Die notwendigen Techniken erscheinen noch nicht ausgereift:

1. Bei Holzpflanzen im Rotationsbetrieb sind die Kosten der Einrichtung der Plantagen immer noch prohibitiv [11] (Ganz abgesehen von der Skepsis gegenüber Holzplantagen auf Agrarflächen aus Gründen des Landschaftsschutzes und der kurzfristigen Reversibilität der Flächenumwidmung, s. o.).
2. Auch bei Miscanthus entstehen hohe Pflanzkosten, derzeit 10 - 15 000 DM/ha. Außerdem sind viele Fragen zu Anbau, Wirtschaftlichkeit und Logistik noch

3.13 Politische Bewertung und Akzeptanz

offen [14]. Im Bundesgebiet z. B. haben die zweijährigen Miscanthusbestände 1992 auf einigen Versuchsflächen versagt, weil ohne erkennbaren Grund die Triebe stecken blieben. Bei der angespannten wirtschaftlichen Lage auf den Höfen können sich die Landwirte einen unvorhersehbaren Totalausfall einer Kultur nicht leisten. Miscanthus ist pflanzen- und ertragsphysiologisch derzeit zu wenig untersucht, insbesondere muß die in unserer Region neue Kulturpflanze ihre Anbausicherheit in mehrjährigen Versuchsreihen unter Beweis stellen, bevor ein großflächiger Einsatz als Energiepflanze ins Auge gefaßt werden könnte.

Im Fall von Raps und Getreide (in erster Linie bei dem Futtergetreide Triticale) sind die Voraussetzungen für den Einsatz als Energiepflanzen in jeder Hinsicht gegeben, auch wenn die züchterische Verbesserung der Energiepflanzen ein dringendes Desiderat bleibt. Bei Getreide wäre, neben Triticale, vielleicht ein Rückgriff auf alte, strohreiche Varietäten angezeigt, die auch bei reduzierter N-Düngung noch akzeptable Biomasse-Erträge liefern. Sowohl die Dosierung des Stickstoffdüngers - im Fall von Winterraps genügt Gülle [15] - als auch der Einsatz von Pflanzenschutzmitteln können ökologisch verträglich und im Sinn einer nachhaltigen Landwirtschaft - Verzicht auf Hyperintensivierung - gestaltet werden. Natürlich hat die Reduktion der N-Düngung (kalkulierbare) Ertragsminderungen zur Folge, aber gezielte Einsparungen beim Pflanzenschutz führen nicht zwangsläufig zu entsprechenden Einbußen [16].

Während Miscanthus und Holzpflanzen im Rotationsbetrieb (Pappeln, Weiden) einen hohen Wasserbedarf haben und deshalb für den Anbau als Energiepflanzen in Trockengebieten ungeeignet erscheinen, ergab sich beim Getreide bei kunstgerechtem Anbau (frühe Aussaat, gute Bestellung, geringe Saatmenge) auch unter Dürrebedingungen eine erstaunliche Ertragssicherheit, besonders nach der Vorfrucht Raps [17]. Wie der Sommer 1992 gezeigt hat, kann das auch in unseren Breiten wichtig sein.

Während somit der Anbau von Energiepflanzen, soweit es sich um Raps oder Getreide handelt, mit bereits bekannten Techniken zu bewerkstelligen ist, sind bei der Ernte der Getreideganzpflanzen technische Innovationen erforderlich. Unverzichtbar für den Einsatz beim Kleinverbraucher erscheint vor allem eine selbstfahrende Erntemaschine, die jede Art von Biomasse vom Feld weg pelletieren kann, damit ab Acker leicht handhabbarer und benutzerfreundlicher Brennstoff in Schüttgutform zur Verfügung steht. Die "Pelletierung" (Hochdruckverdichtung von halmgutartiger Biomasse zu Briketts) dürfte eine wesentliche Voraussetzung dafür sein, Biomasse als Festbrennstoff marktfähig zu machen: Sie bringt Vorteile für Transport und Lagerung (schüttfähiges Gut, geringeres Volumen) und für die Verbrennung (gute Dosierbarkeit) [18].

Die Landwirtschaftspolitik muß den Anbau von Energiepflanzen als eine originäre Aufgabe, nicht als eine Notlösung darstellen. "Die Verknüpfung und Gleichstellung mit Programmen der Flächenstillegung ist nicht sachdienlich. Der Typ des Landwirts, der die Flächenstillegung nutzt, ist nicht derjenige, benötigt wird, um hochmotiviert neue Produktionschancen für die Landwirtschaft zu suchen" [19]. Es sei auch daran erinnert, daß die Erzeugung von Energie eine "klassische" Aufgabe der Landwirtschaft gewesen ist: Vor dem massiven Einsatz fossiler Energieträger mußte sie einen nicht unerheblichen Flächenanteil zur Erzeugung der von ihr benötigten Energie bereitstellen (Futtermittel für Zugtiere, z. B. Hafer für Pferde, Brennstoffe). Das von Ignaz Kiechle benutzte Bild, wie früher das Zugpferd mit Hafer gefüttert worden sei, könnten die Traktoren künftig mit Biodiesel von eigener Scholle betrieben werden, beschreibt diesen Sachverhalt treffsicher.

Im Zuge der EG-Agrarreform wird den Landwirten ein Einkommensausgleich dafür zugesichert, daß die Preise für Getreide, Ölsaaten und Eiweißpflanzen schrittweise gesenkt werden. Der Einkommensausgleich hat (bei größeren Betrieben) eine Stillegung von 15% der Fläche zur Voraussetzung. "Nachwachsende Rohstoffe" dürfen aber auf den stillgelegten Flächen weiterhin angebaut werden, wobei die industrielle Verwertung nachgewiesen werden muß. Man kann davon ausgehen, daß unter diesen Umständen die nachwachsenden Rohstoffe der verarbeitenden Hand zu marginalen Preisen angeboten werden (vielleicht 150 DM/t Trockenmasse). Dies würde dazu beitragen, die Verwertung der Biomasse im großen Maßstab rentabel zu machen.

2.3 Politische Akzeptanz

Nach der Theorie sollte sich die politische Akzeptanz auf Ökobilanzen stützen. Umfassende, von den Fachleuten akzeptierte Ökobilanzen, die den ganzen Linien gerecht werden (Produktion, Verarbeitung, Verwertung), sind im Moment noch nicht verfügbar. Ein wesentliches Problem bei der Erstellung verläßlicher Ökobilanzen bildet die faire Internalisierung der externen Effekte der Agrarproduktion, insbesondere die Internalisierung der positiven Effekte.

Bei der Forschungsförderung erscheint die von der Politik eingeschlagene Linie nicht gerechtfertigt. Warum werden physikalische Techniken der Sonnenenergienutzung derzeit etwa zehnmal höher gefördert als die Transformation der Solarenergie über die Photosynthese? Ist die Photovoltaik etwa umweltfreundlicher oder ökonomischer als der Energiepflanzenanbau? Es gibt keine Energietechnik, die nicht unerwünschte Auswirkungen auf die Umwelt hätte. Umso wichtiger wäre es, die Umweltverträglichkeit der "sanften Energien" ohne Vorurteil zu vergleichen.

Das System der Subventionen bei der Erforschung und Entwicklung von Alternativenergien bedarf einer umfassenden Revision, da es den gegenwärtigen Erkenntnisstand über die realisierbaren Potentiale und über die Umweltverträglichkeit nicht mehr widerspiegelt.

3 Politische Konsequenzen

3.1 Steuerliche Begünstigung der Energie aus Biomasse

In einer einschlägigen Studie [20] wird betont, "daß auf der Basis der zur Zeit gültigen technologischen und ökonomischen Rahmenbedingungen für keine der untersuchten Linien zur Energieerzeugung aus Biomasse eine kostendeckende Produktion erreichbar erscheint". Als wesentliche Ursache hierfür sind die niedrigen Energiepreise anzusehen. Ein moderater Energiepreisanstieg reicht dieser Studie zufolge nicht aus, um das Wirtschaftlichkeitsdefizit bei der Energieerzeugung aus nachwachsenden Rohstoffen abzubauen [20]. Die Situation würde sich aber ändern, wenn es zu der angekündigten umweltpolitisch motivierten Einführung einer CO_2-Emissionssteuer auf fossile Primärenergieträger in der Größenordnung von 100 DM/t CO_2 käme. Unter diesen Rahmenbedingungen ließen sich sowohl für die Reststoffe der Pflanzenproduktion (Stroh, Holzabfälle) als auch für die speziell für Verbrennungszwecke angebauten nachwachsenden Rohstoffe, einschließlich Rapsöl, wirtschaftliche Verwendungspotentiale erschließen [20].

Der Vorschlag der EG-Kommission für eine "Richtlinie des Rates zur Einführung einer Steuer auf Kohlendioxidemissionen und Energie" [21] erscheint angesichts der obigen Zahl (100 DM/t CO_2) nicht hinreichend. Bemessungsgrundlage der Steuer sollen jeweils zur Hälfte die Kohlendioxidemissionen fossiler Energieträger und der thermische Wert sowohl von fossilen als auch von anderen Energieträgern sein. Erneuerbare Energiequellen, darunter auch Biomasse und biogene Treibstoffe, sollen generell von der Steuer freigestellt sein. Die Steuer soll, bezogen auf 1 Barrel Rohöl, im Jahr '93 zunächst 3 $ (3,1 Pfennig/l) betragen und bis zum Jahr 2000 kontinuierlich auf 10 $ (10,3 Pfennig/l) angehoben werden. Diese Richtwerte hatte die Kommission schon vor fast einem Jahr angekündigt; die formalen Vorschläge der Behörde wurden aber erst Ende Juni '92 verabschiedet. Bereits im März '92 hatte die Kommission einen Vorschlag veröffentlicht, der für Treibstoffe aus landwirtschaftlichen Rohstoffen eine 90%ige Befreiung von der Mineralölsteuer vorsieht. Der Versuch, die ökonomische Funktionsweise der Energiemärkte durch eine Internalisierung der externen Kosten, vor allem der damit verbundenen, aber zur Zeit nicht von den Energiemärkten getragenen Umweltkosten (s.u.), zu reformieren, erscheint überfällig. Die Einwände gegen eine CO_2-Steuer, vorgetragen vor allem aus der Sicht der Braunkohlenverstromung, überzeugen nicht [22]. Gleichwohl bleibt das Problem bestehen, das Instrument der CO_2-Besteuerung so zu gestalten, daß Wettbewerbsverzerrungen innerhalb der Gemeinschaft vermieden werden und die Wettbewerbsfähigkeit der Unternehmen in der Gemeinschaft erhalten bleibt. Die energieintensiven Unternehmen der EG müssen ja mit Unternehmen aus Ländern konkurrieren, denen das CO_2-Problem in praxi gleichgültig ist und die keine entsprechenden Steuern erheben. Vermutlich kann die Gemeinschaft die CO_2- (bzw. Energie-) Steuer erst dann wirkungsvoll einsetzen, wenn ihre Hauptkonkurrenzländer auf OECD-Ebene eine ähnliche Steuer oder Maßnahmen mit gleichwertigen finanziellen Auswirkungen eingeführt haben. Eine Alternative wären Steuererleichterungen für stromintensive Industrien [22].

Was unser engeres Thema - Energie aus Biomasse - angeht, kann als unbestritten gelten, daß die regenerierbaren Energiequellen nicht in den Geltungsbereich der Steuer fallen sollen. Damit wird die Zielsetzung, die CO_2-Emissionen zu begrenzen, mit der weiteren Zielsetzung, die regenerierbaren Energien zu fördern, in Einklang gebracht.

Natürlich wäre es ökologisch wünschenswert und im Interesse der Landwirtschaft, einen Teil der Einnahmen aus der CO_2-Steuer konsequent auf den ökonomischen und ökologischen Aufbau eines nachhaltigen Produktions- und Vertriebssystems für Energiepflanzen zu verwenden. Ziel müßte es sein, in Anlehnung an bereits existierende landwirtschaftliche Genossenschaften eine Erzeugergemeinschaft zu organisieren, die sich kompetent um Pflanzenanbau, Ernteverfahren, Zwischenlagerung, Qualitätskontrolle und Belieferung der Verbraucher kümmert. Auch die Kooperation mit der abnehmenden Hand bedarf einer klaren, einfachen Organisation, damit Enttäuschungen, wie sie bei dem Versuch der Nutzung anderer nachwachsender Rohstoffe entstanden sind, vermieden werden. Die derzeit in der Diskussion befindlichen Durchführungsbestimmungen der EG für den Anbau nachwachsender Rohstoffe einschließlich Energiepflanzen erscheinen schwerfällig und praxisfern.

3.2 Energiemarkt

Die Verbrennung von Biomasse mit dem Ziel der Erzeugung von Nutzenergie sollte - schon aus logistischen Gründen - vorrangig in dezentralen Heiz-Kraft-Werken mittlerer Größe [2 (5) - 30 (100) MW_{th}] erfolgen. Biomasse eignet sich besonders für den Einsatz in der Grundlast. Ein Ziel muß es sein, die Transportentfernungen für den biogenen Brennstoff (niedrige Energiedichte!) möglichst gering zu halten. Es ist jeweils ein Optimum zu finden zwischen der Größe der Anlage (in Dänemark bis zu 72 MW, geplant [2]) und der Fläche des Einzugsgebiets. Wie oben bereits ausgeführt, erscheint den deutschen Landwirten die energie- und kostenintensive Pelletierung des Brennstoffs auf dem Feld als eine unabdingbare Voraussetzung für Transport, Speicherung und Endnutzung [18], obgleich sich in Dänemark bei der Strohverbrennung in Fernheizwerken auch die energetisch günstigeren Großballen bewährt haben [2].

Die Verbrennung von Biomasse ist in der Öffentlichkeit noch immer durch die schlechten Erfahrungen mit der Strohverbrennung in den 60er-Jahren belastet. Die seitdem geleistete Forschung und Entwicklung auf dem Gebiet der Verbrennungstechnik erlaubt in den modernen Anlagen eine umweltfreundliche Verfeuerung in Übereinstimmung mit den gesetzlichen Vorschriften bezüglich der Abgas-Grenzwerte [2]. Beim Einsatz von trockener Biomasse in Anlagen der Kraft-

Wärme-Koppelung liegt heutzutage der Wirkungsgrad der Umsetzung des Primärenergiegehalts bei 85%.

Der Einsatz von Biomasse in großem Maßstab in Fernheizwerken oder in Anlagen der Kraft-Wärme-Koppelung mittlerer Dimension (5 - 100 MW) erforderte den Bau und Betrieb von Hunderten dezentraler Einrichtungen. Dies bedeutete nicht nur eine gewaltige Investition, sondern auch eine durchgreifende Reorganisation des Strom-/Wärme-Marktes. Die Investitions- und Betriebskosten der mit Biomasse befeuerten Heizkraftwerke sind so hoch - im Vergleich etwa zu einem Kraftwerk von 400 MW auf Importkohlebasis -, daß diese Anlagen nicht gebaut werden, wenn keine moralische und gesetzliche Verpflichtung besteht.

Besonders angesprochen sind die über 500 kommunalen und regionalen Versorger und Stadtwerke. Hier liegen die Probleme indessen auf der Hand: Die ökologisch höchst sinnvolle Kraft-Wärme-Koppelung ist durch die zukünftige "Stromfreiheit" ohnehin in Frage gestellt [23]. Fallen die bislang im regionalen Strommonopol künstlich hochgehaltenen Preise für elektrische Energie, sind die bereits existierenden Heizkraftwerke der Städte anscheinend nicht mehr wirtschaftlich zu betreiben, da die hohen Strompreise den Wärmeabsatz subventionieren müssen. Der kommunale Wärmemarkt hat allenthalben einen wirtschaftlich schweren Stand und scheint allein kaum überlebensfähig zu sein. Es wird unter diesen Umständen schwierig sein, die kommunalen Betreiber von Heiz-Kraftwerken von der Zweckmäßigkeit einer Nachrüstung für den Einsatz von Biomasse zu überzeugen, es sei denn, die Biomasse würde preislich attraktiv. Dies wiederum setzt unabdingbar eine Internalisierung der externen Kosten des Einsatzes fossiler Energieträger voraus, vor allem eine wirksame CO_2- (Energie-) Steuer, von der die regenerierbaren Energieträger ausgenommen sind (s.o.).

Zu einer günstigeren Einschätzung gelangt man im Fall relativ kleiner Anlagen für die Wärmeversorgung oder Kraft-Wärme-Koppelung im dörflichen Bereich außerhalb des Erdgasnetzes [24]. Hier ist die Alternative zum Biobrennstoff nicht die Kohle, sondern das Mineralöl. Auch in den neuen Bundesländern sind die Voraussetzungen lokal günstig, da in vielen Gemeinden Leitungsnetze für Fernwärme bereits liegen.

3.3 Internalisierung externer Kosten bei der Erzeugung von Nutzenergie

Es gibt ökonomische/ökologische Effekte, deren Kosten nicht in die Kalkulation der verursachenden Wirtschaftssubjekte eingehen (externe Kosten). Im Fall der Strom - und Wärmeerzeugung lassen sich die externen Kosten wie folgt definieren [25]:

Externe Kosten sind alle als Folge der Strom-/Wärmeerzeugung - einschließlich der vor- und nachgelagerten Prozeßstufen wie z. B. Bau der Anlage, Energieträgergewinnung und -transport, Entsorgung - auftretenden negativen technologiebedingten Effekte, die nicht der Produzent, sondern dritte Personen, die Allgemeinheit oder die Umwelt (oder künftige Generationen) zu tragen haben.

Auch in den maßgebenden Darstellungen zu diesem Thema wird die Biomasse als Energieträger nicht explizit behandelt [25, 26, 27]; es werden lediglich die externen Kosten der vier "klassischen" Stromerzeugungssysteme, nämlich Kohlekraftwerk, Kernkraftwerk, Windenergiekonverter und Photovoltaikanlage in Betracht gezogen. Da die möglichen Folgeschäden von CO_2-Emissionen und die positiven externen Effekte der Landwirtschaft (s.o.) in den bisherigen Studien nur unzureichend berücksichtigt wurden, ist die Relevanz der Untersuchungen für unser Thema unklar. Immerhin lassen die Ergebnisse erkennen, daß bei einer angemessenen Berücksichtigung der CO_2-Problematik und eines nationalen Knappheitszuschlags sich der fossil erzeugte Strom erheblich verteuert (rund 5,0 Pfennig/kWh externe Kosten). Auch wenn dieser Wert eine grobe Schätzung darstellt, läßt er doch vermuten, daß sich die Konkurrenzfähigkeit der Biomasse als Energieträger entscheidend verbessern würde, wenn die Strom- und Wärmepreise "die ökologische Wahrheit" sagten. Der Einsatz regenerierbarer Energieträger erscheint lediglich deshalb zu teuer, weil die Nutzung der fossilen Energieträger ohne Internalisierung ihrer externen Kosten erfolgt.

3.4 Die öffentliche Meinung

Die "öffentliche Meinung" steht dem Einsatz von Biobrennstoffen in modernen Anlagen anscheinend positiv gegenüber [28]. In vielen Kommunen wird das Image gepflegt, man sei zu Opfern bereit, wenn es um alternative, umweltfreundliche Energien gehe. In Wirklichkeit kommt bei Strom und Wärme den Wirtschaftlichkeitserwägungen nicht nur bei Privatleuten und Gewerbebetrieben, sondern auch bei den Kommunen die entscheidende Bedeutung zu: "Der Preis für die verbrauchte Wärmeeinheit muß sich an dem nach wie vor niedrigen Preis für leichtes Heizöl messen lassen, die ... Investitionen in neue Heizanlagen müssen sich möglichst schnell amortisieren." [28].

Auch in den Medien wird weiterhin gegen die "Subventionierung" der nachwachsenden Rohstoffe polemisiert; vermutlich deshalb, weil man (noch) nicht gewillt ist, eine Internalisierung der positiven externen Effekte der Landwirtschaft ernsthaft in Auge zu fassen [29].

Vielleicht könnten wir künftige Entscheidungen auf dem Wärmemarkt an dem dänischen Vorbild ausrichten: Die Brennstoffpreise sind in Dänemark politisch reguliert. Die Energiesteuer, die Biobrennstoffe begünstigt, wird allerdings nur im privaten Sektor erhoben, der Energieverbrauch in der gewerblichen Wirtschaft ist steuerfrei. Diese Strategie hat immerhin dazu geführt, daß Biobrennstoffe (bislang neben Müll vorrangig Stroh und andere Reststoffe) kräftig Fuß fassen konnten. In den letzten 10 - 12 Jahren wurden 54 biomassebefeuerte Fernheizwerke in Betrieb genommen, jährlich kommen 4 - 5 neue Anlagen hinzu [2].

Literatur

[1] Reinhardt GA (1993) Energie- und CO_2-Bilanzierung nachwachsender Rohstoffe. Theoretische Grundlagen und Fallstudie Raps. Vieweg, Braunschweig
[2] Zielke U (1992) Einsatzerfahrungen mit Biobrennstoffen in Dänemark. In: Erstes Symposium Biobrennstoffe und umweltfreundliche Heizanlagen. OTTI-Technologie-Kolleg, Regensburg, 109-115
[3] Bannwarth H, Schmelz S, Wilke I (1992) Ökologische Nutzungsmöglichkeiten von Braunkohleasche und Rauchgasgips (REA-Gips). VGB Kraftwerkstechnik 72, 646-659
[4] Agra-Europe 37/92 (1992). Länderberichte 26, 7. September
[5] Roemer-Mähler J (1992) Welche Hemmschwellen sind bei der Erzeugung und der Verwertung nachwachsender Rohstoffe in der Bundesrepublik Deutschland zu erkennen und wie bzw. in welchen Bereichen erscheinen sie mittelfristig überwindbar? In: Biomasseerzeugung zur direkten energetischen Nutzung. DLG, Frankfurt am Main, 147-154
[6] Deganold JP, Papendick RI, Parr JF (1990) Sustainable Agriculture. Scientific American, June, 72-78
[7] Voerkelius U, Zilbauer G (1992) Biomasseerzeugung - wie steht es um die ökologische Verträglichkeit? In: Biomasseerzeugung zur direkten energetischen Nutzung. DLG, Frankfurt am Main, 50-61
[8] Hilfenhaus L (1991) Konzepte zur Bewertung von Umweltschutzmaßnahmen im Agrarbereich. Wissenschaftsverlag Vauk, Kiel
[9] Berger V, Löwenstein W, Pfister G (1992) Studien zur monetären Bewertung von externen Effekten der Forst- und Holzwirtschaft. Sauerländer, Frankfurt am Main
[10] Miscanthus sinensis (1991). (Dokumentation des KTBL-Fachgespräches vom 11./12. September 1990 in Braunschweig. KTBL-Arbeitspapier 158, KTBL, Darmstadt)
[11] Dimitri L (1988) Bewirtschaftung schnellwachsender Baumarten im Kurzumtrieb zur Energiegewinnung. Schriften des Forschungsinstitutes für schnellwachsende Baumarten, Hann. Münden, Bd. 4, Hann. Münden
[12] Kleinhanß W: Persönliche Mitteilung
[13] Moffat AS (1992) Does global change threaten the world food supply? Science 256, 1140-1141
[14] Hotz A, Kolb W, Kuhn W (1993) Chinaschilf wächst nicht in den Himmel. DLG-Mitteilungen 1/93, 50-53
[15] Spielhans G, Haumann G (1992) Winterraps mit Gülle hochziehen. DLG-Mitteilungen 8/92, 44-46
[16] Apel B, Buchner W (1992) Extensiv-Weizen stößt an Grenzen. DLG-Mitteilungen 8/92, 40-43
[17] Sieling K, Christen O (1992) Dünne Bestände trotzen der Dürre. DLG-Mitteilungen 9/92, 36-37
[18] Pröpster A (1991) Direkte energetische Nutzung von Biomasse - eine Chance für Landwirtschaft und Umwelt. Mitteilungen des Vereins zur Förderung der Agrarenergie e.V., Amberg, 14.2.
[19] Fellner H (1992) Politische und praktische Rahmenbedingungen des Einsatzes von Biobrennstoffen und umweltfreundlichen Heizanlagen. In: Erstes Symposium Biobrennstoffe und umweltfreundliche Heizanlagen. OTTI-Technologie-Kolleg, Regensburg, 51-54

[20] Gerstenkorn H (1992) Forschungsförderung Nachwachsende Rohstoffe - Analyse der ökonomischen Aspekte einer Energieerzeugung aus Biomasse. Schriftenreihe Forschungsberichte, Bd. 8. DLG-Verlag, Frankfurt am Main
[21] Agra-Europe 36/92, 31. August, Sonderbeilage Richtlinienvorschlag für eine Kohlendioxid- und Energiesteuer
[22] Agra-Europe 3/93, 18. Januar, Länderberichte 20
[23] Kowalewsky R (1992) Unter Spannung. Wirtschaftswoche 46. Nr. 31, 101-102
[24] Rettich S: Persönliche Mitteilung
[25] Friedrich R, et al. (1990) Externe Kosten der Stromerzeugung, 2. korrigierte Ausgabe. VWEW-Verlag, Frankfurt am Main
[26] Hohmeyer O (1988) Soziale Kosten des Energieverbrauchs. Springer, Heidelberg
[27] Hohmeyer O (1991) Least-cost planning und soziale Kosten. In: Hennicke P (Hrsg) Den Wettbewerb im Energiesektor planen. Springer, Heidelberg
[28] Ille P, Kanzler-Tullio K, Maier J (1992) Hemmnisse beim Einsatz von Biobrennstoffen und umweltfreundlichen Heizanlagen. In: Erstes Symposium Biobrennstoffe und umweltfreundliche Heizanlagen. OTTI-Technologie-Kolleg, Regensburg, 41-49
[29] Broichhausen K (1993) Subventionen für Illusionen - Nachwachsende Rohstoffe. Frankfurter Allgemeine Zeitung, Nr. 10, 13. Januar, 13

3.14 Energie aus Biomasse
- Ethische und entscheidungstheoretische Aspekte

Julian Nida-Rümelin
Zentrum für Ethik in den Wissenschaften der Universität Tübingen
Liebermeisterstraße 20, 7400 Tübingen

Zusammenfassung: Eine unter ethischen und entscheidungstheoretischen Gesichtspunkten rationale Bewertung des Projektes Energie aus Biomasse verlangt nach einer Differenzierung sowohl bezüglich unterschiedlicher Bewertungsaspekte, als auch bezüglich unterschiedlicher Fragestellungen.

Die Substitution mineralischer Primärenergie durch Bioenergie ist förderungswürdig. Die Nutzungskonkurrenz aus der landwirtschaftlichen Nahrungsmittelproduktion genommener Flächen rational abzuwägen, bedarf jedoch einer ökonomisch-ökologisch-sozialen Gesamtrechnung, deren Ergebnis bislang nur für Teilfragen, wie sie in den einzelnen Fachgutachten behandelt werden, begründet angegeben werden kann.

Eine ethische Bewertung muß die Nutzungskonkurrenz Extensivierung, Biotope/Artenvielfalt, Bewaldung, Biomasse unter universelle Kriterien stellen. Welche Aufteilung dabei letztlich ethisch rational begründet ist, kann aufgrund der im Expertengespräch angeführten Daten allein nicht angegeben werden. Die ethische und entscheidungstheoretische Strukturierung der Bewertungsproblematik mag aber für eine weitere wissenschaftliche Rationalisierung der politischen Entscheidung hilfreich sein.

1 Vorbemerkung

Ethische Aspekte technischer Innovationen und Projekte geraten in Deutschland meist immer noch ausschließlich unter dem Rubrum 'Akzeptanzprobleme' in den Blick. Dies erklärt wenigstens zum Teil, warum die derart mißverstandene 'ethische' Dimension in der Regel von Moraltheologen, als Repräsentanten einer weltanschaulichen Orientierung, die für das Ethos unserer Kultur eine zwar nachlassende, aber nach wie vor prägende Kraft hat, eingebracht wird. Ethiker als Indikatoren für Akzeptanzprobleme anzusehen, verkennt jedoch ihre genuine Aufgabe.

Ethik ist die Theorie des richtigen Handelns. Sie entwickelt und begründet ethische Kriterien. Gegenstand ethischer Kriterien sind neben Handlungen auch Institutionen (politische Ethik), Verteilungen (Gerechtigkeitstheorie), Charaktermerkmale (Tugendethik) und Lebensformen (Neo-Aristotelismus).

Ethische Kriterien unterscheiden sich von konkreten technischen, pragmatischen und nutzenorientierten Handlungsanweisungen nur im Allgemeinheitsgrad. Während technische Handlungsanweisungen bestimmte Ziele der hantierenden Person als gegeben voraussetzt, pragmatische die je etablierten Normen und Regeln unbesehen akzeptieren und nutzenorientierte die Interessen des Akteurs optimieren, erheben ethische Kriterien den Anspruch, potentiell gegenüber jedermann begründbar und unabhängig von konkreten kontingenten Interessen rational zu sein. Dies beinhaltet allerdings auch, daß ethische Kriterien oft nur mittelbar Handlungen als richtig oder falsch auszeichnen.

Die Umsetzung ethischer Normen in die Praxis bedarf meist einer eigenen Übertragungsleistung, die unterdessen in Gestalt verschiedener Bereichsethiken (mißverständlich auch 'angewandte Ethik' genannt), wie Bioethik, Rechtsethik, Medizinethik, ökologische Ethik etc. eigenständige Disziplinen generiert hat, die im angelsächsischen Sprachraum, insbesondere in den USA, heute schon einen hohen Standard professioneller Differenzierung und methodischer Verbindlichkeit erreicht haben.

Ethische Kriterien entlasten nicht von individueller und institutioneller, speziell politischer Verantwortungswahrnehmung. Die moralische Urteilskraft wird durch ethische Normen nicht obsolet.

Während die Begründung und Entwicklung ethischer Prinzipien eine zentrale Aufgabe der Philosophie ist, verlangt die Umsetzung, Konkretisierung und handlungs- bzw. projektbezogene Anwendung ethischer Kriterien nach interdisziplinärer Zusammenarbeit. Als Vermittlungsinstanz ist dabei das Analyse-Instrumentarium der modernen Entscheidungstheorie unverzichtbar[1]. Die folgenden Anmerkungen aus ethischer und entscheidungstheoretischer Perspektive zum Projekt 'Energie aus Biomasse' sind daher bezüglich ihrer empirischen Voraussetzungen tentativ. Sie sollen den Blick auf den umfasserenden Kontext lenken, in den eine verantwortliche Projektbewertung gestellt sein muß.

2 Entscheidungsrationalität

Eine vernünftige Entscheidung, stehe sie nun unter technischen, pragmatischen oder ethischen Kriterien, verlangt die Klärung der folgenden Grundelemente einer jeden Entscheidungssituation:

I. Welche Handlungsoptionen (Strategien) stehen zur Verfügung?
    Die Menge der offenstehenden Strategien ist durch drei kategorial verschiedene Bedingungen - logische, naturgesetzliche, kontingente - beschränkt. Es empfiehlt sich, die Einschränkung der in die Betrachtung einbezogenen

---

[1] vgl. Verf., Entscheidungstheorie und Ethik, München 1987

Handlungsoptionen in einem ersten Schritt möglichst zurückhaltend vorzunehmen. Handlungsoptionen, von denen man annimmt, sie würden aufgrund erwarteter schlechter Konsequenzen ausscheiden, sind nicht zu verwechseln mit Handlungen, die aus logischen, naturgesetzlichen oder kontingenten Gründen nicht vollzogen werden können.

II. Was sind die möglichen Folgen der einzelnen Handlungen?
Welche Umstände verursachen bei welcher Handlungswahl welche Folgen.

III. Wie sind die Wahrscheinlichkeiten der Umstände aus II bestimmt?

IV. Wie sind diese Handlungsfolgen zu bewerten?
Steht ein kohärenter - z.B. monetär repräsentierbarer - Wertmaßstab zur Verfügung, oder handelt es sich um eine (irreduzibel) mehr-dimensionale Bewertung?

V. Welche strukturellen Einschränkungen sind zu beachten?
Optimierung kann immer nur im Rahmen bestimmter struktureller Bedingungen erfolgen. Teilweise sind diese Strukturen rechtlich normiert, teilweise durch das etablierte Ethos mitbestimmt und schließlich gibt es auch unter einem ethischen Aspekte strukturelle Bedingungen des Handelns, die man als Gestaltungselemente gesellschaftlicher Kooperation verstehen kann.

Während die ersten vier Dimensionen der Analyse der klassischen rationalen Entscheidungstheorie, wie sie J.L.Savage entwickelt hat[2], entsprechen, geht die letztgenannte Dimension darüber hinaus. Ihr liegt die Überzeugung zugrunde, daß optimierendes Handeln nur kohärent ist, wenn es bestimmte strukturelle Bedingungen berücksichtigt. Dies gilt nicht nur für Einzelpersonen, sondern gleichermaßen auch für Gruppen und Institutionen[3]. (V) schränkt die rational zulässige Optimierung ein.

Das traditionelle entscheidungstheoretische Kriterium der Maximierung des (subjektiven) Erwartungsnutzens steht also unter folgenden Einschränkungen:

- Verfügbarkeit einer kohärenten (und ethisch akzeptablen) Bewertungsskala (s. IV)
- Möglichkeit der Wahrscheinlichkeitsabschätzung (s. III)
- Strukturverträglichkeit (s. V)

---

[2]J.L.Savage, The Foundations of Statistics; New York 1954, ²1972.

[3]Dies habe ich näher ausgeführt in Optimierende Rationalität und ethische Theorie, München 1993

3 Zur Projektbewertung

Die zu berücksichtigenden Handlungsoptionen, Bewertungsmaßstäbe, Wahrscheinlichkeitsabschätzungen und strukturellen Bedingungen hängen in hohem Maße davon ab, wie man die zu beantwortende Fragestellung faßt. Man betrachte etwa folgende Formulierungen:

1. Unter welchen Bedingungen liegt in der Gewinnung von Energie aus Biomasse eine Chance für die Landwirtschaft - besonders die in Baden-Württemberg?

2. Sollen die für die Nahrungsproduktion in Zukunft nicht mehr benötigten Flächen zur Gewinnung von Energie aus Biomasse ganz oder teilweise (in welchem Ausmaß?) eingesetzt werden?

3. Kann die CO_2-Problematik durch den Einsatz von Biomasse gelindert werden (in welchem Umfang)?

4. Ist die Gewinnung von Energie aus Biomasse energiepolitisch sinnvoll?

Zahlreiche weitere Frageformulierungen könnten genannt werden. Die einzelnen Fachgutachten geben dabei jeweils auf stark spezialisierte Fragen z.T. sehr detailliert und aussagekräftig Antwort. Eine politikberatende Projektbewertung kann sich jedoch nicht darauf beschränken, sie muß die Kraft zur synoptischen Betrachtung und resümierenden Bewertung finden. Eine sorgfältige Unterscheidung verschiedener Fragestellungen bzw. verschiedener Aspekte der umfassenderen Fragestellung nach der Sinnhaftigkeit des Einsatzes von Biomasse zur Energiegewinnung ist dabei unumgänglich. Die ethische und entscheidungstheoretische Betrachtung muß dabei auch das scheinbar 'Vorgegebene', insbesondere einzelne Partikularinteressen und verbreitete Vorurteile, in Frage stellen.

3.1 Zur CO_2-Problematik

Im Vergleich zum Einsatz fossiler Brennstoffe bringt der Einsatz von Biomasse pro Energieeinheit beträchtliche CO_2-Einsparungen (zwischen 70 und 50%). Die Reduktion der CO_2-Emissionen ist ein wichtiges Ziel ökologischer Ethik. Dies gilt unabhängig davon, daß es bislang nicht gelungen ist, ein wissenschaftlich gut abgestütztes Modell der durch die Erhöhung des CO_2-Gehaltes der Atmosphäre bedingten Umwelt-Veränderungen zu entwickeln. Neben Klimaveränderungen und damit verknüpften Sekundärfolgen, wie die mögliche Abschmelzung der Polkappen und Überschwemmung großer besiedelter Landstriche, steht die Erforschung mittelbarer und unmittelbarer Einflüsse auf Flora und Fauna noch am Anfang. In jüngster Zeit sind Hypothesen über den Einfluß auch geringer Temperaturveränderungen auf die Strömungen der Ozeane aufgestellt worden, die wenn sie

3.14 Energie aus Biomasse - Ethische und entscheidungstheoretische Aspekte   271

zutreffen, das Ausmaß der möglichen Schäden wesentlich erhöhen würden. Im Sinne von III fehlt gegenwärtig die wissenschaftliche Grundlage für Wahrscheinlichkeitsabschätzungen. Es fehlt darüberhinaus ein kohärenter - monetär repräsentierbarer - Bewertungsmaßstab für die möglichen Umweltschäden im Sinne von IV. Diese epistemischen Beschränkungen bieten jedoch keinen rationalen Grund, die Gefahren durch einen erhöhten CO_2-Gehalt der Atmosphäre außer Betracht zu lassen. Das in der Entscheidungstheorie weithin akzeptierte Kriterium für Entscheidungen unter Unsicherheit, das Minimax-Kriterium, verlangt im Gegenteil diejenige Handlung zu wählen, deren höchstes Risiko (= schlechtestmögliche Folge) im Vergleich zu den anderen offenstehenden Handlungen am geringsten ist. Unsicherheit verlangt nach besonderer Vorsicht - hier liegt der rationale Kern der Verantwortungsethik[4] von Hans Jonas. Die Verbesserung der CO_2-Bilanz unserer Volkswirtschaft ist daher ein vorrangiges Ziel, politisch abgestützt durch die Ankündigung des Bundeskanzlers auf der Umweltkonferenz in Rio.

Angesichts der epistemischen Situation muß die Zielsetzung, die CO_2-Bilanz zu verbessern, als zunächst eigenständige Dimension der Bewertung eingeführt werden. In einem zweiten Schritt müssen dann selbstverständlich gewisse Abwägungen zwischen dieser und anderen (irreduziblen) Dimensionen der Bewertung vorgenommen werden. Aber auch, wenn man diese Abwägungen zunächst außer Betracht läßt, kann man das Argument, durch den Einsatz von Biomasse werde die CO_2-Bilanz verbessert, für sich genommen noch nicht zugunsten des großflächigen Einsatzes von Biomasse zur Energiegewinnung anführen. Eine rationale Rechtfertigung verlangt jeweils den Nachweis, daß die betreffende Option gegenüber allen anderen (bezüglich der zugrundegelegten Kriterien) vorzuziehen ist. Was an diesem Argument also fehlt, ist der Vergleich mit anderen energiepolitischen Optionen. Ohne diesen Vergleich bleibt das Argument unzureichend.

Es ist anzunehmen, daß dieser Vergleich aufgrund der bestehenden Datenlage in methodisch sauberer Weise vorgenommen werden kann. In einem ersten Schritt sind die Subventionskosten für Biomasse pro Einheit CO_2-Einsparung abzuschätzen, die erforderlich sind, um den energetischen Einsatz marktfähig zu machen (Der Vergleich mit den Subventionskosten pro ha Agrarfläche bei Nahrungsproduktion ist naheliegend, aber sachlich gesehen hier irrelevant.). In einem zweiten Schritt sind die CO_2-Reduktionen abzuschätzen, die mit diesem Betrag durch andere energiepolitische Optionen erreicht werden können: Subventionierung von Wärmedämmung, Förderung von Blockheizkraftwerken, Verlagerung des Schwerlastverkehrs auf die Schiene, etc. Erst wenn in diesem Vergleich der energetische Einsatz von Biomasse gut abschneidet, liegt ein bezüglich der CO_2-Problematik rational begründetes Argument für die Subventionierung des Anbaus vor.

---

[4]Hans Jonas, Das Prinzip Verantwortung, Frankfurt am Main 1979.

Diese optimierende Betrachtung setzt allerdings voraus, daß es sich bei der Auswahl der Strategie zur CO_2-Reduzierung im Kern um eine Entscheidung unter Sicherheit oder Risiko handelt (unabhängig davon, daß die Wahl des Ziels der CO_2-Reduzierung vom Minimax-Kriterium Gebrauch macht). Dies ist aber nicht selbstverständlich. Es kann sinnvoll sein, mit mehreren Optionen dieses Ziel anzugehen, auch dann, wenn aufgrund der heutigen Datenlage einige dieser Optionen im Effizienzvergleich schlechter abschneiden. Die entscheidungstheoretische Rechtfertigung dafür liegt vor allem in der Unsicherheit der Wahrscheinlichkeitsschätzungen, die durch heute noch unbekannte Umstände möglicherweise in Zukunft drastisch korrigiert werden müssen. Eine reine Erwartungsnutzen-Optimierung ist daher nicht angemessen. Diversifizierung der Strategien ist eine Methode, dem Minimax-Prinzip in Situationen der Unsicherheit gerecht zu werden. Der Einsatz von Biomasse für energetische Zwecke kann unter diesem Gesichtspunkt also auch dann gerechtfertigt sein, wenn dieser Einsatz im Vergleich zu anderen Optionen der CO_2-Reduzierung nicht optimal abschneidet.

3.2 Weitere energiepolitische Aspekte der Bewertung

3.2.1 Energie-Effizienz

Ein vorrangiges Ziel energiepolitischer Maßnahmen ist die Verbesserung der CO_2-Bilanz. Daneben gibt es jedoch weitere Ziele, unter denen die Effizienzsteigerung des Energieeinsatzes eine wichtige Rolle spielt. Für die ethische Beurteilung ist Energieeffizienz allein nicht relevant: Bei einer umweltfreundlichen Energiequelle, die in großem Umfang, aber wenig konzentriert zur Verfügung steht - wie etwa die unmittelbare Sonnenstrahlung - ist eine hohe Effizienz schwer zu verwirklichen, aber auch nicht notwendig. Rationales Kriterium sind die ökonomischen, ökologischen und sozialen Kosten (nicht pro Energieeinheit, sondern) pro Energiedienstleistungseinheit. Diese Kosten sind allerdings bei der Betrachtung des Gesamtsystems der Energieumwandlung einschließlich interner und externer Gestehungs- und Umwandlungskosten - soweit möglich monetär - zu ermitteln. Da es eines Vergleichsmaßstabes von Energiedienstleistungen bedarf, um unterschiedliche Energiesysteme miteinander vergleichen zu können, liegt es nahe, als Maß das mit der jeweiligen Energieeinheit erbrachte Bruttosozialprodukt zu wählen. Es darf dabei allerdings nicht übersehen werden, daß dadurch die Maßgröße Energieeffizienz mit all den Problemen belastet wird, die seit der ersten Hälfte der 70er Jahre Anlaß waren, nach anderen Maßstäben für die Leistungskraft einer Ökonomie zu suchen[5].

---

[5]vgl. etwa das Projekt SPES (sozialpolitisches Entscheidungs- und Indikatorensystem) - dazu W. Zapf (Hrsg), Lebensbedingungen in der Bundesrepublik, Frankfurt/New York 1978.

3.14 Energie aus Biomasse - Ethische und entscheidungstheoretische Aspekte   273

Die letztlich angemessene Bewertungsgröße für die Effizienz eines Energiesystems wäre die pro Energieeinheit erwirtschaftete Lebensstandard- oder Lebensqualitätsverbesserung. Der Energieverbrauch pro Kopf beträgt in den USA 11 kW, in Europa etwa 6 kW und in den Entwicklungsländern etwa 200 Watt. Der Zusammenhang zwischen Energieverbrauch und Lebensqualität ist dabei weniger eng als noch bis Mitte der 70er Jahre angenommen wurde. So hat das Niels-Bohr-Institut in Kopenhagen berechnet, daß der Energieverbrauch für Heizen und Kochen gegen Ende des Mittelalters mehr als doppelt so hoch war wie zu Beginn dieses Jahrhunderts und erst im Laufe der 50er und 60er Jahre wieder erreicht wurde.

Die Energieeffizienz eines Gesamtsystems ist durch vier Stufen geprägt: Der Einsatz einer Einheit Primärenergie stellt - bestimmt von der Effizienz des Teilsystems Energieversorgung - Nutzenergie zur Verfügung. Die Effizienz beim Verbraucher bestimmt, welches Maß an Energiedienstleistungen mit dieser Nutzenergie erbracht werden. Die Effizienz dieser Dienstleistungen bemißt sich nach ihrem Beitrag für die Lebensqualität der Bevölkerung. Wenn zur Effizienzbetrachtung in diesem umfassenden Sinne die ökonomisch-ökologisch-sozialen Kosten des Primärenergieeinsatzes in Ansatz gebracht werden, kann eine rationale Gesamtbewertung eines Energiesystems erfolgen. Bei gleichen Kosten pro Einheit Primärenergie ist die Energieeffizienz hinreichendes Kriterium, ansonsten die mit den Kosten einer Einheit Primärenergie umgekehrt proportional gewichteten Effizienzgrößen. Es wäre ein eigenes (wünschenswertes) Forschungsprojekt, diese Vergleichsgrößen - für die Systeme Kohle vs. Kernenergie liegen dazu schon detaillierte Berechnungen vor - unter Einschluß des Energiesystems Biomasse abzuschätzen.

3.2.2 Energiebilanz

Das Gesamtsystem 'Energie aus Biomasse' ist durch eine Energiebilanz charakterisiert, die zugleich eine Grenze setzt: Ein Energiesystem, dessen Energiebilanz in dem Sinne negativ ist, als die zur Produktion einer Energieeinheit notwendige Sekundärenergie größer ist als seine Nutzenergie, ist unabhängig von allen sozialen und ökonomischen Rahmenbedingungen nicht sinnvoll. Im Falle Energie aus Biomasse ist die Energiebilanz in hohem Maße vom gewählten Energieträger abhängig. Energieintensive landwirtschaftliche Anbaumethoden unter Einrechnung der Energie, die z.B. für Produktion und Ausbringung von Düngemitteln eingesetzt wird, kommen schon aus diesem Grunde für die energetische Nutzung von Biomasse nicht in Betracht.

3.2.3 Energetische Autarkie der Landwirtschaft

Unter Bedingungen großer Importabhängigkeit im Energiesektor und - zumindest potentiell - großer Lieferunsicherheiten ist eine energetische Autarkie der Landwirtschaft wünschenswert. Tatsächlich ist die Bundesrepublik bei der Mineralölversorgung fast ausschließlich auf Importe angewiesen, so daß die erste Bedingung gegeben ist. Die Unwägbarkeiten der Mineralölimporte insbesondere aus dem Nahen Osten werden jedoch durch das Nordseeöl (EG-intern), Importe aus Rußland, potentielle Importe aus Mexiko, den USA und anderen Ländern mit reichem Ölvorkommen[6], sowie durch die Möglichkeiten der Kohleverflüssigung derart abgeschwächt, daß die energetische Autarkie der Landwirtschaft nicht als ein sinnvolles energiepolitisches Ziel erscheint, das die Subventionierung von Energie aus Biomasse in der Landwirtschaft rechtfertigen könnte - dies gilt m.E. auch für den Fall, daß man dieses Ziel auf die Bereitstellung von Dieselkraftstoff für die Landwirtschaft beschränkt.

3.3 Flächennutzungskonkurrenz

Unter den in der EG bestehenden agrarpolitischen Rahmenbedingungen kommt es seit vielen Jahren zu Überproduktionen, deren Lagerung und Verteilung einen Großteil der Agrarsubventionen in Anspruch nehmen. Es bieten sich drei unterschiedliche Strategien an, diesem Problem zu begegnen:

(a) Einführung marktwirtschaftlicher Strukturen

(b) Extensivierung der Landwirtschaft, inbesondere der Viehwirtschaft, auf dem Verordnungswege

(c) Flächenstillegung durch Subvention

3.3.1 Exkurs: Linderung des Welthungers

Eine ethische Betrachtung wird als vierte Alternative auch die Linderung des Welthungers durch Verteilung dieser Überproduktion ins Auge fassen. Tatsächlich wäre diese Alternative, sofern sie sich nicht auf unmittelbare Katastrophenhilfe beschränkt, kontraproduktiv. Zum einen muß immer wieder gesagt werden, daß Hunger in der Dritten Welt nicht Folge einer allgemeinen Nahrungsmittelknappheit

---

[6]Datenübersicht in Verf., "Das Weltenenergieproblem", in: Weltprobleme - Globale Herausforderungen an der Schwelle zum 21. Jahrhundert. P.J. Opitz (Hrsg) Bundeszentrale für politische Bildung, Bonn 1990.

ist, sondern cum grano salis ein reines Verteilungsproblem darstellt. Allerdings sind die Ursachen dieses Verteilungsproblems komplex, wie das Scheitern der dominierenden, aber auch weit divergierenden Entwicklungsstrategien gezeigt hat. Sowohl die dependencia-Ansätze, die eine auf self-reliance gestützte Entwicklungstrategie nahelegten, als auch die auf Stärkung des Brutto-Inland-Produktes abzielenden Modernisierungs- und Industrialisierungsstrategien haben, wie die Beispiele Nord-Korea, China, Kambodscha auf der einen und Brasilien, Ägypten, Indien auf der anderen Seite zeigen, weithin versagt. Hunger ist, jedenfalls zu einem wichtigen Teil, Folge mangelnder Kaufkraft und zu einem weiteren Teil Folge der Umstrukturierung heimischer Agrarwirtschaften unter dem ökonomischen Sog einer ungleichgewichtigen und strukturell ungerechten Weltwirtschaftsordnung. Nahrungsmittelhilfe als Dauertransferleistung ist vor diesem Hintergrund kontraproduktiv, sie würde der heimischen Agrarwirtschaft weiter Nachfrage entziehen und ihre Ausrichtung auf weltmarktgängige Produkte wie Kaffee, Tee, Futtermittel etc. verstärken[7]. Eine moralische Haltung, die die Vernichtung von Nahrungsmitteln angesichts des Welthungers ebenso rigoros ablehnt, wie die Subventionierung von Flächenstillegungen oder die energetische Nutzung von Getreidepflanzen, ist zwar nicht nur verständlich, sondern darüber hinaus in einem wohletablierten alten, in seinen Ursprüngen bäuerlichen Ethos des sparsamen Umgangs mit Lebensmitteln verankert, sie läßt sich aber ethisch nicht rechtfertigen.

3.3.2 Die Option Marktwirtschaft im Agrarsektor

Option (a) würde ohne Zweifel schwere Verwerfungen der heutigen landwirtschaftlichen Strukturen nach sich ziehen. Obwohl es eine starke außenwirtschaftliche Verflechtung auch im Agrarsektor gibt, ist die EG grundsätzlich, d.h. nach einer relativ kurzen Umstellungsphase, in der Nahrungsmittelproduktion autark. Der Aufbau EG-interner marktwirtschaftlicher Strukturen bei Beibehaltung bestehender Tarif- und Zollschranken nach außen würde diese Autarkie nicht beschädigen. Erst der völlig freie Weltagrarmarkt würde aller Voraussicht nach die EG-Binnenautarkie der Nahrungsmittelproduktion durch massive preisgünstige Importe beenden. Es gibt gute Gründe zu der Vermutung, daß eine solche marktwirtschaftliche Öffnung per saldo der Dritten Welt zugute käme, da eine Kaufkraftverlagerung in die Dritte Welt eine der zu erwartenden Folgen wäre. Es sprechen aus dieser Perspektive ethische Gründe für (a) auch in der radikalen (an einem freien Weltagrarmarkt orientierten) Version. Politisch läßt sich die radikale

---

[7]vgl. K.H. Beissner, Nahrungsmittelhilfe - Ziele, Wirkungen, Evaluierungsmöglichkeiten, Hamburg 1986; FAO (Food and Agriculture Organization of the United Nations); World Food Report, Rom 1991.

Version (a) jedoch auch unter den (nach dem Ende des Kalten Krieges) grundlegend veränderten internationalen Bedingungen nicht realisieren.

Anders steht es um (a) in der EG-Binnenversion. Die zu erwartenden sozialen Verwerfungen und Produktionsverlagerungen würden ohne Zweifel den Anteil der im Agrarsektor berufstätigen Bevölkerung weiter abnehmen lassen. Wenn man jedoch die enormen Summen der gegenwärtigen Agrarsubventionen für die soziale Abfederung, Umschulung und besonders die Schaffung von Arbeitsplätzen in der Landschaftspflege und im Naturschutz einsetzen würde, so wäre damit wohl ein hohes Maß jener gesamtgesellschaftlichen Rationalität erreichbar, die das gegenwärtige System des EG-Agrarmarkts nicht nur unter wirtschaftlichen, sondern auch unter sozialen und ökologischen Gesichtspunkten vermissen läßt. Die Freisetzung von Flächen aus der landwirtschaftlichen Nahrungsmittelproduktion wäre bei sonst gleichen Bedingungen bei (a) ohne Subventionen zu erreichen.

3.3.3 Extensivierung

(a) läßt sich jedoch auch mit (b) verbinden. Marktwirtschaft plus Extensivierung ist dann zu erwarten, wenn alle Externalitäten der intensiven Landwirtschaft beseitigt würden. Die volle Belastung der Erzeugerpreise mit den ökologischen Folgelasten der Intensivlandwirtschaft - wobei hier natürlich wieder das unter (2) genannte Problem der monetären Bewertung einschlägig ist - würde das Konkurrenzgefüge zumindest im Bereich Viehhaltung deutlich zugunsten extensiver Agrarwirtschaft verschieben. A fortiori gilt dies für eine Agrarpolitik, die das Leiden von Tieren in die Bewertung quantitativ einbezieht (im Geiste des neuen Tierschutzrechtes, das Tieren einen dritten Status zwischen Personen und Sachen mit einem gewissen Eigenwert zuschreibt).

Die Strategie (b) Extensivierung ist aber auch unabhängig von der Frage der ordnungspolitischen Strukturierung der Agrarwirtschaft eine in die Betrachtung einzubeziehende Option. Auch unter gleichen ordnungspolitischen Rahmenbedingungen stellt sich die Frage, ob Extensivierung aus ökologischen, tierethischen, nahrungsmittelhygienischen und sozialen (arbeitsintensivere Produktion) Gründen nicht der Flächenfreisetzung wenigstens fallweise vorzuziehen ist. Es lassen sich selbstverständlich auch alle Kombinationen von Extensivierung und Freisetzung im Kontinuum 0 bis 100 % vorstellen. Die Entscheidung für eine dieser Optionen würde die Rahmenbedingungen für den Einsatz bislang zur Nahrungsmittelproduktion genutzter Flächen zur Biomasseerzeugung für energetische Zwecke bestimmen. Eine rationale und ethisch vertretbare Entscheidung muß eine datengestützte Abwägung zwischen diesen Optionen vornehmen.

3.14 Energie aus Biomasse - Ethische und entscheidungstheoretische Aspekte

3.3.4 Flächenstillegung

Wenn man die von der EG eingeschlagene Politik der Subventionierung von Flächenstillegungen nicht selbst zum Gegenstand der ethischen Beurteilung macht, sondern als äußeres Datum in die Betrachtung einführt, bleibt immer noch die Konkurrenz zwischen den verschiedenen Nutzungsmöglichkeiten der aus der Nahrungsproduktion genommenen Flächen. Ihre Verwendung zur Erzeugung von Biomasse ist nur dann rational begründet, wenn dies im Sinne der fünf oben genannten entscheidungstheoretischen Bewertungsaspekte gegenüber den anderen Nutzungen vorzuziehen ist. Von besonderem Interesse ist dabei die Konkurrenz mit einer ökologischen Nutzung freiwerdender Flächen. Bei 10 bis 15% Flächenfreisetzung sind sowohl die Nutzungsmöglichkeiten Bewaldung mit primär forstwirtschaftlicher oder aber ökologischer und naturästhetischer Zielsetzung, als auch Aufbau eines vernetzten Biotop-Systems, zur Sicherung des natürlichen Genpools (Artenvielfalt von Fauna und Flora) attraktive Varianten, die aus der Betrachtung nicht ausgeschlossen bleiben dürfen, wenn man zu einer ethisch vertretbaren Entscheidung kommen möchte. Dieser Gesichtspunkt ist natürlich nur relevant bei Aufforstung oder Dauerstillegung, aber nicht bei rotierender Stillegung.

3.4 Akzeptanzprobleme und Ethik

Unter den verschiedenen zur energetischen Nutzung geeigneten Pflanzen sind auch solche, die sich zur Nahrungsmittelerzeugung eignen. Es wird geltend gemacht, daß ethische Gründe gegen eine solche Nutzung sprächen. In diesem Zusammenhang ist es wichtig, säuberlich zwischen Fragen der sogenannten Akzeptanz und ethischen Fragen zu unterscheiden. Ethische Fragen unterliegen den Standards wissenschaftlicher Rationalität, sie verlangen zu ihrer Beantwortung nach rationalen Gründen, während Akzeptanzfragen empirisch, genauer sozialpsychologisch, zu beantworten sind. Die These, x sei ethisch unzulässig, verlangt nach rationalen Gründen der behaupteten Unzulässigkeit, während die These "x wird von der Bevölkerung nicht akzeptiert", keine rationalen Gründe des Nichtakzeptierens verlangt, sondern nur empirische Evidenzen, daß dem de facto so ist. In der Tat spricht viel dafür, daß etwa die Nutzung von Pflanzen, die sich zur Nahrungsmittelproduktion eignen, zur Biodieselproduktion auf Akzeptanzprobleme in der Öffentlichkeit und der Bevölkerung stoßen würde. Bei Abwägung von rationalen Gründen - also bei ethischer Betrachtung - wird man jedoch zu einem anderen Ergebnis kommen. Angenommen es sprechen gute Gründe dafür, einen gewissen Anteil aus der Nahrungsmittelproduktion genommener Flächen für die Produktion von Biomasse für energetische Zwecke einzusetzen, dann wird man rationalerweise diejenige Pflanzenart wählen, die bei Abwägung der oben diskutierten umfassenden Bewertungsaspekte am günstigsten abschneidet. Sollte dies eine Getreidesorte sein, so wäre es irrational, dieser Lösung eine andere vorzuziehen, die ebenfalls nichts zur Nahrungsmittelproduktion beiträgt, aber ineffizienter ist (etwa Holzpflanzen).

Moderne Ethik ist ein Projekt der Aufklärung. Wo Aufklärung wirksam ist, verändern sich Akzeptanzen aufgrund rationaler (ethischer) Argumente. Akzeptanz rebus sic stantibus ist daher oftmals eine trügerische Angelegenheit. Man denke nur an die Kernenergiedebatte, bei der zunächst eine hohe öffentliche Akzeptanz die Politiker in den 60er Jahren zu einer Forcierung dieses Energiesystems veranlaßte, die dann - auch aufgrund der öffentlichen Diskussion um seine energiewirtschaftliche Irrationalität[8] - rasch ins Gegenteil umschlug. Diese Warnung sollte man aber auch insofern berücksichtigen, als eine vordergründige, überwiegend agrarpolitische Rechtfertigung des Projektes Energie aus Biomasse auf Dauer keinen Bestand haben wird. Insbesondere müssen alle Einwände gründlich geprüft werden, die auf eine ökonomische, ökologische oder energiepolitische Irrationalität des Projektes verweisen. Einem verständlichen Mißtrauen der Öffentlichkeit, das sich etwa auf den Tatbestand richtet, daß bisherige Ressourcen der energetischen Nutzung von Biomasse in der Landwirtschaft nicht ausgeschöpft werden (Strohverbrennung), muß man mit guten Gründen begegnen können, da sonst der Eindruck entsteht, es handele sich bei dem Projekt 'Energie aus Biomasse' in erster Linie um die Erschließung einer weiteren Subventionierungsquelle für die Landwirtschaft angesichts der bekannten Überproduktionsprobleme des EG-Agrarmarktes.

---

[8]In der USA hat die Internalisierung des Risikos aufgrund der privatwirtschaftlichen Struktur der Energieversorgung und gesetzlicher Bestimmung, die möglichen Kosten eines Kraftwerkunfalls zu versichern, zu einem fast völligen Erliegen des Kernkraftwerk-Zubaus geführt. Man muß allerdings berücksichtigen, daß in der Bundesrepublik eine andere Kostenstruktur im Energiesektor besteht. Zum Versuch einer Bewertung unterschiedlicher Energiesysteme vgl. K.M. Meyer-Abich / B. Schefold, Wie möchten wir in Zukunft leben?, München 1981 und die Diskussionsergebnisse der Enquete-Kommission des Deutschen Bundestages "Zukünftige Kernenergie-Politik" in: Zur Sache - Themen parlamentarischer Beratung 1/80 und 2/80.

4 Workshop und Diskussion

Der Beitrag gliedert sich in Fragen zu bestimmten Themenkomplexen. Die auf dem Symposium darauf erarbeiteten Antworten und Angaben aus der Literatur ergänzen sich der besseren Lesbarkeit wegen zu einem einheitlichen Text. Workshop-Äußerungen sind entweder explizit als solche bezeichnet oder dadurch erkennbar, daß Hinweise auf Gutachten oder ein Literaturzitat fehlen oder die indirekte Rede verwendet wird.

4.1 Welches Flächenpotential steht für den Anbau von Energiepflanzen zur Verfügung?

Das realisierbare Erzeugungspotential für Energie aus Biomasse hängt neben vielen anderen, vor allem ökonomischen Rahmenbedingungen entscheidend davon ab, wieviel von der nur begrenzt erneuerbaren Ressource Boden für die Biomasseproduktion verfügbar gemacht werden kann. Das Flächenpotential hängt davon ab, von welchen Kriterien man ausgeht. Man kann als Minimumansatz die Fläche nehmen, die nach der Reform der Gemeinsamen Agrar-Politik (GAP) der EG obligatorisch stillgelegt werden muß.

Auf den stillgelegten Flächen können Nachwachsende Rohstoffe angebaut werden, sofern eine ganze Anzahl von Bedingungen erfüllt werden, deren Einzelheiten hier aber zu weit führen würden (s. Kap. 3.1).

Nach den Regelungen der EG-Agrarreform kommen die Landwirte nur dann in den Genuß der Preisausgleichszahlungen, wenn sie von den insgesamt für den Anbau von Getreide, Ölsaaten und Eiweißpflanzen genutzten Flächen 15% stillegen. Ausgenommen von der Stillegungspflicht sind die Landwirte, die die sogenannte "Vereinfachte Regelung" oder "Kleinerzeugerregelung" in Anspruch nehmen. Sie dürfen Preisausgleichszahlungen nur bis zu einer Anbaufläche beantragen, die der für die Erzeugung von 92 t Getreide benötigten Fläche entspricht. In der Erzeugungsregion Baden-Württemberg entspricht das einer Fläche von 17,4 ha pro Betrieb (für die Ernte 1993 [1]).

Legt man die Stillegungsfläche der Großerzeuger als Potential zugrunde, so ergibt sich nach Ahl (Kap. 3.1) für die EG eine Fläche von 4,22 Mio. ha.

Bei einer Mähdruschfläche von 5,12 Mio. ha (alte Bundesländer 1990 [2]) und unter der Annahme einer ähnlichen Proportion Großerzeuger zu Kleinerzeuger hinsichtlich der Fläche wie für die EG-Berechnung angenommen, ergibt sich für die alte BRD eine obligatorische Stillegungsfläche von geschätzten 0,52 Mio. ha. Tatsächlich wurden nach den vor der Agrarreform gültigen Bestimmungen von 1988/89 bis 1991/92 374 000 in die fünfjährige und 1991/92 59 000 ha in die einjährige Flächenstillegung eingebracht, d. h. im Wirtschaftsjahr 1991/92 waren in der alten BRD 0,43 Mio. ha bereits stillgelegt.

Im gesamten Bundesgebiet schätzen wir die obligatorisch stillzulegenden Flächen auf knapp 1 Mio. ha, tatsächlich stillgelegt waren bereits 0,78 Mio. ha, entsprechend 6,8% der Ackerfläche [3].

Analog schätzen wir das Potential an Stillegungsfläche für Baden-Württemberg auf knapp 70 000 ha [4]. Nach dem alten Programm betrug die aktuell stillgelegte Fläche im Wirtschaftsjahr 1991/92 48 500 ha, entsprechend 5,7% der Ackerfläche [3].

Auf der anderen Seite kann das Areal, auf dem Nicht-Nahrungsmittelpflanzen angebaut werden, beträchtlich darüber hinausgehen. So ist die Stillegungsrate von 15% nur vorläufig und kann in den nächsten Wirtschaftsjahren durchaus nach oben hin verändert werden. Den Kleinerzeugern wird durch die Reform-Regelungen das Recht eingeräumt, ebenfalls stillzulegen (und auf den Flächen Nachwachsende Rohstoffe anzubauen).

Entscheidender aber ist, daß in den nächsten Jahren durch weitere Produktivitätssteigerungen wahrscheinlich weitaus mehr Flächen nicht mehr für die Nahrungsmittelproduktion benötigt werden. Die Schätzungen bewegen sich für die EG in einem Bereich von 10-40 Mio. ha (Kap. 3.1). Die Workshop-Diskussion ergab den Konsens, daß bis zum Jahr 2005 für die EG mit 16-20 Mio. ha und für die heutige Bundesrepublik mit 4-5 Mio. ha Fläche gerechnet werden kann, die für die Nicht-Nahrungs- und Nicht-Futtermittelproduktion genutzt werden könnte.

Bei Annahme einer 30%igen Freisetzung der Ackerfläche ergäbe sich für Baden-Württemberg eine Potential von ungefähr 250 000 ha.

Ob auf diesen Flächen Energiepflanzen angebaut werden, entscheiden der Markt und die Marktpolitik. Wenn genügend Nachfrage besteht, die Abnahme gesichert ist und den Landwirten ausreichende Preise bezahlt werden, kann man davon ausgehen, daß die überschüssigen Flächen auch mit Energiepflanzen bestellt werden, so die einhellige Meinung der Workshop-Teilnehmer.

Kardinalproblem ist nach Workshop-Konsens im Moment, daß die Verwertungsmöglichkeiten fehlen. Sie werden so lange nicht ausreichend sein, wie der ökonomische Anreiz fehlt, Biomasse zur Energiegewinnung zu nutzen. Die Konkurrenz billiger fossiler Energieträger ist (noch) übermächtig. Dennoch wird man gut daran tun, sich frühzeitig Gedanken darüber zu machen, was mit den freiwerdenden Flächen geschehen soll - so das Argument von Dimitri. Spätere Umwidmungen seien aufwendig und teuer.

4 Workshop und Diskussion

4.2 Energiepflanzen oder Stillegung, Aufforstung, Extensivierung?

4.2.1 Stillegung

Wie schon in der Einführung (Kap. 1.4) kurz angerissen, sollte man von den voraussichtlich nicht mehr für die Nahrungsmittelerzeugung benötigten Flächen die Anteile abziehen, die sich für den Naturschutz eignen, und solche, die aus Gründen der Regionalplanung oder aufgrund unternehmerischer Entscheidung des Landwirts dauerhaft aufgeforstet werden. Für den Rest der Flächen, insbesondere für die Rotationsbrachen, stellt sich die Frage, ob eine Stillegung oder ob eine Bestellung mit Energiepflanzen ökonomisch und ökologisch günstiger ist. Die Ökonomie ist eine Frage des Marktes und der geltenden Rahmenbedingungen.

Die ökologische Evaluierung war auf dem Workshop eine zwar heiß diskutierte, aber weitgehend konsensfähige Frage. Zu beachten sind Aspekte der Fruchtfolge, der Erhaltung der Produktivkraft des Bodens, der Düngungsintensität, des Grundwasserschutzes und des Arten- und Landschaftsschutzes. Die "Ökobilanz Rapsöl" des Umweltbundesamtes [5] lenkte den Blick der Öffentlichkeit besonders auf die Bewertung der Emission klimarelevanter Spurengase wie Lachgas (N_2O) bzw. auf die Verminderung der Netto-Emission von CO_2 mittels Ersatz fossiler Brennstoffe durch Biomasse. Diese Ökobilanz lag uns leider Anfang November noch nicht vor, so daß wir bei der Workshop-Diskussion auf Vorabveröffentlichungen [6,7] angewiesen waren. Wir haben dort bereits den Eindruck gewonnen, daß die völlig unzureichende Datenlage hinsichtlich der N_2O-Emissionen von Brachen und Ackerflächen eine sichere Beurteilung der Klimarelevanz unmöglich macht. Den vom Umweltbundesamt gewählten Vergleich einer annuellen Frucht mit dem Referenzszenario "Dauerbrache" hielten die Workshop-Teilnehmer generell für nicht angemessen. Unter der Maßgabe, daß hauptsächlich Rotationsbrachen mit annuellen Nachwachsenden Rohstoffen bestellt werden, gingen wir damals und gehen wir auch heute davon aus, daß die Einbeziehung (annueller) Energiepflanzen wie Raps und Getreide in die Fruchtfolge für Nahrungsmittelzwecke, verglichen mit einer 7-monatigen Stillegung mit Begrünung, keine wesentlich erhöhten Emissionen klimawirksamer Spurengase bewirkt. Da es noch an ausreichend belastbaren Daten für andere Spurengase (N_2O, CH_4, u.a.) mangelt, konzentrieren wir unsere Betrachtung auf die Verminderung der Netto-CO_2-Emission durch den Einsatz von Biomasse. Daß hier auch bei Rapsöl bzw. Rapsölmethylester zum Teil beträchtliche CO_2-Mengen eingespart werden können, zeigen die ausführliche Studie von Reinhardt [8] und das Gutachten von Leible (Kap. 3.3).

Begleitforschungen zur Flächenstillegung im Auftrag des Ministeriums für ländlichen Raum, Ernährung, Landwirtschaft und Forsten Baden-Württemberg zeigen, daß insbesondere bei Dauerbrachen eine deutliche Verringerung der Nitrateinträge ins Grundwasser meßbar ist [9] (Ausnahme entwässerte Niedermoorböden). Unter Rotationsbrache folgt der jahreszeitliche Verlauf an Nitrat im Bodenwasser dem einer vergleichbaren Ackerfläche, allerdings auf niedrigerem

Niveau. Die Ergebnisse im Einzelfall sind stark abhängig von Bodentyp und -eigenschaft, Witterung, Bewuchs und nicht zuletzt von der der Stillegung vorangegangenen Bewirtschaftungsintensität - letzterer Faktor wurde von Dambroth und Ahl als entscheidend für das Ausmaß des Nitrataustrags bezeichnet.

Eine Verminderung des anfangs meist deutlich meßbaren Nitrataustrages bei Stillegung läßt sich erreichen, indem auf Grundbodenbearbeitung vor der Stillegung verzichtet wird und möglichst schnell eine Begrünung erfolgt, wobei Selbstbegrünungen sich in der Regel zu langsam entwickeln [9]. Eine gezielte Begrünung ist nach den Stillegungsauflagen zulässig. Dabei sollte jedoch auf Leguminosen (z.B. Weißklee) trotz ihrer Vorfruchtwirkung möglichst verzichtet werden, um die Nitratfreisetzung, insbesondere nach der Bearbeitung der "stillgelegten" Flächen, gering zu halten [10]. Eine gezielte Begrünung vermindert den Unkrautdruck in der Nachfrucht und verhindert den Samenflug unerwünschter Unkräuter auf Nachbarflächen. Bei Anlage einer Dauerbrache sollte man im Auge behalten, daß bei einer späteren Rück-Umwidmung zu Ackerland beim Umbruch mit erheblichen Nitratausträgen gerechnet werden muß. Dambroth, Sutor und Ahl waren sich einig, daß ökologische Entlastungseffekte bei einjähriger Rotationsbrache kaum zu spüren seien.

Die Stillegungsauflagen lassen einen solchen Effekt auch kaum erwarten. Sie begünstigen eine kurzfristige Rotationsbrache. Während des Stillegungszeitraumes vom 15. Dezember bis zum 15. Juli ist nach der Begrünung jede wirtschaftliche Nutzung untersagt, der Aufwuchs muß mindestens einmal (im Juni) gemäht oder gemulcht werden und dann auf der Fläche verbleiben[1]. Der dann entstehende Aufwuchs kann allerdings in einem zweiten Schnitt, z.B. August/September, legitim genutzt werden, was Löhle zufolge der Landwirt auch tun wird. Von "Still-Legung" kann man hier eigentlich nicht sprechen und je nach Begrünung kann es spätestens beim Umbruch laut Dambroth und Löhle durchaus "ein Nitratproblem geben". Die Nutzung der so "stillgelegten" Flächen kann den Landwirten auch niemand verdenken, denn schließlich ist die Stillegung keineswegs ohne Kosten: Zumindest der Aufwand für aktive Begrünung und das Mähen/Mulchen dezimiert die Flächenprämie. Löhle betonte noch einmal (s. Kap. 2.1), daß die Landwirte "unternehmen und produzieren, nicht unterlassen wollen". Er machte deutlich, daß das Verbot, Gülle auf die Stillegungsflächen auszubringen, die Bauern vor erhebliche Probleme stelle, insbesondere da Wasserschutzgebiete ständig ausgedehnt und bei den im Durchschnitt eher kleinen Betrieben in Baden-Württemberg jede verfügbare Fläche für die Gülleausbringung gebraucht würde.

---

[1]Der Bundesrat hat in der Ersten Verordnung zur Änderung der Kulturpflanzen-Ausgleichsverordnung die Mäh-/Mulchpflicht gestrichen, um Niederwild und bodenbrütende Vögel zu schützen (Agra-Europe 19/93 vom 10. 5. 93, Länderberichte 31).

4.2.2 Aufforstung

Neben den Optionen "Stillegung" und "Anbau Nachwachsender Rohstoffe" wären als weitere Alternativen die Aufforstung landwirtschaftlicher Flächen, Nutzungsverzicht zu Naturschutzzwecken und schließlich die Verhinderung der Entstehung überschüssiger Flächen durch Extensivierung zu nennen. Alle diese Alternativen betreffen natürlich nicht nur Acker-, sondern auch Grünflächen. Die dauerhafte Aufforstung eines bestimmten Flächenanteils wäre in Regionen mit geringem Waldanteil aus landschaftsökologischer Sicht sicher eine Bereicherung. Die Aufforstung landwirtschaftlicher Nutzflächen wird im Rahmen von flankierenden Maßnahmen zur EG-Agrarreform (Kap. 3.1) und durch die "Gemeinschaftsaufgabe Verbesserung der Agrarstruktur und des Küstenschutzes" von Bund und Ländern gefördert. Die Ausgestaltung der Fördermaßnahmen begünstigt im Prinzip eher die Anlage von Energieplantagen im Kurzumtrieb als dauerhaften Hochwald: Neben einem Zuschuß zur Bestandesbegründung werden jährliche, gestaffelte Hektarprämien nur für eine Dauer von maximal 20 Jahren gewährt (s. Kap. 3.1). Das Land Baden-Württemberg schließt Aufforstung für Zwecke des Kurzumtriebs im Rahmen der "Gemeinschaftsaufgabe"-Mittel allerdings explizit aus [11]. Die Bereitschaft der Landwirte zur Aufforstung war bisher gering. Es bleibt abzuwarten, ob die im Rahmenplan der Gemeinschaftsaufgabe vorgesehenen Anhebungen der Prämien und die EG-Maßnahmen hier einen Umschwung bringen. Holz aus Kurzumtrieb und Rest- und Durchforstungsholz aus Aufforstungsbeständen stünden als Biomasse für die energetische Nutzung zur Verfügung.

4.2.3 Naturschutz

Die Herausnahme von Flächen aus der landwirtschaftlichen Produktion bietet auch Chancen für den Naturschutz. Ausgeräumte Landschaften, in denen intensiv betriebener Ackerbau dominiert, können und sollen durch Biotopentwicklungen und Maßnahmen zur Biotopvernetzung ökologisch aufgewertet werden. Die sinnvollsten Möglichkeiten dafür bietet die Dauerbrache. Noch besser wäre eine wirklich dauerhafte Umwidmung. Die Rotationsbrache trägt vermutlich so gut wie nichts zum Naturschutz bei, hier wären andere Maßnahmen wirkungsvoller. Wir sehen in solchen Flächenumwidmungen auch keine Konkurrenz zum Energiepflanzenbau, da ein lohnender Anbau Nachwachsender Rohstoffe ebenso wie die Nahrungs- und Futtermittelerzeugung auf produktionskräftige Standorte angewiesen ist (s. Kap. 3.1). Dauerhaft aus der Produktion nehmen wird der Landwirt eher seine Grenzertragsflächen, die in der Regel gleichzeitig die ökologisch wertvollsten sind. Eine Konkurrenz um die Nutzung freiwerdender Flächen zwischen Naturschutz und Energiepflanzenanbau wird unseres Erachtens eher die Ausnahme sein. Genaue Regelungen zur Dauerbrache stehen noch aus und sind für 1993 geplant.

4.2.4 Extensivierung

Vor allem von Naturschutzverbänden wird die Meinung vertreten, das Problem der Überproduktion ließe sich am besten durch eine flächendeckende Extensivierung der Landwirtschaft lösen - mit dem zusätzlichen Effekt einer Reduzierung der ökologischen Belastung durch (allzu) intensive Landwirtschaft [12]. Eine ausführliche Diskussion des Für und Wider zur Extensivierungsstrategie würde die Grenzen des gestellten Themas bei weitem sprengen und gehört eher in den Rahmen einer separaten Studie etwa im Sinne des Berichtes "Landwirtschaftliche Entwicklungspfade" der Enquete-Kommission "Gestaltung der technischen Entwicklung, Technikfolgen-Abschätzung und -Bewertung" des Deutschen Bundestages [13]. An dieser Stelle seien nur wenige Punkte aufgeführt (vgl. auch Kap. 3.14).

1. Das Problem der Überschußproduktion besteht zwar in der EG, nicht aber in der Bundesrepublik Deutschland. Der Selbstversorgungsgrad der BRD (alte Länder) betrug 1990/91 97% mit Futtermittelimport und 88% ohne Futtermittelimport. Über den Eigenbedarf hinaus produziert werden nur Roggen, Zucker, manche Milchprodukte sowie Öle und Fette [2]. Bei flächendeckender Extensivierung muß mit einem durchschnittlichem Ertragsrückgang von 40% gerechnet werden [14], d.h. die BRD wäre bei weitem nicht mehr autark und müßte Nahrungs und Futtermittel vermehrt aus dem Ausland, vor allem aus anderen EG-Ländern importieren. Voraussetzung dafür ist, daß dort nicht im selben Ausmaß extensiviert wird.

2. Extensivierung muß von der Allgemeinheit bezahlt werden. Ein Weg dazu führt über höhere Nahrungsmittelpreise, die auch den Erzeugern zugute kommen sollten. Der andere Weg - die Bezahlung aus Steuermitteln - wird bereits beschritten, so in den Extensivierungs-Förderprogrammen der EG im Rahmen der "Flankierenden Maßnahmen zur Agrarreform" oder im baden-württembergischen Marktentlastungs- und Kulturlandschafts-Programm (MEKA). Die Prämien des bisherigen EG-Extensivierungsprogramms wurden laut Ahl (Kap. 3.1) hauptsächlich von Betrieben in Anspruch genommen, die sich auf kontrolliert biologischen Anbau umgestellt haben. Er schätzt den Markt aber als nur begrenzt aufnahmefähig ein und sieht einen schon optimistisch geschätzten Marktanteil von 5% für alternativen Landbau.

3. Dambroth gab auf dem Workshop zu bedenken, daß sich bei flächendeckender Extensivierung etablierte Fruchtfolgen nicht halten lassen. Er plädierte eher dafür, die Landwirtschaft generell vielfältiger werden zu lassen und die Fruchtfolge abwechslungsreich zu gestalten. Löhle betonte, daß ein bestimmtes Maß an Intensität schon deswegen vonnöten sei, da die Abnehmer einen definierten Qualitätsstandard und eine bestimmte Menge fordern. Die Teilnehmer gingen weiter mit der Meinung Scheffers konform, daß Extensivie-

rung keineswegs gleichbedeutend sei mit Ökologisierung und umgekehrt hohe Flächenproduktivität nicht hohe Intensität bedeuten muß.

Eine *flächendeckende* Extensivierung würde auf alle Fälle das für Nachwachsende Rohstoffe verfügbare Flächenpotential drastisch verringern und dann auch in Konkurrenz zu Naturschutzzwecken bringen. Wir gehen für die weiteren Diskussionen davon aus, daß Extensivierungsmaßnahmen durchaus einen Sinn machen auf den Flächen, die sich dafür eignen. Das - werden aus ökologischer Sicht - in der Regel nicht die produktivkräftigsten Standorte sein. Unserer Meinung nach eignet sich ohnehin eher Grünland als Ackerland dafür. Anbieten würden sich auch Pufferzonen zu Naturschutzgebieten oder besonders gefährdete Wasserschutzgebiete. Auf den Restflächen hingegen ist nach Expertenmeinung eine jeweils spezielle Intensität unabdingbar und bei verantwortungsvoller Betriebsführung auch ökologisch verträglich.

4.3 Raps als Energiepflanze

Aufgrund der intensiven öffentlichen Diskussion widmen wir dem Raps ein relativ ausführliches Kapitel.

4.3.1 Welches Erzeugungspotential besteht für Raps?

Raps ist die bei weitem bedeutendste Ölpflanze für die deutsche Landwirtschaft. In den alten Bundesländern waren 1990 570 000 ha mit Raps, aber nur 25 000 ha mit Sonnenblumen und 2000 ha mit Sojabohnen bestellt [2]. Wir beschränken unsere Diskussion daher auf Raps. Nach Schätzungen des Deutschen Bauernverbandes beträgt die derzeitige Ölsaaten-Anbaufläche in ganz Deutschland 1,126 Mio. ha [15], wobei sich der Ölsaatenanbau in den neuen Bundesländern seit 1991 mehr als verdoppelt hat. Auf rund 1 Mio. ha Rapsfläche wurden 1992 in Deutschland 2,62 Mio. t Rapssaat geerntet, aus der etwa 1 Mio. t Öl erzeugt werden können [16].

Raps ist vielseitig nutzbar. Das abgepreßte oder durch chemische Extraktion gewonnene Rapsöl wird zur Lebensmittelherstellung (über 90%, [17]), für chemisch-technische Zwecke (z. B. Schmieröle) oder seit neuerer Zeit als Treibstoff benutzt, letzteres zumeist nach Umesterung zu Rapsölmethylester (RME). Der Preßrückstand Rapsschrot bzw. Rapskuchen ist ein begehrtes Futtermittel, zumindest seit die erucasäure- und glucosinolatarmen 00-Sorten den Markt beherrschen. Das Rapsstroh wird in der Regel auf dem Feld belassen und eingearbeitet.

Das Erzeugungspotential von Raps ist begrenzt. Die agrarisch bedingte Obergrenze wird durch die Erhaltung einer gesunden Fruchtfolge gesetzt. Raps sollte dauerhaft nicht mehr als 20 - 25 % der Ackerfläche einnehmen (genauer:

Raps und Zuckerrübe zusammen). Bei einer Ackerfläche Gesamtdeutschlands von 11,47 Mio. ha (1992) sind das etwa 2,3 Mio. ha (20 %).

Abgesehen davon, daß nicht alle Regionen sich gleichermaßen für diesen Rapsanteil eignen, sind einer Ausdehnung ökonomische und politische Grenzen gesetzt.

Der Agrarkompromiß zwischen der EG und den USA im Vorfeld des Allgemeinen Zoll- und Handelsabkommens (GATT) im November letzten Jahres führte neben anderen Vereinbarungen auch zu einer Begrenzung der Ölsaaten-Anbaufläche. Die ausgehandelte Garantiefläche von EG-weit 5,128 Mio. ha entspricht dem Anbau-Durchschnitt der Jahre 1989 bis 1991 und bezieht damit die Ausweitung des Rapsanbaus in den neuen Ländern nicht mehr mit ein.

Die Neuregelung wird ab dem Wirtschaftsjahr 1995/96 wirksam, ist aber noch nicht verabschiedet. Auf diese Garantiefläche ist derselbe Stillegungssatz anzuwenden wie bei anderen pflanzlichen Erzeugnissen (derzeit 15%), mindestens aber 10%; so bleibt eine beihilfeberechtigte Anbaufläche von 4,6 Mio. ha. Auf den stillgelegten Flächen dürfen Ölsaaten für Energie- und industrielle Zwecke angebaut werden, allerdings nur bis zu einer bestimmten Grenze. Um eine Störung des Futtermittelmarktes zu vermeiden, darf die Menge des erzeugten Schrotes 1 Mio. t Sojaschrotäquivalent nicht überschreiten. Das entspräche 1,8 - 2,2 Mio. t Rapssaat oder 0,7 - 0,8 Mio. ha, d.h. der bei einem Stillegungssatz von 15% freiwerdenden Fläche [18]. Insgesamt ist damit nach dem Agrarkompromiß eine Ölsaatenproduktion von über 12 Mio. t möglich. Die Menge entspricht in etwa der durchschnittlichen Produktion der vergangenen drei Jahre. Das heißt aber auch, daß bei anteiliger Übertragung der Regelungen auf die Rapsproduktion der deutschen Landwirtschaft eine Ausweitung des Rapsanbaus quasi nicht mehr möglich ist.

Hauptgrund für diese Restriktionen ist, daß die Nutzung als Futtermittel (Rapsschrot) begrenzt werden soll. Solange die Vereinbarungen des Agrarkompromisses noch nicht gelten, kann man sich Modifikationen zur Nachbesserung überlegen, die die Ausweitung des Energie-Rapsanbaus auf Stillegungsflächen ermöglichen würden, ohne den Futtermittelmarkt mit Rapsschrot zu überschwemmen.

Denkbar wäre hier eine thermische Nutzung der ganzen Rapspflanze, die thermische Nutzung des Rapsschrotes oder die Ausbringung des Schrotes als Dünger, beides allerdings inferiore Verwendungen für ein an sich wertvolles Futtermittel. Solche Nutzungen könnte man in den (momentan) ohnehin erforderlichen Anbauvertrag zwischen Erzeuger und Erstverarbeiter mit aufnehmen, um so eine Kontrolle zu erreichen. Die Verwendung der alten glucosinolathaltigen Rapssorten für Energiezwecke wäre eventuell nützlich, da der Futtermittelwert des Schrotes auf diese Weise sänke (der Erucasäuregehalt der alten Sorten wäre allerdings - außer für spezielle chemische Anwendungen [19] - auch für die Verwendung als Treibstoff eher hinderlich (Kap. 3.4)). Eine weitere züchterische Bearbeitung der glucosinolathaltigen, aber erucasäurearmen Sorten könnte hier sicherlich zu Fortschritten führen. Darüber hinaus bleibt abzuwarten, wie sich die Exportbeschränkungen für Rindfleisch, die im Agrarkompromiß ausgehandelt wurden, auf den Futtermittel- und damit auch den Rapsschrotmarkt auswirken.

Die Regelungen der EG-Agrarreform werden dazu führen, daß Raps hauptsächlich von Großerzeugern im Rahmen der Marktordnung angebaut wird, die die Ölsaaten-Flächenprämie von rund 1 100 DM/ha erhalten (wenn sie die Stillegungsauflagen erfüllen). Auf Stillegungsflächen angebauter Raps erbringt neben dem Erlös nur die Flächenprämie von knapp 600 DM/ha. Kleinerzeuger schließlich, die nicht stillegen müssen, erhalten auch für Raps nur die Flächenprämien für Getreide, die (je nach Erzeugungsregion mehr oder weniger) deutlich niedriger ausfallen (311 DM/ha statt 1064 DM/ha 1993/94 in Baden-Württemberg [1]). Darüber hinaus ist der tatsächliche Umfang der Rapserzeugung abhängig von der (ökonomischen) Konkurrenzkraft anderer Feldfrüchte. Kleinhanß hat diesen Zusammenhang in seinem Beitrag (Kap. 3.4) ausführlich dargestellt. Das bei derzeitigen Weltmarktpreisen von etwa 300 DM/t Rapssaat ökonomisch wahrscheinliche, zusätzliche Erzeugungspotential an Rapssaat beläuft sich auf etwa 1,1 - 1,4 Mio. t in den alten Bundesländern (genauere Szenarien s. Kap. 3.4), entsprechend 350 000 - 450 000 ha Raps. Aufgrund der günstigen Anbaumöglichkeiten für Raps in den neuen Bundesländern halten wir dort noch einmal ein zusätzliches Potential von vielleicht 200 000 ha für möglich. Als grober Orientierungswert ergibt sich aus Istwert (1 Mio. ha) plus ökonomisch wahrscheinlichem, zusätzlichem Potential eine Rapsfläche von etwa 1,6 Mio. ha in Deutschland, das sind ca. 14 % der Ackerfläche.

Für Baden-Württemberg ist, zumindest mittelfristig, nur mit einer geringen Ausweitung des Rapsanbaus zu rechnen. Zum einen stellt sich Raps in der Deckungsbeitragsrelation zu Getreide schlechter als z.B. in anderen Bundesländern (Kap. 3.4). Zum anderen hat Baden-Württemberg eine Betriebsstruktur, die die Inanspruchnahme der Kleinerzeugerregelung fördert: 65 % der Betriebe bewirtschaften weniger als die kritische Obergrenze von 17,4 ha Mähdruschfläche pro Betrieb, bis zu der die Landwirte Preisausgleichszahlungen ohne Stillegungsverpflichtung beantragen können. Davon sind 45 % der Fläche von Getreide, Mais, Öl- und Hülsenfrüchten betroffen [20]. Die Winterraps-Anbaufläche ist 1992 gegenüber dem Erntejahr 1991 in Baden-Württemberg um 15,4 % gesunken [21].

4.3.2 Welches Verwendungspotential besteht für Nicht-Nahrungsmittel-Raps?

Die Workshop-Teilnehmer konnten sich im Verlauf der Diskussion auf eine gewisse Prioritätenliste für die Verwendung von Rapsöl für Nicht-Nahrungszwecke einigen. Teilweise sind die Ergebnisse bereits in das Gutachten von Widmann eingegangen. Vorrang hat die Verwendung als Schmieröl und Hydrauliköl. Seine biologische Abbaubarkeit und geringe Ökotoxizität prädestinieren Rapsöl für den Einsatz gerade in umweltsensiblen Bereichen. Als Sägekettenöl ist Rapsöl bereits gut eingeführt, da seit Ende 1988 im gesamten Staatswald der Bundesrepublik (alte

Länder) nur noch anerkannt umweltfreundliches Kettenschmieröl verwendet werden darf. Ansonsten besteht für eine breite Anwendung raffinierter Pflanzenöle im Schmierstoffbereich zwar die Möglichkeit, es bedarf aber noch einiger Anstrengung für die Markteinführung.

Die einzelnen Märkte haben nach Schätzungen der Industrie in den alten Bundesländern pro Jahr folgenden Umfang [19,22]: LKW-Schmierung 30 000 t, Verlustschmierung 40 000 t (darunter Formentrennmittel, Korrosionsschutzöle, Sägenkettenöle, Weichen-/Spurkranzschmierung, Schmierung von Zweitaktmotoren, Drahtseilen, offenen Getrieben, Druckluftwerkzeugen usw.), Schalöle 7 500 t, Hydrauliköle 145 000 t (mit neuen Ländern ca. 200 000 t). Für die meisten Anwendungen der Verlustschmierung wäre raffiniertes Rapsöl, gegebenenfalls nach Zusatz geeigneter Additive, ohne weiteres verwendbar. Der derzeitige Absatz von Pflanzenölen für diesen Bereich liegt jedoch bei nur ca. 6000 t/a [19].

Eine Nutzung als Hydrauliköl würde die größten Potentiale im Schmierstoffsektor erschließen. Der breiten Anwendung von Pflanzenölen standen aber bisher Probleme wie geringe Alterungsstabilität und unzureichendes Temperaturverhalten im Wege. Entwicklungen wie an der Technischen Hochschule Aachen werden hier sicherlich den Weg ebnen. Dort wurde im Auftrag des Bundeslandwirtschaftsministeriums eine Hydraulikflüssigkeit auf Rapsölbasis entwickelt, die durch biologisch abbaubare und nicht oder nur schwach wassergefährdende Additive höheren technischen Anforderungen entspricht [23]. Kleinhanß et al. [19] schätzen das jährliche Absatzpotential für Rapsöl im Bereich Schmierstoffe bis zum Jahr 2000 auf bis zu 130 000 t, davon 75 000 t Hydrauliköl. Neben der Schmierstoffnutzung wird Rapsöl auch in der Fettchemie verwendet. Kleinhanß et al. [19] berechnen ein Absatzpotential für die alten Bundesländer von ca. 40 000 t/a bis zum Ende des Jahrzehnts. Je nach Preisrelation zu konkurrierenden Ölen kann sich das Potential bis zum 4-fachen steigern. Bei dieser Verwendungsart kommt es mehr als bei den anderen auf eine bestimmte Fettsäure-Zusammensetzung an, d.h. die Ansprüche an Qualität und Konstanz der Rapsware sind hoch.

Ein noch ungelöstes Problem, auf das Widmann aufmerksam machte, ist die Frage der Entsorgung von gebrauchten Pflanzenölen. Hydrauliköle auf Pflanzenbasis z.B. haben keinen gesonderten Altölschlüssel, sondern fallen unter den Abfallschlüssel 12102 (verdorbene Pflanzenöle wie Friteusefette). Das heißt, daß sie für 500 bis 800 DM/t als Sondermüll entsorgt werden müssen. Der thermischen Verwertung steht bisher entgegen, daß gebrauchte Pflanzenöle in den Listen der zulässigen Brennstoffe noch nicht auftauchen. Hier besteht eindeutig Regelungsbedarf, bisher gibt es nur Sondergenehmigungen. Der Altölstatus muß abgeklärt werden. Inzwischen vermitteln verschiedene Anbieter offenbar eine von Mineralaltölen getrennte Entsorgung der Bioöle [24].

Ein quasi unbegrenztes Absatzpotential für Rapsöl liegt im Treibstoffsektor. Allein um den Verbrauch der Diesel-PKW der alten Bundesländer von 5,2 Mio. t (1992) vollständig durch Rapsöl zu ersetzen, wäre eine Rapsanbaufläche von ungefähr 4,8 Mio. ha erforderlich. Das sind etwa 66% der derzeitigen Ackerfläche (alte Länder). Mohr plädiert in seinem Gutachten (Kap. 3.13) dafür, wenigstens

4 Workshop und Diskussion

den Treibstoffbedarf der Landwirtschaft zu decken, der in den alten Bundesländern 1992 etwa 1,35 Mio. t Diesel [25], entsprechend 1,45 Mio. t Rapsmethylester (RME) bei Berücksichtigung eines volumetrischen Mehrverbrauchs von 5-8%, betrug. (Der Mehrverbrauch kann je nach Motor- und Fahrzeugtyp schwanken und beruht im Prinzip darauf, daß der Heizwert von Rapsöl/RME ca 13% geringer ist als der von mineralischem Dieselkraftstoff).

Für Heiz- und Trocknungszwecke können nach Ahl weitere 1 Mio. t Rapsöl/RME veranschlagt werden, so daß die Landwirtschaft Westdeutschlands insgesamt 2,5 Mio. t Rapsöl verbrauchen könnte. Alleine für diesen Zweck müßte die derzeitige Rapsfläche (Gesamtdeutschlands) verdoppelt werden - unter den Bedingungen des Agrarkompromisses momentan nicht möglich. Zur Erzeugung des landwirtschaftlichen Treibstoffbedarfs der alten Länder von 1,45 Mio. t RME müßten 1,27 Mio. ha mit Raps bebaut werden, gegenwärtig über 17% der Ackerfläche Westdeutschlands. Hinzu kämen die Rapsflächen für Lebensmittel- und chemisch-technische Zwecke.

Frankreich verfolgt ein etwas anderes Rapsöl-Konzept: Dort soll in den nächsten Jahren verstärkt RME hergestellt werden, um den Ester herkömmlichem Dieselkraftstoff beizumischen. Im Gespräch sind 5% oder 30% RME-Mischungsanteil. Mittlerweile gibt es drei eingetragene Marken für Biodiesel: "Diester" der Finanzierungsgesellschaft Sofiprotéol, "Diesel-Bi" der Ferruzzi-Tochter Novamont und "Bio-Gazole" der Firma Soufflet [26]. Würde man gemäß den französischen Absichten 5% des gesamtdeutschen Dieselverbrauchs (1992) von knapp 24 Mio. t [25] durch RME substituieren, so ergäbe sich ein Produktionsvolumen von fast 1,2 Mio. t RME.

Angesichts des zumindest derzeit begrenzten Spielraums für eine Produktionsausweitung und fehlender Verarbeitungsanlagen waren die Workshop-Teilnehmer einhellig der Meinung, daß mit dem Einsatz von Pflanzenöl-Treibstoffen zumindest in umweltsensiblen Bereichen einmal begonnen werden sollte. Wasserschutzzonen, Naturschutzgebiete, Flüsse und Wasserstraßen, Seen und Bergregionen würden von einem Einsatz von Pflanzenölen sicherlich profitieren. Durch Auflagen wären in diesem Anwendungsbereich wohl auch höhere Kraftstoffpreise durchsetzbar.

4.3.3 Rapsöl oder RME?

Rapsöl kann nicht ohne weiteres in herkömmlichen Dieselmotoren verbrannt werden, das nach Umesterung mit Methanol entstehende Produkt Rapsölmethylester (RME) dagegen fast problemlos. Die sich daraus ergebenden Alternativstrategien - Motoranpassung oder Kraftstoffanpassung - hat Widmann in Kapitel 3.5 ausführlich beschrieben. Während er der Entwicklung von Rapsölmotoren zur Serienreife gute Chancen einräumte, waren andere Workshop-Teilnehmer skeptischer. Insbesondere Dambroth und Scheffer waren aufgrund ihrer Informationen der Meinung, daß die breitere Einführung pflanzenöltauglicher Motoren wohl nicht zu erwarten sei. Kleinere Unternehmen arbeiten dennoch an verschiedenen Varianten solcher Pflanzenöl-Motoren. Es bleibt abzuwarten, ob sich der eine oder andere Typ als Spezialmotor beispielsweise für den Einsatz in den oben genannten umweltsensiblen Bereichen eignet.

Die Tessol GmbH, Tochtergesellschaft der WLZ-Raiffeisen AG, hat einen patentierten Rapsdiesel aus 80 % gereinigtem Rapsöl und 20 % Additiven (davon 2/3 Alkohol) entwickelt, der offenbar in herkömmlichen Dieselmotoren ohne Umbau eingesetzt werden kann. Prüfstands- und Praxisversuche laufen bisher erfolgreich [27,28]. Sollte sich dieser Treibstoff bewähren, ergäben sich interessante Perspektiven gerade im Hinblick auf eine dezentrale Ölpressung und Treibstoffbereitstellung für die Landwirtschaft.

Für eine schnelle Markteinführung von auf Raps basierenden Treibstoffen bleibt im Moment nur RME trotz der durch den Umesterungsprozeß verschlechterten Energiebilanz und den zusätzlichen Kosten von 22 - 50 Pf/l RME (je nach Anlagengröße und Angaben). Ein vor allem in ökonomischer Hinsicht kritischer Punkt ist das zu ungefähr 1/10 der RME-Menge anfallende Nebenprodukt Glyzerin. Zur Zeit werden nach den Angaben von Leible 700 DM/t für ungereinigtes und 1500 DM/t für gereinigtes Glyzerin auf dem Weltmarkt erzielt. Bei einem Überangebot gehen die Preise sehr schnell nach unten. Widmann machte deutlich, daß mit dem Glyzerinausstoß der beiden österreichischen RME-Produktionsstätten Aschach und Bruck an der Leitha der Glyzerinbedarf Österreichs bereits zu mehr als 100 % gedeckt sei. Die Glyzerin-Gutschrift beeinflußt die Bereitstellungskosten von RME nicht unerheblich (Kap. 3.4).

Aus Gründen der Kostendegression ist für die Herstellung von RME eine gewisse Anlagengröße unabdingbar. Während in Deutschland nur Versuchsanlagen laufen und erst 1993 in Kiel mit dem Bau einer RME-Fabrik für eine Jahresproduktion von 8000 - 10 000 t begonnen werden soll [29], stehen in Österreich bereits zwei größere Anlagen, die im Endausbau zusammen 30 000 t RME jährlich liefern sollen. Eine Studie schätzt das dortige Marktpotential für Biodiesel in den umweltsensiblen Einsatzbereichen Alm- und Forstwirtschaft, Binnenschiffahrt, Lift- und Seilbahnbetrieb sowie Pistengeräte zwischen 42 000 t und 51 000 t pro Jahr [30]. Frankreich plant die Produktion von RME in großem Stil. Ende 1992 betrug die Produktionskapazität von Biodiesel insgesamt 37 000 t, bis Mitte der 90er Jahre soll die Erzeugung auf jährlich 120 000 t bis 150 000 t gesteigert werden [31]. Ferruzzi errichtet in Livorno einen Betrieb mit 60 000 t Jahreskapazität, um die wachsende Nachfrage am italienischen Markt zu decken [32]. Diese Größe sieht die Firma offenbar als untere Grenze für einen wirtschaftlichen Betrieb an [33]. Flottenversuche mit PKWs (Taxis) wie in Freiburg und Berlin oder Bussen (Zürich, Dunkerque, Grenoble, Rouen u. a.) haben mittlerweile gezeigt, daß RME allein oder in Mischung mit herkömmlichem Dieselkraftstoff praxisreif ist. In Bayern gibt es mittlerweile zwei öffentliche Biodiesel-Tankstellen [34]. Die Firma John Deere hat RME für eine ganze Reihe ihrer Traktoren und Mähdrescher zugelassen - auch im Wechselbetrieb mit Diesel und ohne Beeinträchtigung der Garantiebedingungen [35].

4 Workshop und Diskussion

Ein Einsatz von Rapsöl als Heizölersatz in stationären Anlagen ist im Prinzip möglich (Kap. 3.5) und wird auch bereits praktiziert (Kap. 3.12, [36]). Diese Verwendung z. B. in Blockheizkraftwerken, Schwimmbadheizungen u. ä. wäre durchaus in kurzer Frist auszuweiten und könnte Rapsöl relativ schnell in diesen Markt einführen. Die Workshop-Teilnehmer waren sich aber weitgehend darin einig, daß einmal abgepreßtes Rapsöl zu wertvoll sei, um es in stationären Ölfeuerungen zu verbrennen - der Einsatz als Treibstoff in Fahrzeugen sei eindeutig zu präferieren. Wenn Raps in stationären Anlagen genutzt werden soll, dann sei es plausibler, gleich die Ganzpflanze als Festbrennstoff zu verfeuern, so Scheffer.

Sutor gab zu bedenken, daß je nach Größe der Anlage und des Einzugsgebiets feste Biomasse nicht immer geeignet sei. Gerade bei kleinen Heiz(kraft)werken - weniger als 2 MW Kesselleistung - sei ein pflanzenölbetriebenes Heizkraftwerk gegenüber einem Gasheizkraftwerk schon weitgehend konkurrenzfähig: Bei 70 - 80 Pf pro l Pflanzenöl (Weltmarktpreis!) und 70 Pf pro kg Erdöläquivalent bei Gas könne die geringe Preisdifferenz über den Strompreis leicht ausgeglichen werden. Hinsenkamp wies darauf hin, daß der Pflanzenöleinsatz gegenüber fester Biomasse den Vorteil besitzt, daß mit geringeren Emissionen gerade auch von NO_x gerechnet werden könne. Das sei gerade in kleinen Anlagen wichtig, da sich hier der Aufwand einer Rauchgasreinigung nicht lohne. Solange die Vergasung von Biomasse noch nicht einwandfrei funktioniert (Kap. 4.4.4), ist Rapsöl für die BHKW-Technik wohl die günstigste Biomasse-Option.

Über die Verfeuerung ganzer Rapspflanzen liegen uns keine Erfahrungsberichte vor. Hier wäre insbesondere die Frage eventueller Kornverluste von der Ernte bis zur Verbrennung zu klären. Denkbar wäre der Einsatz der Ganzpflanze als Festbrennstoff dann, wenn sich Öl- und Schrotgewinnung nicht lohnen oder politisch nicht machbar sind, der Raps aber aus anderen Gründen (z. B. der Fruchtfolge) angebaut wurde.

Sofern Rapsschrot als Futtermittel Verwendung finden kann (in der Regel bei 00-Sorten der Fall), wäre es aus unserer Sicht Verschwendung, dieses wertvolle Eiweißprodukt Verwendungen wie der Verbrennung oder der Ausbringung als Dünger zuzuführen - abgesehen von den damit verbundenen ökonomischen Rückwirkungen.

Rapsstroh wird in Deutschland üblicherweise untergepflügt und wegen seines hohen Vorfruchtwertes (rund 150 DM/ha in halmfruchtreichen Fruchtfolgen [37]) und der hervorragenden Bodengare, die es hinterläßt, geschätzt. Bei einem Rapssaat-Ertrag von 3,09 t/ha und einem mittleren Korn/Stroh-Verhältnis von 1 : 1,7 kann man laut Reinhardt [8] mit 5,25 t Rapsstroh pro Hektar rechnen. Eine thermische Nutzung des Strohs würde pro ha 59,4 GJ fossiler Energie, entsprechend 1487 l Heizöl, einsparen [8]. Dabei sind der erhöhte Düngerbedarf durch Verringerung des Vorfruchtwertes und die Aufwendungen der Prozeßkette von der Bergung bis zur Brikettierung bereits abgerechnet. Mit der Strohverbrennung würde der Energie-Output pro ha Rapsfläche fast verdoppelt. In der Studie von Reinhardt [8] wurde eine optimistische Strohbergequote von 80 %

unterstellt. Apfelbeck [38] hat in seinen Versuchsreihen Bergequoten von 46 - 85 % ermittelt. Seine Versuche zum Verbrennungsverhalten von Rapsstroh in Heizkesseln und Öfen von 4 - 90 kW Feuerungsnennleistung ergaben sowohl mit HD-Ballen als auch mit Briketts höhere CO-Gehalte und Staubemissionen als erlaubt. Der Grund liegt nach Apfelbeck [38] wohl in der im Vergleich zu Getreidestroh höheren Abbrandgeschwindigkeit von Rapsstroh, deren Auswirkungen durch eine größere Dimensionierung der Nachverbrennungszone und eine dort erfolgende Sekundärluftzumischung aber behebbar wären. Man kann davon ausgehen, daß in modernen größeren Anlagen mit Staubabscheidung die Verbrennung von Rapsstroh keine besonderen Probleme aufwerfen würde. Dennoch ist fraglich, ob die thermische Verwertung von Rapsstroh oder gar Rapsganzpflanzen Eingang in die Praxis findet. Zum einen wird, wie oben erwähnt, das Stroh zur Verbesserung der Bodenfruchtbarkeit gern eingearbeitet. Zum anderen muß man für Ganzpflanzen-Raps vorerst eher weniger Erlös erwarten (100 - 120 DM/t, s. Kap. 4.4.8; Korn- und Strohertrag etwa 7,3 t/ha [8]), solange Öl und Schrot noch Absatz finden (zu Preisen von derzeit 25 - 35 DM/dt Rapssaat frei Ölmühle bzw. um 30 DM/dt nur für den Schrot, s. Kap. 4.3.5). Vor allem in Kombination mit anderen trockenen Biomassen wie Getreidestroh oder Ganzpflanzengetreide wäre in geeigneten Fällen diese Nutzungsart dennoch denkbar.

4.3.4 Verursacht Rapsanbau und -nutzung für energetische Zwecke besondere ökologische Probleme?

Auf die umstrittene "Ökobilanz Rapsöl" des Umweltbundesamtes [5] sind wir schon in Kap. 4.2.1 eingegangen. Die Autoren kommen in dieser Studie zu dem Schluß, daß die beim Ersatz von fossilem Dieselkraftstoff durch Rapsöl/RME zweifellos erzielte Reduktion klimagefährdender Netto-CO_2-Emissionen zu einem beträchtlichen Teil wieder aufgehoben würde durch eine im Vergleich zur Dauerbrache erhöhte Emission von stark klimawirksamem Lachgas (N_2O), verursacht durch die notwendige Stickstoffdüngung beim Rapsanbau. Rapsanbau generell würde - im Vergleich zur Alternative dauerhafte Flächenstillegung - zu erheblichen Belastungen des Bodens und des Grundwassers führen. Auf die auch in dieser Studie festgestellte Unwirtschaftlichkeit von Rapsölmethylester im Vergleich zu Dieselkraftstoff werden wir im nächsten Kapitel noch eingehen. Ein weiterer Hauptpunkt der Umweltbundesamt-Studie ist, daß technische Verbrauchsminderungsmaßnahmen an den Fahrzeugen eine wesentlich kosteneffizientere CO_2-Minderung zustande brächten als die Substitution von Diesel durch RME.

Nach einer langen und zum Teil auch in den Medien kontrovers geführten Fachdiskussion wurde die Ökobilanz schließlich im Januar dieses Jahres veröffentlicht [5]. Das Vorwort von Bundesumweltminister Töpfer zeigt bereits die Schwachstellen der Studie auf, besonders instruktiv sind allerdings die Stellungnahmen der externen Sachverständigen zur Ökobilanz, die als Anlage zum

4 Workshop und Diskussion

eigentlichen Text mitgeliefert werden. Wie viele der Sachverständigen haben auch wir den Eindruck gewonnen, daß die generelle Aussage des Papiers bereits zu Beginn der Untersuchung feststand und daher bei Interpretation und Bewertung des Zahlenmaterials häufig einseitige Schlüsse gezogen werden. Gegen ein Referenzszenario Dauerbrache kann keine landwirtschaftliche Nutzung bestehen; in der Konsequenz würde jeglicher Ackerbau zur inakzeptablen Umweltbelastung erklärt. Die logisch zu wählenden Refenzszenarien wären unseres Erachtens Rotationsbrache oder Ackerbau, hier wohl Getreide als alternativ angebaute Frucht. Damit wäre nur zu untersuchen, inwieweit der Anbau von Raps gegenüber diesen beiden Alternativen eine erhöhte Belastung von Boden und Grundwasser zur Folge hat.

Die Datenbasis zum Denitrifikationspotential und zu den N_2O-Freisetzungsraten von Brachen und Ackerböden halten wir für zu schmal, als daß sich darauf weitreichende Aussagen zur Klimarelevanz des Rapsanbaus (vor allem im Vergleich zu Getreide) gründen ließen. Die wenigen vorhandenen Daten deuten im übrigen darauf hin, daß die vom Umweltbundesamt gewählte Umsetzungsrate von Dünger-N zu N_2O zu hoch gegriffen ist [5a,39]. Das gilt insbesondere dann, wenn der Rapsanbau für energetische Zwecke extensiver erfolgen kann als bisher üblich (s. u.).

Die aufgelisteten technischen Maßnahmen an Fahrzeugen werden in der Stellungnahme der Mercedes-Benz AG [5b] hinsichtlich der "aufgezeigten Einsparmöglichkeiten und der hierfür aufzuwendenden Mehrkosten" als "aus unserer Sicht völlig unrealistisch" beurteilt. Die Autoexperten bemängeln ferner die rein sektoral auf Energieeinsparung ausgelegte Betrachtung und falsche Zitate. Aus unserer Sicht ist es bedenklich, daß dieser wichtige ökonomische Vergleich weitgehend nur auf Annahmen des Umweltbundesamtes beruht und nicht einmal ansatzweise einer der Wichtigkeit der Sache angemessenen ökologischen Bilanzierung unterzogen wurde.

Wir gehen für unsere Betrachtung davon aus, daß bei ordnungsgemäßer Landbewirtschaftung der Anbau von Energieraps keine Mehrbelastung für die Umwelt darstellt, wenn als Vergleichsszenarien Rotationsbrache oder Getreideanbau dienen. Im Gegenteil: Kleinhanß hat in Kap. 3.4 dargelegt, daß nach der Agrarreform der Deckungsbeitrag aus dem Rapsanbau in weiten Grenzen von der Flächenprämie bestimmt wird. Das heißt, der Anreiz für den Landwirt, durch intensive Düngung und Pflanzenschutz hohe Erträge zu erzielen ist nur insoweit gegeben, als sich deutlich niedrigere Durchschnittserträge auf die künftigen Flächenprämien auswirken. So sind nach Zeddies [40] aber bei etwa 20 % geringerem Stickstoffeinsatz immer noch zwischen 90 und 95 % des Ertragspotentials zu erzielen.

Raps ist ein wichtiges Glied in der Fruchtfolge, gerade auch in Getreideanbaugebieten. Sein hoher Vorfruchtwert wurde bereits erwähnt (der allerdings auch genutzt werden muß, da sonst die Stickstoffausträge relativ hoch sind). Ein weiterer Vorteil ist die Fähigkeit von Winterraps, auch noch relativ spät im Jahr Stickstoff zu binden, da bereits junge Pflanzen durch tiefe Wurzeln den Stickstoff aus unteren Bodenschichten zu nutzen verstehen. Die Gefahr der N-Verlagerung und -Auswaschung wird dadurch eher reduziert [17].

Die Emissionen bei der Verbrennung von Rapsöl bzw. RME behandelt Widmann in Kap. 3.5. Seine Ergebnisse und die Zusammenstellung des Umweltbundesamtes [5] lassen erkennen, daß die Verwendung von RME weder deutliche Vor- noch deutliche Nachteile hinsichtlich der Emissionssituation mit sich bringt. Klar belegt ist der äußerst geringe SO_2-Ausstoß und die Verminderung der Partikelemission, die NO_x- und Aldehyd-Gehalte der Abgase sind meistens höher als bei herkömmlichem Dieselkraftstoff. Da die Versuche in der Regel mit normalen Dieselmotoren durchgeführt wurden, lassen technische Optimierungen am Motor durchaus noch Verbesserungen der Emissionssituation erwarten. Verschiebungen des Einspritzbeginns und eine nachgeschaltete Abgasreinigung mittels Oxydationskatalysator haben hier schon gewisse Erfolge erzielt [41,42].

Die beiden umfassenden Energiebilanzen von Leible (Kap. 3.3) und Reinhardt [8] zeigen, daß die Verwendung von RME als Treibstoff einen Netto-Energieertrag von 24,45 GJ/ha (Leible) bzw. 18,97 GJ/ha (Reinhardt) erbringt. Dabei ist die Energieersparnis beim nicht erfolgten Anbau von Soja-Bohnen durch die Verwertung des Rapsschrots als Futtermittel und eine Gutschrift durch die thermische Verwertung des Glyzerins angerechnet. Pro bereitgestelltem Energieäquivalent PME müssen also 0,5 - 0,6 Energieeinheiten aufgewandt werden.

Die durch Substitution fossiler Energieträger erreichte CO_2-Einsparung beläuft sich auf 1,8 t CO_2/ha (Leible) bzw. 2,2 t CO_2/ha (Reinhardt)[2] unter den oben angegebenen Verwertungsoptionen der Nebenprodukte und unter Berücksichtigung der jeweiligen Vorketten. RME als Treibstoff hat also eine deutlich positive Energiebilanz und trägt zur CO_2-Entlastung der Atmosphäre bei. Eine Abschätzung des Gesamt-Entlastungspotentials gibt Kleinhanß (Kap. 3.4).

4.3.5 Ist RME als Treibstoff konkurrenzfähig?

Die Bereitstellungskosten von RME ab Anlage berechnet Kleinhanß (Kap. 3.4) bei einem Rapssaat-Preis von 350 DM/t zu 908 DM/t RME, entsprechend 0,80 DM/l RME. Ortmaier kalkulierte auf dem Workshop die RME-Bereitstellung aus seiner Sicht und kam auf 0,89 DM/l RME ab Anlage. Zuzüglich Mehrwertsteuer und Vertriebskosten errechnet sich ein Tankstellenpreis von 1,03 - 1,13 DM pro l RME - ohne Mineralölsteuer. Dieser Preis entspräche dem derzeitigen Preis für Dieselkraftstoff (mit Mineralölsteuer).

---

[2]Ausgehend von Reinhardts Angaben wurde die CO_2-Emission der RME-Vorkette zu 1405 kg CO_2/ha berechnet. Die pro Hektar erzielten 1143 kg RME können unter der Annahme eines 5%igen volumetrischen Mehrverbrauchs 1028 kg Diesel ersetzen. Diese Menge Dieselkraftstoff würde mit Vorkette 3589 kg CO_2 emittieren.

4 Workshop und Diskussion

Ein Richtlinienvorschlag der EG-Kommission Anfang 1992 sieht vor, die Belastung von Biokraftstoffen auf höchstens 10 % der Mineralölsteuer auf Diesel oder Benzin zu begrenzen [43]. Von der Mehrheit der Ökonomen wird das als Subvention betrachtet. Abgesehen davon, daß positive Umwelteffekte monetär nicht bewertet werden - wie Kleinhanß (Kap. 3.4) explizit schreibt - und die positiven externen Effekte der Landwirtschaft wie der Erhalt der bäuerlich geprägten Kulturlandschaft (Kap. 3.13) ebenfalls nicht eingehen, ist aus unserer Sicht selbst bei dieser (konventionellen) Betrachtung eine andere Sichtweise durchaus möglich. Ortmaier berechnete auf dem Workshop den Subventionsbedarf bei der Markteinführung von RME zu ca. 1,41 DM/l, resultierend aus der Flächenbeihilfe von 1200 DM/ha Rapsfläche (bei einem Ertrag von 31,5 dt/ha dann 0,87 DM/l RME) und dem Verzicht auf die Mineralölsteuer von 0,54 DM/l Diesel.

Wenn wir davon ausgehen, daß Raps für Treibstoffzwecke hälftig auf voll beihilfeberechtigter Fläche und hälftig auf "Stillegungs"flächen angebaut wird und weiterhin annehmen, daß das produzierte RME zum größten Teil in der Landwirtschaft selbst Verwendung findet, so kann man wie folgt rechnen: Die Stillegung ist obligatorisch, d. h. die Prämie von durchschnittlich 593 DM/ha wird gezahlt, egal ob Raps angebaut wird oder nicht. Hier ist der Stützungsbedarf nicht rapsspezifisch und wird daher nicht angerechnet. Eher könnten die entfallenden Kosten für die Pflege der stillgelegten Flächen gutgeschrieben werden. Auf der Marktordnungsfläche kalkulieren wir mit der vollen Ölsaatenprämie von ca. 1100 DM/ha, obwohl auch denkbar wäre, nur die Differenz zu einer Nutzungsalternative zu nehmen. Das ergibt eine Stützung von 0,40 DM/l RME, wenn die Hälfte des Anbaus auf "Stillegungs"flächen erfolgt. Dabei ist die gesamte Stützung dem Öl/RME zugerechnet. Abgerechnet werden kann bei Verwendung in der Landwirtschaft die dann nicht zu gewährende Gasölbeihilfe von zur Zeit 0,41 DM/l Dieselkraftstoff (im letzten Jahr immerhin ein Subventionsposten von 0,9 Mrd. DM [3]), sowie eine Gutschrift für "city-diesel"-Qualität aufgrund der Schwefelfreiheit von RME in Höhe von DM 0,10 DM/l. Selbst wenn letztere Gutschrift unberücksichtigt bleibt, kann durch den Wegfall der Gasölbeihilfe die rapsspezifische Flächenstützung (unter unseren Annahmen) kompensiert werden. Im übrigen ist nicht von vornherein klar, warum *Pflanzen*öl zur Treibstoffverwendung mit *Mineral*ölsteuer belegt werden soll. Das Argument des Steuerausfalls bei Nichtbesteuerung würde genauso gelten für alle Maßnahmen, die den Treibstoffverbrauch von Kraftfahrzeugen mindern - auch für die vom Umweltbundesamt vorgeschlagenen [5]. Treibstoffersparnis bedeutet dann volkswirtschaftlichen (vor allem fiskalischen) Verlust. Als Fazit der Rechnungen und unserer Anregungen bleibt, daß RME unter den heutigen Preisverhältnissen zu ungefähr demselben Preis wie Dieselkraftstoff angeboten werden kann, wenn die Mineralölsteuer auf Rapsöl/RME nicht erhoben wird. Sollte künftig Rapsöl problemlos in Motoren verwendet werden können, käme der Pflanzenöltreibstoff durch Einsparung der Umesterungskosten sogar billiger. Frankreich baut seine

RME-Produktion aus und hat in diesem Rahmen Treibstoffe aus Biomasse bereits vollständig und auf Dauer von der Steuer auf Erdölprodukte befreit [44]. Es wäre wünschenswert, daß hier bald eine EG-einheitliche Regelung gefunden wird, die auch klarstellt, ob und inwieweit auch Mischungen von Rapsöl/RME und Diesel steuerfrei sind. Gleichermaßen wichtig wäre eine Normung des auf Pflanzenöl beruhenden Kraftstoffs.

Eine klare und möglichst einheitliche Regelung der Steuerfrage würde zusammen mit verläßlichen agrarpolitischen Rahmenbedingungen wahrscheinlich auch die Erzeugerpreise für Rapssaat stabilisieren helfen. Während Löhle auf dem Workshop noch beklagte, daß ein Bauer vom Bodensee nur 24 - 25 DM/dt Rapssaat bekomme, notierten die ersten Verträge für die diesjährige Rapsernte in Hamburg etwa 36 DM/dt [45]. Sutor meinte, bei Preisen von 24 DM/dt sei es "klüger, den Raps in den Ofen zu schmeißen", da er dann mit dem Heizölpreis konkurrieren könne und Strehler merkte an, daß es sich bei diesen Preisen lohne, den Raps betriebsintern selbst zu pressen. Vom Kraftfutterwerk bekäme man 30 DM für die Dezitonne Rapsschrot bzw. -kuchen, das Öl sei dann quasi umsonst (eine durchaus attraktive Variante, sollte sich die Ölmischung "Tessol" (s.o.) bewähren). Zu bedenken ist freilich, daß die Verwertung des Schrotes als Futtermittel zwar im Prinzip kein Problem wäre, in praxi aber durch den Agrarkompromiß EG - USA im Zuge der GATT-Verhandlungen begrenzt werden muß.

Unter gegenwärtigen Bedingungen sind Erzeugerpreise von 35 - 40 DM/dt Rapssaat Voraussetzung dafür, daß Stillegungsflächen überhaupt mit Raps bebaut werden, wie Kleinhanß (Kap. 3.4) nachweist. Erst noch höhere Preise könnten das mobilisierbare Potential voll ausschöpfen. Nach einer von Gerstenkorn auf dem Workshop vorgestellten Rechnung kann dem rapsabliefernden Landwirt unter den gegebenen ökonomischen Rahmenbedingungen bei Anrechnung einer 100%igen Steuerbefreiung und Nebenproduktelösen ein Preis von ungefähr 30 DM/dt Rapssaat zur RME-Produktion bezahlt werden.

4.4 Die direkte thermische Nutzung von Biomasse

4.4.1 Welche Potentiale an Stroh und Restholz wären zur Energiegewinnung verwertbar?

Nach Studien von Kaltschmitt und Wiese [46] sowie Strehler [47] ergeben sich für die Bundesrepublik Deutschland energetisch nutzbare Strohpotentiale von 80 -100 PJ/a und Potentiale aus Rest- und Abfallholz in der Größenordnung von 140 PJ/a (siehe auch [48]). Der Anteil Baden-Württembergs ist laut Kaltschmitt und Wiese [46] bei Stroh mit ungefähr 5,7 PJ/a und bei Holz mit knapp über 16 PJ/a zu veranschlagen. Bei dieser Schätzung sind konkurrierende Nutzungen wie das Belassen des Strohs auf dem Feld (Bodenfruchtbarkeit), Stalleinstreu, Gärtnereibedarf oder naturbedingte Nutzungseinschränkungen im Falle von Waldrestholz bereits abgezogen. So wurden nur 10 - 20% des eigentlich anfallenden Strohs für thermisch nutzbar angesehen. Leible hielt eine Verdopplung des Strohpotentials für durchaus realistisch.

Zur Energiegewinnung tatsächlich genutzt wird vom Stroh- und Holzpotential ein weitaus geringerer Teil - hauptsächlich aus ökonomischen Gründen. Obwohl auch bei uns Stroh und Restholz an der Schwelle der Wirtschaftlichkeit stünden - so Strehler und Lüschen auf dem Workshop - ist deren Nutzung in größerem Maßstab über Pilotprojekte nicht hinausgekommen.

Demgegenüber haben die Dänen bereits 54 strohbefeuerte Fernheizwerke von 0,6 - 9 MW Kesselleistung in Betrieb genommen, die jährlich 250 000 t Stroh verheizen. Weitere 200 000 t gehen in die 6 Wärmekraftwerke mit insgesamt 180 MW_{th} und 60 MW_{el}. Daneben existieren 15 - 16 000 Kleinanlagen unter 1 MW, hauptsächlich in landwirtschaftlichen Betrieben, die 300 000 t Stroh pro Jahr verbrauchen [49]. In Österreich stehen über 13 000 Holzhackschnitzel-Feuerungsanlagen, der gegenwärtige Beitrag der Biomasse an der Primärenergieerzeugung liegt bei ca. 9% [50,51]. Die gesamte Holzfeuerungsleistung betrug 1992 knapp 1400 MW, davon 395 MW in 208 Anlagen über 1 MW [51]. Nach Angaben von Rettich werden in der holzreichen Steiermark bereits 15% des Wärmebedarfs auf Biomasse-Basis (zumeist in Kleinkraftwerken) erzeugt.

Daß sowohl in Dänemark als auch in Österreich gerade die großtechnisch betriebene energetische Nutzung von Reststoffen der Land- und Forstwirtschaft so weit fortgeschritten ist, hat sicher einen wichtigen Grund: In beiden Ländern sind fossile Brennstoffe aus politischen Gründen deutlich teurer als bei uns.

Es wäre wenigstens zu wünschen, daß in Deutschland möglichst flächendeckend regionalspezifische Potentialabschätzungen für Stroh, für Holz und für Biomasse aus Energiepflanzenanbau angestellt werden, die für die betreffende Region als Planungsgrundlage dienen können. Die bundesweit 20 Machbarkeitsstudien zur Biomassenutzung [52] sind hier nur ein erster Schritt, um bei Verbesserung der ökonomischen Wettbewerbsfähigkeit von Biomasse, insbesondere von Reststoffen, mit konkreten Heiz(kraft)werk-Projekten - nicht nur Demonstrationsprojekten - beginnen zu können.

Das eigentliche Thema unserer Studie ist, ob und inwieweit die energetische Nutzung von Biomasse eine Chance für die *Land*wirtschaft darstellt. Die Verwertung von Holz werden wir daher nur kurz streifen und es bei einigen Anmerkungen belassen. Die Forstwirtschaft beklagt generell, daß Rest- und Nebenprodukte der Holzwirtschaft derzeit schwer zu vermarkten sind, nicht zuletzt wegen des steigenden Altpapiereinsatzes in der Papierherstellung [53-55]. Die thermische Nutzung würde die Absatzprobleme von Restholz rasch beseitigen. Neben kleineren Heizanlagen und der betriebsinternen Verwendung anfallender Holzabfälle wären hier Heizkraftwerke auf Holzbasis an sich das Mittel der Wahl. Die Holz be- und verarbeitenden Betriebe können nach der Novellierung des Stromeinspeisungsgesetzes Holzabfälle und -reste aus der Produktion sowie Holzprodukte und auch kontaminierte Althölzer (letztere nur in genehmigungsbedürftigen Anlagen) nicht nur verbrennen, sondern auch zur Stromproduktion nutzen. Der Strom kann ins öffentliche Netz eingespeist werden und wird mit 14 Pf/kWh vergütet [56].

Derzeit sind in der Holzwirtschaft 70 KWK-Anlagen mit einer Gesamt-Kapazität von 40 MW$_{el}$ installiert [48]. Bei der Planung größerer Holz-Heizkraftwerke sind Fragen der Logistik von enormer Bedeutung. Das Einzugsgebiet der Anlage muß ausreichend groß sein, und die Bereitstellung des Holzes darf nicht zuviel maschinellen und vor allem personellen Aufwand erfordern. Für größere Anlagen ist die Beschickung mit Holzschnitzeln feuerungstechnisch unabdingbar, diese sind jedoch nicht unbegrenzt lagerfähig (pilzliche Zersetzung, Kap. 3.7, [57]). Die Schnitzel werden in der Regel mit einem Feuchtegehalt um 50% angeliefert. Will man die Trocknungs- und Belüftungskosten [58] vermeiden, so empfiehlt sich eine möglichst kontinuierliche Anlieferung des Holzmaterials mit minimaler Lagerhaltung und einer Ausnutzung der Abgas-Kondensationswärme. Die Brennwertnutzung kann Brennstoffeinsparungen von 20 - 30% erzielen. In Dänemark werden nun alle neuen Holzschnitzelfeuerunganlagen mit Abgaskondensation ausgeführt (16 von insgesamt 26 Fernheizungsanlagen im Leistungsbereich 1 - 10 MW$_{th}$ sind bereits damit ausgestattet) [59].

Einen Überblick über die Holzfeuerungstechnik und die Emissionssituation gibt Strehler (Kap. 3.8), Strategien zur Emissionsminderung finden sich auch in [60]. Besonders bedenklich ist das schlechtere Emissionsverhalten bei der Verbrennung von Althölzern (NO$_x$, Schwermetalle, Dioxine und Furane) [60].

Die neue Heizzentrale (2,5 MW) der Flughafen AG Frankfurt [61] oder das Biomasse-Versorgungskonzept (1,8 MW) für die Odenwaldgemeinde Mudau [62] zeigen, daß sich bei entsprechend günstiger Holzversorgung Holzheiz(kraft)werke auch in Deutschland lohnen können. Es bleibt abzuwarten, ob die Zellstoffproduktion in Deutschland wieder ausgeweitet werden kann - die nach dem Organosolv-Verfahren arbeitende Anlage in Kelheim ist in Betrieb gegangen - und damit eine ernstzunehmende Konkurrenz für die thermische Verwertung des Holzes entsteht. Der Rohstoffbedarf einer dann relativ umweltschonenden Zellstoffproduktion wäre enorm.

4.4.2 Welche Pflanzen eignen sich für eine Biomasseerzeugung zur direkten energetischen Nutzung?

Schnellwachsende Baumarten: Dimitri gibt in Kap. 3.7 einen umfassenden Überblick über den gegenwärtigen Stand der praktischen Erprobung des Anbaus schnellwachsender Baumarten in Deutschland. In unseren Breiten kommen für den Zweck einer hohen Biomasseproduktion in relativ kurzer Zeit (10 -15 Jahren) nur Pappel(hybride)n und Weiden in Frage. Beide Artengruppen erreichen sehr gute Leistungen nur auf Standorten, die "einen guten Wasser-, Nährstoff- und Lufthaushalt sowie entsprechende Gründigkeit haben" (Kap. 3.7). Das sind im allgemeinen genau die Standorte, auf denen bei ackerbaulicher Nutzung die höchste Produktivität erreicht wird. Dieselbe Nutzungskonkurrenz ergibt sich aus dem Zwang einer rationellen Anbautechnik: Nicht nur für Ackerbau, sondern auch für Schnellwuchsplantagen sollten die Flächen möglichst "in ganzjährig befahrbaren, möglichst ebenen Lagen liegen". Die Energiebilanz ist ausgesprochen positiv (Kap. 3.3).

Im Vergleich zu einer früheren Bestandsaufnahme [63] ist es offensichtlich gelungen, die damals zum Teil erheblichen Anwuchsprobleme und daraus resultierenden Ausfallraten zu reduzieren, so daß man jetzt von einem sicheren Ertrag von 12 t atro/a · ha ausgehen kann (auf den guten Standorten). In Anbetracht dessen, daß ein ähnlich hohes Ertragspotential mit Futtergetreide-Ganzpflanzen erzielt werden kann (s. u. und Kap. 3.2), erscheint diese Leistung nicht so gut, als daß sie die von Mohr vorgebrachten Bedenken gegen eine nur schwer revertierbare Nutzung bester Ackerflächen zerstreuen könnte (s. Kap. 3.13). Zwar schreibt eine Arbeitsgruppe des Deutschen Forstwirtschaftsrats, daß eine Rückumwandlung aufgeforsteter Flächen "von den technischen und ertragskundlichen Bedingungen her kein Problem" sei [64] - Dimitri schlug vor, nach dem letzten Umtrieb Mais zu setzen, der die Baumschößlinge überwachsen würde -, dennoch waren die anderen Workshop-Teilnehmer, insbesondere Dambroth, nicht davon zu überzeugen, daß eine Rückumwandlung mit einfachen und kostengünstigen Mitteln schnell zu erreichen sei. Man muß davon ausgehen, daß auch die agrarische Mikroorganismenflora und Mykorrhizasymbiose sich erst wieder entwickeln muß. Nach unveröffentlichten Ergebnissen der Landeskammer für Landwirtschaft in Graz ist die Rückumwandlung einer Energiewaldfläche in landwirtschaftlich nutzbare Fläche innerhalb von 2 Jahren möglich. Nach 15 Jahren Pappelforst beliefen sich die Umwandlungskosten auf 2000 - 9000 DM/ha, bei 12 t atro/ha · a Ertragsleistung sind das zwischen 11 und 50 DM/t atro [65].

In den Augen von Rettich und Mohr war die für eine hohe Ertragsleistung nötige, sehr gute Wasserversorgung von Pappeln und Weiden als kritisch zu werten. Mohr führte aus, daß es unklug sei, auf Faktoren zu setzen, die in Zukunft wahrscheinlich limitierend sein werden und erläuterte den hohen Wasserbedarf mit dem bei hohen Photosyntheseraten sehr schlechten Wassernutzungskoeffizienten (transpirierte Einheit Wasser pro Einheit Kohlenwasserstoff) dieser Bäume.

Die im Vergleich zu 1988 [63] deutlich gesenkten Anlagekosten der Kurzumtriebsforste machen sie wirtschaftlich attraktiver als früher. Wünschenswert wäre eine Klärung des immer noch ungelösten Ernteproblems (Kap. 3.7). Ernte und Transport können bis zu 70 % der gesamten Bereitstellungskosten ausmachen [66]. Strehler [47] schätzt die Produktionskosten je Tonne Holzhackschnitzel auf 200-300 DM. Dimitris Schätzung (Kap. 3.7) liegt deutlich darunter. Darüber hinaus betonte er, daß je nach Lage die Verwertung von Restholz teurer sei als die Nutzung von Plantagenholz.

Ahl erläutert in Kap. 3.1, welche Fördermöglichkeiten der EG für die Anlage der Kurzumtriebsforste zur Verfügung stehen. Es bleibt dem einzelnen Landwirt überlassen, ob er statt stillzulegen lieber aufforsten will und ob die Aufforstung in Form von Kurzumtriebsplantagen geschehen soll. Letzteres wird sich schon vom Ertrag her nur dann lohnen, wenn er seine besten Flächen dafür vorsieht.

Eine auf einer Befragung von Landwirten beruhende Hochrechnung des Instituts für Forstpolitik und Raumordnung der Universität Freiburg ergab, daß an einer Energiewald-Aufforstung in Baden-Württemberg durchaus Interesse auszumachen sei. Die kalkulierte Fläche umfaßt landesweit zwischen 17 000 und 30 000 ha [67].

Wir sind zu der Meinung gelangt, daß der Anbau schnellwachsender Baumarten zur Energiegewinnung eine durchaus erwägenswerte Alternative für eine sinnvolle Bewirtschaftung ehemals landwirtschaftlich genutzter Flächen darstellt. Aufgrund der engen Abhängigkeit der Ertragslage von einer guten Wasserversorgung (und Nährstoffversorgung) und aufgrund des Plantagencharakters plädieren wir allerdings dafür, diese Nutzungsform nicht in ohnehin waldreichen Gebieten zu wählen. In den Mittelgebirgsregionen der Bundesrepublik halten wir eine alternative Verwendung überschüssiger Ackerflächen für sinnvoller. In den waldarmen Regionen Deutschland sehen wir durchaus Realisierungsmöglichkeiten, falls die Wasserversorgung nicht limitierend ist und falls klar ist, daß die für Holzplantagen genutzten Flächen nicht wieder schnell revertiert werden müssen. Wie bei der Restholzverwertung (s. o.) stünde auch die energetische Verwendung des Plantagenholzes in potentieller Konkurrenz zur Zellstoffherstellung.

Relativ gute Erfahrungen mit dem Anbau von Energiewaldplantagen hat man in den sicher nicht wasserarmen Ländern Großbritannien und Schweden gemacht. Auch dort ist jedoch die Anlage und Nutzung der Kurzumtriebwälder ohne staatliche Förderzuschüsse nicht rentabel [68-70].

Miscanthus sinensis: Diese auch als Chinaschilf oder fälschlicherweise als Elefantengras bezeichnet C_4-Pflanze hat durch die Medien einen erstaunlichen Bekanntheitsgrad erreicht [71]. Die Hoffnungen der Öffentlichkeit richten sich dabei hauptsächlich darauf, daß durch den hohen potentiell zu erzielenden Flächenertrag an Biomasse ohne großen Aufwand ein bedeutender Beitrag zur Energieversorgung geleistet werden könne. Die Herausgeber hoffen, daß diese Studie dazu beiträgt, die zum Teil hochfliegenden Erwartungen an einer wissenschaftlich vertretbaren Wissensgrundlage auszurichten.

Dambroth gibt in Kapitel 3.2 eine kurze Beschreibung der mit Zuckerrohr, Mais und Hirse verwandten Pflanzen sowie einen Überblick über die agronomischen Rahmenbedingungen für ihren Anbau. Mittlerweile liegen von einigen Versuchsflächen erste Ergebnisse vor. Es hat sich gezeigt, daß die anfangs in der Diskussion befindlichen Trockenmasseerträge von 40 - 50 t/ha · a nirgends erzielt werden konnten. Je nach Standortgüte, Klimagunst und Wasserversorgung

4 Workshop und Diskussion

bewegen sich die realen Erträge zwischen 14 und 30 t Trockenmasse/ha · a ab dem 3. Jahr [72,73].

Auf guten Böden kann man in normalen Jahren ohne Bewässerung wohl mit einem Ertragspotential von 20-25 t Trockenmasse/ha · a spätestens ab dem 4. Jahr kalkulieren. Das ist natürlich eine ganze Menge - oder wie Dambroth sagte: "Die Schilfgräser sind immer noch die Pflanzen, die mit geringstem Aufwand die höchsten Hektarerträge an Trockenmasse erzielen".

Der Aufwand besteht hauptsächlich in der Begründung des Bestandes: Nachdem andere Versuch fehlgeschlagen sind, werden zur Zeit die Setzlinge aus Meristemkulturen vorgezogen und frühestens im Mai, besser Juni (nach der Schafskälte) ausgepflanzt. Die Kosten dafür konnten schon gesenkt werden, liegen aber immer noch bei 10 000 - 15 000 DM/ha [72]. Wie Dambroth auf dem Workshop ausführte, kann auf eine Herbizidbehandlung generell verzichtet werden. Eine mechanische Unkrautbekämpfung im 1. Jahr reicht völlig aus. Hinsichtlich des langfristigen Düngerbedarfs bestehen offensichtlich noch große Wissenslücken. Die Spanne der Empfehlungen für die Stickstoffdüngung reicht von "muß auf guten Standorten nicht gedüngt werden" [74], bis zu 200 kg N/ha · a [75]. Dambroth (Kapitel 3.2) gibt unter Vorbehalt 100 - 120 kg N/ha · a (maximal) an und empfahl eher weniger.

Ob Pflanzenschutz mit Fungiziden und Insektiziden notwendig ist, läßt sich noch nicht sicher beurteilen. Die Versuchsflächen sind bisher zu klein, als daß sich entsprechender Schädlings- und Krankheitsdruck hätte entwickeln können.

Eine ausreichende und kontinuierliche Wasserversorgung, vor allem in den Hauptwachstumsmonaten Mai, Juni und Juli, ist entscheidend wichtig für eine hohe Trockenmassebildung. Das hat auf einigen Versuchsflächen, so in Forchheim [73], dazu verführt, die Pflanzen zu bewässern. Wir halten nicht nur die in [73] erwähnten hohen Investitionskosten und den hohen Arbeitsaufwand - zumal für Tröpfchenbewässerung! - für unrentabel, sondern die Allokation der in Zukunft wohl auch in unseren Breiten immer wertvoller werdenden Ressource Wasser in den Energiepflanzenanbau für eine inakzeptable Verschwendung. In trockeneren Sommern müssen die Ertragserwartungen wohl oder übel zurückgeschraubt werden. Da Miscanthus auch noch im (feuchten) Herbst enorme Zuwachsraten zeigen kann, wie Dambroth erklärte, kann eine sommerliche Stagnation zumindest teilweise wieder ausgeglichen werden. Er erläuterte weiterhin, daß der relative Unterschied im Ertrag zwischen beregneten und nicht beregneten Flächen im Durchschnitt auch nicht größer sei als bei Getreide. Im ersten Jahr sei eine Beregnung für den Anwuchserfolg allerdings unabdingbar.

Kritischer als die Wasserversorgung des Chinaschilfs sind wahrscheinlich andere Probleme: Im letzten Jahr gab es erhebliche witterungsbedingte Ausfälle [76], auf mehreren Versuchsflächen kamen die zweijährigen Miscanthusbestände nicht aus der Erde [77]. Sutor berichtete über Ausfälle durch Lagern der Bestände, verursacht durch Sommergewitter, was sich bis ins nächste Jahr hinein auswirke.

Ähnliche Bruch- und Lagerprobleme seien in den Versuchsflächen der EVS durch frühen Schneefall im Spätherbst aufgetreten, so Lüschen. Die Empfindlichkeit gegen Früh- und Spätfröste ist mittlerweile einkalkuliert.

Alle bisher gemachten Aussagen gelten streng genommen nur für einen Klon von Miscanthus sinensis ganz bestimmter Herkunft, nämlich Miscanthus sinensis 'Giganteus' (s. Kapitel 3.2). El Bassam und Jacks [78] geben einen Überblick über die Arten der Gattung Miscanthus und über die offenbar mindestens 48 benannten Sorten der Art Miscanthus sinensis. Dambroth und insbesondere Sutor beklagten auf dem Workshop die Konzentration bisheriger Anbau- und Erprobungsversuche auf die eine Herkunft "Giganteus". Sutor erläuterte, daß nach seinen Erfahrungen andere Herkünfte vielleicht etwas niedrigeren, dafür aber sichereren Ertrag bringen würden: Während "Giganteus"-Pflanzen seiner Versuchsflächen zu 30 - 90% den ersten Winter nicht überstanden haben, lagen die Ausfälle bei "Goliath"-Pflanzen unter 1%. Außerdem kämen diese und andere Varietäten in Bayern auch zum Blühen. Mohrs Beobachtung, daß die Horste nach einigen Jahren innen kahl werden und nur noch in einem äußeren Ring Triebe bilden, ist Sutor zufolge eine Eigenschaft von "Giganteus". In der Summe zeigten andere Herkünfte als "Giganteus", so z.B. "Goliath" oder "Silberfeder", bessere Winterfestigkeit und höhere Trockensubstanzgehalte zum Erntezeitpunkt ("Giganteus" 65 - 70% Trockenmasse im März, "Goliath" und andere mehr als 78%), sie seien leichter noch spät im Frühjahr zu ernten und besser lagerbar.

Die Verengung der genetischen Ressourcen auf einen Klon birgt natürlich auch die Gefahr, daß eventuell sich entwickelnder Schädlingsdruck dann zu katastrophalen Ausfällen führt. Die schon jetzt auftretenden Spontanausfälle ganzer Bestände deuten auf eine andere Problematik: Miscanthus sinensis Giganteus ist eine Hybridform, die nicht homogen ist und erhebliche Einzelpflanzenvariation zeigt (Dambroth). Bei der Anlage von Meristemkulturen zur vegetativen Vermehrung (Samenbildung ist bei diesem Hybrid nicht möglich) kommt es entscheidend darauf an, daß gutes, geprüftes Ausgangsmaterial vorliegt. Eine minderwertige Ausgangsbasis würde durch die bei Zell - und Gewebekulturen unvermeidlichen, spontanen Änderungen des Erbguts (somaklonale Variation) noch weiter verschlechtert.

Ähnlich wie bei den Schnellwachsenden Baumarten wird durch die Anlage von Miscanthus-Plantagen bestes Ackerland (denn nur solches bringt die angestrebten hohen Erträge) für 10-15 Jahre gebunden. Diese Entscheidung will gut überlegt sein. Andererseits ist, anders als bei den Energieholzplantagen, Dambroth zufolge eine Rückumwidmung zu Ackerland relativ einfach möglich, da das von Mohr als problematisch angesehene Rhizomgeflecht von Miscanthus in der normalen, relativ oberflächlichen Durchwurzelungszone verbleibt.

Dambroth regte ausdrücklich an, auch andere (Schilf)Grasarten in die Betrachtung einzubeziehen. Eine interessante Alternative bespricht Kahnt [79]: Die Zuckerhirse, eine C_4-Pflanze wie Miscanthus, lieferte auf 3 Versuchsstandorten jährliche Trockenmasseerträge zwischen 20 und 30 t/ha, also auch nicht weniger als Miscanthus. Der aus unserer Sicht enorme Vorteil der Hirse liegt darin, daß sie einjährig und in Bestellung und Pflege dem Maisanbau vergleichbar ist (Kap. 3.2). Damit ließe sich die Zuckerhirse gut in die landwirtschaftliche Fruchtfolge einfügen. Ein Problem bleibt die Ernte. Ein geringerer Wasserbedarf als Miscanthus und ein geringerer (aber immer noch hoher) Anspruch an die Wärmesumme sind zusätzliche Vorzüge. (Da das Photosyntheseoptimum bei C_4-Pflanzen bei höheren Temperaturen liegt als bei den heimischen C_3-Pflanzen, sind hohe Wärmesummen einem Wachstum dieser Pflanzen besonders förderlich. Die Wärmesumme errechnet sich aus der Summe der Tagesmitteltemperaturen größer als 5°C über die gesamte Vegetationszeit [79]).

In der Zusammenschau der vorliegenden Ergebnisse sind wir zu dem Schluß gekommen, daß Miscanthus sinensis als Energiepflanze durchaus eine Menge Vorteile auf ihrer Seite hat: Vielseitige Verwendbarkeit im energetischen und chemisch-technischen Bereich, die Möglichkeit eines relativ extensiven Anbaus mit dem Plus einer ganzjährigen Bodenbedeckung (Erosionsschutz), wenig Ascheanfall und gute Emissionswerte, der versorgungstechnische interessante Erntezeitpunkt im Frühjahr, eine deutlich positive Energiebilanz und schließlich ein relativ hohes CO_2-Minderungspotential (vgl. Kapitel 3.3) sind attraktive Qualitäten. Ein großflächiger Anbau stellt nach gegenwärtigem Wissensstand allerdings noch ein zu großes Investitions- und Ertragsrisiko sowohl für den Landwirt, als auch für den Abnehmer dar. Zunächst müssen andere Herkünfte, Klone und auch Arten von Miscanthus im Versuchsanbau getestet und gegebenenfalls züchterisch bearbeitet werden. Das Beispiel des verwandten Mais hat gezeigt, was hier möglich ist. Die bisherige Konzentration auf eine Herkunft ist risikoreich und führte zu voreiligen Schlüssen.

Besonders wichtige Testkriterien erscheinen uns dabei:

- die Winterfestigkeit
- die Empfindlichkeit gegen Früh- und Spätfröste
- die Ermittlung des langfristigen Düngerbedarfs
- die vorausschauende Ermittlung eines eventuell notwendig werdenden Pflanzenschutzes (bevor großflächige Kalamitäten auftreten),
- die Senkung der hohen Kosten für die Bestandesbegründung, die immer noch auf der Basis von züchterisch nicht unproblematischen Meristemkulturen erfolgt.

Zu überprüfen ist auch, ob andere ertragsstarke, aber annuelle Pflanzen (Zuckerhirse oder andere Hirsen s.o., Mais oder Futtergetreide s.u.) sich eher anbieten, da sie sich in eine Fruchtfolge integrieren und mit bekannter Technik ernten lassen.

Getreideganzpflanzen: Die Nutzung von ertragsstarken Getreidesorten - in der Regel Futtergetreide - für energetische Zwecke hätte einige Vorteile:

- die Ackerflächen bleiben jederzeit für die Nahrungsmittelerzeugung verfügbar,
- der Getreidebau läßt sich in etablierte Fruchtfolgen integrieren,
- Produktions-, Ernte- und Verarbeitungstechnik sind den Landwirten bekannt, die technische Ausrüstung steht normalerweise zur Verfügung (mit Ausnahme einer Pelletiermaschine, s. u.),
- es entsteht keine jahrelange Wartezeit bis zum ersten Ertrag,
- die Energiebilanz ist deutlich positiv, so daß "der Anbau von Massengetreide ... eine der günstigsten Varianten für den gezielten Anbau von nachwachsenden Energieträgern" ist [80].

Da es für eine direkte thermische Verwertung nur auf den Biomasseertrag, aber nicht auf Qualität ankommt, kann der Getreideanbau für energetische Zwecke extensiver gestaltet werden als der Anbau für Nahrungs- und Futtermittelzwecke. So kann z.B. die Ertrags- und Qualitätsspätdüngung unterbleiben und beim Pflanzenschutz gespart werden. Ein gewisses Ertragsniveau sollte dennoch gehalten werden, wobei sich der Gesamtertrag in diesem Fall aus Kornertrag plus Strohertrag zusammensetzt. Abhängig von der gewählten Fruchtfolge und den Standortbedingungen kann die gesamte Getreidepalette eingesetzt werden. Winter-B- und C-Weizen bringt häufig die höchsten Erträge und reagiert auf eine Verminderung von Stickstoffdüngung und Pflanzenschutz mit geringeren Ertragseinbußen als A-Weizen. In Sortenversuchen sind 8-9 t/ha nur an Kornertrag keine Seltenheit; in der Praxis können vor allem große Betriebe mit 7-8 t/ha Kornertrag kalkulieren.

Gerste ist gut geeignet aufgrund ihres relativ niedrigen Stickstoffbedarfs und -gehalts, was sich in reduzierter NO_x-Emission bemerkbar macht. Daneben sind Roggen, besonders Hybridroggen, Hafer und Triticale (ein Weizen-Roggen-Hybrid) Energiegetreide-Kandidaten. Triticale hat sich in Bayern aufgrund seiner Ertragssicherheit, seines relativ hohen Strohanteils und seiner Anspruchslosigkeit hinsichtlich Pflanzenschutz bereits gut bewährt.

Anbauversuche zur Bereitstellung von Getreide als Brennstoff für die Feuerungsanlage des Versuchsguts Grub in Bayern ergaben Ganzpflanzenerträge von 15,6-19,3 t/ha bei Winterweizen und 12,0-13,9 t/ha bei Wintergerste, jeweils bezogen auf 15% Feuchtegehalt [81]. Die Autoren rechnen mit nachhaltigen Ganzpflanzenerträgen von 13-17 t/ha auf diesem Standort.

Sutor berichtete auf dem Workshop von Ganzpflanzenerträgen bei Wintergerste von 11 t/ha und bei Triticale von 12,4 t/ha, jeweils bezogen auf etwa 17% Feuchte. Die Anbauflächen waren zur Belieferung der Grünfuttertrocknungsanlage Lengenfeld mit Energiegetreide bestellt. Da es ein im Durchschnitt ausgesprochen schlechtes Jahr für Getreide in Lengenfeld gewesen sei, könne man langfristig mit 10-14 t/ha Korn- und Strohertrag rechnen, so Sutor.

4 Workshop und Diskussion

Dambroth regte ausdrücklich an, auch andere Energiepflanzen-Kandidaten zu berücksichtigen, so (Zucker)Hirse, Hanf, Reismelde, Sonnenblume und schließlich Mais. Silomais konnte im Landessortenversuch 1992 im dreijährigen Vergleich in Baden-Württemberg 17,4 t/ha Trockenmasse erzielen, in Bayern sogar über 19 t/ha. In der Praxis werden die Erträge sicher niedriger sein, dennoch steckt auch im Mais ein gewaltiges Potential. Ein gewisses Problem bleibt noch die Erntefeuchte (s.u.).

Ein Rückgriff auf alte, strohreiche Getreidevarianten sei nicht ohne weiteres möglich, da diesen häufig die nötige Lagerfestigkeit fehle, so Dambroth auf dem Workshop. Im übrigen habe sich der Gesamt-Trockenmasseertrag im Laufe der Züchtungsbemühungen nicht dramatisch verändert - eher das Korn-Stroh-Verhältnis. Im Hinblick auf einen hohen Biomasseertrag mit erwünscht hohem Strohanteil gibt es also für den Züchter noch ausreichend Arbeit.

Korn und Stroh müssen nicht getrennt geerntet werden. Für die Beschickung kleiner Anlagen mit einer geringen Feld-Hof-Entfernung eignet sich die Häcksellinie [81]. Die Häcksel können im Lager noch nachgetrocknet werden. Bei größeren Entfernungen muß das Erntematerial höher verdichtet werden, aber dementsprechend vorher ausreichend trocken sein. Zur Verdichtung haben sich Ballenpressen für kubische Großballen [81] und die Kompaktrollenpresse (Kapitel 3.8) als geeignet erwiesen.

Großballen und Kompaktrollen sind allerdings nur für große Anlagen geeignet. Für die kleineren Feuerungsanlagen bleibt die Pelletierung oder Brikettierung als einzig sinnvoller Weg, leicht handhabbares, dosierfähiges Schüttgut anzuliefern. Solange keine selbstfahrende Pelletiermaschine zur Verfügung steht, ist die Herstellung von Pellets aus Ballen oder Häcksel ein zusätzlicher Arbeitsgang. Bezogen auf den unteren Heizwert des Ernteguts erfordert die Pelletierung laut Strehler und Leible zwar nur 2-3 % des Energieertrags. Sie ist aber ein gewaltiger Kostenfaktor von 40-50 DM/t Getreideganzpflanzen und 80-100 DM/t Stroh, die zusätzlich aufgebracht werden müßten, so Ortmaier. Die Bereitstellungskosten für Stroh würden sich dadurch um 100 % verteuern. Die bisherigen Pelletierungs-Verfahren sind leider zu energie- und vor allem zu kostenintensiv. Mittlerweile ist der Prototyp einer selbstfahrenden Pelletierungsmaschine entwickelt worden, die Halmgut vom Feld weg pelletieren kann. Es bleibt abzuwarten, wie sie sich in der Praxis bewährt.

Ballenpresse und Kompaktrollenpresse haben den Vorteil, daß nur geringe Kornverluste auftreten: Wahrend man laut Strehler bei Rundballen mit 5-8 % Kornausfall rechnen muß, sind es bei kubischen Großballen nur ungefähr 3 %, bei den Kompaktrollen noch weniger. Sollte Pelletierung nötig sein, empfahl Strehler dennoch eine getrennte Ernte von Korn und Stroh, beide Komponenten könnten dann vor der Pelletierung gemischt werden. Dambroth sah die Gefahr, daß einmal separat geerntetes Korn anderweitigen Absatz findet und auch auf dem Futter-mittelmarkt landet. Wichtig ist, daß laut Strehler ein Korn-Stroh-Gemisch wahrscheinlich (die Daten gelten bisher nur für eine Feuerungsanlage) besser verbrannt wird als Korn oder Stroh allein: die Glutbettbildung ist günstiger, die Schlackebildung geringer. Der Verzicht auf die Spätdüngung kann dazu führen, daß die sonst unterschiedliche Abreife von Korn und Stroh synchroner erfolgt und damit die simultane Ernte der ganzen Getreidepflanze erleichtert wird.

Die Verbrennung von Getreide wird von vielen Menschen aus emotionalen Gründen abgelehnt. So ist selbst in Dänemark mit seiner in der Energieversorgung fest etablierten Strohverbrennung laut Busch eine energetische Nutzung von Getreide-Ganzpflanzen zur Zeit politisch nicht machbar. Mohr (Kapitel 3.13) beschreibt, daß die Verbrennung von Getreide-Derivaten wie Alkohol Akzeptanz findet, nicht aber die direkte Verbrennung des Korns. Sutor hatte die Erfahrung gemacht, daß die Verbrennung von Korn keine Akzeptanz findet, wohl aber die Verfeuerung von Getreideganzpflanzen-Pellets, in denen das Korn nicht unmittelbar auffällt. Argumente, daß die Alternative ja nicht Brotgetreideerzeugung, sondern Stillegung heißt, daß sich das Problem der Unterernährung vieler Menschen in der Dritten Welt durch Nahrungsmittelhilfe gerade nicht lösen läßt (Kapitel 3.14), daß die Landwirtschaft früher einen Teil der Flächen für die Ernährung der Arbeitstiere verwenden mußte - diese Argumente werden wahrscheinlich erst nach langem und geduldigem Diskurs greifen. Vielleicht ist es hilfreich, daß Energiegetreide in der Regel "nur" Futtergetreide wäre, also zur direkten menschlichen Ernährung nicht vorgesehen oder, wie im Falle von Triticale, für diese noch gar nicht eingeführt ist.

Nach Meinung der Experten wird sowohl die EG-Agrarreform als auch der Agrarkompromiß EG-USA den Getreideanbau in der EG und auch in Deutschland direkt oder indirekt zu Lasten beispielsweise der Ölsaaten fördern. Kleinerzeuger erhalten auch für Raps oder Eiweißpflanzen nur den Preisausgleich für Getreide und werden vermutlich vermehrt Getreide anbauen [18]. Der Agrarkompromiß schränkt die zulässige Ölsaatenfläche ein und reduziert die Exportmengen bei Getreide und bei Rindfleisch. In summa werden diese Bestimmungen das Getreideangebot in absehbarer Zeit erhöhen, auch wenn über das Ausmaß noch keine Einigung herrscht [82]. Als Gegenmaßnahme wird eine Erhöhung der Stillegungsquote diskutiert [18]. Die thermische Nutzung des überschüssigen Getreides wäre eine Alternative.

Grünmasse und Heu: Gedacht wird hierbei vor allem an eine energetische Nutzung anfallender Biomasse aus der Landschaftspflege. Nach Angaben von Sutor kann auf entsprechenden Wiesen und Restgrünland mit Erträgen von 6-7 t Trockenmasse gerechnet werden.

Für bestimmte Regionen wäre der ohnehin von den Flächen zu entfernende Aufwuchs sicher ein Zugewinn an energetisch nutzbarer Biomasse, auch wenn diese Areale naturgemäß keinen großen Beitrag leisten können. Dafür kommt hinzu, daß diese Nutzung in der Regel sogar Entsorgungskosten einspart, was wiederum ermöglicht, den Brennstoff billiger anzubieten. Sutor errechnete auf dem Workshop immerhin einen Nettoerlös von ungefähr 770 DM/ha für den Landwirt (unter den Annahmen: Ertrag 6 t/ha, 120 DM/t Biomasseerlös, 450 DM Vergütung für die Landschaftspflegemaßnahme (das liegt an der unteren Grenze der Hektarsätze im "Modell Euskirchen" beispielsweise [83]), abzüglich circa 400 DM/ha für Arbeitsstunden, Maschineneinsatz, Verpflegung usw.).

Zu denken wäre weiterhin an Biomasse aus den Kommunen (Gärten und Grünflächen) oder auch - eher im Sinne eines gezielten Energiepflanzenanbaus - an überjährige Graskulturen (Weidelgras). Scheffer (Kapitel 3.6) sieht Chancen für Landwirte, die auf ertragsschwachen Grünlandflächen ihre Viehhaltung aufgeben wollen. Die energetische Nutzung des Aufwuchses würde bei angemessener Vergütung die Chance bieten, die Schnitthäufigkeit und die Intensität der Bewirtschaftung zu verringern und so die Grünlandflächen ökologisch aufzuwerten, so Scheffer.

4.4.3 Ist Biomasse in feuchtem Zustand thermisch nutzbar?

Die Antwort lautet: ja - es ist nur eine Frage der Kosten. Scheffer stellt in Kap. 3.6 ein System vor, das zwei Ernten im Jahr erlaubt unter der Voraussetzung, daß eine Silage-Stroh-Mischung oder abgepreßte Silage mit etwa 40 - 50 % Wassergehalt verbrannt oder vergast werden kann.

Braunkohle hat laut Hedden ebenfalls 40-50 % Feuchte, wird aber durch die Abgase vorgetrocknet, so daß in die Flamme nur trockene Kohle gelangt. Frische Holzhackschnitzel haben ebenfalls 40-50 % Feuchte. Ihre Verbrennung hat man mittlerweile technisch so im Griff, daß entsprechende Heiz(kraft)werke in Dänemark, Schweden und Österreich beispielsweise (s. Kapitel 4.4.1) mit Brennwertnutzung arbeiten. Die ungefähr 8-10 % des Energiegehalts der Trockenmasse, die zur Verdampfung des Wassers aufgewendet werden müssen, können so zwar wiedergewonnen werden, sind aber nur auf dem Niedertemperaturniveau im Wärmebereich nutzbar. Die entsprechenden Feuerungsanlagen sind allerdings auf die Verwendung von Hackschnitzeln hin konstruiert. Die Einbeziehung anderer Brennstoffe erfordert aufwendigere Konstruktionen, vor allem in der Brennstoffzuführung, so Busch. Strehler führte aus, daß die Verbrennung feuchter Biomasse in mehrfacher Hinsicht aufwendiger und damit teurer sei als die Verwendung von trockenem Material von möglichst homogener Zusammensetzung:

- die Nachbrennkammer muß ausreichend dimensioniert sein, um hohe Gasverweilzeiten zu erreichen,
- die Regelungstechnik ist weitaus anspruchsvoller,
- die Abgaskondensate müssen unter hohen Kosten beseitigt werden.

Da mit steigendem Wassergehalt der Biomasse die erreichbare Verbrennungstemperatur sinkt, muß die Gasverweilzeit erhöht werden, um höhere Kohlenmonoxid- und Kohlenwasserstoff-Emissionen zu vermeiden (die NO_x-Bildung ist hingegen verringert). Bei weiterer Verschärfung der Emissionsgrenzwerte sieht Strehler Probleme mit der feuchten Biomasse - eine exakte Zuführungsregelung sowie die richtige Brennrostkonstruktion und Brennkammerdimensionierung sind dann Voraussetzung dafür, die Emissionen entsprechend niedrig zu halten. Schon allein aus Kostengründen empfiehlt er eine "Technik der feuchten Biomasse" nur für größere Feuerungsanlagen ab etwa 5 MW. Mehrbrennstofföfen, die im Prinzip alles verfeuern können, egal ob feucht oder trocken, ob Holzhackschnitzel, Stroh-, Getreide- oder Miscanthuspellets sind laut Strehler und Busch technisch machbar. Es müssen lediglich "Brennstoffteilchen" produzierbar sein, Verklebungen vermieden werden (kalte Nester) und gleiche Verbrennungsvoraussetzungen für alle Teilchen herrschen (z.B. Drehrohrofen).

Die Mehrkosten sind enorm: Strehler rechnet mit 300 DM/kW installierter Leistung bei Anlagen für trockene Hackschnitzel, dagegen mit 1.000 DM - 1.200 DM/kW für feuchte Mehrbrennstoffe, Busch kalkuliert sogar mit dem fünffachen Aufwand.

Für die noch in praktischer Erprobung befindliche Vergasung von Biomasse muß der Wassergehalt wahrscheinlich auf 40% oder darunter gesenkt werden.

Eine Ausweitung des Brennstoffangebots über trockene Biomasse hinaus würde den logistischen Spielraum für Biomasse-Heizwerke und - Heizkraftwerke enorm vergrößern, Trocknungskosten und Lagerraum einsparen und vor allem weitere, sonst schwer erschließbare Biomassequellen verfügbar machen (Mais-Ganzpflanzen, Silagegut). Die ganzjährige, kontinuierliche Belieferung der Anlagen wäre einfacher, die Zahl der möglichen Standorte größer. Da Feuerungsanlagen, die mit trockener Biomasse arbeiten, bereits deutlich höhere Investitionen erfordern als konventionelle Anlagen mit fossilen Brennstoffen und in der Regel ohne Anschub-Finanzierungshilfe der öffentlichen Hand nicht gebaut werden, sehen wir im Moment trotz aller Vorteile wenig Chancen für Feuchtbrennstoff-Feuerungsanlagen. Eine Ausnahme sind vielleicht größere Anlagen, die frische Holzhackschnitzel verbrennen können. Was bei entsprechender Förderung in Dänemark möglich ist, zeigt Busch (Kapitel 3.9), so z.B. Verbrennungssysteme, die Stroh, Hackschnitzel und (ergänzend) Erdgas verfeuern und in Kombination mit einem Hausmüll- /Erdgaskessel über eine Dampfturbine auch Strom erzeugen. In Deutschland kann die Firma bezeichnenderweise "nur" ein Strohheizwerk bauen (Kapitel 3.9). Immerhin sind Anlagen, die Stroh bzw. Getreideganzpflanzen-Pellets und Hackschnitzel verfeuern können, bereits in Betrieb, so in Grafenwöhr (250 kW [84]) und Lengenfeld (15 MW [85]).

4.4.4 Welche Feuerungsanlagen eignen sich zur thermischen Verwertung von Biomasse?

Strehler (Kap. 3.8) gibt einen Überblick über die in Verwendung befindlichen Feuerungssysteme kleiner und großer Biomasse-Anlagen, Busch (Kap. 3.9) stellt arbeitende oder im Bau befindliche Anlagentypen seines Unternehmens im Detail vor: ein Strohheizwerk, ein Strohheizkraftwerk, ein Heizkraftwerk mit Kombinationskessel und eine Pilotanlage zur Biomassevergasung. Rettich (Kap. 3.12) schildert die Konzepte und Projekte mit regenerativen Energien aus der Sicht eines kommunalen Energieversorgers. In diesem Kapitel sollen daher lediglich einige wenige Punkte klar herausgestellt und interessante, auf dem Workshop herausgearbeitete Aspekte eingeflochten werden. Die technischen und vor allem ökonomischen Probleme der Verfeuerung feuchter Biomasse und von Mehrbrennstofföfen haben wir im vorigen Kapitel bereits diskutiert.

Ortmaier gibt in Kap. 3.10 einen Überblick über die logistischen und ökonomischen Faktoren, die Anlagentyp und -größe bestimmen. Biomasse-Feuerungsanlagen fordern höhere Investitions- und Betriebskosten als vergleichbare Werke auf Basis fossiler Energieträger. Das bedeutet zum einen, daß für die Energieeinheit Biomasse im direkten Vergleich weniger bezahlt werden kann als für die Energieeinheit Öl oder Kohle (Gleichgewichtspreis). Zum andern heißt das aber auch:

- daß Biomasseanlagen eine bestimmte Mindestgröße haben sollten, um Degressionseffekte nutzen zu können. (Umgekehrt können sie nicht beliebig groß werden, da sonst die Logistik nicht mehr zu bewältigen ist),
- daß logistisch vorteilhafte, aber deutlich teurere Mehrbrennstofföfen nur in größeren Anlagen lohnen,
- daß die Biomasseanlagen eine möglichst hohe Betriebsstundenzahl erreichen sollten. Deshalb wird Biomasse zur Versorgung von Grundlasten eingesetzt, die Spitzenlasten übernehmen häufig fossile Brennstoffe.

Ortmaier gibt eine untere Grenze von 1 - 2 MW und eine logistisch bedingte obere Grenze von 25 - 30 MW thermischer Leistung an. Buschs Empfehlungen (Kap. 3.9) liegen noch darüber. Unter optimalen logistischen Gegebenheiten sind auch noch größere Anlagen möglich: Nach Angaben von Busch wird auf Seeland ein Strohheizwerk von 80 MW geplant. Neben der Logistik begrenzt auch das örtlich vorgegebene Wärmeabsatzpotential die Größe der Anlage. Kleine Anlagen unter 1 MW sind entweder Pilotanlagen oder werden in der Regel nur mit einer Brennstoffsorte beschickt, auf die hin die Feuerung optimiert ist. Im allgemeinen sind das Stroh- oder Holzhackschnitzelheizwerke (abgesehen von Einzelhof- und Hausheizungen, die hier außer Betracht bleiben sollen).

Es besteht allgemeiner Konsens darüber, daß die optimale Ausnutzung des Energieinhalts von fossilen wie von Biomasse-Brennstoffen in Kraft-Wärme-Kopplungsanlagen (KWK) möglich ist. Im Falle von Biomasse-Anlagen eignen sich aufgrund der Abhängigkeit von einem ganz bestimmten und begrenzten Einzugsgebiet für die Biomasse dezentrale Blockheizkraftwerke (BHKW) am besten. In der Holzwirtschaft sind BHKW häufig zu finden, hier fällt der Brennstoff oft günstig als Produktionsabfall an. Seit der Novellierung des Stromeinspeisungsgesetzes, lie eine höhere Einspeisung zuläßt, wird der Anreiz, betriebliche KWK zu installieren, wohl zunehmen. Biomasse-Strom wird derzeit mit 75 % des sonstigen Durchschnittserlöses bezahlt (Wind- und Solarstrom mit 90 %, die Höhe der Vergütung bemißt sich am Abstand der jeweiligen regenerativen Energien zur heutigen Wirtschaftlichkeit).

Ob mit einer Biomasse-Feuerungsanlage auch Strom erzeugt werden soll, ist vorrangig eine Frage der Ökonomie. Stromerzeugung mit Hochdruckdampf ist teuer und lohnt nach Buschs Angaben erst bei Kesseln ab 15 MW thermischer Leistung. Auch Rettich sieht einen lohnenden Einsatz von Dampfturbinen erst ab 3 - 4 MW elektrischer Leistung. In kleineren Leistungsbereichen wird eher die Vergasung und damit Gasturbine oder Gasmotor interessant. Die ökonomisch vernünftige Leistung des Dampfsystems wird nach unten weniger durch die Turbine begrenzt als durch die Notwendigkeit, ein Hochdruck- und Hochtemperatursystem (Kessel und Kreislauf) vorzuhalten, wie Hinsenkamp betonte. Laut Rettich ist bei der Vergasung immer noch der Vergaser das eigentliche technische Problem. (Vergl. auch [86].) Für den Einsatz von Gasturbine oder Gasmotor muß eine Gasreinigung vorgeschaltet werden. Dabei sei der Gasmotor in dieser Hinsicht anspruchsvoller, erläuterte Rettich. Mit einer Gasreinigungsanlage könnte man in Leistungsbereiche von 600 - 700 kW_{el} herunterkommen, mit dem Gasmotor sind noch kleinere Anlagen möglich, so Hinsenkamp. Damit wären laut Rettich dann auch Blockheizkraftwerke für Ortschaften mit 400 - 700 Einwohnern interessant. Im Hinblick auf die Wichtigkeit der Biomasse-Vergasung gerade für die Option, auch in kleineren Anlagen Strom zu erzeugen, wäre eine baldige Lösung der noch anstehenden technischen Probleme wünschenswert. Darüber hinaus müßte natürlich auch ökonomisch und politisch die Möglichkeit bestehen, den erzeugten Strom einzuspeisen und angemessen vergütet zu bekommen.

Busch sprach ein spezifisches Problem von Strohheizkraftwerken (mit Dampfkessel) an: Aufgrund des relativ hohen Chlorgehalts von Stroh (und, etwas "verdünnt", natürlich auch von Ganzpflanzen) darf die Dampftemperatur 450°C nicht übersteigen, sonst kommt es zu massiven Korrosionsschäden. Korrosionsfördernd mag auch der relativ hohe Aschegehalt von Stroh (um 6 %) wirken [87]. Mit Holzhackschnitzeln sind nach Busch 530°C möglich, und über diese höhere Eingangstemperatur läßt sich naturgemäß auch ein höherer Wirkungsgrad als mit Stroh erzielen.

Die Wahl der richtigen Feuerungstechnik ist nicht zuletzt eine Frage der logistischen Voraussetzungen. Das von Scheffer (Kap. 3.6) vorgestellte Silage-System ist nur mit Kesseln zu betreiben, die feuchte Biomasse störungsfrei und

4 Workshop und Diskussion

emissionsarm verbrennen (oder vergasen und dann verbrennen) können. Das von Strehler (Kap. 3.8) und Busch (Kap. 3.9) kurz vorgestellte "Zigarrenabbrandsystem" eignet sich vermutlich nur zur großtechnischen Verbrennung von Stroh- oder Getreideganzpflanzen-Ballen. Dann bietet es allerdings den Vorteil, daß der energie- und kostenaufwendige Schritt der Ballenauflösung eingespart werden kann. Außerdem kann auch Stroh mit einem hohen Wassergehalt verbrannt werden, was bei Strohhäckseln zu Problemen führt (Kap. 3.9, vergl. auch [88]). Anlagen dieser Größe erfordern allerdings ein gewisses Einzugsgebiet, aus dem der Brennstoff (oder die Brennstoffe) angeliefert werden können. In Dänemark können selbst große Anlagen nur mit Stroh betrieben werden. In Deutschland ist das vermutlich nur im Norden und vor allem im Osten möglich. In den meisten anderen Regionen, so in Baden-Württemberg, lassen sich größere Anlagen wohl nicht auf der Basis eines Brennstoffes allein fahren. Um genügend Betriebsstunden zu erreichen und die Grundlast tragen zu können, sind unseren Abschätzungen zufolge Feuerungen notwendig, die

- Stroh und Getreideganzpflanzen (vielleicht auch Raps und andere in Ballen zu pressende Feldfrüchte) oder
- Stroh/Getreide und Hackschnitzel (vergleiche das Heizkraftwerk Holstebro, Kap. 3.9) oder
- alle möglichen Biomasse-Brennstoffteilchen verbrennen können.

Letztere Öfen benötigen wahrscheinlich die Zuführung von Holzhackschnitzeln und von Stroh /Getreide/Schilf/Grüngut in Pelletform. Briketts oder Pellets sind, wie schon oben erwähnt, trotz der zusätzlichen Kosten und des Energieaufwands die einzig rationelle Konditionierung von halmgutartiger Biomasse für Mehrbrennstofföfen, insbesondere aber für kleinere Anlagen.

Es sei erwähnt, daß bei den meisten Anlagen neben den Biomasse-Kesseln noch Kessel für fossile Brennstoffe, zumeist Öl oder Gas, arbeiten, die die Spitzenlast übernehmen. Neben dem Neubau von Heiz(kraft)werken auf Biomassebasis ist natürlich auch die Umrüstung alter Anlagen eine Möglichkeit, Biomasse der thermischen Nutzung zuzuführen. Dabei kann man beispielsweise - nach ein paar technischen und vor allem organisatorischen Änderungen - Holzhackschnitzel der sonst üblichen Braunkohle zumischen [89]. Leible (Kap. 3.3) gibt die Energiebilanzen für Festbrennstoffe an und benutzt als Vergleichsszenario neben dem Ersatz von Heizöl auch die Zumischung von Pellets zu stückiger Kohle für bestehende Kohleanlagen. In Dänemark wird die Zumischung von Stroh in konventionelle Kessel von Kohlekraftwerken gerade erprobt; die Ergebnisse sind noch nicht zufriedenstellend [90]. Denkbar ist auch der Zubau von Biomassekesseln zu bestehenden, fossil befeuerten Kesseln im Zuge eines ohnehin notwendigen Umbaus oder Ausbaus. Gerade in den neuen Bundesländern, wo die Fernwärmeversorgung eine größere Rolle spielt als bei uns, ergäben sich im Zuge der fälligen Um- und Ausbauten vielfältige Möglichkeiten einer auf Biomassenutzung orientierten Umrüstung.

4.4.5 Ist die Logistik auch bei großen Anlagen zu bewältigen?

Thoma [91] kalkuliert die mittlere Transportentfernung bei der Brennstoffanlieferung zu einem Biomasse-Heizwerk. Seine Beispielrechnung geht von einer 15 MW_{th}-Anlage mit 5 000 Jahresbetriebsstunden aus. Der Rohstoffbedarf liegt dann bei 23 310 t/a. Bei einem angenommenen Ertrag von 15 t/ha (z. B. Getreideganzpflanzen) ergibt sich ein Flächenbedarf von 1 554 ha. Unter der Annahme, daß nur auf 1/100 der als kreisrund gedachten Fläche um die Anlage Energiepflanzen angebaut werden, errechnet sich das notwendige Einzugsgebiet zu 1 554 km^2 und die theoretische durchschnittliche Transportentfernung zu knapp 16 km. Wenn wir annehmen, daß nicht 5 %, sondern 15 % der Getreidefläche (die 20 % der Gesamtfläche einnehmen soll) mit Energiepflanzen bestellt sind, reduziert sich das Einzugsgebiet auf 518 km^2 und die durchschnittliche Transportentfernung auf 9 km.

Der kleine Biomasse-Heizkessel in Grafenwöhr (250 kW) benötigt bei 4 000 - 5 000 Betriebsstunden pro Jahr lediglich 220 - 250 t Pellets. Bei ungefähr 10 t/ha Ertragserwartung reichen dafür 23 ha Anbaufläche [84]. Holzhackschnitzel werden nach Bedarf ebenfalls eingesetzt. Diese Mengen sind laut Sutor von den Landwirten gut zu bewältigen.

Die mit 15 MW bedeutend größere Grünfuttertrocknungsanlage Lengenfeld erfordert höheren logistischen Aufwand. Bei 2 500 Jahresbetriebsstunden beträgt der Brennstoffbedarf rund 10 000 t/a [92]. Bei einem angenommenen Durchschnittsertrag von 11 t/ha ergibt sich daraus eine Anbaufläche von 900 ha unter der Annahme, daß der gesamte Bedarf durch speziell angebaute Energiepflanzen gedeckt wird. Die Feuerungsanlage ist technisch in der Lage, von Großballen bis zu Pellets und Holzhackschnitzeln alles zu verheizen. Im Anbaujahr 1992/93 wurden bereits 250 ha mit Getreide bebaut (190 ha Triticale, 50 ha Roggen, 10 ha Triticale-Weizen-Gemisch) und insgesamt 520 ha von den Landwirten in Aussicht gestellt, wie Sutor erläuterte. Die noch fehlende Biomassemenge wird von der heimischen privaten Forstwirtschaft als Hackschnitzel zugekauft [92]. In der Trocknungsgenossenschaft Lengenfeld sind derzeit 425 Landwirte zusammengeschlossen [85]. Die Anlage dient zur Herstellung von Futtercobs (ca. 8 000 t/a) und hat den Vorteil, daß der Brennstoffbedarf auf die Vegetationsperiode Mai - Oktober beschränkt ist. Sie ist erst seit August 1992 in Betrieb, so daß noch abzuwarten ist, wie die Logistik im ganzjährigen Praxisbetrieb funktioniert.

Busch konnte berichten, daß die Strohanlieferung durch die Landwirte im allgemeinen ohne Probleme funktioniere - und das, obwohl die Brennstofflager in den Heiz(kraft)werken nur einen Vorrat für wenige Tage fassen. Plank empfiehlt allerdings [93] für Holzheizwerke ein Brennstofflager, das den Bedarf von 2 - 3 Monaten bevorraten kann, da Witterungsprobleme eine kontinuierliche Anlieferung im Winter nicht zulassen. Michl [94] befürwortete aus denselben Gründen eine Kombinationsversorgung aus Waldrestholz (dessen zum Teil sehr hohe Einbringungskosten er beklagte), Industrierestholz (unbehandelt), Sägewerksabfällen und eventuell noch landwirtschaftlicher Biomasse.

Das Verkehrsaufkommen sollte zu bewältigen sein: Das Heizkraftwerk Holstebro (s. Kap. 3.9) verbraucht jede Stunde ungefähr 24 Ballen. Bei kontinuierlicher Anlieferung entspricht das etwas mehr als 1 Lkw-Ladung pro Stunde.

Die bisherigen Erfahrungen zeigen - darin waren sich die Anlagen-erfahrenen Teilnehmer des Workshops einig - daß bei entsprechend sorgfältiger Planung die Logistik kein Problem darstellt. Je nach Standort der Anlage empfiehlt es sich, nur einen Brennstoff einzusetzen (was die Anlage verbilligt) oder einen Brennstoffmix aus Reststoffen und Energiepflanzen einzusetzen und - falls die Versorgungssicherheit oder entsprechende Spitzenlasten es erforderlich scheinen lassen - fossile Brennstoffe mit einzubeziehen.

In Abhängigkeit von der Art der Brennstoffversorgung und dem Brennstoffbedarf muß eine gewisse Lagerkapazität am Werk einkalkuliert werden.

4.4.6 Wie steht es um die Versorgungssicherheit?

Um die Liefersicherheit gewährleisten zu können, ist ein organisatorischer Zusammenschluß der Biomasseanbieter, z. B. auf Genossenschaftsbasis, unabdingbar. Bei rein landwirtschaftlichen Anlagen wie in Lengenfeld ist das sicher kein Problem. Ansonsten sollte im Interesse der Erzeuger versucht werden, die Energiebelieferung möglichst in landwirtschaftlicher Hand zu organisieren oder - je nach Eigentumsverhältnissen - sogar ein Wärme-(Strom-)Lieferunternehmen als Betriebsform zu gründen. Für die Niedertemperatur-Wärmeversorgung der Gemeinde Freihung in der Oberpfalz haben sich Biomasselieferanten und Wärmeabnehmer zu einer Gesellschaft bürgerlichen Rechts zusammengeschlossen, in der die Energiepreise durch eine Kommission festgelegt und Lieferung wie Abnahme vertraglich geregelt werden [95]. Energieversorgungsunternehmen und Kommunen als Abnehmer sind auf die Zuverlässigkeit ihrer Lieferanten angewiesen und werden sich auf Biomasse als Energieträger nur einlassen, wenn sie von ähnlicher Versorgungssicherheit wie bei fossilen Energieträgern ausgehen können. In Dänemark gibt es laut Busch in dieser Hinsicht keine Probleme. In Deutschland fehlen noch ausreichende Erfahrungen. So wäre, ähnlich wie bei anderen Nachwachsenden Rohstoffen, die Einschaltung von Erfassungsunternehmen zwischen Erzeuger und Abnehmer auch eine denkbare Möglichkeit. Wirtschaftliche Interessenvereinigungen, die alle beteiligten Partner einbinden, wie z. B. die in Frankreich gegründete "Promester" zur Förderung der RME-Produktion, wären hier sicherlich ein wichtiger Schritt [96].

Lüschen betonte auf den Workshop, daß die Energieversorgungsunternehmen aufgrund der hohen und langfristigen Kapitalbindung kalkulierbare Bedingungen für einen Zeitraum von etwa 20 Jahren anstreben (der Gesellschaftervertrag Freihung hat eine Mindestlaufzeit von 25 Jahren). Er erwähnte speziell das Problem, daß Sonder- und Ausgleichszahlungen der Landwirtschaft den agrarpolitischen Entscheidungen unterlägen und selten über die erforderlichen Zeiträume hinweg stabil seien. Diese Zahlungen bestimmten aber mit, welche Preise für die Biomasse (insbesondere speziell erzeugte Energiepflanzen) bezahlt werden könnten.

Das Postulat "Nahrung hat Vorrang vor Energie" (Kap. 1.4) gilt dessen ungeachtet. Desto wichtiger wäre es, Verbrennungsanlagen so auszulegen, daß mehrere Brennstoffe (auch Holz) verfeuert werden können (Kap. 4.4.4).

4.4.7 Verursacht die direkte thermische Nutzung von Biomasse spezielle ökologische Probleme?

Die Antwort aus unserer Sicht lautet ähnlich wie bei Raps: nein. Bei der Nutzung von Stroh muß darauf geachtet werden, daß Bodenfruchtbarkeit und Bodengare langfristig erhalten werden müssen. Die in Kap. 4.4.1 genannten Studien von Kaltschmitt und Wiese [46] sowie Strehler [47] gehen aus diesem Grund davon aus, daß höchstens 10 - 20 % des eigentlich anfallenden Strohs einer thermischen Nutzung zugeführt werden sollten. Eine vermehrte Abfuhr des bisher auf den Feldern verbliebenen und eingearbeiteten Strohs hat sicherlich auch langfristige Wirkungen, die in einem Begleitforschungsprogramm erfaßt werden sollten (Humusbildung, Nährstoffbilanzen, mikrobielle Tätigkeit), so daß sich die Strohverwertung auf abgesicherte Daten stützen kann und nur in agrarökologisch verträglichem Ausmaß erfolgt. Boden- und Flugasche kann (je nach Herkunft des Strohs u. U. erst nach einer Analyse) von den Landwirten vom Werk wieder zurück auf die Felder geführt werden, wie das für die Anlage in Schkölen (Kap. 3.9) auch vereinbart wurde. Häufig fällt im Getreideanbau allerdings soviel Stroh an, daß die Landwirte froh sind, wenn diese Mengen vom Acker kommen. Strohverwertung wäre hier Entsorgung. Die Mineralisierung der großen Strohmengen wird teilweise noch durch eine Stickstoffgabe von etwa 30 - 50 kg N/ha unterstützt. Diese Düngergabe könnte bei Abfuhr überschüssigen Strohs entfallen [97].

Die Nutzung von Waldrestholz ist in der Regel aus waldhygienischen Gründen sogar ausdrücklich erwünscht. Der Beitrag des Restholzes zur Nährstoffversorgung des Waldbodens ist im Vergleich zu Laub- und Nadelstreu, Stammholz und Rinde gering. Zu bedenken wäre allerdings, daß zusätzliche Belastungen durch die Restholzbergung, wie Bodenverdichtung durch Fahrzeuge oder Rückeschäden, über die ohnehin erfolgende forstliche Nutzung hinaus vermieden werden sollten. Aus ökologischer Sicht wünschenswert wäre weiterhin ein gewisser Totholzanteil vor allem im Laubwald, so daß die Verwertung von Restholz nicht umfassend sein sollte. Vermutlich sind ihr ohnehin ökonomische Grenzen gesetzt.

Ähnlich wie bei Raps sehen die Herausgeber auch beim Anbau von Energiegetreide oder generell Festbrennstoff-Biomasse keine besonderen ökologischen Probleme, sofern die Prinzipien einer ordnungsgemäßen Landwirtschaft befolgt werden. Nicht vergessen werden sollte auch hier, daß die Alternative zum

4 Workshop und Diskussion 315

Energiepflanzenanbau in den meisten Fällen Rotationsbrache hieße. Da es nicht auf Qualität, sondern nur auf den sicheren Ertrag ankommt, kann auf die Spätdüngung in Höhe von 40-70 kg N/ha verzichtet werden und der Pflanzenschutz auf das ertragserhaltende Maß begrenzt werden. Das käme einer partiellen Extensivierung gleich. In der Regel kann man davon ausgehen, daß die Landwirte schon aus ökonomischen Gründen unnötige Mineraldüngung und Pflanzenschutzmaßnahmen vermeiden werden. Für die Ausbringung von Wirtschaftsdünger auf Energiepflanzenflächen muß dafür Sorge getragen werden, daß dieselben Bedingungen eingehalten werden wie für Nahrungsmittelanbau. Eine nicht zu unterschätzende Chance, die der Anbau von Nachwachsenden Rohstoffen generell biete, sei, so Dambroth und Sutor auf dem Workshop, daß die Fruchtfolge durch Nichtnahrungs- und Nichtfuttermittelpflanzen aufgelockert werden oder etwa beim (Energie-)Getreideanbau abwechslungsreicher gestaltet werden könne. Auch Mischanbau oder das Zulassen eines gewissen Unkrautanteils (Herbizideinsparung) seien denkbare Varianten beim Energiepflanzenanbau.

Die Emissionen - früher waren Strohfeuerungen wegen ihrer Staubemissionen ein enormes Problem - hat man heute technisch im Griff. SO_2 wird ohnehin aus Biomasse nur in sehr geringen Mengen freigesetzt. Staub, NO_x, CO, Kohlenwasserstoffe und andere Emissionen können durch geeignete Verbrennungsführung und -regelung schon im Entstehungsprozeß vermindert und durch Rauchgasreinigung soweit eliminiert werden, daß moderne Anlagen die gültigen Grenzwerte gut einhalten können (s. Kap. 3.8 und 3.9). Natürlich ist effiziente Emissionsminderung immer eine Kostenfrage, so daß vor allem kleine und ältere Anlagen noch nicht in optimalem technischen Zustand sind. Hier wäre durchaus noch Handlungs- und Finanzierungsbedarf. Der Bau moderner Blockheizkraftwerke oder die Umrüstung älterer Anlagen auf den erforderlichen technischen Stand (oder überhaupt auf Biomassefeuerung) böte vor allem in den neuen Bundesländern auf dem Wege der Fern-/Nahwärmeversorgung die Möglichkeit, ineffiziente Einzelfeuerungen zu ersetzen und die Gesamtemissionssituation zu verbessern.

Die Energiebilanz und das Netto-CO_2-Minderungspotential fester Biomasse-Brennstoffe sind, wie Leible (Kap. 3.3) zeigt, weitaus günstiger als es bei flüssigen Energieträgern (RME, Ethanol, Methanol) aufgrund des Aufwands für die Konversion sein kann. Sie können in ihren Einsatzbereichen durchaus einen spürbaren Beitrag zur Schonung fossiler Ressourcen und zur CO_2-Entlastung der Atmosphäre leisten. Unter diesen Gesichtspunkten ist feste Biomasse den Biotreibstoffen klar überlegen.

4.4.8 Ist die thermische Verwertung von Biomasse ökonomisch wettbewerbsfähig?

Die Antwort ist einfach: Solange die Preisgestaltung fossiler Energieträger nur ihre Ausbeutungs- und Verarbeitungskosten widerspiegelt - nein. Gegen einen Importkohlepreis (Steinkohle) von derzeit 83 DM/t [25] hat keine Biomasse eine

Chance, zumal sie - egal ob Stroh oder Holz - nur etwa die Hälfte des Heizwerts pro Masseeinheit besitzt.

Dieses Kapitel kann keinen ausgefeilten ökonomischen Vergleich zwischen verschiedenen Primärenergieträgern und verschiedenen nutzbaren Biomasse-Produktlinien leisten. Das ist die Aufgabe ausführlicher Studien (z.B. Kap. 3.10 oder [98]) oder konkreter Machbarkeitsstudien (z.B. [52]). Wir konzentrieren uns auf die Frage, wieviel dem Landwirt für die Biomasse bezahlt werden sollte, damit sich der Anbau überhaupt lohnt. Wir können nicht mehr als ein paar Anregungen geben, wie ein solcher Abnahmepreis erzielt werden könnte. Dabei stützen wir uns im wesentlichen auf die intensive Workshop-Diskussion zu diesem Thema.

Lüschen als Repräsentant eines Energieversorgungsunternehmens sowie Ortmaier und Gerstenkorn als Agrarökonomen waren sich einig, daß die Verwertung von Reststoffen der Landwirtschaft, konkret Stroh, unter günstigen Bedingungen bereits heute wirtschaftlich zu gestalten ist. Für Stroh in Ballenform wird derzeit in Deutschland zwischen 80,- und 100,- DM/t bezahlt. Die Lieferanten des Strohheizwerks Schkölen (Kap. 3.9) erhalten im Durchschnitt um die 100 DM/t Stroh mit einem Wassergehalt von 15-16 %. Bei feuchterer Ware werden Preisabschläge, bei trockenerer Ware Aufschläge berechnet. Für Lüschen waren diese Bereitstellungskosten "nahe der Wirtschaftlichkeit".

Die Preise für Holzhackschnitzel sind zur Zeit günstiger als in den letzten beiden Jahren: Während 1991 noch 150 DM und 1992 125 DM/t atro verlangt wurden, bewegt sich der diesjährige Preis bei 110 DM/t atro [99] Günstige Abschlüsse bei Nadel- und Laubindustrieholz (lang) bewegten sich im Bereich von 45 - 65 DM/t atro, teurere zwischen 113 und 144 DM/t atro. Noch lagern genügend Windwurf- und Käferhölzer auf Halde, die neben dem Preisdruck durch Importe relativ niedrige Preise zur Folge haben. Langfristig niedrige, mit den Bereitstellungskosten fossiler Energieträger wenigstens ansatzweise vergleichbare Holzbrennstoffpreise sind nur dort wahrscheinlich, wo Restholz ohne großen (Arbeits-)Aufwand zur Verfügung gestellt werden kann. Am einfachsten ist das natürlich bei holzverarbeitenden Betrieben.

Die Akzeptanz bei Landwirten, Stroh für Energiezwecke bereitzustellen, dürfte insbesondere dann hoch sein, wenn sich Einarbeitungskosten sparen lassen. Der Bereitstellungspreis würde allerdings derzeit um fast das Doppelte steigen, wenn nicht Ballen, sondern Strohpellets genutzt werden. Kostensenkungen bei diesem Arbeitsgang wären für die Wettbewerbsfähigkeit entscheidend.

Wenn nicht Reststoffe, sondern speziell angebaute Energiepflanzen als Brennstoff dienen, muß der Abnahmepreis natürlich höher sein, da die gesamten Anbaukosten mit eingehen und Nutzungskosten zu veranschlagen sind, falls es sich nicht um "Stillegungsflächen" handelt. Ortmaier hat in Kap. 3.10 ausführlich dargestellt, welche Gleichgewichtspreise im Vergleich zu Heizölpreisen bezahlt werden können. Beispielrechnungen zu Getreideganzpflanzen und Miscanthus schätzen die

4 Workshop und Diskussion

möglichen Biomassepreise unter Vor- wie unter Nach-Agrarreform-Bedingungen ab.

Unter sehr günstigen Bedingungen wie bei der Grünfuttertrocknungsanlage Lengenfeld, die ein Genossenschaftsbetrieb ist und wo Rohstoffe wie Produkte innerhalb der Landwirtschaft verbleiben, sind Niedrigpreise von etwa 120 DM/t Biomasse (Getreideganzpflanzen in Ballenform) akzeptabel, wie Sutor erläuterte. Dabei ist allerdings ein Investitionszuschuß von mindestens 30 % zum Anlagenbau und die "Stillegungs"prämie mit einkalkuliert. Ansonsten seien 150 DM/t Festbrennstoff das absolute Minimum, um den Zinsanspruch auf das Land, Betriebs- und Spezialkosten einigermaßen abzudecken, so erklärten Strehler und Ortmaier anhand einer kurzen Beispielrechnung. Das entspreche relativ zum Heizwert dem Preisniveau (subventionierter) deutscher Steinkohle, so Lüschen. Bei einer Pelletierung kämen noch einmal ungefähr 40 DM/t Konditionierungskosten hinzu, so daß der Pellet-Bereitstellungspreis etwa 200 DM/t betrüge.

Nach Ortmaiers Berechnungen entspricht dieser Gleichgewichtspreis für Biomasse bei Verwendung in einer fiktiven Anlage von 10 MW mit 5000 Jahresbetriebsstunden einem Heizölpreis von 0,70 DM/l (Kap. 3.10). In Dänemark koste das Heizöl derzeit rund 1 DM/l, wie Busch sagte. Strehler gab zu bedenken, daß 150 DM/t Biomasse nur zu halten seien, wenn der Anbau auf "Stillegungs"flächen erfolge. Auf längere Sicht würden aber mehr Flächen freigesetzt, bei denen dann Nutzungskosten für konkurrierende Feldfrüchte anzusetzen seien - mit der Folge höherer Preise.

Bei der Veranschlagung eines Brennstoffmixes aus Reststoffen und Energiepflanzen ergibt sich eine dementsprechend gemischte Preiskalkulation.

Der Brennstoffpreis ist die bedeutendste Einzelgröße der Produktionskosten von Biomasse-Verbrennungsanlagen: Im Durchschnitt von 16 strohgefeuerten Fernheizwerken hatten die Brennstoffkosten einen Anteil von mindestens 40 % an den Gesamtproduktionskosten pro Einheit erzeugter Wärme [100]. Lüschen betonte denn auch, daß die derzeitige Unwirtschaftlichkeit von Energiepflanzen in der Hauptsache im Brennstoffpreis zu suchen sei.

Bei Rest- und Abfallstoffen schätze sein Unternehmen die Situation günstiger ein, vorausgesetzt einige Bedingungen seien gegeben:

- Die Liefersicherheit müsse gewährleistet sein, d. h. die Verträge müßten über einen längeren Zeitraum stabile Bedingungen garantieren.
- Der Absatz von Fernwärme sei häufig eine entscheidende ökonomische Problemgröße. Es müsse also ein gesichertes Wärmeabsatzgebiet mit kalkulierbarem Preis vorliegen.

Unter diesen Voraussetzungen würde die Energieversorgung Schwaben Anlagen bauen, die Rest- und Abfallstoffe der Land- und Forstwirtschaft thermisch verwerten könnten und würde mit den regionalen Erzeugern dementsprechende

Lieferverträge schließen. Der Wärmepreis müßte allerdings höher liegen als bei fossil befeuerten Werken, so Lüschen. Die mittlerweile vorgelegte Machbarkeitsstudie für ein 13 MW-Biomasseheizwerk in Ulm ergab bei der Verfeuerung von Stroh bereits Mehrkosten von 30 %. Auf Stromerzeugung wird aus Wirtschaftlichkeitsgründen wohl verzichtet [101]. Die Ursachen für die Mehrkosten liegen offenbar in höheren Investitionskosten und in standortbedingten Besonderheiten des vorhandenen Nahwärmenetzes. Eine 30%ige Investitionsbeihilfe würde wohl auch in Ulm einen Betrieb möglich machen.

Rettich führte aus, daß kommunale Energieversorger höhere Preise bezahlen könnten als Großversorgungsunternehmen. Wenn die Stadtwerke 14 - 15 Pf für die kWh dem Vorlieferanten bezahlen müssen, so könne der Landwirt ebenso eine angemessene Vergütung für Biomasse bekommen. Bei kleineren Heiz(kraft)werken gerade auf dem Lande sei der Vergleich mit Kohleanlagen nicht adäquat. Die fossile Alternative sei hier - auch preislich natürlich - Heizöl oder Erdgas. Im übrigen seien noch längst nicht alle durchaus wirtschaftlichen Potentiale ausgeschöpft, z. B. an Restholz, Bau- und Abfallholz, wo die Lieferanten Entsorgungskosten einsparten. Andere Optionen, die Rettich anführte, waren die Einsparung eines neuen Umspannwerkes durch den Bau eines neuen, billigeren Blockheizkraftwerks oder der mögliche Verkauf von Aktivkohle als Nebenprodukt der Holzvergasung. In Kap. 3.12 gibt Rettich Beispiele für funktionierende Kommunalprojekte, die auf Energie aus Biomasse beruhen. Er sieht deren Haupteinsatzbereich im ländlichen Raum, der noch nicht flächendeckend mit Erdgas versorgt ist und plädiert für integrale Versorgungskonzepte, die alle Partizipanten - Land- und Forstwirte, Kommunen, EVUs, Abnehmer, Verbände, Geldgeber und Genehmigungsbehörden - möglichst frühzeitig miteinbeziehen.

Mohr warf die Frage auf, ob im Zuge der Verwirklichung des EG-Binnenmarktes die dann anvisierte Freiheit des Strombezugs Auswirkungen auf den Stellenwert der Kraft-Wärme-Kopplung und damit indirekt auch der energetischen Nutzung von Biomasse habe. Rettich erklärte, daß die Preise wahrscheinlich nur für einige Großabnehmer sinken würden und daß viele kommunale Energieversorger niedrigere Strompreise mittels der Wärmepreise kompensieren könnten. Lüschen ergänzte, daß manche Stadtwerke auch von der Stromdurchleitungsmöglichkeit profitieren könnten, wenn sie ihn von anderen Anbietern billiger als vom regionalen Stromversorgungsunternehmen erhielten. Langfristig würde sich die Situation bei sinkenden Stromerlösen aber eher zuungunsten der Kraft-Wärme-Kopplung verschieben und das sei - so auch das Resümee von Rettich - "für den Einsatz der Biomasse nicht hilfreich".

Neben ökonomisch begründeten Restriktionen stehen der thermischen Nutzung von Biomasse zumindest in Deutschland auch noch andere Hürden im Wege: Busch berichtete über einen regelrechten Hindernislauf bei den Behörden für die Genehmigung des Strohheizwerks Schkölen (Thüringen). Im Vergleich zu diesem "Genehmigungsdschungel" sei die Einhaltung der de-facto-Grenzwerte (in Deutschland sollen die de-jure-Grenzwerte de facto nochmals um die Hälfte

4 Workshop und Diskussion

unterschritten werden) und die deutlich teurere Preisgestaltung deutscher Unternehmen relativ leicht zu bewältigen gewesen.

Während Dänemark seine erfolgreiche Energiepolitik auf einen breiten gesellschaftlichen Konsens stützen kann [102], kann man zur Zeit in Deutschland von einem solchen nicht ausgehen. In Ulm wird das Biomasseheizwerk vermutlich auch wegen Bürgereinwendungen nicht gebaut werden. Rettich betonte noch einmal, daß es entscheidend wichtig sei, alle Betroffenen schon möglichst frühzeitig in der Planungsphase eines Projektes an einen Tisch zu bekommen. Information und Partizipation seien unabdingbare Voraussetzungen für eine erfolgreiche Durchführung kommunaler Energieprojekte.

Welche Maßnahmen können ergriffen werden, um die energetische Nutzung von Biomasse der Wirtschaftlichkeit anzunähern? Der folgende Maßnahmenkatalog erhebt natürlich keinen Anspruch auf Vollständigkeit und spiegelt im wesentlichen die Punkte wider, auf die sich die Workshopdiskussion fokussierte.

1. Ausschöpfung von Kostensenkungspotentialen von der landwirtschaftlichen Produktion bis zu Bau und Betrieb der Verwertungsanlagen. Je nach Biomasse-Einzugsgebiet muß die Anlagenart und- größe sowie die erforderliche Logistik von Anfang an sorgfältig durchgeplant werden. Besonders günstig ist es, wenn bereits Fernwärmenetze vorhanden sind und man von gesicherter Wärmeabnahme ausgehen kann. Reststoffverwertung kann gerade ökonomisch als Schrittmacher für die Nutzung speziell angebauter Energiepflanzen dienen.

2. Ausschöpfung der agrarökonomischen Potentiale. Ein beim Raps (Kap. 4.3.5) erwähntes Beispiel ist der Wegfall der Gasölbeihilfe bei landwirtschaftsinterner Verwendung von Rapsöl/RME. Bei der Verwertung von Getreideganzpflanzen entfallen die sonst aufzuwendenden Marktordnungskosten dieser Frucht, die sich nach Ortmaier (Kap. 3.10) im Wirtschaftsjahr 1990/91 auf etwa 250 DM je Tonne beliefen. Eine Reinvestition dieser Mittel als Hilfe zum Aufbau von genossenschaftlich organisierten Erzeuger- bzw. Liefergemeinschaften und als Investitionshilfe zum Anlagenbau in der Landwirtschaft wäre eine denkbare Möglichkeit, die betriebswirtschaftliche Situation zu verbessern.

3. Einführung einer kombinierten Energie-/CO_2-Steuer. Diese Maßnahme hätte vermutlich die größte und auch nachhaltigste Lenkungsfunktion. Die Workshop-Teilnehmer einigten sich auf folgende Bedingungen:

- Die Einführung darf kein Alleingang Deutschlands sein, sondern muß mindestens EG-weit, am besten aber innerhalb der OECD geschehen.
- Der investive Rückfluß der erhobenen Steuermittel muß gewährleistet sein. In Dänemark fließt die neue CO_2-Steuer zurück in die Förderung kleiner, ortsnaher Fernheizwerke und in den Ausbau der Kraft-Wärme-Kopplung.

- Die Wettbewerbsfähigkeit der deutschen Industrie muß erhalten bleiben. Hier muß man sich geeignete Ausgestaltungsmodelle überlegen. In Dänemark bezahlt die Industrie keine Energie-, wohl aber CO_2-Steuern.

Eine kurze Diskussion des Steuerthemas findet sich in Kap. 3.13. Lüschen gab zu bedenken, daß die geplante Höhe der Energie-/CO_2-Steuer von zunächst etwa 3 Pf/l Rohöl lediglich die Reststoffnutzung, nicht aber den Energiepflanzenbau wirtschaftlich mache. Selbst die bisher zum Vergleich herangezogenen Länder Dänemark und Österreich nutzen vorerst nur Reststoffe (Stroh und Holz) zur Energiegewinnung, aber (noch) keine speziell angebauten Energiepflanzen.

Bei einem von Gerstenkorn [98] vorgelegten Szenario wird eine Energiepreisvariante mit einem CO_2-Steuersatz von 100 DM/t CO_2 verwendet. Unterstellt ist weiterhin ein moderater Anstieg des Erdölpreises auf 500 DM/t Öl für das Jahr 2010. Verzichtet wurde auf eine Fortschreibung der Kosten der energetischen Biomassenutzung ebenso wie auf eine Ermittlung der von einem Energiepreisanstieg ausgehenden Effekte auf die Kosten der Energieerzeugung aus Biomasse. Unter diesen Bedingungen wird nicht nur die Reststoffnutzung, sondern auch der Energiepflanzenanbau wirtschaftlich, insbesondere die thermische Verwertung von Biomasse. Ein Trockenmasseertrag von 10-11 t/ha reicht dabei aus, um Getreideganzpflanzen selbst im Vergleich zu den Konkurrenzenergieträgern schweres Heizöl und Importsteinkohle wirtschaftlich werden zu lassen. Diese Erträge können nachhaltig und sicher erreicht werden (s. Kap. 4.4.2). Nach dem Vorschlag der EG-Kommission soll die Steuer bis zum Jahr 2000 auf 10 US-$ pro Barrel Rohöl, entsprechend 10-11 Pf/l, angehoben werden. Das entspricht in etwa einem Steuersatz von (nominal) 40 DM/t CO_2 [98]. Nach der erwähnten Studie - und je nach Ertragserwartung - müßte eine reine CO_2-Steuer also ungefähr das Doppelte bis Zweieinhalbfache des vorgeschlagenen Satzes betragen, um die Wirtschaftlichkeit der thermischen Biomassenutzung zu ermöglichen. Für eine kombinierte CO_2-/Energiesteuer gilt in etwa dasselbe, auch wenn sich dann die Konkurrenzverhältnisse der Energieträger verschieben.

Eine Verteuerung der Energiepreise - über welchen Weg auch immer - hat multiple Wirkungen. So ist laut Lüschen zu erwarten, daß zunächst der Wärmemarkt recht empfindlich auf die Verteuerung reagiert und entsprechende Sparmaßnahmen beim Verbraucher eingeleitet werden. Wenn der Wärmebedarf sinkt, verringert sich auch das Wirtschaftlichkeitspotential von Kraft-Wärme-Kopplung und ganz besonders der teuren Biomasse, da deren Einsatz wesentlich von der Grundlast bestimmt wird. Biomasseanlagen reagieren hinsichtlich ihrer Wirtschaftlichkeit auf eine Verringerung der Betriebsstundenzahl empfindlich (s. Kap. 3.10). Hier wird vermutlich eine "Durststrecke" zu überwinden sein. Das Beispiel Dänemark zeigt allerdings, daß massiver Ausbau von Fernwärme und eine umfassende Sanierung des Gebäudebestandes miteinander vereinbar sein können.

Von 1972 bis 1991 konnte der Brutto-Energiebedarf pro m² für Raumheizungen auf die Hälfte reduziert werden, der Fernwärmeanteil im Raumheizungsbereich nahm von 30% auf 47% zu (davon wurden 60% in Kraft-Wärme-Kopplung erzeugt) [103]. Der Selbstversorgungsgrad im Energiebereich stieg von 2% auf 60%, erreicht durch massiven Ausbau der Erdgasnutzung und der rigorosen Verwertung von Biomasse. Diese "Effizienzrevolution" [102] war nur möglich durch erhebliche staatliche Eingriffe. Neben Energie- und CO_2-Steuern sind kommunale Wärmepläne verpflichtend, in den meisten Städten und Ortschaften ist die freie Wahl der Energiequelle quasi aufgehoben [103]. Es bliebe zu prüfen, wie unter deutschen Voraussetzungen eine staatliche Rahmensetzung mit Initiativen von Kommunen, Energieunternehmen, Wirtschaftsakteuren und Bürgern zu einem sinnvollen Energiekonzept zusammengeführt werden kann.

Literatur

[1] BML (1992) Die EG-Agrarreform. Wichtige Hinweise für die Anwendung im pflanzlichen Bereich. Bonn

[2] Commission of the EC (1992) The Agricultural Situation in the Community, 1991 Report. Brüssel, Luxemburg, ISBN 92-826-3414-0

[3] BML (1993) Agrarbericht der Bundesregierung. Bonn

[4] Statistisches Landesamt Baden-Württemberg (Hrsg) (1992) Baden-Württemberg in Wort und Zahl 9/1992, S. 426-27, Tab. 3. Die Fläche von Betrieben mit weniger als 17,5 ha (Getreide, Hülsenfrüchte, Handelsgewächse) wurde als "Kleinerzeugerfläche" von der Gesamtfläche abgezogen.

[5] Umweltbundesamt (Hrsg) (1993) Ökologische Bilanz von Rapsöl bzw. Rapsölmethylester als Ersatz von Dieselkraftstoff (Ökobilanz Rapsöl). Texte 4/93. Umweltbundesamt Berlin

[5a] Scharmer K (1992) Anmerkung zur Studie des Umweltbundesamtes. Umweltbundesamt (Hrsg) (1993) Stellungnahmen der externen Sachverständigen zur Ökologischen Bilanz von Rapsöl bzw. Rapsölmethylester als Ersatz von Dieselkraftstoff (Ökobilanz Rapsöl). Texte 4/93. Umweltbundesamt Berlin

[5b] Mercedes Benz AG (1992) Stellungnahme zur Öko-Bilanz Rapsöl. Umweltbundesamt (Hrsg) (1993) Stellungnahmen der externen Sachverständigen zur Ökologischen Bilanz von Rapsöl bzw. Rapsölmethylester als Ersatz von Dieselkraftstoff (Ökobilanz Rapsöl). Texte 4/93. Umweltbundesamt Berlin

[6] "Lachgas vom Acker", Der Spiegel 22/1992, S.86

[7] "Einsatz nachwachsender Rohstoffe ökologisch schädlich?" Agra-Europe 12/92 vom 16.3.1992, Länderberichte 48

[8] Reinhardt GA (1993) Energie- und CO_2-Bilanzierung nachwachsender Rohstoffe. Theoretische Grundlagen und Fallstudie Raps. Vieweg, Braunschweig, ISBN 3-528-06501-X

[9] Jahn R, Billen N, Lehmann A und Stahr K (1992) Auswirkung der Flächenstillegung auf Wasser- und Nährstoffhaushalt sowie Bodenstruktur repräsentativer Ackerstandorte Baden-Württembergs. Abschlußbericht:

Begleitforschung zur Flächenstillegung - Projektbereich Bodenkunde. Universität Hohenheim, Institut für Bodenkunde und Standortslehre, Stuttgart

[10] Junge A und Marschner H (1992) Auswirkung von Flächenstillegung auf Stickstoffdynamik in Böden, Nährstoffkreislauf und -bilanzen. Abschlußbericht: Begleitforschung zur Flächenstillegung - Projektbereich Pflanzenernährung. Universität Hohenheim, Institut für Pflanzenernährung, Stuttgart

[11] Jacobs J (1993) Persönliche Mitteilung

[12] Kächele H (1992) Nachwachsende Rohstoffe. Bund für Umwelt und Naturschutz Deutschland e.V. (BUND) Bonn (Hrsg). Beitrag zum Seminar "Nachwachsende Rohstoffe - Ausweg oder Sackgasse?" am 11.2.93 in Stuttgart. In der Seminarreihe Landwirtschaft und Umweltschutz der Akademie für Natur- und Umweltschutz Baden-Württemberg

[13] Deutscher Bundestag (Hrsg) (1990) Landwirtschaftliche Entwicklungspfade. Bericht der Enquete-Kommission "Gestaltung der technischen Entwicklung, Technikfolgen-Abschätzung und -Bewertung". Zur Sache 22/90, Bonn, ISBN 3-924521-66-2

[14] Zeddies J (1993) Kosten einer ökologisch und ökonomisch ausgewogenen Landschaftsnutzung und -gestaltung. Vortrag auf der 25. Hohenheimer Umwelttagung am 29.1.1993; Die Zukunft der Kulturlandschaft

[15] Agra-Europe 2/93 vom 11.1.93, Kurzmeldungen 1

[16] Agra-Europe 16/93 vom 19.4.93, Markt und Meinung 10

[17] Cramer N (1990) Raps: Anbau und Verwertung. Verlag Eugen Ulmer, Stuttgart, ISBN 3-8001-3083-1

[18] Koch J (1993) Was GATT den Bauern wirklich bringt. DLG-Mitteilungen 1/93, S. 58-63

[19] Kleinhanß W, Kerckow B und Schrader H (1992) Kosten-Nutzenanalyse: Rapsöl im Nichtnahrungsmittelbereich. Schriftenreihe des Bundesministeriums für Ernährung, Landwirtschaft und Forsten, Reihe A: Angewandte Wissenschaft, Heft 410. Landwirtschaftsverlag GmbH, Münster-Hiltrup, ISBN 3-7843-0410-9

[20] Bechteler A (1993) Persönliche Mitteilung

[21] "Dieselautos sollen bald Rapsöl tanken." Schwarzwälder Bote Nr. 176 vom 1./2. 8. 92, S. 5

[22] BML (1992) Schnell umsetzbare Maßnahmen zur Förderung des Einsatzes von Nachwachsenden Rohstoffen. BML, Referat 623, 623-790/16

[23] Agra-Europe 33/92 vom 10.8.92, Kurzmeldungen 8

[24] Agra-Europe 1/2/93 vom 4.1.93, Kurzmeldungen 4

[25] Schiffer H-W (1993) Energiemarkt '92. Energiewirtschaftliche Tagesfragen 43/3, S. 156-173

[26] Agra-Europe 11/93 vom 15.3.93, Länderberichte 21

[27] LWBW 12/93, S. 35-36

[28] Agra-Europe 11/93 vom 15.3.93, Länderberichte 40

[29] Agra-Europe 48/92 vom 23.11.92, Länderberichte 3

[30] Agra-Europe 45/92 vom 2.11.92, Länderberichte 20

4 Workshop und Diskussion

[31] Walch H (1993) Biosprit: Vorbild Frankreich? DLG-Mitteilungen 4/93, S. 62-65
[32] Agra-Europe 28/92 vom 6.7.92, Länderberichte 45
[33] Agra-Europe 12/92 vom 16.3.92, Länderberichte 36
[34] Agra-Europe 7/93 vom 15.2.93, Kurzmeldungen 25
[35] Agra-Europe 20/91 vom 13.5.91, Kurzmeldungen 21
[36] Agra-Europe 17/92 vom 21.4.92, Länderberichte 1
[37] Niepenberg KA (1988) Markt und Wirtschaftlichkeit bei Raps. In: Landwirtschaftskammer Rheinland (Hrsg) Anregungen für die Produktion und Absatz, Heft 24: Raps - eine Pflanze mit Zukunft, S. 30-43. Rheinischer Landwirtschafts-Verlag, Bonn, ISBN 3-924683-32-8
[38] Apfelbeck R (1989) Raps als Energiepflanze. Dissertation, TU München, Institut für Landtechnik, Freising-Weihenstephan, MEG 156
[39] Wintzer D (1993) Soziale Kosten und Nutzen der Biomasse. Energie 45/5 S. 47-53
[40] Zeddies J (1992) Intensität verringern, Rapsanbau nach dem neuen Ölsaatenbeschluß. LWBW 4/92, S. 54-55
[41] Agra-Europe 43/92 vom 19.10.92, Länderberichte 39
[42] Agra-Europe 29/92 vom 13.7.92, Länderberichte 14
[43] Agra-Europe 12/92 vom 16.3.1992, Dokumentation
[44] Agra-Europe 39/92 vom 21.9.92, Länderberichte 30
[45] Agra-Europe 7/93 vom 15.2.93, Markt und Meinung 20
[46] Kaltschmitt M und Wiese A (1993) Erneuerbare Energieträger in der BRD. BWK, 45/3, S. 79-85
[47] Strehler A (1992) Mögliche Potentiale einer ressourcenschonenden und umweltverträglichen Energiegewinnung aus Biomasse. In: Arbeitsunterlagen DLG (Hrsg) Biomasseerzeugung zur direkten energetischen Nutzung, Frankfurt am Main, S. 24-49
[48] Seeger K und Wippermann R (1992) Ausweitung der begünstigten KWK-Anlagen auf den Bereich der Holzwirtschaft. AFZ 22/92, S. 1182-1188
[49] Zielke U (1992) Einsatzerfahrungen mit Biobrennstoffen in Dänemark. In: Ostbayerisches Technologie-Transfer-Institut (OTTI) (Hrsg) Erstes Symposium Biobrennstoffe und umweltfreundliche Heizanlagen, 23. - 24. September, Regensburg, S. 109-115
[50] Agra-Europe 12/93 vom 22.3.93, Länderberichte 43
[51] Jonas A und Görtler F (1993) Zahlenmäßige Entwicklung der modernen Holz- und Rindenfeuerungen in Österreich, Jahresbilanz 1980 - 1992. Nö. Landes-Landwirtschaftskammer, Wien
[52] "Erstes Heizkraftwerk für Biomasse in Ulm?" Stuttgarter Zeitung Nr. 52 vom 4.3.93, S.10
[53] "Man kann den Wald auch zu Tode lieben", Stuttgarter Zeitung Nr. 295 vom 21.12.92, S.5
[54] Agra-Europe 6/93 vom 8.2.93, Länderberichte 45
[55] Agra-Europe 8/93 vom 22.2.93, Kurzmeldungen 8
[56] Agra-Europe 3/93 vom 18.1.93, Kurzmeldungen 3

[57] Gambetta A und Orlandi E (1992) On biodeterioration of whole-tree chips of coppice during storage. In: Grassi G, Collina A und Zibetta H (eds) Biomass for energy, industry and environment (6th EC conference), Elsevier Applied Science, London, ISBN 1-85166-730-X

[58] Brusche R (1983) Hackschnitzel aus Schwachholz - Bergung, Lagerung und Trocknung. KTBL-Schrift 290, Darmstadt, ISBN 3-7843-1727-8

[59] Evald A und Jakobsen HH (1992) Abgaskondensation bei Holzfeuerungen. In: Nussbaumer T (Hrsg) Neue Konzepte zur schadstoffarmen Holzenergie-Nutzung, Tagungsband zum 2. Holzenergie-Symposium vom 23.10.92 an der ETH Zürich; ENET Tagungsadministration, Bern, S. 189-204

[60] Nussbaumer T (1992) Anforderungen an emissionsarme Holzenergie-Anlagen. In: Nussbaumer T (Hrsg) Neue Konzepte zur schadstoffarmen Holzenergie-Nutzung, Tagungsband zum 2. Holzenergie-Symposium vom 23.10.92 an der ETH Zürich; ENET Tagungsadministration, Bern, S. 5-35

[61] "Umweltgerechte Wärmeenergieerzeugung aus Biomasse", BWK 45/3 (1993) S. 74-75 (BWK 3586)

[62] Mannheimer Versorgungs- und Verkehrsgesellschaft (MVV) (Hrsg) (1992) Handlungskonzepte zur Energieeinsparung und rationellen Energieanwendung im Rhein-Neckar-Raum, Endbericht. Mannheim

[63] Dimitri L (1988) Bewirtschaftung schnellwachsender Baumarten im Kurzumtrieb zur Energiegewinnung. Schriften des Forschungsinstitutes für schnellwachsende Baumarten, Hann. Münden, Bd. 4

[64] "Konzeption zur verstärkten Aufforstung landwirtschaftlicher Flächen". AFZ 22/1992. Aus der Arbeit des Deutschen Forstwirtschaftsrates (DFWR), S. 1191-1195

[65] Jakobs J (1992) Persönliche Mitteilung

[66] Mitchell CP, Hudson JB, Ford-Robertson JB und McLain HD (1992) Harvesting systems for coppice energy plantations. In: Grassi G, Collina A und Zibetta H (eds) Biomass for energy, industry and environment (6th EC conference), Elsevier Applied Science, London, ISBN 1-85166-730-X

[67] Nießlein E (1989) Die Aufforstung landwirtschaftlicher Flächen mit besonderer Berücksichtigung einer Anlage von Energiewald. Abschlußbericht einer sozialwissenschaftlich-empirischen Untersuchung i.A. des Ministeriums für Ländlichen Raum, Ernährung, Landwirtschaft und Forsten Baden-Württemberg. Institut für Forstpolitik und Raumordnung, Freiburg

[68] Mitchell CP, Ford-Robertson JB und Watters MP (1992) Short rotation forestry supply strategies. In: Grassi G, Collina A und Zibetta H (eds) Biomass for energy, industry and environment (6th EC conference), Elsevier Applied Science, London, ISBN 1-85166-730-X, S. 386-390

[69] Agra-Europe 37/92 vom 7.9.92 Kurzmeldungen 10

[70] Agra-Europe 42/92 vom 12.10.92 Kurzmeldungen 19

[71] "Halm der Weisen" (1992) Der Spiegel 32/92, S.185-188

[72] Hotz A, Kolb W und Kuhn W (1993) Chinaschilf wächst nicht in den Himmel. DLG-Mitteilungen 1/93, S. 50-53

[73] Schweiger P (1993) Schilfballen statt Ölfässer. LWBW 11/93, S. 30-32

[74] Pröpster A (1991) Praktische Erfahrungen mit Miscanthus sinensis 'Giganteus' in Bayern. In: Kuratorium für Technik und Bauwesen in der Landwirtschaft e.V. (KTBL) Darmstadt (Hrsg) Miscanthus sinensis, KTBL-Arbeitspapier 158, Dokumentation des KTBL-Fachgespräches vom 11./12. September 1990 in Braunschweig, S. 70-78

[75] Dehli A und Müller G (1991) Versuch zum Anbau schnellwachsender Schilfpflanzen im Hinblick auf eine mögliche energetische Verwertung. In: Kuratorium für Technik und Bauwesen in der Landwirtschaft e.v. (KTBL) Darmstadt (Hrsg) Miscanthus sinensis, KTBL-Arbeitspapier 158, Dokumentation des KTBL-Fachgespräches vom 11./12. September 1990 in Braunschweig, S. 58-69

[76] Guth D (1993) Chinaschilf auf dem Prüfstand. Agra-Europe 6/93 vom 8.2.93, Markt und Meinung 1-5

[77] Agra-Europe 30/92 vom 20.7.92, Kurzmeldungen 18

[78] El Bassam N und Jacks I (1991) Miscanthus sinensis als Energiepflanze und Celluloselieferant - Fachliche Einführung. In: Miscanthus sinensis, Kuratorium für Technik und Bauwesen in der Landwirtschaft e.V. (KTBL) Darmstadt (Hrsg) KTBL-Arbeitspapier 158, Dokumentation des KTBL-Fachgespräches vom 11./12. September 1990 in Braunschweig, S. 14-25

[79] Kahnt G, Eghbal K, Diedrich J und Gronbach G (1992) Zuckerhirse kontra Chinaschilf. LWBW 4/92, S. 21-24

[80] Leible L.(1992) Persönliche Mitteilung

[81] Bludau D und Turowski (1992) Verfahrensrelevante Untersuchungen zu Bereitstellung und Nutzung jährlich erntbarer Biomasse als Festbrennstoff unter besonderer Berücksichtigung technischer, wirtschaftlicher und umweltbezogener Aspekte. Gelbes Heft, Nr. 44. Bayerisches Staatsministerium für Ernährung, Landwirtschaft und Forsten, München, RB-Nr. 08/92/15

[82] Agra-Europe 51/92 vom 14.12.92, Sonderbeilage, "GATT-Kompromiß auf dem Prüfstand".

[83] "Landschaftspflege muß sich auch für den Bauer lohnen!", top agrar 9/91, S. 50-52

[84] Reis W (1992) Energiepflanzenheizung und Energieversorgungskonzept Schulzentrum Grafenwöhr. In: Ostbayerisches Technologie-Transfer-Institut (OTTI) (Hrsg) Erstes Symposium Biobrennstoffe und umweltfreundliche Heizanlagen, 23. - 24. September, Regensburg, S. 75-84

[85] Reis W (1992) Energiepflanzenheizung in der Grünfuttertrocknungsanlage Lengenfeld. In: Ostbayerisches Technologie-Transfer-Institut (OTTI) (Hrsg) Erstes Symposium Biobrennstoffe und umweltfreundliche Heizanlagen, 23. - 24. September, Regensburg, S. 85-96

[86] Henriksen U, Kofoed E, Gabriel S, Koch T und Christensen O (1992) Gasification of straw. In: Grassi G, Collina A und Zibetta H (eds) Biomass for energy, industry and environment (6th EC conference), Elsevier Applied Science, London, ISBN 1-85166-730-X, S. 797-801

[87] Petersen MB, Nielsen C und Jansen P (1992) Corrosion in straw fired district heating boilers. In: Grassi G, Collina A und Zibetta H (eds) Biomass

for energy, industry and environment (6th EC conference), Elsevier Applied Science, London, ISBN 1-85166-730-X, S. 1177-1181

[88] Ravn-Jensen L (1992) Danish experiences from combustion of straw. In: Grassi G, Collina A und Zibetta H (eds) Biomass for energy, industry and environment (6th EC conference), Elsevier Applied Science, London, ISBN 1-85166-730-X, S. 884-888

[89] Tens G (1992) Betrieb und Ergebnisse eines Rohbraunkohleheizwerkes mit 18 MW in der Umstellung auf Holzhackschnitzel. In: Ostbayerisches Technologie-Transfer-Institut (OTTI) (Hrsg) Erstes Symposium Biobrennstoffe und umweltfreundliche Heizanlagen, 23. - 24. September, Regensburg, S. 181-196

[90] Pott J (1993) Voll Engagement auf dornigem Weg. ZfK 3/93, S. 3

[91] Thoma H (1992) Überlegungen zur Transportentfernung bei der Brennstoffanfuhr zu Biomasse-Heizwerken. In: Ostbayerisches Technologie-Transfer-Institut (OTTI) (Hrsg) Erstes Symposium Biobrennstoffe und umweltfreundliche Heizanlagen, 23. - 24. September, Regensburg, S. 157-165

[92] Pröpster A (1992) Logistik eines Versorgungsmodells am Beispiel Lengenfeld. In: Ostbayerisches Technologie-Transfer-Institut (OTTI) (Hrsg) Erstes Symposium Biobrennstoffe und umweltfreundliche Heizanlagen, 23. - 24. September, Regensburg, S. 167-179

[93] Plank J (1992) Einsatzerfahrungen mit Biobrennstoffen in der Steiermark. In: Ostbayerisches Technologie-Transfer-Institut (OTTI) (Hrsg) Erstes Symposium Biobrennstoffe und umweltfreundliche Heizanlagen, 23. - 24. September, Regensburg, S. 97-108

[94] Michl H (1992) Logistik von Restholz und Holznebenprodukten als Energieträger. Vortrag bei: Ostbayerisches Technologie-Transfer-Institut (OTTI) Erstes Symposium Biobrennstoffe und umweltfreundliche Heizanlagen, 23. - 24. September, Regensburg

[95] Sutor P (1993) Persönliche Mitteilung

[96] Agra-Europe 16/93 vom 19.4.93, Länderberichte 19

[97] Cost K (1993) Energiegewinnung aus Getreidestroh. Energiewirtschaftliche Tagesfragen, 43/1/2, S. 79-84

[98] Gerstenkorn H (1992) Forschungsförderung Nachwachsende Rohstoffe - Analyse der ökonomischen Aspekte einer Energieerzeugung aus Biomasse. Schriftenreihe Forschungsberichte, Bd. 8. DLG-Verlag, Frankfurt am Main, ISBN 3-7690-5610-8

[99] "Der Holzmarkt im März 1993", AfZ 7/93, S. 355

[100] Busch H (1992) Geeignete Verbrennungstechniken zur Energiegewinnung aus Biomasse. In: Arbeitsunterlagen DLG (Hrsg) Biomasseerzeugung zur direkten energetischen Nutzung, Frankfurt am Main, S. 114-122

[101] "Ohne Zuschuß bleibt der Strohofen kalt", LWBW 11/93, S. 32

[102] Krawinkel H (1993) Die Dänen zeigen, wie der Energiekonsens aussehen kann. Frankfurter Rundschau, Nr. 9 vom 12.1.93, S.6

[103] Gerlach T (1993) Energiewirtschaftliche Situation in Dänemark. Energiewirtschaftliche Tagesfragen, Bd. 43/4, S. 258-263

5 Synopse

Der vorliegende Band ist der Abschlußbericht des Projekts "Energie aus Biomasse - eine Chance für die Landwirtschaft?".

Die Akademie für Technikfolgenabschätzung in Baden-Württemberg hat sich in diesem ersten Projekt mit der Frage befaßt, welche Chancen die Gewinnung von Energie aus Biomasse beim heutigen Stand der Technik bietet. Es geht einmal um den möglichen Beitrag der Biomasse bei der Bereitstellung von Nutzenergie, zum andern aber um die Frage, ob der Anbau von Energiepflanzen in unserem Land auch einen Beitrag zur Entschärfung der Agrarstrukturkrise leisten kann, ohne daß zusätzliche ökologische Probleme entstehen. Über das Energieproblem und die Strukturkrise des ländlichen Raumes hinaus ist das Thema für den Umweltschutz und für die Zukunft des Fremdenverkehrs von zentraler Bedeutung.

Die Gründe, die uns zur Auswahl dieses Projektes bewogen haben, sind in der Einführung (Kap. 1) ausführlich dargestellt. Gleiches gilt für die Gründe, die es uns geraten erscheinen ließen, die Erzeugung von Alkohol (Ethanol, Methanol) aus Biomasse und die Nutzung von Biogas nicht in die vorliegende Studie aufzunehmen.

5.1 Das Flächenpotential

Tabelle 1. Aus der Nahrungs- und Futtermittelerzeugung ausscheidende Flächen (Schätzung). Angaben in [Mio. ha]. Kurzfristiges Szenario: 15 % der Mähdruschfläche entsprechend den Stillegungsverpflichtungen der EG-Agrarreform. Langfristiges Szenario: voraussichtlich freiwerdend bis etwa zum Jahre 2005 (Workshop-Konsens, Kap. 4.1)

	kurzfristig	langfristig
EG	4,2	18,0
Deutschland	1,0	4,5
Baden-Württemberg	0,07	0,25

Die freiwerdenden Flächen könnten genutzt werden
- als Fruchtfolgeglied "Grünbrache" im Rahmen der Rotationsbracheregelung,
- für den Biotop- und Landschaftsschutz, zur Biotopentwicklung und Biotopvernetzung,
- durch langfristige Umwidmung zu Hochwald (Forst),
- zur Produktion von Industriepflanzen,
- zur Produktion von Energiepflanzen.

Die Aufforstung mit dem Ziel Hochwald und die Umwidmung zu Zwecken des Biotopschutzes bedeutet eine dauerhafte Herausnahme dieser Flächen aus der landwirtschaftlichen Produktion. Um die verbleibenden, nicht brachliegenden Flächen konkurrieren die nachwachsenden Rohstoffe für die industrielle Produktion mit denen für die Energiegewinnung aus Biomasse.

In Kap. 4.2.4 haben wir dargelegt, daß eine *flächendeckende* Extensivierung, bei der vermutlich alle Ackerflächen für Nahrungs- und Futtermittelerzeugung gebraucht würden, aus Expertensicht wenig Realisierungschancen hat und auch nicht zu empfehlen ist - aus Gründen der Sicherheit der Nahrungsmittelversorgung, aus Kostengründen und aus Fruchtfolgegründen. Extensivierungsmaßnahmen in ökologisch sensiblen Zonen allerdings, insbesondere bei der Grünlandnutzung, sind unserer Meinung nach durchaus wünschenswert. Insgesamt gehen wir davon aus, daß Extensivierungsmaßnahmen auf das Flächenpotential für Energiepflanzen keinen wesentlichen Einfluß haben.

Wenn die Prinzipien einer ordnungsgemäßen Landbewirtschaftung gewahrt bleiben, ist gegen den Anbau Nachwachsender Rohstoffe auch aus ökologischer Sicht nichts einzuwenden. In Kap. 4.2.1 legen wir dar, daß von einer Rotationsbrache, vor allem unter den geltenden Stillegungsbedingungen der Agrarreform, kaum ökologische Entlastungseffekte zu erwarten sind. Der Anbau von Energiepflanzen kann sogar extensiver gestaltet werden als der Anbau von Nahrungs- und Futtermittelpflanzen (s. Kap. 4.3.4 und 4.4.7) und bedeutet somit eine partielle Extensivierung. Für die Kalkulation des Flächenpotentials unterstellen wir daher, daß die stillzulegenden Flächen nicht einer Rotationsbrache überlassen werden. Die Herausgeber befürworten ausdrücklich landschaftsökologische Entwicklungsmaßnahmen (Kap. 4.2.2 und 4.2.3) und setzen den Anteil der für dauerhafte Aufforstung und für Zwecke des Biotop- und Landschaftsschutzes umzuwidmenden Ackerflächen - entsprechende Fördermaßnahmen vorausgesetzt - auf etwa 10 % in Deutschland und vorsichtige 5 % EG-weit an.

Derzeit bindet der Anbau von Industriepflanzen zur chemisch-technischen Nutzung rund 165 000 ha in Westdeutschland und geschätzte 210 000 ha bundesweit [1]. Energiepflanzen werden auf landwirtschaftlichen Flächen nur in verschwindend geringer Menge zu Erprobungszwecken angebaut. Die Bundesregierung hält eine Ausweitung der Erzeugung von Industriepflanzen auf rund 420 000 ha mittel- bis langfristig für möglich [2].

Wir übernehmen den Schätzwert der Bundesregierung für die Flächenkalkulation des langfristigen Szenarios. Für die kurzfristige Abschätzung gehen wir vom Ist-Zustand aus, das heißt, daß wir keine Ausweitung des Industriepflanzenanbaus auf Stillegungsflächen erwarten. Für die EG und für Baden-Württemberg liegen uns keine Schätzungen vor. Wir machen daher für die Kalkulation die Annahme, daß der relative Anteil freiwerdender Flächen, der mit Industriepflanzen bebaut werden wird, dem der Bundesrepublik gleichkommt. Tabelle 2 zeigt, welche Flächenpotentiale verbleiben, wenn man die abgeschätzten Flächen für Aufforstung, Biotope und Industriepflanzen von der gesamten überschüssigen Fläche abzieht.

Tabelle 2. Für Energiepflanzenanbau potentiell verbleibende Flächen (Schätzung). Angaben in [Mio. ha].

	kurzfristig	langfristig
EG	4,0	16,2
Deutschland	0,9	3,8
Baden-Württemberg	0,063	0,213

Welcher Anteil dieses geschätzten Flächenpotentials tatsächlich mit Energiepflanzen bestellt wird, entscheiden der Markt und die Marktpolitik. Wenn genügend Nachfrage besteht, die Abnahme und Verwertung gesichert ist und den Landwirten ausreichende Deckungsbeiträge ermöglicht werden, kann man von einer Energiepflanzenproduktion auf diesen Flächen ausgehen. Wir weisen noch einmal explizit darauf hin, daß es sich bei den Zahlenangaben der Tabellen 1 und 2 um Schätzwerte handelt, in die verschiedene Annahmen eingeflossen sind. Mancher Leser würde sicherlich die Angabe von Spannbreiten bevorzugen. Wir haben uns aber bewußt dafür entschieden, die uns nach sorgfältiger Prüfung und Diskussion realistisch erscheinenden Zahlen als Orientierungswerte anzugeben. Abweichungen nach oben oder unten sind wahrscheinlich, aber durch so viele (vor allem politische und ökonomische) Faktoren beeinflußbar, daß eine Angabe von Spannen keine größere Prognosesicherheit gewährleistet.

5.2 Biomasse als Treibstoff oder Festbrennstoff?

Um Rapsöl bzw. sein Derivat Rapsölmethylester (RME) als Ersatz für Dieseltreibstoff ist in letzter Zeit eine heftige Diskussion entbrannt, die zum Teil dazu geführt hat, daß andere Verwertungsoptionen für Biomasse aus dem Blickfeld geraten sind. Die Betrachtung der Energiebilanzen zeigt, daß bei der direkten thermischen Verwertung von Biomasse deutlich mehr an fossiler Energie eingespart werden kann als beispielsweise bei der Produktion von RME als Dieselkraftstoffersatz: Während pro bereitgestelltem Energieäquivalent RME 0,5 - 0,6 Energieeinheiten aufgewandt werden müssen, sind es bei Festbrennstoffen je nach Aufwand für die Vorkette 0.07 bis 0.17, also ein Aufwand-Ertragsverhältnis von 1:6 bis 1:14 (Kap. 3.3). Ähnlich überlegen sind die Festbrennstoffe auch in ihrem Beitrag zur Netto-CO_2-Minderung (Kap. 3.3), d. h. der eingesparten CO_2-Menge, die bei der Verbrennung der verdrängten fossilen Energieträger sonst zusätzlich frei geworden wäre.

Eine gute Energiebilanz und ein hohes CO_2-Minderungspotential sind nun freilich nicht die einzigen Kriterien, nach denen der Einsatz einer potentiellen Energiepflanze bewertet werden kann. Im Fall von Raps beispielsweise ist es so, daß im Prinzip die ganze Rapspflanze als Festbrennstoff thermisch verwertet werden könnte oder aber in getrennte Verwendungslinien geht: Öl als Lebensmittel, Chemierohstoff oder Treibstoff, Schrot (bevorzugt) als Futtermittel, Stroh als Bodenverbesserer oder Brennstoff. Welche Nutzung erfolgt, wird weitgehend von der Wirtschaftlichkeit der Produktlinien und der Nachfrage nach ihnen sowie den agrarpolitischen Rahmenbedingungen bestimmt.

Rapsöl hat zudem die Eigenschaft, daß es sich als flüssiger Energieträger einsetzen läßt und so Verwertungsmöglichkeiten erschließt, die die Festbrennstoffe nicht bieten, nämlich den Einsatz in stationären Ölfeuerungen und vor allem als Treibstoff in Verbrennungsmotoren.

Weiterhin ist zu fragen, welche ökologischen Vor- und Nachteile die einzelnen Produktlinien insgesamt haben (über die Energie- und CO_2-Bilanz hinaus). Solange von den Experten anerkannte Ökobilanzen noch nicht vorliegen, können wir hier nur Abschätzungen vornehmen. Wir kommen im folgenden nochmals darauf zurück und haben näheres bereits in Kap. 4.3.4 und 4.4.7 ausgeführt. In der Gesamtschau sind wir zu der Meinung gelangt, daß die chemisch-technische und die energetische Verwendung von Rapsöl zwar eine Förderung verdient, daß aber angesichts begrenzt zur Verfügung stehender Flächen (und einmal abgesehen von Fruchtfolgerestriktionen) der Schwerpunkt des Energiepflanzenanbaus auf die Erzeugung von Festbrennstoffen gelegt werden sollte. Mit Getreideganzpflanzen beispielsweise ließe sich flächenbezogen ein etwa 8-fach höherer Nettoenergieertrag erzielen als bei Rapsanbau mit anschließender RME-Produktion. Neben den besseren Energie- und CO_2-Bilanzen spricht für sie ein logistisch-ökonomischer Grund: Ihre direkte thermische Verwertung kann einhergehen mit der von Reststoffen wie Stroh und Holz. Die kombinierte Nutzung von speziell angebauten Energiepflanzen und von Reststoffen macht Biomasse-Anlagen oft erst wirtschaftlich in Regionen, in denen aus strukturellen Gründen ausreichende Biomassepotentiale sonst nicht erschlossen werden könnten.

5.3 Raps

In der momentanen Situation ist das Erzeugungspotential für Raps aufgrund der unwägbaren ökonomischen und politischen Bedingungen nur mit erheblichen Unsicherheiten abzuschätzen. Wir halten es für unwahrscheinlich, daß in Deutschland mehr als 1,6 Mio. ha mit Raps bebaut werden, eher werden es weniger sein. Im konservativsten Falle wird gerade die derzeitige Anbaufläche von 1 Mio. ha gehalten werden können (Kap. 4.3.1).

Wir haben in Kap. 4.3.4 erläutert, daß wir bei Anbau und Verwendung von Raps bzw. RME keine besonderen ökologischen Probleme sehen. Bei verantwortungsvoller Betriebsführung kann Raps für Energiezwecke sogar extensiver

5 Synopse

angebaut werden als Raps für Nahrungsmittelzwecke. Rapsöl und RME sind biologisch leicht abbaubar und im Vergleich zu Mineralöl nur gering ökotoxisch. Bei der Verwendung als Dieselsubstitut in Verbrennungsmotoren kann man die Emissionssituation insgesamt weder als schlechter noch als besser als bei Verwendung mineralischen Dieselkraftstoffs einstufen. Ein Plus ist der minimale SO_2- und der geringe Partikelausstoß, noch verbesserungswürdig (aber sicher verbesserungsfähig) der Ausstoß von NO_x und von einigen Kohlenwasserstoffen.

Energie- und CO_2-Bilanz sind eindeutig positiv. Mit dem Ökobilanz-Versuch des Umweltbundesamts haben wir uns in Kap. 4.3.4 bereits auseinandergesetzt. Wir haben allerdings in Kap. 5.2 auch dargelegt, daß wir aus Gründen der besseren CO_2- und Energiebilanz, aber auch aus ökonomischen Erwägungen heraus, Anbau und Nutzung von Festbrennstoffen bevorzugen.

Wir gehen davon aus, daß die Rapspflanze, wie bisher üblich, über Rapsöl, Rapsschrot und Rapsstroh vielseitig genutzt wird. Aus ökonomischen Überlegungen heraus halten wir eine thermische Nutzung weder von Ganzpflanzen noch von Schrot und Rapsstroh für wahrscheinlich (Kap. 4.3.3), sondern deren konventionelle Verwendung als Futtermittel und Bodenverbesserer. Das Rapsöl selbst wäre zu Lebensmittelzwecken, für chemisch-technische Zwecke und schließlich als Treibstoff zu verwerten. Die Substitution von Dieselkraftstoff wird zumindest kurzfristig nur über den Konversionsschritt der Umesterung zu Rapsölmethylester (RME) gelingen.

Wir gehen davon aus, daß der auf der derzeitigen Anbaufläche erzeugte Raps wie bisher in die Nahrungsmittelproduktion und in die Oleochemie bzw. Schmierstoffherstellung geht (wobei häufig Rapsschrot das begehrte Produkt ist und das Öl exportiert wird und damit zumindest potentiell für Nichtnahrungsmittelzwecke zur Verfügung stünde). Wir kalkulieren mit einer Fläche von etwa 0,6 Mio. ha, um die die Rapsanbaufläche eventuell ausgeweitet werden könnte (s.o.). Das ergäbe eine zusätzliche Rapsölmenge von ungefähr 0,69 Mio. t, die zu Nicht-Nahrungsmittelzwecken verarbeitet werden könnte.

Nach ausführlicher Diskussion sehen wir die sinnvollste Möglichkeit einer solchen Nutzung nicht in einer energetischen, sondern in einer chemisch-technischen Verwendung. Seine gute biologische Abbaubarkeit und geringe Ökotoxizität prädestinieren Rapsöl für den Einsatz als Schmierstoff und als Hydrauliköl gerade in umweltsensiblen Bereichen (Gewässer, Küsten- und Bergregionen, Wasserschutzgebiete, Land- und Forstwirtschaft). Bei Ausschöpfung des geschätzten Absatzpotentials von rund 200 000 t Schmier- und Hydraulikölen auf Rapsbasis pro Jahr in Deutschland (Kapitel 4.3.2) müßten dafür etwa 175 000 ha zusätzlich mit Raps bestellt werden. Eine Ausweitung der Rapsfläche von derzeit 1,0 Mio. ha um diese knapp 18% sollte ökonomisch wie politisch selbst kurzfristig möglich sein.

Das Absatzpotential im Treibstoffsektor ist praktisch unbegrenzt. Die zusätzlich erzeugbaren Rapsölmengen sind hingegen begrenzt: Nach Abzug des Schmier- und Hydrauliköl-Potentials verbleiben vielleicht 0,5 Mio. t.

Dennoch kann das Angebot an Rapsöl für die Treibstoffherstellung weitaus größer sein. Scharmer [3] führt aus, daß allein mit dem 1991 exportierten Rapsöl etwa 550 000 t Öl einer Treibstoffherstellung hätten zugeführt werden können. Ein weitergehender Import von Ölsaaten oder Pflanzenölen zur Treibstoffherstellung ist ebenfalls denkbar, ebenso die Umlenkung von Rapsöl aus anderen Verwendungsbereichen. Wegen der engen Substitutionsbeziehungen mit anderen natürlichen Ölen und Fetten ist das jederzeit möglich, hängt aber von den Preisverhältnissen zu den konkurrierenden Ölen und Fetten und den Preis-/Erlösverhältnissen zwischen den Rapsöl-Verwendungslinien ab.

Solange Rapsöl-Spezialmotoren und Rapsöl-Additiv-Treibstoffgemische noch nicht serien- bzw. marktreif sind, sehen wir die Produktion von RME als notwendig an, wenn Treibstoff aus Raps marktfähig werden soll.

RME hat seine Praxisreife mittlerweile bewiesen (Kapitel 4.3.3). Durch eine 5%ige Zumischung zu herkömmlichem Dieselkraftstoff, wie in Frankreich favorisiert, sehen wir allerdings den potentiellen Umweltnutzen von RME nur unzureichend verwirklicht. Ein technisch möglicher Einsatz als 100%iger Dieselersatz - bevorzugt wieder in umweltsensiblen Bereichen - wäre die wünschenswertere Alternative.

Bedingt durch ökonomische (Kapitel 3.4) und politische (Kapitel 4.3.1) Begrenzungen wird Raps nur in einigen Regionen Deutschlands wirklich massiv angebaut werden, nämlich dort, wo seine Konkurrenzkraft gegenüber Getreide und eine entsprechende Betriebsstruktur hohe Deckungsbeiträge erwarten lassen. Das ist nach bisherigen Erfahrungen (siehe Kapitel 3.4) wohl nördlich der deutschen Mittelgebirge und im Nordosten Deutschlands der Fall. Dort bestünde dann auch die Chance, RME-Produktionsanlagen der ökonomisch erforderlichen Jahreskapazität (ca. 60 000 t) zu errichten. Die Verteilung des Treibstoffs könnte dann über Betriebstankstellen (kein Massennetz) erfolgen. Die Errichtung einer Biodiesel-Pilotanlage in Kiel mit einer Jahreskapazität von 8 000 t RME ist dazu ein erster Schritt [4].

Der Einsatz von RME in besonders umweltsensiblen Bereichen und in der Land- und Forstwirtschaft böte auch gleichzeitig die Chance, über den Umweltnutzen einen höheren Kraftstoffpreis akzeptabel zu machen, oder (s. Kapitel 4.3.5) "Subventionen", wie z.B. die Gasölbeihilfe, landwirtschaftsintern "umzuleiten" (und so keine neuen zu schaffen).

In Baden-Württemberg wird Raps, verglichen mit anderen Regionen Deutschlands, weniger Chancen besitzen: Die Konkurrenzsituation zu Getreide ist schlecht, der Anteil von Kleinerzeugern ist relativ hoch, auf Stillegungflächen lohnt Rapsanbau erst bei höheren Erzeugerpreisen (s. Kapitel 3.4). Da die Rapserzeugung bereits zurückgefahren wird [5], sehen wir für eine RME-

Herstellung zu wenig Potentiale. Der Großteil des hier erzeugten Rapsöls wird vermutlich in die konventionellen Kanäle fließen.

Als Fazit bleibt, daß Raps außerhalb der Nahrungs- und Futtermittelproduktion eine durchaus reelle Chance für die Landwirtschaft bietet. Diese Chance ist jedoch, zumindest auf einige Zeit, durch politische und ökonomische Rahmenbedingungen begrenzt, so daß andere Optionen - z.B. die Erzeugung von Festbrennstoffen auf den freiwerdenden Flächen - nicht aus den Augen verloren werden sollten. Wir regen an, zunächst den Ausbau der Rapsverwertung im Schmierstoff- und Hydrauliksektor voranzutreiben (Kap. 5.13).
Parallel dazu sollte abgeschätzt werden, in welchen Regionen Erzeugung von Raps und potentieller Absatz von RME günstig erscheinen. In Bayern wurde vor kurzem eine Planungs- und Projektierungsgesellschaft zum Bau einer 100 000 t-Anlage für RME gegründet [6]. Wichtig für die Versorgungssicherheit ist, daß über entsprechende vertragliche Regelungen Erzeuger wie Verarbeiter mit Mengen und Preisen kalkulieren können. Ein Preispoker zwischen Erzeuger und Ölmühlen, wie es offenbar Anfang des Jahres stattfand [7], trägt nicht zur Markteinführung von RME bei.

5.4 Reststoffe (Stroh und Holz)

Wie das Nachbarland Dänemark eindrucksvoll zeigt, kann bei entsprechendem politisch-gesellschaftlichem Konsens Stroh einen gewichtigen Anteil besonders in der Fernwärmeversorgung übernehmen. Die Technik ist soweit ausgereift, daß Stroh selbst in Großballenform emissionsarm verbrannt werden kann. Strohhäcksel und die logistisch günstigen Strohpellets für kleinere Anlagen oder Mehrbrennstoffeuerungen sind ebenfalls kein technisches, sondern allenfalls ein ökonomisches Problem. Geringfügig höhere Preise für fossile Energieträger, Kostensenkungen bei Bau und Betrieb der Biomasseanlagen oder Investitionsbeihilfen würden vermutlich eine breitere thermische Verwertung des Strohs auch in Deutschland ermöglichen. Das erste Strohheizwerk befindet sich in Thüringen im Bau.
Die Kombination von Stroh mit speziell angebauten Energiepflanzen würde vermutlich dazu beitragen, Energiegewinnung aus Biomasse auch in Regionen zu ermöglichen, in denen nur mit Reststoffen oder nur mit Energiepflanzen keine Anlage von wirtschaftlich vorteilhafter Größe betrieben werden könnte. Zum einen würde durch eine Mischkalkulation das Stroh zur Senkung der Brennstoffkosten beitragen, zum andern würde das erweiterte Biomasseaufkommen eine andere Anlagengröße und -auslastung zulassen.
Zur Erhaltung der Bodenfruchtbarkeit wird es nötig sein, nicht nur die in den Anlagen anfallende Asche wieder auf die Äcker auszubringen, sondern auch einen gewissen Anteil an Stroh im Feld zu belassen. Die zur Potentialabschätzung herangezogenen Studien (Kap. 4.4.1) gehen von einer nur 10-20%-igen Nutzung der Strohmengen aus. Emissionsprobleme, vor allem mit Staub, gibt es nur noch

bei kleinen und sehr kleinen Strohfeuerungen (meist Einzelgehöfte). Moderne Strohheiz(kraft)werke sind in der Lage, die geltenden Grenzwerte einzuhalten (Kap. 4.4.7, Kap. 3.8).

Die energetische Nutzung von Rest- und Abfallholz ist in unserem Zusammenhang nur ein Randthema. Die Potentiale sind groß. In vielen Fällen sind aber gerade der Verwertung von Restholz aus dem Wald ökonomische Grenzen gesetzt: Die Bereitstellung wird vor allem durch die vergleichsweise hohen Arbeitskosten zu kostspielig. Günstiger ist die Situation für holzverarbeitende Betriebe, die das ohnehin entstehende Abfallholz für energetische Zwecke nutzen.

Im waldreichen Süden Deutschlands dürften sich an geeigneten Standorten Heiz(kraft)werke auf Holzbasis lohnen. Voraussetzung ist ein genügend großes Einzugsgebiet mit kostengünstigen Bereitstellungsmöglichkeiten. Für größere Anlagen ist die Beschickung mit Holzhackschnitzeln feuerungstechnisch unabdingbar, was aber eine sorgfältige Planung der Logistik erfordert. Die Einhaltung der Emissionsauflagen ist für moderne Holzheizungen und Holzheiz-(kraft)werke kein Problem.

Logistisch interessant ist die Möglichkeit der Belieferung von Mehrbrennstofföfen auch mit Hackschnitzeln (und z.B. Strohpellets), allerdings um den Preis einer teureren Feuerungsanlage. Regional interessant wäre die energetische Nutzung von Grünmasse und Heu von Extensivierungsflächen, aus der Landschaftspflege und von kommunalen Grünflächen. Wie bei Stroh würde auch hier häufig die thermische Nutzung Entsorgungskosten einsparen. Aufgrund des begrenzten Anfalls dieser Reststoffe wäre ihre Nutzung vermutlich nur in Kombination mit Stroh, Holz oder Energiepflanzen möglich.

5.5 Miscanthus

Die auch als Chinaschilf bekanntgewordene, mit Zuckerrohr, Mais und Hirse verwandte Pflanze hat durch den hoch potentiell zu erzielenden Biomasse-Ertrag große Erwartungen auch in der Öffentlichkeit geweckt. Die mittlerweile vorliegenden ersten Anbauerfahrungen in Deutschland haben gezeigt, daß die anfangs in der Diskussion befindlichen Trockenmasseerträge von 40-50 t/ha · a nirgends erzielt werden konnten. Auf guten Böden kann man ab dem 3./4. Jahr mit 20-25 t/ha a kalkulieren.

In der Zusammenschau der vorliegenden Ergebnisse sind wir zu dem Schluß gekommen, daß die Schilfgräser der Gattung Miscanthus aus vielerlei Gründen (Kap. 4.4.2) zu einer interessanten Ergänzung der Energiepflanzen-Palette werden könnten. Nach momentanem Stand der Kenntnisse können wir vorerst allerdings von einem großflächigen Anbau nur abraten, da er ein zu großes Investitions- und Ertragsrisiko sowohl für den Landwirt, als auch für den Abnehmer darstellt.

Die bisherigen Versuche mit Chinaschilf wurden fast ausschließlich mit einer einzigen Herkunft, nämlich Miscanthus sinensis "Giganteus" durchgeführt. Testreihen mit anderen Herkünften deuten darauf hin, daß man mit diesem Klon nicht unbedingt die beste Wahl getroffen hat (s. Kap. 4.4.2). Bevor diese bei uns weder einheimische noch eingebürgerte Pflanze große Flächen bedeckt, muß sie in sorgfältigen Versuchen, die möglichst viele Sorten und Herkünfte von Miscanthus sinensis, aber auch Arten der Gattung Miscanthus einbeziehen, auf ihre Ertragssicherheit und ökologische Verträglichkeit überprüft werden - so, wie das bei allen landwirtschaftlich nutzbaren Pflanzen gängige Praxis ist.

Drei Aspekte sind uns besonders wichtig: Hohe Trockenmasseerträge sind mit Miscanthus sinensis dauerhaft nur bei ausreichender und kontinuierlicher Wasserversorgung zu erzielen. Eine gelegentlich empfohlene und auch durchgeführte Bewässerung kommt unserer Ansicht nach nicht in Frage, da man damit rechnen muß, daß in absehbarer Zeit die Ressource Wasser auch in unseren Breiten immer wertvoller werden wird. Eine Allokation in den Energiepflanzenbau halten wir für nicht akzeptabel. Der zweite Aspekt ist, daß hohe Erträge nur auf guten bis sehr guten Standorten zu erzielen sind. Diese wertvollen Flächen werden durch Miscanthus aber für 10-15 Jahre gebunden. Eine solche Umwidmung wird sich der Landwirt sehr gut überlegen. Als drittes bliebe noch zu klären, wie und unter welchen Kosten die Miscanthus-Flächen wieder zu normalem Ackerland revertiert werden können.

Daher lautet unser Fazit für Miscanthus: Erst weiterforschen, dann (vielleicht) anbauen.

5.6 Schnellwachsende Baumarten

Für den Zweck einer hohen Biomasseproduktion in kurzer Zeit kommen bei uns nur Pappeln und Weiden in Frage. Die Abhängigkeit eines hohen Ertrags von einer (sehr) guten Wasserversorgung und die Bindung produktionskräftiger Flächen für 10-15 Jahre sind ähnlich wie bei Miscanthus die Gründe, die uns von einer großflächigen Ausdehnung dieser Nutzungsform abraten lassen. Ein nachhaltiger, sicher zu erzielender Ertrag von 12 t atro/ha · a auf guten Standorten (Kap. 3.7) ist auch mit annuellen Feldfrüchten - beispielsweise Getreideganzpflanzen - zu erreichen.

In waldarmen Gegenden Deutschlands wäre die Anlage von Energiewaldplantagen sicherlich eine strukturelle Bereicherung, die in relativ kurzer Frist Energieertrag ermöglicht, wenn auch aus ökologischer Sicht eine dauerhafte Aufforstung eher zu begrüßen wäre. Da dort nutzbares Waldrestholz zur Ergänzung des Biomasseaufkommens in der Regel rar ist, wäre frühzeitig zu planen, inwieweit das Plantagenholz sich in das sonstige Biomasse-Brennstoffsortiment (Stroh, Energiepflanzen) logistisch einbinden ließe.

Im waldreichen Baden-Württemberg sehen wir für Energiewaldplantagen aus landschaftsökologischer Sicht keine Notwendigkeit und plädieren eher für eine flexiblere Nutzung guter Ackerflächen, dies nicht zuletzt im Hinblick auf das noch nicht gelöste Problem der Rück-Umwidmung zu normalem Ackerland (Kap. 4.4.2).

5.7 Getreide-Ganzpflanzen

Es bietet sich an, die bei der obligatorischen Stillegung sonst entstehende (Rotations-)Brache mit Energiepflanzen zu bestellen, die sich in landwirtschaftliche Fruchtfolgen integrieren lassen und deren Anbau, Pflege und Ernte mit bekannten Techniken und Maschinen bewerkstelligt werden kann. Das sind Vorteile, die beispielsweise dem Raps in der "Biodiesel-Diskussion" zugute gehalten werden. Unseres Erachtens wurde einer anderen Option bisher noch zu wenig Aufmerksamkeit geschenkt, nämlich der energetischen Nutzung von Getreideganzpflanzen.

Neben Stroh ist natürlich auch das Korn thermisch verwertbar. Im groben Durchschnitt beträgt das Korn/Stroh-Verhältnis hinsichtlich der Trockenmasse etwa 1:1. Aufgrund der ersten Ergebnisse mit Getreideganzpflanzen gehen wir davon aus, daß sich nachhaltig sicher rund 12-13 t/ha · a feldtrockene Biomasse ernten lassen, bei entsprechender Sortenwahl und Klimagunst auch mehr. Als ein besonders interessanter Energiegetreidekandidat erscheint uns Triticale, ein intergenerischer Hybrid aus Weizen und Roggen, der gerade auf mittleren und leichten Böden gute und stabile Erträge erbringt. Weiterhin empfehlen sich Futtergetreidesorten von B- und C-Weizen, Gerste und Hybridroggen. Der etwas in Vergessenheit geratene Hafer könnte hier eine neue Nische finden. Mais erbringt zwar hohe Erträge, Probleme sehen wir jedoch noch in der Erntefeuchte. Auf längere Sicht wären Züchtungsanstrengungen auf das Ziel hoher Gesamtpflanzen-Biomasseerträge hin zu befürworten.

Der Anbau von Energiegetreide verursacht unseres Erachtens keine speziellen ökologischen Probleme (die Alternative heißt Rotationsbrache!), sondern bietet im Gegenteil die Chance für einen extensiveren und abwechlungsreicheren Ackerbau. Da es nur auf einen sicheren Ertrag, nicht aber auf Qualität ankommt, kann auf die Spätdüngung und auf intensiven Pflanzenschutz verzichtet werden. Die Fruchtfolge kann durch eher unübliche Sorten erweitert oder langfristig durch neuartige Energiepflanzen wie die Zuckerhirse oder die Reismelde bereichert werden.

Korn und Stroh können, müssen aber nicht getrennt geerntet werden. Für die Ganzpflanzenernte eignet sich die Häcksellinie, wenn kleine Anlagen bedient werden und die Feld-Hof-Entfernung gering ist. Ansonsten haben sich die Ballenpresse für kubische Großballen und die Kompaktrollenpresse als geeignet erwiesen (Kap. 3.8), da hier der Kornverlust gering bleibt. Die Verbrennung von Ganzgetreide ist noch nicht umfassend genug erprobt worden, Versuchsergebnisse deuten aber darauf hin, daß sich im Vergleich zu Stroh keine besonderen Probleme ergeben (s. Kap. 4.4.2). Ganzpflanzengetreide wäre die technisch wie logistisch ideale Ergänzung zur Strohnutzung.

Im Durchschnitt der Jahre 1986-1991 wurden im Bundesgebiet auf 6,824 Mio. ha 35,7 Mio. t Getreide geerntet [8]. Nach Meinung der Experten wird sowohl die EG-Agrarreform als auch der Agrarkompromiß EG-USA den Getreideanbau in der EG und auch in Deutschland direkt oder indirekt zu Lasten beispielsweise der

Ölsaaten fördern (Kleinerzeugerregelung, Beschränkung der Ölsaatenflächen und des Rindfleischexports). Zusammen mit der Begrenzung des Getreideexports würde damit in Zukunft das Getreideangebot für Nichtnahrungsmittelzwecke eher größer. Hier wäre eine thermische Nutzung sicher eine Alternative zu einer ebenfalls diskutierten Erhöhung der Stillegungsquote.

Nicht unterschätzen sollte man die emotionalen Vorbehalte, die viele Menschen einer direkten Verbrennung von Getreide(korn) entgegenbringen (häufig aber nicht einer indirekten, z.B. von Getreidederivaten). Wir haben diesen Punkt in Kap. 4.4.2 diskutiert (vgl. auch Kap. 3.14) und glauben, daß sich in einem rational geführten Diskurs über das Thema Konsens erzielen ließe.

5.8 Feuerungsanlagen und Logistik

Die folgenden Ausführungen beziehen sich auf Heizwerke oder Heizkraftwerke ab einer Leistung von etwa 0,5 MW. Einzelöfen sind nicht Gegenstand unserer Betrachtung. Einige Angaben dazu finden sich in Kap. 3.8.

Aus verbrennungstechnischen Erwägungen heraus sollte eine Feuerungsanlage mit einem Brennstoff betrieben werden, der möglichst trocken ist und möglichst homogene Eigenschaften aufweist. Beispiele dafür sind Strohheizwerke oder Anlagen, die mit (trockenen) Holzhackschnitzeln arbeiten. Aus ökonomischen Erwägungen heraus sollte eine Feuerungsanlage eine bestimmte Mindestleistung anbieten und eine möglichst hohe Betriebsstundenzahl im Jahr erreichen. Eine ökonomisch und logistisch vernünftige Größenordnung haben unter deutschen Gegebenheiten Biomasse-Anlagen von 1 - 30 MW thermischer Leistung (Kap. 3.10, Kap. 4.4.4). Man kann in vielen Regionen Deutschlands nicht erwarten, daß das Biomasseaufkommen einer Sorte (Stroh, Holz, Energiepflanzen) ausreicht, um die größeren Anlagen dieser Spannbreite dauerhaft zu speisen. Aus logistischen Erwägungen heraus wäre also in diesen Fällen eine Feuerung, die unterschiedliche Biomassen verbrennen kann, das Mittel der Wahl. Aus ökonomischen Gründen wiederum sollten solche Mehrbrennstofföfen ebenfalls eine bestimmte Mindestleistung aufweisen: Sie erfordern erheblich höhere Investitions- und Betriebskosten als Feuerungen, die auf einen Brennstoff hin optimiert sind.

Noch größer wird der finanzielle Aufwand, wenn auch feuchte Biomasse (mehr als 16% Wassergehalt) verbrannt werden soll. Die Investition in Brennwertnutzung lohnt wohl nur, wenn eine Brennstoffsorte benutzt wird (z.B. frische Holzhackschnitzel). Für die überwiegende Mehrzahl der Feuerungen gilt, daß das Brennmaterial möglichst trocken sein sollte. Die Trockenheit erleichtert gleichzeitig Transport und Lagerung.

Die optimale Ausnutzung des Energieinhalts von fossilen wie von Biomasse-Brennstoffen ist mit Kraft-Wärme-Koppelung möglich. Im Falle von Biomasse eignen sich aufgrund der Abhängigkeit von einem begrenzten Einzugsgebiet dezentrale Blockheizkraftwerke am besten, wobei aber die Vergasung von Biomasse noch technischer Verbesserungen bedarf (Kapitel 4.4.4). Die Stromerzeugung mit Hochdruckdampf ist aus ökonomischen Gründen eher eine Domäne größerer Anlagen (ab etwa 15 MW). Die Vergasung und anschließende Stromerzeugung mittels Gasturbine oder Gasmotor wäre im Hinblick auf die Versorgung kleiner Ortschaften eine wünschenswerte Ergänzung.

Feuerungstechnisch relevant ist weiterhin die Art und Weise der Brennstoffkonditionierung. Große Anlagen können bei entsprechender Logistik ganze Stroh- oder Getreideganzpflanzen-Ballen verbrennen ("Zigarrenabbrand"). Für Mehrbrennstoff-Öfen und besonders für kleine Anlagen eignen sich Brennstoff-Pellets hervorragend. Die Pelletierung schafft mit hochverdichteten Biomasse-Preßlingen nicht nur ein handhabbares, schütt- und lagerfähiges Gut, sondern stellt weitgehend unabhängig vom Ausgangsstoff feuerungstechnisch ähnliche Brennstoff-Teilchen zur Verfügung, was die Verwendung verschiedener Biomasse-Sorten ungeheuer erleichtert.

Die Biomasse-Brennstoffe werden in der Regel für die Abdeckung der Wärmegrundlasten herangezogen. Für den darüber hinausgehenden Wärmebedarf wie zur Reserveabdeckung steht zumeist noch ein mit fossilen Energieträgern (in der Regel Öl oder Gas) befeuerbarer Kessel zur Verfügung. Eine bereits praktizierte alternative Verwendung von Biomasse ist deren Zumischung zu fossilen Energieträgern (z.B. Kohle) in konventionellen Heiz(kraft)werken. Hier sind aber bei weitem noch nicht alle Probleme gelöst.

Nach den bisher gesammelten Erfahrungen ist die Logistik für die Landwirte kein Problem, die Liefersicherheit ist gewährleistet.

Die Einhaltung der Emissionsgrenzwerte ist keine technische, sondern eher eine ökonomische Frage. Ältere Kleinstanlagen und Einzelfeuerungen haben noch Probleme, vor allem mit Staub, größere Anlagen und neuere Kessel arbeiten heutzutage einwandfrei.

5.9 Der Biomasse-Preis

Bei einem Preis von etwa 100 DM/t ist die Biomasse für die Energieversorgungsunternehmen bereits nahe der Wirtschaftlichkeit (Kapitel 4.4.8). Damit werden Stroh und Holzhackschnitzel kurzfristig zu interessanten Brennstoffen. Stroh erzielt derzeit zwischen 80 und 100 DM/t, trockene Holzhackschnitzel etwa 110 DM/t. Eine Pelletierung würde allerdings die Bereitstellungskosten von Stroh nach derzeit angewendeten Verfahren auf etwa das Doppelte verteuern.

Dienen nicht Reststoffe, sondern speziell angebaute Energiepflanzen als Brennstoff, muß man höhere Preise veranschlagen, da die gesamten Anbaukosten miteingehen. Falls die Energie betriebs- oder genossenschaftsintern verwendet wird, sind Niedrigpreise von etwa 120 DM/t möglich. Sonst beträgt der Erzeugerpreis mindesten 150 DM/t und bei Pelletierung 200 DM/t feldtrockene Biomasse. Wirtschaftlichkeit im Vergleich zu fossilen Energieträgern kann bei der thermischen Verwertung von Energiepflanzen durch Kostensenkungen allein wahrscheinlich nicht erreicht werden. Selbst nach Umlenkung von entfallenden, bisherigen Stützungsmaßnahmen der Landwirtschaft wird entweder die Biomassenutzung zusätzlich "subventioniert" werden müssen, oder die fossilen Energieträger müssen teurer werden. Ein Weg dazu wäre eine Energie-/CO_2-Steuer (OECD-weit), von der die regenerativen Energien befreit sind (Kapitel 4.4.8).

5.10 Beitrag der Biomasse zur Primärenergieversorgung

Welchen Anteil die Biomasse an der Primärenergieversorgung Deutschlands oder Baden-Württembergs übernehmen kann, ist aufgrund der vielen politischen und ökonomischen Unwägbarkeiten nur als grober Orientierungswert abzuschätzen. Wir gehen dabei für Deutschland von folgenden Annahmen aus:

1. Das gesamte bisher technisch nutzbare Strohpotential beträgt 100 PJ/a, das Rest- und Abfallholzpotential 140 PJ/a (Kap. 4.4.1).
2. Die mit Energiepflanzen bebaubare Fläche beträgt kurzfristig 0,9 Mio. ha, langfristig 3,8 Mio. ha (Kap. 5.1).
3. Mit Raps bestellt wird kurzfristig keine freigesetzte Fläche, langfristig hingegen 0,4 Mio. ha. Gleichzeitig werden 0,6 Mio. t Rapsöl aus bisher konventioneller Verwertung einer Treibstoffnutzung zugeführt. Das Energieaufkommen beträgt somit langfristig für Raps etwa 39 PJ/a. Die für andere Energiepflanzen verfügbare Fläche verringert sich auf 3,4 Mio. ha.
4. Auf den übrigen Flächen werden Energiepflanzen angebaut, deren durchschnittlicher Trockenmasseertrag (wasserfrei) 11 t/ha · a beträgt. Bei einem Heizwert von 17,5 GJ/t ergibt sich ein Bruttoenergieertrag von 193 GJ/ha · a.
5. Das Strohpotential verringert sich durch den Energiepflanzenbau (das dort gewonnene Stroh geht in den Trockenmasseertrag ein) kurzfristig um 10 %, langfristig um 30 %, das Holzpotential bleibt gleich.

Daraus ergibt sich:

Tabelle 3. Energiepotential aus Biomasse für Deutschland (Schätzung). Angaben in [PJ/a]. Kurzfristiges Szenario: 15 % der Mähdruschfläche, entsprechend den Stillegungsverpflichtungen der EG-Agrarreform, werden mit Energiepflanzen bebaut. Langfristiges Szenario: Energiepflanzenanbau auf bis etwa zum Jahre 2005 voraussichtlich freiwerdenden Flächen. Der Primärenergieverbrauch 1992 in Deutschland betrug 14 093 PJ [9].

	kurzfristig	langfristig
Stroh	90	70
Holz	140	140
Raps	-	39
Energiepflanzen	174	656
	404	905
Primärenergieanteil	2,9%	6,4%

Für Baden-Württemberg errechnet sich unter der Annahme, daß dort weder kurz- noch langfristig Raps auf freigesetzten Flächen angebaut wird, ein kurzfristig realisierbares Potential von 34 PJ/a und ein langfristig realisierbares von 61 PJ/a. Das entspricht einem Anteil von 2,4 % bzw. 4,3 % am Primärenergieverbrauch des Landes im Jahre 1990 [10].

Die angegebenen Zahlen beziehen sich auf den Energiegehalt der Biomasse (den Heizwert der wasserfreien Trockenmasse bzw. des RME), der zur Nutzung bereitgestellt wird. Es sei daran erinnert, daß bis zur Bereitstellung bereits (fossile) Energie verbraucht wird, im Falle von RME etwa die Hälfte, im Falle der Festbrennstoffe im groben Durchschnitt etwa 1/10 des Bruttoenergieertrags. Zur Ermittlung der tatsächlich eingesparten fossilen Energie müßte hier also die Energiebilanz angegeben werden (s. Kap. 3.3).

Die oben gemachten Annahmen sind unseres Erachtens durchaus plausibel, dennoch machen feste Zahlen eigentlich wenig Sinn: Es können weniger oder mehr Flächen freigesetzt werden, die Flächenbelegung kann anders aussehen, die eher vorsichtig abgeschätzten Stroh- und Holzpotentiale sowie Trockenmasseer- träge pro Fläche können steigen, der Primärenergieverbrauch durch Sparmaß- nahmen sinken und derlei mehr.

Das Fazit dieses Kapitels würden wir daher lieber in Spannen fassen: Biomasse kann kurzfristig zwischen 2 und 3 % des Primärenergiebedarfs in Deutschland decken, langfristig sind, besonders unter Einrechnung gleichzeitiger Energiespar- maßnahmen, zwischen 5 und 10 % möglich.

5.11 Beitrag der Biomasse zur CO_2-Reduktion

Mehr als eine Abschätzung der Größenordnung ist in diesem Rahmen nicht möglich. Leible (Kap. 3.3) gibt die Netto-CO_2-Minderungspotentiale verschiedener Biomasse-Energieträger auf die Fläche bezogen an.

Wir vereinfachen für unsere Zwecke seine Annahmen hinsichtlich der Verwendung und nehmen für Festbrennstoffe (Energiepflanzen, Stroh, Holz) ein mittleres CO_2-Minderungspotential von 12 t CO_2/ha an. Für RME übernehmen wir den Wert von 1,8 t CO_2/ha. Für Stroh und Holz hatten wir die Energiepotentiale direkt aus Studien übernommen. Aus dem von Leible angenommenen Energieer- trag in (GJ/ha) läßt sich daraus die Netto-CO_2-Minderung in (t CO_2/PJ) berechnen. Raps- und Festbrennstoffpotentiale kalkulieren wir aus unseren Flächenpotential- Annahmen (s. Kap. 5.1 und 5.10).

5 Synopse

Tabelle 4. CO_2-Minderungpotential für Deutschland durch die energetische Verwertung von Biomasse (Schätzung). Langfristiges Szenario. Die CO_2-Emissionen der Bundesrepublik im Jahre 1990 betrugen 997 Mio. t [11]. Minderungsziel der Bundesregierung: 25%ige Reduktion der CO_2-Emissionen bis zum Jahre 2005 - bezogen auf das Emissionsvolumen des Jahres 1987 in Höhe von 1064 Mio. t [11].

Biomasse	CO_2-Einsparung [Mio. t CO_2]
Raps (0,9 Mio. ha)	1,6
Energiepflanzen (3,4 Mio. ha)	40,8
Stroh	7,9
Holz	9,8
	60,1
Anteil CO_2-Emissionen	6%
Beitrag zum Minderungsziel	23%

Unter den Annahmen des kurzfristigen Flächenszenarios ergeben sich immer noch rund 31 Mio. t CO_2 jährlich, d.h. etwa 3 % der Emissionen 1990, und knapp 12 % des CO_2-Minderungsziels.

5.12 Eine Chance für die Landwirtschaft?

Natürlich kann die energetische Nutzung von Biomasse nicht alle Probleme der Landwirtschaft lösen. Sie kann aber:

- den Landwirten wieder ein Einkommen aus der Produktion bieten, nicht nur aus der "Dienstleistung Kulturlandschaft" und deren Abgeltung durch Flächenprämien,
- produktionskräftige Flächen in ihrer Ertragskraft bewahren und in einer vernünftigen Fruchtfolge halten,
- den Agrarmarkt insbesondere bei Getreide von Überschüssen und den damit verbundenen Kosten entlasten,
- das Problem überschüssiger Gülle, das bei Stillegung auftreten würde, kurzfristig entschärfen helfen. Dabei darf die partielle Extensivierung nicht gefährdet werden. Die gesamte Stickstoffproblematik bedarf längerfristig einer ökologisch verträglichen Lösung.

Die Stellungnahme von Löhle, dem Repräsentanten des Badischen Bauernverbandes, macht deutlich (Kap. 2.1), daß viele Landwirte sich durch die Regelung der EG-Agrarreform und insbesondere durch die Vereinbarungen des Agrarkompromisses EG-USA demotiviert fühlen. Die Möglichkeit, zumindest einen Teil ihres Einkommens am Markt zu erwirtschaften, böte vermutlich vielen Bauern, die auf ihr Unternehmertum und ihre Eigenständigkeit Wert legen, einen Anreiz weiterzumachen. Mindestens genauso wichtig wäre der Anreiz für den bäuerlichen Nachwuchs, überhaupt in das Berufsfeld einzusteigen. Die dramatischen Nachwuchsprobleme der deutschen Landwirtschaft hat Löhle (Kap. 2.1) beschrieben.

Die Produktion von Energiepflanzen und die Reststoffnutzung könnten vermutlich auf diesem Weg einen dramatisch beschleunigten Strukturwandel abbremsen, den Wandel an sich aber sicher nicht verhindern - darin waren sich alle Workshop-Teilnehmer einig. Es wäre aber denkbar, über dieses neue (eigentlich nur wiederentdeckte) landwirtschaftliche Tätigkeitsfeld die Geschwindigkeit auf ein für Landschaft und Gesellschaft verträgliches Maß zu begrenzen.

Bietet Energie aus Biomasse auch eine Chance für die Gesellschaft?
Die Herausgeber sind der Meinung, daß man diese Frage in vielerlei Hinsicht mit ja beantworten kann:

- Ohne produzierende Bauern wäre der Erhalt der Kulturlandschaft auf Dauer unbezahlbar.
- Ohne funktionierende Landwirtschaft verliert der ländliche Raum sein prägendes Element und einen erheblichen Teil seiner Lebensqualität, aber auch seiner Wirtschaftskraft. Ernährungsindustrie und Fremdenverkehr sind unmittelbar von den Vorleistungen der Landwirtschaft abhängig, ganz abgesehen von Agrartechnik und -handel.
- Da zur energetischen Nutzung von Biomasse dezentrale Anlagen notwendig sind, bieten sich neue Chancen für den betreffenden (ländlichen) Raum, da vor Ort Arbeitsplätze geschaffen und Investitionen getätigt werden. Dezentrale Technik stärkt in der Regel gerade die mittelständischen Betriebe.
- Energieträger aus landwirtschaftlicher Produktion sind regenerativ und leisten ihren Beitrag zur Schonung der fossilen Energieträger. Gleichzeitig mindern sie die Abhängigkeit von ihnen. Ein Anteil von 5-10% am Primärenergieaufkommen der Bundesrepublik kann erreicht werden.
- Energie aus der beinahe CO_2-neutralen Biomasse leistet einen Beitrag zur CO_2-Entlastung der Atmosphäre. Ihre Nutzung kann fast 1/4 der von der Bundesregierung angestrebten CO_2-Minderung übernehmen.

Welche Nachteile sind bei einer energetischen Nutzung von Biomasse zu vermuten?

Vorwurf 1: Die Energiepflanzenproduktion konkurriert mit der Nahrungsmittelproduktion. Das stimmt, da beide Nutzungen um die produktiven Flächen konkurrieren. Energiepflanzenanbau wird aber erst möglich, indem soviel Nahrungs- und Futtermittel produziert werden, daß Flächen für diese Zwecke

5 Synopse

freigesetzt werden können. Der Hunger in der Welt läßt sich durch unsere Nahrungsmittelüberschüsse nicht bekämpfen (vgl. Kap. 3.14).

Vorwurf 2: Die Energiepflanzenproduktion verursacht spezielle ökologische Belastungen. Wir haben in den Kapiteln 4.3.4 und 4.4.7 dargelegt, warum wir nicht dieser Meinung sind. Energiepflanzenanbau konkurriert mit dem Biotop- und Landschaftsschutz nicht um dieselben Flächen, da die produktivkräftigen in der Regel nicht die ökologisch wertvollen sind. Wir plädieren dafür, etwa 10% der freiwerdenden Agrarfläche für Biotop- und Landschaftsschutzzwecke dauerhaft umzuwidmen. Auf dem Rest der überschüssigen Flächen kann Energiepflanzenanbau sogar extensiver und abwechslungsreicher als der Anbau von Nahrungsmittelpflanzen gestaltet werden. Die Verbrennung der Biomasse kann unter Einhaltung aller Grenzwerte erfolgen und über die Förderung von Fernwärme unter Umständen die Emissionssituation sogar entlasten.

Vorwurf 3: Energie aus Biomasse bedeutet lediglich eine neue Dauersubventionsquelle für die Landwirtschaft. Wir haben in den Kapiteln 1, 4.4.8, 4.3.5 und 3.13 (Mohr) dargestellt, daß man

- Subventionen auch als Ausgleich für positive externe Effekte der Landwirtschaft sehen kann, die bisher monetär nicht bewertet wurden,
- bisherige Stützungen auch agrarintern umschichten kann, so daß keine "neuen" "Subventionen" entstehen,
- die fossilen Energieträger nur deswegen günstig im Vergleich mit Biomasse-Energie abschneiden, weil ihre negativen externen Effekte sich bisher nicht im Preis widerspiegeln.

Vorwurf 4: Andere Maßnahmen zur Minderung des Energieverbrauchs und der CO_2-Emissionen sind kostengünstiger und wirksamer. Das ist sicher der Fall. Ein solches Argument verengt jedoch den Betrachtungsrahmen auf diese beiden Aspekte.

Unseres Erachtens liegt der enorme Vorteil einer energetischen Nutzung von Biomasse in einer "Paketlösung", die eine mehrdimensionale Bewertung zuläßt (s. Kap. 3.14): Sie bietet Chancen für die Landwirtschaft und den ländlichen Raum hinsichtlich technischer Entwicklung, Einkommensentwicklung und Sozialstruktur, sie bietet der Gesellschaft Chancen für einen relativ kostengünstigen Erhalt der Kulturlandschaft und für einen durch Biomassenutzung forcierten Ausbau effizienter Energieversorgung über Kraft-Wärme-Kopplung. Die Beiträge zur Ressourcenschonung und zur CO_2-Entlastung sind angenehme Begleiteffekte.

5.13 Empfehlungen

Raps:
Wir befürworten uneingeschränkt die Verwendung von Schmierstoffen und Hydraulikölen auf Basis pflanzlicher Öle, z. B. Rapsöl, insbesondere in umweltsensiblen Bereichen wie Küsten, Gewässern, Wasserschutzzonen, Natur- und Landschaftsschutzgebieten, Bergregionen und generell in der Land- und Forstwirtschaft. Wünschenswert wäre ebenfalls ein Einsatz von Rapsöl oder RME als Treibstoff in diesen Bereichen.

Wir empfehlen daher:

1. Anwendungsempfehlungen und in besonders sensiblen Regionen auch Anwendungsgebote für Schmierstoffe mit guter biologischer Abbaubarkeit und geringer Ökotoxizität. Die Vergabe von Umweltzeichen oder Vorgabe von umweltbezogenen Mindestnormen würde die Wettbewerbsfähigkeit von Pflanzenölen sicher verbessern. Die öffentliche Hand kann durch den gezielten Einsatz dieser Öle im Wald, in den Kommunen, in öffentlichen Einrichtungen und bei Baumaßnahmen die Markteinführung forcieren.

2. Die Entsorgung gebrauchter pflanzlicher Schmierstoffe muß klar geregelt werden.

3. Die Zulassung von Pflanzenölen gemäß Chemikaliengesetz muß erweitert werden.

4. Die Suche nach geeigneten Additiven für Pflanzenöle muß fortgesetzt und intensiviert werden, damit sich auch technisch anspruchsvolle Verwendungsbereiche erschließen. Die Additive dürfen die Umweltvorteile der Pflanzenöle nicht beeinträchtigen.

5. Eine breitere Verwendung von Rapsöl als Treibstoff hätte zur Zeit die Umesterung zu RME zur Voraussetzung. Eine Einsparung dieses Verfahrensschritts hätte Vorteile in ökonomischer wie energetischer Hinsicht. Wir befürworten daher die Förderung von Forschung und Entwicklung, die entweder einen marktreifen Dieselersatz auf Rapsölbasis (mit Additiven) für normale Dieselmotoren oder einen serienreifen Rapsölmotor zum Ziel hat. Da wir weniger einen Massenmarkt als einen Spezialmarkt (Land- und Forstwirtschaft) im Auge haben, könnte sich die Entwicklung in dieser Richtung konzentrieren.

6. Da der Zeitbedarf für Serien- und Marktreife von Rapsölmotor bzw. von nicht umgeestertem Rapsöl als Treibstoff noch nicht absehbar ist, empfehlen wir die Gründung einer Planungs- und Entwicklungsgesellschaft, die die baldige Produktion von RME und dessen Verwendung in normalen Dieselmotoren zum Ziel hat. Wir denken dabei insbesondere an die Haupt-Rapsanbaugebiete Nord-

und Ostdeutschlands, wo die Errichtung von RME-Produktionsanlagen wirtschaftlicher Größe am ehesten möglich erscheint.

7. RME wird auch in Frankreich, Italien und Österreich produziert. Eine Normung des Kraftstoffs würde die Markteinführung sicherlich erleichtern.

8. Die in den letzten beiden Jahren erfolgte enorme Erweiterung der Rapsfläche in den neuen Bundesländern hat in die Berechnung der Referenzflächen für den Ölsaatenkompromiß EG-USA im Zuge der GATT-Verhandlungen keinen Eingang gefunden. In Nachverhandlungen sollte den landwirtschaftlichen Realitäten Rechnung getragen werden.

9. Wir befürworten aufgrund der Umweltvorteile den Vorschlag der EG-Kommission, Treibstoffe aus landwirtschaftlichen Rohstoffen mit höchstens 10% der Mineralölsteuer zu belegen. Wir regen gleichzeitig an, bereits zu überlegen, inwieweit Rapsöl/RME-Beimischungen zu herkömmlichem Diesel oder Rapsöl-Additiv-Mischungen steuerlich zu behandeln sind.

Festbrennstoffe:
Die thermische Nutzung von Biomasse-Festbrennstoffen verdient unseres Erachtens mehr Beachtung und mehr Engagement, als sie bisher (mit Ausnahme Bayerns) gefunden hat. Wir sehen Einsatzchancen vor allem in dezentral organisierten Biomasse-Heiz(kraft)werken in Leistungsbereichen von 1-30 (50) MW.

Wir empfehlen daher:

1. Eine Förderung von Forschung und Entwicklung in den Bereichen Erntetechnik (Bsp. Pelletiermaschine) und Anlagentechnik. Hier ist die Marktreife oft schon erreicht und bedarf nur noch der Optimierung. Im Gegensatz zu anderen regenerativen Energien steht die Wirtschaftlichkeit der Biomassenutzung (insbesondere, wenn Reststoffe wie Stroh und Holz eingesetzt werden) unmittelbar bevor. Besonders wünschenswert erscheint uns die feuerungstechnische Optimierung von Mehrbrennstofföfen und die Weiterentwicklung der Vergasung von Biomasse.

2. Wir regen an, landes- und bundesweit die technisch und ökologisch nutzbaren Biomassepotentiale auf regionaler Ebene zu erfassen und auf dieser Grundlage konkrete Planungen für Biomasse-Heiz(kraft)werke an geeigneten Standorten zu beginnen. Von enormem Vorteil wären bereits bestehende Nahwärmenetze. Wir sehen daher besondere Chancen für diese Variante der Fernwärmeversorgung und der KWK in den neuen Bundesländern, wo solche Netze häufig vorhanden sind und die landwirtschaftliche Betriebsstruktur Energiepflanzenbau ebenfalls in besonderem Maße begünstigt.

3. Für eine effiziente Koordination der Planungs-, Entwicklungs- und Bauvorhaben wäre eine spezifische Koordinierungseinrichtung eine große Hilfe. Die geplante, bundesweit tätige "Fachagentur Nachwachsende Rohstoffe" sollte möglichst bald ihre Arbeit aufnehmen können. Die bayerische Koordinierungsstelle C.A.R.M.E.N. (Centrales AgrarRohstoff-, Marketing- und Entwicklungs-Netzwerk) konnte bereits dazu beitragen, daß Bayern heute in der thermischen Nutzung von Biomasse eine führende Rolle in Deutschland spielt.

4. Viele Heiz(kraft)werke könnten heute ohne Dauer"subventionen" betrieben werden, wenn eine Anschub-Finanzierungshilfe von etwa 30-50% der notwendigen Investitionen gewährt würde. Diese Mittel sollten kurzfristig zur Verfügung gestellt werden, bis eine möglicherweise kommende CO_2-/Energiesteuer die Wirtschaftlichkeitsverhältnisse der Energieträger den ökologischen Realitäten anpaßt.

5. Einmal bestehende Anlagen müssen auf Versorgungssicherheit - auch langfristig - bauen können. Deswegen und aus Gründen einer effizienten Interessenvertretung sollten die Landwirte Erzeugergemeinschaften (z. B. auf Genossenschaftsbasis) bilden, die vom Anbau bis zur Brennstoffanlieferung das Biomasse-Handling übernehmen. Je nach Gegebenheiten ist zu überlegen, ob zwischen Erzeuger und Verarbeiter noch Erfassungsstellen zwischengeschaltet werden müssen.

6. Erzeuger und Abnehmer (Verarbeiter) müssen die Versorgung mit Biomasse vertraglich regeln. Besonders wichtig erscheint es uns, geeignete Kooperationsmodelle mit den Kommunen (Stadtwerken) und mit den Energieversorgungsunternehmen zu entwickeln, wenn die energetische Nutzung von Biomasse breitere Anwendung finden soll. Ein Blick über die Grenze in unser Nachbarland Dänemark könnte hier Anregungen vermitteln.

7. Die vorgesehenen schwerfälligen und praxisfernen Bestimmungen zu den Anbau- und Abnahmeverträgen auf der Grundlage der Regelungen zur Agrarreform sollten gründlich überdacht werden. Da sie im wesentlichen eine Zweckentfremdung der Nachwachsenden Rohstoffe verhindern sollen, wäre zu überlegen, ob Maßnahmen im Vorfeld nicht sicherstellen könnten, daß die Ernte nicht für Nahrungs- und Futtermittelzwecke umgeleitet wird. Denkbar wäre z. B. die obligatorische Verwendung von glucosinolathaltigem Raps, um den Futterwert des Schrots zu mindern. Günstig wäre auch die Ernte von Getreideganzpflanzen als solchen, wenn möglich sogar die Verdichtung zu Pellets, die eigentlich nur noch einer thermischen Verwertung zugeführt werden können.

8. Es ist zu überlegen, wie die Wirtschaftlichkeit der Biomasse-Energieträger durch agrarinterne Maßnahmen gefördert werden kann. Wir denken hier an eine Umleitung entfallender "Subventionen" (damit werden immerhin keine neuen geschaffen). Beispiele sind die Gasölbeihilfe, falls Rapsöl/RME in der

Landwirtschaft verwendet wird, oder die entfallenden Marktordnungskosten für Getreide, falls es thermisch verwertet wird.

9. Wir befürworten eine kombinierte Energie- und CO_2-Steuer auf fossile Energieträger, von der die regenerativen Energieträger ausgenommen sind. Sie sollte OECD-weit eingeführt werden und die Wettbewerbsfähigkeit der deutschen Industrie über eine geeignete Ausgestaltung gewährleisten. Sie sollte effizienten Umgang mit Energie belohnen. Sicherzustellen wäre auch der investive Rückfluß in den Ausbau regenerativer Energien, in Energieeinsparungsmaßnahmen und in Maßnahmen zur rationellen Energieanwendung, so z. B. die Kraft-Wärme-Kopplung.

10. Für eine erfolgreiche Einführung der Biomasse in die Energielandschaft der Bundesrepublik bedarf es nicht nur des Konsens der Experten, sondern, da es sich um eine primär dezentral orientierte Energiequelle handelt, in besonderem Maße des Konsens aller gesellschaftlichen Kräfte vor Ort. Eine frühzeitige Projektbeteiligung aller beteiligten Akteure, auch der Bürger als künftige Nutznießer, erscheint uns als der beste Weg zu einer konsensgestützten Realisierung.

Literatur

[1] Wagner J (1993) Im Aufwind, Bonn will Anbau nachwachsender Rohstoffe forcieren. Umwelt Magazin, 2/93, S. 36/37
[2] Agra-Europe 5/93 vom 1.2.1993, Dokumentation
[3] Scharmer K (1992) Biotreibstoffe, Lachgas vom Acker. Agra-Europe 24/92 vom 9.6.92, Dokumentation
[4] Maas PA, Kröger J und Scharmer K (1992) Biodiesel from rapeseed oil - a pilot project at Kiel. In: Grassi G, Collina A und Zibetta H (eds) Biomass for energy, industry and environment (6th EC conference), Elsevier Applied Science, London, ISBN 1-85166-730-X, S. 998-1004
[5] "Dieselautos sollen bald Rapsöl tanken." Schwarzwälder Bote Nr. 176 vom 1./2. 8. 92, S. 5
[6] Agra-Europe 50/92 vom 7.12.1992, Kurzmeldungen 8
[7] Agra-Europe 3/93 vom 18.1.1993, Markt und Meinung 3
[8] Agra-Europe 36/92 vom 31.8.1992, Dokumentation
[9] Schiffer H-W (1993) Energiemarkt '92. Energiewirtschaftliche Tagesfragen 43/3, S. 156-173
[10] Statistisches Landesamt Baden-Württemberg (Hrsg) (1992) Die Energiebilanz 1990. Baden-Württemberg in Wort und Zahl 2/92, S. 67-71
[11] Umweltbundesamt (Hrsg) (1992) Jahresbericht 1991. Umweltbundesamt Berlin, S. 137

.... und als Nachsatz:

Überlegungen zum Projektbericht
"Energie aus Biomasse - eine Chance für die Landwirtschaft?"

Prof. Dr. Roland Lindner, Karlsruhe; Mitglied des Projektbeirats

Mit dieser Fragestellung beschränkt sich die Akademie auf die "Schnittmenge" zweier interessanter und wichtiger Gebiete. Kann die Produktion von Biomasse, also von Pflanzen, die nicht für die menschliche oder tierische Ernährung vorgesehen sind, zur Energieversorgung und zum Erzielen eines materiell und ideell befriedigenden Zustandes für die Landwirtschaft beitragen?

Trotz der scheinbar engen Fragestellung ist ein Rückgriff auf das Umfeld notwendig, also auf Fragen der Pflanzenphysiologie, der Agrarwissenschaften, der Energietechnik und -wirtschaft, der Klimaforschung, der Infrastruktur, der privaten und staatlichen Ökonomie, der Umweltforderungen und -technik, der Politik und schließlich der zu erwartenden Versorgungslage.

Der vorliegende Bericht ist wohl das beste, was zu diesen Fragen vorhanden ist und kann so als Grundlage für Entscheidungen dienen. Er hat seine Bedeutung nicht nur für das Land Baden-Württemberg, sondern auch für Deutschland (und Europa) allgemein, insbesondere für die ostelbischen Gebiete, deren große Agrarflächen Gegenstand von Neustrukturierungen sein könnten. Überdies stehen dort umfangreiche Rekultivierungsmaßnahmen an, z. B. von Abraumhalden und -tälern.

Zwei Stoffgruppen stehen im Vordergrund der Diskussion:

A. Vegetabilische Öle, in erster Linie Rapsöl für technische Zwecke und als mobiler Energieträger.

B. Schnellwachsende Pflanzen als Brennstoff für kleine und mittlere Kraft- und Heizanlagen.

A. Rapsöl:

In diesem Fall spielen Umweltbetrachtungen eine Rolle. So fällt z. B. das unerläßliche Sägekettenschmieröl auf den Waldboden. Hier darf nach heutigen Vorstellungen nur abbaubares Öl verwendet werden.

Wenn Rapsöl durch Methylumesterung leichterflüssig und zündbar gemacht worden ist, kann es ohne weiteres in den Dieselmotoren der Landwirtschaftsmaschinen verwendet werden. So kann in einem engen Kreislauf die Landwirtschaft sich den eigenen Traktorentreibstoff herstellen.

Zwei Argumente werden gegen die technische Verwendung von Rapsöl vorgebracht: die begrenzte Menge und die Höhe der Herstellungskosten. Zwar sind bei begrenzten Anbauflächen die Mengen gering, verglichen mit denen des Mineralöls, doch können schon hiermit die Anforderungen der Landwirtschaft an Treibstoff, die der Forstwirtschaft an Sägekettenschmieröl und ein Teil des industriellen Bedarfs an Hydrauliköl erfüllt werden.

Der Preis pro Energieeinheit muß bei einem mit erheblichem Arbeitsaufwand saisonal auf einer Fläche hergestellten Produkt natürlich höher sein als bei dem aus dreidimensionalen Reservoiren abgepumpten Rohöl.

Jedoch kann der Preisnachteil durch zwei Faktoren praktisch aufgehoben werden. Zunächst durch Beihilfen und Stillegungsprämien, die - ob widersinnig oder nicht - im Gemeinsamen Agrarmarkt bestehen. Weiter durch den Verzicht auf die Mineralölsteuer: auf den reduzierten Satz für die Landwirtschaft, auf den vollen Satz bei anderweitiger energetischer Verwendung. Zwar wäre dies eine Subvention zu Lasten des Steuerzahlers - doch nur zu etwa 10% des Subventionsbetrages der Steinkohleverstromung. Zu berücksichtigen ist aber auch der geldlich zunächst schwer zu beziffernde Umweltnutzen.

So erscheint Rapsöl als Energieträger alles in allem auch finanziell vertretbar.

B. Pflanzen für stationäre Energieerzeugung:

An der Grenze des Abfalls steht Getreide- und Maisstroh, das zunehmend energetische Verwendung findet und die Aufmerksamkeit allgemein auf das Potential schnellwachsender Gräser lenkt.

Hier konkurrieren zwei Entwicklungen:
Hohe Gräser von entsprechender mechanischer Stabilität (z. T. kieselsäurereich), meist Schilfgräser. Einige davon synthetisieren nach dem C_4-Mechanismus und liefern daher eine hohe Ausbeute an Trockenmasse, wenn Licht und Wärme ausreichend vorhanden sind. Unsere bekannteste C_4-Synthese-Pflanze ist der Mais. Verschiedene Arten Gräser sind in der Erprobung, wobei Kosten und Bodenerhalt durch eine ausreichende Anzahl großer Feldversuche festgestellt werden müssen.

Einfacher ist die Sachlage bei Getreidegräsern, deren Anbau- und Erntebedingungen, Strohbehandlung eingeschlossen, seit langem bekannt und verbessert worden sind. Hier ist die Bodenqualität besser zu gewährleisten. Allerdings ist der Körnerertrag ausgeprägter, der ja Ziel der Züchtung war. Die Körner dienen als Futtergetreide bzw. Brotgetreide der tierischen bzw. bei den besten Sorten der menschlichen Ernährung. Energiegräser würden allerdings nach anderen Gesichtspunkten ausgewählt werden, in erster Linie nach hohem Trockenmasseertrag.

Kornertrag und Schädlingsfreiheit und so die Anforderungen an Düngemittel und Herbizide spielen hier nur eine untergeordnete Rolle.

Dennoch erscheint es nicht leicht, bei der heutigen Weltlage die Verfeuerung potentieller Futtermittel (eventuell sogar Nahrungsmittel) zu rechtfertigen. Aber es lassen sich zumindest die folgenden Argumente anführen: Wenn die in Frage kommenden Flächen stattdessen mit Schilf bepflanzt oder brach gelassen werden, verändert sich die Lage in dieser Hinsicht nicht. Herauswirtschaftete Mittel können wirkungsvoller zur Nahrungshilfe eingesetzt werden dort, wo die Überschüsse vorhanden sind und gekauft werden können - und das ist nicht die Bundesrepublik Deutschland.

Es erscheint also sinnvoll, Energiegräser auf die Kosten pro Energieeinheit, auf Umwelteinfluß und Erhalt der Bodenqualität zu prüfen und einzusetzen.

Schlußbemerkung:

Die vorliegende Analyse erlaubt es, größere Feldversuche von ausreichender Dauer sinnvoll anzulegen. Sicher wird es dabei noch begleitende Forschung geben, die unter anderem wichtige prozeßsteuernde Größen genauer bestimmen wird. Diese könnten dann in entsprechende Rechenmodelle eingegeben werden. Solche sind nicht seligmachend, aber sie stellen komplexe Vorgänge gut dar und erlauben Voraussagen zunehmender Zuverlässigkeit im Laufe ihrer Entwicklung und Erprobung.

Die Akademie sollte den Fragenkomplex im Auge behalten und periodisch überprüfen.

6 Für den eiligen Leser: Ein Frage- und Antwortspiel
(statt einer Zusammenfassung)

1. Welches Ziel verfolgt die hier vorgelegte Studie?

☞ Das Projekt befaßt sich mit der Frage, welche Chancen die Gewinnung von Energie aus Biomasse in Mitteleuropa beim heutigen Stand der Technik bietet. Es geht einmal um den möglichen Beitrag der Biomasse bei der Bereitstellung von Nutzenergie, zum anderen aber um die Frage, ob der Anbau von Energiepflanzen in unserem Land einen Beitrag zur Entschärfung der Agrarstrukturkrise - vermutlich werden 3-4 Mio. ha Ackerfläche bis zum Jahr 2000 in der BRD freigesetzt - liefern kann, ohne daß zusätzliche ökologische Probleme entstehen.

2. Ist die Studie über Energie und Landwirtschaft hinaus von Interesse?

☞ In der Tat! Über das Energieproblem und die Strukturkrise des ländlichen Raumes hinaus ist das Thema für einen nachhaltigen Umweltschutz und für die Zukunft des Fremdenverkehrs von zentraler Bedeutung. Auch der Beitrag der Biomassenutzung zur Bewältigung der CO_2-Emissionsminderung ist erheblich.

3. Wie beurteilen wir die Chancen für den Einsatz nachwachsender Rohstoffe in Industrie und Energiewirtschaft?

☞ Falls die ökonomischen Rahmenbedingungen stimmen, ist der Energiemarkt für regenerative Energieträger (fast) beliebig aufnahmefähig und bietet daher gute Chancen. Der Markt für Industriepflanzen ist hingegen begrenzt und weitaus anspruchsvoller.

4. Ist der Einsatz agrarisch erzeugter Biomasse zur Energiegewinnung ökologisch zu verantworten?

☞ Ökologisch erscheint der Energiepflanzenbau attraktiv, da er bei sachgerechter Praxis eine deutliche Extensivierung (verminderter Einsatz von Düngemitteln und Pflanzenschutzmitteln) erlaubt und daher eine nachhaltige

Bewirtschaftung der freigesetzten Ertragsflächen gefördert wird. Eine Intensivierung wäre beim Energiepflanzenbau weder ökologisch zu vertreten, noch ökonomisch zu begründen. Eine Bewässerung von Flächen für den Energiepflanzenbau sollte man ebensowenig in Betracht ziehen wie einen über den Anbau von Mähdruschfrüchten hinausgehenden Einsatz von Betriebsmitteln. Die Emissionssituation bei der Verbrennung ist durch den Einsatz entsprechender Technik beherrschbar.

5. Wie beurteilen wir den Einsatz von Raps als Energiepflanze?

☞ Das umweltverträgliche Rapsöl bzw. der Rapsölmethylester kann (und sollte) in sensitiven Bereichen (Gewässer, Wasserschutzgebiete, Küsten- und Bergregionen, Wald, Agrarflächen) die entsprechenden Erdölprodukte ersetzen. Auf dem größeren Teil der freigesetzten Flächen empfehlen wir eher den Anbau von Energiepflanzen zur direkten thermischen Nutzung.

6. Warum plädieren wir für den Anbau von Ganzgetreidepflanzen als Energieträger und nicht für den großflächigen Anbau von "Schilfgras" (Miscanthus sinensis)?

☞ Wir halten das "Schilfgras" (Miscanthus sinensis) gerade in pflanzenphysiologischer/ertragsphysiologischer Hinsicht für noch nicht ausreichend erforscht. Wir ziehen deshalb die als Futtergetreide etablierten Wintergetreidearten (z. B. Triticale oder Hybridroggen) vor. Das Getreide wird als Ganzpflanze (Stroh plus Körner) geerntet und auf dem Feld entweder zu Pellets oder zu Großballen verarbeitet. Futtergetreide bietet den Vorteil, daß die Agrarflächen jederzeit wieder auf Brotgetreide umstellbar sind und etablierte Fruchtfolgen, Produktions- und Erntetechniken (Ausnahme: Pelletiermaschine) verwendet werden können.

7. Muß man nicht damit rechnen, daß der gezielte Anbau von Energiepflanzen auf (vielleicht) 15% der Ackerflächen die thermische Nutzung von Reststoffen (Stroh, Restholz) behindert?

☞ Keineswegs! Wir gehen vielmehr davon aus, daß ein stark erhöhtes Angebot an Biomasse - vor allem in Form von leicht handhabbarem Schüttgut (Pellets) - entscheidend dazu beitragen wird, die logistischen und technischen Probleme zu lösen, die im Moment einer Nutzung besonders von Restholz in Heizwerken und in Anlagen der Kraft-Wärme-Koppelung (KWK) entgegenstehen.

8. Ist der Einsatz von Biomasse auf dem Energiemarkt wirtschaftlich?

☞ Der Einsatz von Biomasse zur Energiegewinnung ist derzeit noch nicht wirtschaftlich, aber eine Preiserhöhung von Heizöl auf mehr als 70 Pfennige pro Liter, z. B. über eine CO_2/Energiesteuer auf fossile Brennstoffe in der Größenordnung von 100 DM/t CO_2, könnte die aus Ganzpflanzen gewonnene Biomasse (Pellets) konkurrenzfähig machen. Dann könnten dem Erzeuger statt bisher unzureichenden 100-120 DM/t die notwendigen 200 DM pro Tonne feldtrockener Biomasse (Pellets) bezahlt werden.

9. Setzt der verstärkte Einsatz von Biomasse in Heizwerken und in den Anlagen der KWK eine Neuordnung des Wärme- und Strommarktes voraus?

☞ Nein! Es handelt sich lediglich darum, in einem gewissen Umfang fossile Energieträger (Kohle, Heizöl, Erdgas) durch regenerierbare Energieträger zu ersetzen. Allerdings werden in der Regel technische Anpassungen bei der Verbrennung notwendig sein, die unter Umständen eine Anschubfinanzierung erforderlich machen. Eine Förderung dezentraler Heiz(kraft)werke ist dabei durchaus erwünscht.

10. Die thermische Nutzung der Biomasse läuft also auf neue Subventionen hinaus?

☞ Falsch! Wie Studien zeigen, würde eine Internalisierung der negativen externen Effekte, die bei der Nutzung fossiler Energieträger anfallen, die thermische Nutzung der Biomasse sofort konkurrenzfähig machen. Positive externe Effekte der Landwirtschaft sind dabei ebensowenig berücksichtigt wie entfallende bisherige Agrarsubventionen.

Sachverzeichnis

A

Abbaubarkeit
    Umweltvorteil 133, 136, 255, 287, 331, 344
    von Pflanzenölen 117
    Zeitraum 118
Abfall, Abfallstoffe
    als Energieträger 195-197
    ökonomische Vorteile 201, 203, 212, 229
    von Pflanzenölen 288
    Wirtschaftlichkeit 232-233, 317
    zur Alkoholerzeugung 52
Abfallholz 21, 225, 296, 318, 334, 339
Abgas
    -kondensation 298, 307
    -qualität 184
    -temperatur 177
    -werte Miscanthus 65
    -werte Rapsöl/RME 128-134, 294
    -werte Stroh 179, 262
Abnahmepreis 316-317
Abnahmeverträge 14, 246, 346
Absatzpotential
    Rapsöl (chemisch-technisch) 288, 331
    Rapsöl (Treibstoff) 84, 288, 332
Ackerfläche
    der EG 34
    Deutschland 286
    Getreideanteil 41
    Ölsaatenanteil 41
    Rapsanteil 287-289
    Rückumwandlung 79, 256, 299, 302
    stillgelegter Anteil 12, 280
Additive 288, 290, 332, 344-345
Agrarkompromiß (GATT) 14
    Getreide 306, 336
    Ölsaaten 35, 97-98, 286-287, 296, 345

Agrarreform (GAP-Reform)
    Bestimmungen 34-40, 260, 279, 346
    Folgen (Bauern) 12-15, 341
    Folgen (Getreide) 306, 336
    Folgen (Raps) 86-89, 111, 287, 293
    ökonomische Aspekte 219-223, 225, 228
Akzeptanz
    der Biomassenutzung 253, 257-258, 260, 306, 316
    der Landwirtschaft 13
    und Ethik 267, 277-278
Aldehyde 128, 134, 294
Alkohol
    Ethanolproduktion 3, 52-59, 306
    Umesterung 104, 120
    Zusatz Rapsöl 121, 290
Altölschlüssel 288
Anbausicherheit 259
Anbauverträge 14, 286, 346
Anlagekosten
    Miscanthus 224, 258, 301
    Schnellwachsende Baumarten 148, 159, 299
Anlagenauslastung 206-213
Anlagengröße 200, 205, 290, 309, 333
    siehe auch Großanlagen
Anschubfinanzierung 355
Anwendungsempfehlung 344
Anwendungsgebot 13, 16, 344
Anwuchsrate 63, 155
Äquivalenzpreis 203-204, 208-213
Arbeitsaufwand 179, 222, 298, 301, 350
Arbeitskosten 23, 207, 218, 227-228, 334
Artenschutz 149
Aschach 104, 290
Asche
    -austrag 181-183, 198, 200, 205
    -gehalt 171-172, 303, 310

als Dünger 144, 167, 221, 255, 333
Aufforstung
    als EG-Programm 28, 34, 37-40
    als Flächennutzung 277, 283, 300, 328, 329, 335
Aufmischeffekt 75
Ausgleichszahlungen
    siehe auch Flächenprämien
    Aufforstung 37-38, 283
    Biotopschutz 256
    Extensivierung 39-40, 284
    Kalkulation Energiepflanzen 219-223
    Landwirtschaft generell 1, 34-35, 230, 279, 313
    Raps 306
    Stillegung 350
Autarkie 6, 253, 255, 274-275

B
Baden-Württemberg
    Biomassepotential 21-23, 296, 300, 311, 329, 340
    Landwirtschaftsbetriebe 1-2, 12, 279, 287
    Raps 90-93, 287, 332
    Stillegungsflächen 12, 280, 282, 327
Balsampappel 148, 155-162
Baumplantage 152-153
Bayern
    Festbrennstoffe 222, 302-305, 345, 346
    Raps 90-93, 290, 333
Begrünung 12, 227, 281-282
Beregnung siehe Bewässerung
Bereitstellungskosten
    Biomasse generell 201, 210-216
    Getreideganzpflanzen 217-223
    Reststoffe 212, 216-218, 305, 316, 338
    RME 108-110, 290, 294-295
Beschickung
    Automatisierung 171-175, 180-181, 205
    Hackschnitzel 172, 195-196, 298, 334
    Stroh 188, 305
Bestandesbegründung

Förderprämien 283
Miscanthus 301, 303
Schnellwachsende Baumarten 155, 159
Bestandesdichte 57, 62-64, 156-159
Betriebsgröße 1, 94
Betriebskosten
    Biomasse-Anlage 206-209, 263, 309, 337
    Heizung Wohnhaus 165
    RME-Anlage Aschach 104
Betriebsstruktur 88, 98, 287, 332, 345
Betriebsstunden 206-216, 309, 311, 312, 320, 337
Bewässerung
    immergrüner Acker 138
    Miscanthus 62, 301, 335, 354
    Schnellwachsende Baumarten 154, 164
Bewertung
    energetisch 71-74, 79-82, 143, 202, 230, 273, 329-330
    ethisch 267-270, 276
    Landwirtschaft 12, 257, 343
    ökologisch 112-113, 132-133, 281-282, 292-294, 314-315
    ökonomisch 53, 82, 106-112, 202, 225-226, 234, 254, 257, 271, 276
    politisch 253-254
    Technikfolgen 5-6, 270
Biodiesel
    siehe Treibstoff aus Rapsöl/RME
Biogas
    als Reststoff 22-23, 240, 243
    BHKW 238, 243-245, 251-252
    Energiebilanz 3-4
    Potential Dänemark 44
Biomasseaufkommen
    insgesamt 333-334, 337, 339, 345
    Potentialabschätzung EG 33, 36-37
    Raps 330-332
    Reststoffe 296-297
Biomasseertrag siehe Trockenmasseertrag
Biomasseproduktion siehe Energiepflanzen und Trockenmasseproduktion
Biotopschutz 6, 256, 267, 328-329, 343
Biotopvernetzung 256-257, 277, 283, 327

Sachverzeichnis

Blockheizkraftwerk (BHKW)
   Biogas 243-245, 251-252
   generell 47, 271, 310, 315, 318, 337-338
   Holz 310
   Rapsöl 20, 136, 245, 291
Bodenfruchtbarkeit
   Erhaltung 13, 60
   Fruchtfolge 24
   Stroh 291-292, 296, 314, 333
Bodentyp 41, 282
Braunkohle
   Ersatz durch Biomasse 182, 188, 202, 311
   Feuerungsanlagen 182, 185, 307
   Kraftwerk 138, 231
Brennholz 1, 37, 148, 150
   siehe auch Holz
Brennkammer
   feuchte Biomasse 307-308
   Holz 176-178, 186
   Rapsöl 117, 133-134
   Stroh 179, 244
Brennstoffaufbereitung
   Holz und Halmgut 170, 173-176
   Pellets 231, 259
   Siliergut 144-145
Brennstoffeigenschaften 171-173
Brennstoffkosten
   Anteil Produktionskosten 317
   Mischkalkulation 333
   Vergleich 164-165, 231-232, 235-236
Brennstofflager 188, 194, 195, 205, 207, 312
Brennstoffmix 313, 317
Brennstoffnachführung
   siehe Brennstoffzuführung
Brennstoffpreis siehe auch Äquivalenzpreis und Gleichgewichtspreis
   Besteuerung 264
   Energiepflanzen 222, 225
   Reststoffe 217
   Vergleich 208, 315-317
Brennstoffzuführung 170, 179-185, 188-189, 307
Brennwert
   -technik 145
   Bewertungskriterium 82, 226

Hackschnitzelfeuerung 298, 307, 337
Strohvergasung 198
Vergleich 195
Brikettierung
   Energiebedarf 175, 291
   Feuerung 183
   Halmgut 174, 259, 305, 311
   Miscanthus 176
   Rapsstroh 292
Bruck an der Leitha 290
Brusthöhendurchmesser 152, 156-158, 217
Brutto-CO_2-Minderung 79, 113
Brutto-Energieertrag 67-71, 79-82
   Biogas 3
   Ethanol 3, 74-75
   Festbrennstoffe 77-79, 339-340
   Rapsöl/RME 72-74

C
C4-Pflanzen
   Forschungsförderung 45
   Miscanthus 61, 204, 223, 300
   Photosynthese 303, 350
   Zuckerhirse 57, 302
Cetanzahl 118-120
CFPP-Wert 118, 119
Chinaschilf siehe Miscanthus
Chlorgehalt 193, 310
CO (Kohlenmonoxid)
   Grenzwerte 185
   Holz 167, 186, 243
   Rapsöl/RME 128, 130, 134
   Stroh 179, 184, 189, 194, 292, 315
   Vergasung 198-199
   Verringerung 170, 184, 255, 308, 315
CO_2 (Kohlendioxid)
   Bezugskonzentration (Rauchgas) 184, 194
   im (Bio)Dieselabgas 128, 134
   Ölextraktion 101
   Treibhauseffekt 43, 67, 117-118
   Vergasung 198, 243
CO_2-Äquivalente 254
CO_2-Bilanz
   der Volkswirtschaft 271

von Produktlinien 79-82, 330
von Rapsöl/RME 81, 331
CO$_2$-Emissionen (CO$_2$-Ausstoß)
    Deutschland 341
    einer Prozeßkette 68, 79-80, 113
    ethischer Aspekt 270-272
    Internalisierung 261, 264
CO$_2$-Entlastung
    Beitrag Biomasse generell 2, 47, 340-342
    durch Festbrennstoffe 315
    durch RME 294
CO$_2$-Minderung
    entscheidungstheoretische Aspekte 233, 270-272, 329, 343
    Ethanol 80-81
    Festbrennstoffe (Biomasse, netto) 67, 80-81, 315, 329
    flächenbezogen (netto) 79-81, 340-341
    Holzplantagen 166
    Miscanthus 80-81, 303
    Potential Biomasse 340-342, 353
    Raps (netto) 80-81, 281, 292, 295
    Szenarien 32-33, 112-113
    Versprechen 1
    Wohlfahrtsverlust 113
CO$_2$-Neutralität 1, 68, 254
    Holz 166
    Raps 17, 113, 118, 130, 254
CO$_2$-Steuer
    Bedingungen 319-320, 347
    Befreiung 47, 339
    Dänemark 321
    Höhe 46, 226, 261, 320, 355
    Raps 17
    Szenarien 261, 320

D

Dampftemperatur 193-194, 196-197, 310
Dampfturbine 194, 197, 308, 310
Dänemark
    Akzeptanz 306
    als Beispiel 15, 23, 238, 308, 319, 333, 346
    Besteuerung 319, 320
    Energieprogramm 43-44, 320-321
    Energieverbrauch 31-33
    Holzhackschnitzel 145, 298, 307
    Miscanthus 62
    Ölsaatenfläche 41, 86
    Preisniveau 179, 264, 297, 317
    Strohpreis 192
    Strohverbrennung 170, 175, 193-197, 217, 244, 262, 311
    Vergasung 197-200
Dauerbrache
    GAP-Reform 34-36, 224
    Naturschutz 283
    Ökobilanz 281, 292
    Rückumwidmung 282
Deckungsbeitrag
    Getreideganzpflanzen 218-224, 227-228, 230
    Raps 89-93, 98, 287, 293
Diesel-Bi 105, 289
Dieselkraftstoff
    Autarkiegedanke 253, 255, 274
    CO$_2$-Emission 80, 113
    Eigenschaften 105, 118-121
    Emissionen 117, 128-133, 255, 331
    Gasölbeihilfe 295
    Mischungen mit Rapsöl/RME 122-125, 289, 290, 332
    Preis 106, 108, 294
    Steuersatz 109
    Substitution durch Rapsöl 74, 111, 113, 136-137, 289, 292, 329
Direkteinspritzer 84, 103-105
    siehe auch Elsbett-Motor
    Emissionen 128-134
Doppelnutzungssystem 138, 141
Düngemittel, Dünger
    siehe auch Stickstoffdüngung
    Asche 217, 221, 255
    bei Raps 20, 89
    Energiebilanz 69, 72, 77, 136, 254, 273, 291
    Extensivierung 41, 89, 259, 273, 293, 351, 353
    Miscanthus 64
    Preßsaft 145
    Rapsschrot 103, 286, 291
    schnellwachsende Baumarten 161-164
    Stroh 60, 314

Sachverzeichnis

Umweltproblematik 19, 20, 254, 281
Düngerbedarf
   Miscanthus 301, 303
   Raps 19, 291
Düngewert 3, 217
Duotherm-Motor siehe Elsbett-Motor
Durchforstungsholz 22, 283
Durchschnittsertrag 87, 89, 222, 293, 312

E
Einkommen
   -sausgleich 6, 220, 228, 260
   -sentwicklung 2, 15, 98, 343
   -ssicherung 12, 85, 99, 110, 341
Einzugsgebiet
   als Standortbedingung 20, 262, 291, 310, 319, 337
   Berechnung 312
   für Holz 298, 334
   für Stroh 311
Elsbett-Motor 85, 109, 111, 137
   Emissionen 128-130
   für BHKW 245
   Umrüstungskosten 104-108, 121
Emissionen
   CO 128, 130, 134, 167, 184, 189, 194, 315
   CO_2 1, 46, 68, 79, 130, 139, 254, 262, 264, 270, 281, 292, 341, 343, 353
   Emissionsgrenzwerte 179, 184-185, 334, 338
   Heizkraftwerk Haslev 194
   Kohlenwasserstoffe
      siehe Kohlenwasserstoffe
   Minderung 177, 184, 189, 294, 298, 308, 315
   Miscanthus 303
   N_2O 254, 281, 292
   NH_3 145
   NO_X siehe NO_X-Emissionen
   Partikel siehe Partikelemissionen
   Rapsöl/RME 105-106, 117, 128-134, 294, 331
   SO_2 siehe SO_2-Emissionen
   Staub siehe Staubemissionen
   Vergasung 184

Emulsion 121
Energie-/CO_2-Steuer
   Ausgestaltung 261, 320, 347
   EG 28, 32
   Raps 85
   Wirtschaftlichkeit Biomasse 263, 319, 339, 346, 355
Energieäquivalent
   Biomasse-Erdgas 76
   Biomasse-Heizöl 211, 212
   Biomasse-Kohle 79
   Ethanol-Ottokraftstoff 75
   Rapsöl-Diesel 74, 294, 329
   Stroh-Heizöl 207
Energieaufwand
   Ethanol 55, 74-75
   Festbrennstoffe 76-80, 311
   für Energiebilanzen 68-69, 71-78
   Holzhackschnitzel 170, 173
   Pellets 80, 170-171, 175, 311
   Rapsöl/RME 72-73, 121, 136
Energiebedarf
   Dänemark 43, 321
   Deckung durch Biomasse 28, 36-37, 43, 229
   EG 31
Energiebilanz
   allgemein, Methodik 67-71, 82, 273, 340
   Biogas 3
   Ethanol 3, 74-75
   Festbrennstoffe 76-79, 138, 303, 304, 315, 329
   Holzgas 243
   Methanol 76
   Pelletierung 80
   Rapsöl/RME 17, 71-74, 136, 290, 294, 329, 331
   Reststoffe 81-82
   schnellwachsende Baumarten 78, 164, 299
Energiedichte
   Biomasse 231, 262
   Pellets 80
   Treibstoffe 80, 118, 136
Energieeffizienz
   ethische Aspekte 272-273
   Förderung 45

Szenarien 32, 82
Energieeinheit
    Äquivalenzpreis 203, 205-206
    Biomasse 79, 270
    Ethanol 75
    Gleichgewichtspreis 210, 219, 309
    Kosten 201, 272-273, 351
    Miscanthus 225
    Rapsöl/RME 74, 294, 329, 350
Energieeinsparung
    CO_2-Reduktion 67, 113, 138, 347
    in der Biomasse-Prozeßkette 82
    Treibstoff 137, 293
Energieertrag siehe auch Brutto- und
    Netto-Energieertrag
    Energiebilanzen 74, 79-81, 340
    Festbrennstoffe 33, 138, 204
    Pelletierung 305
    schnellwachsende Baumarten 164,
        335
Energieerzeugung
    Anteil Biomasse 32-34, 51, 296-297,
        339-340
    Biomasse-Definition 31
    Biomasse-Kandidaten 15, 41, 61, 333
    Energiepflanzen-Definition 51-52
    ethische Aspekte 270-271
    Holz 21, 37, 148-150, 157, 257, 300
    Konzept Rottweil 247
    Kostenvergleich 205-213, 231, 261,
        320
Energiegehalt   siehe auch Heizwert
    Bezugspunkt Kostenrechnung 203,
        206-207, 211-212, 219
    Biomasse generell 37, 223, 340
    Brennwertnutzung 307
Energiegetreide 60-61, 140, 217-223,
    304-306, 336-337, 354
    Akzeptanz 253, 258, 306, 337
    Aufbereitung 176, 311, 338
    Erträge 69, 203-204, 304, 336
    Extensivierung 142, 314-315, 336
    Konkurrenzfähigkeit 222, 225
    Pflanzenschutz 140-142, 304, 315,
        336
    Preis 222-223
    Züchtungsziel 41, 61
Energiegewinnung

siehe Energieerzeugung
Energieinput
    bei Energiebilanzen 67, 69
    Festbrennstoffe 77-79
    Rapsöl/RME 72-74, 112-113
Energiekonzept
    Dänemark 321
    Holstebro 195
    Rottweil 238-239, 241, 247
Energieoutput
    bei Energiebilanzen 67, 69
    Festbrennstoffe 77-79
    Kostenrechnung 207
    Rapsöl/RME 72-74, 112-113, 291
Energiepflanzen
    Agrarstrukturkrise 2, 327, 342, 353
    Akzeptanz 253, 258
    Definition 51-52
    Emissionen 171, 176, 185-186
    Energie für die Landwirtschaft 11,
        255
    Erwartungen 15, 203, 330
    Flächenkonkurrenz 6, 219, 283, 327,
        342
    GAP-Reform 14, 28, 35-37, 262, 286
    Kandidaten 46, 141, 143, 155, 161,
        174, 259, 285, 298, 305, 307,
        335-336
    Miscanthus 176, 223, 258, 303, 334-
        335
    ökologische Verträglichkeit 14, 20,
        140, 142, 253, 256, 281, 315,
        328, 343, 353
    Ökonomie 61, 201, 216, 220, 225-
        228, 230, 316-317, 320, 333,
        338
    Potentiale 31, 37, 43, 279-280, 299,
        335, 329, 339-341
Energiepolitik
    Dänemark 319, 321
    dezentrale Energien 17
    umweltgerecht 30, 47, 202
    Wende nötig 10, 15, 30
Energiepreis
    Diesel 84
    Niveau 139, 232, 261, 313
    ökologische Wahrheit 15, 225
    Szenario 32, 261, 320

Sachverzeichnis 363

Wärmemarkt 232, 320
Energiequelle
    CO_2-neutral 138-139, 272
    Dänemark 321, 347
Energiesteuer
    siehe auch Energie-/CO_2-Steuer
    Dänemark 264, 320-321
    Höhe 46
Energieverbrauch
    -sstruktur 239
    Deutschland 339
    EG 28, 30-33, 42
    einer Biomasseanlage 207
    Vergleich 273, 343
Energieversorgung
    siehe auch Primärenregie
    Beitrag Biomasse EG 42-44, 47
    Beitrag Stroh 60, 188, 306
    dezentral 15, 17, 187, 238, 253, 343
    Holstebro 195
    Konzepte 238-239, 241, 247
    Miscanthus 300
    Raps 85
Energieversorgungsunternehmen (EVU) 229
    kommunale 18, 239, 242, 246
    Kooperation 4, 15, 241, 313, 338, 346
Energiewald 240, 299-300, 335
Entscheidungstheorie 268-271
Entsorgung
    Biomasseverbrennung 21
    Grüngut 212, 307, 334,
    Holz 318
    Internalisierung 138, 263
    Pflanzenöle 288, 344
    Reststoffe generell 201, 212, 216, 229
    Schlempe 3
    Stroh 314
Erdgas
    -versorgung Baden-Württemberg 238, 240-241
    Brennwert 195
    CO_2-Emission 79
    Dänemark 321
    Kosten 164-165, 253
    Methanolproduktion 69, 72, 76

    Substitution 79, 163, 238, 318, 355
    zusätzlich zu Biomasse 195-197, 210, 308
Ernährungsindustrie 257, 342
erneuerbare Energien
    Anteil 42, 44
    Förderung 30, 45-46
    Holz 150
    Wettbewerbsfähigkeit 28, 136, 261
Erntekosten
    Energiewald 159, 165, 299
    Grünmasse 143
    Miscanthus 224-225
Erntetechnik
    Ballenlinie 77, 144, 174-175, 336
    Energiewald 159, 168
    Ethanolrübe 55
    Miscanthus 176
    Pelletiermaschine 176, 345, 354
    siehe auch Pelletierung
Erntetermin
    immergrüner Acker 144
    Miscanthus 64
Erosion
    Aufforstung 38, 148, 149, 166
    Bodentyp 41
    immergrüner Acker 141
    Miscanthus 61, 303
Ertragspotential
    annuelle Pflanzen 143
    Energiewald 299, 335
    Getreide 304, 336
    Miscanthus 301, 334
Ertragssicherheit
    Energiewald 299
    Getreide 259
    Miscanthus 301-302, 335
    Triticale 304
Erucasäure 85, 285-286
Erzeugergemeinschaft 14, 15, 262, 346
Erzeugerpreis
    Biomasse-Festbrennstoffe 203-204, 212, 227-228, 260, 316-317, 338
    Getreide 88, 94, 219-223, 234
    Internalisierung 276
    Raps 86-89, 94-99, 115-116, 292, 296, 332
Erzeugungspotential

Fläche 279
Raps 84-99, 110-112, 255, 285-287, 330
Erzeugungsregion 279, 287
Ethanol (Äthanol)
   CO_2-Minderung 79-81
   Energiebilanz 3, 67, 71, 74-75, 82, 138, 315
   ethische Aspekte 258
   Herstellung allgemein 3, 51-56, 59
   Steuererleichterung 30
Ethik
   Bereiche 268
   und Akzeptanz 267, 277-278
   und Hunger 275
Extensivierung
   als Zielvorstellung 13, 19, 267, 274, 276, 341
   bei Getreide 315
   bei Raps 20, 89
   Für und Wider 15, 284-285, 328, 353
   in der EG-Politik 34, 36, 39-40, 86
   partielle Extensivierung 328, 341
externe positive Effekte
   der Biomasse 253
   der Land- und Forstwirtschaft 2, 6, 253-254, 257, 260, 264, 295, 343, 355
   der Rapsölverwendung 112-113
externe Kosten fossiler Energieträger 261, 263-264, 343, 355
entscheidungstheoretische Aspekte 272

F
Festbrennstoffe
   Aufbereitung 173-176
   CO_2-Minderung 80-81, 340
   Eigenschaften 171-173
   Emissionsverhalten 184-186
   Empfehlungen 345-347
   Energiebilanz 3, 78-79, 340
   im Vergleich zu flüssigen Energieträgern 136, 291, 329-330, 333
   Pelletierung 259
   Preise 203, 208, 317
   Verfeuerung 176-184

Fettchemie (Oleochemie)
   Peroxidzahl 127
   Rapsölverwendung 288, 331
   Umesterung 104
Feuchtegehalt
   Annahmen für Kalkulationen 33, 203, 204, 219, 221, 228
   Brennwertnutzung 298, 307, 337
   Einfluß auf die Feuerungsqualität 140, 171, 176, 186, 243
   Erntefeuchte 304, 305, 336
   siehe auch Wassergehalt
Feuerungsanlagen
   siehe auch thermische Verwertung
   Biomasse 170, 264, 308-310
   Braunkohle 182, 185, 307
   Holz siehe Holzhackschnitzelanlagen
   Stroh-/Getreideganzpflanzen 170, 174-185, 187-196, 244, 304-307, 309-312, 337-338
   siehe auch Strohfeuerungsanlagen
Fixkosten
   und Auslastung 77
   von Biomasseanlagen 206-209
Flächenpotential
   bei flächendeckender Extensivierung 285
   für Energiepflanzen 279-280, 327-329
   für schnellwachsende Baumarten 154
Flächenprämien
   Aufforstung 38, 40
   Extensivierung 39-40, 284
   Getreide 87-88, 287
   Ölsaaten 87-88, 98, 287, 295
   Stillegung 87-88, 219-223, 228, 287
Flächenstillegung
   siehe Stillegung
Flächenumwidmung
   siehe Umwidmung
Flammpunkt
   Diesel 119
   Rapsöl 118, 119, 133
   RME 119
Flottenversuch 17, 121, 290
Forstwirtschaft
   und schnellwachsende Baumarten 151
   Biomassepotential 31, 48

Einsatzbereich für Biomasseenergie 231, 290, 331-332, 344, 350
externe Effekte 257
Förderprogramme 42, 46
Lieferant für Biomasse 241, 246, 297, 312, 317
fossile Energieträger
  Biokraftstoffbeimischung 16, 75
  Energie-/CO_2-Steuer 18, 113, 226, 261, 347, 355
  Energiebilanz 67-71
  für die Spitzenlast 309, 311, 313, 338
  Internalisierung externer Effekte 136, 261, 263, 264, 343, 355
  Mineralölsteuer 30
  Notwendigkeit der Substitution 1, 10, 19, 24, 166, 225
  Potential Dänemark 44
  Substitutionsverhältnisse 71-81, 291, 294
  Verbrauch in Deutschland 139
  Wettbewerbsfähigkeit 19, 24, 51, 136, 179, 202, 205-215, 232, 315-316
Frankreich
  Biodiesel 105, 289-290, 295, 313, 332
  Biomasseertrag 32
  Biomassepotential 33
  Energieverbrauch 31
  Förderprogramm Biomasse 42
Freihung 313
Fremdenverkehr 5, 257, 327, 342, 353
Fruchtfolge
  und Extensivierung 284, 328
  und Stillegung 281, 327
  Auflockerung durch nachwachsende Rohstoffe 24, 41, 303, 315, 336
  bei Raps 42, 91, 94, 97, 112, 257, 285, 293
  im Energiepflanzenbau 14, 40-41, 140, 143, 256, 336, 354
  immergrüne - 141
  Wirkung von Stroh 217, 291
Fungizide siehe Pflanzenschutz
Futtergetreide
  und Akzeptanz 306
  Ertragspotential 299, 336
  für Getreideganzpflanzennutzung 304, 336
  Triticale 259, 354
Futtermittel
  siehe Nahrungsmittel oder Rapsschrot
Futtermittelimport 36, 284

G
GAP-Reform
  Auswirkungen auf die Rapserzeugung 85-100
  Überblick 34-40, 279
Garantiefläche
  Ölsaaten 35, 286
Gasgenerator 198
Gasmotor 197-198, 200, 243, 310, 338
Gasölbeihilfe 295, 319, 332, 346
Gasreinigung 200, 310
Gasturbine 310, 338
Gasverweilzeit
  Nachbrennkammer 184, 307-308
GATT siehe Agrarkompromiß
Gegenstromvergaser 197
Gemeinschaftsaufgabe 283
Generator 198-200
Generatorleistung 210, 242
Gerste 35, 86, 304, 336
Gesamtkostenfunktion 206, 208
Gestehungskosten 61, 230
Getreide
  Anbauflächen 34, 41
  EG-Getreideernte 11
  Garantiemenge 36
  Erträge 36
  Flächenprämien 87, 91, 287
  -Ganzpflanzen
    siehe Energiegetreide
  Interventionspreis 87
  Kleinerzeugerregelung 34, 87, 279
  -Stroh siehe Stroh
Gleichgewichtspreis 210-216, 220, 309, 316-317
glucosinolat
  -arme Rapssorten 285
  -haltige Rapssorten 286, 346
Glyzerin 71, 74, 82, 104, 120, 290, 294

Grafenwöhr 308, 312
Grenzertragsböden 41, 45
Grenzertragsflächen 35, 232, 258, 283
Grenzkosten 41, 86, 109, 111
Grenzwerte
    Festbrennstoffe 308, 338, 343
        Holzfeuerungsanlagen 184-186
        Strohfeuerungsanlagen
            179, 184-186, 194, 262, 315, 318, 334
    Rapsöl 118, 123
Grenzwertrechnung 222
Griechenland 31-33, 43
Großanlagen
    Biomassefeuerung 170
    Logistikprobleme 205, 210
    Rapsölgewinnung 100-103, 107, 117
    Umesterung 84
Großballen 175, 179, 191, 194, 200, 216, 262, 305, 333
    siehe auch Hesstonballen
    -feuerungsanlagen 180-181, 196
    physikalische Kenngrößen 172-173
Großbritannien (U.K.) 31-33
Großerzeuger 34, 279-280, 287
Gründigkeit 154, 298
Grundlast 208, 210, 262, 309, 311, 320, 338
Grundwasser 118, 140, 166, 281, 293
Grundwasserschutz 19, 281
Grünflächen 283, 307, 334
Grünfuttertrocknungsanlage Lengenfeld 304, 312, 317
Grüngut/-masse extensiv genutzter Flächen 15, 306, 311, 334
Grünland
    für die Extensivierung 285, 328
    zur Biomasseproduktion 140, 143-144, 307
Gülle
    als Dünger 259
    Biogaserzeugung 243
    NH_3-Emissionen 145
Gülleproblematik 12, 282, 341

H
Hackschnitzel   siehe Holzhackschnitzel

Häckseln
    Getreideganzpflanze/Stroh 174, 305, 336
    Holzhackschnitzel 171, 174
    Miscanthus 176
Häckselgut 172-173
Hafer 35, 304, 336
    Winterhafer 41, 145
Halmgut 175, 182, 185, 305
Handlungsoptionen 268-270
Hanf 305
Haslev 193, 200
Heizkraftwerk
    siehe auch Blockheizkraftwerk und Holzheizkraftwerk
    Logistik 205, 210, 298, 312-313, 337-338
    Mehrbrennstoffe 146, 187, 196, 210, 244, 308-309
    Stroh
        Haslev 193-194
        Holstebro 195-197, 313
        siehe auch Strohfeuerungsanlagen
    Umrüstung älterer Anlagen 311, 315
    Wirtschaftlichkeit 263
Heizöl
    Anlagen 165, 206-209
    Beimischung/Substitution Rapsöl 117, 121, 123, 125, 133-135, 291
    CO_2-Freisetzung 79
    Preis als Vergleichsbasis 163-164, 203-204, 211-215, 220, 264, 317
    Steuersatz 80, 320, 355
Heizwert von Biomasse 171-172, 219, 203, 210
    Holz 163, 171
    Rapsöl 122, 128
Hektarerlös 204
Hektarerträge Biomasse 52, 81, 204
    Getreideganzpflanzen 61, 203, 219, 304
    Miscanthus 204, 301
    Stroh 60
Herbizide   siehe Pflanzenschutz
Hesstonballen 188, 191, 194-195
Heu 76-81, 145, 306, 334
Hirse 35, 57, 61, 141-142, 144-145, 300, 303

Sachverzeichnis 367

Holstebro 195, 196, 313
Holz/Holzhackschnitzel
  Brennstoffeigenschaften 171-173
  Brennstoffkosten 164-165, 217, 299, 316, 338
  Energiebilanzen 77-78, 80, 164
  Feuerung/Verbrennung 167, 170-186, 195-197, 297-298, 307-312, 334
    Emissionsgrenzwerte 185
  Holzhackschnitzelanlagen 176-186, 205, 308-309, 334, 337-338
  Dänemark 145, 195, 200, 210, 307
  Frankfurt 298
  Logistik 312, 337
  Österreich 22, 217, 297, 307
  Schweden 17, 307
Holzhackschnitzelherstellung 159, 173-174, 216-217, 299
  Energieaufwand 170-171, 173
Holz(heiz)kessel 170, 177-179, 183, 186
Holzheizkraftwerke 238, 242-243, 250, 297-298
  Emissionsauflagen 185, 334
Holzindustrie 150, 225, 241, 243
Holzpotential 297, 339-340
Holzwirtschaft 22, 297, 298, 310,
Humusgehalt 113, 166, 217, 314
Hybride schnellwachsender Baumarten 148, 155, 160, 298
Hybridroggen 304, 336, 354
Hydrauliköl auf Pflanzenbasis 117, 255, 331, 344, 350
  Absatzpotential 287-288, 331
  Entsorgung 288
Hydrocracking 121
Hyordkaer 244

I
Importkohle 231, 263
  -preis 230, 315
Industriepflanzen 3, 14, 28, 51, 327-329, 353
Input-Output-Verhältnis 68, 70, 78
  bei Raps 73, 136
Insektizide siehe Pflanzenschutz
Intensivierung 12, 41, 151, 232, 354
Internalisierung

externer Effekte der Land- und Forstwirtschaft 2, 6, 260, 264
externer Kosten bei der Nutzung fossiler Energieträger 261, 263-264, 355
Interventionspreise 87
Investitionen
  Biomassefeuerungsanlagen 201, 205-207, 263, 308
  Investitionskosten 205-208, 210, 263, 309, 318, 337
  Investitionszuschuß/-beihilfen 212, 220, 317-319, 333
  Strohheizwerk Schkölen 191
  Elsbett-Motoren 106
  Heizungsanlagen 165, 264
  Miscanthusanbau 301, 303, 334
Investitionsgüter 69, 72

J
Jahresauslastung Biomasse-Heizwerk 208, 211-213, 312, 317
Jahreskapazität/-produktion
  RME-Anlagen 290, 332

K
Kapitalkosten
  biomassebefeuerter Anlagen 206
  Miscanthusanbau 224
Kartoffel 35, 52-54
Katalysatoren
  Abgasreinigung 184, 294
  Gasreinigung 197, 200
  Umesterung 104, 120
Kernkraft 138-139, 264
Kessel
  Anlagengrößen 200
  Durchbrandkessel 184, 186
  für Rapsölverbrennung 133-134
  Großballenkessel 180
  Heizkessel Grafenwöhr 312
  Holz-/Scheitholzkessel
    siehe Holzheizkessel
  Mehrbrennstoffkessel 205, 309, 310
  Strohkessel 180-182, 188-197, 244, 310

Emissionsauflagen 185, 338
Unterbrandkessel 179-180, 184-185
Kesselleistung 184, 209, 210, 215, 244, 249, 291, 297, 310
Kleinanlagen
 Biomassefeuerung 170, 297
 Rapsölgewinnung 100, 117
Kleinerzeuger 34, 37, 280, 287, 306, 332
Kleinerzeugerregelung 87, 94, 96, 99, 112, 279, 287
Kohlendioxid siehe CO_2
Kohlenmonoxid siehe CO
Kohlenstoffkreislauf 117-118, 133, 170-171, 176
Kohlenwasserstoff 112, 130, 299, 308
Kohlenwasserstoff-Emissionen
 Biomassefeuerung 167, 170, 184, 308, 315
 Motor 112, 128, 130-132, 331
 Polyzyklische aromatische - (PAH) 128, 132-134
kommunale Energieversorgung 18, 242, 253, 263-264, 318-319
 -skonzepte 238-239, 309
 Dänemark 187, 195
Kompaktrollen 170, 175, 305
 -presse 175, 305, 336
Kondensationstemperatur 194
Kondensationswärme 145, 298
Konditionierung 71, 77, 103, 311
Konkurrenzfähigkeit von Biobrennstoffen siehe Wirtschaftlichkeit
Konversionsaufwand/-kosten 315
 Ethanolerzeugung 53, 55
 Umesterung 106
Kooperationsmodelle 346
Koppelprodukt 71, 76-77, 82, 216, 225
Korn-Stroh-Verhältnis 61, 203, 305
Kornertrag 60, 304, 351
Kornverluste
 Getreide 175, 305, 336
 Raps 291
Korrosion
 Motor 123
 Strohheizkraftwerke 310
 Wärmetauscher 178
Kostenvergleichsrechnung 205, 212
Kraftstoff (Bio-) siehe auch Treibstoff

-aufarbeitung 20, 103
-eigenschaften 105, 118-123
-emissionen 117, 128-133, 255, 294
-kennwerte 122-125
-(DIN-) Normen 118-120, 123, 296, 345
-preise 289, 294-295, 332
-qualität 122, 125, 295
-verbrauch 104, 128
Kraft-Wärme-Kopplung (KWK)
 siehe auch Blockheizkraftwerk
 Biomasse 16, 20-21, 146, 231-232, 309, 337, 343, 345, 355
 Holzwirtschaft 216, 298, 354
 Wirtschaftlichkeit 229-233, 310, 318-320, 347
Kulturlandschaft
 Erhalt 5, 17, 24, 253, 295, 342, 343
 Gefährdung 2, 13
 Wohlfahrtswirkung 257
Kurzumtrieb
 siehe schnellwachsende Baumarten

L
Lachgas siehe N_2O
Lagerung
 Fernheizwasser 194
 fester Biomasse 144, 175, 192, 259
 Rapsöl/RME 122, 125-127, 133
ländlicher Raum 2, 13, 15, 24, 256, 342
Landschaftsökologie 149, 166, 328
Landschaftspflege 13, 40, 276, 307
Landschaftsschutz 6, 148, 167, 281, 343
Lebensqualität 2, 16, 149, 273, 342
Leistungsklassen
 Schlepper 106
 Wärmeerzeuger 201, 205-207, 209, 210
Lengenfeld 304, 308, 312, 313, 317
Lichtenegg 242, 249
Liefersicherheit
 Festbrennstoffe 313, 317, 338
Logistik großer Heiz(kraft)werke 205, 210, 298, 312-313, 337-338

M

Machbarkeitsstudie
  Biogasverstromung 251, 252,
  Biomassenutzung 297, 318
Mähdruschfläche 34, 280, 287, 327, 339
Mais als Energiepflanze 35, 61, 141, 144, 145, 336
  Ertrag 305
Markteinführung 10, 18
  Elsbett-Motor 85, 104, 109
  Energieprogramme zur - 42
  Pflanzenöle 288, 344
  RME/Rapsöl 17, 80, 84, 106, 290, 333, 345
Marktentlastung 35, 37, 86
Marktordnung 11, 95, 109, 224, 287
Marktordnungskosten 202, 220, 319, 347
Marktreife
  Erntetechnik 345
  Festbrennstoffe 201
  Rapsölmotor 344
Marktwirtschaft im Agrarsektor 275-276
Massengetreide
  Energiebilanz 81, 304
  Pelletierung 170
  Verfeuerung 180, 185
Mehrbrennstoff Feuerungsanlagen 308, 309, 311, 333, 337-338, 345
Mehrjahrespflanzen 142-143
MEKA 284
Meristemkultur
  Miscanthus sinensis 63, 301-303
Methanol
  Energiebilanzen 3, 67, 71, 76, 315
  Gewinnung 76
  zur RME-Herstellung 104, 120, 289
Mineralölsteuerbefreiung 47, 80, 85, 109-111, 295, 345
Minimax-Kriterium 271-272
Miscanthus sinensis
  Akzeptanz 257-259
  Anbau 62-65, 301-303, 354
  Brennstoffkosten 225, 232, 235-236
  Energiebilanzen 78, 81
  Ernte 176
  Erträge 64, 142, 204, 300-301, 334
  Förderung 46
  Herkunft 61, 302

Lagerung 144
Nutzungsmöglichkeiten 61
Produktionskosten 223, 301
ökonomische Aspekte 142-143, 223-225, 230, 258-259, 303, 335
Rückumwidmung 79, 143, 302, 335
Winterfestigkeit 302-303
Züchtungsbedarf 36, 302-303, 334-335
Monokultur 38, 140, 257

N

N_2O 20, 254, 281, 292-293
Nachbrennkammer
  siehe Brennkammer
nachwachsende Rohstoffe
  siehe Energie- und Industriepflanzen
Nachwuchsprobleme
  der Landwirtschaft 2, 342
Nahrungsmittel 11, 19, 113, 150, 153, 187, 287, 351
Nahrungsmittelhilfe 274-275, 306, 342
Nahrungsmittelproduktion
  Autarkie 6, 275, 304
  Entlastung 117, 153, 202, 225
  Flächen 36, 267, 276, 280, 342
Nahrungsmittelüberschuß 11, 258
Nahwärme
  -netz 187, 191, 318, 345
  -versorgung 229, 331, 233, 242, 315
Naturschutz 6, 47, 276, 281, 283, 322
  -flächen 139, 143-144, 285, 289
Netto-CO_2-Minderung 79-81, 113, 281, 292, 315, 340
Netto-Energie
  -bilanz 245
  -ertrag 71-74, 294
Nettowohlfahrtseffekt
  negativer - 111, 113
Niederlande
  Biomassenutzung 32
  Biomassepotential 33, 43
  Energieverbrauch 31
  Flächenpotential 36
Nitrat
  -auswaschung 140, 141, 256, 281-282

Rest- 42
Normen
   ethische - 268
   Kraftstoff-DIN- 118-120, 123, 296, 345
   rationeller Energienutzung 47
NO_X-Emission
   Althölzer 298
   BHKW-Technik 291
   Getreideganzpflanzen 184, 304
   Grenzwerte 185
   Heizkesselbrenner 134
   RME/Rapsöl Motoren 128, 130, 294, 331
   Strohbrenner 184, 190, 194, 255, 315
Nutzungskosten 201, 216, 218, 224-225, 316, 317

O

obligatorische Flächenstillegung
   Flächenpotential 34, 98, 279-280
   Marktentlastung 86
   Nutzungskosten 201, 216, 219, 225
   Prämien 87-88, 219-223, 256, 287, 295
Ökobilanz 4, 17, 112, 254, 260, 281, 292, 330, 331
Ökotoxizität
   Rapsöl 287, 331, 344
Ölausbeute bei Raps
   Ertragsziel 41
   Ölgewinnung 101-103
Ölpreisniveau 170, 179
Ölrettich 59, 141
Ölsaaten
   Anbaufläche 41, 86, 285-289
   auf Stillegungsflächen 14, 35, 286
   Erzeugerpreise 86-89, 94-99
   Erzeugungspotential 84-99, 110-112, 285-287
   Flächenprämien 86-99, 287, 295
   Garantieflächen 35, 286
   Kompromiß 345
   Preisausgleichszahlungen 34, 87, 260, 279, 287
   Produktionsmenge 35, 286

Ölvorwärmung 117, 134
on-farm-Konzept 84, 85, 103
Österreich
   Holzverfeuerung 22, 217, 297, 307
   Preisniveau 179
   Rapsölgewinnung 101, 103-104, 290
   Strohverfeuerung 180
Ottokraftstoff
   mit Ethanol 74-75

P

PAH (polyzyklische aromatische Kohlenwasserstoffe) 128, 132, 134
Pappel
   Energiebilanzen 78
   Förderung 43, 45
   Plantagen 153-164, 298, 299, 335
   siehe auch schnellwachsende Baumarten
Partikelemission
   Pflanzenölmotor 128, 131, 294, 331
   Strohverfeuerung 255
Pelletierung
   Energieaufwand 77-78, 80, 170-171, 175, 305
   Kosten 80, 305, 316-317, 338
   Maschine 176, 259, 305, 345, 354
Pellets als Festbrennstoff 80, 183, 231, 259, 305-306, 308, 311, 338
   physikalische Kenngrößen 172-173
Peroxidzahl 140
Pflanzenöl siehe auch Rapsöl
   als Treibstoff 59-60, 84-113, 117-137, 255, 289-295, 330-333
   als Schmierstoff 4, 117, 255, 287-288, 331-332, 344
Pflanzenölblockheizkraftwerke 136, 238, 245, 291
Pflanzenschutz
   Energiegetreide 140-142, 304, 315, 336
   Miscanthus 62, 301
   Raps 89, 112, 259, 293
   schnellwachsender Baumarten 155
   Zichorie 57
   Zuckerhirse 58
Pflanzenschutzmittelaustrag

Sachverzeichnis

Energiepflanzenanbau 140, 256
Pflanzenzüchtung
   Energiegetreide 41, 61, 305, 336
   Industriepflanzen 3
   Kartoffel 53
   Ölsaaten 60
   Topinambur 56
   Zuckerhirse 59
   Zuckerrüben 55
Pflanzmaschine 142
Pflegekosten
   Flächenstillegung 222, 227-228
   Landschaftspflege 13, 40, 144, 307
   Schnellwuchsplantagen 159
Photosynthese 118, 254, 260
   Effizienz 57, 223, 299, 303
Photovoltaik 139, 260, 264
Pilotanlage
   Biokraftstoffe 46, 109, 332
   Biomassevergasung 197-200, 309
Pilotvorhaben 11, 242, 244, 297, 309, 318
Portugal
   Biomassenutzung 32, 43
   Biomassepotential 33
   Energieverbrauch 31
   Förderprogramme 43
Primärenergie
   -verbrauch 33, 43, 239, 247, 339-340
   -versorgung durch Biomasse 22, 43, 254, 339-340, 342
Produktionskosten
   Festbrennstoffe 205-208, 223-224, 299, 301, 317
   Kraftstoffe allgemein 17, 30
Produktivität
   Forstwirtschaft 37
   Landwirtschaft 11, 12, 36, 280
Produzentenrente 98-100, 110,.111
Projektbewertung 268, 270
Pyrolyse 42-43, 52, 62, 198-199

R
Raffination von Rapsöl 72, 101, 106, 122-123, 125-126
Randegg 242, 248

Raps 41-42, 59-60, 84-100, 111-113, 118, 285-296, 330-333, 344
   Deckungsbeitrag 89-93, 98, 287, 293
   Düngung 19-20, 72-73, 89, 112, 291-293
   Energieertrag 71-74, 294
   Erzeugerpreise 87-89, 94-99, 296, 332
   Erzeugungspotential 84-99, 110-112, 255, 285-287, 330
   Flächenprämien 86-99, 287, 293, 295
   Kornverluste 291
   Pflanzenschutz 89, 112, 259, 293
   Preisausgleichszahlungen 34, 87, 260, 279, 287, 306
   00-Sorten 285, 291
Rapsanbaufläche 41, 59, 84-86, 94-98, 257, 286-289, 331-332, 340
   Folgen der GAP-Reform 86-89, 111, 287, 293
Rapsganzpflanze 292
Rapsöl/RME 17, 84-85, 100-113, 117-137, 287-296, 329-333
   siehe auch Heizölersatz, Hydrauliköle/Schmiermittel, Kraft- und Treibstoffe
   Energiebilanzen 17, 71-74, 136, 290, 294, 329, 331
   Markteinführung 17, 80, 84, 106, 290, 333, 345
   Mischungen
      mit Diesel 122-125, 289, 290, 332
      mit Heizöl 134-135
Rapsölgewinnung 100-103, 107, 117, 122-125
Rapsölmethylester (RME)
   Bereitstellungskosten 108-110, 290, 294
   Herstellung 84, 104, 120, 289
   Anlagen 290, 332-333
Rapsölmotor siehe Elsbett-Motor
Rapsschrot/-kuchen
   als Koppelprodukt 101, 103
   energetische Bewertung 74, 254, 294
   Preis 107-108, 292, 296
   Störung des Futtermittelmarktes 286, 296, 346

Verwendung 41, 84, 285-287, 291, 294, 331
Rapsstroh 81, 112-113, 254, 285, 291-292, 331
    Verbrennung 292
Rauchgas 184, 189, 190, 193
    -filter 179
    -reinigung 190, 194, 205, 230, 242, 255, 291, 315
    -rezirkulation 190
    -temperatur 190, 193
Reduktionszone 198, 199
regenerative Energien allgemein
    siehe auch erneuerbare Energien
    Wirtschaftlichkeit 1, 28, 230, 261, 310, 345
Reismelde 305, 336
Ressourcenschonung 202, 233, 343
Restholz 21-22, 173, 216-217, 296-297, 354
    Bergung 217, 314
    Brennstoffkosten 164, 217, 316
    Logistik 312, 354
    Potential 139, 293-297
    Wirtschaftlichkeit 232, 297, 299, 334
Reststoff
    als Energieträger 4, 19-22, 81, 264, 297, 320, 333-334
    Brennstoffkosten 316-317
    Logistik 313, 354
    Potential 34, 139, 170, 334
    ökonomische Vorteile 201, 203, 212, 216, 229, 316-320, 330
    Wirtschaftlichkeit 225, 232, 261, 297
Revertierung 299-300, 335
Rhizom 63-64, 143, 302
RME siehe Rapsölmethylester
Rohstoffkosten
    Biomasse 52, 86, 223-225
Rotationsbrache 12, 34, 35, 281-283
    ökologische Effekte 281-283, 293, 315, 328, 336
    zugelassene Ackerkulturen 35
Rottweil 241-242, 244, 247, 250
Rübe 52, 55
Rückumwandlung/-umwidmung
    allgemein 256, 258
    Dauerbrache 282

Energiewald 79, 258, 299, 335
Miscanthus 79, 143, 302, 335

S
Scheitholz 173, 179, 186
    -kessel 170, 177, 186
Schilfgräser 61, 301, 350, 354
    siehe Miscanthus sinensis
Schkölen 187-189, 191-192, 314, 316, 318
Schlempe 3, 74, 82
Schlepper 104-107
    -kosten 107
    -motoren 104, 128-130
Schmiermittel/-stoffe
    auf Rapsölbasis 4, 117, 255, 287-288, 331-332, 344
schnellwachsende Baumarten 148-168, 298-300, 335
    Akzeptanz 257-258
    Anbautechnik 155-159, 299
    Energiebilanzen 78, 81
    Definition 151
    Flächenpotential 42, 153-154, 300
    Kosten und Leistung 28, 159-165, 299
    Nährstoffhaushalt 154, 161, 298, 300
    Pflanzenmaterial 154-155
    ökologische Aspekte 165-167
    ökonomische Rahmenbedingungen 28, 43, 45, 283, 300
    Umtriebszeit 38, 150-152, 167
    Wuchsleistung 154-155, 161
Schnellwuchsplantagen (SWP) 45, 67, 77-79, 152-164
Schubrostfeuerung 182
Schwachholz 22, 173, 217
Schwärzungszahl 128, 131
Schweden 17, 164, 179, 300, 307
Schwefeldioxid siehe SO_2
Schwefelgehalt
    Bio-Kraftstoffe 117-119, 255, 295
    Festbrennstoffe 255
Schweröl 134, 202
Selbstversorgung 137, 167
Selbstversorgungsgrad 284, 321
Silage

Biomasse- 307, 308, 310
Silierung
   feuchter Biomasse 144-145
Skaleneffekte 103-104
SKE (Steinkohleeinheit) 139
SO_2-Emission
   Bio-Diesel 17, 112, 117, 130, 133, 255, 294, 331
   Festbrennstoffe 167, 255, 315
Sojabohnen
   -anbau 35, 86, 285
   -öl 85
   -schrot 108, 286
Solarenergie 1, 44, 240, 260
Solarstromkosten 138
Solarstromvergütung 310
Sonnenblumen
   -anbau 35, 60, 118, 141-142, 144-145, 305
   -anbauflächen 86, 285
   -ertrag 59
   -öl 85, 118
   -schrot 108, 286
Sonnenenergie   siehe Solarenergie
Nutzungseffizienz der Biomasse 57, 69, 167
Spanien
   Biomassenutzung 32
   Biomassepotential 33
   Energieverbrauch 31-32
   Förderprogramme 43
Spätdüngung 304, 306, 315, 336
Spitzenlast-Abdeckung 190, 208, 210, 309, 311, 313
Spurengase
   klimarelevante 254, 281
Stadtwerke 263, 318, 346
   Rottweil 244, 250
Staubemission
   Biomassevergasung 184, 243
   Holzfeuerung 167, 170, 184-185
   Strohfeuerung 170, 179, 184-185, 194, 315, 332-333
   Rapsstroh- 292
Steiermark 217, 297
Steinkohle 79, 138, 185, 230, 315, 317
Steuerbefreiung
   Rapsöl/RME 84, 106, 109-110, 296

Stickoxide   siehe NO_X-Emission
Stickstoffdüngung
   Energiegetreide 140, 259, 304
   Miscanthus sinensis 63, 65, 77, 301
   Raps 72-73, 89, 292-293
   schnellwachsende Baumarten 77, 161
Stillegung
   -squote 36-37, 47, 306
   -szeitraum 282
   - und nachwachsende Rohstoffe 15, 35-37, 260, 336-337
   Akzeptanz Bauern 10, 12-13, 259-260
   als entscheidungstheoretische Option 277, 281
   Deckungsbeiträge 219-223, 227-228
   GAP-Reform 34-35, 279-280
   Nutzungskosten 201, 216, 218, 225, 316-317
   ökologische Folgen 281-282, 292, 328, 341
   Rapserzeugung 14, 86-88, 93-100, 108-112, 286-287, 295-296, 332
   stillgelegte Flächen 12, 279-280
Stroh
   Einfluß auf die Bodenfruchtbarkeit 217, 291-292, 296, 314, 333
   Rapsstroh 81, 112-113, 254, 285, 291-292, 331
Strohbergung
   siehe Erntetechnik
Strohertrag 41, 60-61, 304
Strohfeuerungsanlagen 176-197, 238, 297
   Anlagengröße 262-263, 297
   Auslastung 210, 262
   Dänemark 193-197, 217, 244, 309
   Grenzwerte 179, 184-186, 194, 262, 315, 318, 334
   Logistik 200, 312-313, 337-338
   Schkölen 187-193
Strohpelletierung
   Energieaufwand 78, 171, 175, 305
   Kosten 305
Strohpellets 305, 316, 333-334
Strohpotential 296-298, 314, 339
Strohpreis 192-193, 207, 316, 338
Strohverbrennung 176-186, 187-197, 311, 315, 333-334

Emissionen
  CO 179, 184, 189, 194, 292, 315
  NO_x 184, 190, 255, 315
  SO_2 255, 315
  Staub 170, 179, 184, 194, 315, 332-333
  Rapsstroh 291-292
Strohvergasung 197-200
Stromeinspeisungsgesetz 297, 310
Stromerzeugung
  Biomassevergasung 44, 197-200, 243-245, 310, 238
  Festbrennstoffe 17, 187, 193-197, 229-233, 238, 308, 338
  Rapsöl (BHKW) 136, 238, 245, 291
Stromerzeugungskosten 138, 229-233, 263-264, 310, 318
  siehe auch Energieerzeugungskosten
Strommarkt 263, 355
Strompreis 253, 263, 298, 318
Strukturwandel
  chemische Industrie 150
  Landwirtschaft 1, 2, 12, 342
Stützungsbedarf 111, 295
Stützungsmaßnahmen 84, 230, 339
Substitutions
  -verhältnis 76, 79, 81
  -wert 71, 80, 84, 106, 108-110
Subventionen
  Biomassenutzung 163, 212, 260, 264, 271, 274, 278, 343, 355
    Festbrennstoffe 230, 232, 339, 346
    Rapsöl/RME 84, 109-112, 295, 332, 340, 350
  Kohle 202, 317
  Landwirtschaft 256-257, 274-278
  Überschußproduktion 150, 167, 221, 256, 274

T
TA-Luft 178, 185-186
Tankstellen
  für Biodiesel 290
Tankstellenabgabepreis 108, 294
Tankstellennetz 106, 332

Technikfolgenabschätzung 2, 5, 23, 284, 327
Teer 197-198, 200, 243
Teillast 177-178, 186
Tessol 290, 296
thermische Verwertung von Biomasse
  Anlagen   siehe Feuerungsanlagen
  Akzeptanz 80, 258, 306, 337, 354
  CO_2-Problematik 17, 113, 118, 130, 202, 254, 261, 329-330
  Energiebilanzen 76-82, 138, 291-292, 294, 329
  Festbrennstoffe 143-145, 170-200, 229-237, 296-321, 329-330, 337-338, 345-347
  Müll 31, 43, 244
  Pflanzenöl als Heizölersatz 133-137, 245, 290-291
  ökonomische Aspekte 106-112, 201-217, 232-233, 261, 316-321, 355
Topinambur 52, 55-57
Transport 188, 192, 216, 259, 262, 337
  Energieaufwand 77-78
Transportentfernung 81, 176, 217, 262, 312
Transportkosten 53, 60, 144, 165, 192, 231-232, 299
Treibhauseffekt 16, 67, 112, 166, 170-171, 202, 225, 229
Treibhausgase 80
Treibhausgasreduktion 33
Treibstoff aus Pflanzenöl
  4, 16, 51-52, 59-60, 74-75, 84-138, 289-295, 330-333, 344
    siehe auch Kraftstoff
  Akzeptanz 260, 277
  Besteuerung 30, 46-47, 67, 85, 109-111, 261, 294-296, 345
  Flottenversuch 17
  für Land- und Forstwirtschaft 253-255, 274, 289-291, 344, 350
  für umweltsensible Bereiche 4, 17, 117, 137, 289-290, 332, 344
  Konkurrenzfähigkeit 18, 230, 294
  Marken 289
  Ökobilanz   siehe Ökobilanz
  Potentiale
    Absatz 84, 288, 290, 331-332

Sachverzeichnis 375

Erzeugung 84, 339, 350
Triticale 35, 61, 220-223, 253, 258-259, 304, 306, 312, 336, 354
Trockenmasseertrag von Energiepflanzen 138-139, 305, 339, 350-351
   Getreideganzpflanzen 61, 203-204, 304-305, 320, 336, 351
   Grünland 306
   immergrüner Acker 138, 141
   Miscanthus sinensis 64-65, 203-204, 223-225, 300-303, 334-335
   schnellwachsende Baumarten 151, 157-161
Trocknung
   Holzschnitzel 159, 289
   Miscanthus sinensis 77
Turbinen
   Dampf- 194, 308, 310
   Gas- 310, 338

U
Überproduktion 6, 167, 258, 274, 278, 284
Überschußflächen 253, 256
Überschußproblematik 59, 221
   siehe auch Nahrungsmittelüberschuß
Ulm 318-319
Umbruch 282
   siehe auch Rückumwidmung
Umesterung 72, 104, 120, 285, 289-290, 331, 344
Umesterungskosten 84, 104, 106, 120, 290, 295
Umweltbelastung
   durch Schlempe 3
   Kohlenöfen 187
   Land- und Forstwirtschaft 39, 293
Umwelteffekte
   positive der Landwirtschaft 254, 295
   positive von Pflanzenöl/RME 85, 111-112
Umweltentlastung 39, 85, 188
umweltgerechte
   Energiepolitik 47
   Entwicklung 28, 46
   Landbewirtschaftung 13-14, 37, 136
Umweltprobleme 16, 21, 140

Umweltschutz 16, 20, 39, 148-149, 166-167, 327, 353
Umweltverträglichkeit des Energiepflanzenanbaus 6, 82, 163, 256, 260
Umwidmung siehe auch Rückumwidmung
   Acker- in Biomasseflächen 28, 202, 256, 280, 327-328, 335
   Acker- in Naturschutzflächen 283, 327-328
Unkraut 57, 141-142, 282, 315
Unkrautbekämpfung 57, 62, 89, 301
Unterbrandsystem 177, 186

V
variable Kosten 89-90, 97, 206-209, 221-223
Verbrennung/Verfeuerung
   siehe thermische Verwertung
Verdichtung von Halmgut 170, 305, 346
Verdichtungssystem 175
Vergasung von Biomasse 140, 144-145, 307-310, 338, 345
   Hausmüll 44, 244-245
   Holz und Stroh 22, 183, 197-200, 250
   Stand der Technik 291, 310, 337
Versorgungssicherheit
   Biomasseheizkraftwerke 313, 346
   Lebensmittel 255
   RME-Anlagen 333
Viehhaltung 12, 143, 144, 276, 307
Viskosität von Pflanzenöl 85, 101, 118-125
Vollast 131-133, 177, 188, 194-195
Vollaststunden 210, 216
Vorfruchtwert 282, 291, 293
Vorkammermotor 103, 105-107, 111, 128
Vorkette 294, 329

W
Wärmeabsatz 231, 263, 317, 319
   -potential 231, 309
Wärmebedarf 188, 209, 231-233, 238, 297, 320, 338
Wärmeleistung 194, 197, 210, 244, 245

Wärmemarkt 80, 229-232, 237, 263-264, 320, 355
Wärmepreis 231, 254, 264, 318
Wärmespeicher 170, 177-178, 186, 194
Wärmetauscher 177-179
Wärmeversorgung
    dezentrale - 217, 232
    Fern- 187, 216, 242, 263, 311, 313, 315, 333, 345
    Nah- 229, 231, 233, 315
    Rottweil 239
    zentrale - 187, 193, 195
Wasserbedarf/-versorgung
    immergrüner Acker 138, 141
    Miscanthus sinensis 65, 259, 300-301, 335
    schnellwachsender Baumarten 259, 298-300, 335
    Zuckerhirse 303
Wassergehalt
    Biomasse 140, 143-145, 307-308, 337
    Stroh 145, 188-190, 192, 244, 311, 316,
Wasserkraft 45, 139, 229, 240
Wasserschutzgebiete 282, 285
    Einsatz von Pflanzenöl 16, 117, 136, 289, 331, 344, 354
Wasserstoff aus Biomasse 52, 62, 67, 69, 71, 76, 198
Weiden
    siehe schnellwachsende Baumarten
Weizen
    als Festbrennstoff 67, 80-81, 304
    zur Ethanolgewinnung 74-75, 80-81
Welthunger 274-275
Weltmarktpreis für Agrarprodukte 1
    Getreide 88, 222
    Glyzerin 290
    Rapsöl 17, 84, 108, 291
    Ölsaaten 86-89, 98, 100-101, 107-109, 287
Wertschöpfung 5, 15, 21, 117, 257
Wettbewerbsfähigkeit
    siehe auch Wirtschaftlichkeit
    Energiepflanzenanbau 51-53, 61, 77
    Getreideanbau 35-36
    Industrie 261, 320, 347

Rapsanbau 86-100, 108, 287, 330, 332
Windenergie 1, 43, 45, 51, 264
Windkraft 139, 229-231, 240
Wirkungsgrad
    Biomasseproduktion 167
    Biomasseverbrennung 71, 76, 79-81, 201, 205, 210-211, 263
    Holzverbrennung 176-177, 310
    Motor 130
    Strohverbrennung 194, 310
Wirtschaftlichkeit regenerativer Energien 1, 28, 230, 261, 310, 345
    Alkohol 3, 74
    Biogas 3
    Bio-Kraftstoffe und Öle 18, 84-85, 106-112, 344, 346
    Biomasse allgemein 15, 201-226, 230-231, 253, 264, 315-320, 338, 345-346
    Energiegetreide 217-223, 338
    Heiz(kraft)werke 263, 318
    Miscanthus 223-225, 258
    Rapsölgewinnung 101
    Rest und Abfallstoffe 216-217, 232, 297, 316, 318, 338
    schnellwachsender Baumarten 79, 162-165
Wettbewerbsfähigkeit durch Besteuerung 47, 68, 84, 261-262, 320, 339, 346

Z

Zellstoffproduktion 298, 300
Zichorie 52, 57
Zigarrenabbrandsystem 180-181, 189, 244, 311, 338
Zuckerhirse 52, 57-59, 302-303, 336
Zuckerrübe 52, 55-56, 74-75, 80-81, 286
Zweitfrucht 140
Zwischenfruchtanbau 60

MIX
Papier aus verantwortungsvollen Quellen
Paper from responsible sources
FSC® C105338

If you have any concerns about our products,
you can contact us on
ProductSafety@springernature.com

In case Publisher is established outside the EU,
the EU authorized representative is:
**Springer Nature Customer Service Center GmbH
Europaplatz 3, 69115 Heidelberg, Germany**

Printed by Libri Plureos GmbH
in Hamburg, Germany